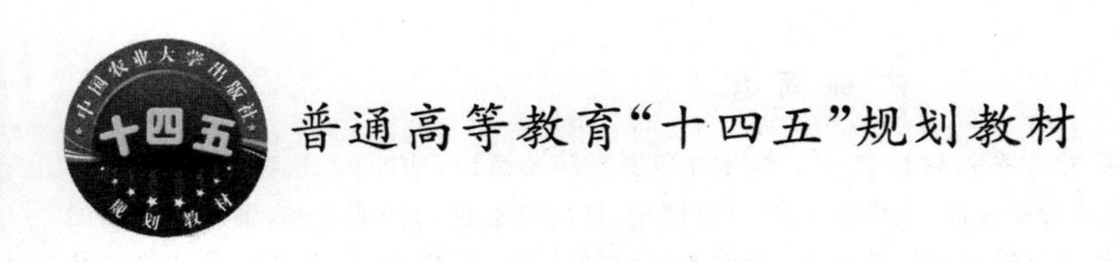

普通高等教育“十四五”规划教材

功能食品

第3版

孟宪军　迟玉杰　主编
金宗濂　主审

中国农业大学出版社
·北京·

内 容 简 介

本教材是普通高等学校食品类专业系列教材之一。本书内容主要涉及绪论、功能因子、功能食品资源、缓解疲劳的功能食品、增强免疫力的功能食品、延缓衰老的功能食品、辅助降血糖的功能食品、辅助降血脂的功能食品、减肥的功能食品、改善胃肠道功能的功能食品、辅助改善记忆功能的功能食品、功能食品评价的基本原理和方法、功能食品常用的生产技术等内容。每章前有本章重点与学习目标，章后有思考题与参考文献。本书是食品科学与工程类专业本科生、专科生的课程教材，也可作为研究生和从事功能食品生产及相关科研人员的参考书。

图书在版编目(CIP)数据

功能食品 / 孟宪军，迟玉杰主编. --3 版. --北京：中国农业大学出版社，2023.12
ISBN 978-7-5655-3120-0

Ⅰ.①功… Ⅱ.①孟… ②迟… Ⅲ.①保健食品-高等学校-教材 Ⅳ.①TS218

中国国家版本馆 CIP 数据核字(2023)第 234268 号

书　名　功能食品　第 3 版
Gongneng Shipin
作　者　孟宪军　迟玉杰　主编

策划编辑　魏　巍　宋俊果　王笃利　　**责任编辑**　魏　巍
封面设计　郑　川　李尘工作室
出版发行　中国农业大学出版社
社　址　北京市海淀区圆明园西路 2 号　　**邮政编码**　100193
电　话　发行部 010-62733489，1190　　读者服务部 010-62732336
编辑部 010-62732617，2618　　出　版　部 010-62733440
网　址　http://www.caupress.cn　　**E-mail** cbsszs@cau.edu.cn
经　销　新华书店
印　刷　北京时代华都印刷有限公司
版　次　2023 年 12 月第 3 版　　2023 年 12 月第 1 次印刷
规　格　185 mm×260 mm　　16 开本　　23 印张　　574 千字
定　价　64.00 元

普通高等学校食品类专业系列教材

编审指导委员会委员

（按姓氏拼音排序）

第3版编审人员

主　编　孟宪军（沈阳农业大学）
迟玉杰（东北农业大学）

副主编　邬应龙（四川农业大学）
杨志华（内蒙古农业大学）
侯汉学（山东农业大学）
徐　鑫（扬州大学）
李　斌（沈阳农业大学）

参　编　（按姓氏拼音排序）
陈继承（福建农林大学）
陈科伟（西南大学）
冯　颖（沈阳农业大学）
倪春梅（内蒙古农业大学）
孙希云（沈阳农业大学）
王　莉（江南大学）
肖军霞（青岛农业大学）
肖诗明（西昌学院）
姚闽娜（福建农林大学）
张凤梅（内蒙古农业大学）
张华江（东北农业大学）
赵力超（华南农业大学）
周才琼（西南大学）
朱力杰（武汉轻工大学）

主　审　金宗濂（北京联合大学）

第 2 版编审人员

主　编　孟宪军（沈阳农业大学）
迟玉杰（东北农业大学）

副主编　郇应龙（四川农业大学）
杨志华（内蒙古农业大学）
侯汉学（山东农业大学）
徐　鑫（扬州大学）
李　斌（沈阳农业大学）

参　编　（按姓氏拼音排序）
陈继承（福建农林大学）
冯　颖（沈阳农业大学）
倪春梅（内蒙古农业大学）
孙希云（沈阳农业大学）
王　莉（江南大学）
肖军霞（青岛农业大学）
肖诗明（西昌学院）
姚闽娜（福建农林大学）
张凤梅（内蒙古农业大学）
张华江（东北农业大学）
赵力超（华南农业大学）
周才琼（西南大学）
朱力杰（武汉轻工大学）

主　审　金宗濂（北京联合大学）

第1版编审人员

主　编　孟宪军（沈阳农业大学）
　　　　迟玉杰（东北农业大学）

副主编　邬应龙（四川农业大学）
　　　　杨志华（内蒙古农业大学）
　　　　侯汉学（山东农业大学）
　　　　徐　鑫（扬州大学）
　　　　李　斌（沈阳农业大学）

参　编　（按姓氏拼音排序）
　　　　冯　颖（沈阳农业大学）
　　　　倪春梅（内蒙古农业大学）
　　　　肖军霞（青岛农业大学）
　　　　肖诗明（西昌学院）
　　　　姚闽娜（福建农林大学）
　　　　张凤梅（内蒙古农业大学）
　　　　张华江（东北农业大学）
　　　　赵力超（华南农业大学）
　　　　周才琼（西南大学）

主　审　金宗濂（北京联合大学）

出版说明
（代总序）

岁月如梭，食品科学与工程类专业系列教材自启动建设工作至现在的第 4 版或第 5 版出版发行，已经近 20 年了。160 余万册的发行量，表明了这套教材是受到广泛欢迎的，质量是过硬的，是与我国食品专业类高等教育相适宜的，可以说这套教材是在全国食品类专业高等教育中使用最广泛的系列教材。

这套教材成为经典，作为总策划，我感触颇多，翻阅这套教材的每一科目、每一章节，浮现眼前的是众多著作者们汇集一堂倾心交流、悉心研讨、伏案编写的景象。正是大家的高度共识和对食品科学类专业高等教育的高度责任感，铸就了系列教材今天的成就。借再一次撰写出版说明（代总序）的机会，站在新的视角，我又一次对系列教材的编写过程、编写理念以及教材特点做梳理和总结，希望有助于广大读者对教材有更深入的了解，有助于全体编者共勉，在今后的修订中进一步提高。

一、优秀教材的形成除著作者广泛的参与、充分的研讨、高度的共识外，更需要思想的碰撞、智慧的凝聚以及科研与教学的厚积薄发。

20 年前，全国 40 余所大专院校、科研院所，300 多位一线专家教授，覆盖生物、工程、医学、农学等领域，齐心协力组建出一支代表国内食品科学最高水平的教材编写队伍。著作者们呕心沥血，在教材中倾注平生所学，那字里行间，既有学术思想的精粹凝结，也不乏治学精神的光华闪现，诚所谓学问人生，经年积成，食品世界，大家风范。这精心的创作，与敷衍的粘贴，其间距离，何止云泥！

二、优秀教材以学生为中心，擅于与学生互动，注重对学生能力的培养，绝不自说自话，更不任凭主观想象。

注重以学生为中心，就是彻底摒弃传统填鸭式的教学方法。著作者们谨记“授人以鱼不如授人以渔”，在传授食品科学知识的同时，更启发食品科学人才获取知识和创造知识的思维与灵感，于润物细无声中，尽显思想驰骋，彰耀科学精神。在写作风格上，也注重学生的参与性和互动性，接地气，说实话，“有里有面”，深入浅出，有料有趣。

三、优秀教材与时俱进，既推陈出新，又勇于创新，绝不墨守成规，也不亦步亦趋，更不原地不动。

首版再版以至四版五版，均是在充分收集和尊重一线任课教师和学生意见的基础上，对新增教材进行科学论证和整体规划。每一次工作量都不小，几乎覆盖食品学科专业的所有骨干课程和主要选修课程，但每一次修订都不敢有丝毫懈怠，内容的新颖性，教学的有效性，齐头并进，一样都不能少。具体而言，此次修订，不仅增添了食品科学与工程最新发展，又以相当篇幅强调食品工艺的具体实践。每本教材，既相对独立又相互衔接互为补充，构建起系统、完整、实用的课程体系，为食品科学与工程类专业教学更好服务。

四、优秀教材是著作者和编辑密切合作的结果，著作者的智慧与辛劳需要编辑专业知识和奉献精神的融入得以再升华。

同为他人作嫁衣裳，教材的著作者和编辑，都一样的忙忙碌碌，飞针走线，编织美好与绚丽。这套教材的编辑们站在出版前沿，以其炉火纯青的编辑技能，辅以最新最好的出版传播方式，保证了这套教材的出版质量和形式上的生动活泼。编辑们的高超水准和辛勤努力，赋予了此套教材蓬勃旺盛的生命力。而这生命力之源就是广大院校师生的认可和欢迎。

第 1 版食品科学与工程类专业系列教材出版于 2002 年，涵盖食品学科 15 个科目，全部入选“面向 21 世纪课程教材”。

第 2 版出版于 2009 年，涵盖食品学科 29 个科目。

第 3 版(其中《食品工程原理》为第 4 版)500 多人次 80 多所院校参加编写，2016 年出版。此次增加了《食品生物化学》《食品工厂设计》等品种，涵盖食品学科 30 多个科目。

需要特别指出的是，这其中，除 2002 年出版的第 1 版 15 部教材全部被审批为“面向 21 世纪课程教材”外，《食品生物技术导论》《食品营养学》《食品工程原理》《粮油加工学》《食品试验设计与统计分析》等为“十五”或“十一五”国家级规划教材。第 2 版或第 3 版教材中，《食品生物技术导论》《食品安全导论》《食品营养学》《食品工程原理》4 部为“十二五”普通高等教育本科国家级规划教材，《食品化学》《食品化学综合实验》《食品安全导论》等多个科目为原农业部“十二五”或农业农村部“十三五”规划教材。

本次第 4 版(或第 5 版)修订，参与编写的院校和人员有了新的增加，在比较完善的科目基础上与时俱进做了调整，有的教材根据读者对象层次以及不同的特色做了不同版本，舍去了个别不再适合新形势下课程设置的教材品种，对有些教材的题目做了更新，使其与课程设置更加契合。

在此基础上，为了更好满足新形势下教学需求，此次修订对教材的新形态建设提出了更高的要求，出版社教学服务平台“中农 De 学堂”将为食品科学与工程类专业系列教材的新形态建设提供全方位服务和支持。此次修订按照教育部新近印发的《普通高等学校教材管理办法》的有关要求，对教材的政治方向和价值导向以及教材内容的科学性、先进性和适用性等提出了明确且具针对性的编写修订要求，以进一步提高教材质量。同时为贯彻《高等学校课程思政建设指导纲要》文件精神，落实立德树人根本任务，明确提出每一种教材在坚持食品科学学科专业背景的基础上结合本教材内容特点努力强化思政教育功能，将思政教育理念、思政教育元素有机融入教材，在课程思政教育润物细无声的较高层次要求中努力做出各自的探索，为全面高水平课程思政建设积累经验。

教材之于教学，既是教学的基本材料，为教学服务，同时教材对教学又具有巨大的推动作用，发挥着其他材料和方式难以替代的作用。教改成果的物化、教学经验的集成体现、先进教学理念的传播等都是教材得天独厚的优势。教材建设既成就了教材，也推动着教育教学改革和发展。教材建设使命光荣，任重道远。让我们一起努力吧！

罗云波

2021 年 1 月

第3版前言

近年来，我国功能食品产业迅猛发展，对功能食品的研究也不断向深度和广度拓展。很多农业院校、综合大学和师范类院校都新增设了功能食品等相关课程。本教材由中国农业大学出版社立项，并经教材编审指导委员会审定，作为普通高等学校食品类专业系列教材之一。全书共13章，包括绪论、功能因子、功能食品资源、缓解疲劳的功能食品、增强免疫力的功能食品、延缓衰老的功能食品、辅助降血糖的功能食品、辅助降血脂的功能食品、减肥的功能食品、改善胃肠道功能的功能食品、辅助改善记忆功能的功能食品、功能食品评价的基本原理和方法、功能食品常用的生产技术等内容。为了便于学生学习和掌握各章节的主要内容和重点，在每章前增加了本章应掌握的重点内容，每章后给出了思考题与参考文献。

本教材第1版于2010年出版，2017年修订为第2版，教材被多所院校相关专业选用，并且在教师和学生中反响很好，作为高等学校食品类相关专业教材在教学中发挥了重要的作用。为了紧跟食品行业不断发展的步伐，本教材根据一些新颁布的法律法规、使用者反馈的信息以及教学实际需要，结合国内外功能食品研究与开发的现状和发展趋势，吸收新的理论和技术成果，再次进行修订。本次修订除更新知识内容外，结合功能食品相关内容，在绪论及相关章节融入了实施科教兴国战略，强化现代化建设人才支撑；深入实施创新驱动发展战略，以国家战略需求为导向，加快进行食品安全科技攻关，从食品角度保障人民健康；增进民生福祉，提高人民生活品质；推进健康中国建设；推动绿色发展，促进人与自然和谐共生等党的二十大精神相关内容，并结合专业教学内容融入了思政元素，以便读者学习掌握。为了更好地推进传统出版与新形态出版融合，发挥信息技术对教学的积极作用，本版教材采用了数字技术将教学内容加以扩展，方便读者扫描参考学习，使内容既丰富又简明扼要，具有时代特色。

功能食品的研究与开发在我国尚属新兴学科和领域，是多学科、多领域不断交叉、融合的产物，涉及营养学、药学、生理学、预防医学、食品科学与工程、生物工程等学科和领域。因此，功能食品产业也是一个综合产业，需要多部门、多学科协作才能获得健康快速的发展。

第3版教材是由沈阳农业大学孟宪军教授、东北农业大学迟玉杰教授担任主编，北京联合大学金宗濂教授担任主审，组织国内14所高等院校具有科研和一线教学经验的教师编写的。本教材力求体系完整,注重实用。

全书13章的具体编写分工如下:第1章由东北农业大学迟玉杰编写和修订,第2章由山东农业大学侯汉学和西南大学周才琼、陈科伟编写和修订,第3章由沈阳农业大学孟宪军、李斌和江南大学王莉编写和修订,第4章由四川农业大学邬应龙编写和修订,第5章由内蒙古农业大学杨志华编写、沈阳农业大学孙希云修订,第6章由西昌学院肖诗明编写、沈阳农业大学孙希云修订,第7章由内蒙古农业大学倪春梅编写和修订,第8章由沈阳农业大学冯颖编写和修订,第9章由内蒙古农业大学张凤梅编写和修订,第10章由福建农林大学姚闽娜编写、福建农林大学陈继承修订,第11章由东北农业大学张华江编写和修订,第12章由华南农业大学赵力超和青岛农业大学肖军霞编写、武汉轻工大学朱力杰修订,第13章由扬州大学徐鑫编写和修订,附录由东北农业大学迟玉杰和张华江编写和修订。

本教材可作为高等院校食品科学与工程类专业及相关专业的本科生和专科生的教科书,也可作为研究生与从事功能食品研发和生产工作者的参考书。

在本教材的编写过程中,我们得到了各位编委的大力支持,也得到了各参编单位有关领导的重视和支持,北京联合大学金宗濂教授对本教材编写给予了悉心指导和审阅,沈阳农业大学食品学院孙希云老师对教材统稿付出大量辛苦工作。在此,谨向关心、支持和参与本教材编写出版的各位老师和领导表示衷心的感谢。

由于书中内容多,涉及面广,编者水平有限,在编写过程中难免出现疏漏和错误,敬请广大同仁和读者批评指正。

编　者

2023年10月

第2版前言

近年来，我国功能食品产业得到了迅猛发展，对功能食品的研究也不断向深度和广度拓展。很多农业院校、综合大学和师范类院校都新增设了功能食品等相关课程。本教材由中国农业大学出版社立项，并经教材编审指导委员会审定，作为全国高等学校食品类专业系列教材之一。全书共13章，分为绪论、功能因子、功能食品资源、缓解疲劳的功能食品、增强免疫力的功能食品、延缓衰老的功能食品、辅助降血糖的功能食品、辅助降血脂的功能食品、减肥的功能食品、改善胃肠道功能的功能食品、辅助改善记忆功能的功能食品、功能食品评价的基本原理和方法、功能食品常用的生产技术等内容。为了便于学生学习和掌握各章节的主要内容和重点，在每章前增加了本章应掌握的重点内容，每章后给出了复习思考题。本教材第1版出版于2010年，出版后被多所院校相关专业选为教材，并且在教师和学生中反响很好，作为高等学校食品相关专业教材发挥了重要的作用。时隔6年之后，为了紧跟食品行业不断发展的步伐，本教材根据一些新颁布的法律法规和使用者反馈信息以及教学实际需要进行了修订。同时，为了更好地推进传统出版与新型出版融合，发挥信息技术对教学的积极作用，本版教材采用了二维码技术将教学内容加以扩展，方便读者扫描参考学习，使本教材既内容丰富又简明扼要，具有时代特色。

功能食品的研究与开发在我国尚属新兴学科和领域，是多学科、多领域不断交叉、融合的产物，涉及营养学、药学、生理学、预防医学、食品科学与工程、生物工程等学科和领域。因此，功能食品产业也是一个综合产业，需要多部门、多学科协作才能获得健康快速发展。

本教材是根据我国高等院校功能食品课程教学和研究的实际需要，结合国内外功能食品研究与开发的现状和发展趋势，吸收新的理论和技术成果，由沈阳农业大学孟宪军教授、东北农业大学迟玉杰教授担任主编，北京联合大学金宗濂教授担任主审，组织国内14所高等院校具有科研和一线教学经验的教师编写的。本教材力求体系完整，注重实用。全书13章的具体编写分工如下：第1章由东北农业大学迟玉杰编写和修订，第2章由山东农业大学侯汉学和西南大学周才琼编写和修订，第3章由沈阳农业大学孟宪军、李斌和江南大学王莉编写和修订，第4章由四川农业大学邬应龙编写和修订，第5章由内蒙古农业大学杨志华编写和修订，第6章由西昌学院肖诗明编写、沈阳农业大学孙希云修订，第7章由内蒙古农业大学倪春梅编写和修订，第8章由沈阳农业大学冯颖编写和修订，第9章由内蒙古农业大学张凤梅编写和修订，第10章由福建农林大学姚闽娜编写、福建农林大学陈继承修订，第11章由东北农业大学张华江编写和修订，第12章由华南农业大学赵力超和青岛农业大学肖军霞编写、渤海大学朱力杰修订，第13章由扬州大学徐鑫编写和修订，附录由东北农业大学迟玉杰和张华江编写和修订。

本教材可作为高等院校食品科学与工程专业及相关专业的本科生和专科生的教科书，也可作为研究生与从事功能食品研发和生产工作者的参考书。

在本教材的编写过程中得到了各位编委的大力支持，也得到了各参编单位有关领导的重视和支持，北京联合大学金宗濂教授对本教材编写给予了悉心指导和审阅，沈阳农业大学食品学院孙希云老师对教材统稿付出大量辛苦工作。在此，谨向关心、支持和参与本教材编写出版的各位老师和领导表示衷心的感谢。

由于书中内容多，涉及面广，编者水平有限，在编写过程中难免出现疏漏和错误，敬请广大同人和读者批评指正。

编　者

2016 年 9 月

第1版前言

近年来，我国功能食品产业得到了迅猛发展，对功能食品的研究也不断向深度和广度拓展。很多农业院校、综合大学和师范类院校都新增设了功能食品等相关课程。本教材由中国农业大学出版社立项，并经教材编审指导委员会审定，作为全国高等学校食品类专业系列教材之一。全书共13章，分别对功能因子、功能食品资源、缓解疲劳的功能食品、增强免疫力的功能食品、延缓衰老的功能食品、辅助降血糖的功能食品、辅助降血脂的功能食品、减肥的功能食品、改善胃肠道功能的功能食品、辅助改善记忆功能的功能食品、功能食品评价的基本原理和方法、功能食品常用的生产技术等方面进行了详细的阐述。为了便于学生学习和掌握各章节的主要内容和重点，在每章前增加了本章应掌握的重点内容，每章后给出了复习思考题。

功能食品的研究与开发在我国尚属新兴学科和领域，是多学科、多领域不断交叉、融合的产物，涉及营养学、药学、生理学、预防医学、食品科学与工程、生物工程等学科和领域。因此，功能食品产业也是一个综合产业，需要多部门、多学科协作才能获得健康快速发展。

本教材是根据我国高等院校功能食品课程教学和研究的实际需要，结合国内外功能食品研究与开发的现状和发展趋势，吸收新的理论和技术成果，由沈阳农业大学孟宪军教授、东北农业大学迟玉杰教授担任主编，北京联合大学金宗濂教授担任主审，组织国内12所高等院校具有科研和一线教学经验的教师编写的。本教材力求体系完整，注重实用。全书13章的具体编写分工如下：第1章由东北农业大学迟玉杰编写，第2章由山东农业大学侯汉学和西南大学周才琼联合编写，第3章由沈阳农业大学孟宪军和李斌编写，第4章由四川农业大学邬应龙编写，第5章由内蒙古农业大学杨志华编写，第6章由西昌学院肖诗明编写，第7章由内蒙古农业大学倪春梅编写，第8章由沈阳农业大学冯颖编写，第9章由内蒙古农业大学张凤梅编写，第10章由福建农林大学姚闽娜编写，第11章由东北农业大学张华江编写，第12章由华南农业大学赵力超和青岛农业大学肖军霞编写，第13章由扬州大学徐鑫编写，附录由东北农业大学迟玉杰编写。

本教材可作为高等院校食品科学与工程专业及相关专业的本科生和专科生的教科书，也可作为研究生与从事功能食品研发和生产工作者的参考书。

在本教材的编写过程中得到了各编委的大力支持和积极配合，也得到了各参编单位有关领导的重视和支持，北京联合大学金宗濂教授对本教材编写给予了悉心指导和审阅，沈阳农业大学食品学院张春红老师对教材审核付出大量辛苦工作。在此，谨向关心、支持和参与本教材编写出版的各位老师和领导表示衷心的感谢。

由于书中内容多，涉及面广，编者水平有限，在编写过程中难免出现疏漏和错误，敬请广大同人和读者批评指正。

编　者

2010 年 8 月

目　　录

第 1 章　绪论 …… 1
1.1　功能食品的概念及其分类 …… 2
1.1.1　功能食品的概念 …… 2
1.1.2　功能(保健)食品的分类 …… 5
1.2　我国功能(保健)食品的发展简史 …… 6
1.2.1　发展历程 …… 6
1.2.2　我国功能(保健)食品市场的现状 …… 7
1.2.3　发展前景 …… 8
1.3　功能(保健)食品的现代营养学基础 …… 9
1.3.1　现代营养学的概况 …… 9
1.3.2　各营养素功能作用的理论基础 …… 10
1.3.3　现代营养学平衡膳食的理论基础 …… 11
1.4　功能(保健)食品的中医中药理论 …… 13
1.4.1　中医药理论对功能(保健)食品的作用 …… 13
1.4.2　中医药保健有效物质资源 …… 15
1.4.3　传统养生理论和现代技术进一步融合 …… 16
思考题 …… 16
参考文献 …… 16
第 2 章　功能因子 …… 19
2.1　氨基酸、活性肽及活性蛋白质 …… 20
2.1.1　氨基酸 …… 20
2.1.2　活性肽 …… 23
2.1.3　活性蛋白质 …… 31
2.2　功能性碳水化合物 …… 36
2.2.1　膳食纤维 …… 36
2.2.2　活性多糖 …… 38
2.2.3　抗性淀粉与慢消化淀粉 …… 40
2.2.4　功能性甜味剂 …… 42
2.3　功能性脂类 …… 46

2.3.1 多不饱和脂肪酸…… 46
2.3.2 磷脂…… 49
2.3.3 脂肪替代品…… 51
2.4 其他类功能因子…… 54
2.4.1 自由基清除剂…… 54
2.4.2 微量元素…… 56
2.4.3 其他功能因子…… 58
思考题 …… 72
参考文献 …… 73
第3章 功能食品资源 …… 75
3.1 功能(保健)食品的植物资源…… 76
3.1.1 根及根茎类功能(保健)食品资源…… 76
3.1.2 茎类功能(保健)食品资源…… 80
3.1.3 叶类功能(保健)食品资源…… 81
3.1.4 花类功能(保健)食品资源…… 82
3.1.5 果实及种子类功能(保健)食品资源…… 84
3.1.6 全草类功能(保健)食品资源…… 86
3.2 功能(保健)食品的动物资源…… 87
3.2.1 林蛙及林蛙油…… 87
3.2.2 蜂蜜…… 88
3.2.3 蚂蚁…… 90
3.2.4 牛初乳…… 91
3.2.5 鹿茸…… 93
3.2.6 蝮蛇…… 94
3.2.7 鸡内金…… 95
3.2.8 阿胶…… 96
3.2.9 蛤蚧…… 96
3.3 功能(保健)食品的微生物资源…… 97
3.3.1 益生菌类——双歧杆菌…… 97
3.3.2 真菌类…… 99
3.4 功能(保健)食品的海洋资源 …… 103
3.4.1 海洋生物的主要保健功能 …… 103
3.4.2 海洋功能(保健)食品资源 …… 106
3.4.3 海洋功能(保健)食品开发 …… 112
3.5 功能食品资源的发展趋势 …… 112
思考题…… 113
参考文献…… 113

第4章　缓解疲劳的功能食品 …… 115
4.1　疲劳与疲劳机制 …… 116
4.1.1　疲劳的概念 …… 116
4.1.2　疲劳的危害和主要表现 …… 116
4.1.3　疲劳产生的机制 …… 117
4.2　缓解疲劳的功能(保健)食品的开发 …… 121
4.2.1　开发缓解运动疲劳功能(保健)食品的原则 …… 121
4.2.2　具有缓解运动疲劳功能的物质 …… 122
4.2.3　缓解疲劳的功能(保健)食品 …… 128
4.3　缓解疲劳的功能(保健)食品的评价 …… 129
4.3.1　我国“有助于缓解运动疲劳”的功能设置 …… 129
4.3.2　我国“有助于缓解运动疲劳”的功能评价 …… 130
思考题 …… 132
参考文献 …… 132
第5章　增强免疫力的功能食品 …… 134
5.1　免疫的基本知识 …… 135
5.1.1　免疫的基本概念 …… 135
5.1.2　免疫的分类 …… 136
5.1.3　免疫的基本特性和基本功能 …… 136
5.1.4　免疫系统的组成 …… 137
5.1.5　抗原、抗体与补体 …… 139
5.2　增强免疫力的功能(保健)食品的开发 …… 141
5.2.1　开发增强免疫力的功能(保健)食品的原则和理论 …… 141
5.2.2　具有增强免疫力功能的物质 …… 142
5.2.3　增强免疫力的功能(保健)食品 …… 145
5.3　增强免疫力的功能(保健)食品的评价 …… 147
5.3.1　试验前的动物模型的制备 …… 147
5.3.2　受试物的安全性评价 …… 148
5.3.3　受试物免疫调节作用的评价 …… 148
思考题 …… 150
参考文献 …… 150
第6章　延缓衰老的功能食品 …… 151
6.1　衰老与衰老理论 …… 152
6.1.1　生命的衰老进程 …… 152
6.1.2　衰老理论 …… 153
6.2　营养与衰老 …… 159
6.2.1　能量与衰老 …… 159

6.2.2 蛋白质与衰老 …… 159
6.2.3 脂肪与衰老 …… 160
6.2.4 维生素与衰老 …… 160
6.2.5 微量元素与衰老 …… 161
6.3 延缓衰老的功能(保健)食品的开发 …… 161
6.3.1 老年期的营养需求和老年日常功能(保健)食品开发 …… 161
6.3.2 延缓衰老的功能(保健)食品的开发 …… 166
6.4 延缓衰老的功能(保健)食品的评价 …… 170
6.4.1 试验原则 …… 170
6.4.2 试验方法 …… 171
思考题 …… 174
参考文献 …… 174
第7章 辅助降血糖的功能食品 …… 175
7.1 糖尿病概论 …… 176
7.1.1 糖尿病的概念及分类 …… 176
7.1.2 糖尿病发生的相关因素 …… 177
7.1.3 糖尿病的发病机理 …… 179
7.1.4 糖尿病的危害 …… 180
7.2 辅助降血糖的功能(保健)食品的开发 …… 181
7.2.1 开发辅助降血糖的功能(保健)食品的原则 …… 182
7.2.2 具有辅助降糖功能的因子 …… 183
7.2.3 辅助降血糖的功能(保健)食品 …… 188
7.3 辅助降血糖的功能(保健)食品的评价 …… 193
7.3.1 动物试验 …… 193
7.3.2 人体试食试验 …… 194
思考题 …… 196
参考文献 …… 196
第8章 辅助降血脂的功能食品 …… 197
8.1 血脂与高脂血症 …… 198
8.1.1 高血脂的定义 …… 198
8.1.2 血浆脂蛋白的分类及组成 …… 198
8.1.3 血浆脂蛋白的代谢及其功能 …… 200
8.1.4 高脂血症的种类及特征 …… 202
8.2 脂质代谢 …… 203
8.2.1 甘油三酯的代谢 …… 203
8.2.2 胆固醇的代谢 …… 204
8.2.3 磷脂的代谢 …… 205

8.2.4 游离脂肪酸的代谢 …… 205
8.2.5 载脂蛋白的代谢 …… 206
8.3 辅助降血脂的功能(保健)食品的开发 …… 206
8.3.1 具有辅助降血脂功能的物质 …… 206
8.3.2 辅助降血脂的功能(保健)食品 …… 211
8.4 辅助降血脂的功能(保健)食品的评价 …… 214
8.4.1 试验项目 …… 214
8.4.2 试验原则 …… 214
8.4.3 结果判定 …… 216
思考题 …… 217
参考文献 …… 217
第9章 减肥的功能食品 …… 218
9.1 肥胖症的概念、病因及危害 …… 219
9.1.1 肥胖症的定义、诊断及分类 …… 219
9.1.2 肥胖症的病因及危害 …… 221
9.2 肥胖症患者的代谢特征 …… 224
9.2.1 能量代谢异常 …… 224
9.2.2 糖代谢异常 …… 225
9.2.3 脂肪代谢异常 …… 226
9.2.4 氨基酸代谢异常 …… 227
9.2.5 内分泌变化 …… 227
9.3 减肥的功能(保健)食品的开发 …… 228
9.3.1 减肥的功能(保健)食品的开发原则 …… 228
9.3.2 具有减肥作用的功能物质 …… 230
9.4 评价减肥功能(保健)食品的指标和方法 …… 233
9.4.1 评价减肥功能(保健)食品的指标 …… 233
9.4.2 减肥功能(保健)食品的评价方法 …… 234
9.4.3 减肥功能(保健)食品评价指标的测定方法 …… 235
思考题 …… 242
参考文献 …… 242
第10章 改善胃肠道功能的功能食品 …… 244
10.1 胃肠道的功能及障碍 …… 245
10.1.1 胃肠道的功能 …… 245
10.1.2 胃肠道功能障碍 …… 246
10.1.3 胃肠道功能障碍的主要表现 …… 247
10.2 肠道菌群对机体健康的影响 …… 247
10.2.1 防御病原体的侵犯 …… 248

10.2.2 合成维生素…………………………………………………………… 248
10.2.3 物质代谢作用………………………………………………………… 249
10.2.4 生长与衰老…………………………………………………………… 249
10.2.5 有一定抑瘤作用……………………………………………………… 249
10.3 改善胃肠道功能的功能(保健)食品的开发…………………………… 249
10.3.1 开发改善胃肠道功能(保健)食品的原则和理论…………………… 249
10.3.2 具有改善胃肠道功能的物质………………………………………… 250
10.3.3 改善胃肠道功能的功能(保健)食品………………………………… 252
10.4 改善胃肠道功能的功能(保健)食品的评价…………………………… 254
10.4.1 促进消化吸收………………………………………………………… 254
10.4.2 改善肠道菌群………………………………………………………… 254
10.4.3 润肠通便……………………………………………………………… 255
10.4.4 保护胃黏膜…………………………………………………………… 255
思考题……………………………………………………………………… 255
参考文献…………………………………………………………………… 255
第11章 辅助改善记忆功能的功能食品 ………………………………… 257
11.1 概述…………………………………………………………………… 258
11.1.1 学习与记忆的基本概念……………………………………………… 258
11.1.2 学习与记忆的分类…………………………………………………… 258
11.1.3 学习与记忆的结构基础……………………………………………… 260
11.2 学习与记忆的机理……………………………………………………… 261
11.2.1 神经回路学说………………………………………………………… 261
11.2.2 突触效能改变学说…………………………………………………… 261
11.2.3 生化机制……………………………………………………………… 262
11.2.4 分子机制……………………………………………………………… 264
11.3 营养与学习和记忆功能………………………………………………… 265
11.3.1 营养与神经递质的合成……………………………………………… 265
11.3.2 碳水化合物、脂质、蛋白质与学习和记忆功能……………………… 266
11.3.3 维生素、矿物元素与学习和记忆功能 ……………………………… 268
11.3.4 营养对记忆障碍的改善作用………………………………………… 269
11.4 辅助改善记忆功能的功能(保健)食品的开发………………………… 269
11.4.1 开发辅助改善记忆功能的功能(保健)食品的原则和理论………… 269
11.4.2 具有辅助改善记忆功能的物质……………………………………… 270
11.5 辅助改善记忆功能的功能(保健)食品的评价………………………… 272
11.5.1 被动回避性条件反射试验…………………………………………… 273
11.5.2 主动回避性条件反射试验…………………………………………… 274
11.5.3 操作性条件反射试验………………………………………………… 274

11.5.4　迷宫试验 …… 275
11.5.5　试验方案与结果评价 …… 277
思考题 …… 277
参考文献 …… 278
第 12 章　功能食品评价的基本原理和方法 …… 280
12.1　功能(保健)食品评价的基本要求 …… 281
12.1.1　对受试样品的要求 …… 281
12.1.2　对受试样品处理的要求 …… 282
12.1.3　对合理设置对照组的要求 …… 282
12.1.4　对给予受试样品时间的要求 …… 282
12.1.5　对实验动物、饲料、实验环境的要求 …… 282
12.1.6　对给予受试样品剂量的要求 …… 283
12.1.7　对给予受试样品方式的要求 …… 283
12.1.8　人体试食试验的基本要求 …… 283
12.2　实验动物与动物试验技术 …… 284
12.2.1　实验动物 …… 284
12.2.2　功能(保健)食品研究中实验动物的选择及应用 …… 288
12.2.3　动物实验技术 …… 292
12.3　试验设计与统计分析 …… 299
12.3.1　试验设计的要素和原则 …… 299
12.3.2　常用试验设计方法 …… 300
12.4　保健食品功能检验与评价方法(2023 年版)简介 …… 302
思考题 …… 302
参考文献 …… 302
第 13 章　功能食品常用的生产技术 …… 303
13.1　原料粉碎、压榨与浸出技术 …… 304
13.1.1　粉碎技术 …… 304
13.1.2　压榨技术 …… 307
13.1.3　浸出技术 …… 308
13.2　萃取与膜分离技术 …… 309
13.2.1　萃取技术 …… 309
13.2.2　膜分离技术 …… 313
13.3　层析分离技术 …… 316
13.3.1　层析技术概述 …… 316
13.3.2　层析分离的基本原理 …… 316
13.3.3　层析技术的基本特点 …… 317
13.3.4　层析分离方法的分类 …… 317

13.3.5 层析分离技术在功能(保健)食品中的应用 …… 319
13.4 微胶囊技术 …… 320
13.4.1 基本概念 …… 320
13.4.2 微胶囊的构成材料 …… 320
13.4.3 微胶囊的功能特性 …… 321
13.4.4 微胶囊的制备方法 …… 322
13.4.5 微胶囊技术在功能(保健)食品中的应用 …… 324
13.5 浓缩与干燥技术 …… 325
13.5.1 浓缩技术 …… 325
13.5.2 干燥技术 …… 327
13.6 杀菌与贮存技术 …… 329
13.6.1 杀菌技术 …… 329
13.6.2 贮存技术 …… 337
思考题 …… 339
参考文献 …… 340
附录 …… 341

第1章 绪　论

本章重点与学习目标

1. 掌握功能食品的定义及分类。
2. 熟悉各营养素作用的理论基础。
3. 掌握平衡膳食的基本要求及营养素参考摄入量的重要概念。
4. 了解功能食品的中医中药理论。

功能食品(functional food)的研究与开发是近年来食品领域的发展前沿。随着社会的进步、经济的发展和人民生活水平的不断提高,人们对食品的追求已不再局限于解决温饱、享受美味、满足口腹之欲,尤其是那些因社会、生存环境、职业等因素造成的亚健康状态人群、慢性疾病患者、处于生长发育期的儿童以及全身器官系统功能逐渐衰退的老年人群,越来越希望通过膳食获得某些特殊功效。人们期望直接通过膳食起到降低疾病风险或者增进身体健康的作用。特别在现代慢性疾病日趋严重的今天,人们对食品的这种期望更为强烈。功能食品就是在此背景下诞生并迅速发展起来的。它除了具有一般食品皆具备的营养价值和感官功能外,还具有调节人体生理活动、促进健康的效果,如延缓衰老、改善记忆、抗疲劳、减肥、美容、调节血脂、调节血糖、调节血压等。

因此,要坚持面向人民生命健康,加快实现高水平科技自立自强。提高食品科技水平,突破食品中的科技"瓶颈"制约,建立起适应全面建设社会主义现代化国家需要的食品科技体系。

功能食品代表着21世纪食品的一种发展潮流。它的诞生及发展不仅反映了现代人们对自身健康的一种觉醒,而且也是人类面对现代文明所带来的一些"危机"(生活压力增加、环境污染加剧以及化学品的广泛使用等)的一种对策,同时也反映了人们返璞归真、崇尚"药食同源"的理念。

加强功能食品研发,增进民生福祉,提高人民生活品质,把保障人民健康放在优先发展的战略位置。依据《食品安全国家标准　保健食品》,国家建立保健食品原辅料的相关标准,对食品中的有害因素进行监测,推进"健康中国"建设。

1.1　功能食品的概念及其分类

1.1.1　功能食品的概念

1.1.1.1　功能食品的定义

在我国,功能食品又称保健食品,两个概念等同,并以同一法规予以管理。功能食品是指具有特殊保健功能或者以补充维生素、矿物质为目的的食品,即适宜于特定人群食用,具有调节机体功能,不以治疗为目的,且对人体不产生任何急性、亚急性或慢性危害的食品。这类食品除了具有一般食品皆具备的营养和感官功能(色、香、味、形)外,还具有一般食品所没有或不强调的食品的第三种功能,即调节人体生理活动的功能,故称之为功能(保健)食品。功能食品具有两大作用:一是增进健康,二是降低疾病风险。

我国台湾地区于1999年8月开始实施"健康食品管理法",将我们理解的功能(保健)食品命名为健康食品。该法明确指出:"健康食品系指提供特殊营养素或具有特定的保健功效,特别加以标示或广告,而非以治疗、矫正人类疾病为目的的食品"。

本书后面章节中"功能食品""保健食品"或"功能(保健)食品"所指的都以我国这个定义为准。

在世界范围内,不同国家和地区对功能(保健)食品有不同的定义和适宜范围。

在20世纪80年代的美国,市场上曾出现一类健康食品(healthy food),主要是以传统食品为载体,通过增减其中营养素,获得有益于消费者健康的食品。这类食品既没有规定特定适用人群,也没有特定法规限制,不需审批。美国将这类食品称为膳食补充剂(dietary supplement),纳入1994年批准的"膳食补充剂健康与教育法,DSHEA"管理。膳食补充剂含有补充膳食的某种成分物质,如维生素、矿物质、氨基酸以及这些物质的提取物、浓缩品、代谢物、组成成分等。美国人的膳食补充剂来源于天然食品或草药,具有遏制疾病的特定生理功效,不必是传统食品的形态,食用对象有人群选择性,允许厂家在产品上标注FDA已批准的十类功效声明中的任一种,须注明本产品未经FDA批准,"声明"的真实性由厂家向消费者负责。这类膳食补充剂如麦苗精、鱼油、活力蒜精、蜂王浆、鲨鱼软骨、银杏液等。

日本将相当于我国功能(保健)食品的产品称为特定保健用食品(FOSHU)。1991年公布的特定保健用食品的定义是:"含有特定成分、具有调节人体生理功能的食品,其有效性、安全性均有明确的科学依据,并经过严格的审查与评价,需获得消费厅批准,可标注'消费厅许可'的标识"。日本对此类食品审批程序与我国相似,由厂家申报,经地方主管部门审核上报,由厚生省听取专业机构及专家意见后批准。审批要求十分严格,包括一系列权威性检测证明,产品外形必须是一般食品的形态等。日本已批准的特定保健用食品,以寡聚糖、益生菌改善胃肠功能的产品占绝大多数,此外还有降胆固醇、促进矿物质微量元素吸收、防龋、降血压、降血糖等食品。

欧盟将我们认为的功能(保健)食品称为功能食品,定义是:"一种食品如果有一个或多个与保持人体健康或减少疾病危险性相关的靶功能,能产生适当的和良性的影响,它就是有功能的食品"。这种食品主要为:有一定功能的天然食品,添加某种成分的食品,去除某种成分的食品,提高一种或多种成分的生物利用率的食品,或以上4种情况结合的食品。功能食品应该是一般食品形态。欧盟主张功能食品要沿6个功能目标研究和发展:有益于生长发育与分化的功能;有益于基础代谢的功能;与防御反应性氧化产物有关的功能;与心血管系统有关的功能;胃肠道生理功能;行为和心理功能。

加拿大将保健类食品主要分为两类。一类为功能食品,指"与传统食品相似,作为膳食的一部分具有一般基础营养素以外的改善生理功能和减少慢性疾病危险的作用"。另一类为药物食品,指"来源于食品,但以药物形式出售的,有特定生理功能,有减少和预防疾病作用的食品"。

1.1.1.2 功能(保健)食品与一般食品和药品的区别

根据我国现行的食品和药品的管理体制,可将食品和药品分为:一般食品、功能(保健)食品和药品三类(表1-1)。这一分类方法基本与国际接轨。

表1-1 我国食品和药品的一般分类

项目	分类
药	处方药、非处方药
保健食品	不做分类
一般食品	新资源食品、特殊营养食品、普通食品

引自:GB 16740—2014《食品安全国家标准 保健食品》.

1. 特殊膳食用食品(GB 13432—2013)

为满足特殊的身体或生理状况和(或)满足疾病、紊乱等状态下的特殊膳食要求,专门加工或配方的食品。这类食品的营养素和(或)其他营养成分的含量与可类比的普通食品有显著不同。

2. 新食品原料

根据《新食品原料安全性审查管理办法》中规定，新食品原料是指在我国无传统食用习惯的以下物品：①动物、植物和微生物；②从动物、植物和微生物中分离的成分；③原有结构发生改变的食品成分；④其他新研制的食品原料。

3. 营养素补充剂

营养素补充剂是指以补充维生素、矿物质而不以提供能量为目的的产品。其作用是补充膳食供给的不足，预防营养缺乏和降低发生某些慢性退行性疾病的危险性。

营养素补充剂与特殊营养食品的差异：一是不一定要求以食品作载体；二是补充的营养素量，成人用量在最高量和最低量之间选择，少年儿童及孕妇、乳母每日为成人营养素供给量(RDA)的1/3～2/3。

营养素补充剂不作为功能(保健)食品的一个门类，但被纳入功能(保健)食品管理。

为了加强对营养素补充剂的管理，目前已明确，我国的营养素补充剂仅局限在补充维生素和矿物质，它不得以提供能量为目的。以膳食纤维、蛋白质和氨基酸等营养素为原料的产品，符合普通食品要求的，按普通食品管理，不得声称其具有保健功能；如声称具有保健功能的，按保健食品有关规定管理。营养素补充剂所加入的营养素，每日推荐摄入量应在“营养素补充剂中营养素名称及用量表”规定的范围内。

4. 第二代、第三代保健食品

我国功能(保健)食品的发展经历了3个阶段，即三代产品，这在后面“我国功能(保健)食品的发展简史”部分中有详细介绍。第二代、第三代保健食品是真正意义上的保健食品，它们以声称具有保健功能而区别于一般食品。但保健食品不同于药品，它以增进健康与降低疾病风险为目的(表1-2、图1-1)而不是治疗疾病。

表1-2 功能(保健)食品与药品的比较

项目	药品	功能(保健)食品
目的	治疗疾病	调节生理功能，增进健康
有效成分	单一、已知	单一或复合＋未知物质
摄取决定	医生	消费者
摄取时间	生病时	随时(多次)
摄取量	医生决定	较随意(推荐量)
毒性	几乎都有，程度不同	一般无毒
量效关系	严密	不太严格
制品规格	严密	不太严密

引自：于守洋，中国保健食品的进展，2001.

在具体操作上，功能(保健)食品大致有以下几点值得注意：

(1)有明确毒副作用的药物不宜作为开发保健食品的原料。目前国家卫生健康委员会(简称卫健委)已公布了59种保健食品禁用的物品名单。它们大多数是具有较大毒性的中草药资源。

对于可用于保健食品的 114 种中草药原料，一个产品中也限制了使用数目，即不能超过 4 种。在名单外的物品，如要作为保健食品的原料，要按食品新资源对待，必须单独进行食品安全性毒理学评价，而且 1 个产品中不得超过 1 种。

(2)经中药管理部门批准的中成药或已受国家保护的中药配方不能用来开发为保健食品。

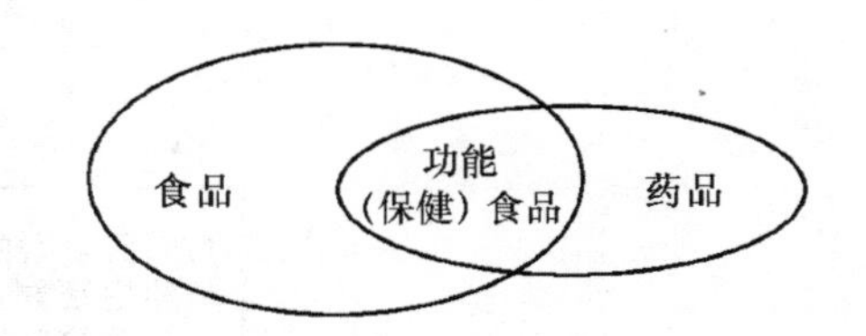

图 1-1　食品、功能(保健)食品与药品的关系
(引自:金宗濂　等,1995)

(3)保健食品的原料如系中药，其用量应控制在临床用量的 1/2 以下。

原来经过药政部门批准的 3 700 余个健字号药品，1999 年初国家食品药品监督管理部门已宣布撤销，并于 2004 年前全部退出市场。据有关方面称，大约有 1/3 的产品将升格为准字号药品，另 1/3 的产品将重新申报进入保健食品。

从适用人群方面来认识，功能食品定位与普通食品和药品的定位是有区别的。普通食品为一般人所服用，人体从中摄取各类营养素，并满足色、香、味、形等感官需求。药物为病人所服用，以达到治疗疾病的目的。功能食品通过调节人体生理功能，促使机体由亚健康状态向健康状态恢复，达到提高健康水平的目的。

1.1.2　功能(保健)食品的分类

功能食品因其原料和功能因子的多样性，使其产品类型多样而丰富，在人体生理机能的调节作用、产品生产工艺、产品形态等方面表现各不相同。因此，功能食品的分类有多种方法。

1. 按所选用原料不同分类

功能食品按所选用的原料不同，在宏观上可分为植物类、动物类和微生物(益生菌)类。目前可选用原料的种类主要参照国家卫健委先后公布的“既是食品又是药品”的名录和“允许在保健食品添加的物品”以及“益生菌保健食品用菌名单”。

2. 按功能因子种类不同分类

功能食品按功能因子(功能因子是指功能食品中真正起生理作用的成分，第 2 章有详细介绍)种类不同，可分为多糖类、功能性甜味料类、功能性脂类、自由基清除剂类、维生素类、肽与蛋白质类、益生菌类、微量元素类以及其他(如二十八烷醇、植物甾醇、皂苷)类功能食品。

3. 按保健作用不同分类

2003 年 4 月，我国卫生部颁发了《保健食品检验与评价技术规范》，其中“保健食品功能学评价程序与检验方法规范”这一部分内容明确了从 2003 年 5 月 1 日起，卫生部受理的保健功能分为 27 项。这 27 项保健功能大体可分为 2 种类型，见图 1-2。

一种类型是与症状减轻、辅助药物治疗和降低疾病风险有关的保健功能。这类大致有 16 项。

另一种类型是与增进健康和增强体质有关的保健功能。这类有 11 项均属于调节生理活动范畴。

4. 按产品形态分类

按产品形态不同，功能食品可分为饮料类、口服液类、酒类、冲剂类、片剂类、胶囊类和微胶

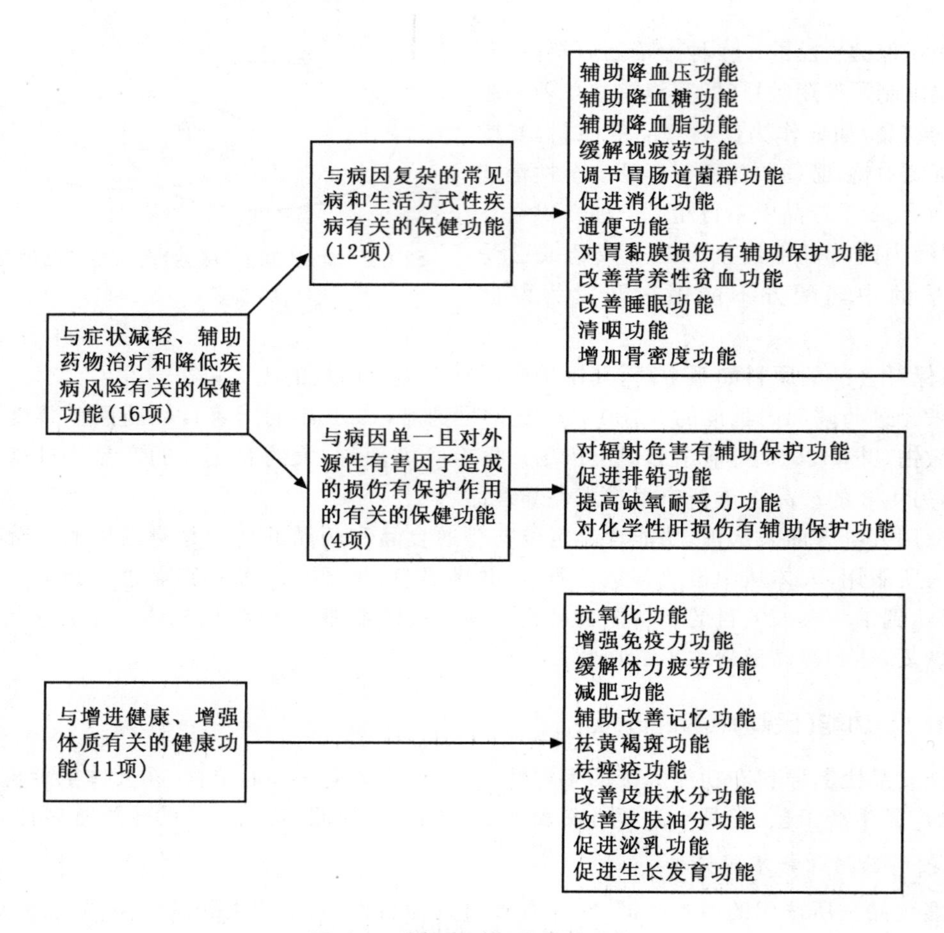

图 1-2 功能(保健)食品的分类

(引自:金宗濂,2005)

囊类等。目前,我国市场上的功能(保健)食品的产品属性,有的是传统的食品属性(如保健酒、保健茶等),有的是以胶囊、片剂等以往人们认为的药品属性。可以说,我国功能(保健)食品产业的发展赋予了食品以胶囊和片剂、冲剂等新的产品属性。

1.2 我国功能(保健)食品的发展简史

1.2.1 发展历程

我国功能(保健)食品市场兴起于 20 世纪 80 年代,发展至今经历了导入—成长—衰退—复兴几个阶段,呈螺旋形上升趋势。20 世纪 80 年代初期,以传统滋补产品为主,企业数不足 100 家。20 世纪 80 年代末到 90 年代中期,我国保健食品行业进入了第一个高速发展期,出现了知名企业和品牌。由于高额利润和相对较低的政策、技术壁垒,全国保健食品生产厂家从几十家激增至 3 000 多家,产品多达 2.8 万种,年产值也由 16 亿多元一路激增,最高时超过 300 亿元。短短二三年间,生产企业增加 30 倍,年销售额增长 10 多倍。但仅仅建立在广告宣传和庞大的营销攻势基础上的保健食品行业难以支持长久的发展，1995—1998 年，保健食品行业经历了一个低谷，从 1995 年下半年国家检测 212 种口服液的合格率只有 30%，结果被曝光开始，我国保健食品市场步入了低谷时期，企业数量和销售额大面积缩水，仅剩下 1 000 家左右的生产厂家和总共 100 多亿元的年产值。从 1998 年开始，保健食品销量的持续走高，加上国家出台的一系列规章制度，保健食品行业在 2000 年时又进入了新一轮发展的高峰期。2000 年生产厂家恢复到 3 000 多家，市场销售总额超过 300 亿元，企业数量和年产值均创历史最高点。但是从 2001 年开始，保健食品行业连续发生负面事件，各种负面报道让保健食品行业再次陷入"信任危机"，从而导致行业崩盘，保健食品迅速从巅峰跌落到谷底，2001 年、2002 年保健食品行业销售额持续下降，2002 年销售额仅为 193 亿元。自 2003 年"非典"之后，保健食品市场出现回春返暖的现象，销售收入不断上升。另外，近年来亚洲尤其是中国和印度的保健食品市场发展很快，2010—2014 年，行业平均年增长率为 10%～15%，销售额从 856 亿元扩张到了 2 000 亿元。从市场规模数据来看，2018—2022 年中国保健品的市场规模呈现逐年扩大的趋势，2021 年市场规模达到 6 272 亿元，同比增长 12%；2022 年市场规模达 2 989 亿元，同比增长 10.4%。

截至 2021 年全球保健品行业规模已达 2 732.42 亿美元，其中美国市场规模为 852.98 亿美元，占全球市场的 31.22%，位列第一；我国市场规模为 485.36 亿美元，占全球市场的 17.76%，位列第二。如今，人们对健康的重视使得对保健品的需求日益增多，预计 2023 年我国市场规模有望达到 3 282 亿元。

根据功能(保健)食品的发展类型及研究的深入程度，我国功能(保健)食品发展大体经历 3 个阶段，也称为三代产品阶段。第一代产品阶段是从 20 世纪 80 年代初到 90 年代中期。第一代产品包括各类强化食品，仅根据食品中各类营养素和其他有效成分的功能来推断该类产品的保健功能；这些功能没经过任何试验予以验证。目前，欧美各国都将这类食品列入一般食品；我国在《保健食品管理办法》实施后也将这类食品排除在保健食品之外。第二代产品阶段是保健食品必须经过人体及动物试验，证明该产品具有某项生理调节功能。现在市场上大部分保健食品为此代产品。第三代产品阶段是保健食品不仅需要人体及动物试验证明该产品具有某种生理调节功能，还需查明具有该功能的功能因子结构、含量、作用机理以及此功能因子在食品中应有的稳定形态。目前中国保健食品的功能多集中在免疫调节、抗衰老、抗疲劳等领域，而未来的发展趋势是产品功能分布将逐步发散，趋向合理，中药保健食品、老年保健食品、职业保健食品、昆虫保健食品、海洋保健食品、第三代保健食品等是中国保健食品未来的发展方向。

1.2.2 我国功能(保健)食品市场的现状

我国功能(保健)食品市场已经形成了以几大板块市场为主的市场结构，主要有补钙市场、补血市场、补肾市场、补气市场、肠胃市场、美容市场、减肥市场等。近年来，营养素的市场购销旺盛，其产品品种仅占总数的 3.39%，而其销售收入接近总销售额的 20%，居各品种之首。内地保健食品市场呈现国产保健食品后劲不足，国外品牌保健食品一路升温的迹象。目前，已有 400 多种进口保健食品进入了我国市场。据美国一市场调查公司统计，每 100 个购买保健食品的中国人中，大约有 15 人购买国外品牌保健食品。我国保健食品企业规模过小，竞争力不强。目前，在我国保健食品生产企业中，2/3 以上的企业属于中小企业。

所有“药健字”的保健食品自2003年1月1日起已停止生产。2004年1月1日起，我国取消“药健字”批号，“药健字”号药品一律不得在市场上销售。过去保健食品在内地的药品零售商店、超市、大卖场、百货公司、医院及专卖店中均有发售。现在我国取消“药健字”批号，保健食品将以“食健字”产品销售，获“食健字”批号的保健食品不得在医院和药店出售，超市、大卖场将逐渐成为保健食品的主要销售场所。业内人士分析，大卖场将会在保健食品的流通中占据主导地位。

1.2.3 发展前景

我国有着5 000年的养生保健传统。历代本草及方剂典籍中都记载有单纯用食物或食品与药物相结合进行营养保健、调理康复的保健食品，如枸杞子、梨膏糖、龟苓膏等。我国独特的养生保健文化和产品具有防治统一、极少毒副作用的优势，在国际上日益受到重视。1994年，美国通过了《膳食补充剂健康与教育法》。1998年初，复方苦荞麦精等10余种我国传统保健食品首批通过美国食品药品监督管理局(FDA)检验，实现了零的突破。日本、韩国、德国、新加坡等国家与中国香港、中国台湾也有较好的草本植物使用基础，市场前景非常可观。

有关资料表明，2015年我国的恩格尔系数为30.6%。而这一阶段也正是保健食品风行之时。2000年以后，我国消费结构中最大的比重仍是“吃”，食物结构最明显的改善是营养保健食品呈上升趋势。发达国家保健食品业历程对此作出了有力的佐证：从20世纪60年代至今，日本保健食品的消费量增加了50倍，西欧国家保健食品的消费量增加了30倍，美国健康食品的消费量增加了20倍。美国目前拥有保健食品企业500余家，产品万余种，销售额达750亿美元，占食品总销售额的1/3。据中国《经济时报》报道：我国消费者平均用于保健食品方面的花费占其总支出的0.07%，而欧美国家的消费者平均用于保健食品方面的花费占其总支出的25%，相差甚远。这充分说明我国保健食品市场的发展潜力巨大。近几年内地城乡居民保健类消费支出正以15%～30%的速度增长，高于发达国家12%的增长速度。与此同时，我国营养保健食品行业产量也逐年升高，据统计，中国保健品行业产量由2019年的62.7万t增长至2022年的78.74万t，增长幅度为25.6%，复合增长率为7.9%，2022年同比增长9.7%，预计未来保健品行业的产量将依旧稳定增长。

一批保健食品消费群正在逐步形成。据有关资料统计，北京、上海、天津、广州等10个大城市中有93%的少年儿童、98%的老人、50%的中青年人都在使用各类保健食品。城镇居民是我国保健食品消费的主要群体。我国现在城镇总人口约为7.7亿人，可见其市场之大、品种之多、用途之广。

据不完全统计，我国已经批准的国产保健食品有10 000多个品种，但真正上市销售并能够打开销路的品种并不多。一些有实力的大型企业开始积极与国际合作，发挥各自的比较优势，提高自己在国内、国际市场上的竞争力。目前，在我国市场上的保健食品中，90%是第一代传统滋补保健食品及第二代药物提取复配保健食品。发达国家上市的多是第三代保健食品，即把天然物质提纯之后作为组成部分食品。可见，在未来我国保健食品市场上，第三代保健食品将成为主流。专家认为，未来我国保健食品市场的潜力增长点来自3个方面：首先是新兴品类的发展空间巨大；其次是农村市场潜力无穷；最后是中药保健食品(含海洋资源保健食品)市场巨大。

1.3　功能(保健)食品的现代营养学基础

1.3.1　现代营养学的概况

人体必须摄取食物以维持正常的生理生化、免疫功能以及生长发育、新陈代谢等生命活动。现代营养学是研究如何选择食物以及食物在体内消化、吸收、代谢，促进机体生长发育与健康的综合过程的学科。功能食品最显著的特征在于它对人体具有特定的保健功能，而其保健功能主要是奠基于现代营养学、中国传统的饮食营养学以及相关的生命学科的理论基础之上。因此，设计功能食品时需以这些理论为指导原则。

正常情况下，人们应该按营养科学建议的热能和营养素供给量(RDA)来指导饮食，维持良好的营养水平和健康状态。但是，由于各种原因如机体、环境和饮食习俗等因素的限制，一些人会出现营养不足、营养过剩、代谢异常等，如缺钙引起的佝偻病与骨质疏松症，缺铁、缺锌、缺硒、缺碘引起的贫血、发育滞后、地方病，维生素缺乏症，还有与饮食营养关系密切的肥胖症、高脂血症、心脑血管系统疾病、糖尿病等。保健食品可以降低这些疾病发生的风险。保健食品的组方配伍及其功效成分，要以营养科学为理论基础。不了解营养科学的原理就不能正确合理地开发保健食品。

根据营养科学原理开发研制保健食品，其可供选择的有效物质原料资源，当然是属于各类营养物质。这类原料资源综合被列入了2012年我国发布的《食品安全国家标准　食品营养强化剂使用标准》(GB 14880—2012)。其分为三大类：一是维生素类，如维生素A、维生素D、维生素E、维生素B_1、维生素B_2、烟酸、维生素B_6、维生素B_{12}、维生素K、胆碱、肌醇、叶酸、泛酸、生物素。二是矿物质与微量元素类，如钙、铁、锌、硒、碘等元素及其制剂。三是氨基酸及含氮化合物，如*L*-盐酸赖氨酸、牛磺酸。对这些营养物质都有使用量的规定，我们应该遵守。当然，作为这些营养物质的来源，还可使用适宜的天然食品，无任何限制。

从现代营养科学的发展历程，从人们对它不尽相同的认识，从本学科当前展示的理论与社会实践范畴，可以对现代营养科学作如下概括：

(1)营养是一切生物为了维持生命、生长和繁殖而必须从外界环境中摄取和利用有益物质(一般不包括氧与水)的生物学过程。营养学就是以这一生物学过程及其实现的条件和举措为研究对象的生物科学中的一个分支学科。营养学按其所研究的生物种属不同分为人类营养学、动物营养学、植物营养学和微生物营养学。

(2)在人类营养学方面，人们将对人体具有营养功能的物质称为营养素(nutrients)。这些营养素包括蛋白质、脂类、碳水化合物、矿物质、维生素、膳食纤维和水几大类。

(3)在营养学领域，人们长年致力于以下研究：营养素及其组成成分在人体内的代谢、分解和代谢产物的物理化学性质；营养素的生理功能(指维持生命、促进生长与繁殖)；正常与特定条件下人体对各营养素适宜需要量；它们的食物及其他来源；有关检测方法与评价依据等。

(4)以食物为主要对象是营养学中一个重要研究内容。包括食物的种类与性质、营养成分组成、食物及其营养成分在人体的消化、吸收、分解、去向，以及食物资源的发掘、加工、安全与合理利用等。

(5)根据营养学的理论与数据，适应人们的社会物质生活条件和饮食文化，经过政府的策划与干预，讲求并尽可能实施个体和人群的适宜食物结构与平衡膳食，以保证合理营养的实现。

1.3.2 各营养素功能作用的理论基础

1. 蛋白质的生理功能

(1)供给身体生长、更新和修补组织的材料。

(2)参与酶、激素等调节生理活动的物质的构成。

(3)供给热能。每克蛋白质可提供 16.7 kJ 热量。

(4)增强机体免疫力。

(5)维护毛细血管的正常渗透力，保持水分在体内的正常分布。

(6)维护神经系统的正常功能。

2. 脂类的生理功能

(1)供给热能。每克脂肪可提供 37.7 kJ 热量。

(2)构成身体组织成分。

(3)提供必需脂肪酸。

(4)促进脂溶性维生素的吸收。

3. 碳水化合物的生理功能

(1)供给热能。每克碳水化合物可提供 16.7 kJ 热量。

(2)维持脂肪的正常代谢。

(3)参与构成身体组织。

(4)保肝解毒。

4. 矿物质及其生理功能

矿物质按其在体内存在的含量，以占机体重量的万分之一为界，分为常量元素与微量元素。常量元素每日人体需要量在 100 mg 以上，如钙、磷、镁、钠、钾、氯、硫等矿物质。微量元素每日人体需要量在 100 mg 以下，但具有高度的生理活性。目前认为有 14 种元素是人体所必需的微量元素，即铁、碘、铜、锌、硒、锰、钴、铬、钼、氟、镍、硅、钒、锡。

(1)常量元素的生理功能

①参与机体组织的构成。

②调节生理机能，维持人体正常代谢，如调节酸碱平衡。

(2)微量元素的生理功能

①构成某些激素并参与激素作用。

②是酶和维生素所必需的活性因子。

③影响核酸代谢。

④协同常量元素发挥生理作用。

5. 维生素及其生理功能

维生素分为脂溶性维生素与水溶性维生素两类。脂溶性维生素包括维生素 A、维生素 D、维生素 E 和维生素 K 。水溶性维生素包括维生素 C 和 B 族维生素。B 族维生素有维生素 B_1、维生素 B_2、维生素 B_6、维生素 B_{12}、维生素 PP、叶酸、泛酸、生物素等。各种维生素功能各异，但相互配合，共同维护身体健康，促进生长发育和调节生理功能。

6. 膳食纤维的生理功能

(1)促进肠蠕动，缩短肠内容物通过肠道的时间，有通便、预防肠道癌的作用。

(2)调节脂类代谢。

(3)延缓碳水化合物吸收，有利于糖尿病的防治。

(4)增加饱腹感，减少热量摄入，有利于肥胖症的防治。

(5)过多的膳食纤维，可影响一些营养素的吸收。

7. 水的生理功能

(1)水是身体内的主要成分，成人体内50%～70%是水分。

(2)促进和调节各种生理活动。

(3)调节体温。

虽然各种营养素的营养作用各有不同，但在代谢过程中紧密联系，共同参与，协调和推动着生命活动。

1.3.3 现代营养学平衡膳食的理论基础

大量的流行病学资料显示，许多疾病与膳食不平衡有关，如高脂血症、冠心病、糖尿病、恶性肿瘤等。因此平衡膳食在营养保健中具有十分重要的意义。

平衡膳食是指人体的生理需要和膳食营养供给之间建立的平衡关系。

1.3.3.1 平衡膳食的基本要求

1. 要有满足身体需要的各种营养素

满足身体需要的营养素包括：足够的热量，以维持基础代谢及正常活动；适量的蛋白质，供给生长、更新和修补组织的材料；充分的无机盐，以构成机体组织和调节生理的功能；丰富的维生素，以调节生理功能，维持生长发育，促进身体健康；充分的水分，以维持体内各种生理程序正常进行；适量的膳食纤维，以促进肠蠕动，维持正常排泄，预防一些疾病（如肥胖、糖尿病、恶性肿瘤、消化道憩室等）。

2. 各种营养素必须维持适当比例

维持营养素的适当比例来满足生理的需要。例如：热能摄入与热能消耗保持平衡，以维持正常体重；蛋白质、脂类、碳水化合物三大产热营养素比例适宜，一般蛋白质占总热量的10%～15%，脂类占20%～30%，碳水化合物占60%～70%；必需氨基酸的比例要适当；矿物质之间、维生素之间、矿物质与维生素之间的比例也要恰当、合理。

1.3.3.2 营养素参考摄入量的几个重要概念

近年来的研究表明，营养素的作用不仅仅局限在预防营养缺乏病，在预防某些慢性病（如肿瘤、心血管病、糖尿病等）方面也发挥着重要作用。而营养素发挥这些新功能一般都需要摄入比以往制定的更高的"每日膳食营养素供给量"(RDA)。因此，营养素新功能的发现，对由来已久的RDA这一概念提出了挑战。

膳食营养素供给量(recommended dietary amount，RDA)的定义是：能使人群中绝大多数个体不发生营养缺乏的营养素摄入量。制定RDA的目的很明确，就是为了指导、预防营养缺乏病。这显然已不能满足当前消费者为了预防慢性病和延缓衰老而增加对营养素摄入量的需求。鉴于此,美国率先提出膳食营养素参考摄入量(daily reference intakes,DRIs)这一概念,包括平均需要量(EAR)、推荐摄入量(RNI)、适宜摄入量(AI)和可耐受最高摄入量(UL)。

1. 平均需要量

平均需要量(estimated average requirement,EAR)是根据个体需要量的研究资料制定的,根据某些指标,判断可以满足某一特定性别、年龄、生理状况群体中50%个体需要量的摄入水平。这一摄入水平,不能满足群体中另外50%个体对该营养素的需要。EAR是制定RNI的基础。针对人群,EAR可以用来评估群体中摄入不足的发生率。针对个体,可以检查其摄入不足的可能性。

2. 推荐摄入量

推荐摄入量(reference nutrient intake,RNI)相当于传统使用的RDA,是可以满足某一特定性别、年龄、生理状况群体中绝大多数(97%～98%)个体需要量的摄入水平。长期摄入RNI水平,可以满足身体对该营养素的需要,保持健康和维持组织中有适当的储备。RNI的主要用途是作为个体每日摄入该营养素的目标值。

值得注意的是,个体摄入量低于RNI时,并不一定表明该个体未达到适宜营养状态。如果某个体的平均摄入量达到或超过了RNI,则可以证明该个体不存在摄入不足的危险。

RNI＝EAR＋2SD(SD为标准差)。如果关于需要量变异的资料不够充分,不能计算SD时,一般设EAR的变异系数为10%,这样RNI＝1.2 EAR。

3. 适宜摄入量

在个体需要量的研究资料不够充分而不能计算EAR,因而不能求得RNI时,可设定用AI来代替RNI。

适宜摄入量(adequate intake,AI)是通过观察或试验获得的健康人群某种营养素的摄入量。例如,纯母乳喂养的足月产健康婴儿,从出生到4～6个月时他们的营养素全部来自母乳,母乳中供给的营养素含量,就是他们的AI。AI的主要用途是作为个体营养素摄入量的目标,同时用作限制过多摄入的标准。

制定AI时,不仅要考虑到预防营养缺乏的需要,而且也纳入了减少某些疾病风险的概念。AI的准确性远不如RNI,可能显著高于RNI。AI能满足目标人群中几乎所有个体的需要。当健康个体摄入量达到AI时,出现营养缺乏的危险性很小。如果长期摄入量超过AI,则有可能产生毒副作用。

4. 可耐受最高摄入量

可耐受最高摄入量(tolerable upper intake level,UL)是平均每日摄入营养素的最高限量。这个量对一般人群中的几乎所有个体不致引起不利于健康的作用。当摄入量超过UL而进一步增加时,损害健康的危险性随之增大。UL并不是一个建议的摄入水平。

UL的制定是基于最大无作用剂量,再加上安全系数。"可耐受"是指这一剂量在生物学上大体是可以耐受的,但这并不表示可能是有益的。对于健康的个体,超过RNI或AI的摄入量似乎并没有明确的益处。

对许多营养素来说,还没有足够的资料来制定其UL。所以,未制定UL并不意味着过多摄入没有潜在的危害。

1.3.3.3　平衡膳食的构成

平衡膳食的构成包括粮食类、肉类及豆类、菜果类、油脂类食物。

1. 粮食类

粮食类富含碳水化合物，是人体所需热能的主要来源，还提供B族维生素。

2. 肉类及豆类

肉类主要包括乳类、蛋类、鸡鸭鱼肉。肉类和豆类主要提供优质蛋白，还提供某些脂溶性维生素和无机盐。

3. 菜果类

菜果类包括蔬菜类和水果类，是维生素、无机盐、膳食纤维和水的主要来源。

4. 油脂类

油脂类包括各种烹调油，能提供部分热能和必需脂肪酸，并促进脂溶性维生素的吸收。

1.4　功能(保健)食品的中医中药理论

在我国中医药古籍中早有一些关于亚健康的概念，如："圣人不治已病治未病，不治已乱治未乱。未病已成而后药之，乱已成而后治之。譬犹渴而穿井，斗而铸锥，不亦晚乎"。这里的"未病"和"未乱"和当今的"亚健康"的论述十分相似。

此外，在中国医药文献中可以找到许多有关"功能食品"初始概念的论述。如唐代孙思邈提出："为医者，当晓病源，知其所犯，以食治之，食疗不愈，然后命药。"又如春秋战国的《山海经》有更精辟的论述："穰木之实，食之使人多力，枥木之实食之不忘，茎食之善走，靶服之不夭。"这里的"善走""不夭""不忘""多力"换用现代术语即表明食物具有延年益寿、增强记忆、提高耐力和抗疲劳、强身之功效。

可见早在几千年前，医学就提出了"亚健康"的概念及与现代功能食品相类似的构想。只是由于中医有关食疗资料较为分散，又往往局限于实际经验，缺乏现代科学实验分析和论证。加之在中医理论指导下研究食品"健身、养生"和"防病、治病"与现代营养学存在较大差距，也限制了它的发展。

1.4.1　中医药理论对功能(保健)食品的作用

中医药理论与功能(保健)食品有着密切的联系，常涉及病症发展的不同时期，生理发育的不同阶段、疾病发生的不同性质等。

1.4.1.1　根据病症发展的不同时期

应用传统中医药功能(保健)食品保持人体健康和防治疾病，基本上可分为预防、保健、治疗、康复4个方面。这四者之间是相互关联和相互影响的关系。

1. 预防

预防疾病包括以下3个方面：

(1)合理饮食，增强体质以达到防病的目的。例如，全面膳食、节制饮食和注意饮食宜忌。

(2)有针对性地加强某些营养素的摄入,以预防某些疾病的发生。例如,用加钙的食品预防佝偻病,用加碘的食品预防甲状腺肿大。

(3)应用某些食药的特异性功能直接用于某些病症的预防。例如,用大蒜预防肠道传染病,用山楂预防动脉硬化。

预防应本着扁鹊和孙思邈的共识:“为医者,当晓病源,知其所犯,以食治之,食疗不愈,然后命药。”以此为原则,以保健食品为主预防病症的发生。

2. 保健

“保健”一词,《辞海》的解释为:“对个人和集体所采取的医疗预防与卫生防疫相结合的综合性措施。”历代中医药文献中记载的保健功能不下百种,如益智、明目、聪耳、乌发、安神、美容颜、轻身、固齿、肥人、壮阳、益寿、生津、润肺等。此阶段除了合理饮食、适量运动等保健措施之外,运用保健食品进行保健是一个重要措施,可根据个人需要选用具有相应保健功能的食药。

以美容为例:具有“润肌肤”“润泽”“润颜色”“润肤”“润皮毛”“润皮肉”“润肌肉”“润肌”等功能的食药有薯蓣根、兰草、牡蒿、海松子、豆黄、米酒、酒糟、白瓜子、紫菀、地肤子、络石、驼肉、大麦、羊熟脂、牛乳、麻仁、淡菜、大豆黄卷、薇菜、胡桃、巨胜子、荞麦、无心草、撒馥兰、荔枝子、落葵、杨摇子、黄矮菜、无漏果、胡芝麻、麋肉、白芝麻、松子、雁脂等。

具有“悦颜色”“悦色”“悦颜”“令人悦泽”“悦泽人面”“好颜色”“益颜色”“美颜色”“媚色”“理颜色”“驻颜”“和颜色”等功能的食药有:菟丝子、覆盆子、天门冬、何首乌、络石茎叶、麦门冬、君迁子、莲蕊须、羊胫骨、酪、豌豆、五味子、栝楼、桃花、李花、莲实、莲汁、椰子瓤、仲思枣、樱桃实、红白莲花、黑大豆、高良姜、白菊、茵陈蒿、莱菔子、藁本、旋覆花、松脂、菌桂、石钟乳、远志、卷柏等。

3. 治疗

治疗的作用主要体现在祛邪与扶正。此阶段原则上应以药疗为主,以保健食品为辅。然而,也应注意药疗与食疗不同之处:“药性刚烈,尤若御兵”,“若能用食平疴,适情遣疾者,可谓良工。”要根据具体病症酌情施治,对待大多数急症、重症,以药疗为先,而对待大多数慢性病、轻症,应以保健食品为主。例如,高血压患者在用药后,血压得到了控制,就可以逐渐减少药量,转为以保健食品为主的治疗方案。

4. 康复

康复包括疾病后期或病后康复。不同的康复时期,中医药与保健食品的结合各异。总之,人体的状态可以分为疾病状态、亚健康状态(第三态)和健康状态。这三者之间的区别是相对的,是可以转化的。所谓亚健康,可理解为健康透支状态,即身体确有种种不适但又没有发现器质性病变状态。在上海市青年知识分子中,75%的人处于“亚健康”状态。在现代企业管理中,由于整日的操劳与应酬,处于“亚健康”状态的人数更是高达总人数的85%以上。这些人常有腰膝酸软、四肢无力、情绪低落、心情烦躁、食欲不振、大便干燥、头晕目眩、失眠健忘、易患感冒等不良感觉,到医院检查,医生又无法确诊为何病。中药保健食品主要适用于亚健康或病理状态的人群。健康状态时以食为主,疾病状态时以药为主。食品与药品之间是食药两用之品。

1.4.1.2 根据生理发育的不同阶段

以益智类保健食药的功能为例:大脑和智力的发育都需要充足的营养,并受着一定时期的限制。若17岁青年的智力发育水平为100,则4岁时已有50%,7岁时就有90%的智力。因此，从怀孕的最后 3 个月至 7 岁是大脑发育的主要时期。此时期内，药物是不适宜的，最可行的措施是根据妊娠、婴幼儿、少年不同时期的生理特点，分别给予最适宜消化吸收的益智类食物。常用益智类食物如核桃、芝麻、大枣、奶蛋品、动物肝脏、鱼肉、黄花菜、胡萝卜、绿叶蔬菜、苹果等。依此类推，青年、中年、壮年、老年以及女性经、带、胎、产、更年期等不同的生理阶段，在应用保健食品时，都需要区别对待。纯食物性的与纯中药性的、含药的保健食品与不含药的保健食品之间的搭配比例应有所不同。保健食品的剂型种类也应有所区别，如老年人宜采取糜粥疗法等。

1.4.1.3 根据疾病发生的不同性质

人体各种组织、器官和整体的机能低下是导致疾病的重要原因。中医学把这种病理状态称为“正气虚”；所引起的病证称为“虚证”。根据虚证所反映的症状和病因的不同，还可分为肝虚、心虚、脾虚、肺虚、肾虚以及气虚、血虚等。此时应“虚则补之”。如：当归羊肉汤补血，猪骨髓补脑，黑芝麻乌发生津，银耳益气等。外部致病因素侵袭人体，或内部功能的紊乱和亢进，皆可使人发生疾病。如果病邪较盛，中医称为“邪气实”，其证候则称为“实证”。如果同时又有正气虚弱的表现，则是“虚实错杂”。此时既要针对病情进行全面的调理，又要直接去除病因，即所谓“祛邪安脏”。如山楂消食积，薏米祛湿，赤小豆治水肿，猪胰治消渴，蜂蜜润燥等。疾病性质不同应选用不同的食物或药物，有时以食为主，有时以药为主。利用食物或药物的阴阳属性，适当地应用于调和人体的阴阳平衡，以收祛邪扶正之效。

此外，无论是应用食物、中药还是保健食品都必须注重其中所含的有效成分及药理作用。我们日常食用的食物、中药和保健食品不仅含有丰富的营养素，而且还含有许多有益于人体的有效成分，如人参皂苷的抗肿瘤作用和甘草酸的抗感染作用等。这些因素在中医药与保健食品结合应用时是必须考虑到的。

1.4.2 中医药保健有效物质资源

中医药学养生保健的基本理论是指导我国功能(保健)食品发展的重要理论依据之一。特别是秦汉以后 2 000 多年来的养生保健理论，如正虚邪实、阴阳调和、重视预防、重视肾脾功能、药食同源同性等主张，以名言警句形式广为流传，深入人心。此外，如中药学收载的食物本草中的上品、补品、验方与药膳以及历代各家养生保健典籍，都是我国保健食品发展的重要理论宝库，有待发掘、整理、验证与应用。中医药学理论及其应用，显示我国保健食品鲜明的东方食品特色。

中草药有效物质原料资源是一大类具有东方医药传统特色的我国保健食品的原料资源。我国卫健委已经认定的既是食品又是药品且不限制食用的中国保健食品原料资源共 107 种。有人按其作用分为如下 9 类：

(1)健脾益气类，如枣(大枣、黑枣)、山药、白扁豆、薏苡仁、甘草、茯苓、鸡内金。

(2)滋阴补血类，如龙眼肉(桂圆)、百合、桑葚、黑芝麻、枸杞子。

(3)活血化瘀类，如山楂、桃仁、红花。

(4)益肾温阳类，如八角茴香、大茴香、刀豆、花椒、黑胡椒、肉桂、肉豆蔻、姜(生姜、干姜)、益智。

(5)止咳平喘类，如杏仁(甜、苦)、白果、黄芥子。

(6)固涩安神类，如芡实、莲子、酸枣仁、牡蛎、乌梅、淡竹叶。

(7)解表类,如生姜、白芷、菊花、香薷、淡豆豉、薄荷、藿香、桑叶、蒲公英、胖大海、金银花、鱼腥草。

(8)理气类,如佛手、莱菔子、陈皮、砂仁、薤白、丁香、香橼、橘红、紫苏、麦芽。

(9)其他类,如木瓜、赤小豆、青果、昆布、莴苣、蜂蜜、榧子、乌梢蛇、蝮蛇、栀子、代代花、罗汉果、决明子、沙棘、郁李仁、火麻仁、鲜白茅根、马齿苋、芦根、荷叶、余甘子、葛根。

可供研究应用的中药类根据中药性味作用,认为有希望作为我国保健食品原料资源的可供研究应用的中药类主要有如下几类(但如何应用以及其食用安全性等,须符合主管部门的规定):

(1)健脾益气类,如人参、刺五加、黄芪、白术。

(2)滋阴补血类,如阿胶、地黄、木耳、玉竹、麦门冬。

(3)益肾温阳类,如鹿茸、冬虫夏草、淫羊藿、胡桃仁。

(4)活血化瘀类,如三七、川芎、丹参。

(5)固肾涩精类,如金樱子、五味子、山茱萸。

(6)其他类,如银耳、花生、地榆、槐花、刺玫果、猕猴桃、葡萄、冬瓜、漏芦、茶叶、花粉、灵芝、天麻、泽泻。

1.4.3 传统养生理论和现代技术进一步融合

随着我国中医药研究技术的逐渐发展以及国际竞争压力的增大,我国功能(保健)食品行业将逐渐沿着传统养生理论和现代技术融合的道路发展。传统的中医药文化是我国保健食品业取之不尽、用之不竭的技术源泉。我国的传统养生文化在东亚及东南亚地区包括日本、韩国、泰国、新加坡等国家,都有非常高程度的认同。用现代的生物和医药技术阐释传统养生理论的精妙内涵,发掘其有效成分,是我国保健食品业自主创新和获得自主知识产权的独特道路,也是最容易取得成功且成本相对较低的道路。

现在我国把食品产业作为中国经济"扩大内需"的主体力量、乡村振兴的主要支撑行业、"健康中国"营养与健康的载体,因此必须坚持以创新求发展,加强食品工业的科技攻关和创新能力,坚持面向世界科技前沿、面向经济主战场、面向国家重大需求、面向人民生命健康,加快实现高水平科技自立自强,重点围绕食品安全、风味、营养与健康等领域进行持续创新,努力提高中国食品工业的科技水平。

思考题

1. 我国功能食品的定义是什么?
2. 简述我国功能(保健)食品的发展历史。
3. 简述功能食品与一般食品及药品的区别。
4. 功能食品的分类方法有哪些?
5. 现代营养学理论中平衡膳食的基本要求是什么?
6. 举例说出20种中医药保健有效物质资源。

参考文献

[1] 陈璐. 我国保健品行业的现状分析. 现代营销(学苑版),2011,7:194-195.

[2] 陈淑梅. 我国保健品行业的现状与发展趋势. 现代商业,2016(12):30-31.

[3] 耿莉萍．当前我国保健食品市场存在的问题与监管对策．食品科学技术学报，2013，3：7-12.

[4] 金宗濂．开发中医药食疗宝库，发展中国特色的营养保健食品．中国中西医结合杂志，1993，9：20-21.

[5] 金宗濂，文镜，唐粉芳，等．功能食品评价原理及方法．北京：北京大学出版社，1995.

[6] 金宗濂．我国保健食品市场走向及发展对策．食品工业科技，2003，4：5-7.

[7] 金宗濂．功能食品教程．北京：中国轻工业出版社，2005.

[8] 金宗濂．全球功能食品的市场及其发展趋势．食品工业科技，2005，9：10-12.

[9] 刘志诚．营养与食品卫生学．北京：人民卫生出版社，1987.

[10] 李桂华，沈忱，高阳．基于消费者生活方式视角的中国保健品市场的分类研究．理论与现代化，2015，2：23-28.

[11]马于巽，段昊，刘宏宇，等．日本健康相关食品的分类与管理．食品工业科技，2019，40(7)：269-272.

[12]孙秀艳．《中国居民膳食指南(2022)》发布．食品界，2022(6)：3.

[13] 吴澎，王明林．我国保健食品发展概况及存在的问题．中国食物与营养，2005，2：38-39.

[14] 欣文．欧美功能食品市场动向．中外食品，2004，12：22-23.

[15] 徐硕，金鹏飞，徐巧玲，等．中药及保健品中非法添加化学药物的研究进展．中国新药杂志，2015，16：1 843-1 850.

[16] 徐梦阳，李笑然．中药保健品的开发应用及市场分析．亚太传统医药，2011，3：1-3.

[17] 叶少剑．中国保健品行业现状分析．医学与哲学(人文社会医学版)，2011，5：28-30.

[18] 于守洋，崔洪斌，石华．中国营养保健食品指南．哈尔滨：黑龙江科学技术出版社，1996.

[19] 于守洋，崔洪斌．中国保健食品的进展．北京：人民卫生出版社，2001.

[20] 于守洋．保健食品的进展与营养科学的学科建设．营养学报，2003，25(3)：142-144.

[21] 张立实．我国保健食品监管的历史与发展．现代预防医学，2022，49(14)：2 497-2 501.

[22] 钟芳芳．我国中药保健品的发展现状及发展趋势．中国卫生产业，2014，10：187-188.

[23] 郑楠．城市居民保健品消费情况及消费观念的调查研究．中国当代医药，2014，11：155-157.

[24] 赵卓青．中国保健品行业发展分析．现代营销(学苑版)，2011，11：145-146.

[25] 张志祥．我国营养保健功能食品行业的现状及发展前景．农产品加工，2014(3)：22-24.

[26] Angelika M T. Human health risk assessment of processing-relatedcompounds in food. Toxicology，2004，149：177-178.

[27] Koletzko B，Aggett P J，Bindels J G，et al. Growth development and differentiation：a functional food science approach. Br J Nutr，1998，80：191-193.

[28] Kroes R，Walker R. Safetyissues of botanicals and botanical preparations in func-

tional foods. Toxicology,2004,198:213-220.

[29] Leiba A,Vald A,Peleg E,et al. Does dietaryrecall adequately assesssodium,potassium,and calciumintake in hypertensive patients. Nutr,2005,21(4):4 622-4 625.

[30] Paraman I,San H,Chuen-How N,et al. Stevens Production of N-acetyl chitobiose from various chitin substrates usingcommercial enzymes. Carbohydrate Polymers,2006,63:245-250.

第2章 功能因子

本章重点与学习目标

1. 掌握功能因子的概念。
2. 掌握功能食品主要功能因子的结构、性质及生理功能。
3. 了解各功能因子的来源、特性、功效、制备和应用方法。

功能因子，也称功效成分，是指具有特殊生理活性，能够调节机体功能的化合物。富含这些化合物的物料被称为功能性食品基料。显然，功能因子是功能食品的关键。根据我国《保健食品标识规定》，在被认定为“保健食品”的标签上需列出发挥功效作用的功能因子及其含量。即使已有几十年的食用历史证实有益于人体健康的食品，若无法提出科学的依据，即明确其发挥作用的功能因子，也不能在标签或使用说明书上宣称对身体健康有益。

我国地大物博，食物资源极其丰富，不仅有种类繁多的既是食品又是药品的原料，也有数量庞大的食品加工副产物。采用现代食品加工技术和生物技术，从这些原料中挖掘、提取具有特殊生理活性的功能因子，助力我国大健康产业，是今后功能食品领域重要的研究内容之一。目前，已确认的功能因子主要包括功能性碳水化合物、功能性脂类、活性氨基酸、肽与蛋白质、维生素、矿质元素、益生菌、植物活性成分等。

2.1 氨基酸、活性肽及活性蛋白质

参与蛋白质构成的20种氨基酸根据营养功能的不同，划分为必需氨基酸和非必需氨基酸。多种氨基酸分子以酰胺键（即肽键）连接构成肽和蛋白质。肽的相对分子质量一般较蛋白质小，常具有特殊的生理活性。人类摄食的蛋白质经消化道的酶作用后，多以游离氨基酸形式吸收，有时以短肽形式吸收。短肽比游离氨基酸消化更快、吸收更多，表明肽的生物效价和营养价值高于游离氨基酸。活性肽和活性蛋白质是指除具有一般蛋白质的营养价值外，还具有提高机体的应激能力、清除自由基、降低血脂、提高免疫力等特殊生理功能的肽和蛋白质。其中，活性肽已成为当前国际保健食品领域最热门的研究课题和极具发展前景的功能因子。

2.1.1 氨基酸

2.1.1.1 必需氨基酸和半必需氨基酸

成年人需要的8种必需氨基酸分别为赖氨酸、色氨酸、苯丙氨酸、蛋氨酸、苏氨酸、缬氨酸、异亮氨酸和亮氨酸。对婴儿来说组氨酸也是必需氨基酸。近年来的研究表明，对成年人来说，组氨酸亦属必需氨基酸。半必需氨基酸也称条件必需氨基酸。半必需氨基酸是指某些氨基酸在人体内能够合成，但在严重的应激或疾病状态下容易缺乏，进而导致疾病或影响疾病康复的氨基酸。目前，半必需氨基酸主要包括牛磺酸、精氨酸、谷氨酰胺、酪氨酸和半胱氨酸等，已是当前营养学研究的热点。

将食物蛋白质中各种必需氨基酸的数量与人体需要量模式进行比较，相对不足且限制了其他氨基酸利用的那些氨基酸，称为限制性氨基酸。在科学分析和计算的基础上，向食品中添加限制性氨基酸，以提高食品蛋白质营养价值的方法称为氨基酸的营养强化。强化必需氨基酸已成为功能食品开发的一个重要方面。如在小麦面粉中添加0.4%的*L*-赖氨酸和0.15%苏氨酸，可使面粉蛋白的营养价值接近于鸡蛋蛋白。许多发达国家已通过立法规定在面粉、大米等谷物食品中强化限制性氨基酸。必须注意的是，随意强化氨基酸一方面可能会导致其他氨基酸生理价值下降，甚至会造成缺乏症；另一方面会引起其他营养素需要量的增加，如维生素、胆碱等。

2.1.1.2　几种具有特殊生理活性的氨基酸

1. 牛磺酸

牛磺酸(taurine)因1827年从牛胆汁中分离出来而得名，俗称牛胆碱、牛胆素，化学名称为2-氨基乙磺酸。其相对分子质量为125.15，白色棒状结晶或结晶性粉末，味微酸，溶于水，熔点300℃以上，水溶液pH为4.1～5.6，不溶于乙醇、乙醚、丙酮等有机溶剂，微溶于95%的乙醇。牛磺酸是一种含硫的非蛋白质氨基酸，化学性质稳定，是动物体内含量最高的游离氨基酸，不参与体内蛋白质的生物合成。牛磺酸的结构式见图2-1。

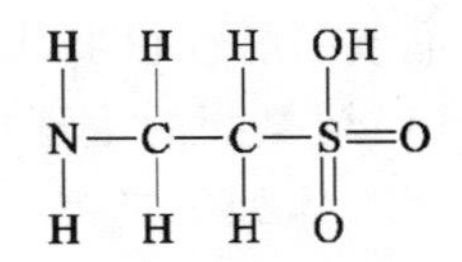

图2-1　牛磺酸的结构式

牛磺酸存在于人和哺乳动物几乎所有的脏器中，具有特殊的生理功能和药理作用，作为药物、食品和饲料添加剂而被广泛应用。

(1)牛磺酸的生理功能

①促进婴幼儿脑组织和智力发育。母乳中的牛磺酸含量较高，尤其初乳中含量更高。新生儿体内合成牛磺酸的酶活性很低，故依赖于从食物中获得牛磺酸。如果补充不足，将会影响幼儿的智力发育。长期单纯的牛奶喂养易造成幼儿体内牛磺酸的缺乏。

②牛磺酸对心血管系统有较强的保护作用。牛磺酸可以抑制血小板凝集，降低血液中胆固醇和低密度脂蛋白胆固醇的水平，同时提高高密度脂蛋白胆固醇的水平。这有益于预防动脉粥样硬化、冠心病等疾病。

③提高神经传导和视觉功能。实验发现，猫及夜行猛禽捕食老鼠的重要原因是老鼠体内含有丰富的牛磺酸，多食可以保持其敏锐的视觉。幼儿如果缺乏牛磺酸，也会发生视网膜功能紊乱。

④调节内分泌，提高机体免疫力。牛磺酸能够促进垂体激素分泌，活化胰腺功能，从而改变体内分泌系统的状态，对机体代谢给予有益的调节。牛磺酸能促进淋巴细胞的增殖从而提高机体免疫力。

⑤抗氧化、延缓衰老。对用脑过度、运动及工作过劳者有快速消除疲劳的作用。

⑥其他作用。牛磺酸还具有利胆、护肝和解毒作用，具有调节机体渗透压和防治缺铁性贫血的作用。

(2)牛磺酸在天然物质中的存在　牛磺酸几乎存在于所有的生物之中。哺乳动物的主要脏器如心脏、脑、肝脏中牛磺酸的含量较高。含牛磺酸最丰富的是海鱼、贝类，如墨鱼、章鱼、虾、牡蛎、海螺、蛤蜊等。鱼类中的青花鱼、竹荚鱼、沙丁鱼等牛磺酸含量很丰富。

(3)牛磺酸的制备　工业上制取牛磺酸有2种途径。

工业制取牛磺酸的途径之一是化工合成。由于牛磺酸在天然生物中较分散、量少，从天然生物品中提取的量也很有限，所以人们工业大量生产牛磺酸主要还是靠化工合成。但化工合成存在试剂残留、环境污染等问题。

工业制取牛磺酸的途径之二是从天然物中提取。将牛的胆汁水解，或将乌贼和章鱼等鱼贝类和哺乳动物的肉或内脏用水提取后，再浓缩精制而成。也可用水产品加工中的废弃物用热水萃取后，经脱色、脱臭、去脂、精制，再通过阳离子交换树脂分离，所得洗脱液中的牛磺酸含量可达66%～67%，再经乙醇处理后结晶而得。

(4)牛磺酸的应用　牛磺酸具有多种功效,常用于婴儿配方食品中,可用作医药原料和保健食品、饮料、饲料添加剂,也可用来防治感冒、发热、神经痛、胆囊炎、扁桃体炎、风湿性关节炎、心衰、高血压、药物中毒以及因缺乏牛磺酸所引起的视网膜炎、高血脂等症。

2. 精氨酸

精氨酸化学名为 L-α-氨基-σ-胍基戊酸,分子式为 $C_6H_{14}N_4O_2$,熔点 244℃,有苦味,为白色结晶或结晶性粉末,微有特异臭味,易溶于水,不溶于乙醚,微溶于乙醇。

(1)精氨酸的生理功能　精氨酸不是人体必需氨基酸,但它对人体却有重要的生理功能。当人体处于饥饿状态、蛋白质摄入过量、创伤、青春生长期等体内蛋白质分解代谢增加时,尿素生成和排出量也随之增加,由于精氨酸是尿素循环的中间物质,因而精氨酸的需要量大大增加。人体在创伤(手术、意外伤、烧伤)等应激情况下,精氨酸作为特殊的营养药物具有很好的疗效。蚕豆、黄豆、核桃、花生、牛肉、鸡肉、鸡蛋、虾等食物原料中含有丰富的精氨酸。

(2)精氨酸的制备　精氨酸的制备包括水解法和发酵法两种。水解法是以动物毛发水解提取胱氨酸后的第一次母液为原料,利用反胶束萃取法从蛋白质水解液中提取精氨酸。这是一种先进的制备精氨酸的方法。发酵法生产精氨酸包括筛选高产菌种、发酵和精氨酸的提取分离。中国科学院微生物研究所龚建华等开展了精氨酸的发酵法研究,2 000 L 发酵罐的平均产酸量为 29 mg/mL,最高可达 32 mg/mL。发酵液中精氨酸的提取总收率为 55.9%,最高达 66.04%。

(3)精氨酸的应用　精氨酸可作为营养补剂、调味剂。精氨酸对成人为非必需氨基酸,但体内生成速度较慢。精氨酸对婴幼儿为必需氨基酸,是氨基酸药液及氨基酸制剂的重要成分。在创伤(手术、意外伤、烧伤)等应激情况下,精氨酸可作为特殊的营养药物。精氨酸与糖加热反应可获得特殊的香味物质,作为食用香精。

3. 谷氨酰胺

谷氨酰胺是人体中含量最多的一种氨基酸,在肌肉蛋白中约占细胞内氨基酸总含量的 61%,在血浆中约占总游离氨基酸的 20%。在剧烈运动、感染等应激条件下,谷氨酰胺的需要量大大超过了机体的合成能力,使体内谷氨酰胺含量降低,导致身体肌肉蛋白的合成减少和抗感染能力减弱,出现小肠黏膜萎缩与免疫功能低下等现象。因此,谷氨酰胺常被视作身体健康的必需氨基酸。在疾病、营养状态不佳或高强度运动等应激状态下,机体对谷氨酰胺的需求量增加,以致自身合成不能满足需要。谷氨酰胺主要存在于动物的肌肉组织和血液中。

(1)谷氨酰胺的生理功能　谷氨酰胺可改善氮平衡,增强免疫力,抗疲劳和预防过度训练综合征,改善胃肠功能等。

(2)谷氨酰胺的制备　谷氨酰胺的制备包括微生物发酵法和化学合成法 2 种方法。L-谷氨酰胺主要是通过微生物发酵法来生产,生产国主要是中国、日本,韩国也有少量生产。化学合成法生产 L-谷氨酰胺的优点是成本低,但生产过程中要使用大量有机溶剂,易造成污染。

(3)谷氨酰胺的应用　在发达国家,谷氨酰胺是提高运动员成绩的营养配方食品的基本成分,已大量用于治疗运动员的运动综合征或运动后的过度疲劳。对于依靠静脉注射提供营养的人,谷氨酰胺是必须补充的重要营养素。L-谷氨酰胺也可作为一种营养添加剂加入食品、饮料等保健食品中。医药上谷氨酰胺可用来治疗消化器官溃疡、醇中毒及改善脑功能。

4. 半胱氨酸

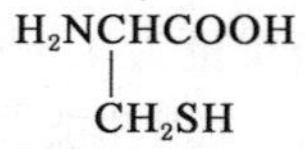

半胱氨酸为无色结晶，略有气味和酸味，熔点 240℃，易溶于水、乙醇和氨水，不溶于丙酮、乙醚和二硫化碳。在中性和微碱性溶液中能被空气中的氧气氧化成胱氨酸。半胱氨酸的结构式见图 2-2。

$$\begin{array}{l} H_2NCHCOOH \\ \quad\;| \\ \quad CH_2SH \end{array}$$

图 2-2 半胱氨酸的结构式

(1)半胱氨酸的生理功能和应用 半胱氨酸的生理功能包括抗辐照、保护肝脏、解毒等作用。在医药上，半胱氨酸及其衍生物可用做护肝药和解毒药、解热镇痛药、溃疡治疗药、疲劳恢复剂、输液及综合氨基酸制剂，特别是祛痰药。

(2)半胱氨酸的制备 半胱氨酸在蛋白质中经常以其氧化型的胱氨酸存在。胱氨酸是由两个半胱氨酸通过它们侧链上的巯基氧化成共价键的二硫键连接而成的。胱氨酸广泛存在于小麦、玉米、大豆等天然植物蛋白中。

半胱氨酸的制备包括水解法和化学合成法。水解法是将动物毛、羽、发等用盐酸加热进行水解，再经脱色、过滤、中和、结晶和精制而成。化学合成法是以环氧氯丙烷为原料合成 *L*-半胱氨酸。化学合成法具有原料易得、工艺流程短、投资小、效益高等特点。

5. 神经酰胺

神经酰胺又名糖神经酰胺，化学名为 *N*-脂酰基神经鞘氨醇，属糖脂类化合物。神经酰胺是无色透明液体，高效保湿剂，可促进细胞的新陈代谢，促使角质蛋白有规律的再生。

(1)神经酰胺的生理功能和应用 神经酰胺对皮肤有增白、保湿和缓解过敏性皮炎等作用。神经酰胺主要蓄积在皮肤的角质层，是角质细胞间脂质的主要成分(约 50%)，可抑制水分的蒸发和冻结，对发挥角质层的屏障功能起着重要作用。随着年龄和皮肤老化，角质细胞间的脂质量会明显减少，其中的主成分神经酰胺也随之下降，使皮肤容易干燥、粗糙，出现皱纹增多等现象。角质层中神经酰胺含量的不足也是造成特异性皮炎的主要原因之一。因此，经常补充神经酰胺，可恢复皮肤的正常结构，从而恢复皮肤原有的防止水分蒸发和抵抗外界有害物侵入的屏障功能，提高皮肤的耐应变能力。口服神经酰胺能增加皮肤的保水能力，从而起到提高皮肤弹性、减少皱纹等美肤作用。

(2)神经酰胺的来源与制备 神经酰胺的制备原料既可以是动物，也可以是植物。由哺乳动物的脑组织如牛脑制得的神经酰胺，为白色粉末，其薄层色谱法纯度可达 99%。在小麦、大米等植物中也含有神经酰胺，神经酰胺可由小麦胚芽、米糠及米胚芽经溶剂萃取后精制而得。

2.1.2 活性肽

生物活性肽是指对生物机体的生命活动有益或具有生理作用的肽类化合物，又称功能肽。

2.1.2.1 活性肽的分类

活性肽可按原料来源和生理功能进行划分。按活性肽的来源可分为乳肽、大豆低聚肽、小麦肽、玉米肽、水产肽、豌豆肽、卵白肽、畜产肽、胶原肽和复合肽等。按活性肽的生理功能可分为易消化吸收肽、抑制胆固醇肽、免疫调节肽、降血压肽、促进矿物元素吸收肽、促进生长发育肽、类鸦片活性肽、抗菌肽和改善肠胃功能肽等。

2.1.2.2 功能食品中常用的活性肽

1. 酪蛋白磷酸肽

酪蛋白磷酸肽(casein phosphopeptides，CPP)是从牛奶酪蛋白中经蛋白酶水解后分离提纯而得到的富含磷酸丝氨酸的多肽制品。它有 α 结构和 β 结构。α-CPP 含有 37 个氨基酸，相对分子质量为 4 600；β-CPP 含有 25 个氨基酸，相对分子质量为 3 100。

(1)生理功能

①促进小肠对 Ca^{2+} 和 Fe^{2+} 的吸收。由食物中摄入的钙，在胃和小肠上部的酸性环境下，可处于良好的溶解状态。但小肠下部的 pH 为中性甚至弱碱性，且小肠内主要的酸根离子是 PO_4^{3-}，溶解的 Ca^{2+} 和 Fe^{2+} 到达小肠后会被磷酸盐所沉淀，故不易被吸收。酪蛋白磷酸肽与钙、铁等金属离子可形成可溶性络合物，促进钙、铁的吸收利用。

②预防龋齿。酪蛋白磷酸肽中的部分片段能通过络合作用稳定非结晶磷酸钙并使之集中在牙斑部位，而非结晶磷酸钙则充当游离钙离子和磷酸根离子的缓冲剂，从而防止细菌产生的酸对牙质的脱矿质作用。

③增强机体免疫力。CPP 还具有增强机体免疫的能力。研究表明，在大鼠饲料中添加 CPP 能提高血清中 IgG、IgA 等抗体的水平，使肠道内的抗原特异性 IgA 和总 IgA 得到显著提高。这些说明，CPP 对免疫力的提高也有很大的促进作用。

(2)制备　CPP 的制备过程可大致分为水解和分离两步。首先选用合适的酶在一定条件下将酪蛋白分子内特定的肽键打断，然后采用适当的方法将 CPP 从水解液中分离出来，并根据需要制成不同规格的产品。

(3)应用　酪蛋白磷酸肽能促进婴幼儿的骨骼形成，预防和改善骨质疏松，促进骨折患者的康复。酪蛋白磷酸肽可作为钙的营养强化剂用于糖果、饮料、饼干、奶酪制品、甜点、畜产品、各种乳制品等多种食品中，也可制成抗蛀牙牙膏、漱口液或含片等。

2. 谷胱甘肽

谷胱甘肽(glutathione，GSH)是由谷氨酸、半胱氨酸、甘氨酸组成的活性三肽。半胱氨酸上的巯基为其活性基团，故谷胱甘肽常简写为 GSH。谷胱甘肽有还原型(G—SH)和氧化型(G—S—S—G)两种形式，在生理条件下以还原型谷胱甘肽为主。谷胱甘肽广泛存在于动植物细胞内，在肝脏、血液、酵母和小麦胚芽中含量较多。

(1)生理功能

①解毒作用。谷胱甘肽可直接与某些毒物结合而排出体外，或者先经肝脏细胞色素 P 代谢酶系氧化和氢化，然后在谷胱甘肽-硫-转移酶的作用下，与谷胱甘肽结合成大分子络合物，而使毒物灭活并增加水溶性，最后以降解等方式经胆汁或肾脏排出体外。

②抗衰老作用。谷胱甘肽具有很强的自由基清除能力。机体代谢产生的过多自由基会损伤生物膜，侵袭生命大分子，促进机体衰老，并诱发肿瘤或动脉硬化。谷胱甘肽可消除自由基，能起到强有力的保护作用。

③抗辐照。谷胱甘肽对于放射线、放射性药物所引起的白细胞减少等症状有较好的保护作用。

④抗过敏。谷胱甘肽能够纠正乙酰胆碱、胆碱酯酶的不平衡，调节乙酰胆碱代谢，从而消除由此引起的过敏症状。

⑤养颜美容护肤。由于谷胱甘肽能够螯合体内的自由基、重金属等毒素，防止皮肤色素沉淀，防止新的黑色素形成并减少其氧化，使皮肤产生光泽，所以它无论内用还是外用都具有良好的养颜、美容的功效。

⑥参与体内代谢调节，对多种疾病具有辅助治疗作用。国内外多方面的研究结果显示，

GSH 作为抗氧化剂和细胞代谢调节剂，在肝病、急性肾功能衰竭、心血管疾病、老年性眼病、糖尿病、神经损伤和肠道疾病中均为一种重要的治疗或辅助治疗药物。

(2)来源和制备　谷胱甘肽在面包酵母、小麦胚芽和动物肝脏中含量较高，动物血液中含量也较为丰富。目前谷胱甘肽的生产方法主要有溶剂萃取法、化学合成法、酶转化法和发酵法。萃取法主要是通过萃取和沉淀的方法从含有 GSH 的动植物组织中进行分离提取。由于原料不易获得且 GSH 的含量极低，因此该法的实际应用价值不大。化学合成法生产 GSH 的操作过程复杂、耗时，且得到的 GSH 是左旋体和右旋体的混合物，分离十分困难，造成产品纯度不高，且生物效价很难保持一致。

从 20 世纪 60 年代起，采用生物法(包括酶转化法和发酵法)进行 GSH 的合成引起研究者们的广泛关注。GSH 的酶法合成就是利用微生物细胞中的 γ-谷氨酰半胱氨酸合成酶和谷胱甘肽合成酶催化 3 种组成氨基酸形成 GSH 的方法。该过程中需要消耗大量 ATP。γ-谷氨酰半胱氨酸合成酶和谷胱甘肽合成酶的活性偏低及 ATP 的供应问题是影响酶法合成谷胱甘肽应用的主要因素。发酵法是采用廉价的糖类原料，利用微生物体内物质代谢途径来进行 GSH 生物合成的方法。一般情况下，微生物细胞中 GSH 的含量不高(仅为干重的 0.5%～1.0%)，过高含量的 GSH 容易破坏体内业已平衡的氧化还原环境。发酵法生产 GSH 的关键问题在于如何提高细胞密度以及细胞内的 GSH 含量，二者的有机结合将有利于 GSH 产量的大幅度提高。由于发酵法所使用的微生物容易培养，加之生产方法及工艺的不断改进和完善，因此采用微生物发酵法已成为目前 GSH 工业化生产最普遍的方法。

(3)应用　GSH 在生物体内有着多种重要的生理功能，特别是对于维持生物体内适宜的氧化还原环境起着至关重要的作用。GSH 还有改善性功能和消除疲劳的作用。近年来还发现 GSH 具有抑制艾滋病病毒的功效。随着对 GSH 研究的不断深入，GSH 在临床医药领域内还会有更多的用途。

谷胱甘肽具有独特的生理功能，被称为长寿因子和抗衰老因子。日本等发达国家在 20 世纪 50 年代就开始将 GSH 作为生物活性添加剂并积极开发应用在保健食品的生产中，现已在食品加工领域如面制品加工、乳品及婴儿食品、肉类、禽类、鱼类和海鲜食品等得到广泛应用。

GSH 与运动训练也有着密切的关系。它在防止损伤、提高运动能力、消除运动疲劳及运动营养的补充方面都备受人们的关注。随着 GSH 的生理功能和性质被不断研究，人们对其在医药工业、食品工业、体育运动领域及有关生物研究领域上的兴趣将日益增长，对其需求量也将不断增加。

3. 大豆低聚肽

大豆低聚肽是大豆蛋白经酶水解或微生物技术处理而得到的水解产物，是主要由 3～6 个氨基酸分子组成的低肽混合物，相对分子质量以低于 1 000 为主，主要在相对分子质量 300～700 的范围内。其氨基酸组成与大豆球蛋白十分相似，必需氨基酸平衡良好。

大豆低聚肽的水溶性很高，即使在 50%的高浓度下仍具流动性。大约 10%浓度的大豆蛋白质水溶液一经加热就会凝固，但对于大豆低聚肽的水溶液来说，不发生凝固现象。从溶解性看，大豆蛋白质在等电点(pH 4.3)附近会形成沉淀，但对于大豆低聚肽来说，在 pH 3.0～7.0 时都能保持很好的溶解性。大豆低聚肽还具有抑制蛋白质形成凝胶、较强的吸湿性和保湿性、调整蛋白质食品的硬度、改善口感和易消化吸收等特性。由此可见，大豆低聚肽很适合于生产速溶饮品和高蛋白质食品。

(1)生理功能

①易于消化吸收。蛋白质并非完全水解成氨基酸才被吸收,而是在多肽形式时就能直接被人体吸收,而且二肽和三肽的吸收速度比相同组成的氨基酸还要快。大豆低聚肽不仅具有与大豆蛋白相同的必需氨基酸组成,而且与大豆蛋白相比更易被消化吸收,并且其吸收速度和吸收率也比其他蛋白质和氨基酸混合物高。

②促进脂肪代谢。过度肥胖会引起许多疾病,但低能膳食方式的减肥法又会导致减肥者体质下降,因此在减肥过程中保持氮的平衡非常重要。肽有阻止脂肪吸收的作用,因而,在保证摄入足够肽的基础上将其余能量组分降至最低,则既可达到减肥的目的又能保证减肥者的体质。大豆低聚肽不仅能阻碍脂肪的吸收,还具有更强的促进脂肪代谢的效果。实验证明,添加大豆低聚肽的食品比不加肽的低热食品使小儿肥胖患者皮下脂肪减少的速度更快。

③增强体能和抗疲劳。要使运动员的肌肉有所增加,必须要有适当的运动刺激和充分的蛋白质补充。通常,刺激蛋白质合成的成长激素的分泌在运动后 15～30 min 以及睡眠后 60 min 时达到顶峰,若能在这段时间内适时提供消化吸收性良好的肽作为肌肉蛋白质的原料将是非常有效的。当肌肉消除疲劳时,肌红蛋白减少。饮服大豆低聚肽的运动员,肌红蛋白值减少速度比未饮服大豆低聚肽的快,所以大豆低聚肽有加速肌肉消除疲劳的效果。

④低过敏性。大豆蛋白的 7S 和 11S 亚基有很强的抗原性。同时一些蛋白酶抑制剂的存在使大豆蛋白消化率和生物学效价大大降低。酶免疫测定法研究发现,大豆低聚肽的抗原性比大豆蛋白质低,因此大豆低聚肽可满足对大豆蛋白易发生过敏反应的人群对氨基酸的需要,尤其适用于生产低抗原性的婴儿食品。

⑤降胆固醇作用。大豆低聚肽具有降低血清胆固醇的作用。大豆低聚肽能抑制肠道内胆固醇类物质的再吸收,并能促使其排出体外。这可能是由于大豆低聚肽刺激甲状腺素分泌量的增加,从而促进了胆固醇胆汁酸化而无法再吸收。

⑥降血压作用。血管中含有血管紧张素和血管紧张素转换酶。当后者使前者由 X 型转换为 Y 型时,会使末梢血管收缩,血压升高。大豆低聚肽能够抑制血管紧张素转换酶和活性,防止末梢血管收缩,因而起到降低血压的作用。但大豆低聚肽仅对高血压患者有降压作用,而对正常人无降压作用,因此其应用安全可靠。

⑦增强免疫力。用大豆低聚肽喂养大鼠,能够显著提高肺巨噬细胞的吞噬活性,增强肺巨噬细胞对调理的绵羊红细胞的吞噬作用,促进有丝分裂。

⑧抗氧化性。最近,大豆低聚肽的抗氧化性研究也取得可喜进展。有人通过亚油酸自动氧化鉴定并分离出大豆蛋白酶水解物中 6 种多肽具有抗氧化特性。该类多肽具有捕捉自由基及螯合金属离子作用,而且多肽中都含有组氨酸和酪氨酸。侧链氨基酸的种类及其疏水性对大豆低聚肽的抗氧化性有很大的影响,即肽端为疏水性氨基酸残基的多肽具有较强的抗氧化性,同时水解度与抗氧化性也有很强的联系。在水解初始阶段,水解物的抗氧化活性随水解程度的加深而增强;当水解到一定程度后,抗氧化值开始出现一个平衡点。因此,制备抗氧化大豆低聚肽应努力提高水解产物中小肽的含量,同时尽可能选用作用位点是疏水性氨基酸残基的蛋白酶来水解,提高氨基酸侧链的疏水性。

(2)制备　大豆低聚肽的制备工艺流程:脱脂大豆粕→浸泡→磨浆分离→胶体磨研磨→精滤→超滤→预处理→酶水解→分离→脱苦、脱色→脱盐→杀菌→浓缩→干燥。

酶的选择至关重要。通常选用胰蛋白酶、胃蛋白酶等动物蛋白酶,也可选用木瓜和菠萝等植物蛋白酶。但应用较广的主要是放线菌 166、枯草芽孢杆菌 1389、栖土曲霉 3942、黑曲霉 3350 和地衣型芽杆菌 2709 等微生物蛋白酶。

(3)应用 大豆低聚肽不仅具有良好的生理功能,与大豆蛋白相比,还具有无豆腥味、无蛋白变性、酸性不沉淀、加热不凝固、易溶于水、流动性好等良好的加工性能,是优良的保健食品配料,可广泛应用于功能食品、特殊营养食品中。大豆低聚肽在功能食品上的应用大致有以下几个方面:

①在营养疗效食品中的应用。大豆低聚肽易消化吸收,可制成肠道营养剂和液态食品,为康复期病人、肠道病患者、消化功能衰退的老年人以及消化功能未成熟的婴幼儿提供理想的营养疗效食品。以大豆低聚肽为基料,配以全脂奶粉、蜂蜜等辅料,制成速溶性的老年奶粉,可以降低血清胆固醇,是优质的营养食品。

②在功能和保健食品中的应用。以大豆低聚肽为基料的保健食品可以降低胆固醇、降血压、预防心血管系统疾病和帮助肥胖症患者减肥。以大豆低聚肽为基料的婴幼儿奶粉及点心等有利于婴幼儿的健康成长。

③在运动员食品中的应用。极易吸收的大豆低聚肽能迅速给肌体补充能量、恢复体力,是运动员理想的蛋白质强化食品和能量补给饮品。大豆低聚肽具有低黏度和在酸性条件下的可溶性,可以制成具有独特功能的酸性饮料,能使肌肉疲劳迅速消除,恢复体力。

④作为高胆固醇、高血压患者的蛋白质来源。

⑤在普通食品中的应用。大豆低聚肽还可广泛用于糖果、糕点、冷饮、焙烤食品、肉制品和乳制品等多种食品中。

4. 高 F 值低聚肽

在氨基酸和低聚肽混合物中,支链氨基酸(主要指亮氨酸、异亮氨酸和缬氨酸)与芳香族氨基酸(主要指苯丙氨酸、酪氨酸)的摩尔比值称为 F 值。高 F 值低聚肽是由动物蛋白、植物蛋白经酶解后制得的支链氨基酸含量高、芳香族氨基酸含量低的寡肽,以低苯丙氨酸寡肽为代表。

正常人血浆中支链氨基酸与芳香族氨基酸的摩尔浓度比为(2.6～3.6)∶1。如这一比例降至 1∶1,就会造成肝性脑病而致肝昏迷。肝昏迷病人在摄入高 F 值低聚肽后,90%的病人可以苏醒。这是因为芳香族氨基酸主要是在肝脏中分解代谢,当肝功能衰竭时,其分解能力显著降低,致使血液中浓度积累增高。而支链氨基酸主要是在骨骼肌中代谢,肝脏不承担其分解作用,因此,肝病患者不会降低支链氨基酸的代谢。

高 F 值低聚肽为无色至淡黄色,无味,相对分子质量$<$1 000,黏度与浓度无直接的关系。高 F 值低聚肽具有较好的溶解性,持水性高,低黏度,较好的稳定性,酸性条件下不易凝聚,等电点不易沉淀,较强的乳化性和起泡性等特征。

(1)生理功能

①防治肝性脑病。摄入高 F 值的低聚肽可纠正血液和脑中氨基酸的病态模式,改善肝昏迷程度和精神状态,减轻或消除肝性脑病的症状。高 F 值低聚肽还可广泛用作保肝、护肝功能食品的基料。

②改善蛋白质营养状况。支链氨基酸是肌肉能量代谢的底物,具有促进氮储留和蛋白质合成、抑制蛋白质分解的功能。支链氨基酸对肌肉蛋白质的合成和分解起决定性调节作用和较大的临床耐受性。高 F 值低聚肽在肠道内易消化吸收,广泛用作烧伤、外科手术、脓毒血症

等病人及消化酶缺乏患者的肠道营养剂和蛋白营养食品。

③抗疲劳作用。支链氨基酸主要氧化部位在肌肉。补充外源性支链氨基酸可节省来自蛋白质分解的内源性支链氨基酸,从而起到节氮作用,成为可提供能量的物质。高 F 值低聚肽可用作高强度劳动者及运动员的食品营养剂,能及时补充能量,消除疲劳,增强体力。

④缓解酒精中毒。酒精在人体内氧化和排泄速度缓慢,只有不到 2%的酒精可直接经肾从尿中排出,或经肺从呼吸道呼出,或经皮肤的汗腺随汗排出,其余的必须经过生物氧化才能被清除。肝脏是其氧化的主要场所。通过 2 个以 NAD^+ 为辅酶的酶——乙醇脱氢酶和乙醛脱氢酶的作用,分别将乙醇转化为乙醛和乙酸。高 F 值低聚肽之所以能够有效地降低血液中的乙醇浓度,是因为通过提高血液中丙氨酸和亮氨酸浓度产生稳定的 NAD^+。

⑤降低血清胆固醇浓度。通常植物性蛋白质具有抑制胆固醇上升作用。降低血清胆固醇浓度的方法之一是抑制胆汁酸的吸收,促进类甾醇从粪便中排泄,如富含亮氨酸的肽能刺激高血糖素的分泌,从而可降低血清胆固醇。同时,这类肽还会增加甲状腺素分泌,造成内源性胆固醇代谢亢进,增加粪便中类甾醇的排泄量,降低血清胆固醇的浓度。

(2)制备　高 F 值低聚肽蕴含在天然的蛋白质序列中。酶法制肽时,首先要将高 F 值低聚肽片段释放出来。由于在通常的蛋白质原料中 F 值较低,还要通过除去芳香族氨基酸才可能达到高 F 值的要求。制备的基本工艺为:蛋白质→预处理→酶解→去除芳香族氨基酸→浓缩纯化→成品。工艺中的关键步骤是水解度的控制、大分子肽与小分子肽的分离以及产物苦味的控制。

首先,进行湿热处理,蛋白质分子结构变得松散,有利于酶的作用;其次,进行酶解,分两步进行:使用一种蛋白酶水解蛋白质生成可溶性肽,要求水解发生在特定的位置使得切下肽段的 N 末端或 C 末端为芳香族氨基酸,再用另一种蛋白酶切断芳香族氨基酸旁的肽键,将其从肽链中去除掉;最后,去除芳香族氨基酸,浓缩得成品。

(3)应用　高 F 值低聚肽具有消除或减轻肝性脑病症状,改善肝功能和多种病人蛋白质营养失常状态及抗疲劳功能,可广泛用作保肝、护肝功能食品,特殊患者的蛋白营养食品和肠道营养液,高强度劳动者和运动员食品营养强化剂等。

5. 脂肪代谢调节肽

脂肪代谢调节肽是由乳、鱼肉、大豆、明胶等蛋白质混合物经酶解而得到的一种复合肽,含 3～8 个氨基酸残基,主要由“缬—缬—酪—脯”“缬—酪—脯”“缬—酪—亮”等短肽组成。

(1)生理功能

①抑制脂肪的吸收。脂肪代谢调节肽与食用油脂共同食用时,可抑制脂肪的吸收和血清中甘油三酯浓度的上升。其作用机理是阻碍体内脂肪分解酶的作用,对其他营养成分和脂溶性维生素的吸收没有影响。

②抑制脂肪的合成。当同时摄入高糖食物时,由于脂肪合成受阻,从而抑制脂肪组织和体重的增加。

③促进脂肪代谢。当与高脂肪食物同时摄入时,能抑制血液、脂肪组织和肝组织中脂肪含量的增加,同时也抑制体重的增加,有效防止肥胖。

④改善肝功能。曾对多种肝功能障碍的患者进行试验,结果表明脂肪代谢调节肽对肝功能的改善具有明显作用。

(2)制备　由各种食用蛋白(乳蛋白、鱼肉蛋白、大豆蛋白、卵蛋白、明胶蛋白)用蛋白酶水解后经灭酶、杀菌、过滤后精制而得。

(3)应用　用于各种减肥功能食品的开发。

6. 抗菌肽

抗菌肽又称抗微生物肽，是指具有抗菌作用的多肽，如乳酸链球菌素(nisin)具有很强的杀菌作用。抗菌肽广泛分布于自然界，在原核生物和真核生物中都存在。抗菌肽由植物、微生物、昆虫和脊椎动物在微生物感染时迅速合成而得，也可采用基因克隆技术生产。抗菌肽主要用于食品防腐保鲜和食品加工中去除污染的杂菌，也可开发成功能食品。

抗菌肽按来源可分为以下几类：

①微生物抗菌肽。包括细菌素和细菌素类似物(如乳酸菌素)、酵母和丝状真菌的嗜杀毒素(如酵母嗜杀毒素)。

②植物抗菌肽。已从植物中分离出多种抗菌肽，包括酶抑制剂、有毒蛋白和水解酶。典型的植物抗菌肽是大麦中的 Thionins 肽，能杀伤多种酵母和细菌。

③昆虫抗菌肽。当细菌侵染昆虫血淋巴时，可以在昆虫血淋巴中发现许多杀菌因素，其中相当多的是多肽类，如蝇蛆抗菌肽、蚯蚓抗菌肽和溶菌酶等。

④高等脊椎动物抗菌肽。当脊椎动物受到感染时，会在体内产生多种抗菌肽。如蛙皮抗菌肽和嗜中性白细胞抗菌肽等。

本处介绍乳酸链球菌素和溶菌酶两种抗菌肽。

(1)乳酸链球菌素　乳酸链球菌素(nisin)，别名乳链菌肽，是由某些乳酸链球菌产生的一种多肽物质，由 34 个氨基酸残基组成，是一种天然生物食品防腐剂。乳酸链球菌素是一种多肽，进入人体即被酶分解为多种氨基酸，无残留，不产生抗药性，不影响人体益生菌。它能有效地抑制革兰氏阳性菌，如葡萄球菌、链球菌、乳杆菌、李斯特菌等的生长、繁殖，特别对梭菌和芽孢杆菌有极强的抑制作用，系一种高效、无毒、安全、无副作用的天然食品防腐剂，并具有良好的溶解性和稳定性。

乳酸链球菌素可以取代或部分取代化学合成防腐剂，以满足生产保健食品、绿色食品的需要。它能有效抑制引起食品腐败的细菌和孢子，延长食品保存时间，降低灭菌温度，缩短灭菌时间，降低热加工温度，使食品最大限度地保持原有的营养成分、风味、色泽，延长食品的保质期，从而大量节约能源。

乳酸链球菌素已广泛应用在乳制品、肉制品、罐装食品、植物蛋白制品、酿造酒、酒精制品、果汁饮料、袋装食品、焙烤食品、方便食品、需高温灭菌食品、调味品、乳酪、沙拉酱、冰淇淋、酵母、酱菜、生鱼肉等食品的防腐保鲜上。它能有效地抑制引起食品腐败的许多革兰氏阳性细菌及厌氧菌，如乳酸(杆)菌、肉毒杆菌、金黄色葡萄球菌、李斯特氏菌、耐热腐败菌、生孢梭菌、棒杆菌、小球菌属、分枝杆菌，特别是对产生孢子的细菌如芽孢杆菌、梭状芽孢杆菌、嗜热芽孢杆菌、致死肉毒芽孢杆菌、细菌孢子等有很强的抑制作用。

(2)溶菌酶　溶菌酶又称胞壁质酶或 *N*-乙酰胞壁质聚糖水解酶，是一种能水解致病菌中黏多糖的碱性酶。其主要通过破坏细胞壁中的 *N*-乙酰胞壁酸和 *N*-乙酰氨基葡糖之间的 β-1,4-糖苷键，使细胞壁不溶性黏多糖分解成可溶性糖肽，导致细胞壁破裂，内容物逸出而使细菌溶解。溶菌酶还可与带负电荷的病毒蛋白直接结合，与 DNA、RNA、脱辅基蛋白形成复盐，使病毒失活。因此，该酶具有抗菌、消炎、抗病毒等作用。

该酶广泛存在于人体多种组织中，鸟类和家禽的蛋清、哺乳动物的泪、唾液、血浆、尿、乳汁等体液以及微生物中也含此酶，其中以蛋清含量最为丰富。从鸡蛋清中提取分离的溶菌酶是由18种129个氨基酸残基构成的单一肽链。它富含碱性氨基酸，有4对二硫键维持酶构型，是一种碱性蛋白质，其N端为赖氨酸，C端为亮氨酸。该酶可分解溶壁微球菌、巨大芽孢杆菌、黄色八叠球菌等革兰氏阳性菌。

由于溶菌酶是存在于人体正常体液及组织中的非特异免疫因子，因此它对人体完全无毒副作用，而且还具有多种药理作用。除了一般的抗菌、杀菌作用外，溶菌酶还具有抗病毒、抗肿瘤、促进婴儿的消化吸收和肠道内双歧杆菌的增殖、防龋齿、提高人体抗感染能力等保健功效，已被开发成保健食品。目前工业化生产溶菌酶主要从鸡蛋清中提取或采用基因克隆技术利用大肠杆菌发酵法生产。

7. 降血压肽

高血压是一种最常见的心血管疾病，这种疾病的患病率极高，并能够引起较严重的并发症，如心脏、脑、肾脏等方面的疾病。研究表明，降血压肽作为活性肽的一种，仅仅对原发性高血压人群有降低血压作用，而对于正常人来说，无降压及其他副作用。降血压肽主要通过抑制血管紧张素转化酶（ACE）的活性而起到降压作用，是一种ACE抑制剂。

（1）降血压肽的构效关系。降血压肽的活性与自身的结构关系密切。研究表明，在多肽的C末端为脯氨酸、酪氨酸或者是色氨酸时表现出较高的ACE抑制活性。C末端为甘氨酸，N末端为异亮氨酸、缬氨酸或精氨酸时，形成的二肽对ACE的抑制效果最显著。缬氨酸和色氨酸形成的二肽具有较高的ACE抑制活性。C末端具有环状结构的芳香族氨基酸也显示出较好的降血压活性。也有学者认为疏水性氨基酸肽段比亲水性肽段对ACE活性抑制作用强。随着研究的进展，多种不同结构的降血压肽将被开发出来。

（2）降血压肽的生产方法。目前降压肽的生产主要有发酵法和酶解法两种。发酵法生产降压肽主要源于发酵乳制品和豆制品。牛奶经过微生物发酵后将蛋白质降解为具有较高降压效果的多肽。发酵乳中除含有多种肽和氨基酸之外，还保留着原料乳中多种维生素和矿质元素，因而是一种营养非常丰富的食品。也有学者从大豆发酵制品腐乳、豆豉等中分离出降压肽，并解释了传统发酵豆制品的降压效果。

目前，以外源酶水解蛋白质是制备降压肽的主要方法。酶法生产降压肽的步骤主要包括蛋白质的筛选、蛋白酶的选择、酶解条件的优化、酶解产物的分离纯化与结构鉴定、蛋白质水解物的体外活性测定以及动物实验测定降压肽在体内的活性。

（3）降血压肽的应用。降压肽是食物蛋白经酶解后的产物，食用安全性很高。它对高血压患者具有降压作用，对正常人也没有副作用，因而可以开发成辅助降压药物或降血压功能性食品，也可以作为普通食品的配料，预防高血压的发生与发展。

8. 抗氧化肽

自由基是生物体代谢的中间产物，由于它们极不稳定，能迅速与体内的生物大分子发生反应，造成细胞或组织的损伤。抗氧化肽是食物蛋白的水解产物，具有抑制生物大分子过氧化或清除体内自由基的作用。由于抗氧化肽安全性高，原料来源广泛，已成为天然来源抗氧化物质研究的热点。

（1）抗氧化肽的来源。目前抗氧化肽的主要来源是食物蛋白的水解物。用来制备抗氧化肽的植物蛋白资源主要有大豆蛋白、玉米蛋白、大米蛋白、花生蛋白、小麦面筋蛋白等。用于制备抗氧化肽的动物源蛋白主要有鸡蛋蛋白、泥鳅蛋白、鲢鱼蛋白、酪蛋白、胶原蛋白等。随着人们对抗氧化肽研究的逐渐深入，越来越多的蛋白质资源被用作抗氧化肽的制备。

(2)抗氧化肽的构效关系。氨基酸的组成及排列顺序决定着抗氧化肽的生物活性。肽的N末端为疏水性氨基酸缬氨酸或亮氨酸时具有较高的抗氧化活性。这是因为疏水性氨基酸能增强抗氧化肽与氨基酸的相互作用，提高其脂质自由基的捕获能力。肽链中某个位置含有脯氨酸、酪氨酸或组氨酸时常表现出较高的抗氧化活性。鸡蛋蛋白酶解物中，含有丙氨酸-组氨酸组合时具有较强的抗氧化活性。玉米蛋白水解物中，结构为亮氨酸-天冬氨酸-酪氨酸-谷氨酸的肽具有较强的抗氧化作用。分析发现，酪氨酸具有酚羟基结构，能提供质子，从而猝灭自由基。抗氧化肽的氨基酸组成及排列顺序与抗氧化活性的关系仍然是研究的热点，并不断得出新的结论。

(3)抗氧化肽的制备。抗氧化肽的制备过程主要包括蛋白原料的选择、酶的选择、水解程度的控制、产物的分离纯化及结构鉴定、抗氧化活性测定等内容。原料蛋白的氨基酸种类、含量及氨基酸排列顺序都与水解产物中抗氧化肽的含量、组成及活性有密切关系，因而抗氧化肽的原料选择至关重要。我国拥有丰富的蛋白资源，可通过大量系统研究，确定适合抗氧化肽生产的主要蛋白原料。蛋白水解酶包括植物蛋白酶、动物蛋白酶和微生物蛋白酶。不同的酶对同一蛋白的水解产物不同，因而生成的抗氧化肽的组成、含量及活性也不相同。采用胃蛋白酶、木瓜蛋白酶和枯草杆菌蛋白酶水解大豆蛋白，并以羟自由基清除率为指标进行抗氧化比较，结果发现木瓜蛋白酶的抗氧化能力最强。因此，酶的选择也非常重要。对某一特定的蛋白质来说，水解产物中多肽链的氨基酸组成、排列顺序决定着抗氧化性的强弱，因此需要对酶解工艺进行优化，以制备出高含量、高活性的抗氧化肽。最后还要对抗氧化肽进行分离纯化，得到高纯度的产品。

(4)抗氧化肽的应用。抗氧化肽不仅具有多肽产品的营养作用，而且具有抗氧化和清除自由基的功能，减少人体内细胞或组织的损伤，增强抗衰老、抗疾病的能力。抗氧化肽在保健食品、药品和化妆品领域应用前景十分广阔。

2.1.3　活性蛋白质

活性蛋白质是指除具有一般蛋白质的营养作用外，还具有某些特殊生理功能的一类蛋白质。

2.1.3.1　乳铁蛋白

乳铁蛋白(lactoferrin，LF)是一种天然的具有免疫功能的糖蛋白，由转铁蛋白转变而来。因其晶体呈红色，也有人称其为红蛋白，主要存在于母乳和牛乳中。乳铁蛋白是一种铁结合性糖蛋白。它的分子主体是一个大约由700个氨基酸残基构成的多肽链，相对分子质量为77 000～80 000。

1. 生理功能

(1)促进肠道对铁的吸收。乳铁蛋白具有结合并转运铁的能力，到达人体肠道的特殊接受细胞后再释放出铁。这样乳铁蛋白就能增强铁的实际吸收率和生物利用率，可以降低铁的使用量，从而减少铁的负面效应。人乳中乳铁蛋白未完全饱和，但母乳喂养的婴儿很少缺铁，主要是因为乳汁中的铁具有很高的生物效价。乳铁蛋白能稳定还原态的铁离子，并且除两个铁结合位点外，其他部位也可吸附铁离子。

(2)抑菌、抗病毒作用。临床试验表明：乳铁蛋白在体内外都可以杀死或抑制许多细菌，增强巨噬细胞吞噬作用。中性白细胞缺乏产生乳铁蛋白的颗粒，或者有颗粒但不合成乳铁蛋白的人，要比正常人受微生物感染的程度严重。存在溶菌酶和 IgA 时，乳铁蛋白抗微生物感染作用增强。铁是微生物生长和繁殖所必需的物质。乳铁蛋白可截取细菌中的铁原子，阻止细菌繁殖，并把铁原子供给红细胞，从而帮助调节消化系统中有益菌和有害菌之间的平衡。乳铁蛋白在宿主体内对抵抗病毒有很大作用，对丙肝病毒、单纯疱疹病毒、猫科动物免疫缺陷性病毒、人免疫缺陷性病毒及人巨细胞病毒有很强的抑制作用，在体外对艾滋病毒、巨细胞病毒也有很强的抑制作用。

(3)提高机体免疫力。乳铁蛋白能增强中性白细胞的吞噬作用和杀灭作用，提高自然杀伤细胞(NK 细胞)的活性，促进淋巴细胞的增殖。乳铁蛋白可以促进中性白细胞对受伤部位的吸附和聚集，增加粒细胞黏性，促进细胞间相互作用，调节免疫球蛋白的分泌，参与调节机体免疫耐受能力。

(4)防癌作用。乳铁蛋白对癌细胞有明显抑制作用。大鼠服用乳铁蛋白后，消化道中大量腺癌细胞减少，并对舌癌起到抑制作用。小鼠口服乳铁蛋白后能抑制结肠癌的转移。日本国家癌症研究中心试验证明，乳铁蛋白可预防大肠癌的发生和扩散。

(5)抗氧化活性。非饱和乳铁蛋白可隔离自由铁，能保护糖蛋白不被氧化剂氧化。乳铁蛋白可降低吞噬细胞产生自由羟基的可能性，抑制单核细胞膜铁催化氧化反应。

(6)对婴儿健康成长有重要作用。给婴儿喂食含有乳铁蛋白的奶粉，发现婴儿大便中双歧杆菌的数量明显增加，粪便的 pH 下降，溶菌酶的活性和有机酸的含量均上升。

2. 制备

乳铁蛋白由脱脂乳或干酪乳清用阳离子交换树脂吸附乳铁蛋白后，用水淋洗脱盐，再用亲和色谱法或超滤膜分离法精制、冷冻干燥而成。

3. 应用

由于乳铁蛋白具有多种生理功能，并且是一种安全物质，服用后无任何不良作用，现已广泛应用于食品、医疗以及化妆品领域。在婴幼儿食品中添加 LF 可增强婴幼儿的免疫力，促进婴幼儿的生长发育。在口香糖、化妆品、胶囊或饮料中添加 LF，可作为补铁制剂用来预防和治疗铁缺乏症，或用于治疗腹泻消炎等。LF 的抗氧化性可延长大豆油等油脂的保质期。

2.1.3.2 金属硫蛋白

金属硫蛋白(metallothioneins，MT)是 1957 年由 Margoshes 和 Vallee 首先从马的肾皮质中分离出来的，此后在真核微生物、高等植物、原核生物等均发现有 MT 并相继分离成功。它是一类相对分子质量较低(6 000～7 000)、富含半胱氨酸的金属结合蛋白，是机体内唯一一种在金属代谢中起明确作用的小分子蛋白质。因它是金属与硫蛋白结合的产物，故称金属硫蛋白。

1. 生理功能

(1)清除自由基和抗脂质过氧化损伤。MT 是体内清除自由基能力最强的一种物质。其清除氢氧自由基(OH·)的能力约为超氧化物歧化酶(SOD)的 10 000 倍，而清除氧自由基的能力约是谷胱甘肽(GSH)的 25 倍，并且具有很强的抗氧化活性，在体内可以作为补体抗氧化剂。含不同金属的 MT 清除自由基能力不同，如 Zn-MT 清除 OH・的能力比 Cd-MT 强。

(2)抗辐照。X 射线、紫外线及各种电离辐照对生物体造成损伤的主要机理之一就是产生大量自由基和具有高度活性的物质。这些物质可破坏生物大分子，如蛋白质、不饱和脂肪酸、DNA、酶及细胞膜，从而使它们不能发挥正常的生理功能。金属硫蛋白具有很强的抗辐照作用，可增强细胞修复功能，能减轻放射治疗、化学治疗对癌症患者正常细胞的损伤程度。

(3)对重金属的解毒作用。MT 是富含半胱氨酸的金属结合蛋白，其巯基能强烈螯合有毒金属汞、铅、镉、银等，并将之排出体外，起到解除重金属对人体毒性的作用，对保护大脑、肝、肾等重要器官具有极其重要的意义。当体内出现少量重金属时，重金属会诱导金属硫蛋白的生成并与金属络合，使金属失去毒性而解毒。临床上应用的抗癌药物铂、金制剂有较大毒副作用，若先用金属硫蛋白，再用含铂、金的抗癌药物，可大大减少副作用。

(4)参与体内微量元素的代谢，平衡机体的矿物离子。金属硫蛋白可根据体内微量元素的状况对锌、铜、锰、铁、钼、硒、钴、碘的吸收、贮存、运输和释放等进行精细调节，使机体达到最佳生理状态。

(5)抗溃疡作用。金属硫蛋白具有较强的抑制溃疡形成的作用。将金属硫蛋白静脉注射到大鼠体内，结果证明金属硫蛋白能促进溃疡屏蔽系统的形成，从而促进肠胃疾病的治愈。

(6)抗肿瘤。在肿瘤预防和治疗中，金属硫蛋白可保护细胞，增强其抵抗自由基、重金属、烷剂、辐照及紫外线致癌的作用，所以金属硫蛋白具有广泛防止细胞癌变和抗肿瘤的作用。

2. 制备

给培养动物(兔、羊)注射 $ZnCl_2$ 诱导剂，诱导一定时间，取出动物肝脏，粉碎、离心、柱层析、超滤、浓缩、冻干，就可得到金属硫蛋白产品。也有从酿酒酵母中选育出金属硫蛋白含量高的菌株进行发酵提取而得。

3. 应用

MT 制成的药物具有高活性的抗衰老作用，可用作超氧化物歧化酶的替代产品，也是极其有效的自由基清除剂。MT 用作化妆品的生物型添加剂，使化妆品更具滋润皮肤、防止皱纹、增白防晒和保持生理活性的综合功能。MT 用于营养保健食品的生产，具有增强机体应激能力、调节微量元素的作用，适应于高血压、脑血栓、动脉硬化、糖尿病等多种病人的特殊需求。

2.1.3.3 免疫球蛋白

免疫球蛋白(immunoglobulin,Ig)是一类具有抗体活性，能与相应抗原发生特异性结合的球蛋白。免疫球蛋白不仅存在于血液中，还存在于体液、黏膜分泌液以及 B 淋巴细胞膜中。它是构成体液免疫作用的主要物质，与补体结合后可杀死细菌和病毒，可增强机体的抗病能力。免疫球蛋白呈“Y”字形结构，由 2 条重链和 2 条轻链构成，单体相对分子质量为 150 000～170 000。免疫球蛋白共有 5 种，分别是 IgG、IgA、IgD、IgE 和 IgM。在体内起主要作用的是 IgG。目前，食物来源的免疫球蛋白主要是来自乳、蛋等畜产品。近年来人们对牛初乳和蛋黄来源的免疫球蛋白研究开发得较多。

1. 生理功能

(1)与相应抗原特异性结合。免疫球蛋白最主要的功能是能与相应抗原特异性结合，在体外引起各种抗原-抗体的反应。抗原可以是侵入人体的菌体、病毒或毒素。它们被 Ig 特异性结合后便丧失破坏机体健康的能力。必须指出,若 Ig 发生变性,空间构象发生变化便可能无法与抗原发生特异性结合,即丧失了相应的抗病能力。

(2)活化补体。$IgG_{1\sim3}$ 和 IgM 与相应抗原结合后,可活化补体经典途径(classical pathway,CP),即抗原-抗体复合物刺激补体固有成分 C_1—C_9 发生酶促连锁反应,产生一系列生物学效应,最终发生细胞溶解作用的补体活化途径。

(3)结合细胞产生多种生物学效应。免疫球蛋白(Ig)能够通过其 FC 段与多种细胞(表面具有相应 FC 受体)结合,从而产生多种不同的生物学效应。

(4)通过胎盘传递免疫力。不同类型的 Ig 在不同动物的母体和幼体间有不同的 Ig 转移方式。对于在多种病原菌中出生的幼体,母亲传递给幼体多种抑菌物质,Ig 是其中最主要的一种。

2. 制备

目前,用于提取免疫球蛋白的原料主要有以下 3 种:①牛初乳,Ig 含量为 30～50 mg/mL,常乳中 Ig 含量为 0.6～1.0 mg/mL。②动物血清,Ig 含量为 10～20 g/L。③鸡蛋,每个鸡蛋卵黄中 IgY 含量可达 100～250 mg。我国鸡蛋资源丰富,用于提取免疫球蛋白具有广阔前景。

(1)初乳中免疫球蛋白的提取。初乳中免疫球蛋白的分离方法主要有超滤法、色谱分离法、等电点分子筛过滤法等。但从工业化生产、产品得率、工艺条件等方面考虑,常用的是超滤法。其分离过程为:初乳→离心去脂→63℃、30 min 杀菌→35℃下添加凝乳酶凝乳→离心→初乳乳清→超滤→浓缩(浓缩 4～5 倍)→冷冻干燥。

(2)血清中免疫球蛋白的提取。根据蛋白质的分子大小、电荷多少、溶解度以及免疫学特征等,从血液中提取免疫球蛋白。归纳起来,提取免疫球蛋白的方法主要有盐析法(如多聚磷酸钠絮凝法、硫酸铵盐析法)、有机溶剂沉淀法(如冷乙醇分离法)、有机聚合物沉淀法、变性沉淀法等。用于大规模生产的方法主要有冷乙醇分离法、盐析法、依沙吖啶法和柱层析法等,应用较多的有硫酸铵盐析法和冷乙醇分离法。

(3)蛋黄中免疫球蛋白的提取。目前从蛋黄中提取免疫球蛋白所遇到的主要困难是去除所含的高浓度的类脂,通常用水或缓冲液稀释使蛋白质与类脂分离。近年来发展起来的并经研究可行的提取方法有水稀释法、聚乙二醇法、海藻酸钠法及葡萄糖硫酸盐法等。常用的水稀释法工艺流程为:新鲜鸡蛋→蛋黄→加水稀释、搅拌、静置沉淀→抽提液→加絮凝剂→絮凝清液,即免疫球蛋白粗提液。

目前免疫球蛋白的制备主要集中在分离纯化工艺上,步骤比较烦琐。近年来,用分子生物学的手段将功能基因转到微生物中表达,已成为制备生物活性物质的一种有效方法。随着基因工程和蛋白质分离纯化技术的进一步发展,免疫球蛋白有望实现大规模的工业化生产,其应用范围必将进一步扩大,市场前景更为乐观。

3. 应用

免疫球蛋白主要应用于婴儿配方奶粉和提高免疫力的保健食品中。1990 年,美国 Stoll Internation 公司生产的含有活性免疫球蛋白的功能性奶粉,可抵抗常见的 24 种致病菌和病毒。

2.1.3.4 大豆蛋白

大豆蛋白是指存在于大豆籽粒中贮藏性蛋白质的总称,其必需氨基酸组成接近标准蛋白,是一种优质蛋白。由于大豆蛋白具有特殊生理功能,近年来备受重视。对人和动物的临床研究表明，大豆蛋白的消化率可与肉、奶、蛋相媲美。大豆蛋白的氨基酸组成符合人体需求，除婴儿外，大豆蛋白产品的必需氨基酸含量均高于各年龄段的推荐摄入量。与婴儿的推荐摄入量相比，大豆蛋白产品的含硫氨基酸含量相对较少。

1. 生理功能

(1)预防心血管疾病。引起心血管疾病的主要原因是血液中的胆固醇含量高。胆固醇有2种：一种是低密度脂蛋白(low density lipoprotein，LDL)胆固醇，另一种是高密度脂蛋白(high density lipoprotein，HDL)胆固醇。LDL胆固醇氧化后聚集引起动脉粥样硬化，是不良胆固醇，应控制其浓度。而HDL胆固醇可防止LDL胆固醇的氧化，清除血管壁上淤积的粥样物质，对血管起保护作用。研究发现，人们食用大豆蛋白后，血清中总胆固醇浓度降低了9.3%，LDL胆固醇降低了12.9%，血清中甘油三酯浓度降低了10.5%，而血清中HDL胆固醇浓度增加了2.4%。由于胆固醇浓度每降低1%，患心脏病的危险性就降低2%～3%，因此可以认为，食用大豆蛋白可使患心血管疾病的危险性降低18%～28%。

(2)改善骨质疏松。与优质动物蛋白相比，大豆蛋白造成的尿钙流失较少。对预防和改善骨质疏松来说，减少尿钙流失比补钙更重要。

(3)抑制高血压。在大豆蛋白中含有3个可抑制血管紧张肽原酶活性的短肽片段，因此大豆蛋白具有一定的预防高血压的作用。

(4)预防慢性肾脏病。与摄入动物蛋白相比，摄入大豆蛋白可以减少肾脏负担，减少血液中有益成分从尿液中流失。

2. 制备

以大豆脱脂后残余的低变性豆粕为原料，用碱液提取后得豆乳，然后加酸至大豆蛋白的等电点，再离心、中和、杀菌、喷雾干燥即可得大豆蛋白。

3. 应用

大豆蛋白不仅具有良好的营养保健作用，而且还有许多优良的工艺特性，因此，它被广泛应用于多种食品体系，如肉类食品、焙烤食品、乳制品和蛋白饮料。同时大豆蛋白也是众多低热量、高营养保健食品的基本配料之一。

2.1.3.5　超氧化物歧化酶

超氧化物歧化酶(superoxide dismutase，SOD)又称过氧化物歧化酶，是一类含金属的酶。按金属辅基的不同已发现的有4种。它们是含铜与含锌超氧化物歧化酶(Cu·Zn-SOD)、含锰超氧化物歧化酶(Mn-SOD)、含铁超氧化物歧化酶(Fe-SOD)和含镍超氧化物歧化酶(Ni-SOD)。其中，铜、锌超氧化物歧化酶是最常见的种类。

1. 生理功能

超氧化物歧化酶作为一种临床药物在治疗自由基引起的疾病方面效果显著，应用范围也在逐步扩大。

(1)治疗自身免疫性疾病。超氧化物歧化酶对各类自身免疫性疾病都有一定的疗效，如红斑狼疮、硬皮病、皮肌炎和出血性直肠炎等。对于类风湿性关节炎在急性病变期形成前使用，疗效较好。

(2)与放疗结合治疗癌症。放射治疗既能杀死癌细胞，又会杀死正常组织细胞。如果在放疗时提高正常组织中的超氧化物歧化酶的含量以清除放射诱发产生的大量自由基，而使癌组织中超氧化物歧化酶的增加量相对减少，就可有效地抑制放射线对正常组织的损伤，而对癌细胞的杀死作用则影响不大。对有可能受到电离辐照的人员，也可注射超氧化物歧化酶作为预防措施。

(3)延缓衰老。当机体衰老时，体内各式各样的自由基生成增多，自由基作为人体垃圾，是人体重要的内毒素之一。由于超氧化物歧化酶能够清除自由基，因而具有延缓衰老的作用。

(4)治疗炎症和水肿。超氧化物歧化酶主要用来治疗风湿病，如风湿及类风湿关节炎、肩周炎等，具有疗效好、毒副作用小、不易发生过敏反应、可较长时间应用等优点。

(5)消除肌肉疲劳。在军事、体育和救灾等超负荷大运动量过程中，机体中部分组织细胞(特点是肌肉部位)会交替出现暂时性缺血及重灌流现象，引起缺血后重灌流损伤，加上乳酸量的增加，就导致了肌肉的疲劳与损伤。此时，给肌肉注射超氧化物歧化酶可有效地解除疲劳与损伤。若在运动前供给超氧化物歧化酶，则可保护肌肉避免出现疲劳和损伤。

(6)预防老年性白内障。对老年性白内障应在进入老年期前即开始经常服用抗氧化剂，或者经常注射超氧化物歧化酶。如果已经形成白内障，用超氧化物歧化酶治疗则无效。

(7)美容护肤。超氧化物歧化酶作为超氧阴离子的整合剂，它既是目前临床上常用的治疗药物，又是目前最常用的药物化妆品，如SOD面膜、SOD蜜等。

2. 制备

超氧化物歧化酶可从动物血液(如牛血、猪血等)或大蒜、沙棘果中提取，也可从细菌或绿色木霉的培养液中提取。

3. 应用

SOD是专一清除体内致病因子——超氧阴离子自由基($\cdot O_2^-$)的金属酶。它具有多种生理作用，可作为食品、药品及化妆品的有效成分。目前在国外已广泛作为添加剂应用于医药、化妆品、牙膏和食品等。可开发的产品有SOD啤酒、SOD果汁、SOD冰淇淋、奶粉、酸奶、奶糖、治疗及保健用口服液、抗衰老保健食品、胶丸、含片等。SOD如作为药用酶，可治疗类风湿性关节炎、红斑狼疮及心血管疾病；加入牙膏中，可防止牙龈炎；加入食品中，可抗氧化、抗衰老。

2.2 功能性碳水化合物

碳水化合物是粮谷类、薯类、某些豆类及蔬菜水果的主要组分，是人类主要的供能物质，有多种重要的生理功能。功能性碳水化合物是指一些对人体有特定保健功能作用的碳水化合物，如膳食纤维、活性多糖和功能性甜味剂。

2.2.1 膳食纤维

膳食纤维(dietary fibre)是指能抗人体小肠消化吸收而在人体大肠中能部分或全部发酵的可食用的植物性成分，包括碳水化合物及其相类似物的总和。膳食纤维包括多糖、寡糖、木质素以及相关的植物物质。近年来又将另外一些不可消化的物质归入膳食纤维，如植物细胞壁的蜡、角质和不被消化的细胞壁蛋白质，还有其他一些非细胞壁的化合物如抗性淀粉、美拉德反应产物及动物来源的抗消化物质(如氨基多糖)。这类物质在人类的食物中含量虽少,但可能具有生理学活性,很难从传统的膳食纤维所具有的生理活性中将这类物质的作用区分开来。

1. 膳食纤维组成及特性

按溶解特性,膳食纤维可分为水溶性膳食纤维和水不溶性膳食纤维两大类。前者主要包括植物细胞的贮存物质和分泌物,还包括微生物多糖和合成多糖,其主要成分是胶类物质如果胶、树胶、黄原胶、阿拉伯胶、角叉胶、瓜尔豆胶、卡拉胶和琼脂等。后者主要指纤维素、半纤维素、木质素、原果胶和壳聚糖等,是植物细胞壁组分。

膳食纤维含许多亲水基团,与水缔合形成氢键,持水性强。某些膳食纤维如果胶、树胶、β-葡聚糖和海藻多糖能形成高黏度溶液;其表面的活性基团可吸附螯合胆固醇和胆汁酸等有机物,抑制人体对其吸收,还能吸附肠道内的有毒物质,并使之排出体外;所含羧基、羟基和氨基均可与阳离子进行可逆交换,在离子交换时改变阳离子瞬间浓度,起稀释作用,故对消化道酸碱度、渗透压及氧化还原电位产生影响。

2. 膳食纤维的生理功能

膳食纤维主要通过其物理性状影响胃肠道功能及营养素的吸收速率和吸收部位。膳食纤维影响大肠功能的作用包括较强的持水性、增加了容积、增加粪便量及排便次数,缩短通过时间,稀释大肠内容物及为正常存在于大肠内的菌群提供可发酵底物,改善肠道菌群,抑制厌氧菌活动,促进好气菌生长,使大肠中胆酸生成量减少。发酵时产生的短链脂肪酸可抑制有害物质的吸收并促进排泄,具有解毒、缓解疾病和预防结肠癌的作用。

膳食纤维能减少肠壁对脂肪和胆固醇的吸收,并加快胆固醇和胆汁酸从粪便中排泄,有降血脂和降血清胆固醇的作用。其中水溶性膳食纤维作用明显。蔬菜、水果中的膳食纤维明显优于谷物,谷物中以燕麦麸皮水溶性纤维降胆固醇的效果最佳。在日常膳食中,适当增加膳食纤维的摄入量,同时减少脂肪摄入量,会减少机体吸收胆固醇的量,降低体内胆固醇水平,达到预防动脉粥样硬化和冠心病的目的。

膳食纤维可减少糖尿病患者对胰岛素的依赖。经常食用膳食纤维的人,空腹血糖水平或口服葡萄糖耐量曲线均低于摄入较少膳食纤维的人。糖尿病患者摄入果胶或豆胶时,能观察到餐后血糖上升的幅度有所改善。如采用杂粮、麦麸、豆类和蔬菜等含膳食纤维多的膳食时,糖尿病患者的尿糖水平和需要的胰岛素剂量都可减少。

膳食纤维强的持水力和充盈作用可增加胃部饱腹感,减少食物摄入量和降低能量营养素的利用,有利于控制体重,防止肥胖。但摄入过多膳食纤维会干扰人体对营养物质的吸收。

膳食纤维是人体正常代谢不可缺少的,已被列入第七大营养素。摄入量不足或缺乏还与下列疾病有关:阑尾炎、胃食道逆流、痔疮、溃疡性结肠炎、静脉血管曲张、深静脉血栓、骨盆静脉石、肾结石和膀胱结石等。

3. 膳食纤维的来源及在食品中的应用

膳食纤维主要来源于植物性食物,以谷类、根茎类和豆类最为丰富,某些蔬菜、水果和坚果中的含量也较多。

膳食纤维作为食品添加剂添加到面包、饼干、面条、糕点和糖果等产品中制成强化膳食纤维的保健食品,添加量一般为3%～30%。也可直接从富含纤维的原料制得,如麸皮饮料、带果皮的高纤维饮料、高纤维豆乳饮料、可直接食用的小麦麸皮、香菇柄纤维食品、米糠纤维食品、以豆渣为原料的各种纤维食品等。除天然食物所含自然状态的膳食纤维外，近年来还有粉末状、单晶体等形式的从天然食物中提取得到膳食纤维产品。

4. 膳食纤维的能量与日推荐量

膳食纤维在人体口腔、胃和小肠内虽然不被消化吸收，但在大肠内的某些微生物仍会降解其部分组分，因此，膳食纤维的净能量不严格等于零。

膳食纤维对正常大肠功能有重要的生理学作用。当每天摄入非淀粉多糖低于 32 g 时，其摄入量与粪便质量间呈剂量-效应关系。每日粪便质量低于 150 g 时伴有疾病的危险性增加。中国营养学会发布的《中国居民膳食营养素参考摄入量(2023 版)》提出成年人适宜摄入量为 25～30 g/d，针对特殊人群可适当增加。

2.2.2 活性多糖

一类主要由葡萄糖、果糖、阿拉伯糖、木糖、半乳糖及鼠李糖等组成的聚合度大于 10 的具有一定生理功能的聚糖，称为活性多糖(active polysaccharides)。它包括纯多糖和杂多糖。纯多糖一般为 10 个以上单糖通过糖苷键连接起来的纯多糖链。杂多糖除含多糖链外往往还含肽链、脂类成分。目前，世界各国大多在发展多糖研究工作。我国对多糖的研究多集中在银耳、猴头、金针菇、香菇、灵芝等真菌多糖和人参、黄芪、魔芋、枸杞等植物多糖以及动物来源的甲壳质和肝素等。

1. 真菌活性多糖

真菌活性多糖是存在于香菇、银耳、灵芝、蘑菇、黑木耳、肉苁蓉、茯苓和猴头菇等大型食用或药用真菌中的某些多糖组分。

大多数真菌活性多糖具有免疫调节功能，也是其发挥生理或药理作用的基础。如香菇、黑木耳、银耳、灵芝、茯苓、猴头菇、竹荪、肉苁蓉等真菌中的某些多糖成分，具有活化巨噬细胞刺激抗体产生而达到提高人体免疫力的作用，具有刺激网状内皮系统的吞噬功能。作为免疫增强剂，大部分真菌多糖有强抗肿瘤活性，表现为对肿瘤发生的预防和对已产生肿瘤细胞的杀伤作用，有抗辐照和强烈抑制肿瘤的功能。不少多糖已作为抗肿瘤药物用于临床，如香菇多糖和灵芝多糖等。

真菌活性多糖有抗衰老作用，如银耳多糖可明显降低小鼠心肌组织的脂褐质含量，增加小鼠脑和肝脏组织中超氧化物歧化酶活性；云芝多糖可增强巨噬细胞谷胱甘肽过氧化物酶活性，同时还具有清除超氧阴离子、氢氧自由基、过氧化氢及其他活性氧的作用。

真菌活性多糖有降血脂作用。例如，银耳多糖可明显降低高脂大鼠的血清胆固醇水平，明显延长家兔特异性血栓及纤维蛋白血栓的形成时间，缩短血栓长度，降低血小板黏附率和血液黏度，降低血浆纤维蛋白元含量并增强纤溶酶活力，有明显的抗血栓作用。木耳多糖也有降血脂、抗血栓作用。

真菌活性多糖有降血糖作用。例如，银耳多糖对四氧嘧啶致糖尿病小鼠有明显的抑制和预防作用，促进葡萄糖耐量恢复正常。有降血糖作用的多糖还有鸡腿菇多糖、灵芝多糖、黑木耳多糖和猴头菇多糖等。

真菌活性多糖可提高骨髓造血功能。例如，银耳多糖能兴奋骨髓的造血功能，可抵抗致死剂量的^{60}Co射线或注射环磷酰胺所致的骨髓抑制;实验表明接受多糖的放射组,其骨髓有核细胞比对照组多186%,而接受多糖的化疗组,其有核细胞比对照组多77.1%。

此外,真菌活性多糖还有保肝、抗凝血作用。其中,银耳多糖对急性渗出水肿型炎症有一定抑抗作用;银耳多糖及黑木耳多糖对应急型溃疡有明显抑制作用,还能促进醋酸型胃溃疡愈合。

2. *植物活性多糖*

植物活性多糖指存在于茶叶、苦瓜、魔芋、刺梨、大蒜、萝卜、薏苡、甘蔗、鱼腥草及甘薯叶等植物中的活性多糖。药用植物多糖包括人参、刺五加、黄芪及黄精等。

燕麦、大麦、小麦、大米等谷物胚乳细胞壁主要成分为β-D-葡聚糖。谷物葡聚糖是线性均多糖,主要是β-葡萄糖残基通过β-1,3-和β-1,4-糖苷键连接而成。β-葡聚糖的生理和物理特性使其具有流变调节和营养保健双重价值。大量的研究表明,谷物β-葡聚糖具有降低胆固醇、调控餐后血糖、降低冠心病发病率等多种功能,并且被广为接受。同时,β-葡聚糖作为一种亲水胶体,具有增稠、胶凝和流变调控作用,能够改变食品的口感和质地。

茶叶多糖是由葡萄糖、果糖、木糖、阿拉伯糖、半乳糖及鼠李糖等组成的聚合度大于10的活性多糖,具有与真菌活性多糖相似的功能作用,如刺激产生抗体、提高免疫功能、抗辐照、治疗心血管疾病及强烈抑制肿瘤的活性。此外,茶叶多糖还有降血脂、抗凝血、抗血栓、提高冠状动脉血流量、耐缺氧及降血压等功能。茶叶多糖在治疗糖尿病方面尤为突出,能有效阻止血糖升高。据报道,18个糖尿病患者餐后服用茶叶多糖饮剂(含茶叶多糖45 mg/200 mL)2周,发现血清中血糖含量和血清糖基化血红蛋白值显著下降,且患者血清中胆固醇和甘油三酯也下降。早在1950年,日本Kyoto和Uji地区将马苏茶(Matsucha)作为民间草药治疗糖尿病,并将一种脱咖啡因的马苏茶作为糖尿病人口服药注册登记。

苦瓜多糖不仅是一种特异性免疫促进剂,而且具有降血糖、降血脂、降胆固醇等生理功能。余甘多糖可清除自由基,抑制脂质过氧化作用。大枣多糖具有清除自由基的作用,体外可增强小鼠腹腔巨噬细胞的细胞毒作用,诱导肿瘤坏死因子白介素1和一氧化氮的产生,可增强小鼠免疫功能。甘薯多糖有显著的抗突变作用。猕猴桃多糖具有抗肿瘤作用。甘蔗多糖可降血糖。黑豆多糖对H_2O_2、O_2^-·、OH·有清除作用。石榴多糖、番石榴多糖可降血糖等。

3. *动物多糖*

肝素(heparin)是高度硫酸酯化的右旋多糖,与蛋白质结合大量存在于肝脏中,其他器官和血液也少量含有。肝素有强的抗凝血作用,临床上用肝素钠盐预防或治疗血栓的形成。肝素也有消除血液脂质的作用。

硫酸软骨素(chondroitin sulfate)是动物组织的基础物质,用以保持组织的水分和弹性。硫酸软骨素包括软骨素A、软骨素B、软骨素C等数种。软骨素A是软骨的主成分。硫酸软骨素和肝素相似,可用以降血脂,改善动脉粥样硬化症状。此外,硫酸软骨素还有消除皱纹、使皮肤保持细腻及富弹性的作用。硫酸软骨素主要存在于鸡皮、鱼翅、鲑鱼头和鸡等软骨内。

透明质酸又名玻璃糖醛酸(hyaluronic acid),是动物组织的填充物质,存在于眼球玻璃体、关节液和皮肤等组织中作为润滑剂和撞击缓冲剂,并有助于阻滞入侵的微生物及毒性物质的扩散。

上述肝素、硫酸软骨素及透明质酸均为酸性黏多糖(acid mucopolysaccharide)或称糖胺多糖(glycosaminoglycan),常以蛋白质结合状态存在,统称为蛋白多糖(proteoglycan)。

4. 海洋生物多糖

海洋生物是一个庞大生物类群,有海洋植物、海洋动物及海洋微生物。海洋生物多糖种类繁多,其中许多表现出明显的生理活性。目前的研究工作多集中在大型海洋藻类多糖及棘皮动物和贝类动物多糖方面。

螺旋藻多糖是从蓝藻中的钝顶螺旋藻分离提取的多糖,对肿瘤细胞有一定的抑制和杀伤作用,而对正常细胞基本无影响,还有很好的抗缺氧、抗衰老、抗疲劳、抗辐照及提高机体免疫力的功能。

卡拉胶为某些产于海洋的红藻的主要糖聚物,是一种线型半乳聚糖。在临床试验中发现卡拉胶能缓解约50%溃疡病人的病症,但未能证明对胃蛋白酶有明显的抑制作用。

褐藻胶来源于海藻中的褐藻,其亲水性、高黏性及与许多高价阳离子形成胶凝性等,使其在纺织品、食品、日用品等行业得到广泛应用。褐藻酸盐有降血脂、降血糖作用,已作为肥胖病人、糖尿病人食品的添加成分。有研究报道,褐藻胶在体外可诱导小鼠白细胞介素1和丙型干扰素产生;体内给药可增强T细胞、B细胞、巨噬细胞和NK细胞的功能,促进对绵羊红细胞的初次抗体应答。褐藻胶还有排铅解毒作用,对体内沉积的铅也有促进排出的功效,而不影响钙磷代谢平衡。

2.2.3 抗性淀粉与慢消化淀粉

根据淀粉在小肠中的生物利用率的高低,可将淀粉分为:易消化淀粉,指能在小肠中被迅速消化吸收的淀粉;缓慢消化淀粉,指在小肠中能被完全消化吸收但速度较慢的淀粉;抗性淀粉,指在人体小肠内无法消化吸收的淀粉。

2.2.3.1 抗性淀粉

1982年Englyst等在进行膳食纤维定量分析时,发现在不溶性膳食纤维中包埋有淀粉成分,称之为抗性淀粉(resistant starch,RS)。1992年,联合国粮食及农业组织对抗性淀粉定义为:指在健康人小肠中不被吸收的淀粉及其降解产物。

1. 抗性淀粉的分类

根据制备方法的不同,抗性淀粉可分为以下4类。

(1)物理包埋淀粉(RS1)　物理包埋淀粉是指那些被物理性包埋的淀粉,主要存在于完整或部分研磨的谷粒、豆粒之中。RS1具有酶抗性是由于酶分子很难与淀粉颗粒接近,并不是由于淀粉本身具有酶抗性。加工时的粉碎、碾磨及吞食时的咀嚼等物理处理可改变其含量。

(2)颗粒状抗性淀粉(RS2)　颗粒状抗性淀粉是指未经糊化的生淀粉粒和未成熟的淀粉粒,主要存在于生的香蕉、马铃薯和直链型玉米淀粉中,此类淀粉在结构上存在特殊的构象或结晶结构。

(3)回生淀粉(RS3)　回生淀粉是指糊化后的淀粉在冷却或贮存过程中部分重结晶产生的凝沉聚合物。这类淀粉即使经加热处理,也难以被淀粉酶类消化,因此可作为食品添加剂,具有商业价值。

(4)化学改性淀粉(RS4)　化学改性引起淀粉分子结构发生变化从而产生抗酶解性的一类抗性淀粉,如交联淀粉、接枝频率较高的接枝共聚淀粉等,可抵抗α-淀粉酶的消化。

在4类抗性淀粉中，RS3和从高直链玉米中得到的RS2较引人关注，淀粉或含淀粉类食物在加工过程中，通过控制水分、pH、加热温度及时间、糊化-老化的循环次数、冷冻及干燥条件等因素可以产生RS3，或通过控制上述因素增加抗性淀粉的含量。

2. 抗性淀粉的生理功能

(1)抗性淀粉可明显降低餐后血糖、胰岛素反应，增加胰岛素敏感。这对2型糖尿病患者可起延缓餐后血糖上升、控制糖尿病病情的作用。

(2)抗性淀粉可降低血清中总胆固醇和甘油三酯。

(3)抗性淀粉本身含热量极低，更重要的是它不消化不吸收，不会给人体增加热量，而且饱腹作用较为持久，进而能达到节食瘦身的效果，故而对肥胖患者特别适宜。

(4)抗性淀粉在小肠中不被吸收，能在大肠中被细菌发酵分解，产物主要是一些气体和短链脂肪酸。气体能使粪便变得疏松，增加其体积，这对于预防便秘、盲肠炎、痔疮、肠憩室病、肛门-直肠机能失调等肠道疾病具有重要意义。短链脂肪酸主要是丁酸、丙酸、乙酸等，能降低大肠内pH，减少结肠癌发病率，抑制致病菌的生长、繁殖，具有重要的生理学效应。

3. 抗性淀粉的制备

抗性淀粉现在主要制备颗粒性的RS2和非颗粒性的RS3。几乎所有申请了专利的加工都倾向于用高直链淀粉进行回生，或者是形成高度结晶的区域以抗酶解。不同的抗性淀粉由于本身的性质不同其制备方法也不一样。

颗粒淀粉改变结构而不发生糊化的物理处理被称为“热液处理”，热液处理可以提高结晶部分的有序程度或提高结晶部分的比例。通常把热液处理分为湿热处理(HMT，含水量小于35%)和韧化处理(ANN，含水量大于40%)。任何一种处理方法都可以在不破坏颗粒结构的情况下提高RS的含量。近年来，国民淀粉公司研发了制造浓缩RS颗粒形式的方法，在严格控制湿度和温度的条件下用冷热处理高直链玉米淀粉研制出了RS含量为47%～60%的颗粒状产品。

抗性淀粉(RS3)制备方法是以高直链玉米淀粉为原料，采用高压湿热、挤压、煮沸、微波转化和加热一冷却等方法，将一定浓度的淀粉悬浮液充分糊化后再进行老化(回生)处理制得。糊化的目的是破坏淀粉颗粒的分子序列，使直链淀粉从颗粒中溶出；老化的目的是使自由卷曲的直链淀粉分子相互靠近，通过分子间氢键形成双螺旋，许多双螺旋相互叠加形成许多微小的晶核，晶核不断生长、成熟，成为更大的直链淀粉结晶，直链淀粉结晶区的出现会阻止淀粉酶靠近淀粉结晶区域的α-1,4-葡萄糖苷键，并阻止淀粉酶活性中心的结合部位与淀粉分子结合，从而赋予了直链淀粉结晶抗淀粉酶消化的能力。直链淀粉分子结晶后，支链淀粉分子的一些侧链也通过氢键连接开始缓慢地结晶，但这种由支链淀粉形成的结晶可以缓慢地被消化，因此，有助于淀粉糊化和老化的处理方法均有利于抗性淀粉的生成。

4. 抗性淀粉的应用

抗性淀粉既有膳食纤维的功能，又有原淀粉粒细、色白、风味淡、口感好的特点，是一种优良的新型膳食纤维食品添加剂。与普通膳食纤维相比，抗性淀粉具有对产品结构影响小、颜色白、质地更好的特点。抗性淀粉还具有特殊的低吸水性能。特别适合于生产中、低水分食品。因此，抗性淀粉在普通食品或功能食品中可用作高品质的膳食纤维补充剂，可用作降糖食品、降血脂食品或改善肠道功能的保健食品中。

2.2.3.2 慢消化淀粉

慢消化淀粉(SDS)指那些能在小肠中被完全消化吸收但速度较慢的淀粉。近几年来，SDS由于其特殊的功能特性引起了国内外学者的关注，已成为食品科学和现代营养学领域研究的热点。

1. 慢消化淀粉的制备

SDS的制备主要有3种方法。

(1)物理法　物理法制备SDS方面的文献报道较多，主要包括热处理、重结晶、高聚物包埋等方法。热液处理可使甘薯淀粉晶体发生熔融并重结晶，导致结晶结构从Cb型转变为A型，这是因为提高无定型区的致密堆积和降低结晶区的结晶度，从而引起淀粉的慢消化特性。

(2)化学法　化学改性是目前淀粉工业化生产中最主要、应用最广泛的变性方法，反应一般发生在淀粉分子中的醇羟基上。SDS可以通过交联、乙酰化、糊精化、辛烯基琥珀酸酐酯化、磷酸化及复合改性等来制备。

(3)酶法　酶法处理一般是淀粉酶的催化水解或转苷作用来修饰重组淀粉分子结构。采用普鲁兰酶或异淀粉酶水解淀粉分子中α-1,4-糖苷键和α-1,6-糖苷键，在较高酶液浓度和较短水解时间的条件下可最大限度得到SDS。天然淀粉糊化后通过控制α-淀粉酶水解程度来重结晶制备SDS。

2. 慢消化淀粉的生理功能

SDS不仅可以维持餐后血糖稳态，改善葡萄糖耐量，还可降低餐后胰岛素分泌，提高机体对胰岛素的敏感性。SDS可预防和治疗各种饮食相关的慢性疾病，如糖尿病及糖尿病前期、糖原累积症、肥胖等代谢综合征，而且还可维持饱腹感，减少饥饿感，缓释能量，改善人的认知功能。

3. 慢消化淀粉的应用

由于SDS本身的性质，将SDS添加到固体或液体食品中，不仅不会影响食品的感官和质地，还能制成调控餐后血糖的功能食品。应用SDS可开发糖尿病人专用食品来预防低血糖症或治疗餐后高血糖症。除了作为药物治疗糖尿病、心血管疾病、肥胖等，SDS还可应用于口服小肠靶向控释薄膜包衣材料。

2.2.4 功能性甜味剂

2.2.4.1 功能性单糖

1. *D*-型单糖

D-型单糖属于功能食品基料的仅有*D*-果糖。*D*-果糖甜度大，等甜度下能量值低，可在低能量食品中应用；其代谢途径与胰岛素无关，可供糖尿病人食用。*D*-果糖不易被口腔微生物利用，对牙齿的不利影响比蔗糖小，不易造成龋齿。

2. *L*-糖

L-糖包括*L*-古洛糖、*L*-果糖、*L*-葡萄糖、*L*-半乳糖、*L*-阿洛糖、*L*-艾杜糖、*L*-塔罗糖、*L*-塔格糖、*L*-阿洛酮糖和*L*-阿卓糖等。

L-糖与*D*-糖口感一样。但*L*-糖不被消化吸收，不提供能量；不被口腔微生物发酵，不引

起龋齿；对通常由细菌引起的腐败、腐烂现象具有免疫力。*L*-糖适合于糖尿病人或其他糖代谢紊乱病人食用。*L*-糖可作为无能量甜味剂应用在食品、饮料和医药品中。

2.2.4.2　功能性低聚糖

低聚糖(oligosaccharide)是由 2～10 个单糖通过糖苷键连接形成直链或支链的低度聚合糖，有功能性低聚糖和普通低聚糖两大类。其中水苏糖、棉籽糖、帕拉金糖(palatinose)、乳酮糖、低聚果糖、低聚木糖、低聚半乳糖、低聚异麦芽糖、低聚乳果糖和低聚龙胆糖等属于功能性低聚糖。

由于人体胃肠道内没有水解功能性低聚糖的酶系统，它们很难或不能被人体消化吸收而直接进入大肠内被双歧杆菌所利用，促进其生长繁殖，具有膳食纤维的部分生理功能，如降低胆固醇和预防结肠癌等。

低聚糖很难或不被人体消化吸收，所供能量值很低，可在低能量食品中发挥作用。低聚糖进入结肠经双歧杆菌发酵产生短链脂肪酸及抗生素物质，能抑制外源致病菌和肠道内固有腐败细菌的生长繁殖，具有抑制腹泻的作用；而有益菌群增多可促进蛋白质的消化吸收、有效分解致癌物质，维护人体健康，延缓人体衰老。长期摄入低聚糖还可减少有毒代谢物的产生，减轻肝脏解毒的负担，在防治肝炎和预防肝硬化方面有一定作用。此外，低聚糖不会引起龋齿，有利于保持口腔卫生。

下面介绍几种主要的功能性低聚糖。

1. 低聚果糖

低聚果糖是在蔗糖分子的果糖残基上结合 1～3 个果糖的寡糖，又称果糖低聚糖(fructooligosaccharide)或寡果糖。低聚果糖在黏度、保湿性及在中性条件下的热稳定性等接近蔗糖；持水性稍强于蔗糖；低 pH 稳定，耐热。低聚果糖也存在于日常食用的蔬菜、水果如牛蒡、洋葱、大蒜、黑麦和香蕉中。芦笋、小麦、大麦、黑小麦、蜂蜜、番茄等也含一定量的低聚果糖。由于吸收较差，人们在食用后可能发生胃肠胀气和不适。

2. 低聚半乳糖

低聚半乳糖(galactooligosaccharide)是在乳糖分子的半乳糖一侧连接 1～4 个半乳糖，属于葡萄糖和半乳糖组成的杂低聚糖。对热、酸有较好的稳定性。

3. 低聚乳果糖

低聚乳果糖(lactosucrose)是以乳糖和蔗糖为原料，在节杆菌产生的β-呋喃果糖苷酶催化作用下，将蔗糖分解产生的果糖基转移至乳糖还原性末端的 C_1—OH 上，生成半乳糖基蔗糖，即低聚乳果糖。其甜味特性接近蔗糖，甜度约为蔗糖的 70%。低聚乳果糖的双歧杆菌增殖活性高于低聚半乳糖和低聚异麦芽糖。

4. 低聚异麦芽糖

低聚异麦芽糖(isomaltooligosaccharide)又称分支低聚糖(branching oliogosaccharide)，是葡萄糖以 α-1,6-糖苷键结合而成的单糖数 2～5 个不等的一类低聚糖，有异麦芽三糖、异麦芽四糖、异麦芽五糖等。低聚异麦芽糖随聚合度增加，其甜度降低甚至消失。

低聚异麦芽糖有良好的保湿性，能抑制食品中淀粉回生、老化和析出。在自然界极少以游离状态存在，而主要作为支链淀粉、右旋糖和多糖等的组分。

5. 大豆低聚糖

典型的大豆低聚糖(soybean oligosaccharide)是从大豆籽粒中提取的可溶性低聚糖的总称,主要成分为水苏糖(stachyose)和棉籽糖(raffinose),都是由半乳糖、葡萄糖和果糖组成的支链杂低聚糖,甜味特性接近蔗糖,甜度约为蔗糖的70%,能量值为蔗糖的1/2。

大豆低聚糖广泛存在于各种植物中,以豆科植物含量居多。除大豆外,豇豆、扁豆、豌豆、绿豆和花生中均有存在。

6. 异麦芽酮糖

异麦芽酮糖(isomaltulose)又称帕拉金糖(palatinose),化学名为6-*O*-α-*D*-吡喃葡糖基-*D*-果糖,是在甜菜制备过程中发现的一种非蔗糖的双糖化合物。后又发现精朊杆菌能将蔗糖转化为帕拉金糖。异麦芽酮糖具有与蔗糖类似的甜味特性,甜度是蔗糖的42%。大多数的细菌和酵母菌不能发酵利用异麦芽酮糖。

7. 低聚木糖

低聚木糖(xylooligosaccharide)是由2~7个木糖以β-1,4-糖苷键结合而成的低聚糖。工业上一般以富含木聚糖的玉米芯、蔗渣、棉籽壳和麸皮等为原料,通过木聚糖酶水解分离精制而得。低聚木糖甜度约为蔗糖的40%,耐热,耐酸;人体内难以消化,有极好的双歧杆菌增殖活性。

8. 多聚葡萄糖

多聚葡萄糖是葡萄糖、山梨醇和柠檬酸的热聚合产物。其溶液比等量蔗糖液稍黏稠;在人体内约25%可被代谢,可利用能量值为4.2 kJ/g;食用较多可能会发生缓泻,其致缓泻的平均阈值是90 g/d。

2.2.4.3 多元糖醇

多元糖醇由相应的糖催化加氢制得,有木糖醇、山梨醇、甘露醇、麦芽糖醇、乳糖醇、异麦芽酮糖醇和氢化淀粉水解物等,属功能性甜味剂。多元糖醇主要特点如下。

(1)代谢途径与胰岛素无关,摄入后不会引起血液葡萄糖与胰岛素水平大幅波动,可用于糖尿病人专用食品。

(2)不是口腔微生物适宜作用底物。有些糖醇如木糖醇甚至可抑制突变链球菌的生长繁殖,长期摄入糖醇不会引起牙齿龋变。

(3)部分多元糖醇如乳糖醇代谢特性类似膳食纤维,具有膳食纤维的部分生理功能,如预防便秘、改善肠内菌群体系和预防结肠癌的发生等。

(4)与对应糖类甜味剂相比,糖醇具有低甜度、低黏度、低能值、较大吸湿性(但乳糖醇、甘露糖醇吸湿性小)和不参与美拉德褐变反应等。

不利因素是过量摄取会引起胃肠不适或腹泻。

下面介绍几种主要的多元糖醇。

1. 木糖醇

木糖醇是人体葡萄糖代谢过程中正常的中间产物,工业上用木屑经水解制成木糖后氢化获得。木糖醇在各种水果、蔬菜,如浆果、蘑菇中有少量存在。它的甜度与蔗糖相当,热稳定性好。木糖醇极易溶于水,溶解过程中要吸热,使溶液温度降低,有清凉爽口的味感。

木糖醇在肠道通过简单扩散缓慢吸收,吸收后大部分在肝脏代谢,小部分在肾脏和其他组织代谢。未吸收的木糖醇在结肠完全发酵。美国生命科学研究部(LSRO)认为,木糖醇净能值为10.0 kJ/g。

木糖醇口服最高耐受量为220 g/d,在静脉滴注速度<0.3 g/(kg·h)的情况下,可达100 g/d。LD_{50}小鼠经口为25 700 mg/kg、静脉注射为6 400 mg/kg;大鼠静脉注射为6 200 mg/kg。

木糖醇经动物急性毒性试验及成长试验证明没有毒性,对心、肝、肾病理组织学检查没有异常;临床上极个别病人在输液时有发热并出现皮疹,少数出现恶心呕吐、乏力、腹胀、腹泻等胃肠道反应,继续服用不再出现胃肠道症状,这是木糖醇的适应现象。

2. 山梨醇和甘露醇

山梨醇在工业上由葡萄糖氢化制得。山梨醇存在于多种水果如樱桃、李、杏、梨、苹果及山梨果实中。山梨醇的甜度约为蔗糖的60%,易溶于水,能螯合各种离子,化学性质稳定,热稳定性较好,对微生物抵抗力比相应的糖好。山梨醇是公认安全的食品添加剂,食入后约70%在小肠通过被动扩散吸收,速度低于葡萄糖;吸收后在肝脏被直接氧化成果糖,并可完全代谢成CO_2;未吸收部分到达结肠后全部被发酵。LSRO认为,山梨醇的净能值为7.5~13.8 kJ/g。

甘露醇是山梨醇的同分异构体。甘露醇在工业上通过甘露糖氢化生产获得。其天然来源包括洋葱、菠萝、橄榄、芦笋、胡萝卜、海藻及一些树木。甘露醇的甜度约为蔗糖的70%,被用作食物增甜剂,也用做食品的一种抗黏结剂和增稠剂。甘露醇摄入后部分被动扩散通过肠壁,被甘露醇脱氢酶氧化成果糖,进入正常的果糖代谢途径。但由于甘露醇的溶解度相对低于其他糖和糖醇,大部分不被消化的甘露醇在结肠发酵。LSRO认为,其能量约为6.7 kJ/g。

山梨醇和甘露醇可添加在硬糖、咳嗽糖浆、口香糖、软糖、果糖、果冻及其他食品中。过量摄取山梨醇和甘露醇时可能会引起腹泻。山梨醇每天摄入量不宜超过50 g,甘露醇每天摄入量不宜超过20 g。

3. 麦芽糖醇

麦芽糖醇由麦芽糖氢化制得,工业上多由淀粉酶分解出含多种组合的"葡萄糖浆"再氢化制成。纯净的麦芽糖醇为无色透明晶体,对热、酸稳定,易溶于水,甜度为葡萄糖的85%~95%。麦芽糖醇在体内可部分消化吸收,在小肠内的分解量为1/10;有很大一部分到达结肠,被发酵成短链脂肪酸,随后作为能量被利用。LSRO估计,麦芽糖醇的能量为11.7~13.4 kJ/g。

4. 乳糖醇

乳糖醇(lactitol)是由乳糖在镍催化下加氢制得。其甜度约为蔗糖的40%,是一种良好的水溶性食物纤维。乳糖醇在胃肠道通过β-半乳糖苷酶水解,但速度缓慢,在上消化道吸收甚微或没有吸收,而是在结肠被微生物发酵。LSRO认为,其能量为8.4 kJ/g或稍低。

5. 异麦芽糖醇

异麦芽糖醇(isomalt)是异麦芽酮糖的氢化产物。可被α-葡萄糖淀粉酶缓慢水解,部分消化后吸收可达20%,大部分仍在结肠内发酵分解。异麦芽糖醇具有甜味纯正、低吸湿性、高稳定性、低能量、非致龋性和糖尿病人(不引起血清葡萄糖和胰岛素水平波动)可食用等优点,是一种有发展前景的功能性甜味剂。Kruger认为,其能量值为12.5 kJ/g。

6. 氢化淀粉水解物

氢化淀粉水解物是通过淀粉的部分水解后进行氢化所制备的还原性淀粉水解物,是单元醇、二聚和低聚多元醇的混合物，含有不同水平的山梨醇、麦芽糖醇和在还原末端被氢化的低聚糖。其甜度为蔗糖的25%～50%。其吸收和代谢速率类似麦芽糖醇（比山梨醇慢），进入人体后代谢水解为葡萄糖、山梨醇和麦芽糖醇，抵达结肠的水解物不太多，当其到达结肠时，就完全被发酵成短链脂肪酸，最终被吸收并用作能量。LSRO认为，其能量可能低于13.4 kJ/g。

7. 赤藓糖醇

赤藓糖醇是自然界分布很广泛的一种天然物质，海藻、蘑菇、柠檬、葡萄和桃中均含有，发酵食品黄酒、啤酒、酱油和发酵蔬菜中也含有，还存在于地衣、霉菌和多种草类中。其甜味纯正，甜度是蔗糖的60%～70%。赤藓糖醇溶于水中时会吸收较多能量，有凉爽的口感。其能量约为蔗糖的10%。

2.3 功能性脂类

功能性脂类是指对人体有一定保健功能、药用功能以及有益健康的一类油脂类物质，是指那些属于人类膳食油脂以及为人类营养、健康所需要的并对人体的健康有促进作用的一大类脂溶性物质。其中既包括主要的油脂类物质甘油三酯，也包括油溶性的其他营养素如维生素E、磷脂、甾醇等，还包括低能量脂肪替代品。它们对一些疾病，如高血压、高血脂、高血糖、心脑血管疾病和癌症有良好的防治作用。

2.3.1 多不饱和脂肪酸

2.3.1.1 多不饱和脂肪酸的种类及其分布

多不饱和脂肪酸是指分子中含有2个或2个以上双键的不饱和脂肪酸。根据多不饱和脂肪酸分子中双键位置的不同又可分为ω-3型多不饱和脂肪酸和ω-6型多不饱和脂肪酸两大类。ω-3型多不饱和脂肪酸主要包括二十碳五烯酸（eicosapentaenoic acid，EPA）、二十二碳五烯酸（docosapentaenoic acid，DPA）、二十二碳六烯酸（docosahexaenoic acid，DHA）、α-亚麻酸（α-linolenic acid，ALA）等。ω-6多不饱和脂肪酸主要包括亚油酸（linoleic acid，LA）、γ-亚麻酸（γ-iinolenic acid，GLA）、花生四烯酸（arachidonic acid，AA）等。这些脂肪酸在生物体内主要以顺式形式存在。其中，人体必需的脂肪酸为亚油酸和α-亚麻酸；对于婴儿，花生四烯酸也是必需的。

1. ω-3系列多不饱和脂肪酸

陆生植物油中几乎不含ω-3系列多不饱和脂肪酸。高等动物体内的EPA和DHA可由油酸、亚油酸或亚麻酸等转化而成，但这一转化过程在人体中非常缓慢，眼、脑、睾丸和精液中含有较多的DHA；在海鱼和微生物中转化量较大，如海藻类及深海冷水鱼中含有丰富的EPA和DHA，沙丁鱼等小型青背鱼中EPA含量较多，金枪鱼和松鱼等大型青背鱼中DHA含量较多（其中头部，尤以眼窝脂肪中含量最高）。

EPA和DHA目前主要有2种制备方法。一是发酵法制备EPA和DHA。由于真菌和藻类可生产一定量的EPA和DHA，因此利用基因工程技术有可能大大提高藻类和真菌产生EPA和DHA的数量。二是从鱼油中分离提纯EPA和DHA。我国水产部门规定：以鱼油为主要原料，经精制加工后碘价大于140 g/100 g油、EPA和DHA的总量大于28%的鱼油，称为多烯鱼油。

2. ω-6 系列多不饱和脂肪酸

二维码 2-1　ω-3 系列多不饱和脂肪酸结构式

花生四烯酸主要以磷脂的形式存在于机体各种组织的细胞膜上，决定着细胞膜的一些重要生物活性。游离的 AA 在正常的生理状态下水平很低。当细胞膜受到炎症等刺激时，AA 便从磷脂池中释放出来，产生大量的 AA，并转变为具有生物活性的代谢产物，如前列腺素（PG）、白细胞三烯（LT）、血栓烷等。这些都是炎症的有效介质，导致发热、疼痛、血管扩张、通透性升高及白细胞渗出等炎症反应。另外，抗炎药物如阿司匹林、消炎痛和炎固醇激素则能抑制花生四烯酸代谢，减轻炎症反应。

动物的肾上腺和肝脏、沙丁鱼油、蛋黄中含有 AA，但含量很低，一般小于 0.2%。因此，国外很早就开始了微生物生产 AA 的研究，并实现了大规模工业化生产。我国已有数家单位开始发酵试生产，所用的微生物主要集中在藻状菌纲，如耳霉属（*Conidiobolus*）、被孢霉属（*Mortieella*）、毛霉属（*Mucor*）、根霉属（*Rhizopus*）、枝霉属（*Diasporangium*）等。菌种筛选、代谢调控育种和优化培养条件等途径可以提高 AA 的产量。

二维码 2-2　花生四烯酸与共轭亚油酸的结构式

共轭亚油酸（conjugated linoleic acid，CLA）作为亚油酸的几何以及位置异构体，是一类分子内具有共轭二重键的化合物的总称。CLA 是在研究烧烤牛肉致癌的实验中首次发现的，之后发现大多数反刍动物的肉及乳制品中都含有该类脂肪酸。它们是由动物反刍胃中的微生物转化亚油酸而形成的。与亚油酸不同的是，CLA 具有较强的抗癌活性。除此以外，CLA 还对粥样动脉硬化、糖尿病具有较好的效果。CLA 能减少脂肪组织和体脂肪，增加肝脏和肌肉组织的脂肪沉积。CLA 可通过蓖麻油脱水、碱催化亚油酸共轭化和金属催化共轭化制得。

3. 含有多不饱和脂肪酸的植物油和微生物油脂

食用植物油和微生物油脂中含有较多的 ω-6 系列不饱和脂肪酸，在降低血液胆固醇、预防动脉硬化方面，效果比较明显。一方面是由于它们含有丰富的亚油酸或 γ-亚麻酸之类的多不饱和脂肪酸；另一方面也有其他活性物质所产生的协同增效作用。

（1）葡萄籽油　含有大量不饱和脂肪酸、棕榈酸、硬脂酸、油酸以及微量亚麻酸、月桂酸、肉豆蔻酸等。其不饱和脂肪酸含量超过 90%。葡萄籽油主要成分是亚油酸，含量为 80%左右，比一般食用油甚至药用油——核桃油和红花油中的含量都高。葡萄籽油能降低血液中低密度脂蛋白胆固醇含量，同时能提高高密度脂蛋白胆固醇的水平，对防治冠心病有利。

（2）橄榄油　可供食用的高档橄榄油是用成熟或初熟的油橄榄鲜果通过物理冷压榨工艺提取的天然果汁油，是世界上唯一以自然状态的形式供人类食用的木本植物油，原产于地中海沿岸诸国。橄榄油在加热至高温时，不会燃烧或生成有害的化学物质，故尤其适用于煎烤和油炸。橄榄油与其他植物油相比，含有丰富的单不饱和脂肪酸——油酸，能调整人体血浆中高密度脂蛋白胆固醇、低密度脂蛋白胆固醇的比例，食用后可以增加人体内的高密度脂蛋白的平衡浓度，还会降低血浆中低密度脂蛋白 LDL（坏胆固醇）的浓度，以防止人体内胆固醇过量。橄榄油中 ω-3 型多不饱和脂肪酸和 ω-6 型多不饱和脂肪酸的比例为 1∶4，同人乳相似。此外，角鲨烯、黄酮类物质和多酚化合物的存在能增强人体的免疫力，延缓衰老。

(3)油茶籽油　油茶籽油中油酸、亚油酸、亚麻酸等不饱和脂肪酸的含量很高，含有角鲨烯等生理活性成分，其品质基本可与橄榄油相媲美，而市场价格却比橄榄油低得多，所以越来越受广大消费者青睐。

(4)红花油　红花油是从红花的种子中提取的。其亚油酸含量高达75%～78%，是很好的亚油酸来源。

(5)月见草油　月见草油是从月见草的种子中提取的。这种油的最重要特征是含有丰富的γ-亚麻酸(5%～15%，典型值8%；国外称其为维生素F)，为所有食用植物油之首。此外，它还含有73%左右的亚油酸，其不饱和脂肪酸总量超过90%。

(6)小麦胚芽油　小麦胚芽油约含80%的不饱和脂肪酸，其中亚油酸含量50%以上，油酸为12%～28%。它所含有的维生素E数量远比其他植物油高，堪居植物油之冠。小麦胚芽油还含有二十三烷醇、二十五烷醇、二十六烷醇和二十八烷醇。这些高级醇尤其是二十八烷醇对改善人体酶利用、降低血液中胆固醇、减轻肌肉疲劳疼痛、增强爆发力和耐力都有一定功效。此外，小麦胚芽油中不皂化物谷甾醇的含量远远超出其他植物油。

(7)米糠油　米糠油是稻谷加工的副产物，含有75%～80%的不饱和脂肪酸，其中油酸40%～50%、亚油酸29%～42%、亚麻酸1%。米糠油中维生素E含量高，为90～163 mg/100 g。米糠油还含有一定数量的谷维素，它对周期性精神病、妇女更年期综合征、月经前紧张症、自主神经功能失调和血管性头痛等有较好的防治作用。

(8)微生物油脂　用微生物发酵法生产富含γ-亚麻酸的油脂，其γ-亚麻酸含量达8%～15%，可与月见草油相媲美。能用于生产含γ-亚麻酸油脂的微生物属于真菌中的接合菌，包括被孢霉属、根霉属、小克银汉曲霉、枝霉属和螺旋藻属的某些菌株，通过育种可得到γ-亚麻酸的高产变异菌株。

2.3.1.2　多不饱和脂肪酸的生理功能

1. 改善神经系统功能

多不饱和脂肪酸对脑、视网膜和神经组织发育具有重要影响。DHA和花生四烯酸是脑和视网膜中2种主要的多不饱和脂肪酸。多不饱和脂肪酸对于胎儿和婴幼儿的影响十分显著。所以，母亲(包括受孕前、怀孕期间及胎儿出生后)的膳食脂肪酸的摄入及婴儿摄入乳中的脂肪酸组成不仅关系到孩子智力、视力等的发育，而且也可能影响成年后他们对高血压、心脏病等疾病的易感性。

2. 预防心脑血管疾病

ω-6型多不饱和脂肪酸对动脉血栓形成和血小板功能有明显影响。亚油酸的摄入量与血浆磷脂、胆固醇酯和甘油三酯中的亚油酸含量有很高的相关性，而且血小板的总亚油酸、α-亚麻酸、花生四烯酸、EPA、DHA与血浆甘油三酯、磷脂、脂肪组织中的脂肪酸浓度呈显著相关性。一直以来，亚油酸就作为制造脉通的原料，有“血管清道夫”的美誉。摄入大量亚油酸对高甘油三酯血症病人效果较为明显。我国药典仍然采用亚油酸乙酯丸剂、滴剂作预防和治疗高血压及动脉粥样硬化症、冠心病的药物。根据国外最新的流行病学和临床试验提供的数据，ω-3型多不饱和脂肪酸的摄取量和冠心病的发病率呈负相关。

3. 抑制肿瘤生长

多数学者报道，ω-3系列多不饱和脂肪酸对肿瘤细胞具有抑制作用。DHA和EPA具有较好的抗癌作用。流行病学资料显示，恶性肿瘤的发生与摄入脂肪的种类和数量关系密切。饱和脂肪酸和动物脂肪的高摄入会增加患结肠癌、乳腺癌、前列腺癌的危险性，而经常食用富含多不饱和脂肪酸的深海鱼及其他海产品的人群发生恶性肿瘤的危险性明显降低。多不饱和脂肪酸具有抑制肿瘤的生长、侵袭及转移的作用，能增强某些抗癌药物的疗效，改善癌性恶病质状况，延长荷瘤宿主的生存时间。

其他脂肪酸对肿瘤细胞的作用尚无定论。已证实在一些肿瘤动物实验中，花生四烯酸在体外能显著地杀灭肿瘤细胞。而美国的一项研究表明，采用亚油酸的人群因癌症死亡的比率是传统膳食的对照组的两倍，这可能是由于多不饱和脂肪酸的摄入会引起脂质过氧化从而增加了肿瘤的发病率。

4. 抗炎和免疫调节作用

多不饱和脂肪酸调节炎症反应的机制目前并不十分清楚，可能包括：影响类二十碳烷酸化合物的合成；使膜脂成分发生改变，影响膜流动性和某些酶活性以及激素与受体的结合信号的传递；调控基因的表达；影响脂质代谢等。

鱼油有较强的免疫调节作用，对一些细菌疾病、慢性炎症、自身免疫疾病有益处。不同 ω-3 多不饱和脂肪酸发挥不同的免疫调节作用，并且 EPA 比 DHA 的作用更广泛、更强，低水平的 EPA 就足以影响免疫反应。鱼油的免疫调节作用主要归因于 EPA。ω-3 多不饱和脂肪酸与 ω-6 多不饱和脂肪酸共同作用比单独作用效果更强。但 ω-6 多不饱和脂肪酸与 ω-3 多不饱和脂肪酸在代谢上有竞争作用，故二者比值具有重要意义。各国对二者的比值规定各不相同。WHO 建议二者比值为(5～10)：1，瑞典建议为 5：1，日本建议为(2～4)：1，我国建议为(4～6)：1。

5. 其他

多不饱和脂肪酸还能防止皮肤老化、延缓衰老、抗过敏反应以及促进毛发生长等。

2.3.1.3　多不饱和脂肪酸的应用

多不饱和脂肪酸经环糊精包埋或蛋黄粉包埋后可添加于各种食品中，如婴儿配方奶粉、乳制品、肉制品、焙烤食品、蛋黄酱和饮料等；也可以与其他活性物质相配合制成片剂或胶囊等各种形式的功能食品。

值得注意的是，尽管很多事实证明多不饱和脂肪酸对人体有极其重要的生理作用，但过量摄入会产生一些副作用。

2.3.2　磷脂

磷脂(phospholipid)是含有磷酸的类脂化合物，是甘油三酯的 1 个或 2 个脂肪酸被含磷酸的其他基团取代而得。

2.3.2.1　结构与性质

磷脂按其分子组成可分为甘油醇磷脂和神经醇磷脂两大类。甘油醇磷脂是磷脂酸的衍生物，常见的有卵磷脂(磷脂酰胆碱，phosphatidyl cholines，PC)、脑磷脂(磷脂酰乙醇胺，phosphatidyl ethanolamines，PE)、丝氨酸磷脂(磷脂酰丝氨酸，phosphatidyl serines，PS)和肌醇磷脂(磷脂酰肌醇，phosphatidyl inositols，PI)。神经醇磷脂的种类较少，主要是分布于细胞膜中的鞘磷脂。

二维码 2-3　主要磷脂分子的结构式

甘油醇磷脂和神经醇磷脂的结构通式如图 2-3 和图 2-4 所示。

图 2-3 和图 2-4 中的 R_1、R_2 代表脂肪酸残基，其碳原子数一般为 12～18，且以偶碳数最多。R_1、R_2 可以相同也可以不同，但磷脂 2 位（β 位）大多数为不饱和脂肪酸，如油酸、亚油酸、亚麻酸及花生四烯酸等。根据分子结构中 X 基团的不同，磷脂可分为不同的磷脂类型。

纯净的磷脂为无色无味的白色蜡状固体，低温下结晶。磷脂不耐高温，温度超过 150℃时气味不佳，并逐渐分解。磷脂在空气和阳光中极不稳定，易发生褐变反应。这是分子中大量不饱和脂肪酸被空气中的氧气氧化所致。磷脂系类脂化合物，是非极性化合物，能与油脂完全混溶，所以浓缩磷脂中的油可以防止其氧化酸败，有利于贮存。根据制取方法与贮存条件的不同，浓缩磷脂产品多呈现淡黄色至棕色。

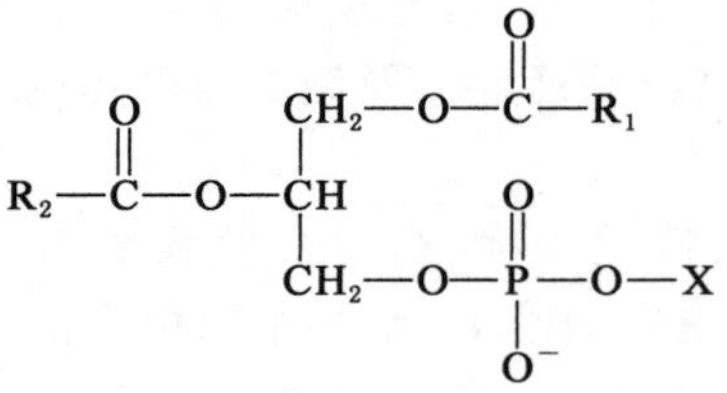

$$R_2-\overset{\displaystyle O}{\overset{\|}{C}}-O-\underset{\displaystyle CH_2-O-\overset{\displaystyle O}{\overset{\|}{P}}(\underset{\displaystyle O^-}{})-O-X}{\overset{\displaystyle CH_2-O-\overset{\displaystyle O}{\overset{\|}{C}}-R_1}{CH}}$$

图 2-3　甘油醇磷脂通式

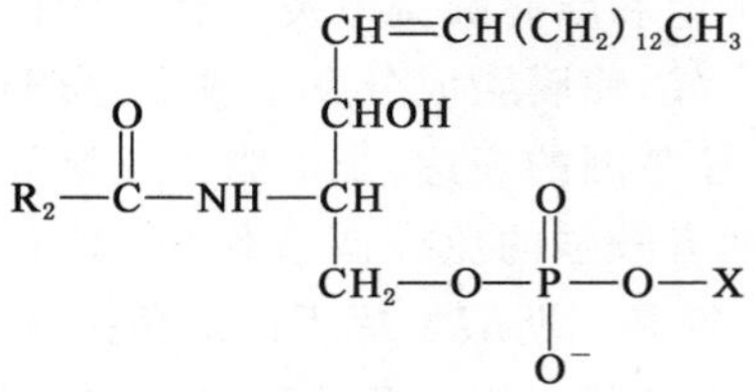

$$R_2-\overset{\displaystyle O}{\overset{\|}{C}}-NH-\underset{\displaystyle CH_2-O-\overset{\displaystyle O}{\overset{\|}{P}}(\underset{\displaystyle O^-}{})-O-X}{\overset{\displaystyle CH=CH(CH_2)_{12}CH_3}{\overset{|}{\overset{\displaystyle CHOH}{CH}}}}$$

图 2-4　神经醇磷脂通式

磷脂不溶于水，但易吸水，吸水后形成极性的磷脂水合物，不溶于油脂。磷脂可溶于某些有机溶剂。不同磷脂在各种溶剂中的溶解性能有一定差别。这也是溶剂法浸取磷脂的理论基础。由磷脂结构可见，磷脂分子具有亲水和亲油双重性，疏水部分是脂肪酸的烃基，而亲水部分是磷酸、胆碱。磷脂的 HLB 值通常为 9～10。磷脂中各组分含量的多少对其乳化类型有一定影响。例如，PC 含量高，有利于形成 O/W 型乳化体系；PI 含量高，有利于形成 W/O 型乳化体系。

2.3.2.2　生理功能

1. 可作为抗癌药物和缓释药物的载体

利用磷脂的脂质体特征及作用部位的靶向性将磷脂用作药物载体，特别是抗癌药物和缓释药物的载体，降低药物的毒副作用，提高药效。

2. 具有降胆固醇、调节血脂的功能

卵磷脂具有显著降低胆固醇、甘油三酯、低密度脂蛋白的作用。磷脂具有亲水性和亲脂性双重性质，其脂肪酸组成又含有生理活性很高的亚油酸和亚麻酸，可改善脂肪的吸收和利用，阻止胆固醇在血管壁的沉积，并清除部分沉积物，促进粥样硬化斑的消散，防止胆固醇引起的血管内膜损伤，从而起到预防心脑血管疾病的作用。

3. 具有健脑、增强记忆力的功能

磷脂被誉为“伟大的营养师”“脑的食物”“血管的清道夫”“可食用的化妆品”“细胞的保护神”“长寿因子”等。在脑神经细胞中卵磷脂的含量占其质量的 17%～20%。乙酰胆碱是大脑内的一种信息传导物质，是传导联络大脑神经元的主要递质。磷脂可提高大脑中乙酰胆碱的浓度，因此，磷脂具有增强记忆力的作用。

4. 具有延缓衰老的功能

卵磷脂是构成细胞的重要成分，是各种脂蛋白的主要成分以及各种生物膜（如细胞质膜、核膜、线粒体膜、内质网等）的基本结构。人体补充卵磷脂可以修补被损伤的细胞膜，增加细胞膜的脂肪酸不饱和度，改善膜的功能，使其软化和年轻化。

5. 能显著增强人体免疫力

以大豆磷脂脂质体做巨噬细胞功能试验，发现其明显促进吞噬细胞的应激性。喂食磷脂的大鼠，淋巴细胞转化率提高，表明磷脂具有增强机体免疫功能的作用。

6. 对胃黏膜具有保护作用

胃黏膜的组织化学研究表明，磷脂主要是分布于泌酸区黏膜的上 1/3 处的黏液细胞中，特别是表面上皮含量丰富。在磷脂悬液预防盐酸对鼠胃黏膜的损伤试验中，发现具有表面活性的磷脂对胃黏膜有保护作用。

2.3.2.3 制取

国内外生产卵磷脂的方法有：有机溶剂萃取法、柱层析法、液相色谱法、半透膜法、复合盐沉淀法、超临界 CO_2 萃取法。

1. 蛋黄磷脂的提取

蛋黄中的磷脂含量约为 10%，常用的提取溶剂有己烷、石油醚、甲醇、乙醇和氯仿等。磷脂不溶于丙酮等低极性溶剂，因此，提取时将溶解和沉淀两个过程结合使用。常用的是二元溶剂抽提法，即先用丙酮处理除去蛋黄中的脂肪、甾醇和色素，并使磷脂沉淀，然后用氯仿-甲醇二元溶剂抽提磷脂，再使磷脂沉淀，最后蒸去溶剂得到产品。

2. 大豆磷脂的提取

大豆油在精炼时，采用水化脱胶法脱出的沉淀物主要成分就是磷脂。从大豆油的油脚中提取磷脂的工艺流程为：

大豆油脚→浓缩（90℃，8 kPa，10～14 h）→萃取（丙酮萃取以去除油脂和脂肪酸）→分离→真空干燥→灭菌→包装→成品。

2.3.2.4 应用

磷脂作为天然乳化剂、谷物品质改良剂及功能食品的营养剂等，能广泛用于医药、食品、日用化学、植物保护、石油化工等工业领域。磷脂除作为营养、保健食品外，近年来又开发了改性磷脂等中间产品、注射用磷脂脂肪营养液和人造血浆、人造皮膜、人造透析膜及复合营养袋等新材料、新产品，使大豆磷脂产品系列化、精细化、专用化和高档化，扩大了磷脂的应用领域和范围。

2.3.3 脂肪替代品

脂肪替代品是指加入低脂或无脂食品中，使它们与全脂同类食品具有相同或相近感官品质的物质。脂肪替代品必须满足 3 个条件：无能量或低能量；具有与脂肪类似或相同的理化性质；对人体无副作用。

2.3.3.1 结构脂质

结构脂质是指甘油三酯通过结合新的脂肪酸，改变脂肪酸的位置或分布而重新构建的脂质，具有各组成脂肪酸的特性，可增强其在食品、营养和治疗方面的功能。

用脂肪酸酯替代食品配料中的油脂以减少食品能量，关键在于降低这些替代品的消化吸收率。设计脂肪替代品的一种策略是使该产品不被脂肪酶所作用。例如，将三脂肪酸甘油酯中的甘油部分换成多元醇物质（如蔗糖），这样产生的大分子聚酯其立体空间不适于脂肪酶接近。另一种策略是将三脂肪酸甘油酯原来所含的脂肪酸换成其他合适的酸，这样生成的新化合物也会阻碍消化酶的作用，如引入带 α-分支链的羧酸芥酸。用一种多元酸或醚键代替甘油醇的框架结构，这样生成的改性甘油酯也不是脂肪酶的合适底物。这些产物具有类似于油脂的口感特性，但仅含有油脂的部分能量或完全没有能量。

1. 蔗糖聚酯

蔗糖与 6～8 个脂肪酸分子通过酯基转移或酯交换形成的蔗糖酯的混合物。蔗糖聚酯以蔗糖分子为中心，酯键被 6～8 个脂肪酸侧链覆盖，作为大分子的消化酶不能进入其中，使其不能分解提供能量。

蔗糖聚酯的制备是以 Na-K 合金为催化剂，在脂肪酸钾存在的条件下，使脂肪酸甲酯与蔗糖发生反应，生成含蔗糖低酯的熔融相。这种蔗糖低酯的存在能大大促进蔗糖聚酯的形成。然后对得到的蔗糖聚酯进行精制、纯化，除去过量的甲酯和催化剂，得到纯净产品。蔗糖聚酯中的蔗糖可被其他糖和糖醇代替，如可被葡萄糖、棉籽糖、木糖醇、山梨醇等代替，以开发出各种各样的产品。

静置后的蔗糖聚酯为淡黄色油状液体，黏度与普通植物油相似。在风味小吃、调味料、色拉油、甜点心、蛋黄酱、冰淇淋、花生酱等诸多食品中代替脂肪。

由于蔗糖聚酯经胃肠不被消化，又是脂类物质，容易引起腹泻，并可能影响脂溶性维生素和其他营养素的吸收，因而含有蔗糖聚酯的食品需要强化脂溶性维生素。

2. 中链甘油三酯

中链甘油三酯是植物油通过水解得到辛酸（C_8）和癸酸（C_{10}），随后再与甘油酯化而成的一种天然油脂改性产品。中链甘油三酯在室温下为无色、无味液态，黏度低，具有稳定的抗氧化性，即使在极高或极低温度下也很稳定（在 250℃或 0℃下长期放置，不发生变化），是目前氧化稳定性最好的食用油。

中链甘油三酯的制备原料是含有大量中等长度碳链饱和脂肪酸的棕榈油和椰子油，其制备工艺如下：

棕榈油、椰子油→水解、分馏→富含辛酸和癸酸的脂肪酸→加入甘油，催化酯化→蒸馏，去除多余脂肪酸→过滤除去催化剂→脱臭→中链甘油三酯。

3. 短长链甘油三酯

短长链甘油三酯中至少含有一个短链脂肪酸和一个长链脂肪酸。它是由特定比例的短链脂肪酸（C_2～C_4）部分取代氢化植物油中的长链脂肪酸而制得的。短、长链甘油三酯消化后提供的能量仅是普通脂肪的 50%，因此它可用于低能量食品的生产，并可任意比例代替普通脂肪。

4. 中链、长链、超长链甘油三酯

中链、长链、超长链甘油三酯是经酯交换而得到的甘油三酯，分子中含有一个中链脂肪酸（C_8 或 C_{10}）、一个长链脂肪酸（C_{16} 或 C_{18}）和一个超长链脂肪酸（C_{22}），其能量只有普通脂肪的一半。这种脂肪具有与可可脂相似的质地、口感和熔融性，特别适合代替可可脂用于制作巧克力、奶油蛋糕、糖果，并可应用于高温煎、炸和焙烤加工的食品。

5. 甘油二酯

甘油二酯（diacylglycerol，DAG）是由一分子甘油与两分子脂肪酸酯化后得到的产物，包括 1,3-DAG 与 1,2-DAG 两种异构体。DAG 是油脂在体内消化的中间产物，食用安全，属公认安全级（GRAS）物质。DAG 也是油脂的天然成分，因此食用、加工性能良好。与普通油脂不同的是它食用后在体内不蓄积，作为普通油脂的替代品不仅不影响食欲，而且可以降低血脂，减少内脏脂肪，抑制体重增加。目前，DAG 的合成方法主要有化学法和酶法。相对于化学合成法，脂肪酶催化合成法具有反应条件温和、能耗低、环境友好、产品质量好等优点，可实现清洁生产，符合绿色化学的要求，是当前 DAG 产业化研究的热点。DAG 主要应用在减肥食品中。

2.3.3.2　蛋白型脂肪替代品

以蛋白原料为主料，配以黄原胶、果胶、麦芽糊精等增稠剂以及卵磷脂、柠檬酸等作为辅料加工制成的脂肪替代物称为蛋白型脂肪替代品。

首先对蛋白物料进行湿热处理，一方面使隐藏在分子内部的疏水性基团暴露在分子表面，以增大其疏水性；另一方面在湿热处理过程中，各种蛋白物料发生复杂的缔合反应，形成大分子缔合物，增强其稳定性。然后经特殊的微粒化装置对混合物料进行拌匀、乳化、均质与微粒化等作用，使蛋白质微粒的粒径降到 0.1～2 μm。人体口腔黏膜对一定大小和形状的颗粒的感知程度有一阈值，当小于这一阈值时这些颗粒就不会被感觉出，因此，蛋白型脂肪替代品呈现奶油状、滑腻的口感特性。

目前国外开发的以蛋白质为原料的脂肪替代品（蛋白型脂肪替代品）及生产企业如表 2-1 所示。蛋白型脂肪替代品虽然在某些食品中（如汤汁、巴氏杀菌食品、焙烤食品等）效果很好，但不适用于油炸食品。蛋白型脂肪替代品尚不能解决膳食中所有与脂肪有关的问题，但将它制成的食物作为每日平衡膳食的一部分，可以不牺牲口感和美食为前提降低对脂肪的摄取量，是一个很有发展前景的脂肪替代品类型。

表 2-1　国外开发的以蛋白质为原料的脂肪替代品

商品名称	组成	制造公司
Simplesse 100-GradeA	乳清蛋白、鸡蛋蛋白，呈球形颗粒，0.1～2 μm	Nutra-Sweet Co.
Traiblazer	鸡蛋蛋白、乳蛋白和黄原胶，不规则纤维状，<10 μm	Kraft General Food
LITA	玉米醇溶蛋白，球形颗粒，0.3～3 μm	Opta Food Ingredients
CMP-1Complete Milk Protein	牛乳蛋白	American Dairy Specialties
AMP-800	乳清蛋白浓缩物	AMPC Inc.
Calpro 75	乳清蛋白浓缩物	Calpro Ingredients

2.3.3.3 碳水化合物型脂肪替代品

碳水化合物型脂肪替代品是指与水结合后，在食品中可提供类似脂肪的功能特性，并产生类似脂肪口感的一类物质。碳水化合物型脂肪替代品主要有动植物胶类、变性淀粉及糊精、纤维素类。

1. 动植物胶类

动植物胶类为相对分子质量高的一类碳水化合物，多用作增稠剂和稳定剂。常用的有卡拉胶、黄原胶、瓜尔胶、阿拉伯树胶和果胶。动植物胶类多用于色拉调味料、冰淇淋、焙烤制品、乳制品、汤类中。卡拉胶是目前低脂肉制品中应用最普遍的一种脂肪替代品。几种胶类复配，脂肪模拟性能更好。

2. 变性淀粉及糊精

玉米淀粉、小麦淀粉、马铃薯淀粉、木薯淀粉等经水解、氧化、酯化、醚化、交联等处理得到的产品可模拟脂肪的感官特性。木薯淀粉经酸水解得到的糊精产品，葡萄糖值小于5，1份该产品加上3份水可代替4份油脂。玉米淀粉经水解后得到玉米糊精，葡萄糖值为4～7，配成25%的水溶液，室温下为白色凝胶状，类似起酥油。羟丙基淀粉、磷酸化淀粉、预糊化淀粉、高直链玉米淀粉在食品中部分替代脂肪已得到广泛应用。

3. 纤维素类

微晶纤维素在水相条件下可模拟脂肪功能，有良好的口感，对乳化和发泡具有稳定作用。此外，还有纤维素衍生物，如羧甲基纤维素、甲基纤维素、羟丙基纤维素、羟乙基纤维素等。

2.3.3.4 混合型脂肪替代品

将多种配料按一定比例混合，制成混合型脂肪替代品，可提供脂肪的感观特性和特殊的应用功能性。美国的Pflizer公司以大豆、变性淀粉和琼脂为原料制成一种水包油型乳化液，可以50%代替蛋黄酱、色拉佐料等产品中的大豆油。

2.4 其他类功能因子

2.4.1 自由基清除剂

自由基从化学结构看是含未配对原子的基团、原子或分子。人体内的自由基主要是含氧自由基，包括O_2^-·、OH·、ROO·和NO·等。

自由基具有高度的化学活性，是人体生命活动中多种生化反应正常的中间代谢产物，如细胞内酶的催化活动、电子传递、细胞成分的自动氧化以及杀死微生物的吞噬作用等，对维持机体正常代谢有一定促进作用，生命活动离不开自由基。正常情况下，人体内的自由基处于不断产生与清除的动态平衡。这是由于在体内存在自由基生成系统和清除系统，如果该系统失衡，在多数情况下形成较多自由基，引起机体损伤和病变。

一些外界因素，如衰老和从事激烈运动以及遭遇物理、化学、生物等因素危害或患病时，自由基可能产生过多或清除过慢，具有高度活性的自由基会攻击生命大分子及各种细胞器，造成机体在分子水平、细胞水平及组织器官水平的各种损伤，加速机体的衰老进程并诱发各种疾病。

2.4.1.1　自由基与疾病的关系

1. 自由基与衰老

衰老的自由基学说认为，衰老来自机体正常代谢过程中产生的自由基及其破坏性。如自由基作用于脂质发生过氧化反应而造成对细胞膜的损害；氧化终产物丙二醛等会引起蛋白质、核酸等生命大分子的交联聚合；自由基作用于核酸引起基因突变改变了遗传信息的传递，导致蛋白质与酶的合成错误及酶活性的降低等，造成器官组织细胞的老化与死亡。

2. 自由基与癌症

自由基作用于脂质产生的过氧化物，既能致癌又能致突变。脂质氧化终产物丙二醛有致突变作用，另一些醛类产物则使 DNA 发生交联或出现单链断裂，具有致突变或致癌作用。

3. 自由基与缺血后重灌流损伤

缺血组织重灌流时造成的微血管和实质器官的损伤主要由活性氧自由基引起。在创伤性休克、外科手术、器官移植、烧伤、冻伤和血栓等血液循环障碍时，都会出现缺血后重灌流损伤。

4. 其他

与氧自由基关系较密切的疾病还有冠心病、心力衰竭、白内障、肺气肿、糖尿病、关节炎与类风湿等。病变中的氧自由基增多并不是单一因素所致，造成损伤也不限于某一种生物大分子。除了氧自由基生成增多方面的原因，清除氧自由基能力的减退也较为常见。例如，年老体弱患有慢性病者常有食欲减退、营养素包括抗氧化营养素摄入不足等，体内蛋白质合成代谢减弱则清除酶活力降低。

2.4.1.2　自由基清除剂的分类

自由基清除剂能够清除机体代谢过程中产生的过多自由基。因此，它是一种可增进人体健康的重要活性物质，也是一类重要的保健食品功效成分。

1. 非酶类清除剂

非酶类清除剂主要有维生素 C、维生素 E、β-胡萝卜素和还原型谷胱甘肽(GSH)。还有硒、锌、铜、生物类黄酮、银杏萜内酯、辅酶 Q、植酸、丹参酮、五味子素、黄芩苷及铜锌络合物等，都是较好的天然抗氧化剂。

维生素 E 是重要的天然自由基清除剂或抗氧化剂之一。由于其疏水结构，能插入生物膜如细胞膜、内质网、线粒体膜、肾上腺和血液蛋白内起作用，清除脂质过氧化链式反应中所产生的自由基具有抗氧化、防衰老的作用。

维生素 C 的水溶性使之能在血液和体液内循环流动。维生素 C 可清除的自由基包括 $\cdot O_2^-$、$OH\cdot$、H_2O_2、O_3 和氢氧化物等，可预防肺癌、胃癌等癌症和白内障。

β-胡萝卜素能抑制细胞膜的脂质过氧化，并清除体内过多的自由基。

硒、锌、铜和锰等清除自由基的作用则与其作为抗氧化酶系统的构成成分有关。

2. 酶类清除剂

酶类清除剂有超氧化物歧化酶(super-oxide-dimutase，SOD)、过氧化氢酶(CAT)及含硒的谷胱甘肽过氧化物酶(GSH-Px)等。

SOD 包括 Cu-Zn-SOD、Mn-SOD 和 Fe-SOD，能清除自由基，同时生成 H_2O_2。H_2O_2 可

被过氧化氢酶清除生成 H_2O 和 O_2。SOD 可延缓由于自由基侵害而出现的衰老现象，如皮肤衰老和脂褐素沉淀，包括皮肤的抗皱与祛斑；可提高机体对多种疾病包括肿瘤、炎症、肺气肿、白内障和自身免疫疾病等的抵抗力；可提高人体对自由基外界诱发因子如烟雾、辐照、有毒化学品和有毒医药品等的抵抗力，增强机体对外界环境的适应力。SOD 还可减轻肿瘤患者在化疗、放疗时的疼痛及严重的副作用，如骨髓损伤和白细胞减少等，并可消除机体疲劳，增强对超负荷大运动量的适应力。

SOD 存在于几乎所有靠有氧呼吸的生物体内，从细菌、真菌、高等植物、高等动物。大蒜含 SOD 丰富，其他如韭菜、大葱、洋葱、油菜、柠檬和番茄等也含有。具生物活性的 SOD 可从动物血液的红细胞中提取，也可从牛奶、细菌、真菌、高等植物（如小白菜）中提取。

2.4.2 微量元素

2.4.2.1 硒

硒是一种比较稀有的准金属元素。在 1817 年被发现后的 100 多年间，关于硒生物作用的研究集中在毒性方面。1957 年发现硒是一种必需的微量元素，缺硒会引起一系列疾病。到 1970 年，含硒酶 GSH-Px 的发现，更揭开了硒在生命科学中的重要作用。

1. 硒的主要功能

(1)抗氧化作用。硒是某些酶的重要组分（如 GSH-Px）。硒在体内特异性催化 GSH 与过氧化物（如 H_2O_2、$\cdot O_2^-$、OH・和脂酰游离基）的氧化还原反应，从而保护生物膜免受过氧化物的损害，维持细胞的正常功能。非酶硒化物具有清除自由基的功能，如硒化物对脂质过氧化自由基（ROO・）有很强的清除能力。有机硒化物的清除效果优于无机硒化物。

(2)抑制肿瘤作用。硒可增强吞噬细胞的吞噬作用，增强 T 细胞、B 细胞增殖力，促进人体产生免疫球蛋白 M，提高机体细胞免疫功能。硒可使环腺苷酸（cAMP）水平提高，cAMP 可抑制肿瘤细胞 DNA 的合成，阻止肿瘤细胞的分裂。硒可抑制致癌物代谢，抑制前致癌物转化为终致癌物。

(3)保护心血管，维护心肌的健康。以心肌损害为特征的克山病病因中，缺硒是一个重要因素。缺硒可损害胰岛细胞，减少胰岛素分泌而加重心肌损害。硒有明显的降低血清总胆固醇、甘油三酯和脂质过氧化物（LPO），提高 HDL-C/TC 等作用，对实验动物动脉粥样硬化的恢复有积极意义。

(4)类胰岛素作用。硒可通过激活葡萄糖转运蛋白而利于葡萄糖转运，硒酸钠可能影响胰岛素与受体作用后糖代谢的某些环节，有类胰岛素活性。硒可能像胰岛素那样在脂肪、肌肉等周围组织中促进细胞对糖的吸收利用，在肝脏抑制肝糖原异生和分解，增加肝糖原合成。发现糖尿病患者硒水平明显低于正常人。但也有报道，高剂量硒可升高血糖，甚至诱发糖尿病。

(5)其他。硒与金属有很强的亲和力。硒在体内通过与金属如汞、甲基汞、镉、铅及铊等结合形成金属硒蛋白复合物而解毒，并使金属排出体外。

硒还参与体内蛋白质、酶和辅酶的合成。硒半胱氨酸是遗传密码正常编码的第 21 个氨基酸。与甲状腺素代谢有关的Ⅰ型脱碘酶也是含硒酶。缺硒可引起甲状腺素代谢特异性改变，引起生长激素分泌减少。硒缺乏可加重碘缺乏效应，使机体处于甲状腺机能低下的应激状态。

长期缺硒可得克山病、儿童营养不良、心血管病和肿瘤等。这些疾病患者及硒缺乏症者都应当增加硒的供给量。但过量硒可引起硒中毒，出现脱发、脱甲等症状。

2. 硒的代谢及食物来源

硒主要通过胃肠道进入生物体内，并被肠道吸收。一般认为，硒酸钠、亚硒酸钠之类可溶性硒的无机含氧酸盐及硒代氨基酸类最易被吸收。口服亚硒酸钠和硒代蛋氨酸的肠吸收率分别为91%～93%和95%～97%。

天然食物硒含量普遍较低，果蔬含硒量一般低于0.01 mg/kg；谷物、海洋动物、肉类特别是内脏的硒含量普遍较高，高于0.1 mg/kg。通过人工方法转化无机硒为有机硒，可提高硒的生理活性与吸收率。目前有实际应用的转化方法包括：微生物合成转化法，如富硒酵母或富硒食用菌；植物天然合成转化法，如富硒茶叶；植物种子发芽转化法，如富硒麦芽或富硒豆芽；生物转化法，如富硒蛋。生物转化法制得的有机硒可作为食品添加剂，制成富硒保健饼干、富硒早餐谷物食品、膨化类富硒早餐食品及富硒方便面汤等。中国营养学会(2023)建议成人硒的RNI为60 μg/d，UL 400为μg /d。

2.4.2.2　铬

1. 铬的主要功能

(1)对糖类代谢的影响。Cr^{3+}是维持机体正常的葡萄糖耐量因子(glucose tolerance factor，GTF)及维持生长和寿命不可缺少的微量元素。缺铬会使组织对胰岛素的敏感性降低。铬能协助或增强胰岛素的生理作用，影响体内所有依靠胰岛素调节的生理过程，包括糖、脂和蛋白质的代谢等，但它并不是胰岛素的取代物。缺铬会引起糖尿病与动脉硬化等疾病。白内障、高血脂等也可能与长期缺铬有关。

(2)对脂质代谢的影响。铬在维持体内血清胆固醇平衡中起作用。其机制可能是缺铬使胰岛素活性降低，并通过糖代谢诱发脂质代谢紊乱，而补铬则可增加胰岛素活性而调节脂质代谢，改善血脂状况。人体试验表明，补充富铬酵母可显著改善GTF，有助于维持血清胆固醇和甘油三酯的正常。此外，铬可加强脂蛋白脂酶(LPL)和卵磷脂胆固醇酰基转移酶(LCAT)活性，而这两种酶参加高密度脂蛋白的合成。

(3)对核酸、蛋白质的影响。铬主要积累于细胞核核仁，与DNA结合促进RNA的合成。细胞核中积累的铬可激活染色质及形成一种分子质量为70 ku的铬结合蛋白。这两种作用共同促进RNA合成。铬参与蛋白质代谢，促进氨基酸进入细胞，从而促进蛋白质的合成。

(4)其他。铬能激活某些酶。这些酶参与体内糖、脂肪和蛋白质的代谢。不过，这些酶中有一部分也可被其他金属元素(铁、锌、镁等)活化。铬能激活胰蛋白酶，但其他金属也同样有此作用。因此，缺铬并不会使这些酶的活性受到明显的抑制。

2. 铬的代谢及食物来源

人体对无机铬吸收率低于1%，对有机铬吸收率较高，可达10%～25%。铬主要由肠道吸收，通过肠黏膜入血，由运铁蛋白携带至各器官组织中，最后通过肾脏排出体外。人体对铬的日需要量为50～100 ng，主要来源于食物，少量来自饮水和空气。

铬在天然食物中广泛存在，但含量一般低于1 mg/kg。啤酒酵母富含铬，其次是粗粮、干酪、肝、蛋类、马铃薯和牛肉等。谷类在精加工中可丢失大量的铬。其他如红糖、植物油、鱼、肉、虾、贝类也含一定的铬，但活性低不易吸收。中国营养学会(2023)建议成人铬的AI为30 μg/d。由于资料不足，暂不制定UL。

2.4.2.3 锗

1. 锗的主要功能

Ge-132的生理功能表现在免疫调节、抗癌防癌、抗肝病、抗衰老。

(1)免疫调节作用。锗能诱生干扰素和2-5A合成酶。对一般人和患有肿瘤、类风湿性关节炎的病人，锗可使T细胞和B细胞功能增强，有活化巨噬细胞和NK细胞、增强IgG中的Fe受体、抑制迟发性过敏反应等作用。

(2)抗癌防癌作用。Ge-132对某些癌症的治疗有效，对肺小细胞癌的治疗有效率超过90%，显效率也达50%～60%。Ge-132一般作为癌症辅助治疗药使用，但如用作癌症预防剂，效果也很明显。若将黄曲霉毒素B_1与有机锗一起饲喂，动物的增生结节和增生病灶数明显减少，病变程度减轻。临床上已用锗来治疗肺、脑和胃肠道癌症以及儿童白血病、淋巴腺癌等。

(3)抗肝病作用。Ge-132对各种致癌物诱发的肝损伤都有抑制作用，对人类乙型肝炎和非乙型肝炎都有改善作用，提升肝功能指标，有用度分别达60%和55%，安全度分别达98%和89%。日本厚生省于1994年正式批准Ge-132作为慢性肝炎治疗剂投放市场。健康人每天饮用含有机锗10 mg或10 mg以上的饮料，对肝脏有保护作用。

(4)抗衰老作用。Ge-132有增强免疫功能、降血液黏稠度和抗氧化作用，能防止脂质过氧化，有助于保护机体，延缓衰老，还能明显减少皮肤中不溶性胶原含量，维持皮肤弹性，减缓皱纹的出现。有报道，75例中老年人每天服用Ge-132 40～60 mg，2个月后，NK细胞活性、红细胞、SOD、CAT、GSH水平大大增加，血清LPO值明显下降，记忆商明显增加，红、绿光神经反应时间显著缩短，而对照组未见明显好转。

Ge-132还有抑制血管紧张素转换酶作用，调节钙代谢、防辐照、镇痛和促进生长等作用。Ge-132体内代谢安全，对动物的急性毒性作用较小，大白鼠、小白鼠摄入剂量5 g/kg体重时，未见有动物出现异常或死亡。

2. 锗的食物来源

锗在天然食物中广泛存在，但含量多在1 mg/kg以下。蔬菜和豆芽含量0.15～0.45 mg/kg。锗含量较高的有大豆、青椒、芹菜、金枪鱼、海蚌、大马哈鱼、大海鱼等。通过生物转化法制成的富锗食品有富锗酵母、豆芽、鸡蛋、牛乳、蜂蜜等，也可制成有机锗口服液。

2.4.3 其他功能因子

2.4.3.1 生物类黄酮

以前黄酮类化合物(flavonoids)主要指基本母核为2-苯基色原酮类化合物，现泛指具有2-苯基苯并芘喃的一系列化合物，主要包括黄酮类、黄烷酮类、黄酮醇类、黄烷酮醇、黄烷醇、黄烷二醇、花青素、异黄酮、二氢异黄酮及高异黄酮等。生物类黄酮多呈黄色，是一类天然色素。

1. 主要功能作用

生物类黄酮(bioflavonoids)能调节毛细血管透性，增强毛细血管壁的弹性，而毛细血管可供给机体所需的全部营养物质如来自血流的氧、营养素和抗体，并带走废物。这些作用可防止毛细血管和结缔组织的内出血，建立起一个抗传染病的保护屏障。生物类黄酮除影响毛细血管的健康外，还具有下列功能：

生物类黄酮是食物中有效的抗氧化剂，是优良的活性氧清除剂和脂质抗氧化剂，与超氧阴离子反应阻止自由基反应的引发，与铁离子络合阻止氢氧自由基的生成，与脂质过氧化基反应阻止脂质过氧化过程。生物类黄酮可通过对金属离子的螯合作用抑制动物脂肪的氧化，保护含有类黄酮的蔬菜和水果不受氧化破坏。通过对抗自由基，生物类黄酮直接抑制癌细胞生长及对抗致癌促癌因子，有较强的抗肿瘤作用，可抑制恶性细胞并保护细胞免受致癌物的损害。芦丁和桑色素能抑制黄曲霉毒素 B_1 对小鼠皮肤的致癌作用，对其他一些致突变剂和致癌物也有拮抗作用。

生物类黄酮化合物具有抑制细菌和抗生素的作用。木犀草素、黄芩苷、黄芩素等均有一定抗菌活性；而槲皮素、桑色素、二氢槲皮素及山柰酚等有抗病毒作用。此类化合物具有降低血压、增强冠状动脉血流量、减慢心率和抵抗自发性心律不齐的作用，还具有降血脂、降胆固醇的作用，有些对缓解冠心病有效，有些有明显的降血压作用。

生物类黄酮对维生素C有增效作用，可稳定人体组织内抗坏血酸的作用而减少紫斑。生物类黄酮还具有止咳平喘祛痰及抗肝脏毒的作用。水飞蓟中的黄酮对治疗急慢性肝炎、肝硬化及各种中毒性肝损伤均有较好效果。动物试验表明，水飞蓟素、异水飞蓟素及次水飞蓟素等黄酮类物质有很强的保肝作用；茶叶中的儿茶素具有抗脂肪肝的作用，*D*-儿茶素也有抗肝脏毒作用，对脂肪肝及因半乳糖胺或 CCl_4 等引起的中毒性肝损伤均有一定的保护效果。近年来，发现一些生物类黄酮可抑制醛糖还原酶，在病态的条件下如糖尿病者与半乳糖血症者中，这种酶参与形成白内障，但未能证明到底能否干扰人类白内障的形成。

生物类黄酮对动物虽有很多有益的生理效果，但它们在生理上并不是同样地起作用的。一般多将其作为防治与毛细血管脆性和渗透性有关疾病（如牙龈出血、眼视网膜出血、脑内出血、肾出血、月经出血过多、静脉曲张、溃疡、痔疮、习惯性流产、运动挫伤、X射线照伤及栓塞等）的补充药物。

2. 主要来源及代谢

生物类黄酮广泛存在于蔬菜、水果、花和谷物中。其在植物中的含量随种类的不同而异，一般叶菜类含量多而根茎类含量少。

生物类黄酮的吸收、储留及排泄与维生素C非常相似，约一半可经肠道吸收而进入体内，未被吸收的部分在肠道被微生物分解随粪便排出，过量的生物类黄酮则主要由尿排出。生物类黄酮的缺乏症状与维生素C缺乏密切相关，若与维生素C同服极为有益。

3. 主要的生物类黄酮

（1）异黄酮（iso-flavones）　属黄酮类化合物，它的侧苯基位于3位。异黄酮包括游离态的苷元和结合态的葡萄糖苷。目前研究较多的有大豆异黄酮及葛根异黄酮。大豆异黄酮有12种，可分为游离型的苷元和结合型的糖苷。苷元占总量的2%～3%，有染料木素、大豆素和黄豆黄素；糖苷占总量的97%～98%，主要以染料木苷、大豆苷、黄豆苷、丙二酰染料木苷、丙二酰大豆苷和丙二酰黄豆苷形式存在。葛根异黄酮及其衍生物包括葛根素、葛根苷、葛根木糖苷、大豆素、大豆苷及大豆素-4′,7-二葡萄糖苷。

大量研究表明，异黄酮具有重要的生理功能：

异黄酮与动物体内雌激素结构类似，具有弱雌激素活性。

异黄酮具有较强的抗氧化能力，通过形成稳定的自由基中间体而阻断自由基反应；体外实验证明，大豆异黄酮具有显著的抗血清脂蛋白过氧化作用，效果优于维生素 E。

异黄酮具有抗癌作用。其中具有生理活性的主要是染料木苷、乙酰染料木苷、丙二酰染料木苷等，可通过抑制许多种酶的活性和控制细胞生长因子，影响信号的传递，从而抑制癌细胞的生长，对与性激素有关的癌症如乳腺癌、子宫癌、前列腺癌等有一定的预防和治疗作用。

异黄酮还有增加冠状动脉血流量及降低心肌耗氧量等作用，可预防心脏病。

此外，异黄酮还可预防疟疾、囊性纤维化，抑制真菌和醇中毒等多种疾病。其中大豆素具有类似罂粟碱的解痉作用。

异黄酮具有广泛的生理活性，已用于妇女保健、心脏病保健、降血脂、改善骨质疏松、增强免疫功能等保健食品中。已开发的保健食品有日本的大豆胚芽茶和 PIC-BIO 公司的 Vitalin Z 大豆异黄酮、中国的天雌素、德国的异黄酮复合含片及美国的异黄酮强化补液等。

异黄酮主要存在于洋葱、苹果、葡萄和大豆等天然食物中，尤其是大豆中含量丰富，大致为 0.12%～0.42%。南方大豆异黄酮含量平均为 189.9 mg/100 g，东北及北方春大豆异黄酮含量平均为 332.9 mg/100 g。

临床研究表明，每天摄入异黄酮 40～150 mg 对人体健康十分有益。中国营养学会(2023)推荐大豆异黄酮特定建议值(SPL)为 55 mg/d，UL 为 120 mg/d。

(2)花青素(anthocyanins)　是一类性质比较稳定的色原烯衍生物，分子中存在高度的分子共轭而有多种互变异构式。植物中的花青素多在 C_3 位有—OH，且常与葡萄糖、半乳糖、鼠李糖缩合成苷。原花青素(proanthocyanidin，PC)是自然界中广泛存在的一大类多酚类化合物的总称，由不同数量儿茶素或表儿茶素结合而成的二聚体、三聚体直至十聚体。按聚合度大小通常将 2～4 聚体称低聚体(OPC)，将五聚体以上的称为高聚体(PPC)。二聚体中因 2 个单体的构象或键合位置的不同，可有多种异构体，已分离鉴定的 8 种结构形式分别命名为 B_1～B_8，其中 B_1～B_4 由 $C_4 \rightarrow C_8$ 键合，B_5～B_8 由 $C_4 \rightarrow C_6$ 键合。在各类原花青素中二聚体分布最广，研究最多，是最重要的一类原花青素。

花青苷具有抗氧化及清除自由基的功能，有降血脂和降肝脏中脂肪含量的作用。花青苷可抗变异及抗肿瘤，还具有抑制超氧自由基的作用，有利于人体对异物的解毒及排泄功能，可防止人体内的过氧化作用。

原花青素有很强的抗氧化性，可用于保护细胞 DNA 免遭自由基的氧化损伤，从而预防导致癌症的基因突变；可预防自由基对晶状体蛋白质的氧化，从而预防白内障的发生；可抑制诸如组胺、5-羟色胺、前列腺素及白三烯等炎性因子的合成和释放，具有抗过敏、抗炎作用；还可选择性地结合在关节的结缔组织上以预防关节肿胀，帮助治愈受损组织，缓解疼痛，因而对各种类型的关节炎效果显著。通过抗炎功效、自由基清除功效及结缔组织保护作用，对龋齿及牙龈炎具有预防和治疗作用。原花青素还可用于心血管的保护，包括降血压、降胆固醇及缩小沉积于血管壁上的胆固醇沉积物体积。其他功能作用还包括抗溃疡、预防老年性痴呆、治疗哮喘及前列腺炎等。

花青素具有多种功能作用。中国营养学会(2023)建议中国成人花色苷 SPL 为 50 mg/d，原花青素 SPL 为 200 mg/d，都没有 UL。

2.4.3.2　萜类

萜类(terpenes)是以异戊二烯首尾相连的聚合体及其含氧的饱和程度不等的衍生物。萜类通常可分为单萜、倍半萜、二萜、三萜、四萜及多萜等，是天然物质中最多的一类化合物。常见的如挥发油、皂苷及类胡萝卜素等的组分多属于萜类化合物。

1. 挥发油

挥发油成分以萜类化合物多见，主要是单萜类（monoterpenes）化合物和倍半萜类（sesquiterpenes）化合物。其含氧的衍生物多是医药、食品及香料工业的重要原料，如含单萜的挥发油常用作芳香剂、矫味剂、消炎防腐剂、祛风去痰剂等，而倍半萜内酯多具有抗肿瘤、抗炎、解痉、抑制微生物、强心、降脂、抗原虫等作用。其中α-萜品醇有良好的平喘作用；芍药苷具有镇静、镇痛及抗炎活性，薄荷醇有弱的镇痛、止痒和局麻作用，亦有防腐、杀菌及清凉作用；青蒿素则是一种抗恶性疟疾的有效成分。柑橘（特别是果皮）含丰富的苎烯（limonene），可显著减轻化学致癌物对机体的致癌作用。

2. 二萜类

二萜类（diterpenes）是一类化学结构类型众多，有较强生物活性的化合物，分为直链、二环、三环、四环类，其中不少具有抗肿瘤活性，如冬凌草中的冬凌草素以及罗汉松中的罗汉松内酯。二萜衍生物穿心莲内酯具有较广泛的抗菌作用；红豆杉醇（taxol）是红豆杉（Taxus brevifolia）树皮的成分，具有抗白血病及抗肿瘤的活性。也有一些二萜类化合物有刺激性与致癌作用，如巴豆属、大戟属和瑞香属的一些植物中的二萜类化合物。

3. 三萜类

三萜类（triterpenes）是由6分子C_5H_8连接而成的具有30个碳原子的化合物，直链或具有三环、四环与五环，游离或与糖结合成皂苷。大多为含氧化合物，有一定的生物活性，在后面皂苷类化合物中有详细介绍。

4. 类胡萝卜素

类胡萝卜素是植物中广泛分布的一类脂溶性多烯色素，属四萜类。已知的类胡萝卜素达600多种，颜色从红、橙、黄以至紫色都有。按其组成和溶解性质可分为胡萝卜素类和叶黄素类。胡萝卜素类包括α-胡萝卜素、β-胡萝卜素、γ-胡萝卜素、δ-胡萝卜素、ζ-胡萝卜素及番茄红素等。叶黄素则是胡萝卜素的加氧衍生物或环氧衍生物，食品中常见的有叶黄素、玉米黄素、隐黄素、辣椒红素和虾黄素等。按类胡萝卜素的结构可分为无环化合物如番茄红素和单环化合物如γ-胡萝卜素及双环化合物如α-胡萝卜素和β-胡萝卜素。

类胡萝卜素是一类在自然界中广泛分布的生物来源的抗氧化剂，可有效猝灭单线态氧、清除过氧化自由基，在以卵磷脂、胆固醇与类胡萝卜素组成的脂质体系统中，可抑制脂质过氧化的发生，明显减少丙二醛的生成。其中番茄红素虽没有维生素A的活性，但却是一种强有力的抗氧化剂，其抗氧化能力在生物体内是β-胡萝卜素的2倍以上，可保护人体免受自由基的损害。有研究报道，番茄红素对氧化胁迫介导的皮肤损害有保护效应。一些类胡萝卜素猝灭单线态氧的速度依次为：番茄红素＞γ-胡萝卜素＞虾青素＞α-胡萝卜素＞β-胡萝卜素和红木素＞玉米黄质＞叶黄素＞番红花苷，均优于维生素E。

类胡萝卜素可增强机体免疫功能，保护吞噬细胞免受自身的氧化损伤，促进T淋巴细胞、B淋巴细胞的增殖，增强巨噬细胞、细胞毒性T细胞和NK细胞杀伤肿瘤的能力，促进某些白介素的产生。类胡萝卜素能抑制致癌物诱发的肿瘤转化，抑制肿瘤的发生和生长，具有抗癌作用。例如，β-胡萝卜素可预防应激诱发的胸腺萎缩和淋巴细胞下降，增强对异体移植物的排斥反应，促进T-淋巴细胞和B-淋巴细胞增殖，维持巨噬细胞抗原受体的功能，增强中性粒细胞杀死假丝酵母，并促进病毒诱发肿瘤的退化。α-胡萝卜素和β-胡萝卜素均可增强NK细胞对肿瘤细胞的溶解，在抗癌效果上α-胡萝卜素优于β-胡萝卜素，高含量的α-胡萝卜素可阻止癌细胞的增殖，而相等量的β-胡萝卜素只产生中度的效果。对子宫、乳腺和肺的癌细胞的抑制能力，番茄红素明显高于β-胡萝卜素。番茄红素也能抑制胰岛素生长因子刺激的癌细胞增殖。

类胡萝卜素可降低白内障患者的危险性，并能预防眼底黄斑性病变。β-胡萝卜素及番茄红素可有效阻断LDL的氧化，减少心脏病及中风的发病率。番茄红素还是血清中与老化疾病相关的微量营养素，可以抑制与老化相关的退化疾病，有抗衰老的作用，并具有清除毒物如香烟和汽车废气中有毒物质的作用。

各种类胡萝卜素由于化学结构和理化性质不同，在吸收及体内代谢等方面存在很大差异。胡萝卜素吸收率大约为维生素A的一半，并随膳食摄入量增加吸收率明显下降，低于10%。动物试验表明，当每天补充β-胡萝卜素剂量超过4.28 mg/kg，8周后，机体的抗脂质过氧化能力明显增强，表现为GSH-Px活性明显升高，丙二醛显著降低。但超过该剂量后，机体的抗氧化功能并没有明显改善，即大剂量补充时可能引起脂质过氧化反应。

类胡萝卜素广泛分布于绿叶菜和橘色、黄色蔬菜及水果中，藻类特别是一些微藻是天然类胡萝卜素的重要来源，一些微生物也能合成，但动物不能合成类胡萝卜素，只能从食物中摄取。一些类胡萝卜素如β-胡萝卜素在体内可转化为维生素A，称维生素A原；有些则是有效的抗衰老剂，如α-胡萝卜素。类胡萝卜素中研究较多的番茄红素主要存在于成熟的红色植物果实（如番茄、西瓜、红葡萄柚、木瓜、苦瓜籽及番石榴等食物）中，并以番茄中含量最高。红色棕榈油也含较高的番茄红素。

中国营养学会（2023）建议中国成人番茄红素SPL为15mg/d，UL为70 mg/d；叶黄素SPL为10mg/d，UL为60 mg/d。

2.4.3.3 皂苷

1. 皂苷及种类

皂苷又名皂素或皂草苷（saponins），是一类比较复杂的苷类化合物，大多可溶于水，易溶于热水，味苦而辛辣，振荡时可产生大量肥皂样泡沫，故名皂苷。皂苷的水溶液大多能破坏红细胞而有溶血作用，又常被称为皂毒素（sapotoxins），但对高等动物口服无毒。

根据皂苷元的化学结构，可以将皂苷分为甾体皂苷（steroidal saponins）和三萜皂苷（triterpenoidal saponins）2种。甾体皂苷通常由27个碳原子组成，为中性皂苷，如薯蓣科和百合科植物皂苷。三萜皂苷多为酸性皂苷，分布比甾体皂苷广泛，五加科、豆科、石竹科、伞形科、七叶树科植物中所含皂苷属于此类。

2. 皂苷主要的功能

许多皂苷具有抗菌及抗病毒作用。大豆皂苷具有抑制大肠杆菌、金黄色葡萄球菌和枯草杆菌的作用；对疱疹性口唇炎和口腔溃疡效果显著，具有广谱抗病毒能力。0.001%浓度的人参皂苷对大肠杆菌有抑制作用，5%的浓度可完全抑制黄曲霉毒素的产生，还能通过抑制幽门螺杆菌而达到预防和治疗十二指肠和胃溃疡的作用。甘草素对单纯疱疹病毒、水痘病毒及带状疱疹病毒均有抑制作用，并可抑制艾滋病毒的繁殖，但无灭活作用。茶叶皂苷对多种致病菌如白色链球菌、大肠杆菌和单细胞真菌，尤其是对皮肤致病菌有良好抑制活性。

皂苷可增强机体免疫功能。人参皂苷、黄芪皂苷和绞股蓝皂苷均可明显增强巨噬细胞的吞噬功能，提高 T 细胞数量及血清补体水平；大豆皂苷能明显提高 NK 细胞、LAK 细胞毒活性，表现出明显的免疫调节作用。

皂苷可抑制胆固醇在肠道的吸收。在甾苷类化合物中，螺甾烷醇苷类降胆固醇活性比呋甾烷醇苷类强，且螺甾烷醇活性随糖链中单糖数目的增加而增加，而从配基结构来说，皂苷的降胆固醇活性从高到低依次为：海可皂苷配基、洛可皂苷配基、洋菝葜皂苷配基、薯蓣皂苷配基、毛地黄皂苷配基。在三萜皂苷中，柴胡皂苷、甘草皂苷及驴蹄草总皂苷都有明显地降胆固醇作用。其他的如大豆皂苷和人参皂苷可促进人体内胆固醇和脂肪的代谢，降低血胆固醇和甘油三酯含量。大豆皂苷和绞股蓝皂苷还具有抗血栓作用。

皂苷可作用于中枢神经系统，人参总皂苷及其单体 Rb_1 在小剂量时可增强中枢神经的兴奋过程，大剂量时却增强抑制过程。柴胡皂苷具有镇静、镇痛和抗惊厥作用，并可延长猫的睡眠时间，特别是增加了慢波睡眠Ⅱ期和快动眼睡眠期，其作用优于成药朱砂安神丸。黄芪皂苷具有镇痛和中枢抑制作用，能明显延长硫喷妥钠所致小鼠的麻醉时间。绞股蓝皂苷具有镇静镇痛作用。酸枣仁皂苷有镇静和精神安定作用。

一些皂苷具有降血糖作用。苦瓜皂苷有类胰岛素作用，降血糖作用缓慢而持久。人参总皂苷及其单体 Rb_2 可抑制肝中葡萄糖-6-磷酸酶而刺激葡萄糖激酶的活性，对试验性糖尿病小鼠和大鼠均有明显的降糖作用。

一些皂苷具有抗肿瘤作用。人参皂苷 Rh2 在 2 μg/mL 浓度时可抑制人原髓细胞白血病细胞（HL-60）的生长，还可抑制 B_{16} 黑色素瘤细胞的生长。大豆皂苷可明显抑制肿瘤细胞的增长，对肿瘤细胞的 DNA 合成和细胞转移有抑制作用，能直接杀伤肿瘤细胞，特别是对人类白血病细胞 DNA 的合成有抑制作用。

此外，人参皂苷可增加肾上腺皮质激素的分泌，使肾上腺质量增加，也是一种非特异性酶的激活剂，可激活兔肝中黄嘌呤氧化酶；茶叶皂苷可抑制酒精吸收和保护肠胃，可抗高血压，还有很好的抗白三烯 D_4 的作用，可在炎症的初期阶段使受障碍的毛细血管透过性正常化，具有抗炎作用。

3. 皂苷的食物来源及应用

皂苷是广泛存在于植物界及某些海洋生物中的一种特殊苷类，如枇杷、茶叶、豆类及酸枣仁等，在豆类中的含量从高到低依次为青刀豆、豇豆、赤豆、黄大豆、绿大豆、黑大豆、扁豆、四季豆及绿豆。许多已作为保健食品来开发利用的中草药如人参、西洋参、茯苓、甘草、山药、三七、罗汉果及酸枣仁等都含有皂苷。海洋生物海参、海星和动物中亦含有皂苷。

皂苷具有广泛的生理活性，已成为天然药物研究中一个重要领域。皂苷可应用于食品添加剂、保健食品、药品及化妆品。人参、茯苓、绞股蓝和刺五加等中草药已被作为保健食品的新资源来开发利用，其产品有西洋参冲剂、人参糖果、茯苓夹饼及绞股蓝茶等。日本已上市大豆皂苷饮料。

2.4.3.4　植物甾醇类

植物甾醇（phytosterol）类是以环戊烷全氢菲为骨架（又称甾核）的一种物质。它包括植物甾醇及酯、植物甾烷醇（phytostanol）及酯，有豆甾醇、菜油甾醇、β-谷甾醇等。目前主要用于合成甾体药物。自然界中以游离态和结合态存在,以结合态存在的有甾醇酯、甾醇糖苷、甾醇脂肪酸酯及甾醇咖啡酸酯等。

1. 甾醇的功能

(1)抗炎退热。植物甾醇对人体有重要的生理功能,如β-谷甾醇有类似氢化可的松的功能,有较强的抗炎作用。谷甾醇具有类似阿司匹林的退热作用,对克服由角叉胶在鼠身上诱发的水肿和由棉籽粉移植引起的肉芽组织生成,表现出强烈的抗炎作用,是一种抗炎和退热作用显著且应用安全的天然物质。

(2)降胆固醇。甾醇可竞争性阻碍小肠吸收胆固醇,在肝脏内抑制胆固醇合成,有预防心血管疾病的功能。很多研究报告指出,经常食用植物甾醇含量高的植物油可有效调节血脂和降胆固醇。甾醇是降血脂用药物类固醇的原料,和其他药物复配的谷甾醇片有良好的降血脂和血清胆固醇作用。甾醇对预防和治疗冠状动脉硬化类心脏病、治疗溃疡皮肤鳞癌也有明显功效。Hagiware 通过细胞培养发现,谷甾醇能促进产生血纤维蛋白溶酶原激活因子,可作为血纤维溶解触发素,对血栓有预防作用。

2. 甾醇的食物来源

植物甾醇广泛存在于植物的根、茎、叶、果实和种子中,所有植物种子油脂都含甾醇。植物甾醇来源丰富的有芝麻、向日葵、油菜、花生、高粱、玉米、蚕豆和核桃,良好来源的有小麦、赤豆、大豆和银杏。工业上植物甾醇是油脂加工的副产品,从油脚和脱臭馏出物中分离。日本已批准植物甾醇为特定专用保健食品的功能性添加剂。美国 FDA 公告称,植物甾醇类可降胆固醇而有助于减少冠心病危险,建议有效膳食摄入水平为 1.3～3.4 g/d。芬兰推出了一种从木材中提取的植物甾醇 Forbes Wood Sterol,服用 1～2 g/d 即有降胆固醇的作用。植物甾醇结构与胆固醇相似,在生物体内以与胆固醇相同的方式吸收。但吸收率比胆固醇低,一般只有 5%～10%。甾醇酯通过胰脂酶水解成为游离型甾醇被吸收。

3. 谷维素

谷维素是阿魏酸与植物甾醇的结合酯,主要存在于米糠油、胚芽油、稞麦糠油和菜籽油等谷物油脂中。谷维素含量以毛糠油最高。一般寒带稻谷米糠的谷维素含量高于热带稻谷;高温压榨和溶剂浸出取油,其毛油中谷维素含量比低温压榨油高。米糠中谷维素含量为 0.3%～0.5%,而米糠油中含量为 2%～3%。谷维素主要的生理功能是降血脂和抗脂质氧化,可降低血清甘油三酯,可降肝脏脂质和血清脂质过氧化物(lipid peroxide,LPO),可减少胆固醇的吸收,降低血清总胆固醇,阻碍胆固醇在动脉壁的沉积并减少胆石的形成。

我国一直把谷维素作为医药品使用,至今尚未应用于食品。日本将谷维素应用于食品已有 20 多年历史,被列入抗氧化剂类,其主要功能为抗氧化、抗衰老。日本推出多种含谷维素的功能食品,如“糙米精”(每包含肌醇 250 mg、谷维素 250 mg)、“米寿丸”(含维生素 E、谷维素和亚油酸),还有谷维素饮料。

中国营养学会(2023)建议中国成人植物甾的 SPL 为 0.8 mg/d,UL 为 2.4 mg/d;植物甾醇酯 SPL 为 1.3 mg/d,UL 为 3.9 mg/d。

2.4.3.5 有机硫化合物

有机硫化合物主要包括异硫氰酸盐、葱属(*Allium*)蔬菜中的有机硫化合物和硫辛酸等。

1. 有机硫化合物的功能作用

(1)异硫氰酸盐(isothiocyanates，ITS)　通常以葡萄糖异硫氰酸盐的形式存在于十字花科蔬菜中，是一大类含硫的糖苷，主要包括异硫氰酸烯丙酯、苯基异硫氰酸盐、苯乙基异硫氰酸盐及莱菔硫烷。不同的异硫氰酸盐结构不同，但均具有一定的抗癌作用。体外试验表明，异硫氰酸酯等是Ⅱ相酶的强诱导剂；而体内外试验均表明，异硫氰酸酯还可抑制有丝分裂、诱导人类肿瘤细胞凋亡，可阻止大鼠肺、乳腺、食管、肝、小肠、结肠和膀胱癌的发生，其作用大小与ITS的结构有关。

葡糖异硫氰酸酯会在蔬菜的贮存过程中增加或减少，也可在加工过程中分解或浸出，或因加热黑芥子硫苷酸酶失活而得到保护。萄糖异硫氰酸酯被人体摄入后可在小肠中经植物黑芥子硫苷酸酶或结肠细菌分解的黑芥子硫苷酸酶作用而分解。异硫氰酸酯可被小肠和结肠吸收，人体摄入十字花科蔬菜2～3 h后可从尿中检出其代谢产物。要开发利用十字花科蔬菜的保健作用还需要深入研究葡糖异硫氰酸酯的化学和代谢以及在整个食物链中的变化。

(2)葱属(*Allium*)蔬菜中的有机硫化合物　大蒜(*Allium sativum*)、洋葱(*Allium cepa*)等葱属蔬菜除强抗菌作用外，还有消炎、降血脂、降血糖、抗血栓形成、抑制血小板聚集、提高免疫力和防癌的功能，其主要有效成分是多种烯丙基二硫化合物，也是这类食物主要的风味成分。烯丙基硫化合物有重要的生理功能，可通过对Ⅰ相酶、Ⅱ相酶、抗氧化酶的选择性诱导作用来抑制致癌物的活性，达到抗癌作用；可与亚硝酸盐生成硫代亚硝酸酯类化合物，阻断亚硝胺合成，抑制亚硝胺的吸收；可使瘤细胞环化腺苷酸(cAMP)水平升高，抑制肿瘤细胞的生长；还可激活巨噬细胞，刺激体内产生抗癌干扰素，增强机体免疫力；还具有杀菌、消炎、降低胆固醇、预防脑血栓和冠心病等多种功能。

大蒜的主要活性物质为二烯丙基硫代磺酸酯、二烯丙基二硫化合物、*S*-烯丙基甲基硫代磺酸酯、甲基烯丙基二硫化合物、二烯丙基硫醚等有机硫化合物成分，均来自γ-谷氨酰半胱氨酸(γ-glutamylcysteine)。洋葱的含硫化合物主要为烷基半胱氨酸硫氧化物(ACSOs)。在组织受伤时，ACSOs在蒜氨酸酶作用下水解产生α-亚氨基丙酸和*S*-烷基半胱氨酸次磺酸，产生特有的刺激性味道并最终形成含50多种含硫化合物的混合物，包括硫代亚磺酸酯、硫代磺酸盐、单硫化物、双硫化物、三硫化物以及一些特殊化合物如催泪因子、硫代丙烷硫氧化物。

(3)硫辛酸(lipoic acid)　是一种脂溶性含硫化合物。在体内作为一种辅酶，与焦磷酸硫胺素一起，共同将碳水化合物代谢中的丙酮酸转化为乙酰辅酶A。此反应在体内能量产生过程中极为重要。此外，硫辛酸对人的肝脏疾病，如肝性昏迷有一定疗效。

2. 主要食物来源

异硫氰酸盐主要存在于白菜、甘蓝、花椰菜、芥菜和萝卜等中。在未加工和未经咀嚼前，葡糖异硫氰酸酯仍保持完好，而在黑芥子硫苷酸酶作用下释放出葡萄糖及包括异硫氰酸酯在内的其他分解产物。

许多食物都含有硫辛酸，其丰富来源是肝脏和酵母。机体也能合成自身所需要的硫辛酸。

2.4.3.6　左旋肉碱(*L*-肉碱)

左旋肉碱是俄罗斯的Gulewitsch等于1905年首先从肉汁中发现，又称肉毒碱或维生素B_7，化学名为β-OH-γ-三甲胺丁酸，结构类似于胆碱。

1. 功能作用

(1)促进脂肪酸的运输与氧化。肉碱是转运长链脂酰辅酶A进入线粒体内的中心物质,可将脂肪酸以酯酰基形式从线粒体膜外转移到膜内,还可促进乙酰乙酸的氧化,可能在酮体利用中起作用。当机体缺乏时,脂肪酸β-氧化受抑制,会导致脂肪浸润。

肉碱参与脂类转运和降解,有降血胆固醇和甘油三酯的作用,能改善脂肪代谢紊乱、纠正脂肪肝,有利于改善动脉粥样硬化。

(2)促进碳水化合物和氨基酸的利用。可将脂肪酸、氨基酸和葡萄糖氧化的共同产物乙酰辅酶A以乙酰肉碱的形式通过细胞膜,所以*L*-肉碱在机体中有促进三大能量营养素氧化的功能。

(3)提高机体耐受力,防止乳酸积累。*L*-肉碱能提高疾病患者在练习中的耐受力,如练习时间、最大氧吸收和乳酸阈值等指标在机体补充*L*-肉碱后都会有不同程度的提高。在激烈运动中,氧气供应不足而造成肌肉产生乳酸,过量乳酸可造成酸中毒,同时乳酸是一种低能量物质。口服*L*-肉碱可使最大氧吸收时的肌肉耐受力提高,防止乳酸积累,缩短剧烈运动后的恢复期,减轻运动带来的紧张感和疲劳感。

(4)作为心脏保护剂。已发现缺乏肉碱会导致心功能不全,临床上已用外源性肉碱增强缺血肌肉及心肌功能。但肉碱改善心功能是刺激糖代谢而不是脂肪代谢。给正常健康人急性一次投予2 g肉碱后,出现胰岛素分泌增加和血糖降低(均在正常范围内),即肉碱加强了糖代谢。

(5)加速精子成熟并提高活力。*L*-肉碱是精子成熟的一种能量物质,具有提高精子数目与活力的功能。通过对30名成年男性的调查表明,精子数目与活力在一定范围内与膳食*L*-肉碱供应量成正比,且精子中*L*-肉碱含量也与膳食中*L*-肉碱的含量呈正相关。此外,*L*-肉碱参与心肌脂肪代谢过程,有保护缺血心肌的作用,可用于治疗心力衰竭、缺血性心脏病及心律失常。*L*-肉碱还有缓解动物败血症休克的作用。

(6)延缓衰老。维持脑细胞的功能需要正常摄取葡萄糖用于供能和不断地合成蛋白质以维持细胞的存在以及不停地排出细胞废弃物。肉碱广泛分布于体内各组织,包括神经组织。给小鼠腹腔注射醋酸胺导致氨中毒时,脑的能量代谢改变,ATP和磷酸肌酸下降,ADP、AMP、丙酮酸和乳酸增多,而肉碱可抑制此过程的发展(*D*-肉碱也有效)。由此可见,肉碱保护脑的机制不是以促进脂肪代谢就足以解释的。

2. *L*-肉碱的食物来源及应用

植物性食品含*L*-肉碱较低,同时合成肉碱的2种必需氨基酸即赖氨酸和蛋氨酸也较低。动物性食物含*L*-肉碱较高,尤以肝脏丰富。含*L*-肉碱丰富的食物有酵母、乳、肝及肉等动物源性食品。

肉碱耐热、耐酸、耐碱,易溶于水和乙醇,吸湿性强。与水溶性维生素相似,肉碱易溶于水且能被完全吸收。由于水溶性很强,使用加热、加水的烹饪程序都会造成游离肉碱的损失。

人和大多数动物可通过自身体内合成来满足生理需要。在正常情况下,*L*-肉碱不会缺乏。常见的肉碱缺乏症包括先天的和后天的。原发性缺乏主要见于肾远曲小管对肉碱重吸收缺陷而致的肉碱丢失过度;继发性缺乏主要是由于有机酸尿症或长期使用一些抗生素等药物,与肉碱结合,使之排出。此外,反复血透、长期管饲或静脉营养以及绝对素食者也都有肉碱缺乏的危险。当出现代谢异常如糖尿病、营养障碍及甲状腺亢进等，会抑制 *L*-肉碱的合成、干扰利用或增加 L-肉碱的分解代谢而引起疾病。*L*-肉碱缺乏可出现脂肪堆积，症状通常为肌肉软弱无力。膳食中增加 *L*-肉碱则可使症状减轻。

L-肉碱的生理生化及临床效果显著。1980 年以来，国外已有 *L*-肉碱商品，已列入美国药典。我国卫健委也将其列入营养强化剂。*L*-肉碱作为一种重要的功能食品添加剂，尤其作为婴儿配方食品、体弱多病者的强化营养、增强运动耐力的运动员食品及减肥健美食品的强化剂，在功能食品中已得到较为广泛的应用。

2.4.3.7 咖啡碱、茶叶碱和可可碱

咖啡碱、茶叶碱和可可碱均为甲基嘌呤衍生物。人们很早就知道嘌呤类化合物可影响神经系统活性，产生血管效应，有镇静、解痉、扩张血管、降低血压等生理活性。咖啡碱和茶碱作为腺苷受体阻断剂，在缓解体力疲劳、减少体内多余脂肪积累及减轻老年记忆障碍均有重要作用，并已用于功能食品研发中。

1. 咖啡碱

(1)咖啡碱的功能作用。咖啡碱是中枢神经系统的兴奋剂，可作用于大脑皮层使精神振奋，工作效率和精确度提高，睡意消失、疲乏减轻。较大剂量能兴奋下级中枢和脊髓，特别当延脑呼吸中枢、血管运动中枢及迷走神经中枢受抑制时，咖啡碱有明显的兴奋作用，能使呼吸加快加深和血压回升。在医药上，咖啡碱被用于缓解严重传染病和中枢抑制药中毒引起的中枢抑制，能直接舒张皮肤血管、肺肾血管和兴奋心肌，在不明显改变血压的情况下综合影响心血管系统。咖啡碱常与解热镇痛药配伍以增强其镇痛效果，与麦角胺合用以治疗偏头痛，与溴化物合用治疗神经衰弱。

咖啡碱可通过抑制环磷酸腺苷转化为环磷酸鸟苷，增加血管有效直径，增强心血管壁弹性，促进血液循环。哮喘病人将咖啡碱作支气管扩张剂，但同样剂量下咖啡碱效果仅为茶叶碱的 40%。咖啡碱可兴奋心肌，使心动幅度、心率及心输出量增高；但其兴奋延髓的迷走神经核又使心跳减慢，最终效果为两种兴奋相互作用的总结果，而在不同个体可能出现心动过缓或过速。大剂量可因直接兴奋心肌而发生心动过速，最后引起心搏不规则。因此，过量饮用咖啡碱，偶有心律不齐发生。

咖啡碱可通过肾促进尿液中水的滤出率实现利尿作用。咖啡碱能促进肾脏排尿速率，排尿量可增加 30%。在临床上常用咖啡碱排除体内过多的细胞外水分。

咖啡碱可刺激脑干呼吸中心的敏感性，进而影响 CO_2 的释放，已被用作防止新生儿周期性呼吸停止的药物。

咖啡碱能提高血浆中游离脂肪酸和葡萄糖水平以及氧的消耗量。咖啡碱促进机体代谢，使循环中儿茶酚胺含量升高，影响代谢过程中脂肪水解，使血清中游离脂肪酸含量升高。也有研究表明，不合理的摄入咖啡碱对血压升高有促进作用，造成高血压的危险，甚至对整个心血管系统造成危害。

(2)咖啡碱的代谢及安全性。咖啡碱是一种在人体内迅速代谢并排出体外的化合物，半衰期为 2.5～4.5 h。摄入体内的咖啡碱 90%经脱甲基和氧化后生成甲基尿酸排出体外，10%不经代谢直接排出体外。

咖啡碱是安全范围较大、不良反应轻微的药物和食品添加剂，使用过量(>400 mg)会出

现失眠、呼吸加快和心动过速等。长期饮用咖啡碱会产生轻度成瘾，一旦停用可表现短期数日头痛或不适；摄入中毒剂量可引起阵挛性惊厥。但通过日常饮食摄入中毒剂量几无可能。美国 FDA 确定咖啡碱无作用剂量为 40 mg/(kg·d)，该剂量比正常摄入剂量高 8～10 倍，因此，可以认为咖啡碱是安全的，即使过量，其副作用也是短暂而且可以恢复。

咖啡碱已被 160 多个国家准许在饮料中作为苦味剂使用，一般允许最大用量为 200 mg/kg，美国规定在饮料中只准许使用天然来源的咖啡碱。FAO/WHO(1984)规定最高允许量为 200 mg/kg。我国一直把咖啡碱列为药物，未规定最高允许用量。

2. 茶叶碱

茶叶碱(theophylline)又名 1,3-二甲基黄嘌呤，早在 1937 年就开始用于临床治疗心力衰竭，认为有极强的舒张支气管平滑肌的作用，可用于支气管喘息的治疗，其作用机制是抑制了细胞内磷酸二酯酶的活性，从而抑制环磷酸腺苷转化为环磷酸鸟苷的反应。所以，茶叶碱只起缓解哮喘的作用，并不能从根本上治疗支气管哮喘。此外，茶叶碱在治疗心力衰竭、白血病、肝硬化等方面也有一定作用。茶叶碱还对肥大细胞释放过敏介质的过程有一定的抑制作用。

由于茶叶碱在水中溶解度较低，不易吸收，对胃肠道有刺激作用，在临床上一般将其制成衍生物氨茶碱、单氢茶碱、胆茶碱或茶碱乙醇胺等，以提高水溶性。茶叶碱 pH 较高，肌肉注射有疼痛感，静脉注射易引起中毒，常用方法是制成缓释胶囊口服，经胃肠道吸收。茶叶碱摄入后，一部分可不经代谢直接排出体外，另有约 90%经代谢分解为 1,3-二-Me-脲酸、3-Me-黄嘌呤和 1-Me-脲酸，经尿液排出体外。

3. 可可碱

当前对可可碱(theobromine)的利用多是对其进行必要的修饰，如水杨酸钙可可碱、乙酸钠可可碱和己酮可可碱。已发现己酮可可碱可减轻血小板激活因子致离体豚鼠肺通透性水肿。己酮可可碱还可作用于白细胞，减少白细胞对内皮细胞的黏附作用。

2.4.3.8 二十八烷醇

二十八烷醇是一元直链天然存在的高级脂肪醇。二十八烷醇主要存在于糠蜡、小麦胚芽、蜂蜡及虫蜡等天然产物中，苹果、葡萄、苜蓿、甘蔗和大米等一类植物蜡中也含有。小麦胚芽含二十八烷醇为 10 mg/kg，胚芽油含量为 100 mg/kg。自 1937 年发现它对人体的生殖障碍疾病有治疗作用后，渐渐为人所知。从 1949 年起，美国伊利诺伊大学的 Cureton 等学者进行了 20 多年的研究，证明它是一种抗疲劳活性物质，应用极微量就能显示出其活性作用，是一种理想的天然健康食品添加剂。

二十八烷醇的生理功能包括：提高肌力，消除肌肉疼痛；增强耐力、精力和体力；能降低缺氧的发生率，帮助身体使其在压力状态时更有效率地运用氧气，增强对高山反应的抵抗力；还有降低收缩期血压、缩短反应时间、刺激性激素及强化心脏机能的作用。

日本多以米糠油为原料提取二十八烷醇。在其二十八烷醇商品中，二十八烷醇含量一般为 10%～15%，系 C_{22}～C_{36} 脂肪醇混合物。

2.4.3.9 茶氨酸

茶氨酸(theanine)是茶树体内特有的氨基酸，又名 *N*-乙基-*γ*-*L*-谷氨酰胺，占茶叶干重的 1%～2%，是茶叶鲜爽味的主要成分。自 20 世纪 50 年代起，茶氨酸受到极大关注。

1. 茶氨酸的功能作用

(1)对神经系统的作用。茶氨酸是一种神经传递物质,进入大脑后可降低脑中5-羟色胺浓度,使神经传导物质多巴胺显著增加,而多巴胺在脑中起重要作用,缺乏时会引起帕金森症、精神分裂症。所以,茶氨酸对帕金森症和传导神经功能紊乱等疾病起预防作用。茶氨酸可保护神经细胞,能抑制短暂脑缺血引起的神经细胞死亡。茶氨酸可与兴奋型神经传递物质谷氨酸竞争细胞中谷氨酸结合部位,抑制谷氨酸过多而引起的神经细胞死亡。这些结果,使茶氨酸有可能用于脑栓塞、脑出血、脑中风、脑缺血及老年痴呆等疾病的防治。

(2)降血压作用。茶氨酸可通过影响脑和末梢神经的色胺等胺类物质起降血压作用。给高血压自发症大鼠注射1 500～2 000 mg/kg的茶氨酸会引起血压显著降低,其收缩压、舒张压及平均血压均有明显下降。其降低程度与剂量有关,注射量为2 000 mg/kg时降低约40 mmHg,但心率没有大的变化。茶氨酸对血压正常的大鼠没有降血压作用。

(3)抗肿瘤作用。作为谷氨酰胺的竞争物,茶氨酸可通过干扰谷氨酰胺的代谢来抑制癌细胞生长。动物试验证明茶氨酸对小鼠可转移性肿瘤有延缓作用,对患白血病小鼠可延长其存活期。因此,茶氨酸可开发为治疗肿瘤的辅助药物。茶氨酸还能提高多种抗肿瘤药物的疗效。如将M5076卵巢癌细胞移植小鼠背部皮下使其长出肿瘤后,单独使用阿霉素时肿瘤无变化,当与茶氨酸一起使用时肿瘤减小到对照的62%,并且肿瘤中阿霉素浓度增加2.7倍,从而增强阿霉素的抗癌效果。茶氨酸不增加阿霉素在正常组织中的浓度。茶氨酸与其他抗肿瘤药如Pirarubicin或Idarubicin等合用时,也有增强抗癌疗效的作用。同时,茶氨酸的合用还能减轻抗癌药物引起的白细胞及骨髓细胞减少等副作用。茶氨酸与抗肿瘤药Doxorubicin(简称DOX)一起使用时,不但提高DOX的抗肿瘤活性,而且还提高其抑制肿瘤转移活性。茶氨酸还可抑制癌细胞的浸润,防止原生部的癌细胞通过对周围组织的浸润进行局部扩散,转移到身体的其他部位。其阻碍癌细胞浸润的能力随浓度提高而增强。

(4)其他。茶氨酸是咖啡碱的抑制物,可有效抑制高剂量咖啡碱引起的兴奋震颤作用和低剂量咖啡碱对自发运动神经的强化作用,还有缓解咖啡碱推迟睡眠发生和缩短睡眠时间的作用。

2. 茶氨酸的代谢及安全性

L-茶氨酸在肠道吸收,吸收后迅速进入血液并输送至肝和脑中。以鼠为对象研究茶氨酸在体内的代谢动力学变化表明,经口灌胃1 h后,鼠血清、脑及肝中茶氨酸浓度明显增加。此后,随时间延长,血清和肝中的茶氨酸浓度逐渐降低,而脑中茶氨酸浓度则继续保持增长趋势,一直到灌胃5 h后浓度达最高值,24 h后这些组织中的茶氨酸都消失。茶氨酸的代谢部位是肾脏,一部分在肾脏被分解为乙胺和谷氨酸后通过尿排出体外,另一部分直接排出体外。

早在1985年,美国FDA就认可并确认合成茶氨酸是一般公认安全的物质,在使用过程中不作限量规定。在连续服用28 d的亚急性实验中,大鼠未见任何毒性反应;在致突变实验中未见任何诱变作用,细菌回复突变实验中也未导致基因变异。茶氨酸是一种安全无毒,具有多种生理功能的天然食品添加剂,可按需添加。

3. 茶氨酸的食物来源

茶氨酸富含于茶、茶梅、油茶、红山茶及蕈几种植物中。其性质较稳定,耐热耐酸,通常的食品加工、杀菌过程不会影响茶氨酸性质。作为一种食品添加剂,茶氨酸被广泛用于点心、糖果及果冻、饮料、口香糖等食品中。

2.4.3.10 核酸

核酸(nucleic acid)是一切生物细胞的基本成分,并对生物体的生长发育、繁殖、遗传及变异等重大生命现象起重要作用。从1868年人类发现核酸后,关于核酸生长和食物中核酸的摄入、消化、吸收、代谢、营养功能及调节控制等方面的研究已获得很大进展。

1. 核酸的功能作用

核酸是维持正常细胞免疫的必需营养物质,可提高机体免疫力特别是细胞免疫功能,可作为内源性自由基清除剂和抗氧化剂,提高单不饱和脂肪酸含量和血清高密度脂蛋白水平,降低胆固醇水平,影响脂类代谢。核酸可促进细胞再生与修复,具抗放射性与化疗损伤。核酸可维持肠道正常菌群,促进双歧杆菌的生长。核酸对三大营养物质的吸收和利用起调节的作用,保证人体的能量供应,还能提高机体对环境变化的耐受力,有抗疲劳、促进氧气利用等功能。

2. 核酸的食物来源及代谢

含核酸最丰富的食物是沙丁鱼。鱼虾类、螃蟹、牡蛎、动物肝脏、蘑菇、木耳、花粉及酵母等也含有丰富的核酸,黄豆、扁豆、绿豆、蚕豆、洋葱、菠菜、鲜笋、萝卜、韭菜及西兰花等蔬菜中也含有许多核酸和制造核酸的物质。

核酸需在体内代谢降解为核苷酸、核苷和碱基,才能被小肠上皮细胞吸收。如过量服用核酸,将会分解形成较多的嘌呤类核苷酸,有可能促进尿酸过量生成,引起痛风。因此,痛风症患者或有痛风病家族史的人不宜补充外源性核酸产品及富含核酸的食物。

2.4.3.11 γ-氨基丁酸

1963年,H. Stanto就发现γ-氨基丁酸(gamma aminobutyric acid,GABA)具有治疗高血压的作用,其机制是因GABA可作用于脊髓的血管运动中枢,有效促进血管扩张而达到降血压目的。黄芪等中药的有效降压成分即为GABA。GABA可降低神经元活性,是一种重要的中枢神经系统的抑制性物质。GABA可抑制谷氨酸的脱羧反应,与α-酮戊二酸生成谷氨酸,使血氨降低。摄入GABA可提高葡萄糖酸酯酶的活性,促进脑组织的新陈代谢和恢复脑细胞的功能,改善神经机能。GABA还有活化肾功能、改善肝功能、防止肥胖、促进酒精代谢及消臭的作用。

GABA与某些疾病的形成有关。帕金森病人脊髓中GABA浓度较低,神经组织中GABA的降低与Huntingten疾病、老年痴呆等有关。GABA对脑血管障碍引起的症状如偏瘫、记忆障碍、儿童智力发育迟缓及精神幼稚症等有很好的疗效。GABA还被用于尿毒症、睡眠障碍及CO中毒的治疗,并有精神安定作用。

GABA广泛分布于动植物体内。在人脑中,GABA可由脑部的谷氨酸在专一性较强的谷氨酸脱羧酶作用下转换而成,但随年龄的增长或精神压力的加大,GABA积累困难,而通过日常饮食补充可有效改善这种状况。GABA富含于茶叶、胚芽、奶酪等。

2.4.3.12 叶绿素

叶绿素(chlorophyll)是一类含镁卟啉衍生物的泛称,以叶绿素A和叶绿素B最为常见。其结构与人类和大多数动物的血红素极其相似,具有多种生理功能。叶绿素、叶绿酸具有强烈的抑制突变作用,尤其是叶绿酸对致突变物质的抑制作用最强,可抑制AFB_1、Bap等强致癌物的致突变作用，可与致癌物 Trp-p-2 活体形成复合物，降低其活性。叶绿素可促进溃疡及创伤伤口肉芽新生，加速伤口痊愈；可抗变态反应，口服叶绿素铜钠对慢性荨麻疹、慢性湿疹、支气管哮喘及冻疮等变态反应都有明显的功效。叶绿素还有脱臭及降低血液中胆固醇的作用。

截至目前，叶绿素及衍生物主要是作为食用绿色素和脱臭剂而广泛用于糕点、饮料、胶姆口香糖、果冻及冰淇淋等食品中。其安全性高，WHO/FAO 对其 ADI 不作限制性规定，但对叶绿素铜钠盐及铁钠盐的 ADI 规定为 0～15 mg/kg。

2.4.3.13 对氨基苯甲酸

对氨基苯甲酸(para-aminobenzoic acid，PABA)是叶酸的组分。对人和高等动物来说，PABA 是作为叶酸的主要部分而起作用的。它作为辅酶对蛋白质的分解、利用以及对红细胞的形成都有极其重要的作用。在小肠内很少合成叶酸的动物中，PABA 则具有叶酸活性。还可以添加在软膏中作为防晒剂。

PABA 是黄色结晶状物质，微溶于水。如小肠中环境有利，人体能合成 PABA。磺胺类药物是 PABA 的拮抗物，长期服用可引起 PABA 的缺乏，也会引起叶酸的缺乏，症状如疲倦、烦躁、抑郁、神经质、头痛、便秘及其他消化系统症状。PABA 对人类基本无害，但连续大剂量使用可能有恶心、呕吐等毒性作用。其丰富来源为酵母、肝脏、鱼、蛋类、大豆、花生及麦芽等。

2.4.3.14 辅酶 Q

辅酶 Q 是多种泛醌(ubiquinones)的集合名称。其化学结构与维生素 E、维生素 K 类似。辅酶 Q 存在于一切活细胞中，以细胞线粒体内含量为多，是呼吸链重要的参与物质，为产能营养素释放能量所必需。如缺乏辅酶 Q，细胞就不能进行充分的氧化，就不能为机体提供足够的能量，生命活动就会受影响。

1. 辅酶 Q 的功能作用

辅酶 Q(coenzymes Q)在心肌细胞中含量最高，因为心脏需大量辅酶 Q 来维持每天千百次的跳动。许多心脏衰弱的人往往缺乏辅酶 Q。心脏病患者血液中辅酶 Q 的含量比对照低 1/4，75％的心脏病患者心脏组织严重缺乏辅酶 Q，3/4 的心脏病老年患者在服用辅酶 Q 后病情有明显好转。辅酶 Q 能抑制血脂过氧化反应，保护细胞免受自由基的破坏。辅酶 Q 在防止不良的胆固醇氧化对动脉血管的破坏方面比维生素 E 和 β-胡萝卜素更加有效，大量的辅酶 Q_{10} 对防止动脉栓塞非常重要。有研究者认为，心血管疾病在很大程度上是由辅酶 Q_{10} 的缺乏引起。美国得克萨斯州心脏病专家认为，辅酶 Q 对预防和控制高血压具有重要作用，他们给 109 名高血压患者每天服用 255 mg 辅酶 Q 后，85％的人血压下降，51％的人可完全停止服用 1～3 种降压药，而 25％的人可完全依靠辅酶 Q 来控制血压。辅酶 Q 可刺激免疫功能和治疗免疫缺乏，可有效地促进 IgG 的生成，如每天口服 60 mg 辅酶 Q，该抗体有明显增加。

辅酶 Q 还有减轻维生素 E 缺乏症的某些症状的作用，而维生素 E 和硒能使机体组织中保持高浓度的辅酶 Q。辅酶 Q 被认为是延缓细胞衰老进程中起重要作用的物质。其中辅酶 Q_{10} ($n=10$)在临床上可用于治疗心脏病、高血压及癌症等。

2. 辅酶 Q 的食物来源及适宜摄入量

辅酶 Q 类化合物广泛存在于微生物、高等植物和动物中，以大豆、植物油及许多动物组织的含量较高。鱼类尤其是鱼油中有丰富的辅酶 Q_{10}，其他如动物的肝脏、心脏、肾脏及牛肉、豆油和花生中也含有较多的辅酶 Q_{10}，目前还有提纯的辅酶 Q_{10}。

人体可自身合成辅酶 Q。但人体产生辅酶 Q 的功能随年龄增加而减少，在 20 岁后开始下降，中年时达严重缺乏状态。有研究表明，50 岁后大量出现的心脏退化和许多疾病与体内辅酶 Q 的下降有关。50 岁以上成人每天补充 30 mg 足以达到抗衰老的目的，如有慢性病的老人则可服 50～150 mg。由于其为脂溶性，服用时要有脂肪的配合，如同时服用维生素 E 可促进辅酶 Q 的生成。有试验表明，服用维生素 E 的动物其肝脏中辅酶 Q 的含量可提高 30%。微量元素硒及维生素 B_2、维生素 B_6、维生素 B_{11}、维生素 B_{12} 及烟酸都是合成辅酶 Q_{10} 的重要原料。

2.4.3.15 潘氨酸

潘氨酸(pangamic acid)(泛配子酸或维生素 B_{15})的化学名称为二甲基甘氨酸葡糖醛脂，是 1951 年由 Krebs 等在杏仁中发现的。潘氨酸是一种有争议的有机物，因为到目前为止尚未发现某种疾病可完全归咎于潘氨酸的缺乏。有关潘氨酸的营养地位和生理功能有待进一步研究和明确。潘氨酸具有激发甲基转移作用，从而激发肌肉和心脏组织中肌酸的合成。肌酸与体内多余的能量 ATP 结合成为磷酸肌酸，贮存于肌肉中。磷酸肌酸是能量的一种比较稳定的形态。潘氨酸可加强氧从血流中输送到细胞的效率，防止活组织供氧不足，特别是心肌和其他肌肉的供氧不足；还能抑制脂肪肝的形成，使动物适应强运动量练习以及控制血浆胆固醇水平；对多种皮肤病如湿疹、牛皮癣、硬皮病及其他皮肤病有一定作用；临床上可用于心血管疾病、肝炎、皮肤病和肿瘤。

潘氨酸缺乏可引起疲劳感、血组织供氧不足、心脏病、内分泌腺以及神经系统的疾病。潘氨酸在皮下注射 10～15 min 后，可在血、脑、肝、心和肾中检测到，并以肾中浓度最高，持续时间最长，至少能维持 4 d。过量的潘氨酸则由尿、粪便和汗水中排出。对于潘氨酸世界各国争议很大，且均未对需要量作出规定，至今不清楚人类以及除牛、马以外的其他动物是否能合成潘氨酸。至于毒性问题，美国最大的潘氨酸供应者之一——达·芬奇实验室多次以相当于人用剂量(150～300 mg/d)10 万倍以上的潘氨酸对大鼠进行试验，未发现任何异常反应。美国 FDA 已将其归入食品添加剂类，但并不认为它可供人类安全使用。

向日葵籽、南瓜子、酵母、肝、稻米、整粒谷物、杏仁和其他种子都是潘氨酸良好的来源。此外，凡是有复合维生素 B 存在的天然食物都含有潘氨酸。

思考题

1. 什么是必需氨基酸和条件必需氨基酸？各包括哪些种类？
2. 常见的生物活性肽有哪些种类？其生产和应用现状如何？
3. 常见的活性蛋白质有哪些？各有何种生理功能？
4. 简述磷脂的种类和生理功能。
5. 目前常用的脂肪替代品有哪些？各有何特点？
6. 功能性碳水化合物主要有哪些？各自有何重要的功能作用？
7. 活性多糖与膳食纤维有何差异？简述各自主要功能作用。
8. 何谓自由基清除剂？主要的自由基清除剂有哪几类？
9. 何谓生物类黄酮？主要包括哪几大类？简述其主要功能作用。

10. 何谓萜类和皂苷？它们分别包括哪些种类？各自有何重要的生理功能？

11. 何谓辅酶 Q？简述其主要生理功能。

12. 茶氨酸和 GABA 各有何重要的生理功能？各自富含在哪些食物中？

参考文献

[1] 陈丽云．脂肪替代品——蔗糖聚酯的合成方法及分析研究．广州：暨南大学，2001.

[2] 陈文．功能食品教程．北京：中国轻工业出版社，2018.

[3] 迟玉杰．超氧化物歧化酶对人体的营养保健作用．中国乳品工业，2000(4)：27-29.

[4] 陈宗道，周才琼，童华荣．茶叶化学工程学．重庆：西南大学出版社，1999.

[5] 冯长根，吴悟贤，刘霞，等．洋葱的化学成分及药理作用研究进展．上海中医药杂志，2003，37(3)：63-64.

[6] 付蕾．抗性淀粉对面团流变学特性及加工品质的影响．泰安：山东农业大学，2008.

[7] 顾维雄．保健食品．上海：上海人民出版社，2001.

[8] 黄建，孙静．葡萄糖异硫氰酸酯的生物利用率及对人体健康的意义．国外医学卫生分册，2003，30(2)：93-97.

[9] 凌关庭．保健食品原料手册．北京：化学工业出版社，2002.

[10] 林莉．玉米蛋白酶解制备高 F 值低聚肽及应用研究．哈尔滨：东北农业大学，2003.

[11] 刘玲，陈球璐，张瑶，等．大蒜烯丙基硫化物的分离鉴定及抗氧化性．农业工程学报，2015(12)：268-274.

[12] 廖铭．慢消化淀粉的特性及形成机理研究．无锡：江南大学，2009.

[13] 刘宛如．茶氨酸的生理活性及药理作用研究进展．国外医学：卫生学分册，2006(5)：287-291.

[14] 刘营，胡建民，富亮．牛磺酸的性质及其生理功能．畜禽业，2006(1)：14-15.

[15] 吕毅，郭雯飞，倪捷儿，等．茶氨酸的生理作用及合成．茶叶科学，2003，23(1)：1-5.

[16] 刘玲，陈球璐，张瑶，等．大蒜烯丙基硫化物的分离鉴定及抗氧化性．农业工程学报，2015(12)：268-274.

[17] 李恋曲，王晓钰，贾志荣，等．异黄酮类植物雌激素防治过敏性疾病研究进展．中国药理学通报，2018，34(4)：453-456.

[18] 美合日班·阿卜力米提，王艳．植物金属硫蛋白的金属结合及解毒研究进展．生物学杂志，2021，38(6)：104-110.

[19] 齐格勒，法勒．现代营养学．闻芝梅，陈君石，等译．北京：人民卫生出版社，1998.

[20] 宋红普，贯剑，何裕民．葛根的药学研究及其临床应用．上海中医药杂志，1999(4)：47-49.

[21] 荣建华．大豆低聚肽及其生物活性的研究．武汉：华中农业大学，2001.

[22] 孙志芳，高荫榆，郑渊月．功能性油脂的研究进展．中国食品添加剂，2005(3)：4-7.

[23] 唐婷，马力．酪蛋白磷酸肽的营养作用及其应用．中国食物与营养，2008(3)：28-30.

[24] 唐苏苏，胡燚，刘维明，等．甘油二酯合成的研究进展．农业机械，2011(2)：81-86.

[25] 袁静萍．大蒜烯丙基硫化物的抗癌机制．国外医学、生理、病理科学与临床分册，

2002,22(6):556-558.

[26] 吴谋成．功能食品研究与应用．北京:化学工业出版社,2004.

[27] 吴时敏．功能性油脂．北京:化学工业出版社,2001.

[28] 吴秀玲,徐瑞东．食品营养学．北京:中国轻工业出版社,2023.

[29] 王小巍,张红艳,刘锐,等．谷胱甘肽的研究进展．中国药剂学杂志,2019(4):141-148.

[30] 王先科,史莹华,王成章,等．植物皂苷降低机体胆固醇的作用及其机理研究进展．江西农业学报,2010,1:132-135.

[31] 杨月欣,李宁．营养功能成分应用指南．北京:北京大学医学出版社,2011.

[32] 周才琼,唐春红．功能性食品学．北京:化学工业出版社,2015.

[33] 周才琼,周玉林．食品营养学.2版．北京:中国质检出版社,2012.

[34] 周才琼,周玉林．食品营养学.3版．北京:中国质检出版社,2017.

[35] 中国营养学会．中国居民膳食营养素参考摄入量．北京:科学出版社,2014.

[36] 中国营养学会．中国居民膳食营养素参考摄入量(2023版)．北京:人民卫生出版社,2023.

[37] 张桂枝,安利佳．人参皂苷生理活性的研究进展．食品与发酵工业,2002(28):70-72.

[38] 郑建仙．功能性食品．北京:中国轻工业出版社,1995.

[39] 郑建仙．功能性食品学．北京:中国轻工业出版社,2019.

[40] 赵全芹,孟凡德．功能性食品化学与健康．北京:化学工业出版社,2021.

[41] 曹万新,徐廷丽．功能性油脂的研究进展．中国油脂,2004,29(12):42-45.

[42] Barbara A B, Robert M R. 现代营养学.9版．荫士安,汪之顼,译．北京:人民卫生出版社,2008.

[43] Billia-deris C G. 功能性食品碳水化合物．北京:中国轻工业出版社,2015.

[44] Irwin F. 超氧化物歧化酶．食品与药品,2010(7):302-304.

[45] Lardner A L. Neurobiological effects of the green tea constituent theanine and its potential role in the treatment of psychiatric and neurodegenerative disorders. Nutritional Neuroscience, 2014,17(4):145-155.

[46] Lee M K, Chun J H, Byeon D H,et al. Variation of glucosinolates in 62 varieties of Chinese cabbage (*Brassica rapa* L. ssp. pekinensis) and their antioxidant activity. LWT-Food Science and Technology, 2014,58(1):93-101.

[47] Liu C, Hu B, Cheng Y,et al. Carotenoids from fungi and microalgae: A review on their recent production, extraction, and developments. Bioresource Technology, 2021, 337, 125398.

[48] Rotimi E A. Functional Foods and Nutraceuticals. New York: Springer, 2012.

[49] Yong S C. Concentration of phytoestrogens in soybeans and soybean products in Korea. J Aric Food Chem,2000(80):1709-1712.

[50] Zhang P, Omaye S T. DNA strand breakage and oxygen tention: effect of β-carotene,α-tocopherol and ascorbic acid. Food Chem Toxicol,2001(39):239-246.

第3章

功能食品资源

本章重点与学习目标

1. 了解功能食品的植物、动物、微生物、海洋资源的种类，熟悉其主要有效成分及功能活性。

2. 了解功能食品的动物资源适合进行哪些产品的开发。

3. 掌握常见益生菌和真菌的菌种特性及生理功能。

4. 掌握海洋生物的主要保健功能。

5. 了解功能食品资源的发展趋势。

3.1　功能(保健)食品的植物资源

中医素有“药食同源”之说,表明医药与饮食属同一个起源。实际上,饮食的出现,比医药要早得多,因为人类为了生存、繁衍后代,就必须摄取食物,以维持身体代谢的需要。经过长期的生活实践,人们逐渐了解了哪些食物有益,可以进食;哪些有害,不宜进食。我国食用、药用植物资源非常丰富,而且各种植物往往含有各种不同的生理活性物质。这些活性成分能通过激活酶的活性或其他代谢途径增强机体防御功能,调节生理节律,促进人体健康和预防疾病。因此,植物来源的功能食品的研究与开发在国际上已逐渐成为热点。现已开发出具有增强免疫调节、调节血脂、调节血糖、延缓衰老、改善记忆、改善视力、清咽润喉、调节血压、改善睡眠、促进泌乳、抗突变、缓解体力疲劳、耐缺氧、抗辐照、减肥、促进生长发育、改善骨质疏松、改善营养性贫血、改善胃肠道功能、美容等多种功能食品。随着食品工业的迅速发展和人们消费水平的提高,我国人民食品消费观念也在不断变化,食品消费趋势正逐渐转向具有合理营养和保健作用的功能食品。因此,充分了解我国丰富的保健食品植物原料,利用高新技术,从植物中选择、提取功能成分,通过合理科学配制,开发出具有中国特色的功能食品是当代食品发展的方向,也是21世纪食品工业发展的重点。本节按照含有各种生理活性成分的植物的不同器官进行分类,有代表性地介绍我国丰富的功能食品的植物资源。主要农作物,如各种粮谷类、油料、瓜果类、蔬菜等所含特殊成分及其副产物的功能性食品资源的利用开发,由于篇幅所限不做介绍。

3.1.1　根及根茎类功能(保健)食品资源

植物的根及地下变态茎(如根状茎、块茎、球茎、鳞茎等)是植物的两种不同器官,具有不同的外形和内部构造,但都具有贮藏和繁殖等功能,因此,两者又互有联系。很多保健食品原料同时具有根和根茎两部分,因此并入一类同时介绍。

3.1.1.1　刺五加

刺五加[*Acanthopanax senticosus*(Rupr. et Maxim.)Harms]是五加科五加属植物,落叶灌木。根状茎发达,圆柱形。掌状复叶互生,小叶柄密被褐色毛,小叶3～5枚,通常5枚。伞形花序,顶生;单一或2～4个聚生;花雌雄异株或杂性,花梗细长;花萼绿色,与子房合生,五齿裂;花瓣5枚,早落。两性花的雄花淡紫色,雌花淡黄色;雄蕊5枚,比花瓣长;花药大,白色;雌蕊比花瓣长2倍,在雄花中甚小,不发育;花柱合生,柱头肥大,短而五裂,子房5室。核果浆果状,球形,熟时紫黑色,具明显5棱;花柱宿存。花期6—7月份,果期7—9月份。生于山地针阔叶混交林和落叶杂木林下或林缘。分布于我国东北、华北及远东。

1. 有效成分

刺五加含刺五加苷(eleutheroside)A、刺五加苷B、刺五加苷C、刺五加苷D、刺五加苷E、刺五加苷F、刺五加苷G等,总含量为0.6%～0.9%。根苷A至根苷E依结构分别命名为β-谷甾醇葡萄糖苷、紫丁香苷(syringin)、异梣皮定葡萄糖苷(isofraxidin glucoside)、乙基半乳糖苷(ethy-δ-galactoside)及构型不同的紫丁香树脂酚(syringaresinol)双糖苷。叶含齐墩果酸型刺五加苷(senticoside)A、刺五加苷B、刺五加苷C、刺五加苷D、刺五加苷E、刺五加苷F、刺五加苷I、刺五加苷K、刺五加苷L、刺五加苷M及新刺五加苷(ciwujianoside)B、新刺五加苷C_1、新刺五加苷C_2、新刺五加苷C_3、新刺五加苷C_4、新刺五加苷D_1、新刺五加苷D_2、新刺五加苷E、新刺五加苷A_1、新刺五加苷A_2、新刺五加苷A_3、新刺五加苷A_4和新刺五加苷D_3。此外,还含有金丝桃苷、芝麻素和刺五加多糖PES—A及刺五加多糖PES—B等多种成分。

2. 功能活性

刺五加作用与人参相似:益气健脾、补肾安神。刺五加所含苷类成分类似人参根中皂苷的生理活性,即具有抑制和兴奋中枢神经、抗疲劳、抗应激、增强适应性、抗菌、防辐照、调节白细胞免疫及抗癌作用。刺五加总苷无毒性,具有促进肝再生、提高核酸和蛋白质生物合成、降低基础代谢及促进性腺作用。刺五加多糖具有提高机体免疫功能及解毒、抗感染等作用。

刺五加茎、叶和果实的有效成分与根相同,而且含量高于根,活性作用也比根强。因此,刺五加根、茎、叶、果实都可作为功能食品的基料,可以加工成酒、丸、露、汁、冲剂、饮料等功能食品。另外,除刺五加外,还有细柱五加(*Acanthopanax gracilistylus* W. W. Smith)、红花五加(*Acanthopanax giraldii* Harms)等10余种五加属植物都可作为功能食品原料。

3.1.1.2 葛根

葛根为豆科葛属植物野葛(*Pueraria lobata* Ohwi)及甘葛藤(*P. thomsonii* Benth.)的干燥根。野葛为多年生草质藤本;植株全体密生棕色粗毛;块根圆柱状,肥厚,外皮灰黄,内部粉质,纤维性很强;三出复叶,具长柄;复叶的顶生小叶为菱状卵形,长5.5～19 cm,宽4.5～18 cm,先端渐尖,基部圆形,有时三浅裂,下面有粉霜,两面被粗毛;复叶的侧生小叶宽卵形,有时三浅裂,基部斜形;托叶盾形,小托叶针状;总状花序,腋生,花密,小苞片卵形或披针形;萼钟形,长0.8～1 cm;萼齿5枚,披针形,约与萼筒等长,内外均有黄色柔毛;花冠蓝紫色或紫色;雄蕊10枚;子房线形;荚果条状,被黄色长硬毛;花期4—8月份,果期8—10月份。甘葛藤与野葛相似,但茎枝被褐色短毛或杂有长硬毛,叶下无粉霜;托叶披针状长椭圆形;萼长1.2～1.5 mm,萼齿较萼筒长。野葛主产于湖南、河南、广东、浙江、四川等地。甘葛藤多为栽培,主产于广西、广东等地,四川、云南、陕西等地也有栽培。

1. 有效成分

葛根含大量淀粉,主要有效成分为黄酮类,如黄豆苷(daidzin)、黄豆苷原(daidzein)、葛根素(puerarin)等20多种异黄酮成分,总含量可达12%。葛根中其他的有效成分还有萜类、生物碱类等。三萜类主要以葛皂醇A、葛皂醇B、葛皂醇C命名的7种新型齐墩果烷型醇类化合物。葛叶含山柰酚鼠李糖苷、刺槐苷、腺嘌呤、氨基酸等。葛花为葛未全开放的花,含多种黄酮类成分,如尼鸢尾立黄素-7-葡萄糖苷(irisolidone-7-glucoside)、尼鸢尾立黄素-7-木糖葡萄糖苷(irisolidone-7-xyklosyl glucoside)等。

2. 功能活性

葛根总黄酮、葛根提取物对心脏及血液循环系统有较强的保健作用。例如,使冠状动脉、脑血管血流量增加,明显缓解心绞痛,改善心肌缺血,降低心肌耗氧量,降血压,抗心律失常,改善脑循环,抑制血小板聚集。葛根还具有抗癌及诱导癌细胞分化和提高学习记忆功能的作用,具有醒酒、解热、抗衰老、降血糖、提高免疫功能。

国内外已开发出葛根口服液、葛根面包、葛根面条、葛根面丝、葛根冰淇淋、葛根饮料、葛根罐头、葛根混合精、葛根红肠等系列保健食品。葛叶、葛花也可开发保健食品。除葛根外,其同属植物峨眉葛、三裂叶葛等都可当葛根使用，开发保健产品。

3.1.1.3 人参

人参（*Panax ginseng* C. A. Mey）是五加科人参属，多年生草本，高 30～70 cm，主根肉质，圆柱形或纺锤形，下部有分支。茎多为单一茎，直立，无毛。掌状复叶，顶生，小叶数量、复叶数目随年龄有所变化。伞形花序顶生，花小，淡黄绿色。核果浆果状，扁球形，熟时鲜红色。花期 6—7 月份，果期 7—9 月份。野生人参主要分布于我国东北部和河北省北部深山中，吉林、辽宁两省大量栽培，山东、河北、山西、湖北、北京等省、直辖市有引种。

1. 有效成分

人参皂苷（panaxcoside）是人参根主要生理活性物质。目前，用色谱法从人参根及人参地上部分共分离得到 39 种人参皂苷。把总皂苷称为人参皂苷 Rx，按硅胶薄层色谱 Rf 值的大小顺序将每一组分别命名为人参皂苷 Ro、Ra、Rb1、Rb2、Rb3、Rc、Rd、Re、Rf、Rg1、Rg2、Rg3、Rh1、Rh2 和 Rh3 等；按其化学性质可分为人参皂苷二醇型、人参皂苷三醇型和齐墩果酸型 3 种类型。另外，人参还含有各种挥发性组分、糖类、蛋白质、氨基酸、有机酸、多种甾醇、吡咯烷酮、胆碱、多肽、腺苷、维生素 B_1、维生素 B_2、维生素 B_{12}、维生素 C、烟酸、泛酸、叶酸、生物素、烟酰胺等以及腺苷转化酶、*L*-天冬转化酶、*β*-淀粉酶、酚酶、蔗糖转化酶等多种酶类，含铜、锌、铁、锰、钒、钴、锗等近 20 种微量元素。另外，研究还表明，人参的茎、叶、花、果实也含有人参的有效成分人参皂苷，其含量相近甚至高于根的含量。

2. 功能活性

人参味甘苦，性温，有滋补强壮、补气、安神、生津、止渴、明目、开心、益智功效，具有提高体力和脑力劳动能力、降低疲劳、提高血液中血红素的含量、调节中枢神经系统的作用，具有镇静大脑、调节神经、促进代谢、消除疲劳的功效。人参还具有增强肝脏解毒功能、改善骨髓造血能力、活跃内分泌系统、增强肌体免疫功效；能增强网状内皮系统及巨噬细胞等的吞噬功能；可促进骨髓造血细胞的分裂，使外周血中白细胞、红细胞及血红蛋白含量增加；对铅所致胚胎畸形有较好的拮抗作用，并且均衡地促进胚胎的分化和发育；有抑制细胞凋亡和延长细胞寿命的功效；具有提高神经元活力和促进周围神经轴突生长的作用；具有改善性功能、抗肿瘤、调节血糖、降低血脂、强心、增强记忆、镇静、利尿、美容等作用。

二维码 3-1
人参临床应用

人参皂苷、人参多糖、人参挥发油是目前应用最多的功能食品基料，现已开发出人参养容丸、神桃康寿蜜参、力士胶囊、人参复合冲剂、人参滋补口服液、参粉、怡康人参片及人参蜂王浆、人参茶、人参酒、人参糖、人参饼干等多种保健产品。近年来也有用人参叶、茎或花蕾、小花等制成的保健产品，如人参花果冲剂。

3.1.1.4 魔芋

魔芋（*Amorphophallus konjac* K. Koch，*Amorphophallus rivieri* Durieu）又名花秆南星、花秆莲、麻芋子、鬼芋、蛇包谷等，属天南星科魔芋属多年生草本植物。株高 0.5～2 m。地下块茎扁球形，巨大。叶柄粗壮，呈圆柱形，淡绿色，具暗紫色斑；掌状复叶，小叶又作羽状全裂，轴部具不规则的翅；小裂片披针形，长 4～8 cm，先端尖，基部楔形，叶脉网状。佛焰苞大，广卵形，下部筒状，暗紫色，具绿纹，长约 30 cm。花单生，先于叶出现；肉穗花序圆柱形，淡黄白色，通常伸出佛焰苞外，下部为多数细小的红紫色雌花，上部为多数细小的褐色雄花，并有大的暗紫色附属物，膨大呈棒状，高出苞外；子房球形，花柱较短。浆果球形或扁形球形，成熟时呈黄赤色。花期夏季。生长于疏林下、林缘、溪边，或栽培于园圃。魔芋分布于我国东南至西南一带。

1. 有效成分

魔芋含有一种特殊的成分——葡萄糖甘露聚糖（konjac glaucomannan，KGM），约占干重50%，是魔芋的宝贵成分。魔芋还含有淀粉、半纤维素、可溶性糖和丰富的生物碱，含有17种人体所需的氨基酸、多种不饱和脂肪酸，含有13种必需的微量元素（铁、铜、锌、锰、硒、钴、钼、铬、钡、锶、硼、硅和砷）。

2. 功能活性

魔芋性味温辛；有毒；有化痰散结、行瘀消肿、解毒止痛的功效；可治疗糖尿病、高血压和多种癌症。魔芋制品下列几方面显示了良好的效果：提高机体免疫功能，抗癌，润肠通便，降血脂，逆转肝脂肪，减肥，降血糖，延缓神经胶质细胞、心肌细胞和大、中动脉内膜内皮细胞的老化过程，预防动脉粥样硬化，改善心、脑和血管功能。魔芋制品尤其适用于肿瘤、肥胖、高血脂、糖尿病患者及年老体弱伴发便秘者。

魔芋自古以来就是我国人民喜欢的一种低热低脂的保健食品，用以加工制成魔芋片、魔芋粉、魔芋糕、魔芋豆腐、魔芋粉条、魔芋面条、魔芋糖果、魔芋香肠、魔芋饮料、魔芋果酱等几十种食品。我国魔芋属植物资源非常丰富。除魔芋外，供药食的还有白魔芋（*A. albus* P. Y. Liu et J. F. Chen）、疣柄魔芋（*A. paeoniifolius* Nicolson）、攸落魔芋（*A. yuloensis* H. Li）、西盟魔芋（*A. krausei* Engl.）、滇魔芋（*A. yunnanensis* Engl.）、东亚魔芋（*A. kiusianus* Mikino）、勐海魔芋（*A. kachinensis* Engl. et Gehrm）、矮魔芋（*A. nanus* H. Li et C. L. Long）、田阳魔芋（*A. corrugatus* N. E. Brown）、珠芽魔芋（*A. bulbifer* Blume）、野魔芋（*A. varialbilis* Blume）等。

3.1.1.5　其他根及根茎类功能(保健)食品资源

现在常被用作保健食品资源的还有：菘蓝（*Isatis indigotica* Fort.），欧菘蓝（*Isatis tinctoria* L.）即板蓝根，甘草（*Glyryrrhiza uralensis* Fischer），胀果甘草（*Glycyrrhiza inflata* Bat.），光果甘草（*Glycyrrhiza glabra* L.），蒙古黄芪[*Astragalus membranaceus* Bge. var. *mongholicus*（Bge.）Hsiao 或 A. mongholicus Bge.]，膜荚黄芪[*Astragalus membranaceus*（Fisch.）Bge.]，芍药（*Paeonia lactiflora* Pall.），白芷[*Angelica dahurica*（Fisch. ex Hoffm.）Benth et Hook]，杭白芷[*Angelica dahurica*（Fisch. ex Hoffm.）Benth et Hook. f. var *formosasa*（Boiss.）Shan et Yuan]，当归[*Angelica sinensis*（Oliv.）Diels]，柴胡（*Bupleurum chinense* DC），狭叶柴胡（*Bupleurum scorzonerifolium* Willd.），珊瑚菜（*Glehnia littoralis* Fr. Schm. ex Miq.）即北沙参，何首乌（*Polygonum multiflorum* Thunb.），新疆假紫草[*Arnebia euchroma*（Royle）Johnst.]，紫草（*Lithospermum erythrorhizon* Sieb. et Zucc.），丹参（*Salvia miltiorrhiza* Bge.），桔梗[*Platycodon grandiflorum*（Jacq.）A. DC.]，白术（*Atractylodes macrocephala* Koidz.），莎草（*Cyperus rotundus* L.）即香附子，川贝母（*Fritillaria cirrhosa* D. Don.）及其同属植物，黄精（*Polygonatum sibiricum* Red.）及其同属植物，土茯苓（*Smilax glaba* Roxb.），天门冬[*Asparagus cochinchinensis*（Lour.）Merr.]，麦冬

[*Ophiopogon japonicus*(Thunb.)Ker-Gawl.],天麻(*Gastrodia elata* Blume)等的干燥根、根状茎、鳞茎;鲜白茅(*Imperata koneigii* Beauv.),印度白茅(*Imperata cyindrica* Beauv.)和百合(*Lilium broumii* F. E. Brown var. *viridulum* Baker)的根。这些都是重要的保健食品原料,已被开发成各种功能食品。

3.1.2 茎类功能(保健)食品资源

茎类功能食品资源主要利用的是茎皮。茎皮指的是植物的茎、干、枝形成层以外的部分,由内向外包括次生韧皮部、初生韧皮部、皮层、周皮等部分。它的含义不同于植物学中所指的皮层。

3.1.2.1 马齿苋

马齿苋(*Portulaca oleracea* L.)为马齿苋科马齿苋属植物,又称马齿草、马齿菜、安乐菜。我国各地均有分布,多生于田野、荒地及路旁,是传统临床常用中草药之一。马齿苋是一年生草本植物,其茎叶肉质化,光滑无毛,植株绿带淡紫色。须根系,茎匍匐,圆柱状,先端直立生长,分枝力强。叶肥厚,全缘、倒卵形。花小,两性,黄色,簇生于枝端叶腋;雄蕊 8~12 枚,雌蕊 1 枚。食用部位为其茎和叶。

1. 有效成分

马齿苋的营养价值高,测定结果表明,每 100 g 马齿苋鲜样中含水分 92 g,蛋白质 2.3 g,脂肪 0.3 g,碳水化合物 3 g,粗纤维 0.7 g,灰分 1.3 g,钾 340 mg,钙 85 mg,磷 56 mg,铁 1.5 mg,胡萝卜素 2.23 mg,核黄素 0.11 mg,烟酸 0.7 mg,维生素 C 23 mg。此外,马齿苋还含有多种矿物质、氨基酸和有机酸以及对人体健康十分有益的香豆素、黄酮、强心苷等化学成分。马齿苋含钾极高,其他元素 Ca、Mg、Fe、Zn 等含量也很丰富,均比猪肝等动物性食品中含量高,而蛋白质、粗纤维及各类氨基酸较许多栽培蔬菜含量高。马齿苋中的功能性成分包括马齿苋多糖、去甲肾上腺素、ω-3 多不饱和脂肪酸及钾等矿物元素。

2. 功能活性

马齿苋其味酸、性寒,有清热解毒、凉血消肿之功效,能治腹泻、痢疾、尿路感染、带下、黄疸和丹毒等症。现代药理研究表明,马齿苋有降血脂、抗衰老、提高机体免疫功能的作用,能有效减轻脂质在主动脉壁上的沉积,防止动脉粥样硬化,延缓血栓形成。

3.1.2.2 肉桂

肉桂(*Cinnamomum cassia* Presl)是樟科樟属,常绿乔木。树皮灰褐色,幼枝略呈四棱,被褐色短茸毛,全株有芳香气。叶互生或近对生,革质,长椭圆形或近广披针形,长 8~16 cm,宽 3~6 cm,全缘,叶片上面绿色,平滑而有光泽;叶片下面粉绿色,微被柔毛,三出脉于下面隆起,细脉向平行。圆锥花序被短柔毛;花小,两性,黄绿色;花托肉质;花被 6 枚;雄蕊 9 枚,花药 4 室;子房上位,胚珠一粒。浆果椭圆形,直径 9 mm,熟时黑紫色,基部有浅杯状宿存花被。花期 6—7 月份,果期至翌年 2—3 月份。肉桂主产于广东省、广西壮族自治区等,云南省、福建省等也产,多为栽培。

1. 有效成分

树皮或枝皮含挥发油 1%~5.8%,并含鞣质、黏液、碳水化合物等。油中主要成分为桂皮醛(cinnamic aldehyde),含量约85%,并含醋酸桂皮酯(cinnamyl acetate)及少量的苯甲醛等。从桂皮的醇溶及水溶部分分别用常法处理及层析分离得到8种结晶,即香豆精、反式桂皮酸、β-谷甾醇、胆碱、原儿茶酸、香草酸、丁香酸、葡萄糖。肉桂树叶含0.33%～0.37%的挥发油,油中含80%～86%桂皮醛及少量的醋酸桂皮酯、芳香醛类、芳香酸、香豆精等。桂枝含挥发油0.2%～0.9%,油中含桂皮醛70%～80%,不含芳樟醇。

2. 功能活性

桂皮性大热,味辛、甘,具有补阳、温肾、祛寒、通脉、止痛功效,可用于阳痿、宫冷、心腹冷痛、虚寒吐泻、经闭、痛经。桂枝有发散风寒、温经通络作用。桂子具有温中散寒、止痛作用。挥发油中的桂皮醛有镇痛、解热、扩张血管、增强消化机能、排除肠道积气及抑菌作用。

肉桂可作香料,也可提取挥发油,用作香精等生产各种保健食品。

3.1.2.3 其他茎类功能(保健)食品资源

其他茎类功能食品资源有:地骨皮即枸杞(*Lyicium chinense* Mill)或宁夏枸杞(*Lycium barbarum* L.)、合欢(*Albizzia julibrissin* Durazz.)、白芨[*Bletilla striata*(Thunb.) Reichb. f.]、刺五加[*Acanthopanax senticosus*(Rupr. et Maxim.) Harms]、泽泻[*Alisma orientalis*(Sam.) Juzep.]、浙贝母(*Fritillaria thunbergii* Miq.)、湖北贝母(*Fritillaries hupehensis* Hsiao et K. C. Hsia)的茎、藤茎、块茎、鳞茎、茎皮,青秆竹(*Bambu tuldodes* Munro)、大头典竹[*Snocalamus beecheyanus*(Munro) McClure var. *pubescens* P. F. Li]的茎的干燥中间层等。这些可提取其有效活性物质,作为基料以开发功能食品。

3.1.3 叶类功能(保健)食品资源

叶类功能食品资源一般多用完整且已长成的干燥叶,少数为嫩叶,有时仍带有部分嫩枝。因嫩枝有效部位主要是叶,故也归为叶类食品资源。

3.1.3.1 银杏叶

银杏(*Ginkgo biloba* L.)是世界银杏类植物中唯有我国独存的孑遗植物,被称为植物界的"活化石",具有重要的科学价值,属国家二级保护的稀有植物。我国是世界银杏的起源中心,也是现代银杏分布最多的国家。我国银杏的分布南起广州,北至沈阳、丹东,西达甘肃,东抵台湾,主产地为江苏、山东、安徽、浙江、湖南、湖北、广西、福建等。

1. 有效成分

银杏叶具有很高的营养价值,含有丰富氨基酸、矿物元素。银杏叶中营养成分含量十分丰富,以干基计,银杏叶中含蛋白质10.9%～15.5%,总糖7.38%～8.69%,还原糖4.64%～5.63%,维生素C 66.78～129.20 mg/100 g,维生素E 6.17～8.05 mg/100 g。

2. 功能活性

银杏叶与白果性质相似,含46种黄酮类化合物和萜类、酚类、微量元素及氨基酸等有效成分,拥有多种保健功能,临床上用于治疗冠心病、心绞痛、脑血管疾病、脑功能障碍、脑伤后遗症和抗衰老均有效果。20世纪80年代以来,国际上对银杏和银杏叶进行提取,并将提取物应用于医药品、功能食品、化妆品的开发,研究相当活跃。

3.1.3.2 芦荟

芦荟[*Aloe vera* L. var. *chinensis*(Haw.) Berger]别名卢会、象胆、油葱、奴荟。中国芦荟

又称华荟，系百合科植物，多年生肉质草本，茎短，叶簇生，箭形，粉绿色，叶缘有齿状刺；花茎单生或稍有分支，疏穗状花序，开时下垂；花被筒状，黄色或有红色斑点，六裂；蒴果三角形。芦荟主要分布于我国海南、广东、广西、福建、云南等省、自治区、直辖市。我国的热带、亚热带沿海一带，有大量的华荟资源，常分布于山坡、海滩沙地灌丛中，在江苏、上海、吉林、辽宁等地已有暖棚或盆栽。

1. 有效成分

目前已知芦荟含有160多种化学成分，具有药理活性和生物活性的组分不低于100种。其主要有蒽醌类衍生物（包括芦荟素、芦荟大黄素、芦荟大黄酚、芦荟皂草苷、芦荟宁、芦荟苦素、芦荟霉素、后莫那特芦荟素等几十种，是芦荟中主要的活性成分）、糖类衍生物（包括多种单糖、由多种己糖以不同比例和不同顺序连接而成的多糖以及由多糖和蛋白质结合而成的糖蛋白等）、20多种氨基酸（包括8种人体必需氨基酸）、有机酸（苹果酸、乳酸、柠檬酸、酒石酸、丁二酸、乙酸等）、维生素（维生素A、维生素B_1、维生素B_2、维生素B_6、维生素B_{12}、维生素C、维生素E）、甾醇类（胆甾醇、β-谷甾醇、β-麦芽固醇、菜油甾醇等多种）、酶（淀粉酶、纤维素酶、过氧化氢酶、超氧化物歧化酶等酶类化合物）、无机物质（含钾、钠、钙、镁、铝、铁等元素以及锌、铜、锗等微量元素）及20多种相对分子质量各异的多肽。

2. 功能活性

芦荟性寒，味苦，清肝热，通便，用于便秘、小儿疳积、惊风，外治湿癣，具有抗肿瘤、强心、泻下、降血脂、降血压、减少动脉粥样硬化、消炎、调节免疫力与再生、杀菌、抗病毒、凝血、保护皮肤、修复组织损伤、润湿美容、通便、保肝、保肺、解毒、抗胃损伤、健胃、镇痛、镇静、防晒、抗衰老、防虫、防腐等作用。

芦荟有很高的食疗价值，是世界上公认的功能食品，已被加工成芦荟浓缩液、芦荟干粉、芦荟原液、芦荟酸奶、芦荟果肉饮料、芦荟保健茶、芦荟酒、芦荟软胶囊、芦荟果脯、芦荟营养保健豆奶等多种功能性保健食品。库拉索芦荟（*A. barbadensis* Mille）、木剑芦荟（*A. arborescens* Mill.）、好望角芦荟（*A. ferox* Mill.）、皂质芦荟[*A. saponaria*（Ait.）Haw.]或其他同源近属植物叶的汁液浓缩干燥物都可作为芦荟资源。

3.1.3.3　其他叶类功能(保健)食品资源

睡莲科植物莲（*Nelumbo nucifera* Gaertn.）的干燥叶、桑科桑属植物桑（*Morus alba* L.）的树叶、禾本科植物淡竹叶（*Lophantherum gracile* Brongn.）的干燥茎叶、海带（*Laminaria japonica* Aresch.）及昆布（*Ecklonia kurome* Okam.）的叶状体、侧柏[*Platycladus orientalis*（L.）Franco]和罗布麻（*Apocynum venetum* L.）的干燥枝梢及叶、狭叶番泻（*Cassia angustifolia* Vahl.）及尖叶番泻（*Cassia acutifolia* Delile）的干燥小叶等都是重要的功能食品资源，已被开发成多种功能食品。

3.1.4　花类功能(保健)食品资源

花类功能食品原料通常包括完整的花、花序或花的某一部分。完整的花，有的需采集尚未开放的花蕾（如金银花），有的要采收已开放的花（如菊花）；有的仅为花的某一部分，如松花为花粉粒。

3.1.4.1　菊花

菊花为菊科植物菊花（*Chrysanthemum morifolium* Ramat.）的干燥头状花序。菊花为多年生草本，株高 60～150 cm，茎直立，基部常木质化，上部多分枝，具细毛或柔毛。叶互生，卵形至卵状披针形，长约 5 cm，宽 3～4 cm，边缘有粗大锯齿或深裂成羽状，基部楔形，下面有白色茸毛，具叶柄。头状花序顶生或腋生，直径 2.5～5 cm；总苞半球形，总苞片 3～4 层，外层绿色，条形，有白色绒毛，边缘膜质；舌状花，雌性，白色、黄色或淡红色等；管状花两性，黄色，基部常有膜质鳞片。瘦果无冠毛。花期 9—11 月份。菊花主产于浙江（杭菊）、安徽（滁菊、亳菊）、河南（怀菊）等省。四川、河北、山东等省也生产，多栽培。另外，野菊花（*Chrysanthemum indicum* L.）的干燥头状花序可同菊花一样作为功能食品应用。

1. 有效成分

菊花含腺嘌呤、胆碱、水苏碱（stachydrine）、密蒙花苷、大波斯菊苷等。菊花还含挥发油（约 0.13%），油中主要为菊花酮（chrysanthenone）、龙脑、龙脑乙酸酯等。野菊花还含刺槐素 7-*O*-*β*-*D*-吡喃半乳糖苷、木犀草素-7-葡萄糖苷、矢车菊苷、异撷草酸等。

2. 功能活性

菊花性寒，味甘、苦，具有疏风降火、抑菌解毒、平肝明目、降血压、防治冠心病和上呼吸道感染等作用。

菊花可制成各种功能食品，如菊花露、菊花糖、菊花口服液、菊花茶等各种食品。

3.1.4.2　金银花

金银花（又名忍冬）为忍冬科忍冬属植物忍冬（*Lonicera japonica* Thunb.）、华南忍冬[*L. confusa*(Sweet)DC.]、红腺忍冬（*L. hypoglauca* Mig）和毛花柱忍冬（*L. dasystyla* Rehd.）4 种植物的干燥花蕾或带初开的花。这 4 种忍冬属植物为多年生半常绿缠绕灌木，长可达 9 m；茎中空，多分枝，皮棕褐色；新生小枝褐色至赤褐色，密生短柔毛；老茎黄褐色至黑褐色，无毛；单叶对生，卵形或长卵形，全绿纸质，凌冬不落，所以有忍冬之称；花开于夏初，成对生于叶腋间。金银花在当年生的新枝上孕蕾开放，一般每年开花 2 次，第一次 5—6 月份，第二次 8—9 月份；以第一次开花为多，第二次只有零星花朵。花初开时呈白色，经 2～3 d 变为金黄。苞叶叶状，两枚。花梗及花都有短柔毛，花短而小，五裂，裂片三角状。花冠长 3～4 cm，外面有柔毛和腺毛，稍呈二唇形，上唇四裂，下唇不裂。雄蕊 5 枚，花柱比雄蕊稍长，二者均伸出花冠外。一浆果球形，直径 6 mm，成熟时黑色；果期 7—10 月份。其藤茎称忍冬藤，功效与花蕾近似。忍冬广泛分布于全国各地，主产于华中、华东及华南地区。

1. 有效成分

金银花中含有绿原酸（chlorogenic acid）、异绿原酸（isochlorogenic acid）、肌醇（inositol）、60 多种挥发油（绝大部分为萜醇类化合物），其中以双花醇、芳樟醇为主，两者总量达 45.2%。金银花还含木犀草素（luteolin）、忍冬苷（lonicerin）、木犀草素-7-*O*-*α*-*β*-*D* 葡萄糖苷、木犀草素-7-*O*-*α*-*β*-*D*-半乳糖苷、槲皮素-3-*α*-*β*-*D*-葡萄糖苷、金丝桃苷、5-羟基-3′,4′-7-三甲基黄酮、槲皮素等多种黄酮类成分以及灰毡毛忍冬皂苷甲、灰毡毛忍冬皂苷乙、新常春藤皂苷 F 等多种皂苷类化合物。忍冬叶中除含有忍冬苷和马钱子苷（loganin）外，还有生物碱龙胆卢亭（venoterpin）及咖啡酸甲酯（methylcaffeate）、香草酸（vanillic acid）。从忍冬地上部分得环烯醚萜苷

(epivogeloside)、二甲缩醛次番木鳖苷(second loganin dimethylacetal)、马钱子苷、齐墩果酸、常春藤皂苷元等皂苷类化合物12种。忍冬的根、茎、叶、花蕾均含有绿原酸。

2. 功能活性

金银花清热,抗结核杆菌、白喉杆菌、绿脓杆菌;抗流感病毒、腮腺炎病毒;显著增加胃肠蠕动和促进胃液分泌;抗炎,利胆,抗氧化,止血,免疫调节,降血脂,抗生育,止咳平喘等。

目前市场上已出现金银花茶、金银花露、金银花饮料等多种功能食品。

3.1.4.3 其他花类功能(保健)食品植物资源

花是植物的生殖器官,富含营养和生理活性物质。多数植物的花都可开发保健产品,如玫瑰(*Rosa rugosa* Thunb.)、丁香(*Eugenia caryophyllata* Thunb.)、扁豆(*Dolichos lablab* L.)、槐树(*Sophora japonica* L.)、厚朴(*Magnolia officinalis* Rehd. et Wils.)、凹叶厚朴(*Magnolia officinalis* Rehd. et Wils. var. *biloba* Rehd. et Wils.)等植物的干鲜花蕾和花瓣,又如水烛香蒲(*Typha angustifolia* L.)或同属植物的干燥花粉。

3.1.5 果实及种子类功能(保健)食品资源

果实及种子是物体中两种不同的器官,但作为保健食品原料大多数同时应用,如枸杞。果实和种子关系密切,因此作为一类加以介绍。

3.1.5.1 沙棘

沙棘(*Hippophae rhammoides* Linn.)为胡颓子科沙棘属植物,落叶灌木或乔木。棘刺多或少,顶生或侧生,刺长7～70 mm。嫩枝褐绿色,密被银白色至褐色鳞片;老枝灰黑色;小枝棕褐色、黑褐色、红褐色,或因表皮剥落而呈灰白色。芽大,呈锈色或棕褐色。单叶对生,近对生、轮生、近轮生或互生,与枝条着生相似;叶条形至披针形或椭圆形,多数中部或中下部或基部最宽;叶片上面绿色,有或无白色鳞片及星状毛;叶片下面银白色至锈白色,密被退化的鳞毛和鳞片,稀被星状毛;叶柄长0.5～4 mm。花先于叶开放,雌雄异株;花序轴顶端发育成小枝或棘刺;花小,淡黄色;雄花被二裂,雄蕊4枚;雌花晚于雄花开放,花被筒囊状,顶端二裂,子房上位,1心皮,1室,1胚珠。坚果为肉质被筒包围,果实扁圆形、圆球形或椭圆形,浆果状,黄色、橘红色或红色;果梗长0.7～3.4 mm;果长3.1～8 mm,宽3～11.5 mm,百粒重21～38.4 g。种子1粒,稀有2粒,呈倒卵形至纺锤形,褐色或棕褐色,顶端具突尖或无突尖有凹沟,基部斜截,有光泽;种子长2.2～4.5 mm,千粒重5～8 g。花期为4月,果期为8—9月。沙棘主要分布于山西、内蒙古、河北、陕西、甘肃、青海、四川、云南、新疆、西藏等省(自治区、直辖市)。

1. 有效成分

沙棘果实含有丰富的维生素C、维生素E、维生素A、类胡萝卜素以及维生素B_1、维生素B_2、维生素B_3、维生素K等。果实、叶片和果渣中含有下列重要活性成分:槲皮素、山萘酚、异鼠李素等30多种黄酮及其苷类,10多种必需微量元素,大量油酸、亚油酸、亚麻酸等脂肪酸以及三萜烯酸、甾醇、5-羟色胺、香豆素、酚类。

2. 功能活性

沙棘性味酸、涩、温。沙棘总黄酮可增加冠状动脉血流量,增加心肌血流量,降低心肌耗氧量,抑制血小板聚集,可使心绞痛缓解、心功能及缺血性心肌病好转,降低胆固醇食物引起的血脂升高，防治高脂血症、冠心病及缺血性心肌病。沙棘中富含的维生素E可防治心血管病和动脉粥样硬化症，增强心脏功能，防治坏血病。沙棘可止咳祛痰、消食化滞、活血散瘀，可防治胃和十二指肠的溃疡和炎症以及消化不良等消化系统疾病。沙棘可促进组织再生和上皮组织愈合，具有对外伤和放射性损伤的治疗作用及杀菌、抗衰老、抗肿瘤的辅助作用。

目前已开发出沙棘果汁饮料、充气果汁饮料（汽水）、果酒、沙棘晶、沙棘果酱、沙棘油、沙棘软胶囊、沙棘醋、沙棘茶叶等多种保健饮料和食品。

3.1.5.2　枸杞子

枸杞又名宁夏枸杞、中宁枸杞、山枸杞、茨、红果、红宝等，为茄科枸杞属植物，以果实枸杞子入药。在我国，多数枸杞种类分布于西北与华北，只有枸杞（*Lycium chinense* Mill.）这个种遍布全国各地。我国主要生产栽培种是宁夏枸杞（*Lycium barbarum* L.），遍布北方各地，南方也有引种。宁夏枸杞为落叶灌木，高达2.5 m，分枝较密，多呈灰白色或灰黄色，有棘刺；叶互生或簇生于短枝上，叶片长椭圆状披针形或卵状矩圆形，长2～3 cm，基楔形并下延成柄，全缘；花腋生，通常1～2朵，可多达6朵（在短枝上），同叶簇生；花梗长5～15 mm，通常二中裂，稀三裂至五裂；花冠漏斗状，粉红色或紫红色，五裂，裂片无缘毛；雄蕊5枚，花丝基部密生绒毛；浆果宽椭圆形，长10～20 mm，直径5～10 mm，红色；种子多数，肾形，棕黄色；花期为5—10月，果期为6—11月。

1. 有效成分

枸杞果实含总糖22%～52%，蛋白质13%～21%，脂肪8%～14%，甜菜碱0.091 2%。每100 g果实还含有维生素A 3.96 mg、维生素B_1 10.23 mg、维生素B_2 0.33 mg、维生素C 3 mg、烟酸1.7 mg及一定量的β-谷甾醇和亚油酸，含钙150 mg、磷6.7 mg、铁3.4 mg，灰分1.7 mg。枸杞的叶、枝含甜菜碱和东莨菪素。根皮含桂皮酸和多量酚类物质。果中含有枸杞多糖，由6种单糖（鼠李糖、阿拉伯糖、木糖、甘露糖、葡萄糖和半乳糖）组成，为枸杞主要有效成分。枸杞子还含有玉蜀黍黄素、隐黄素、浆果红素等。

2. 功能活性

枸杞的干燥成熟果实，性味甘、平，归肝、肾经，具滋肝补肾、益精明目之功能。根、嫩苗及叶有清血解热、利尿、治消渴和肺结核潮热的作用。枸杞多糖既是非特异性免疫调节的增强剂、调节剂，又具有增强体液、细胞免疫的功能，还具有降血压、抗肿瘤、抗氧化、抗衰老、抗遗传损伤、促进骨髓造血干细胞增殖、保肝等作用。

果实味甜可食，是一种营养价值很高的滋补品，可加工成枸杞果汁饮料、枸杞健身酒、枸杞营养液、枸杞果茶、枸杞果酱、枸杞果糖、枸杞罐头等。枸杞嫩叶可作菜蔬。叶、根皮均可作保健食品用。国外用中国枸杞子、枸杞叶或捣碎的枸杞根与面包、巧克力、口香糖、糖果、冰淇淋、酸乳酪、饮料水果或其他营养食品混合制成各种营养食品。

3.1.5.3　五味子

五味子为木兰科植物五味子[*Schisandra chmensis*（Turez.）Baill.]或华中五味子（*Schisandra sphenanthera* Rehd. et Wils.）的干燥成熟果实，又名面藤、山花椒。前者习称北五味子，主产于吉林、辽宁、黑龙江等省，后者习称南五味子，主产于湖北、陕西、山西及华中、西南等地。五味子为落叶木质藤本，长可达8 m以上，全株近无毛，小枝褐色，稍具棱，皮孔明显；单叶互生，叶纸质或近膜质，宽椭圆形、卵形或宽倒卵形，长5～10 cm，宽3～6 cm，先端急尖或渐尖，基部楔形，边缘疏生有腺的细齿；叶片上面有光泽，亮绿色，无毛；叶片下面淡绿色，脉上嫩时有短柔毛；叶柄细长；雌雄同株或异株；花单生或簇生于叶腋，花梗细长而柔，花径1.5 cm；花被片6～9枚，乳白色或带粉红色，具芳香；雄花有5枚雄蕊，花丝合生成短柱，花药具较宽药隔，花粉囊两侧着生；雌蕊群椭圆形，雌花17～40枚，心皮覆瓦状排列，无花柱。授粉后花托渐伸长成穗状；果熟时呈穗状聚合果；浆果球形，肉质，成熟时深红色，内含种子1～2粒。种子肾形，棕黄色，坚硬有光泽，种仁白色。每年4月中、下旬萌芽，5—6月开花，9—10月果子成熟。

1. 有效成分

五味子果皮和成熟种皮约含5%木脂素(lignan)，茎皮含5.6%～9.9%木脂素，根皮含4.88%～12.4%木脂素。木脂素是五味子素(schizandrin，约0.12%)和它的类似物的混合物。五味子素主要有五味子甲素(schizandrin A)、五味子乙素(schizandrin B)、五味子丙素(schizandrin C)、五味子醇甲(schizandror)、五味子醇乙(schizandror B)、五味子脂甲(schisantherain A)、五味子脂乙(schisantherain B)等20余种成分。五味子果实中含0.89%挥发油，皮含2.6%～3.21%挥发油，茎含0.2%～0.7%挥发油。其油中主要成分为枸橼醛(citrol)、α-依兰烯(α-ylangene)、α-花柏烯(α-chamigrene)、β-花柏烯(β-chamigrene)和花柏醛(chamigrenal)等。除此以外，五味子还含酚类化合物、维生素、有机酸、脂肪酸、糖类等。果汁中的总酸量达9.11%，其中有酒石酸、枸橼酸、苹果酸、微量草酸等。

2. 功能活性

五味子性味酸、甘、温，归肺、心、肾经，收敛固涩，益气生津，补肾宁心。五味子抗肝损伤，诱导肝脏药物代谢酶的作用；抗氧化，延缓衰老；既能促进肝糖原异生，又能促进肝糖原分解，并使脑、肝、肌肉中果糖和葡萄糖的磷酸化过程加强，使血糖和血乳酸增加；能改善机体对糖的利用；具有止痛、利尿、改善智力、提高工作效率、改善视力、提高皮肤感受器分辨力的功效；具有降血压、抗溃疡、抗菌、抗肾病变、杀蛔虫、增强机体适应能力等保健作用。

五味子既是一种药用资源，又是一种野生水果资源。它的新鲜果实可用于酿酒、制汁和生产饮料。其叶可用制茶，味道醇香可口，甜度适中，有五味子特殊香味。它的全株可作调味品，果实还可以提取香精、色素及用作食品防腐剂，树皮可用于提取芳香油，制日用化妆品。

3.1.5.4 其他果实及种子类功能(保健)食品资源

可作保健食品资源的其他果实及种子有：火麻仁即大麻(*Cannabis sativa* L.)、贴梗海棠[*Chaenomeles speciosa* (Sweet) Nakai]、山楂(*Crataegus pinnatifida* Bunge)及其同属植物、山杏(*Prunus armeniaca* L. var. *ansu* Maxim.)、桃[*Prunus persica* (Linn.) Batsch]、山桃[*Prunus davidiana* (Carr.) Franch.]、欧李(*Prunus humilis* Bge.)、郁李(*Prunus japonica* Thunb.)、金樱子(*Rosa laevigata* Michx)、决明(*Cassia obtusifolia* L.)、橘(*Citrus reticulate* Blanco)、酸枣(*Ziziphus spinosa* Hu)、山茱萸(*Cornus officinali* Sieb. et Zucc.)、薏苡(*Coix lachryma-jobi* L.)、益智(*Alpinia oxyphylla* Miq.)、余甘子(*Phyllanthus emblica*)等的干鲜成熟果实、假果或种子。

3.1.6 全草类功能(保健)食品资源

全草类功能食品原料通常是指可供保健用的草本植物的全植物体或其地上部分。有的是带根或根茎的全株，如蒲公英等；有的是地上部分的茎叶，如淫羊藿、绞股蓝等；也有个别是幼枝梢，如紫苏；或草本植物地上部分草质茎，如石槲等。这些都按习惯列入全草类。

3.1.6.1　薄荷

薄荷为唇形科植物薄荷(*Mentha haplocalyx* Briq.)的干燥地上部分。薄荷为多年生草本，高10～80 cm。茎方形，被逆生的长柔毛及腺点。单叶对生，叶片矩圆状披针形或披针形，长3～7 cm，宽0.8～3 cm，两面有疏柔毛及黄色腺点；叶柄长2～15 mm。轮伞花序，腋生；萼钟形，外被白色柔毛及腺点，10脉，5齿；花冠淡紫色，四裂，上裂片顶端二裂；雄蕊4枚，前对较长，均伸出花冠外。小坚果卵圆形，黄褐色。花期7—9月份，果期10月份。薄荷主产于江苏、湖南、江西等省，全国各地都有栽培。

1. 有效成分

薄荷鲜叶含挥发油0.8%～1%，干茎叶中含挥发油1.3%～2%。挥发性油中主要成分为左旋薄荷醇，含量62% ～87%，还含左旋薄荷酮、异薄荷酮、胡薄荷酮等30多种组分。从薄荷中分离出来的黄酮化合物包括薄荷异黄酮苷、异瑞福灵、木犀草素-7-葡萄糖苷、刺槐素-7-*O*-新橙皮糖苷、β-胡萝卜苷等。薄荷中有机酸成分包括迷迭香酸、咖啡酸等。薄荷中含甘氨酸、天冬氨酸、蛋氨酸、赖氨酸等十几种氨基酸。薄荷叶中含有具抗炎作用的以二羟基-1-二氢萘二羧酸为母核的9种成分。

2. 功能活性

薄荷具有发汗解热、利胆、抗早孕和抗着床、祛痰、促进透皮吸收、抗炎镇痛、抗病原体作用。薄荷醇局部应用可治头痛、神经痛、瘙痒。薄荷的幼嫩茎尖可做菜食。晒干的薄荷茎叶也常用做食品的矫味剂和做清凉食品饮料。

3.1.6.2　其他全草类功能(保健)食品植物资源

淫羊藿(*Epimedium* Nakai)、箭叶淫羊藿[*Epimedium sagittatum*(S. et Z.)Maxim.]、垂盆草(*Sedum sarmentosum* Bunge)、肉苁蓉(*Cistanche deserticola* Y. C. Ma)、蒲公英(*Taraxacum mongolicum* Hand. Mazz.)、鱼腥草(*Houttuynia cordata* Thunb.)、马齿苋(*Portulaca oleracea* L.)等肉质茎、叶、藤及带根全草都可作功能性保健食品原料，已被广泛开发和利用。

3.2　功能(保健)食品的动物资源

在功能食品资源中，动物类资源占有比较重要的地位，可以将具有特定生理功能的动物组织器官及其功能因子作为功能食品的主要添加物质。许多动物的产品如(牛乳、肉类、蛋类)及其副产物既可作为功能食品的基本原料，又可以将其进行深加工，制备、提取功能因子作为功能食品的添料。此外，卫健委公布的药食同源名单中列入了多种动物资源，可以在功能食品开发中进行广泛的应用。

3.2.1　林蛙及林蛙油

林蛙为脊索动物门两栖纲蛙科动物中国林蛙(*Rana temporaria chensinensis* David)或黑龙江林蛙(*Rana amurensis* Boulenger)，是我国特产珍贵野生动物。林蛙的输卵管是名贵中药材，通常被称为林蛙油（哈士蟆油、田鸡油）。林蛙主产于我国黑龙江、吉林、辽宁等省。我国东北森林资源丰富，林型适宜，植被良好，气候适中，有利于林蛙繁衍生息。目前，在这一地区已经开始了人工封山围林养蛙，正在探索新的人工养蛙技术，使林蛙的数量和林蛙油的产量大大提高。

1. 有效成分

林蛙油的有效成分主要有蛋白质、脂肪、碳水化合物等多种成分。林蛙卵巢含雌酮、17β-雌二醇、17β-羟甾醇脱氢酶、胆固醇、维生素 D、维生素 E、维生素 A 及少量类胡萝卜素。此外，尚含有 43.56%的氨基酸，其中主要有赖氨酸、亮氨酸、异亮氨酸、缬氨酸、苏氨酸、甘氨酸、谷氨酸、天冬氨酸、酪氨酸、脯氨酸、丝氨酸等，并含钾、钙、钠、镁、铁、锰、硒、磷等元素。

2. 功能活性

林蛙油素有“高级滋补强壮剂”之美誉。年老体弱者服用林蛙油，有强健体质、增强抗病能力等作用。久病体虚、记忆力减退、精力不足者，服用林蛙油能滋阴养肺、清肠补胃、补神壮力，效果极佳。现代医学研究证明，林蛙油及其提取物具有提高机体免疫力、抗缺氧、抗疲劳、抗应激、调节内分泌、降血脂、抗衰老等功能。

3. 产品开发

目前利用林蛙油开发出了林蛙油软胶囊、速溶林蛙油冲剂等产品。卫健委已批准的林蛙油类功能食品有许多种，如田鸡油太妃糖、田鸡油水晶糖、田鸡油软糖、林蛙油罐头、雪蛤大补素、雪蛤人参精、中国林蛙酒、林蛙壮阳春酒等。另外，在林蛙皮中可提取多种抗菌肽、保湿因子，已开发出具有相应功能的功能食品。

3.2.2 蜂蜜

3.2.2.1 有效成分

蜂蜜由于蜂种、蜜源与环境等的不同，其化学组成差异很大。蜂蜜的主要成分是葡萄糖和果糖，两者占蜂蜜的 65%～80%；其次是水分，占 16%～25%；还有不超过 5%的蔗糖。此外，蜂蜜还含有少量的麦芽糖、糊精、树胶、含氮化合物、有机酸、挥发油、色素、蜡、植物残片（如花粉粒）、酵母、酶类及无机盐类。蜂蜜还含微量维生素，其中有维生素 A、维生素 C、维生素 D、维生素 B_1、维生素 B_6、维生素 K、烟酸、泛酸、生物素、叶酸等。含氮化合物有蛋白质、胨、脲、氨基酸、转化酶、过氧化氢酶、淀粉酶、酯酶等酶类及乙酰胆碱。有机酸中有柠檬酸、苹果酸、琥珀酸和乙酸，也常含甲酸，但含量较低（0.01%以下）。另外，灰分中主要含 Mg、Ca、K、Na、S、P 以及微量元素 Fe、Mn、Cu、Ni 等。

3.2.2.2 功能活性

1. 增强免疫功能

试验证明，蜂蜜具有增强免疫功能作用。

2. 对糖代谢的影响

蜂蜜能使正常人和糖尿病患者的血糖降低。

3. 保护心血管系统

蜂蜜对心血管系统起平衡调节作用，当血压升高时有降压作用，血压下降时则有升压作用。蜂蜜中含有一种能增加心肌细胞通透性的不耐热成分和对心脏功能有抑制作用的耐热成分。除此之外，蜂蜜对幼儿血红蛋白有提高作用。临床研究证明，蜂蜜有营养心肌和改善心肌功能。患有严重心脏病的人，在1～2个月内每天服用50～140 g蜂蜜，病情可以明显改善，血液的成分正常化，血红蛋白含量增加，心血管紧张力加强。

4. 对消化系统的影响

蜂蜜常用于辅助治疗胃肠道疾病，有润滑、缓泻作用，可作为治疗便秘的良药。蜂蜜作用于胃和十二指肠的化学感受器，反射性抑制胃的分泌和运动功能，并使胃充血。临床试验证明，蜂蜜具有调节胃肠功能，对治疗胃溃疡和十二指肠溃疡、结肠炎、痔疮等都有显著的效果。蜂蜜对胃酸分泌的作用受口服时间和蜂蜜水溶液温度的影响。饭前1.5 h服用可使胃酸分泌减少，服用蜂蜜后立即进食则使胃酸分泌增加；温热的蜂蜜水溶液使胃液酸度降低，冷蜂蜜水溶液使胃液酸度升高，并刺激肠道的蠕动与分泌功能。另外，用10%～15%的蜂蜜溶液漱口可治疗儿童牙齿、口腔和咽喉的疾病。蜂蜜还对结肠炎、习惯性便秘、老人和孕妇便秘、儿童性痢疾等均有良好功效。

5. 抗菌

蜂蜜是一种天然的灭菌剂。成熟的蜂蜜不经任何处理，在室温下放置数年也不会腐败，表明其有防腐作用。蜂蜜不但能抑制细菌和霉菌的生长，还能杀死细菌和霉菌。蜂蜜在体外对链球菌、葡萄球菌、白喉杆菌和炭疽杆菌等革兰阳性细菌有较强的抑制作用，在浓度为25%时可完全抑制链球菌和金黄色葡萄球菌的生长；对痢疾杆菌、伤寒杆菌、副伤寒杆菌、布氏杆菌、肺炎杆菌和绿脓杆菌等革兰阴性菌也有不同程度的抑制作用，但对变形杆菌和大肠杆菌无效。天然蜂蜜在体外可抑制牛型和人型结核杆菌的生长，但有的报道认为对结核杆菌无作用。此外，椴树蜜和荞麦蜜对霉菌也有显著抑制作用。

天然蜂蜜中的抗菌活性成分是一种不耐热和不耐光的抑菌素。有人认为，蜂蜜中的抑菌素有2种：过氧化氢和黄酮类成分。近年来报道蜂蜜的抗菌作用是由于其含有葡萄糖氧化酶。此酶氧化蜂蜜中的葡萄糖产生过氧化氢，当后者积累到一定浓度时产生杀菌和抑菌作用。此酶不耐热，pH 3时活性最强。花粉中的过氧化氢酶可影响此酶的活性。

6. 抗肿瘤

蜂蜜使肿瘤生长明显减慢并抑制转移过程，还具有一定预防肿瘤的效果。单用蜂蜜治疗人体肿瘤有一定疗效，能阻碍病灶生长，减少转移；蜂蜜与环磷酰胺或5-氟尿嘧啶联合治疗肿瘤，有显著的协同作用，可使功效增强而毒性降低。

7. 促进组织再生作用

蜂蜜能加速创伤组织的再生作用，对各种缓慢愈合的溃疡都能加速肉芽组织生长。蜂蜜含丰富的糖、维生素、氨基酸和酶等物质，不但是成年人的营养补充剂，而且能促进儿童生长发育，提高机体的抗病能力。蜂蜜可使肝脏再生过程加快，并增强蛋氨酸促进肝组织再生作用。在用蜂蜜治疗溃疡病时，发现患者的红细胞数和血红蛋白含量增加。蜂蜜对各种愈合缓慢的溃疡、烧伤创面，能减少渗出液、减轻疼痛、控制感染、促进创面愈合，从而缩短治愈时间，加快肉芽组织生长。

8. 对神经系统的作用

蜂蜜是一种镇静剂和安眠药。具有安神益智、改善睡眠的作用，对神经痛、眼痛和神经衰弱等症状起到一定的作用。因此，蜂蜜具有调节神经系统功能、提高脑力和体力活动的能力。

9. 其他作用

二维码 3-2
蜂蜜分类

试验表明，蜂蜜对 CCl_4 中毒大鼠的肝脏有保护作用，使肝糖原含量增加，使肝脏的组织结构与正常接近。蜂蜜也具有一定的止血作用。此外，蜂蜜还有润肺的功能，可以祛痰。

3.2.2.3 产品开发

目前我国蜂蜜产品主要有：人参蜂王浆、蜂王酒、蜂胶、蜂蜜饮料等。

3.2.3 蚂蚁

3.2.3.1 有效成分

良种山蚂蚁（主要在树上做巢的拟黑多刺蚁）含有 50 多种营养成分，其中蛋白质占 42%～67%；含有 28 种游离氨基酸（包括 8 种必需氨基酸），并含有维生素（维生素 B_1、维生素 B_2、维生素 B_{12} 和维生素 E）和矿物质（Ca、P、Fe、Se 和 Zn）以及多种酶、甾类化合物（如性激素）、三萜类化合物、草本蚁醛（柠檬醛）、蚁酸等，尤其是锌的含量最丰富，每 1 000 g 蚂蚁含锌 120～198 mg。1988 年，中国科学技术协会咨询部邀请中国预防医学院、中国中医研究院等 12 名营养学、中药学和酒类专家，对蚂蚁的营养价值进行了科学鉴定，认为蚂蚁是一座“微型动物营养宝库”。同时指出，以良种蚂蚁配制成的食用蚂蚁粉和滋补酒具有强身壮骨、扶正祛邪、增加人体免疫能力和性功能的功效。蚂蚁粉的蛋白质含量超过 42.96%，可与大豆、对虾相媲美，其能量比牛肉高 4 倍。它还含有 19 种氨基酸和相当丰富的微量元素与维生素等，其中锌的含量很高。

3.2.3.2 功能活性

1. 增强免疫功能

蚂蚁能影响机体的免疫功能。它是一种广谱免疫增强剂，能促进胸腺、脾脏等器官增生、发育，使血液中白细胞和抗体产生、细胞增加并提高血清抗体水平，促进周围淋巴细胞分裂，增加细胞内 DNA、RNA 的含量，使免疫活性细胞数增多。同时，蚂蚁还是一种免疫调节剂，对体液和细胞免疫呈双向调节作用，使低下的免疫功能提高，使亢进的免疫功能得到调整，从而使人体恢复自稳的平衡生理状态。蚂蚁同时还能提高巨噬细胞和 T 细胞活性，故可从免疫识别、调控、监视和自我稳定方面纠正个体免疫低能、失调和紊乱状态，有助于清除体内衰老变性和突变细胞及免疫复合物。另外，临床和动物试验结果还表明，蚂蚁可促使生殖器官质量增加，使生殖细胞增生，提高性功能，还可提高耐力。

2. 抗衰老

试验表明，蚂蚁可增加老龄大鼠细胞内 SOD 的活力，降低其肝脏脂质过氧化物的含量，是一种有效的抗衰老剂。

3. 防治类风湿性关节炎

类风湿性关节炎是严重危害人类健康的慢性常见病，是目前世界医学界尚未攻克的难题之一。临床实践证明，蚂蚁能调整人体的免疫功能，但与可的松、类激素等免疫抑制剂不同，蚂蚁没有免疫抑制剂的副作用。其机理不是机械地破坏免疫活性细胞的细胞毒作用，而是通过免疫调节，特别是促进 T 细胞与抑制 T 细胞的平衡而起作用。

4. 护肝作用

食用蚂蚁不仅对类风湿性关节炎有效，对乙型肝炎和乙型肝类病毒携带者疗效也比较明显。一般认为，肝类患者特别是慢性肝炎和乙型肝炎病毒携带者，机体免疫能力低下，不能有效清除体内的肝炎病毒。这是病毒赖以长期存在、肝功能反复异常的关键。蚂蚁不但有增强免疫功能的作用，同时对病理性免疫也具有抑制作用，可使高于正常血清的免疫球蛋白及补体降低，使血清中的自身抗体及免疫复合物明显降低。与前述一样，由于蚂蚁具有双向调节作用，故可在免疫识别、调控、监视和自我稳定方面纠正个体免疫低能、失调和紊乱，并有助于清除体内免疫复合物和肝炎病毒。蚂蚁的护肝作用，不仅能提高和调整机体的免疫功能，而且还有一定的降低谷丙转氨酶的作用。

5. 其他功能

蚂蚁除了用于防治类风湿性关节炎和乙型肝炎与抗衰老之外，在防治性功能障碍、支气管哮喘及儿童补锌方面，蚂蚁及其制品的效果是可以确定的。

3.2.3.3　产品开发

目前的蚂蚁新产品有蚁皇神粉、蚁宝茶、野生蚂蚁粉、蚂蚁胶囊、东方力益肝口服液等。

3.2.4　牛初乳

牛初乳（bovine colostrum）是指母牛分娩产犊后从乳腺中，在 7 d 内（有时仅指 2 d 内）所分泌的乳汁。牛初乳的特点：①所含物质丰富、全面、合理；②含有大量的各种生长因子；③富含免疫球蛋白等物质。牛初乳的免疫球蛋白的含量约为一般牛乳的 60 倍，含铁量比一般牛乳高 10～17 倍，但随着时间的延长而急剧下降，主要以前 3 天所分泌的乳含量为最高。

3.2.4.1　有效成分

1. 促进机体生长发育的生长因子

(1)高浓度的胰岛素样生长因子Ⅰ和生长因子Ⅱ[或称促生长因子和生长调节素(IGF-Ⅰ、IGF-Ⅱ)]。

(2)转化生长因子 α 和转化因子 β(TGF-α、TGF-β)。

(3)表皮生长因子(EGF)。

(4)成纤维细胞生长因子(FGF)。

(5)泌乳素促性腺激素释放激素。

(6)胰岛素。

(7)核苷酸类物质。

2. 增强机体免疫功能的免疫因子

(1)免疫球蛋白，高浓度的 IgC、IgM、IgA、IgE、SigA 等。

(2)β-乳球蛋白、α-乳白蛋白、白蛋白、前白蛋白、α-抗胰蛋白酶等。

(3)α1-胎蛋白、α1-巨球蛋白、血凝乳酸、结合珠蛋白。

(4)β2-微球蛋白、C3 补体、α1-酸性糖蛋白等。

(5)细胞素、白细胞介素1、白细胞介素6和白细胞介素10、干扰素、肿瘤坏死因子(TNF)等。

(6)免疫调节肽(富含脯氨酸多肽)。

(7)视黄酸(可抑制疱疹病毒)以及各种具有抗细菌、病菌、酵母等的特异性抗体和非抗体性免疫化合物。

3.2.4.2 功能活性

大量动物、人体功能实验证实,口服牛初乳可提高系统免疫力、调节肠道菌群,并促进胃肠道生长发育或肠道组织创伤的愈合、延缓衰老、促进生长发育等。

1. 增强抵抗力和免疫力

免疫球蛋白能够与病原微生物及毒素等抗原结合,形成抗体,同时促进哺乳动物新生幼仔自身免疫系统发育成熟,保护其免受病原侵袭。同样,它能够提高成年人系统免疫能力。

2. 促进生长发育和提高智商

牛初乳中所含的牛磺酸、胆碱、磷脂、脑肽等是儿童生长发育不可缺少的营养物质。试验表明初乳粉能加速离体细胞的生长速度和延长细胞存活时间,具有促进细胞生长的作用,同时具有促进智力发育的作用。

3. 消除疲劳、延缓衰老

牛初乳提取物(bovine colostrum extract,BCE)能提高老年人体内血清总SOD活力与Mn-SOD活力,降低脂质过氧化物含量,增强抗氧化能力,延缓衰老。实验证明,BCE能提高老年人的液化智能,减缓老化速率。BCE含有较高的牛磺酸、维生素B,以及类胰岛素、牛初乳生长因子、纤维结合蛋白、乳铁蛋白等,并含有丰富的维生素和适量的铁、锌、铜等微量元素,多因素的协同效应使牛初乳能改善衰老症状。实验证明牛初乳能增强动物的体力、耐力和抗空气稀薄力,因此牛初乳具有消除疲劳的作用。

4. 调节血糖

牛初乳具有明显的改善症状、降低血糖和增强机体免疫力、抗自由基损伤、抗衰老之功效。降糖效果显著。

5. 增强体质、提高运动性能

牛初乳是唯一天然的免疫因子与生长因子的完美组合,它是纯天然的无副作用的运动营养品。生长因子可以促进肌肉生长,加快受损或老化的组织和肌肉的修复,促进脂肪"燃烧",增加骨骼密度,使皮肤恢复弹性。对大运动量的运动员来说,牛初乳是一种极好的营养品。它能帮助运动员在系列运动后迅速恢复体力,帮助修复受损的肌肉和结缔组织,保护身体运动关节。服用牛初乳对保障健康,提高运动成绩是一种安全、有效的方式。

6. 病后和术后恢复

牛初乳能够增强抵抗力和免疫力。初乳素中的寡糖及其衍生物,具有抗炎、抗感染、促进肠道有益菌群繁殖的作用,同时还具有激活机体免疫功能的作用。牛初乳中各种生长因子协同作用,能促进细胞正常生长、组织修复和外伤痊愈。牛初乳中的生长因子还能促进受伤肌肉、皮肤胶原质、软骨和神经组织的修复,具有强健肌肉,修复RNA和DNA的作用。

7. 调节肠道菌群

促进胃肠组织发育及其创伤愈合。初乳中的免疫因子能高效地抵抗病毒、细菌、真菌及其他过敏原，中和毒素。在抑制多种病原微生物生长的同时，不影响肠道内非病原性微生物的生长和繁殖。它能够改善肠胃机能，对肠胃炎、胃溃疡患者有显著疗效。

3.2.4.3　产品开发

1. 纯天然产品

牛初乳直接可加工成功能性食品，或者通过分离去除牛初乳中脂肪、酪蛋白等组分后制造成产品。在牧场，牛初乳经离心脱脂、沉淀去除酪蛋白后得到乳清。采用微滤或超滤技术对乳清或脱脂初乳进行消毒、除菌，直接添加在功能性饮品中。较为常见的形式为粉状，可直接作为产品或功能性基料。例如："NewLife"全脂牛初乳粉、"Healtheries"脱脂牛初乳粉等是这类产品的典型代表。这些产品满足了现代人对天然保健食品的需求。这类产品允许调配少量普通乳粉，以调节、标准化产品中 IgG 等功能性组分的含量。

2. 调配牛初乳粉

天然牛初乳粉与普通脱脂或全脂乳粉按一定比例充分混合，即可调配成所需 IgG 含量的功能性饮品，可以采用普通粉料混合。根据临床试验，这类产品的特异性 IgG 含量达到 0.005%就能起到预防某些疾病的效果。

3. 牛初乳片

牛初乳片是提取天然牛初乳免疫活性物质或直接采用脱脂牛初乳粉，加入其他填充剂、黏合剂、调味剂等，通过制剂技术压成的片状食品。

牛初乳片类似于口含片或咀嚼片，具有较大硬度，味道可口，故在欧、美及我国香港地区等受到少年儿童欢迎。牛初乳片由脱脂牛初乳粉、脱脂乳粉、乳糖、单水葡萄糖、硬脂酸镁、二氧化硅以及其他天然调味剂按 41∶28∶17∶12.5∶1∶0.5∶0.8 配料，压片而成。Healtheries 公司的牛初乳片每片含 25 mg 活性 IgG，并含有维生素 C、维生素 B_1、维生素 B_2、维生素 B_6、维生素 B_{12} 和叶酸(盐)，以及丰富的钙、钾。

3.2.5　鹿茸

鹿茸为梅花鹿(*Cervus nippon* Temminck)或马鹿(*Cervus elaphus* L.)的雄鹿未骨化密生茸毛的幼角。前者习称花鹿茸(黄毛茸)，后者习称马鹿茸(青毛茸)。

3.2.5.1　有效成分

鹿茸由水分、有机物和无机物组成，所占的比例因鹿的种类、收茸时期和鹿茸的部位不同而有所差别。鹿茸中含有脑素(约 1.25%)、少量雌酮、核酸、多胺、碱基成分、脂质类、芳香族化合物、酶类、维生素、激素，还含氨基酸、酸性多糖和多种微量元素。鹿茸中所含氨基酸有 15 种以上，其中以谷氨酸、脯氨酸和赖氨酸为多。鹿茸中所含酸性多糖主要是硫酸软骨素 A，所含矿物质元素主要有钙、磷、镁。

3.2.5.2　功能活性

鹿茸是一种传统的名贵药材，《本草纲目》中记载：鹿茸能生津补髓，养血益阳，强筋健骨，益气强志。即具有壮阳、补血气、益精髓和强筋骨等作用。现代的科学研究进一步证明，鹿茸具有调节机体新陈代谢和促进各种生理机能活力的作用。

1. 对神经系统的影响

鹿茸能增强副交感神经末梢的紧张性，促进恢复神经系统和改善神经、肌肉系统功能，同时对交感神经也有兴奋作用。

2. 对心血管系统的影响

大剂量的鹿茸可降低血压，使心脏收缩振幅变小，心率减慢，外周血管扩张。中等剂量的鹿茸能引起心脏收缩显著增强，收缩幅度变大，心率加快，从而使心输出量增加；特别对已疲劳的心脏作用更为显著。

3. 对性功能的影响

鹿茸提取物既能增加血浆睾酮浓度，又能促使黄体生成素（LH）浓度增加，因此鹿茸对青春期的性功能障碍、壮老年期的前列腺萎缩症的治疗都有显著的功效；对治疗女性更年期综合征效果良好。

4. 鹿茸的强壮作用

鹿茸具有较强的抗疲劳作用，能增强耐寒能力，加速创伤愈合和刺激肾上腺皮质分泌功能，因此鹿茸是传统的补益药，有强壮、补肾、益阳等功效。

5. 对血液成分的影响

鹿茸可使血液中血红蛋白增加，因此对于大量出血者和感染症后期的患者，特别是对于老龄患者的治疗极为有效。

6. 其他作用

鹿茸中有些有效成分能抑制 MAO-B 的活性，故有抗衰老作用。鹿茸具有抗氧化作用，增强胃肠蠕动和促进分泌功能。此外，鹿茸还能增强机体的免疫功能等。

3.2.5.3 产品开发

鹿茸多用于药用方面。目前，国家卫生和计划生育委员会规定的可用于保健食品的物品名单中列入了马鹿茸，可将其进行深加工，如超微粉碎提取分离功能因子，开发生产系列功能性食品。

3.2.6 蝮蛇

蝮蛇[*Agkistrodon halys*（Pallas）]是蝮蛇科蝮蛇属动物，味甘、性温、有毒，分布于我国北部和中部，栖息于平原或较低的山区，常盘成圆盘状或扭曲成波状。

3.2.6.1 有效成分

蝮蛇的活性成分中主要以蝮蛇毒的研究最多，蝮蛇毒的主要成分是蛋白质。从蛇岛蝮蛇中分离到 16 种蛋白质成分，含有蛋白水解酶、磷酸二酯酶、*L*-氨基酸氧化酶、核糖核酸酶、5′-核苷酸酶等多种酶类。蝮蛇中的蛋白水解酶有两种类型：一种是含金属的蛋白酶，底物专一性差；另一种丝氨酸蛋白酶，其底物专一性强，本要作用于体内特定蛋白质底物（如纤维蛋白质、激肽原等）中的特定肽键，由于可水解苯甲酰-*L*-精氨酸乙酯等精氨酸酯，故称为精氨酸酯酶（arginine esterase）。

蝮蛇毒中还含有血液循环毒和神经毒两类成分，后者对神经肌肉接头具有明显的阻断作用。现已分离纯化出一种神经毒素，称为蝮蛇神经毒素(agkistrodotoxin，ATX)，属于突触前毒素，由121个氨基酸组成，相对分子质量为13 700，显示磷酸酶A活性。

除蛋白质外，蝮蛇毒中还有缓激肽增强肽、肌肉内毒素等肽类物质。蝮蛇中的脂质以磷脂和胆固醇为主，脂肪酸主要为油酸、亚油酸、花生烯酸等不饱和脂肪酸。蝮蛇蒸馏液中挥发油含量极低，含有棕榈酸、月桂酸、癸酸等多种脂肪酸。

3.2.6.2　功能活性

1. 对心血管系统的作用

(1)扩血管、降血压。

(2)降血脂。试验证明，蝮蛇能明显降低血清总脂及血清胆固醇。

(3)抗血栓。试验证明，蝮蛇对实验性动脉血栓及静脉血栓形成具有显著的抑制效应。

(4)抗凝血。多种蝮蛇毒制剂具有明显的抗凝作用。给健康志愿者静脉滴注从蛇毒中提取的去纤维蛋白酶(defibrinogenase)注射液，每千克体重0.5或1.0 NIH凝血酶单位，结果使血浆纤维蛋白原显著减少，凝血时间及复钙时间明显延长，血浆黏度明显降低而出血时间却没有变化，这说明去纤维蛋白酶具有显著的抗凝血作用。

2. 抗肿瘤

蝮蛇分离出的5个组分对动物均具有明显的抑癌作用，其有效成分可能是精氨酸酯酶类，抑癌作用的较好剂量为0.075 mg/kg。

3. 抗炎症、抗溃疡及其他

蝮蛇乙醇提取物对醋酸性溃疡的治愈呈促进作用，可增加胃黏膜组织血流量，增强黏膜修复能力。另外，临床报道，蝮蛇抗栓酶治疗糖尿病Ⅱ型患者，可使血糖降到正常或明显下降，临床症状及并发症消失或改善。蝮蛇酒对类风湿性关节炎和各型麻风病均有一定的效果。

3.2.6.3　产品开发

目前的蝮蛇产品主要有蛇酒、蛇药、蛇丸、蛇油、纯蛇粉胶囊、蛇膏等。

3.2.7　鸡内金

3.2.7.1　有效成分

鸡内金(endothelium corneum gigeriae galli)含胃激素、角蛋白、17种氨基酸、微量的胃蛋白酶和淀粉酶、氯化铵等。实验表明，砂囊的角蛋白样膜含一种糖蛋白，其半胱氨酸的含量低于一般上皮角蛋白。出生4～8周的小鸡砂囊内膜，含蓝绿色素和黄色素，分别为胆汁三烯(bilatriene)和胆绿素的黄色衍生物。砂囊还含维生素B和维生素C。

3.2.7.2　功能活性

1. 对人体胃功能的影响

给健康人口服炙鸡内金粉末5 g，45～60 min后胃液分泌量、酸度及消化力均增高，其胃液分泌量比对照值增高30%～70%，2 h内恢复正常。消化力的增强虽较缓慢，但维持时间较久。胃运动机能明显增强，表现在胃运动延长及蠕动增强，因此胃排空速率加快。鸡内金本身仅含微量的胃蛋白酶和淀粉酶，服用后能使胃液的分泌量增加及胃运动增强，有人认为是由于鸡内金消化吸收后通过体液因素兴奋胃壁的神经肌肉之故，也有认为是胃激素促进了胃分泌机能。鸡内金尤其适用于消化酶不足而引起的胃部不适及积滞胀闷等，对消除各种消化不良的症状均有帮助，可减轻腹胀、肠内异常发酵、口臭及大便不成形等症状。

2. 加快放射性元素锶的排泄

试验证明，鸡内金水抽提液对加速排除放射性锶有一定作用。其酸提取物效果较水抽提液好，尿中排出的锶比对照组高 2～3 倍。从鸡内金中提取的氯化铵为促进锶排除的有效成分之一。

3.2.7.3 产品开发

目前鸡内金的主要产品有：免疫胶囊、免疫口服液等。

3.2.8 阿胶

阿胶（colla corii asini）为马科动物驴（*Equus asinus* L.）的干皮或鲜皮经去毛、煎熬、浓缩而成的固体胶。

1. 有效成分

阿胶由蛋白质及其降解产物、多糖类物质和其他小分子物质组成，其中蛋白质含量为 60%～80%；阿胶含有 17 种氨基酸，其中包括 7 种人体必需氨基酸；阿胶含有 27 种微量元素，其中 Fe、Cu、Zn、Mn 这 4 种微量元素含量丰富。此外，阿胶还含有硫酸皮肤素和透明质酸等糖胺多糖。

2. 功能活性

阿胶的生理功效主要为补血、抗休克、改善钙代谢平衡、调节免疫功能、止血、促进淋巴细胞转化率、改善微循环障碍等，此外还具有明显的抗疲劳、耐缺氧、耐寒、健脑、延缓衰老和促进健康人体淋巴细胞的转化作用。

3. 产品开发

目前阿胶的产品有阿胶枣、阿胶糕、阿胶膏、阿胶浆、阿胶口服液等。

3.2.9 蛤蚧

蛤蚧为壁虎科动物蛤蚧（*Gekko gecko* Linnaeus）除去内脏的全体。蛤蚧栖息在山岩的石缝、石洞、树洞内、屋檐上、墙壁上，或人工养殖。它分布于我国广西、广东、海南、台湾、福建、贵州、云南等地，南亚和东南亚各国也有分布。

3.2.9.1 有效成分

蛤蚧的主要化学成分分为 3 部分，其中脂溶性部分含胆固醇、胆固醇酯、三酰甘油、糖脂、磷脂和固体化合物。磷脂中以磷脂酰乙醇胺为主，超过磷脂的 70%，其次为磷脂酸和溶血磷脂酰胆碱。脂肪酸中不饱和脂肪酸占 75%。

3.2.9.2 功能活性

(1)抗炎。对正常或去肾上腺大鼠的蛋清性足肿胀有明显的抑制作用，说明蛤蚧具有抑制炎症前期血管通透性增加、渗出和水肿等作用。

(2)平喘。蛤蚧体部及尾部的乙醇提取物在整体动物试验中，对氯化乙酰胆碱所致哮喘有明显的抑制作用，对磷酸组织胺所致豚鼠离体气管平滑肌收缩亦显示了直接的松弛作用。

(3)对免疫功能的影响。蛤蚧提取物能明显对抗氢化可的松所致免疫抑制作用，可逆转泼尼松龙所致白细胞数量下降，加强白细胞的运动能力，加强豚鼠肺、支气管和腹腔吞噬细胞的吞噬功能。蛤蚧具有增强网状内皮系统功能活性和非特异性免疫增强作用的功效，能明显改善荷瘤小鼠脾脏指数的异常升高。

(4)抗衰老。蛤蚧提取物对大鼠肝肾组织抗氧自由基代谢有积极的作用，能明显降低鼠脑B型单胺氧化酶(MAO-B)含量，有显著的抑制作用等。

(5)性激素样作用。蛤蚧提取物具有双相性激素样作用。

(6)降糖。对血糖有一定的降低作用，尤其蛤蚧尾的作用更显著。

3.2.9.3 产品开发

目前蛤蚧产品有蛤蚧酒、蛤蚧干、蛤蚧雄睾酒、原汁蛤蚧酒、五加参蛤蚧精、龟蛇蛤蚧酒、参茸蛤蚧保肾丸等产品。

3.3 功能(保健)食品的微生物资源

微生物与人类的关系十分密切。它们的生命活动与人类的日常生活和生产息息相关。许多微生物(乳酸菌、双歧杆菌等)与人类在共同的进化过程中形成了复杂的微生态系统。这些微生物被称为正常微生物群(normal microflora)。它们通过调节人体的微生态平衡而发挥重要的生理功能。人们根据这种微生态学原理开发生产出了人体微生态调节剂(微生态功能食品)。自古以来，微生物广泛应用于发酵食品的生产当中，如在酿酒、面包制作、发酵调味品、酸乳的生产等方面，都离不开曲霉、酵母菌、根霉、醋酸菌、乳酸菌等多种微生物的作用。而这些微生物不仅参与各种发酵食品的生产，赋予食品特殊的芳香风味，同时还对人体具有不同程度的保健功能。许多食用药用真菌不仅具有丰富的营养价值，而且菌体及其代谢产物对人体具有良好的功能活性。如灵芝、猴头、香菇、木耳、茯苓、冬虫夏草等，始终被人们作为营养保健的重要原料，在药膳、食疗的方剂中得到广泛的应用。近几十年来，人们通过对食用药用真菌的化学成分及功能因子的深入研究，取得了大量的科研成果，有力地促进了食用药用真菌及其代谢产物在功能食品中的开发应用，国内外已生产出了许多真菌类保健食品。因此，我们可以认为微生物(益生菌、食用药用真菌)是功能食品研究与生产开发中非常重要的资源。2010 年，我国颁布可用于食品的菌种名单：两歧双歧杆菌、婴儿双歧杆菌、长双歧杆菌、短双歧杆菌、青春双歧杆菌、保加利亚乳杆菌、嗜酸乳杆菌、干酪乳杆菌、卷曲乳杆菌、德氏乳杆菌乳亚种、发酵乳杆菌、格氏乳杆菌、副干酪乳杆菌、植物乳杆菌、罗伊乳杆菌、鼠李糖乳杆菌、唾液乳杆菌、嗜热链球菌。可用于保健食品的真菌菌种有：酿酒酵母、产朊假丝酵母、乳酸克鲁维酵母、卡氏酵母、蝙蝠蛾拟青霉、蝙蝠蛾被毛孢、灵芝、紫芝、松杉灵芝、红曲霉、紫红曲霉。

3.3.1 益生菌类——双歧杆菌

双歧杆菌(Bifidobracterium)是肠道内最具代表性的有益菌，是维护肠道菌群平衡的重要因素，是既不产生内毒素，也不产生外毒素，并对人体具有生理功能的有益菌。

3.3.1.1 菌种特性

双歧杆菌的细胞呈现多形态，有短杆较规则形或纤细杆状具有尖细末端的，有球形的，也有长而稍弯曲状的，呈X状、Y状、弯曲状、球拍状和棍棒状。双歧杆菌通常接触酶阴性，革兰阳性，不抗酸，无芽孢、荚膜及鞭毛，亦无内毒素和外毒素，不运动，对人畜均无致病性。双歧杆菌厌氧，在好氧条件下不能在平皿上生长。但不同的种和菌株对氧的敏感性有差异。某些种在有二氧化碳存在时能增加对氧的耐受性。双歧杆菌最适生长温度为37～41℃，最低生长温度为25～28℃，最高生长温度为43～45℃；起始生长最适pH为6.5～7.0，在pH 4.5以下或pH 8.5以上不生长。在适宜条件下双歧杆菌能发酵糖，产生乙酸和乳酸，其摩尔比例为3∶2。双歧杆菌DNA的G+C含量的摩尔分数为55%～67%。目前双歧杆菌可分为32个种型，其中在人体肠道中数量最多的5种为：两歧双歧杆菌（*B. bifidum*）、婴儿双歧杆菌（*B. infantis*）、青春双歧杆菌（*B. adolescentis*）、长双歧杆菌（*B. longum*）和短双歧杆菌（*B. breve*）。

3.3.1.2 生理功能

1. 保持肠道正常微生物区系平衡

双歧杆菌与其他厌氧菌一起共同占据肠黏膜表面形成一个生物学屏障，构成微生物肠道定殖的阻力，从而阻止致病菌、条件致病菌的入侵和定殖。

2. 抑制腐败细菌的繁殖，防止腹泻和便秘

双歧杆菌的代谢产物对致病菌具有很强的拮抗作用，可抑制外源性致病菌和肠道内固有腐败菌的生长繁殖，降低腹泻的发生。双歧杆菌发酵低聚糖产生大量的短链脂肪酸，能刺激肠道蠕动，增加粪便的湿润度并保持一定的渗透压，从而防止便秘的发生。

3. 提高人体免疫力，增强抗肿瘤、抗衰老功能，增强机体的非特异性和特异性免疫反应

双歧杆菌细胞壁上的肽聚糖刺激肠道的免疫细胞，激发机体产生免疫抗体，提高巨噬细胞活性，增强机体抗病力。抗肿瘤活性双歧杆菌可控制内毒素血症，能够减少*N*-亚硝基化合物等致癌物质的数量，且通过激活机体免疫系统，抑制肿瘤发生。另外，双歧杆菌能增加动物机体内超氧化物歧化酶(SOD)含量与活性，从而消除体内自由基，故在抗衰老过程中发挥着极为重要的作用。

4. 降低血清胆固醇水平

双歧杆菌可通过影响β-羟基-β-甲基戊二酸单酰辅酶A还原酶的活性，控制胆固醇的合成。另外，双歧杆菌菌体成分和代谢产物中的某些成分能明显减少肠管对胆固醇的吸收，同时促进胆固醇转变为胆酸盐，加快其排出体外，从而降低胆固醇水平。

5. 营养作用

肠道内的双歧杆菌能合成维生素B_1等多种维生素，降低环境pH和EH，促进微量元素的吸收。双歧杆菌发酵乳制品生产过程中蛋白凝固并发生轻微蛋白质水解，有利于蛋白质的消化吸收。双歧杆菌在人体肠道内可产生乳糖酶-β-半乳糖苷酶，加快酶对乳糖的水解，明显改善乳糖不耐症者对乳糖的消化吸收性。

3.3.1.3 双歧因子

双歧因子(bifidus factor)是指利用寡聚糖、胡萝卜汁、番茄汁来选择性刺激双歧杆菌生长

的一类物质。根据结构可将双歧因子分为下述4种类型：

(1)双歧因子Ⅰ 是最早发现的双歧因子，主要存在人的初乳中，其成分为*N*-乙酰-*D*-葡萄糖胺的寡糖或多糖。

(2)双歧因子Ⅱ 是由酪蛋白等蛋白质经酶水解得到的多肽及次黄嘌呤，可促进两歧双歧杆菌的生长和繁殖。

(3)胡萝卜双歧因子 它的主要成分为*D*-泛酸巯基乙胺-4-磷酸(P-PaSH)，是双歧生长因子辅酶A的前体。它几乎对所有的双歧杆菌均有效。

(4)寡糖类双歧因子 这是一类多类型的功能性低聚寡糖。其共同特点是在酸性条件下较稳定，大多数不被机体或某些有害细菌利用，而只被对机体有益的双歧杆菌和某些乳杆菌利用，促进有益菌生长。

双歧因子具有一定的生理功能，可以改善肠道微生态；提高肠道对钙等矿物质的吸收；改善脂质代谢；促进双歧杆菌增殖，调整肠道菌群及其代谢；提高机体免疫力。

3.3.1.4 产品开发

目前开发的双歧杆菌类保健产品很多，主要是利用双歧杆菌发酵生产的各种发酵制品、双歧杆菌与其他乳酸菌混合的发酵制品以及含有双歧因子的保健产品，如纯双歧杆菌发酵乳、双歧奶粉、果蔬汁双歧杆菌酸奶、甜双歧乳、酸奶风味双歧乳、双歧酸乳、甜嗜酸双歧乳、双歧杆菌活菌胶囊、双歧菌增殖胶囊、双歧因子口服液、健肠型AD钙奶饮料、双歧因子健肠果冻、双歧因子冲剂等。

3.3.2 真菌类

3.3.2.1 食用药用真菌

1. 灵芝

(1)菌物学特征 灵芝[*Ganodernza lucidum*(Leyss. Fr.)Karst.]又称红芝、血灵芝，夏秋季生于栎类等多种阔叶树干基部，在热带能寄生于茶、竹、油棕、可可等经济作物，引起根腐；罕生于针叶树，可致木材海绵状白色腐朽。药用子实体。灵芝在全国大部分地区均有分布，国内已广泛人工栽培。

(2)功能特性 灵芝中的有效成分有：多糖类化合物，这是灵芝中重要生理活性成分；三萜类化合物；核苷类化合物，是具有生理活性的水溶性成分；甾醇类化合物，从灵芝中分离得到近20种甾醇，主要为麦角甾醇和胆甾醇两大类，仅麦角甾醇含量就达0.3%左右；生物碱类化合物，灵芝中生物碱含量相对较低，但具有一定生理活性。灵芝中还含有一些脂肪酸、长链烷烃、挥发油以及呋喃衍生物、甘露糖、海藻糖、十多种氨基酸、多肽、虫漆酶、虫漆异酶、纤维素和含有机锗在内的24种元素。

灵芝的药理作用：免疫调节作用；镇静镇痛作用；对脑缺氧、心肌缺氧有保护作用，并能显著降低血清及肝脏中的胆固醇和甘油三酯的含量；镇咳祛痰和平喘作用；护肝与解毒作用；对肠管、子宫平滑肌有保护作用；对内分泌和代谢有影响，灵芝无促肾上腺皮质素样作用，其水提物无性激素样作用；有很强的降血糖活性；促进蛋白质、核酸合成；灵芝多糖、灵芝酸、灵芝提取物EGL等具有抗肿瘤作用；有较高超氧化物歧化酶活性，能抑制或清除机体内的活性自由基；对放射性损伤有保护作用；扶正固本作用；利尿作用等。

(3)产品开发　目前开发的灵芝保健产品有：灵芝孢子胶囊、灵芝胶囊、富硒灵芝宝、灵芝养元冲剂、灵芝孢子丸、灵芝孢子粉胶囊、灵芝生命口服液、灵芝酒、灵芝茶等。

二维码 3-3
灵芝医疗作用

2. 香菇

(1)菌物学特征　香菇[*Lentinula edodes*(Berk.)Pegle]又称花菇、冬菇，群生或丛生于多种阔叶树的枯木、倒木或菇场段木上。香菇菌丝呈白色，绒毛状，具横隔和分枝，多锁状联合，成熟后扭结成网状，老化后形成褐色菌膜。菌柄中生至偏生，半肉质至纤维质，白色，内实，常弯曲，(3～8) cm×(0.5～0.8) cm，中部着生菌环，菌环窄而易消失。

菌丝生长的最适宜温度为23～25℃，高温品系子实体分化的适宜温度为20～25℃，中温品系为15～20℃，低温品系为5～10℃。强光对菌丝生长有抑制作用，子实体生长发育期需要散射光。适宜的pH为5.5～6.5。香菇在我国分布广，陕西、江苏、福建、云南等地都有。

(2)功能特性　香菇香味浓郁，营养丰富，富含各种活性成分，主要是多糖类。人们常食香菇可降低血压、提高免疫力、治疗贫血、降低癌症发病率、预防佝偻病和感冒等。香菇为我国传统的出口特产之一，是延年益寿的天然保健食品。

(3)产品开发　目前开发的香菇保健产品有：香菇多糖饮品、香菇多糖颗粒冲剂、香菇露、香菇胶囊、香菇酒等。

3. 黑木耳

(1)菌物学特征　黑木耳[*Auricularia auricula*(L. ex Hook.)Underw]又称木耳、细木耳、黑耳子。春季至秋季群生或丛生于栎、榆、桑、槐等树木枯干或段木上。药用子实体。菌丝体无色透明，由许多具横隔和分枝的管状菌丝组成。子实体薄，胶质，浅圆盘形、耳状或不规则形，宽为2～12 cm，厚为0.06～0.16 cm，腹面一般下凹，表面平滑或有脉络状皱纹，呈深褐色至黑色。

木耳为腐生性很强的木材腐朽菌，菌丝生长的温度为22～32℃，子实体生长要求的最适宜温度为16～25℃。菌丝生长阶段一般不需要光照，但是子实体形成阶段需要大量的散射光，适宜的pH为5.0～6.5。

黑木耳在我国主要分布于黑龙江、吉林、辽宁、河北、湖北、四川、云南、广西、贵州等地。

(2)功能特性　木耳子实体含酸性黏多糖。木耳黑色素(black pigment)是一种黑色的多糖肽，由葡萄糖、甘露糖、半乳糖、岩藻糖和一短肽链组成，这些成分解离时不呈色，能溶于水，具有增强机体免疫功能的生理活性。黑刺菌素(adustin)有抗真菌作用。木耳富含铁。木耳含腺苷等水溶性低分子物质，具有血小板聚集抑制剂的生理活性。木耳的药理作用表现在降血糖、降血脂、抑制血小板聚集、抗血栓形成、提高机体免疫功能、延缓衰老、对组织损伤有保护作用、改善心肌缺氧、抗溃疡作用、抗放射作用。木耳为我国著名的食用、药用菌，有滋补、强壮、降压、通便、防治肿瘤等功效，还经常作为棉麻、毛纺织工人的功能食品食用。

(3)产品开发　由黑木耳开发的产品有黑木耳酒、黑木耳冲剂、黑木耳饮品等。

4. 金针菇

(1)菌物学特征　金针菇[*Flammulina zvelutipes*(Curt. Fr.)Singer]又称朴蕈、冬菇、绒柄金钱菌。金针菇秋、冬、春丛生于各种阔叶树的枯干、倒木、树桩上。野生种子实体黄色至栗色，菌盖直径 2～8 cm，初球形，后平展，中央多数稍隆起，表面有一薄层胶质，光滑。菌褶狭窄稍弯生，白色或带黄色，稍疏至密集，宽，有缘囊体和侧囊体，(33～66) μm×(8.5～22) μm。菌柄(3～9) cm×(0.2～0.8) cm。菌丝有锁状联合。单核菌丝及双核菌丝均可以产生无性孢子。

菌丝培养的适宜温度为 22～25℃，子实体发育期的最适宜温度为 14～17℃。菌丝生长阶段需要黑暗条件，子实体形成阶段有散射光存在可以提高产量，适宜的 pH 为 5.4～6.2。从温带到寒带均有金针菇分布，在我国金针菇主要分布在黑龙江、吉林、广西、四川、云南、贵州、青海、西藏等地，现已广泛进行人工栽培。

(2)功能特性　金针菇为著名的食用、观赏真菌，也是一种药用菌。金针菇含有金针菇素，是一种相对分子质量为 24 000 的碱性蛋白质，对小白鼠肉瘤 180 和艾氏腹水癌都有抑制作用。经常食用金针菇可降低癌症发病率，可以延长癌症患者的寿命。金针菇具有降胆固醇作用、抗疲劳作用、抗衰老作用。文献记载，金针菇可有效地增加儿童的身高、体重和记忆力。用富锌菌丝喂养小鼠进行迷宫、跳台试验，结果表明富锌菌丝体能显著增强小鼠被动学习能力，促进小鼠学习记忆的巩固和强化，具有益智和提高记忆力的作用。

(3)产品开发　目前开发的金针菇保健产品有：金针菇儿童营养液、菇王口服液、金针菇饮料等。

5. 冬虫夏草

(1)菌物学特征　冬虫夏草[*Cordyceps sinensis*(Berk.)Sam]又称虫草、冬虫草、中华虫草，是生长在鳞翅目蝙蝠蛾科(Hepialusidae)虫草蝙蝠蛾(*Hepialusarmoricanus* Oberthiir)幼虫上所形成的子座(草)与菌核(幼虫尸体)组成的复合体。蝙蝠蛾幼虫喜低温，分布于雪线以下、海拔 3 500 m 以上的高山草甸和高山灌丛草甸肥沃而潮湿的土壤中。夏季，虫草菌释放的子囊孢子散布到土壤内，侵染蝙蝠蛾幼虫，萌发的菌丝吸收虫体营养而大量增殖，至菌丝充满幼虫体腔而形成菌核(僵虫)。菌核的发育只消化幼虫的内部器官，而幼虫的角皮保持完好无损。菌核度过冬季低温时期至翌年立夏的适宜条件，便从僵虫的头部抽出子座。夏至前后采集带寄主僵虫的子座作为药用。

冬虫夏草在我国的主产区集中在青海、四川、西藏、云南等地，山西、浙江等地也有分布。

(2)功能特性　冬虫夏草中的有效成分：7%虫草酸(cordycepic acid)，即 *D*-甘露醇的异构体；多种核苷类化合物；虫草素(cordycepin，3-deoxyadensine，$C_{10}H_{13}O_3N_5$)；发酵菌丝中的 6 种环二肽类化合物中 *L*-甘-*L*-脯环二肽、*L*-亮-*L*-脯环二肽等(具有抗癌和增强免疫作用的生理活性)；1,3-二氨基丙烷、腐胺、尸胺、精胺等胺类物质；丰富的氨基酸、微量元素等。

冬虫夏草的作用：提高机体免疫功能；镇静和抗惊厥作用；明显降血脂作用；镇咳、祛痰、平喘作用；护肝作用；皮质激素样的抗炎作用与雄激素样作用；对实验动物的肺癌、艾氏腹水癌有较明显的抑制作用，并能抑制致癌物质诱发的前胃上皮增生癌变；促进肾脏细胞修复，减轻肾小管的损伤等。

(3)产品开发　目前开发的冬虫夏草保健产品有：冬虫夏草王、虫草乌鸡精、虫草菌丝体鸡精、冬虫夏草营养液、冬虫夏草胶丸、冬虫夏草菌丝体胶囊、冬虫夏草饮料等。

3.3.2.2　酵母

酵母菌是最重要、应用最广泛的一类微生物。酵母可用于面包生产，也可作为食物、维生素或其他生长因子的来源。酵母菌主要应用于发酵生产酒精与酿造啤酒、葡萄酒和白酒。目前,可以利用酵母菌发酵产物或者从酵母中提取的各种功能因子(如海藻糖、甲壳素等),生产功能食品。

1. 啤酒酵母

啤酒酵母(*Saccharomyces cerevisiae*)在麦芽汁中25℃培养3 d,细胞为圆形、卵形、椭圆形或腊肠形。按细胞长与宽的比例可分为3组。第一组细胞多为圆形、卵圆形或卵形,长与宽的比值为1～2,一般小于2。无假菌丝或有较发达但不典型的假菌丝。这组酵母主要用于酒精(淀粉质原料)和白酒等蒸馏酒的生产。第二组细胞形状以卵形和长卵形为主,长与宽之比为2。此组酵母细胞出芽长大后不脱落,再出芽,易形成芽簇——假菌丝。这组酵母主要用于啤酒、果酒酿造和面包发酵。第三组大部分细胞长与宽之比大于2。这组酵母俗名为台湾396号酵母。我国南方常用它发酵甘蔗糖蜜,生产酒精。这是因为它能耐高渗透压,可以经受高浓度的盐。

啤酒酵母生长在麦芽汁琼脂上的菌落为乳白色,有光泽,平坦,边缘整齐;在加盖片的玉米琼脂上培养,不产生假菌丝或产生不典型的假菌丝。

啤酒酵母是酿造啤酒的典型上面发酵酵母。除了酿造啤酒、酒精及其他饮料外,啤酒酵母又可用于发酵面包。菌体的维生素、蛋白质含量高,可作食用、药用和饲料酵母,又可提取核酸、麦角固醇、谷胱甘肽、凝血素、辅酶A、三磷酸腺苷、Geroline(啤酒酵母所含的脂肪)。啤酒酵母分布在各种水果的表面、发酵的果汁、土壤(尤其是果园土)和酒曲中。

2. 葡萄酒酵母

葡萄酒酵母是啤酒酵母的一个种。葡萄酒酵母除了用于葡萄酒生产以外,还广泛用于苹果酒的发酵。

葡萄酒酵母繁殖主要是无性繁殖,以单端(顶端)出芽繁殖为主。子囊孢子为圆形或椭圆形,表面光滑。在显微镜下(500倍)观察,葡萄酒酵母常为椭圆形、卵圆形,一般为(3～10) μm ×(5～15) μm,细胞丰满。在葡萄汁琼脂培养基上,25℃培养3 d,形成圆形菌落,色泽呈奶黄色,表面光滑,边缘整齐,中心部位略突出,质地为明胶状,很容易被接种针挑起,培养基无颜色变化。葡萄酒酵母具有较高的发酵能力,一般可使酒精含量超过16%。

3. 产朊假丝酵母

产朊假丝酵母(*Candida utilis*)在葡萄糖—酵母汁—蛋白胨液体培养基中25℃培养3 d,细胞呈圆形、椭圆形或圆柱形(腊肠形),大小为(3.5～4.5) μm×(7～13) μm,管底有菌体沉淀,能发酵。在麦芽汁琼脂斜面上培养的菌落为乳白色,平滑,有光泽或无光泽,边缘整齐或呈菌丝状。在加盖片的玉米琼脂培养基上培养,仅产生原始菌丝,或不发达的假菌丝,或无菌丝,不产生真菌丝。

产朊假丝酵母的蛋白质含量和维生素B含量都比啤酒酵母高。产朊假丝酵母能以尿素和硝酸盐作为氮源,在培养基上不需加入任何刺激因子即可生成蛋白质。特别是它能利用五碳糖和六碳糖,也能利用造纸工业的亚硫酸废液。它还能利用糖蜜、马铃薯淀粉废料、木材水解液等生产人、畜可食用的蛋白质。

3.3.2.3 红曲霉

红曲霉在培养基上生长时,初期的菌落是白色的,后期菌落为淡粉色、紫红色或灰黑色等,通常都能形成红色素。菌丝具横隔,多核,分枝多。分生孢子着生在菌丝及其分支的顶端,单生或成链。闭囊壳呈球形,有柄,内散生10多个子囊。子囊呈球形,含有8个子囊孢子,成熟后子囊壁解体,孢子则留在薄壁的闭囊壳内。红曲霉的生长温度范围为26~42℃,最适温度32~35℃;最适pH为3.5~5.0,能耐pH 2.5;耐10%(体积百分数)的酒精浓度。红曲霉可以利用多种糖类或酸类为碳源,能同化$NaNO_3$、NH_4NO_3、$(NH_4)_2SO_4$,而以有机胺为最好的氮源。

红曲霉能产生淀粉酶、麦芽糖酶、蛋白酶、柠檬酸、琥珀酸、乙醇等。有些种能产生鲜艳的红曲霉红素和红曲霉黄素。

红曲霉的用途很多。它可用于酿酒、制醋、做豆腐乳的着色剂,并可用做食品色素和调味剂。红曲霉及其制剂具有调节血脂、调节血压、抗氧化、抗肿瘤等功能,目前已开发出多种功能食品。

除上述微生物资源外,海洋微生物也是重要的生物资源。海洋微生物的分布极为广泛,在6 000 m以下的深海区仍有微生物存在,并且海洋微生物的种类很多,现在已发现的海洋微生物包括细菌、放线菌和真菌。这些海洋微生物中存在着大量的生物活性物质,为人类战胜疾病提供新的性能更佳的各种药剂,具有巨大的实用价值。

3.4 功能(保健)食品的海洋资源

海洋生物因生活于特定的三维空间及流动的环境中,食物链构成既复杂又有序,生物组成较陆地生物有较大差异。这就必然赋予海洋生物以特有的生活方式及进化过程。因此,海洋生物在成分构成上和在保健功能上具有许多独特之处,是功能食品的天然宝库。

3.4.1 海洋生物的主要保健功能

在保健作用方面,海洋生物与陆生生物相比既有许多共同之处,也有一些特殊功能。这些特殊的功能主要与其自身的活性物质有关。海洋生物中存在大量的生理活性物质。据美国国家肿瘤研究所(NCI)报道,在海洋动物提取物中,有10%抗P_{388}淋巴细胞白血病或KB细胞活性;3.5%的海洋植物提取物有抗肿瘤或细胞毒活性。我国学者李瑞声等对25种不同种属软珊瑚及5种海绵的化学成分进行了研究,测定了44个新发现化合物的结构。其中一些化合物,如双十四元环碳架的四萜化合物、二倍半萜化合物以及以缩酮形式形成的苷类化合物的结构是颇为新颖的。

1. 海洋生物具有较强的健脑益智功能

英国脑营养化学研究所的克罗夫特教授研究认为,食用海产品有健脑作用,可使人变得聪明。他认为,水产品中起健脑作用的物质主要是DHA。它广泛存在于海洋动植物中,在陆生植物中含量很少或没有。另外,海带中的碘、牡蛎中的锌等,都是健脑益智的成分。

2. 海洋生物具有抗癌、防癌作用

癌症是目前人类生命的第一"杀手",每年因此死亡约700万人。学者们经研究认为,在诱发癌症的各种因素中,饮食因素约占35%。因此,寻找防癌、抗癌食物已引起人们的广泛关注。

海藻类食物有较强的抗癌活性,是因为在海藻中含有碘、多糖、粗纤维、胡萝卜素、钙、镁、铁、硒、不饱和脂肪酸等抗癌、防癌成分。日本学者山本一部利用海藻提取物及海藻粉在小鼠身上进行抗癌试验，发现由腹腔注射海藻提取物者，对小鼠肉瘤 S_{180} 抑制率分别为三石海带抑制率的 94.8%，长海带抑制率的 92.3%，普通海带抑制率的 65%，表明海带的抗癌性能较海藻稍强。以含有 2%海带粉的饲料喂食因注射甘油二甲醚(DMH)致癌物诱发肠癌的小鼠时，试验组 10 只中有 3 只患了肠癌，而对照组有 7 只患肠癌，证明了海带的抗癌作用。除海带之外，鼠尾藻、萱藻、羊栖菜、昆布、裙带菜、紫菜等都有明显的抗癌、防癌作用，被誉为抗癌食物。

此外，一些鱼类及海产贝类也有很好的抗癌作用。最典型的例子为鲨鱼。有人已从双髻鲨鱼的体表分泌物中分离出一种超强的抗癌物质。它可立即阻止恶性肿瘤细胞的生长与扩散，同时能逐渐切断癌细胞与周围组织的联系及血液供应，使癌细胞萎缩而脱落。鲨鱼骨中含有软骨素，这是一种硫酸多糖。在髻鲨和姥鲨中均有这种软骨成分。动物试验证明，该成分能抑制肿瘤周围血管的生长，使肿瘤细胞缺乏营养而萎缩。鲨鱼肝中含有一种角鲨烯成分，是一种阻止癌细胞转移的物质，抗癌效果显著。人们已将其开发成抗癌制剂。鱼类中，鱼油成分(特别是 EPA、DHA)及一些鱼毒(如河豚毒素)等，都有很好的抗癌效果，对乳腺癌、直肠癌、食道癌、胃癌、鼻咽癌及结肠癌都有预防及辅助治疗效果。

3. 海洋生物具有预防心脑血管疾病的作用

心脑血管系统疾病已成为当今人类三大死亡疾病之一。20 世纪 60 年代初，研究发现丹麦人和格陵兰的爱斯基摩人很少发生心脑血管疾病，糖尿病更少见。进一步的研究证明，爱斯基摩人及丹麦人的出血时间长，血小板的凝聚力差，血小板内二十碳四烯酸(AA)少，而二十碳五烯酸多。此后的大量研究工作证实，海洋生物中含有的多不饱和脂肪酸(EPA、DHA)是渔区人们心脑血管疾病发生率低的主要原因。

大量研究证明，鱼油中所含有的高不饱和脂肪酸具有多种生理功能。其主要表现在：抑制某些前列腺素合成，使血液黏度降低，流动性增加；降低血液中甘油三酯及胆固醇含量等，因而有利于保护心脑血管的正常功能，减少心脑血管疾病的发生。在海洋生物中，特别是鱼类、贝类及微藻类，大多含有丰富的多不饱和脂肪酸，因而可成为有效的心脑血管疾病的预防和辅助治疗食物。另外，海藻一般含有大量的膳食纤维及各种各样的多糖，如褐藻酸等，也是有效地降低胆固醇和血液黏度的物质，因此可在一定程度上预防或减少心脑血管疾病的发生。

4. 海洋生物具有降血压、降血糖作用

有降血压作用的水产品主要是海藻类及水母类。海带能降血压，其原因是多方面的。首先是因为海带中含有较多的钾，可形成有调节钾钠平衡的褐藻酸钾。过量的食盐，常使血液中钠离子浓度升高，使血管收缩，血压升高。食用海带后，褐藻酸钾在胃酸作用下分离为褐藻酸与钾离子。在十二指肠处的碱性环境中，褐藻酸又与钠结合形成褐藻酸的钠盐经粪便排出体外。钾离子在该处被吸收而进入体液内，通过 K-Na-ATP 泵进行细胞内外交换，更促进了钠离子的排出。由于小动脉壁内钠含量减少，使小动脉平滑肌对去甲肾上腺素等升压物质反应减弱，导致血压下降。另外，海藻中还含有甘露醇，对颅内压及眼内压有显著降低效果。海藻中含有的褐藻氨酸也可通过激发 M-胆碱受体、抑制心肌收缩力、减慢心率的综合作用而使血压下降。有试验证明，腔肠动物海蜇也有显著的降压效果，被认为是最有效的降血压天然食物。

具有降血糖作用的水产品主要是海洋藻类及贝类。动物及临床试验表明，海藻多糖，特别是褐藻多糖可使患有糖尿病的病人对胰岛素敏感性提高，空腹血糖下降，糖耐量得到改善，并使病人大便通畅，浮肿减轻，体重下降，饥饿感降低。进一步的研究证明，海藻的降血糖作用主要是通过其中含有的膳食纤维来实现的。在海洋贝类中，有人研究了文蛤肉的降血糖效果，发现文蛤肉能明显降低正常小鼠的血糖水平。对正常小鼠来说，试验组较对照组有极显著差异（$p<0.01$）；对诱发的高血糖鼠来说，试验组较对照组也有显著差异（$p<0.05$）。

5. 海洋生物具有抗菌、抗病毒作用

研究发现，在海藻中有近半数种类有抗菌活性。Paul 等曾对美国加利福尼亚州 190 种海洋植物进行了抗菌实验，发现 28%的褐藻门、14%的红藻门、10%的绿藻门海藻对大肠杆菌、枯草菌、青霉菌等有抗菌作用。一般来说，凡含有丙烯酸以及萜烯类、溴酚类或某些含硫化合物的海藻都可能有抗菌作用。贝类中也有抗菌成分，文蛤、泥蚶等贝类组织提取物对葡萄球菌有较强的抑制作用。大凤螺及鲍鱼中的“鲍灵（Pao-lin）”成分对金黄色葡萄球菌、沙门菌和酿脓链球菌有抑制作用。此外，海洋生物中还存在大量的具有抗菌作用的多肽或寡肽，比如从豹鳎（*Paradachirus marmoratus*）中可以分离得到一种 33 肽的抗菌肽，具有比蜂毒素更强的抗菌活性，其作用与其他天然的抗菌肽（如铃蟾肽、杀菌肽等）相当。

海洋生物还有抗病毒作用，如红藻中石花菜提取的琼脂、角叉菜提取的卡拉胶均含有半乳糖的硫酸酯。硫酸酯是一种抗病毒的活性物质，对 B 型流感病毒、腮腺炎病毒甚至艾滋病毒均有抑制作用。巨大鞘丝藻及穗状鱼栖苔等也有抗病毒活性。在软体动物的鲍鱼、乌贼、牡蛎、蛤蜊等组织提取液中，都有抗病毒成分。

6. 海洋生物能够提高机体的免疫功能

促进机体免疫功能的海洋生物主要有海洋贝类、藻类及棘皮动物类。牡蛎提取物可明显增加小鼠的免疫功能，能够提高外周血液的白细胞数和 T 细胞的百分比；增强 NK 细胞的活性；对有丝分裂原引起的 T 淋巴细胞增殖（LPS）也有显著作用。牡蛎提取物有明显的增强细胞产生抗体的效果，表现为溶血 OD 值增高，由环磷酰胺引起的免疫抑制解除。牡蛎提取物对环磷酰胺造成的免疫功能抑制、小鼠的自然杀伤细胞（NK）活性、淋巴细胞转化能力有正向调节作用，使 TH 与 TS 比值达正常值。

文蛤提取物及其多糖可使受环磷酰胺抑制的小鼠免疫力分别增加 53%及 35%，使外周血白细胞数增加 103%及 59%，使吞噬指数增加 132%及 179%，溶血素生成分别增加 36%及 18%。在小鼠腹腔吞噬鸡血细胞的试验中，文蛤提取物 50 mg/kg、100 mg/kg 及 200 mg/kg 剂量的吞噬率依次为 44.6%、42.9%和 43.9%，均比对照组的 37.5%为高。此试验结果充分证明了文蛤提取物和文蛤多糖对环磷酰胺引起的免疫抑制具有良好的免疫调节功能。

从海带中提取的褐藻糖胶在体外可诱导白细胞介素 1（IL-1）和丙型干扰素（EFN-R）产生；小鼠体内给药可以增加 T 细胞、B 细胞、巨噬细胞（M_{φ}）和 NK 细胞的功能，促进对绵羊红细胞（SRBC）的初次抗体应答。来自羊栖菜的多糖（SFPS）对 S_{180}A 小鼠红细胞免疫功能的降低有拮抗作用，可使体内红细胞 C_3b 受体花环率（RBC-C_3b）、受体花环促进率（RBCICRR）和血清中红细胞 C_3b 受体花环率（RFIR）下降；对 EAC 小鼠免疫有明显的促进作用，并呈量效正相关。SFPS 可使 RBG-C_3bRR 和 RFER 升高，而使 RBC-ECRR 和 RFIR 降低；对 L-615 小鼠红细胞免疫功能的影响也有同样的效果。刺参中的酸性黏多糖及玉足海参酶解物也有较强的促进免疫功能的作用。

7. 海洋生物具有清除自由基及抗衰老作用

鼠尾藻多糖有影响超氧化物酶活性和刺激粒细胞释放 O_2 的作用。鼠尾藻多糖对氧自由基、氢氧自由基都有清除作用。试验证明，海藻提取物能增进动物在应激状态下的耐力及游泳耐力，能显著提高衰老期小鼠存活率，还能增强 SOD 活性，因此具有明显的抗衰老作用。鱼油中的多不饱和脂肪酸是一种有效的体内自由基清除剂。试验证明，鱼油对人体 SOD、过氧化氢酶(CAT)、谷胱甘肽(GSH)值偏低者均能显著升高；脂质过氧化物(LPO)值原来偏高者能显著降低，可见鱼油对抗氧化酶有调节作用。鱼油对脑功能认识、记忆影响试验证明，试验组的记忆商(MQ)值显著增高，证明其有助于防治脑功能衰退。羊栖菜多糖可显著降低 L_{615} 小鼠体内自由基，起抗脂质过氧化作用。对海地瓜(*Acaudina molpadioidos* Sernpor)、海马(*Hippocampus kuda* Bleeker)、海仙人掌(*Carernularia habereri* Mororff)、真蛸(*Octopus vulgari* Curier)及短蛸(*Octopus ochellatus* Gray)5 种海洋生物抗衰老相关活性的研究证明，海地瓜等对小鼠游泳试验、抗高温和耐缺氧试验均能延长存活时间；对小鼠学习记忆力有显著增强作用。除短蛸外，其他 4 种海洋生物对小鼠红细胞中 SOD 活力均有显著提高作用，对小鼠脑内单胺氧化酶(MAO-B)活性有显著抑制作用。除真蛸外，其他 4 种对小鼠心肌细胞中 LE(脂褐素)含量均有显著降低作用。海地瓜、海马、海仙人掌均有雄性激素样作用，使试验小鼠双侧睾酮含量上升。5 种海洋生物对小鼠腹腔巨噬细胞吞噬功能均有促进作用。这些试验结果均表明，这 5 种海洋生物有明显的抗衰老及延年益寿作用。

8. 其他保健功能

许多藻类具有抗放射作用。这对癌症病人放化疗期间的保护及特种环境工作的人们有重要意义。一些藻类多糖对一些重金属离子(如铅)有螯合作用，具有较好的排毒作用。海洋生物可补充人体所需营养，如一些海洋生物含碘、锌、钙、硒、胡萝卜素、牛磺酸、维生素 E 等特别高，对某些营养缺乏症及地方病防治有特殊意义。

3.4.2 海洋功能(保健)食品资源

3.4.2.1 具有保健功能的鱼类

鱼肉味道鲜美，营养成分丰富，尤其含有一些具有特别生理作用的活性物质。鱼肉中的蛋白质含量高，氨基酸搭配合理，脂肪的不饱和度高，且以 ω-3 型为其主要特征。其所含微量元素全面，也是补钙的最佳食物之一。这里除介绍海洋鱼类外，也介绍几种淡水鱼类。

1. 鲤鱼

鲤鱼是我国人民最爱食用的淡水鱼之一，种类分野鲤、镜鲤、红鲤、建鲤等，除西北高原地区外，广泛分布于我国江河、池塘、湖泊等水域。2001 年鲤鱼养殖产量达 2.19×10^6 t，尤以野鲤中的黄河鲤最为著名。鲤鱼营养成分丰富，蛋白质很容易被人体吸收，利用率可超 95%，可以与鸡蛋相媲美，所以很适合于老年人、病后体虚、慢性肾炎者、神经虚弱者、贫血者、孕妇、产妇、胃肠病患者及正在生长发育的儿童食用。

鲤鱼肉质坚实，可整条烧食或切块烧食，在北方多红烧或糖醋，在南方多清蒸。其胆汁有毒，不可滥用。

2. 鲫鱼

鲫鱼属鲤科，有鲫和白鲫2种，为我国广泛分布的杂食性淡水鱼。我国于20世纪80年代开始养殖，2001年养殖产量1.52×10^{6} t。其肉质鲜嫩，肉味鲜美，酥鲫鱼是北方名菜，氽鲫鱼汤味道极为鲜美。

我国古代文献对鲫鱼在保健方面的记载要多于鲤鱼。除了具有鲤鱼的功效外，它还可以治愈麻疹、水痘、前列腺肥大、腮腺炎、糖尿病、痔疮等，尤以治疗脾胃虚弱、食欲不振、产妇泌乳效果显著。

3. 海龙

海龙与海马同属海龙科，为暖水性近海小型鱼类，有拟海龙、刁海龙、尖海龙等。尽管种类不同，疗效却相差不大。海龙的天然产量比海马的大，其价格也只有海马的1/5，其化学组成和有效的活性成分也基本与海马相同，主要有蛋白质、肽类、氨基酸等。海龙味甘、咸，性温，有补肾壮阳、散结消肿、舒筋活络、止血、催产等功能。

4. 海马

海马种类较多，有克氏海马、刺海马、大海马、斑海马、日本海马、管海马6种。我国沿海均有生产，以南海为多。由于需求量大，天然采捕已不能满足要求，广东、福建、浙江、山东一带都有养殖，以管海马和斑海马为主。

海马一般体长22 cm，食用价值小，但其药用价值很高。海马加工方法是去掉内脏和外部黑色皮膜，晒干即可。我国及新加坡年食用海马1 000万只，全球2 000万只。

《本草纲目》中记载海马可暖水藏，壮阳道，消瘕块，治疗疮肿毒。近代中医对其评价为味甘、咸，性温，具有壮阳、镇静、安神、散结消肿、舒筋活络、止咳平喘、止血、催产、治疗阳痿不育等作用。

试验证明，海马浸出液可延长正常雌小白鼠的动情期，并可使子宫及卵巢质量增加。我国从斑海马中分离出17种氨基酸，但缺乏色氨酸。海马含有较多药用价值很高的牛磺酸。

5. 鲨鱼

鲨鱼属软骨鱼类。我国海域产的鲨鱼有虎鲨、鼠鲨、真鲨、角鲨等110余种，年产数万吨。鲨鱼可食部分占体重比例较大，营养价值高，每100 g可食部分含蛋白质22.5 g、脂肪1.4 g、糖类3.7 g、钙548 mg、铁1.6 mg、维生素B_2 0.05 mg、烟酸2.9 mg。鲨鱼鱼肉、鱼骨、鱼肝、鱼油、鱼皮等含有多种活性成分(如胶原蛋白、黏多糖及软骨素等)，有很强的保健功能。

我国古代对鲨鱼的保健作用评价是：肉，甘平无毒，补五脏，甚益人；皮，甘、咸、平、无毒，主治心气、蛀虫毒、吐血；胆，主治喉痹，可消肿去痕，清痰，开胃进食。

鲜食鲨鱼要先用开水烫，除去怪味，然后用刀刮皮、开膛、洗净，再行烹调。

现代医学证明，鲨鱼油中含有的角鲨烯是一种癌细胞转移阻止剂，有提高机体免疫力的功能；鱼翅是我国传统的名贵菜肴，其中含有6-硫酸软骨素，它具有抗动脉粥样硬化、抗凝血、改善动脉供血不足等作用。

3.4.2.2 具有保健功能的甲壳类

虾蟹类肌肉中含有多种营养成分和活性物质，其甲壳的主要成分是甲壳质和钙。现代医学发现，甲壳质具有多种神奇的功效，如促进伤口愈合、提高机体免疫力等。具有保健功能的甲壳类包括对虾、龙虾、鹰爪虾、毛虾、梭子蟹、中华绒螯蟹(毛蟹)、鲎等。

经常食用毛虾(虾皮)可补充人体的钙元素。食用龙虾有镇静、防治神经衰弱的功效。毛蟹具有强身健体的功效,可解除心胸烦闷、夜盲、干眼等症状。鲎与猪肝一同煮食对治疗白内障有显著效果。

在甲壳类动物中,对虾最应引起注意。对虾是我国名贵的水产品,其种类有中国对虾、斑节、日本对虾等 60 多种,分海捕虾和养殖虾两类,以养殖虾为主。对虾主要产地在渤海和黄海、东海,南海也有少量。

对虾的食用方法很多,可整体蒸、煮、煎、炸、烤,也可以烹虾段、炸虾球、炒虾片、氽虾汤,还可以制成馅,味道均很鲜美。对虾的营养价值很高,每 100 g 可食部分含蛋白质 20.6 g、钙 35 mg、磷 150 mg、铁 0.1 mg、维生素 A 360 IU,维生素 B_1 0.01 mg、维生素 B_2 0.11 mg、烟酸 1.7 mg。古代医书记载,对虾补肾壮阳,滋阴健胃。虾壳具有镇惊的功效。现在民间仍有用大虾治阳痿、皮肤溃疡、神经衰弱、手足抽筋等。

海蟹种类很多,营养价值丰富。比如每 100 g 三疣梭子蟹可食部分中含蛋白质 14 g、脂肪 2.4 g、钙 141 mg、磷 191 mg、铁 0.8 mg、维生素 A 230 IU、维生素 B_1 0.01 mg、维生素 B_2 0.11 mg、烟酸 2.1 mg。蟹的生理功能因种类而异,三疣梭子蟹肉及内脏有清热、散血、滋阴的功效,壳能清热解毒、破瘀消积、止痛。

3.4.2.3 具有保健功能的贝类

贝类种类多,产量大,味道鲜美,营养丰富,是我国人民最喜爱食用的水产品之一。贝类作为药用早有记载。现代分析已发现,贝肉除含有普通的营养成分外,动物糖原、牛磺酸、固醇类化合物等含量特别高。贝类也多是传统的中药材,如石决明、牡蛎壳、文蛤壳、瓦楞子、海螵蛸、珍珠等。贝类中还有锶、镁、铝、铁、钠、锌等元素。角壳蛋白也是活性成分之一。

传统中医认为红螺肉有解痉、制酸、化瘀、消肿的功能,所以食用红螺肉可防治神经衰弱、四肢痉挛、急性结膜炎等。蚶子具有鲜红的血液,自古以来就被认为是补血补铁的营养品。蚶子是滋补血虚、阴虚的最佳补品。蛤蜊肉炒韭芽,在古代用于治疗肺结核、糖尿病。章鱼、乌贼、鱿鱼,炖汤服用对产后恢复体力、乳汁分泌有促进作用等。

1. 鲍鱼

鲍鱼是贝类的一种,分为盘鲍、耳鲍等多个种类,分布于我国的沿海海域,山东的长山岛一带最多。鲍鱼以体大肉厚,外形平展,肉色淡红,稍有白霜,味鲜淡者为上品。鲍肉质细嫩,鲜而不腻,有"一口鲍,一口金"之谓,属海产八珍之一。鲍鱼可鲜食也可干制后水发烹制。

鲍鱼含有丰富的蛋白质、脂肪、糖类及人体必需的钙、磷、铁等矿物质和多种维生素。鲍鱼蛋白质含量极高,100 g 干鲍鱼肉含蛋白质量达 64 g。鲍鱼蛋白质中,具有保健功能的胶原蛋白占有较大的比重。

鲍鱼肉具有通经、润肠、利肠之功,壳有平肝潜阳、熄风、清热、益精、明目、通淋、止血和调经等功能,可用于治疗阴虚内热、肺虚咳嗽、月经不调、大便燥结等病症。现代医学发现鲍鱼肉有抑制癌细胞生长的活性成分。

2. 牡蛎

牡蛎有野生和养殖 2 种。2001 年,我国养殖产量 3.30×10^6 t。牡蛎有长牡蛎、褶牡蛎、近江牡蛎和密鳞牡蛎,分布于我国渤海、黄海、东海和南海。

牡蛎的营养价值很高。据测定，每 100 g 牡蛎肉中含有 11.3 g 蛋白质、2.3 g 脂肪、4.3 g 碳水化合物、118 mg 钙、178 mg 磷、3.5 mg 铁以及大量的维生素 A、硫胺素、核黄素、烟酸等营养成分。正因为牡蛎营养成分丰富，口味鲜美，所以又被誉为“海洋牛奶”。

牡蛎可以鲜食，也可干制成蚝豉或罐头。煮牡蛎的汤汁可制成蚝油。用鲜牡蛎氽汤、打卤、烧菜等，味极鲜美。牡蛎蘸鸡蛋和淀粉油炸，再蘸花椒盐食用，别有风味。

我国是世界上最早认识牡蛎可以药食两用的国家。《本草纲目》《汤液本草》《海药本草》以及《中华人民共和国药典》中记载牡蛎能够重镇安神，滋阴补阳，软坚散结，收敛固涩，用于惊悸失眠、眩晕耳鸣、瘰疬痰核、症瘕痞块、自汗盗汗、遗精崩带、胃酸泛酸。

现代医学分析发现，牡蛎肉中含有较多的牛磺酸、有机锌、复合磷脂、糖原等活性成分，对提高免疫机能、防治心脑血管疾病、防治内分泌失调及肝肾功能障碍具有显著疗效。卫健委将牡蛎列为既是药材又具有保健功能的食物。

3. 珍珠贝

珍珠贝是指能产珍珠的贝类。现养殖的珍珠贝品种有合浦珠母贝、大珠母贝、珠母贝和企鹅珍珠贝。我国宋代就有人工育珠。1958 年后育珠发展迅速。早在东晋《抱朴子》中就有珍珠药用的记载。珍珠贝肉可供食用，其贝壳中药名称为珍珠母。现代分析测试证明，珍珠母的有效化学成分与珍珠的很相似。《本草纲目》《中华人民共和国药典》记载，珍珠有“安神定惊，明目消翳，止咳化痰，解毒生肌”的功能，用于“惊悸失眠，惊风癫痫，目生云翳，疮疡不敛”。珍珠母则有“平肝潜阳，定惊明目”的功能，用于“头疼眩晕，烦躁失眠，肝热目赤，肝虚目昏”。

我国古代医书记载，珍珠贝“煮熟食之，能补五脏、益阳事、疗脚气、消宿食，除腹中冷气……”《本草纲目》中也记载有“淡菜治疗虚劳伤惫、精血衰少、吐血久痢、肠鸣腰痛”。

现代医学研究证明，贻贝醇提取物对动物有降压作用，对肾上腺素引起的心律失常有保护作用。贻贝醇还有祛风湿、治疗关节炎的作用。

3.4.2.4 具有保健功能的藻类

海藻品种很多，超过 10 000 种。海藻依据其颜色可分为红藻、褐藻、绿藻、蓝藻等。海藻含有蛋白质、多糖、纤维素等多种营养成分，尤其是各种微量元素含量极为丰富，有“天然微量元素宝库”之称。我国早在 2 000 年前就有食用海藻的记载，1 000 多年前就利用干嚼红藻紫菜治疗慢性支气管炎、咳嗽、水肿、高血压等疾病。

常服用绿藻中的石莼、礁膜，可治愈咳嗽、小便不利。用红藻中的鹧鸪菜或海人草可驱除人体消化道中的蛔虫，驱虫完全，效果好。这在我国清代已有记载。食用量大、效果显著的当属褐藻，尤其是海带。

1. 海带

海带属褐藻，现东海、黄海、渤海均有养殖。全国海带产量超过百万吨，以山东省产量最大。

海带既含有丰富的营养成分，又具有良好的保健功能。每 100 g 干海带含粗蛋白 8.2 g、脂肪 0.1 g、碳水化合物（褐藻胶和甘露醇）57 g、粗纤维 8.2 g、无机盐 12.9 g，尤以碘含量特别高（0.3～0.6 g）；此外，维生素含量也很丰富。

食用前先将干海带在锅内蒸 15 min，凉后用水快速冲洗泥沙，不要长时间浸泡，以免碘、甘露醇等水溶性物质流失。海带无论是凉拌、炖肉，还是炒菜等均美味可口。

《神农本草经》《本草纲目》都有对海带保健功能的评述，认为它有"清热解毒，软坚散结，消肿利水，祛脂降压"等功效。

2. 紫菜

紫菜是人们喜食的一类红藻，常见的有坛紫菜、条斑紫菜等品种，分布于我国辽东半岛至福建、广东沿海。

紫菜味鲜美，营养价值丰富。每 100 g 坛紫菜干品中，含蛋白质 24.5 g、糖类 31 g、脂肪 0.9 g、胡萝卜素 1.23 mg、维生素 B_1 0.44 mg、维生素 B_2 2.07 mg、烟酸 5.10 mg、维生素 C 1 mg、钙 330 mg、磷 440 mg、铁 32 mg、碘 1.80 mg。此外，紫菜还含有维生素 B_{12}、胆碱、多种氨基酸等营养成分。

《本草纲目》中记载，紫菜"主治热气""凡瘿结积块之疾，宜常食紫菜"。我国民间也一直流传着紫菜治病保健的验方，比如紫菜与牡蛎一起治疗慢性气管炎和咳嗽；紫菜与车前子配合治疗水肿和湿性脚气等。

现代医学研究表明，紫菜提取物具有明显的降低胆固醇、抑制消化性胃溃疡、抑制癌细胞分裂等功能，因此，在治疗高血压、消化性胃溃疡及癌症等疾病方面具有良好的前景。

3. 螺旋藻

螺旋藻是出现于 35 亿年前的原核藻类，属于蓝藻门蓝藻纲螺旋藻属，生活在淡水、半咸水和海水等自然水域。藻体多数由圆柱状细胞组成，因呈紧密或疏松的螺旋弯曲而得名。螺旋藻体型微小，藻丝长度一般为 100～300 μm。螺旋藻有 50 余种，但人工养殖的只有钝顶螺旋藻、极大螺旋藻等少数几个种。

自从 20 世纪 60 年代法国的克雷曼博士首次发现螺旋藻的营养价值以来，关于螺旋藻的生产及营养、保健功能的开发受到国内外生物学、食品科学工作者的广泛关注。采用现代分析技术对螺旋藻的营养成分分析表明，它具有高蛋白、高营养、高消化吸收率等独特性质。螺旋藻含有 60%～70%的高质量蛋白质，远远高于其他动植物蛋白质的含量。螺旋藻还含有极丰富的铁，其含量达到 1.50 mg/g。此外，它还含有 18 种氨基酸以及大量的矿物质和微量元素。

大量科学研究证明，螺旋藻含有许多活性物质，如超氧化物歧化酶(SOD)、螺旋藻多糖、藻胆蛋白、脑硫脂、叶绿素 a、γ-亚油酸和 γ-亚麻酸等，因而具有多种生物活性。螺旋藻用于治疗气血亏虚、痰浊内蕴、面色萎黄、头晕头昏、四肢倦怠、食欲不振、病后体虚、贫血、营养不良，均取得满意效果。

目前，全球已有 60 多个国家认定螺旋藻为人类营养食品。螺旋藻制品：有粉剂、丸剂、块剂；有固体、液体；有食品、饮料；有化工产品、药品、饲料添加剂等。

螺旋藻的保健功能主要表现在 3 个方面：一是增强免疫抗肿瘤作用；二是抗氧化、抗衰老和抗疲劳作用；三是降血脂、降血糖、抗血栓作用。

螺旋藻的其他保健功能作用还包括可部分预防急性肝损伤所致丙氨酸氨基转移酶的升高，明显改善 CCl_4 致肝硬化大鼠的病态血浆氨基酸谱，降低其血清层粘连蛋白质含量，且可避免肝组织的纤维化改变，对急性肝损伤和肝硬化有保护作用，对实验性肝纤维化有预防作用。螺旋藻能够促进双歧杆菌、乳杆菌的生长，提高小鼠耐热力，抑制变态反应、抑制细胞微核发生率、增强核酸内切酶和连接酶活性等。

3.4.2.5 具有保健功能的爬行动物

水中的爬行动物有蛇、龟、鳖等。我国自古以来就利用蛇、龟、鳖做保健食品。利用龟甲熬制的胶有滋阴潜阳、柔肝补肾的功能，龟肉、龟血也有滋补作用。海龟治疗肝硬化、风湿性关节炎、哮喘有良效。但是，海龟现已列入国家保护动物之列。

1. 海蛇

海蛇种类很多，如长吻海蛇、青环海蛇、黑头海蛇等，分布于我国沿海，以南海为多。海蛇鲜肉主要含蛋白质、脂肪、多种酶及微量元素等。其味甘、性温，主要功能为祛风湿、通络活血以及滋补强身，主治风湿性关节炎、肌肤麻木、皮肤痛痒、疮疥、腰腿痛、小儿营养不良等。传统的食用方法，一是炖熟吃肉；二是封存于高度白酒中，6个月后饮用。

2. 鳖

鳖又称甲鱼、团鱼等，有中华鳖等6种，我国各地均有分布，以江南为多。现在养殖的以中华鳖为主，一年四季皆出。2002年鳖产量 1.2×10^5 t左右。其吃法有红烧、清炖、清蒸等。鳖死后内脏易腐败变质，切忌食用死鳖，一定要活宰放血。

鳖一直被视为营养滋补的佳品。鳖早在3 000多年前就作为贡品向朝廷上贡。我国传统中医认为，鳖具有滋阴壮阳、养肝、养胃的功效，对体质虚弱、肝炎、肺结核、贫血、子宫出血等都有疗效。近年来，以鳖为原料生产的保健食品种类很多。

3.4.2.6　具有保健作用的棘皮动物

常见的棘皮动物有海参、海胆、海星、海燕等。海胆、海星、海燕尽管滋味独特，但是由于资源较少，并不作为重要的食物来源，然而，它们的药用价值却不可忽视。

据记载，海星、海燕有祛风湿、壮阳的功能。将2只海燕水煮后服下，人可发汗，可治愈风湿性腰腿痛。

1. 海胆

常见的海胆种类有紫海胆、马粪海胆、石笔海胆等，分布于我国广东、海南、浙江及福建沿海，生活在潮间带的岩石下和藻类繁茂的岩礁间或珊瑚岩的洞穴内。

海胆可食部分主要是海胆的卵巢(俗称海胆黄)。它是一种营养价值较高而且风味独特的美食。每100 g海胆黄含蛋白质12.5 g、脂肪7.2 g、糖类14.9 g、钙475 mg、磷455 mg、铁0.5 mg、维生素 B_2 0.37 mg、烟酸2.5 mg。

海胆壳味咸、性平，有制酸止痛、软坚散结、化痰消肿之功；棘刺味咸、性平，有清热消炎之效。因此，壳可用于治疗胃及十二指肠溃疡、颈淋巴结结核；棘刺主治中耳炎；海胆卵蒸或炒熟，具有很强的治疗心血管疾病的功能。

2. 海参

全世界约有1 100种海参，在我国仅可食用的就有30多种，以黄海、渤海的刺参和南海的梅花参最为名贵，其保健功能也最为明显。20世纪90年代开始大规模养殖海参，2002年海参产量为2 375 t(干重)，其中，养殖产量为1 023 t，捕捞产量1 352 t。

海参可以鲜食，但一次不要食用过量，否则易引起中毒。绝大多数海参都被干制贮藏，水发后烹制。

古医书《随息居饮食谱》中记载，海参具有滋阴、补血、健阳、滑燥、调经、养胎、利产等功效。《本草从新》则认为海参主治经血亏损、虚弱劳怯、阳痿遗梦、小便频数、肠燥便艰。《现代实用中药》记载，海参为滋养品，可治肺结核、神经衰弱。血友病的易出血患者可用海参作为止血剂。

据分析，每 100 g 干海参含蛋白质高达 76.5 g，微量元素钒的含量为 0.4 mg。海参可促进铁的吸收，起到补血作用。海参还含有其他活性成分，如海参毒素、海参皂苷、氨基己糖、己糖醛酸和岩藻多糖组成的刺参黏多糖、β-胡萝卜素、海胆紫酮、虾黄素等，但不含有胆固醇。

现代医学发现，海参中的活性成分海参多糖和海参毒素是一类广谱性的抗癌物质，还可辅助治疗肾虚、糖尿病、癫痫、再生障碍性贫血、小儿麻痹、麻疹等疾病。海参也是目前海洋生物中民间流传最普通的海洋功能食品。

3.4.3 海洋功能(保健)食品开发

目前，全国各地开发的海洋功能产品系列有：鲨鱼软骨系列、海藻系列、鱼油产品系列、贝类产品系列、甲壳资源产品系列、补碘系列、珍珠及活性钙产品系列等；一些生产和经营海洋功能食品的单位和生产厂家也涌现出来。我国功能食品产业已进入新的发展阶段，海洋功能食品的应用日益广泛，不断产生着巨大的社会和经济效益。目前，全国生产海洋生化药物与功能食品的企业有几百家，年产值近百亿元。海洋功能食品产业日渐振兴，新产品开发取得快速进展，海洋功能食品工业异军突起，发展成为新兴的蓝色产业。我国海洋功能食品的研究与开发方兴未艾，今后海洋功能食品的研究将成为功能食品的发展重点。其主要方向为：预防心脑血管疾病、癌症、动脉硬化、糖尿病、肝硬化、骨质疏松、贫血等病症的海洋功能食品，具有益智延寿、促进生长发育、壮阳等功能的海洋功能食品的研发与生产。产品形式除目前流行的口服液、胶囊、饮料、冲剂、粉剂外，一些新形式的方便、休闲海洋功能食品，如烘焙类食品、膨化类食品、挤压类食品也将上市。海洋功能食品将向多元化的方向发展。海洋功能食品已在人们的生活中占有越来越重要的地位，在人们的身体健康中发挥越来越重要的作用。

3.5 功能食品资源的发展趋势

近些年来，由于人们的饮食向精细型高热量发展，加上工作压力大、缺乏锻炼等原因，糖尿病、高血压、心脏病、肥胖甚至抑郁症等疾病的发病率逐年提高。因此，人们开始注意到饮食结构和食品成分的重要性，对具保健作用的功能食品的需求越来越多。

1. 产品创新与功能食品的多元化发展

随着科学技术的发展与食品加工工艺的创新，功能食品将向多元化的方向发展，具体表现为：一是原料更具目标性，选择含量高、品质优的各种功能性动植物品种，如功能稻米、黑色食品等；二是功能更加明确性，如降血压、抗疲劳、抗抑郁、减肥、美容等专用的特殊功能食品；三是配方更具科学性与针对性，如针对婴儿、儿童、老年人的运动功能食品及休闲功能食品等；四是加工趋势更加精细性，如形式多样的片剂、胶囊、冲剂、口服液饮料等。

2. 多学科集成研发

功能食品文化源远流长，世界各族人民对“药食同源”的日常营养保健、药用价值有着十分丰富的经验，但许多经典、独特的膳食配方均需要进一步挖掘和整理。现代功能食品的发展需要吸取传统药食文化的精华，追踪现代科技的新成果、新技术，集成多学科的基础研究，研发出各种新型功能食品。这就要求今后的发展思路是：围绕功能食品进行农学、营养学、医学、药物学等多学科、多部门的联合，集成各领域的研究成果，包括流行病学、生物信息学、蛋白组学及化学、生物化学、生理学和临床医学等，构建创新型的功能食品科学体系。

3. 功能食品管理更加规范

功能食品作为特殊营养与保健品，对其活性成分的评价显得尤为重要。功能食品评价包括安全性、功能性、营养卫生性等，应特别注意的是材料、加工工艺、产品毒理学与人群试验、营养学、消费评价与生物利用率评价等。为了适应功能食品市场的发展，世界各国已制定了一些法律法规，规范功能食品的健康研发。如欧盟建立并逐步完善了有关功能食品的国家技术标准体系，从 1996 年起我国也陆续制订出台了《保健食品管理办法》《保健食品检验与评价技术规范》《保健食品通用卫生要求》《保健食品良好生产规范》《允许保健食品声称的保健功能目录非营养素补充剂(2023 年版)》等一系列与功能食品相关的法规、规章制度。随着国内外功能食品市场需求的不断扩大，我国今后应制订更加全面完善的功能食品管理法规，遵照有章可循、有法可依的原则，包括原料来源、功效评价、生产工艺、包装、产品认定、市场准入与物流等标准化实施规程，对功能食品的概念、原料、生理功效及检测方法等进行规范化管理。

4. 消费人群细分化

未来功能食品产品开发将越来越具有针对性，企业越来越关注针对不同(特定)人群开发不同功能性产品。将根据年龄、性别、饮食状况、基因、健康状况、生理活跃水平的不同，提供独享的个性化营养保健品、功能食品的健康解决方案。其次，开发的功能食品的功效也更具有针对性。

思考题

1. 简述功能食品的植物资源的种类、有效成分、功能活性。
2. 举出 5 例功能食品的动物资源，并叙述其有哪些有效成分和功能活性。
3. 简述功能食品的微生物资源的种类、有效成分及功能活性。
4. 海洋生物有哪些保健功能?

参考文献

[1] 陈历水，丁庆波，王冶，等. 老年人功能食品的研究与开发. 食品研究与开发，2012，9:183-188.

[2] 戴开金. 保健食品行业状况分析. 南方医科大学学报，2008，1:25-26.

[3] 葛菁. 中国保健食品行业及产品发展趋势. 食品研究与开发，2006，6:12-13.

[4] 黄爱萍，胡文舜，郑少泉. 天然生物活性物质及其功能食品的研究进展. 南方农业学报，2013，3:497-500.

[5] 李平，易路遥，王衫，等. 国产保健食品质量标准现状概述. 中国药事，2013，6:648-650.

[6] 江海涛. 食药用真菌在保健食品中的应用研究. 食品工业，2011，9:111-113.

[7] 金宗濂. 保健食品的功能评价与开发. 北京:中国轻工业出版社，2001.

[8] 金宗濂. 开发中医药食疗宝库，发展中国特色的营养保健食品. 中国中西医结合杂志，1993，9:20-21.

[9] 金宗濂，文镜，唐粉芳，等. 功能食品评价原理及方法. 北京:北京大学出版社，1995.

[10] 金宗濂. 中国保健(功能)食品的发展. 食品工业科技，2011，10:16-18，20.

[11] 秦志浩．我国功能性食品的现状及发展趋势．科技资讯,2012,24:192-193.

[12] 马超,葛邦国,和法涛,等．功能食品概况及展望．中国果菜,2012,5:62-64.

[13] 田明,王玉伟,冯军,等．我国功能性食品与保健食品的比较研究．食品科学,2023,44(15):390-396.

[14] 王康,吕华侨．我国保健食品产业现状及发展前景．食品工业,2014,12:237-239.

[15] 王玥玮．我国保健食品发展现状及问题分析．食品研究与开发,2012,7:209-210,225.

[16] 徐华锋．中国保健食品行业的现状和发展趋势．亚太传统医药,2007,3:18-19.

[17] 郑建仙．功能性食品．北京:中国轻工业出版社,1995.

[18] 赵立春,廖夏云．保健食品的研发与应用．成都:四川大学出版社,2018.

[19] 郑琳琳．保健食品的现状及其开发前景．食品研究与开发,2008,29(7):191-192.

[20] 赵黎明,刘兵,夏泉鸣,等．中国保健食品现状和发展趋势．中国食物与营养,2010,10:4-7.

[21] 张志祥．我国营养保健功能食品行业的现状及发展前景．农产品加工,2014,3:22-24.

第4章

缓解疲劳的功能食品

本章重点与学习目标

1. 掌握疲劳的定义，了解疲劳产生的机制。
2. 了解缓解疲劳的物质。
3. 了解人参、西洋参、三七、刺五加、红景天提取物中的抗疲劳活性成分。
4. 了解缓解疲劳功能食品的评价方法。

4.1 疲劳与疲劳机制

4.1.1 疲劳的概念

自从19世纪80年代Mosso开始研究疲劳以来,至今已有100余年的历史。关于疲劳的定义也经历了一个发展过程。1980年Karlsson认为疲劳是肌肉不能产生所要求的或预想的收缩力。1982年,Edwards提出,疲劳是丧失保持所需或期望的输出功率。体力疲劳(physical fatigue)是指以体力活动(包括体力劳动和运动)为主所致的疲劳,又称肌肉疲劳(muscle fatigue)、运动性肌肉疲劳或躯体性疲劳。

运动性肌肉疲劳(exercise-induced muscle fatigue)简称运动性疲劳,是指运动引起的肌肉收缩产生最大随意收缩力量或者最大输出功率暂时性下降的生理现象。在持续性和间断性的最大、亚极量以及中小强度运动中,运动性肌肉疲劳的发生和发展伴随全部运动过程,疲劳发展速度与运动负荷强度的大小有关,呈现动态变化的典型特征。当肌肉收缩无法继续维持其抗阻能力时,肌肉疲劳达到极限,称为力竭(exhaustion)。

1982年第5届国际运动生物化学学术会议上,将疲劳定义为:机体生理过程不能持续其机能在特定水平上和/或不能维持预定的运动强度。

这个定义的特点:①把产生疲劳时机体各器官系统的机能水平与运动能力结合起来分析疲劳发生和发展的规律;②有助于选择客观指标评定疲劳,如心率(heart rate, HR)、血压(blood pressure, BP)、最大耗氧量($V_{O_2 max}$)等。也可以将生理生化指标(血乳酸、血尿素、血红蛋白等)和运动能力(如输出功率、运动成绩等)结合起来;③运动性疲劳的研究应注意专项特点,如百米跑和马拉松跑都存在不能维持预定运动强度即产生疲劳的问题,但体内生理生化变化不同。应该在运动特性的基础上加以研究。

运动性疲劳具有其运动特点,与单纯的脑力劳动或因情志(精神)因素引起的疲劳不同,而与劳动所致疲劳类同,但作功强度更大,精气和能量耗损更大,易发生过度疲劳。在运动性疲劳的研究工作中,不少学者多采用力竭的动物模型,往往用肌肉或器官完全不可能维持运动时的机体变化去解释和说明运动性疲劳的现象与机制。

随着现代生活节奏的加快,社会竞争的加剧,很多人由于工作压力、学习压力、睡眠不足、缺乏锻炼、饮食不当或缺乏维生素等诱因而感到疲劳。疲劳成为困扰很多人的健康问题。因此,延缓疲劳的发生和促进疲劳的恢复一直是航天医学、军事医学和运动医学等学科的研究热点。也正因为如此,具有缓解疲劳(抗疲劳)作用的保健食品应运而生。

人类自19世纪就先后尝试过利用古柯叶、咖啡豆、茶叶、酒、烟草、麻黄草、仙人掌等植物消除疲劳。近年来,科学工作者又发现了一些缓解疲劳的物质,如皂苷类物质、肌苷、磷酸腺苷、肌醇、单糖、低聚糖、乙酰胆碱、谷氨酰胺、丙酮酸、支链氨基酸、乳铁蛋白肽、植物多糖等。这些物质会对人体产生不同的生理作用。有的直接提供能量,有的激发代谢活动产生能量,有的作用于中枢神经和肌肉,有的则通过抗氧化等途径发挥缓解疲劳的作用。

4.1.2 疲劳的危害和主要表现

当出现疲劳时,人体活动能力下降,表现为疲倦、肌肉酸痛或全身无力。疲劳的症状可分一般症状和局部症状。当进行全身性剧烈肌肉运动时，除肌肉的疲劳以外，也出现呼吸肌的疲劳、心率增加、自觉心悸和呼吸困难等症状。由于各种活动均是在中枢神经控制下进行的，因此，当活动能力因疲劳而降低时，中枢神经活动就要加强而补偿，又逐渐陷入中枢神经系统的疲劳。

疲劳可以导致运动员的运动能力降低，战士的战斗力减退以及一般人群的工作效率降低、反应迟钝和差错事故增多等后果。但疲劳是防止机体过度机能衰竭所产生的一种保护性反应。产生疲劳时即提醒应减低工作强度或终止运动，以免机体损伤。疲劳发生后如果得不到及时消除，将会逐渐积累，出现过度训练综合征或慢性疲劳综合征（chronic fatigue syndrome，CFS）等，使机体发生内分泌紊乱、免疫力下降，甚至出现器质性病变，直至威胁生命。

过度疲劳可加速衰老与死亡。当长期处于疲劳状态时，人体可产生未老先衰和疲劳综合征。疲劳综合征可出现以下现象：不易消除的疲惫，厌倦，烦躁，注意力不集中，不明原因的心慌意乱，头晕，头痛，便秘或腹泻，皮肤出现色斑，厌食，腹胀，性能力下降，高血压，高血脂，脂肪肝。在上述各项中，若出现两项者为轻度疲劳，四项者为中度疲劳，六项及以上者为重度疲劳。

4.1.3　疲劳产生的机制

疲劳是躯体性疲劳（体力疲劳）和精神性疲劳（mental fatigue）的综合表现，躯体性疲劳主要表现为运动能力或劳动能力的下降，精神性疲劳主要表现为行为的改变。

根据疲劳发生的相对部位和产生的原因，现在一般将躯体性疲劳（体力疲劳）分为中枢疲劳（central fatigue）和外周疲劳（peripheral fatigue）两大类。

躯体性疲劳（运动性疲劳）的发生机理极其复杂，从大脑皮质相关区域神经元发放神经冲动到引起肌肉收缩过程中，任何一个环节出现异常都会引起疲劳的发生。涉及中枢驱动、神经-肌肉信息传递、兴奋-收缩偶联和能量代谢等多种生理活动及其变化机制。通常，发生在中枢神经系统水平的称为中枢疲劳，发生在外周肌肉水平的称为外周疲劳。相应地也将运动性肌肉疲劳的生理机制区分为中枢疲劳机制与外周疲劳机制。

4.1.3.1　中枢疲劳机制

中枢神经系统（central nervous system，CNS）由脑和脊髓组成，是人体神经系统的最主体部分。运动性中枢疲劳是指由运动引起的发生在从大脑到脊髓运动神经元的中枢神经系统的疲劳，即由运动引起的中枢神经系统不能产生和维持足够的冲动给肌肉以满足运动所需的现象。中枢运动神经系统功能紊乱可改变运动神经的兴奋性，使脑细胞工作强度下降，神经冲动发放的频率减少。有学者认为，在长时间运动过程中，人体运动输出功率的下降不是外周运动肌中代谢产物的堆积等所致，而是中枢运动控制指令减弱的结果。

在中枢神经系统（CNS）中，突触传递最重要的方式是神经化学传递。中枢疲劳时5-羟色胺（5-HT）、γ-氨基丁酸（GABA）等脑组织抑制性神经递质含量增加，而多巴胺（DA）、谷氨酸（Glu）等脑组织兴奋性神经递质活性减弱或含量减少。

中枢疲劳表现为大脑ATP和磷酸肌酸（CP）水平明显降低，糖原含量减少，GABA水平升高，脑干和丘脑的5-HT明显升高，脑中氨含量也增加。以上因素的变化均能降低中枢神经系统的调节能力，是中枢因素导致疲劳的佐证。另外，不论是急性运动还是耐力运动，血浆中氨的浓度都会上升，与此同时脑中氨浓度也会明显升高，氨在神经系统内破坏GABA和Glu的平衡，影响神经系统的机能状态，故易产生疲劳。

新的中枢疲劳模型认为中枢疲劳不是抑制性中枢神经递质作用的结果，而是主动性的运动单位神经控制活动的表现，其目的在于保持机体内环境稳态（homeostasis），防止疲劳的进一步发展和保护机体器官免受损害。稳态是指机体能在一定的环境变化范围内保持机体内环境的相对稳定。如温度、酸碱度、O_2 与 CO_2 分压差、渗透压等的相对稳定；要保持内环境的稳态和对环境的适应必须由人体内的三种调节机制相应调整才能完成，即神经调节，体液调节以及器官、组织、细胞的自身调节。

目前，中枢机制是运动性肌肉疲劳的研究热点，但是受技术手段的限制，对运动疲劳的中枢机制认识还不全面。以往对机体肌肉疲劳的研究主要通过收集受试者的外周血样来分析运动疲劳发生发展过程中的生物化学、神经生物学变化特征，目前不少学者从神经电生理学方面深入探讨运动性肌肉疲劳发生的中枢机制。采用表面肌电（surface electromyography，sEMG）和头皮脑电（electroencephalogram，EEG）等无创伤检测手段，可以实时地反映中枢神经系统的功能变化。

4.1.3.2 外周疲劳机制

运动性外周疲劳是指运动引起的骨骼肌功能下降，不能维持预定收缩强度的现象。从神经一肌肉接点直至肌纤维内部的线粒体等，都是外周疲劳可能发生的部位，主要包括：神经-肌肉接点、横管系统、肌质网、线粒体、Ca^{2+} 控制及肌细胞膜等部位。这些部位所发生的电信号、离子和化学物质的变化等，均与运动性疲劳有密切的联系。

自从开始研究疲劳以来，人们对疲劳产生的机理提出了多种假说，最具代表性的有以下几种：能源耗竭假说、代谢产物堆积假说、神经-肌肉疲劳控制链与突变理论、内环境稳定性失调假说、保护性抑制假说、离子代谢紊乱假说、自由基学说、神经-内分泌、免疫系统和代谢调节网络疲劳链。但迄今关于疲劳产生的确切机制还不十分清楚。以下仅对近年来文献引用较多的能源耗竭假说、代谢产物堆积假说、神经-肌肉疲劳控制链与突变理论进行简要介绍。

1. 能源耗竭假说

能源耗竭假说认为运动性疲劳产生的主要原因是体内能源物质在运动过程中被大量消耗并且得不到及时补充。在机体供能系统中存在三磷酸腺苷（ATP）-磷酸肌酸（CP）快速供能系统，其中 ATP 是机体组织器官唯一的直接能量提供者。ATP 和 CP 都是贮存在细胞中的高能磷酸化合物，合称磷酸原（phosphagens）。ATP 分解为 ADP，释放出高能磷酸键（P～），而 ADP 又可及时得到磷酸肌酸（CP）分解所生成的磷酸，立即转变为 ATP。疲劳与多种供能机制（包括 ATP-CP 系统、糖酵解系统、有氧氧化系统等）短暂变化、适应性改变以及受损有关。

研究证实，短时间大强度运动主要以 CP 和肌糖原（glycogen）供能，若它们的含量显著下降则会影响无氧代谢供能能力，使机体不能维持长时间大强度运动，从而产生运动性疲劳。此外，也有研究者还认为运动过程中 ATP、CP 的排空同样也会引起运动疲劳的发生。ATP 合成是在线粒体内膜呼吸链上完成的，在短于 6～8 s 的大强度运动后，肌肉内贮存的 ATP 几乎耗尽，此时 ATP 重新合成速率的快慢将影响机体运动能力。因此，凡是影响线粒体内膜呼吸链过程的因素都将影响 ATP 合成，也都影响机体运动能力。

中等强度、长时间运动过程，体内糖类物质大量消耗，血糖水平下降，直接影响脑细胞的能量供应，造成大脑皮质工作能力下降，身体疲劳。肝脏可贮存糖原，肝糖原是血糖的一个储备库，是调节血糖的重要器官。在运动的初期阶段，机体能量的供应并不依靠血糖，但是随着运动的持续（尤其是耐力性项目），运动能力的保持就越来越依赖肝糖原分解成葡萄糖提供能量，葡萄糖经过血液运输到肌肉。当肌肉对葡萄糖的摄入量超过肝脏输出时，机体就会过多地依靠糖原的储备，肌糖原被加速分解利用，从而出现早期的疲劳。当肝糖原和肌糖原含量显著下降时，有氧代谢供能能力显著降低，身体各部位开始出现疲劳症状，而适当补充糖类等物质后，机体的工作能力又开始逐渐恢复。

2. 代谢产物堆积假说

代谢产物堆积假说认为运动性疲劳产生的原因是机体在运动过程中产生的某些代谢产物在体内大量堆积且未能及时清除，进而导致的机体运动能力下降。

在大强度的运动中，无氧代谢特别是酵解过程速度加快可以引起乳酸的积累，乳酸来不及清除而在体内大量堆积。过去一直认为是乳酸本身导致了疲劳，但现在证据表明，疲劳不是直接受乳酸控制的，而是受肌肉细胞代谢所引起的 pH 改变而控制的。运动中 pH 下降，影响细胞内很多酶的活性，同时肌质网对钙离子的释放和摄取产生抑制，从而产生疲劳。在这个过程中，乳酸转运器的作用已经阐明，它既可以调节肌细胞 pH，也可以调节糖酵解速率，减少乳酸生成，从而限制了人体速度耐力的发挥。大强度运动后，pH 下降为 6.3～6.6，大大影响细胞内 ATP 酶、肌酸激酶（CK）、磷酸果糖激酶等的活性。研究表明，pH 下降降低了 ATP 酶、肌酸激酶的活性，使细胞中磷酸肌酸含量下降，阻碍了快速合成 ATP 的路径。对离体肌肉标本的研究发现，pH 每下降 0.1 个单位，磷酸果糖激酶的活性下降 10～20 倍，从而大大降低了糖酵解的速率。

研究发现，pH 降低严重影响了 Ca^{2+} 的释放和摄取，使肌肉的紧张和放松产生紊乱。有人用强兴奋性物质咖啡因刺激产生疲劳的肌细胞，发现疲劳肌纤维张力下降的状况得到一定程度改善。说明肌质网 Ca^{2+} 并没有耗竭，而是 Ca^{2+} 的释放产生了障碍。有作者认为，疲劳时 pH 降低严重抑制肌质网钙泵 ATP 酶的活性，使钙泵效率下降，Ca^{2+} 重摄取能力下降，肌球蛋白和肌动蛋白的横桥分离速率减慢，从而使肌动蛋白和肌球蛋白不易发生分离，延长了肌肉放松时间。也有人认为细胞膜通透性改变使细胞内 K^+ 增加，Na^+ 减少，钠钾泵功能失调，从而引发疲劳。

在各种强度运动引起疲劳的过程中，血液中的氨浓度都会升高。由于血氨可以自由通过血脑屏障进入大脑，所以疲劳时大脑氨浓度升高，对中枢神经系统造成影响，使思维连贯性降低，运动控制能力下降。运动时骨骼肌中氨浓度可在肌肉收缩时升高，氨对肌组织的原位刺激引起外周性疲劳，造成糖酵解中乳酸大量生成、H^+ 浓度升高、Ca^{2+} 结合能力降低及底物排空。同时脑中多巴胺含量下降，5-羟色胺含量增高，引发中枢疲劳。研究表明，机体进行大强度运动时，肌细胞中 ADP、AMP 和肌苷酸浓度明显升高，这可能是疲劳产生的原因之一。大强度运动时，ATP 反应加快，ADP 浓度升高，使肌动蛋白和肌球蛋白结合和分离转换时间延长，使肌纤维的放松速率减慢，从而导致疲劳发生。同时，ADP、AMP 浓度的增加还可强烈激活 AMP 脱氨酶，生成 NH_3，从而使肌细胞和中枢产生毒害作用。乳酸升高和糖原耗竭可能与中枢疲劳相关联，脑乳酸蓄积可能导致中枢疲劳的发生。

3. 神经-肌肉疲劳控制链

1980 年，Edwards 根据从大脑到肌肉存在着一系列引起疲劳的环节，提出了这些环节的神经-肌肉疲劳控制链。认为疲劳是运动能力的衰退，犹如一条链出现断裂现象。在控制链中，一个或几个环节的中断都会相应地引起某种疲劳。1982 年，Edwards 提出肌肉疲劳的突变理论(Catastrophe Theory)，又提到疲劳链的分析。在 1989 年 Maclaren 和 Edwards 等进行了一些改动后，再次提出由运动引起肌肉收缩产生疲劳调控链的可能性机理，认为肌肉疲劳是运动性疲劳的外周主要表现形式，这条神经-肌肉疲劳调控链如图 4-1 所示。

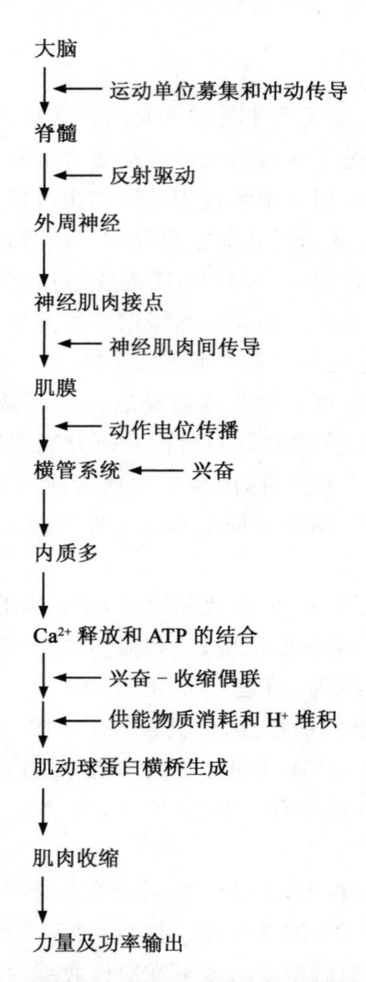

图 4-1　神经-肌肉收缩链的调控和肌肉疲劳可能机理

对肌肉疲劳链的认识是逐步深入的，在疲劳链中，一个或几个因素的发生和发展都可以影响肌肉功能而产生疲劳。同时，也可以将疲劳时最具代表性的假说：能源耗竭假说、代谢产物堆积假说、代谢物生理生化性质改变等适用于运动疲劳的成果加以应用。如短时间最大随意运动时肌肉乳酸增加、pH 下降以及相关的离子积累，ATP 和 CP 耗竭，ADP、AMP 和 Pi 累积，骨骼肌 Na^+/K^+-ATP 酶的变化以及由横管和肌质网 Ca^{2+} 介导的功能改变；渐进性最大运动负荷诱发的肌肉耗氧量不足，无氧酸中毒和过量的热量累积；在亚极量最大负荷的耐力运动过程中，肌肉和肝脏糖原储备的耗竭等都是运动疲劳链的重要因素。这些生理生化变化均被认为与疲劳的发生有关。

运动过程中外周疲劳发生的变化主要表现在神经-肌肉接点，葡萄糖、脂肪酸、乳酸等跨膜转运，Na^+、K^+、Ca^{2+}、H^+等离子的交换与运输等方面。运动神经末梢和与它接触的骨骼肌细胞膜形成了骨骼肌的神经-肌肉接点，动作电位经过神经-肌肉接点传递给肌肉，才能引起肌肉的兴奋和收缩。在这个传递过程中，诸多因素会导致神经-肌肉传导的阻滞，如突触前衰竭（高频冲动引起突触前膜递质释放不足）、突触小泡变小、胆碱能受体脱敏、Ca^{2+}释放异常、细胞膜的兴奋性下降等。神经冲动可以引起肌细胞膜兴奋，却不能引起肌肉收缩，即兴奋-收缩脱偶联。肌细胞内Ca^{2+}代谢异常，肌质网释放Ca^{2+}减少和再摄取Ca^{2+}能力下降，Ca^{2+}在线粒体通透性转运机制中异常等，均会导致兴奋-收缩脱偶联，出现运动性疲劳。

4. 突变理论

1982 年，Edwards 从肌肉疲劳时能量消耗、肌力下降和兴奋性丧失三维空间关系分析，提出了肌肉疲劳的突变理论。该理论认为肌力取决于机体供能和神经肌肉的兴奋性。肌力与能量呈直线正相关，与兴奋性呈抛物线正相关。综合的结果是，肌力的衰减（运动性疲劳）有一个急剧下降的“突变峰”。在突变峰之后，肌力急剧下降，避免能量储备进一步下降而对机体产生破坏性影响。

突变理论的特点在于：单纯的能量消耗，肌肉的兴奋性并不下降，在 ATP 耗尽时，才引起肌肉僵直，这在运动性疲劳中不可能发展到这个地步；在能量和兴奋性丧失过程中，存在一个急剧下降的突变峰，兴奋性突然崩溃，并伴随力量或输出功率突然衰退。该理论把运动时细胞内能量物质的消耗、肌肉力量下降、肌肉兴奋性和活动性改变等多因素综合起来，当这些因素变化达到一定程度时，为保护机体免于衰竭，即以疲劳的形式表现出来。

应用突变模型解释运动性肌肉疲劳尚缺乏足够的试验证据，仍没有足够的试验证据表明任何单一代谢产物作用与主观疲劳感之间存在着直接的因果关系。相反，有些研究却发现慢性疲劳综合征和高体温患者，即使是在安静状态下也会产生明显的疲劳感，尽管此时患者的肌肉中乳酸等代谢产物并未增加。

随着运动生理学的发展，对于运动性疲劳产生机制的认识，已经从单纯的能量消耗或代谢产物堆积，向着多因素、多层次、多环节综合作用的认识发展。单一因素导致疲劳的理论已经逐渐被综合性疲劳的理论所替代。

4.2　缓解疲劳的功能(保健)食品的开发

4.2.1　开发缓解运动疲劳功能(保健)食品的原则

我国缓解疲劳的功能食品开发尚处于起步阶段。市场上大多数缓解疲劳的功能食品以传统养生理论为产品设计的基本依据，属于第一代功能食品。第二代缓解疲劳的功能食品主要含有氨基酸、维生素、矿物质等营养元素。缓解疲劳功能成分的构效关系与量效关系、生物活性成分与其功效作用的关系以及分子机理，仍需进一步深入研究。与一些发达国家相比，国产缓解疲劳的功能食品在对原料尤其是对动植物性原料进行相应分离、提纯、浓缩等工艺上较为简单，造成有效成分含量较低，且难以被吸收利用，影响其功效的发挥。我国有悠久的食疗保健传统，是研究功能食品的优势所在。针对不同疲劳状况和不同人群特点，研制安全高效的缓解疲劳功能食品是今后的发展方向。

开发缓解疲劳的功能食品大致可以从下列原则出发：

(1)补充能量。通过补充运动中所消耗的营养素来达到维持机体正常生理功能，解除疲劳的目的。

(2)补充人体必需的维生素和微量元素。

(3)通过提高机体器官的功能，特别是循环系统的功能，加速体内代谢物质的清除、排出，来达到缓解疲劳目的。很多中草药制剂都属于这一类。但必须注意，许多具有缓解疲劳功能的物质及其产品不适合儿童食用。

4.2.2 具有缓解运动疲劳功能的物质

4.2.2.1 运动饮料、能量胶和能量棒

在不同时长的训练和比赛中，运动表现和耐力主要会被体液的流失、血糖水平的下降和肌糖原的消耗所限制。这三者都会导致疲劳，影响运动表现。运动饮料、能量胶(碳水化合物凝胶)、能量棒有助于恢复体液和碳水化合物水平，补充能量，补充人体必需的维生素和矿物质元素。通过补充运动中所消耗的营养素来达到维持机体正常生理功能，解除疲劳的目的。

1. 运动饮料

运动饮料指"营养素及其含量能适应运动或体力活动人群的生理特点，能为机体补充水分、电解质和能量，可被迅速吸收的饮料"，强调运动饮料被机体迅速吸收的特点。

运动饮料是根据运动时生理消耗的特点而配制的，可以有针对性地补充运动时丢失的营养，起到保持、提高运动能力，加速运动后疲劳消除的作用。

运动饮料含有一定量的糖。一方面由运动引起肌糖原的大量消耗，而肌肉又加大对血糖的摄取，因此引起血糖下降，若不能及时补充，工作肌肉会因此而乏力。另一方面因大脑90%以上的供能来自血糖，血糖的下降将会使大脑对运动的调节能力减弱，并产生疲劳感。

运动饮料含有适量的电解质。运动引起出汗导致水分及钾、钠等电解质大量丢失，在体内水分流失较多的情况下，如果不及时进行补充就会引起水分不足，而水分不足会使体内温度升高，加重心血管系统的工作负担，妨碍体温调节，降低运动能力。同时钠离子和氯离子的流失，会影响人体适时调节体液和温度等生理变化。严重时引起身体乏力，甚至抽筋，导致运动能力下降。而饮料中的钠、钾不仅用于补充汗液中丢失的钠、钾，还有助于水在血管中的停留，使机体得到更充足的水分。如果饮料中的电解质含量太低，则起不到补充的效果；若太高，则会增加饮料的渗透压，引起胃肠不适，并使饮料中的水分不能尽快被机体吸收。

出汗后适合饮用的是含糖量低于5%，并含有钾、钠、钙、镁等无机盐的碱性饮料。一般运动饮料中水分含量在90%左右，糖分含量8%～12%，无机盐含量为1.6%左右，维生素的含量为0.2%左右。这些成分与人体体液相似，饮用后能更迅速地被身体吸收，及时补充人体因大量运动出汗所损失的水分和电解质(即盐分)，使体液达到平衡状态。在补充人体机能的同时，还有助于细胞维持有氧氧化，即使在大运动量时也会减少乳酸产生，减轻运动时人体的心脏负担，对运动中的能量供给和运动后的体力恢复都大有好处。

有些运动饮料还有其他附加成分，如B族维生素，可以促进能量代谢；维生素C可用以清除自由基，减少其对肌体的伤害，延缓疲劳的发生；适量的牛磺酸和肌酸等，可以促进蛋白质的合成，防止蛋白质分解，调节新陈代谢，加速疲劳的消除等。运动饮料含有适当的维生素。由

于运动会消耗大量的体能和维生素，所以饮料中含有丰富的维生素是对运动后身体的很好补充，尤其是维生素 B_{12}。

由于运动饮料具备了上述基本条件，所以它能及时补充水分，维持体液正常平衡；迅速补充能量，维持血糖的稳定；改善和提高代谢调节能力；改善体温调节和心血管机能等。

在运动中补液是相当重要的一环。浓度相对较高的果汁及果汁饮料由于渗透压过高，无法使汁内成分尽快被人体吸收。其实不仅运动中需要补充水分，运动前、运动后也都应该注意。对于许多普通的健身爱好者而言，在运动量较大、机体水分流失较多时可以选用运动饮料。如果运动时间在 1 h 以内，运动强度也不大，则不需要补充运动饮料，普通补液就可满足需要，饮用普通饮料即可。1 h 以上的，饮用含葡萄糖的运动饮料也就足够；进行大强度高热量消耗的运动时，建议使用低聚糖饮料；如果是采取运动方式减体重，建议不要饮用运动饮料。高血压患者不宜多饮运动饮料，糖尿病人不可以饮用，运动过于剧烈的人也不可以立即饮用，小孩不宜饮用。

运动饮料无碳酸气、无咖啡因、无酒精：碳酸气会引起胃部的胀气和不适；咖啡因有一定的利尿作用，会加重水的丢失，而运动本身就要损失大量的水和电解质。此外咖啡因和酒精还对中枢神经有刺激作用，不利于运动后的恢复，故而不推荐运动后饮用含咖啡因饮料。

2. 能量胶

能量胶通常采用便携式小包装，便于随身携带。食用时只要沿包装穿孔撕开，然后将它挤入口中即可。能量胶由易消化的糖类和麦芽糊精构成。很多能量胶也和运动饮料一样，具有电解质，用于维持体液平衡。一些能量胶也有其他添加物，如人参和其他草药/氨基酸/维生素和辅酶 Q_{10}。研究并没有显示这些额外成分会给运动表现带来好处，但也可能是剂量太小，不会存在任何风险。有的能量胶还提供不同剂量的咖啡因。部分能量胶的咖啡因含量与半杯咖啡所含的咖啡因相同，这样的剂量足以让不适应这种刺激的人们不安。

3. 能量棒

现今市场可以购买的能量棒种类繁多，包括高蛋白棒和专门为女性推出的能量棒。高碳水化合物能量棒是在长时间运动前和运动中为身体补充碳水化合物的绝佳选择。这类能量棒70%的卡路里通常都是来源于碳水化合物，例如糖类（糙米浆和蔗糖）和谷物（燕麦和脆米）。升糖指数或血糖生成指数（glycemic index，GI）表明了这些碳水化合物参与循环的速度。高升糖指数的能量棒最好在运动过程中食用，可促使碳水化合物迅速释放到血流中，快速为肌肉注入燃料。食用低升糖能量棒的最佳时机是运动前，糖类相对较慢地进入循环，可以为身体持续供能。不同的碳水化合物在被吸收和循环时会表现出不同的速率，所以根据能量棒的成分可以预知它的升糖指数。能量棒的蛋白质和脂肪含量也会影响吸收速率。采用多种谷物和其他复合碳水化合物作为主要原料，大多数能量棒都有着较高的升糖指数。

从整个能量棒的市场来看，能量棒的成分一般是低脂肪与纤维，但是有高浓缩的碳水化合物和蛋白质，并且还含有少量的维生素、矿物质、菊粉、牛磺酸等。能量棒发展的主要趋势是更高的蛋白质含量，更合理的蛋白质比例，突出显示能量棒在保持塑造形体、增强肌肉、低热量等方面的特点。最近从能量棒中又衍生出一种新的运动营养食品，咀嚼块，这类食品是小块包装，每一块可以一口吃掉，并且包含特殊比例的碳水化合物，能够迅速提高机体的能量水平。针对大众市场开发的能量棒类产品更加注重各种营养成分的综合。

4.2.2.2 肌酸

肌酸是由精氨酸(arginine)、甘氨酸(glycine)及甲硫氨酸(methionine)三种氨基酸所合成的物质,可以由人体自行合成,也可以由食物中摄取。人体每天需要5 g左右的肌酸。但日常饮食中不能完全满足肌酸要求。

肌酸可以快速提供能量(人体的各项活动依靠ATP提供能量,运动时ATP很快就消耗殆尽,这时肌酸能够快速地再合成ATP)。当体能消耗较大时,及时补充肌酸可以非常有效地提高肌力、速度和耐力,提高体能和运动成绩,防止疲劳。肌酸在人体存储量越多,能量的供给就越充分,力量及运动能力也越强,疲劳恢复得就越快。

纯肌酸是最经典的肌酸,也称为一水肌酸。一水肌酸最好配合葡萄糖进行服用,因为肌酸的吸收需要糖和各类氨基酸,如果直接服用纯肌酸,吸收的效果就会很差。一般与含糖饮料同时服用有利于肌酸的吸收,也可与蜂蜜一同服用。蜂蜜除了含有果糖外,还含有葡萄糖、低聚糖、矿物质、氨基酸、维生素B群等营养物质。蜂蜜中的低聚糖和葡萄糖发挥了促进肌酸吸收的作用。

目前有葡萄糖酸肌酸(creatine gluconate)、泡腾肌酸(effervescent creatine)等改进吸收效果的产品,也有添加HMβ、核糖、谷氨酸等的混合型肌酸补剂。复合肌酸里面不仅含有肌酸,同时含有葡萄糖、氨基酸等。健身健美训练同时应配合蛋白质等营养补充剂,为肌肉的生长提供充足的原料,否则不会有理想的体重增加。

服用肌酸要合理掌握剂量和时间,在合理服用肌酸后,要与力量或速度等训练内容相匹配,过度使用或服用肌酸时若进行过度训练,可导致肌肉和韧带的拉伤,甚至于断裂。每天应补充足够的水以保证细胞水合作用的进行,防止使用肌酸后出现肌肉发紧、发僵或痉挛的副作用。不能用热开水冲饮,也不能与橘子汁和咖啡同饮。

4.2.2.3 蛋白质及氨基酸类营养补充剂

1. 乳清蛋白

乳清蛋白可维持身体功能及提高运动能力,是运动员及健身人群经常补充的增加肌肉蛋白质合成的营养补充剂。大负荷运动训练期间:为保证肌肉恢复和促进身体功能提高,乳清蛋白摄入量可提高到总蛋白摄入的50%(45 g/d)以上。一般训练期间:乳清蛋白补充量维持在20 g/d (20%)左右,能够充分体现乳清蛋白的有利作用。

健身健美爱好者:为了尽快增大肌肉,使得肌肉具有良好的形态和体积,补充乳清蛋白是一个良好的选择。一般摄入量在50 g/d(50%)以上,当然具体摄入量要根据健身者的体重及具体的目的来进行调整。

2. 牛磺酸

牛磺酸(taurine)是一种含硫氨基酸,化学名称为α-氨基乙磺酸。其化学性质稳定,广泛分布于动物的组织细胞内,特别是神经、肌肉、腺体等可兴奋组织内含量更高。牛磺酸在体内多以游离形式存在,是体内含量最高的游离氨基酸。除在中枢神经系统中牛磺酸的含量仅次于谷氨酰胺外,在其他组织中的含量都远远超过其他任何氨基酸。

牛磺酸属非必需氨基酸,但与体内半胱氨酸的合成有关,并能促进胆汁分泌和吸收。有利于对婴幼儿大脑发育、神经传导、视觉机能的完善、钙的吸收及脂类物质的消化吸收。牛磺酸在母乳中的含量为3.3～6.2 mg/100 mL,牛乳仅含0.7 mg/100 mL,故非母乳喂养儿童的食物中应予补充。牛磺酸的生理作用如下：

(1)改善心血管功能。保护心肌细胞，抗心律失常；舒张血管，降低血胆固醇和提高高密度脂蛋白，防止动脉粥样硬化形成。

(2)调节神经系统。牛磺酸是一种神经介质或神经调节因子，具有抗痉挛作用。牛磺酸缺乏可导致小脑发育异常，小脑功能紊乱。

(3)促进消化吸收及解毒。肝是合成牛磺酸的主要器官，牛磺酸与游离胆汁盐酸结合不仅促进脂溶性物质消化吸收，还可以降低某些次级游离胆汁酸的细胞毒性，保护肝脏。

(4)可清除自由基。补充牛磺酸可以显著提高SOD活性和GSH-Px含量，加速机体内自由基的清除速率，减少脂质过氧化产物MDA的生成，抗脂质过氧化。大量实验表明，牛磺酸可以缓解运动训练造成的细胞膜脂质过氧化的程度，维持细胞膜的理化性质，进而减轻运动性疲劳和促进运动后疲劳的恢复。

(5)对糖储备的影响。牛磺酸参与机体糖类代谢的调节，补充牛磺酸能够降低运动时机体对血糖的利用。因为血糖的含量与中枢疲劳有很大的关系，血糖过低会引起中枢紊乱而发生疲劳。牛磺酸促进肌肉细胞对糖和氨基酸的摄入和利用，加速糖酵解的速率，增加糖异生的底物浓度，从而促进糖原合成，提高运动能力。

(6)牛磺酸与支链氨基酸(BCAA)。补充牛磺酸对机体内BCAA浓度的提高和稳定也会发生一定影响。研究表明，牛磺酸明显提高运动大鼠血浆BCAA浓度，抑制BCAA转入大脑，保持中枢兴奋状态，延缓运动疲劳和减轻疲劳的程度，增强机体的运动能力。

3. 谷氨酰胺

谷氨酰胺(glutamine)是肌肉和血浆中含量丰富的游离氨基酸，占骨骼肌氨基酸50%～60%，占血浆氨基酸的20%，是蛋白质、核酸、谷胱甘肽以及其他重要生物大分子合成的必需营养素，并且是合成免疫细胞、嘌呤和嘧啶核苷酸的重要氨基酸来源。免疫细胞所需大量谷氨酰胺主要由骨骼肌提供，已知BCAA是肌细胞合成谷氨酰胺的氮源，并影响肌肉细胞内谷氨酰胺的释放，骨骼肌内谷氨酰胺合成速率高于其他氨基酸。

补充谷氨酰胺可以维持或提高谷氨酰胺的浓度，增强机体免疫功能。缓解运动训练造成的谷氨酰胺消耗和免疫功能降低。谷氨酰胺是谷胱甘肽合成所需谷氨酸的前体物质，可有效穿过细胞膜，进入细胞并在活化的谷氨酰胺酶作用下，在线粒体内脱氨基产生谷氨酸和氨，合成的谷氨酸又进入细胞质内，参与谷胱甘肽的合成，从而提高机体的抗氧化能力。

谷氨酰胺促进肌糖原再合成和运动后免疫系统的功能。补充谷氨酰胺可以维持肌肉中谷氨酰胺含量，增加肌肉蛋白质合成，减弱蛋白质分解代谢，通过随机、双盲、对照实验，补充7 d的谷氨酰胺0.3 g/kg提高了受试者总的工作负荷，这也许与谷氨酸盐提高糖原合成有关。如与抗阻训练相结合，能增加肌肉力量和体积。肠内补充谷氨酰胺、纤维素和低聚糖复合物能调节肠促胰岛素(incretin)和胰高血糖素样肽2(GLP-2)的分泌。因此，谷氨酰胺通过改变肠道激素的释放而改善代谢紊乱。适度的体育运动能否通过增强人体自身合成谷氨酰胺而改善代谢综合征(如糖尿病)值得进一步研究。

4. β-丙氨酸

补充β-丙氨酸(β-Alanine)会增加肌肉内的肌肽，提高运动能力，β-丙氨酸和/或肌酸补充可延缓疲劳发生，提高平均功率，但关于β-丙氨酸的研究结果并不完全一致。与男性相比，女性对肌肉内肌肽的增加更敏感。对女性补充β-丙氨酸能增加下肢等长收缩的峰值力矩，有助于增强冲刺能力。补充28 d的β-丙氨酸可以有效地增加女子自行车运动员的成绩和乳酸清除率，这可能与肌肉内肌肽浓度的增加有关。而另外一些研究表明补充β-丙氨酸并未改变肌肉力量。通过补充富含有儿茶素（epigallocatechin gallate，EGCG）（0.15%）和β-丙氨酸（0.34%）的膳食会降低衰老小鼠的死亡率，增强其旋转运动能力，但未改变其抓力。12名志愿者补充β-丙氨酸6.4 g/d，通过测试膝关节伸肌力量和表面肌电发现：补充β-丙氨酸对力量无明显影响，肌肉内肌肽的升高对Ca^{2+}的敏感性也无明显作用，但可促进Ca^{2+}的再摄取能力，加快肌动蛋白和肌球蛋白间横桥分离速率，增加肌肉收缩效率。但对β-丙氨酸的作用机制还需深入探讨。

5. HMβ

HMβ是β-羟-β-甲基丁酸盐的简称。HMβ是亮氨酸代谢的中间产物。人体可以合成少量的HMβ，还可从某些食物中得到HMβ。但运动员仅靠自身合成和食物提供的HMβ远远满足不了人体的需要。运动员必须额外补充HMβ，才能满足运动机体的需要。目前的研究认为，每天3次、每次补充1 g HMβ，同时补充磷酸盐和肌酸效果最佳。补充HMβ具有抗蛋白质分解的作用，可以有效地增加肌肉体积，提高力量；可以促进脂肪分解代谢，增加去脂体重。因此，目前HMβ已经成为运动员广泛使用的运动营养补充剂之一。

4.2.2.4 咖啡因

咖啡因是饮料中的重要组成成分，可从咖啡豆、茶叶、可可、瓜拉那中获得。咖啡因对机体的影响近年已有大量相关报道。许多相关研究表明，咖啡因有助于运动耐力成绩的提高。咖啡因和维生素B共同补充提高了高尔夫选手的得分，这可能是由于中枢机制引起的。但也有研究表明咖啡因没有起到预期的效果：运动员补充5 mg/kg咖啡因并未增强自行车选手计时赛的成绩。补充咖啡因（5 mg/kg）对最大等长收缩、运动单位募集百分比并无明显影响。

咖啡因的抗疲劳机制：咖啡因的化学结构和人的大脑中固有的腺嘌呤核苷的结构相似，人们饮用咖啡后，咖啡中的腺嘌呤核苷分子进入脑细胞与其相应受体结合后，使其兴奋。

4.2.2.5 碳酸氢钠

$NaHCO_3$是体液酸碱平衡中一个重要的缓冲系统，可降低血乳酸水平，被广泛地作为一种营养强化剂，尤其是被用在力量或短跑项目中提高运动成绩，但关于$NaHCO_3$的作用，目前研究结果并不完全一致。如有研究报道，补充咖啡因可增强优秀赛艇运动员的成绩，$NaHCO_3$无明显效果，但$NaHCO_3$可促进咖啡因的作用。对登山运动员的研究同样表明，补充$NaHCO_3$后，并未影响运动员0.25英里计时赛的成绩，对心率、主观体力感觉等级（RPE）和血乳酸也无明显作用。虽然$NaHCO_3$的补充可以提高大强度功率自行车运动员的能力，但有运动员感觉胃肠道不适，因此$NaHCO_3$的补充不是对所有运动员有益。也有研究提出钾离子对维持细胞内外酸碱平衡和离子平衡也起到重要作用，赛前食用天然的富含钾的食物对运动中易产生代谢性酸中毒的运动员可以提高其运动成绩。

4.2.2.6 皂苷类化合物

从人参、西洋参、三七、刺五加、红景天等中草药中提取的皂苷类化合物，如人参皂苷Rb1、Rg1、刺五加总苷、红景天苷具有兴奋中枢神经、抑制中枢性疲劳、提高运动耐力、促进疲劳恢复或体能恢复的生理作用。某些皂苷类化合物还可通过提高 SOD 酶与 CAT 酶的活力，清除运动时产生的自由基，对细胞膜有保护作用等。

人参（*Panax ginseng* C. A. Meyer）的活性成分为人参皂苷（ginsenoside），具有人参的主要生理活性。人参皂苷 Rg1 具有以下作用：兴奋中枢神经，抑制中枢性疲劳，提高运动耐力，防止性功能减退，促进 DNA 与 RNA 合成，抗血小板凝集等。人参皂苷 Rb1 具有以下作用：促进神经纤维的形成并维持其功能，防止性功能减退，抑制中枢神经系统，镇静，安眠，解热，促进血清蛋白合成，促进胆甾醇的合成与分解，抑制中性脂肪分解，抗溶血等。人参皂苷 Rb2、人参皂苷 Rc、人参皂苷 Re 也具有抑制中枢神经和促进 DNA、RNA 合成等功效。

西洋参（*Panax quinquefolius* L.）含有人参皂苷、人参多糖、挥发油、维生素、蛋白质、氨基酸、黄酮类以及微量元素等许多成分。其中，人参皂苷被认为是西洋参的主要有效成分，也是主要的生理活性物质。

三七[*Panax notoginseng* (Burk.)F. H. Chen] 的主要有效活性成分为皂苷类（saponins）。研究表明，三七含有 24 种皂苷，占总量的 9.75%～14.90%，主要为人参皂苷 Rb1、人参皂苷 Rd、人参皂苷 Re、人参皂苷 Rgl、人参皂苷 Rg2、人参皂苷 Rh1 和三七皂苷（notoginsenoside）R1、三七皂苷 R2、三七皂苷 R3、三七皂苷 R4、三七皂苷 R6、三七皂苷 R7。其中人参皂苷 Rb1、人参皂苷 Rg1 是三七总皂苷中含量最高的 2 种成分，而三七皂苷 R1 则是三七的特征化合物，但含量较低。与同属植物人参相比，三七总皂苷在化学成分上与人参总皂苷相似，因此与人参具有相似的抗疲劳作用。它能够增强小鼠耐缺氧、抗疲劳、耐寒冷的能力。

刺五加其主要活性成分为刺五加苷类（eleutheroside）及黄酮类，具有抗疲劳的生理功能。刺五加总苷的抗疲劳作用比根提取物强 40～120 倍，甚至比人参提取物及人参总苷都强。小鼠腹腔注射刺五加醇浸膏水溶液 20 g/kg，游泳时间延长 1/4。小鼠爬绳衰竭时间也优于人参皂苷。对 5 位举重运动员、4 位体操运动员共 30 余次观察，刺五加提取物能提高受试者静态体力或动态体力的耐久力。手球运动员赛前口服浸膏 4 mL，可使活动能力增强，共济协调改善，运动速度提高 16%，运动停止后心跳频率比对照组减低 20%。刺五加总苷可以调节机体应激反应水平，具有对抗睡眠剥夺所致的疲劳作用。

党参（*Codonopsis pilosula*）的活性成分包括党参皂苷（tangshenoside）Ⅰ至党参皂苷Ⅳ、党参多糖、磷脂类、胆碱、蒲公英萜醇（taraxerol）、木栓酮（friedelin）、豆甾醇、豆甾烯醇、苍术内酯（atractylnolide）以及菊糖、果糖等。

红景天是抗疲劳、抗缺氧和抗衰老的重要药用植物来源。

红景天主要活性成分为红景天苷及其苷元。不同种的红景天中红景天苷的含量相差较大。目前作药用或保健食品应用的种类有：蔷薇红景天（*Rhodiola rosea* L）、库页红景天（*R. sachalinensis* A. Bor.）、大花红景天[*R. crenulata*（Hook. F. et Thomx.）H. Ohba]、狭叶红景天[*R. kirilowii*（Regel）Maxim.]、深红红景天[*R. coccinea*（Royle）A. Bor.]。其中，以产自新疆维吾尔自治区的蔷薇红景天和吉林的库页红景天质量较好。

红景天苷（salidroside）（图 4-2）及其苷元酪醇（tryosol）（图 4-3）是研究最多的有效成分。大花红景天主要成分为：红景天苷及其苷元酪醇、6-*O*-没食子酰基红景天苷、1,2,3,4,6-五氧-没食子酰基-*β*-*D*-吡喃葡萄糖、草质素-7-*O* -*α*-*L*-鼠李糖苷（rhodionin）、草质素-7-*O*-(3-*O* -*β*-*D*-吡喃葡萄糖基)-*α*-*L*-鼠李糖苷（rhodiosin）；另外还含有黄酮苷、没食子酸、山柰酚、槲皮素、酪萨维（rosavin）、酪生（rosarin）、酪萨利（rosin）等。

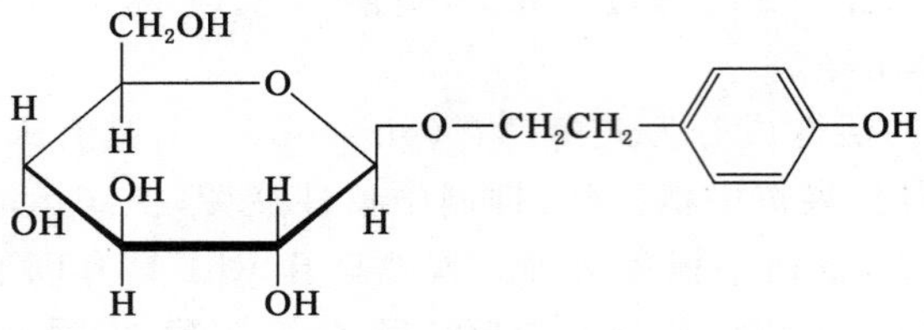

图 4-2 红景天苷(salidroside)的分子结构式

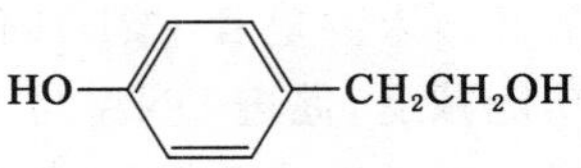

图 4-3 酪醇(tryosol)的分子结构式

红景天属植物含有挥发油、果胶、谷甾醇、鞣质、苯三酚、间苯三酚、蒽醌、草酸、氢醌、对苯二酚、阿魏酸、儿茶素、儿茶酸、香豆素、黄酮类和苷类化合物。红景天根挥发油含 28 种成分，主要是 sosaol，其次是 β-石竹烯（β-caryophellene）、α-榄香烯（α-elemene）、α-石竹烯（α-caryophellene）、榄香素（elemicin）等。

红景天根中含有黄酮苷如 rhodionin，rhodiosin 和 rhodiolin；地上部分含有黄酮苷如 rhodiolgin，rhodionidin 和 rhodiolgidin 等。红景天还含有鞣质、黄酮类化合物、酚类化合物、微量元素等生理活性物质。叶与茎中含有少量生物碱。

4.2.3 缓解疲劳的功能(保健)食品

目前开发出的缓解体力疲劳的功能食品主要有功能性运动饮料、中药分散片、功能性油脂胶囊、保健酒等产品，其中功能性运动饮料所占比例最大。概括起来，可缓解疲劳的功能食品主要包含以下几种。

1. 富含氨基酸的功能食品

如果体内缺乏相关的氨基酸，就会使合成抗氧化酶和抗氧化剂的原料不足。当人体内源性抗氧化酶或外源性抗氧化剂缺少时，自由基的生成增多。一些促进代谢过程中转物质的重要载体的大量消耗是造成代谢障碍而引起疲劳的重要原因。例如，脂肪的氧化必须通过肉毒碱作为脂肪酸的载体才能通过线粒体而氧化。肉毒碱是从赖氨酸和蛋氨酸的代谢中生成的。肉毒碱对丙酮酸支链氨基酸的氧化有促进作用。肉毒碱还具清除过量脂肪酰 CoA 的作用。疲劳时尿中排出肉毒碱的总量明显增加，体内肉毒碱的含量减少，使人体氧化利用脂肪酸的能力下降，容易引起疲劳。因此，补充肉毒碱对于增强肌肉的工作能力和延续疲劳的产生与加快疲劳恢复非常重要。

2. 富含蛋白质和多肽类的功能食品

现在人们非常重视食品对人体的生理调节功能，即所谓的第三功能。蛋白质作为食品中的第一大营养素也不例外，由其降解得到的生物活性肽引起人们的广泛关注。如已从大豆蛋白中分离得到的大豆低聚肽，除具有易消化、易吸收等营养效果外，还具有促进并改善脂质代谢、抗过敏、使疲劳恢复的生理功能。

3. 富含活性多糖的功能食品

多糖能明显延缓离体骨骼肌疲劳的发生。所以，多糖具有抗疲劳作用。真菌多糖是目前最有开发前途的保健食品和药品资源之一，而黑木耳中主要的活性成分——黑木耳多糖是真菌多糖的一种。科学试验表明，黑木耳多糖具有调节机体免疫力、抗肿瘤、抗衰老、降血脂、抗疲劳等生理作用。

4. 富含微量元素的功能食品

含镁的食物来源比较丰富(肉类、鱼类、绿色蔬菜、豌豆及大部分水果均有丰富的镁),但是长期偏食、节食和消化功能紊乱的人会出现镁缺乏。值得一提的是,粮食加工过于精细使镁的损失很大,如小麦每千克含镁 1 586 mg,精加工之后只剩下 251 mg。研究表明,Mg^{2+} 是细胞中许多关键酶的辅助因子,可参与体内糖、脂肪、蛋白质等多种代谢过程;它可激活磷酸酶,使得包括 ATP 在内的所有磷酸基团水解、转移和反应激活,在能量的产生、转移、贮存和利用中发挥着重要的作用。经过测定儿童(包括易疲劳儿童)血清中 Zn、Fe、Cu、Ca、Mn 和 Pb 的含量发现,易疲劳儿童中血清 Ca 含量显著低于对照组儿童;Fe 含量显著高于对照组儿童;Mn 的含量显著高于对照组儿童。

5. 富含维生素类的功能食品

研究表明,机体内存在着两种清除自由基的系统,即酶系统和非酶系统。前者有超氧化物歧化酶(SOD,清除超氧自由基和过氧化氢)、谷胱甘肽过氧化物酶(GPX,清除脂质过氧化物)和过氧化氢酶(CAT,清除过氧化氢);后者主要是维生素 E、维生素 C、β-胡萝卜素、还原型谷胱甘肽和辅酶 Q 等。机体的抗氧化能力与非酶抗氧化剂有着密切的关系。机体组织器官细胞内各种抗氧化剂是否能保持在一个充足的水平,对机体应付各种氧化应激和及时清除自由基以及保护脂质、蛋白质和核酸等大分子免遭自由基攻击,具有十分重要的意义。

4.3　缓解疲劳的功能(保健)食品的评价

4.3.1　我国“有助于缓解运动疲劳”的功能设置

卫生部于 1996 年颁发的《保健食品功能学评价程序与检验方法》,“抗疲劳”功能作为允许申报的 22 项保健功能之一。抗疲劳保健食品在保健食品市场中占据着相当大的份额。抗疲劳保健食品的开发,也在趋向于向缓解体力疲劳以外的功能拓展。很多产品同时申报了增强免疫力、耐缺氧等保健功能。

2003 年 5 月卫生部颁布的《保健食品检验与评价技术规范》中,把“抗疲劳”功能改为“缓解体力疲劳”功能,但是目前市场上很多保健食品仍然标为“抗疲劳”功能。“抗疲劳”和“缓解体力疲劳”是有很大不同的。“抗疲劳”保健食品并不能抵抗所有类型的疲劳,“缓解体力疲劳”是对这一类保健食品相对准确的阐述。

2023 年,国家市场监督总局、国家卫生健康委、国家中医药局联合发布了《允许保健食品声称的保健功能目录　非营养素补充剂(2023 年版)》,配套文件主要包括《保健食品功能检验与评价技术指导原则》《保健食品功能检验与评价方法》以及《保健食品人群试食试验伦理审查工作指导原则》等,并将包括“缓解体力疲劳”在内的 24 项保健功能纳入该目录。

体力疲劳的人群主要是指以下人群:运动员及爱好运动、健身的人群,高温作业人员,军事活动人员,高原地区作业人员等。其他包括夜班工作人员、长途司机等也都属于易疲劳人群,以及短暂剧烈运动、旅游引起的疲劳人群也可服用。不适宜人群是少年儿童,这是由于很多可以缓解体力疲劳的成分会影响少年儿童的生长发育。目前,国家批准的具有缓解体力疲劳功能的保健食品，主要是适用于体力疲劳的人群，目前尚没有缓解脑力疲劳的保健食品问世。

缓解体力疲劳保健食品有一定的适用范围：对不同程度的疲劳，人们应根据具体情况的差异，采取不同方式消除。运动员和喜爱健身、运动的人士可食用一些缓解体力疲劳的保健食品，运动前食用可延缓疲劳的出现，提高运动的能力，运动后食用可以加快体内代谢物分解，迅速消除疲劳。但是，对于因用脑过度出现的头晕眼花、记忆力下降的人来讲，适当休息或适当体育锻炼或许是更能积极地消除疲劳的方法，而选择缓解体力疲劳保健食品一般不能起到预防作用。脑力疲劳、心理疲劳的成因比较复杂，找到原因进行必要的心理疏导是其主要解决方法，而病理性疲劳则要到医院查明原因，进行对症治疗。

2015 年，国家食品药品监督管理总局发布关于进一步规范保健食品命名有关事项的公告，国家不再批准以含有表述产品功能相关文字命名的保健食品。《保健食品功能范围调整方案(征求意见稿)》建议对保健食品功能名称进行调整和规范，拟将现保健食品的功能范围从 27 项功能改成 18 项。根据方案，改善生长发育、对辐照危害有辅助保护、改善皮肤水分、改善皮肤油分、辅助降血压 5 项功能将被取消。

鉴于缓解体力疲劳保健食品评价方法主要针对运动疲劳，因此，功能名称修改为“有助于缓解运动疲劳”，与功能设置原则保持一致。

动物试验评价方法和技术应用广泛，评价指标和判断标准基本科学、公认、可行。功能评价试验的设计与指标选择立足于动物游泳疲劳试验的终点指标，兼顾能量供应指标和运动代谢产物的指标，可以反映保健食品缓解运动疲劳的作用。

现有的负重游泳试验、血乳酸、血清尿素、肝糖原或肌糖原测定的检测指标技术和手段成熟、可行，修订增加的血清磷酸肌酸激酶(CK)指标，可以更客观地反映保健食品缓解运动疲劳的作用。提高标准的建议：动物试验，增加检测血清磷酸肌酸激酶(CK)指标；增加人体试食试验。

4.3.2 我国“有助于缓解运动疲劳”的功能评价

卫生部于 1996 年公布的“功能学评价检验方法——缓解体力疲劳功能检验方法”的试验项目、试验原则和结果判定的规定如下：

(1)试验项目　负重游泳试验；爬杆试验；血乳酸测定；血清尿素氮测定；肝/肌糖原测定。

(2)试验原则　运动试验与生化指标检测相结合。在进行游泳或爬杆试验前，动物应进行初筛。除以上生化指标外，还可检测血糖、乳酸脱氢酶、血红蛋白以及磷酸肌酸等指标。

(3)结果判定　若 1 项以上(含 1 项)运动试验和 2 项以上(含 2 项)生化指标为阳性，即可以判断该受试物具有抗疲劳作用。

卫生部 1999 年又公布了如下补充规定：

血乳酸测定必须有 3 个时间点，分别为游泳前、游泳后立即及游泳后休息 30 min。血乳酸的判定标准：升高幅度和消除幅度。升高幅度小于对照组或消除幅度大于对照组均可判定为该项指标阳性。

抗疲劳评价标准考虑增加：游泳试验 3 个剂量组阳性，一项生化指标阳性；游泳试验阳性，两项生化指标阳性。

符合上述两项之一者可判定该受试物有抗疲劳作用。

2023 年，国家市场监督总局、国家卫生健康委、国家中医药局联合发布了《允许保健食品声称的保健功能目录　非营养素补充剂(2023 年版)》,将负重游泳试验、血乳酸、血清尿素、肝糖原或肌糖原 4 项指标作为缓解体力疲劳作用的检测指标,并规定负重游泳实验结果阳性,血乳酸、血清尿素、肝糖原/肌糖原 3 项生化指标中任 2 项指标阳性,可判定该受试样品具有缓解体力疲劳的作用。

从这些评价指标可以看出,“抗疲劳”保健功能,抗的是运动后的体力疲劳,故采用“缓解体力疲劳”的描述更为恰当。目前建议修改为“有助于缓解运动疲劳”。

目前,我国缓解体力疲劳功能评价所要求的试验项目及其试验原理简介如下。

(1)小鼠负重游泳试验　运动耐力的提高是抗疲劳能力改善后最有说服力的宏观表现,游泳时间的长短可以反映动物运动性疲劳的程度。为此,按一定剂量经口给样,连续 30 d,必要时可延长至 45 d。于末次给予受试物 30 min 后(酒类样品测试当天可以不灌胃),置小鼠于游泳箱中游泳,鼠尾根部负荷体重 5%的铅皮,水深不少于 30 cm,水温 25±1.0℃,记录小鼠自游泳开始至死亡的时间,作为小鼠游泳时间(min)。若受试物组的游泳时间明显长于对照组,且差异有显著性($p<0.05$),则可判断该实验结果为阳性。

(2)小鼠爬杆试验　动物爬杆时间的长短可以反映动物静用力时疲劳的程度。将爬杆架(直径 0.8～1 cm、长约 25 cm 的经 120 目砂纸打磨过的有机玻璃圆棒,上端固定于木板上,下端悬空,距底面约 5 cm)置水盆。在同上末次给予受试物 30 min 后,将小鼠头向上放在有机玻璃棒上,使肌肉处于静力紧张状态,记录小鼠由于肌肉疲劳从有机玻璃棒上跌落下来的时间,第三次落水时终止试验,累计 3 次的时间作为爬杆时间。若受试物组的爬杆时间明显长于对照组,且差异有显著性($p<0.05$),则可判定试验结果为阳性。

(3)血清尿素的测定　当机体长时间由于运动而使正常的能量代谢平衡受到破坏,即不能通过糖或脂肪分解获得足够的能量时,机体本身的蛋白质和氨基酸的分解代谢会随之增强。肌肉中的氨基酸通过一系列分解代谢作用最终可形成游离氮,再经尿素循环生成尿素,从而使血中的尿素含量增加。此外,在激烈运动和强体力劳动时,随着核苷酸代谢分解的加强,也会脱氨基而产生氨,并最终使血中的尿素含量增加。试验证明,当人体(尤其明显的是负荷后的运动员)血中尿素含量超过 8.3 mmol/L 时,尽管该人并没有疲劳的感觉,但实际上,这时机体组织的肌肉蛋白等都已开始分解而使机体受到损伤。所以,血中尿素的含量会随着劳动和运动负荷的增加而增高,机体对负荷的适应能力越差,血中尿素的增加就越明显。故可通过血中尿素氮含量的测定来判断疲劳程度和抗疲劳物质的抗疲劳能力。

为此,可用大鼠(或小鼠)按上述负重试验中方法喂养 30 d,必要时可延长至 45 d,之后在末次给予受试物 30 min 后,在 30℃温水中游泳 90 min,休息 60 min 后采血(大鼠采尾血,小鼠拔眼球采血)加抗凝剂并分化血清,样品中尿素在三氯化铁-磷酸溶液中与二乙酰一肟和硫氨脲共煮显色后,用分光光度计进行比色,读取吸光度。若受试物组测定值高于对照组,且差异有显著性($p<0.05$),则可判定为该受试物有减少疲劳大鼠产生尿素氮的能力。

(4)肝糖原的测定　肝糖原是维持血液中葡萄糖正常水平的重要贮存物,也是肌纤维收缩时能量的来源。在营养充分的动物肝脏中含量可达 10%,肌肉中可达 4%。如将不同抗疲劳能力的样品授予受试动物,其对肝糖原的储备能力也不相同,若实验组的肝糖原高于对照组,说明该试样能通过增强肝糖原的储备量,以维持运动时所需的血糖水平,从而为机体提供较多的能量达到抗疲劳的目的。

为此可用大鼠(或小鼠)受试样品给予时间 30 d,必要时可延长至 45 d。在末次给予受试物 30 min 后，处死，取一定量肝脏按规定处理后测定其中糖原含量。若受试物组的肝糖原含量明显高于对照组，且差异有显著性（$p<0.05$），则可判定该受试物有促进糖原储备或减少糖原消耗的作用，从而证明该受试物具有抗疲劳的功能。

（5）血乳酸含量的测定　在动物运动时，需将肌肉中的糖原酵解成丙酮酸，同时获得能量。在剧烈运动时，因氧的供应不足，这种酵解是在无氧条件下进行的，使产生的丙酮酸还原成乳酸。因此，肌肉在通过糖原酵解反应获得能量的同时，也产生了大量的乳酸，而由乳酸解离所生成的氢离子使肌肉中的氢离子浓度上升，pH 下降，进而引发一系列生化变化，这是导致疲劳的重要原因。乳酸积累越多，疲劳程度也越严重。

另外，肌肉活动开始后，随着乳酸在肌肉中的积累，它的清除过程也随即开始。乳酸在机体中积累的程度取决于乳酸的产生速度和被清除的速度。但这种清除作用必须在有氧的条件下进行，即正常肌肉运动过程中由糖原分解而成的丙酮酸可完全氧化成 CO_2 和 H_2O（而不是在无氧条件下还原成乳酸），同时也使在无氧条件下积累的乳酸通过体内乳酸脱氢酶及其同工酶的作用氧化成丙酮酸后再氧化分解成 CO_2 和 H_2O。因此，乳酸的清除与有氧代谢密切有关。提高肌肉剧烈活动时有氧代谢在能量代谢中所占的比例，将使在酵解过程中所产生的乳酸不易在肌肉中积累，从而可延缓疲劳的发生。此外，有氧代谢能力的加强还会使在肌肉停止活动后的恢复期间肌肉中过多的乳酸被迅速清除掉，从而促进疲劳的消除。因此，可通过测定动物剧烈运动前后不同时期中的乳酸含量，对其疲劳程度和恢复情况作出评价。由于肌肉中的乳酸很快渗透进入血液，并使血乳酸含量上升，直到肌乳酸和血乳酸之间的浓度达到平衡，这个过程需要 5～15 min。因此通过测定血乳酸也能达到同样目的。

测定血乳酸含量的基本方法是用大鼠进行负重游泳试验。按上述负重试验中方法设置分组饲养，在末次给样 30 min 后采血，然后不负重在 30℃水中游泳 10 min 后停止，在游泳前后测定血中乳酸含量。若受试物组血乳酸含量明显低于对照组，且差异有显著性（$p<0.05$），则可判定该项试验为阳性。

目前，建议增加人体试食试验。人体运动性疲劳的判定可采用的生化指标：血尿素氮、血清肌酸激酶、血清睾酮与皮质醇比值、尿蛋白、尿胆原、唾液 pH 等；可采用的生理指标：肌力、肌肉硬度、肌围、基础心率、运动中心率、运动后心率恢复、最大吸氧量（$V_{O_2 max}$）、血压体位反射、反应时间、闪光融合频率、膝跳反射阈、肌电图（EMG）、心电图（electrocardiography，ECG）、脑电图（EEG）等；也可进行主观疲劳评定（rating of perceived exertion，RPE）。

思考题

1. 简述疲劳的概念。
2. 何谓运动性疲劳？简述中枢疲劳、外周疲劳的主要生化特点。
3. 列举 10 种有助于缓解运动疲劳的功能物质。
4. 简述缓解体力疲劳功能检验方法的试验项目、试验原则和结果判定。

参考文献

[1] 顾华文．运动食品对体育运动员耐疲劳的影响．食品研究与开发，2021，42(20)：241-242.

[2] 林佳伟．运动员体育训练中的饮食指导研究．中国食品，2022(16)：149-151.

[3] 李庆喆,张伟,董玲. 运动性疲劳消除的研究进展. 中国疗养医学,2022,31(6):577-579.

[4] 邱俊. 促进运动性疲劳恢复的营养方法新进展. 中国体育教练员,2022,30(2):34-35.

[5] 邱文豪. 膳食营养对体育运动的影响及营养搭配策略. 食品安全导刊,2022(22):110-112.

[6] 邹朝顺. 运动性疲劳与恢复的反思. 青少年体育,2022,9:86-88.

第5章 增强免疫力的功能食品

本章重点与学习目标

1. 掌握免疫的基本概念及免疫的基本功能。
2. 了解人体免疫系统的构成。
3. 熟悉具有增强免疫力功能的物质。
4. 掌握评价增强免疫力的功能食品的常用方法。

5.1　免疫的基本知识

任何生物个体要生存都必须适应2种环境，即不断地适应外环境和调整内环境。所谓适应外环境，主要是要具有抵抗其他生物或其侵袭性物质侵害的能力；而不断地调整内环境，包括清除体内大量衰老或死亡的细胞及变性的蛋白质等。为此，人和动物（主要是指脊椎动物）就是在这种抵御外界生物和自身稳定调节的过程中形成了各种特殊的保护机能。

脊椎动物，如鱼、蛙、家禽、家畜等都具有不同程度的机体保护功能。无脊椎动物也有保护自身的能力，它们的防护机制也是多种多样的，但没有达到脊椎动物的水平。无脊椎动物体腔中的变形细胞（如吞噬细胞）能将入侵的外物吞入而消灭之，这和脊椎动物体内的巨噬细胞和粒细胞的作用很相似。这种吞噬机制对脊椎动物是重要的，但这在脊椎动物，仅是十分复杂的防护体系的一部分。还有一些物质，它们存在于有体腔的无脊椎动物的血液或体腔液中，具有杀死细菌或使细菌失去活力的能力，同时还能作用于外来的细胞使之凝聚成团。这和脊椎动物防护系统中的一种称为抗体物质的作用很相似，但这些物质没有特异性，因而不是抗体。昆虫在细菌侵入时能分泌毒蛋白将细菌杀死，但毒蛋白没有特异性，所以昆虫无论遇到什么细菌都会分泌同样的毒蛋白。因此，认为无脊椎动物机体有识别自身和外物的能力。在进化过程中，这一机制不断得以提高和完善，终于达到了鸟类和哺乳类所具有的水平。人和其他哺乳动物以及鸟类个体的防御机制和系统极为复杂和庞大，既有生来就有的，对任何入侵物质都具有天然的防御排斥功能，又有后天与入侵者做斗争的过程中特别获得的，具有明显针对性的防御机制。

人们对机体免疫机能的认识是在与病原微生物感染的长期抗争中产生和完善起来的。最初人们认为“免疫”及其衍生的“免疫性”“免疫力”就是“机体免除传染和感染的能力”。古典免疫的概念中，把免疫看成是：“对微生物感染的抵抗能力和对同种微生物再感染的特异性的防御能力（即强调了免疫的记忆性和针对性）”。一个世纪以来，与人类相关的科学研究有了突飞猛进的发展，对免疫的认识也发生了较大的飞跃和完善。

5.1.1　免疫的基本概念

传统的免疫是指机体对病原微生物，包括有害产物（如毒素）再感染的抵抗力，因而免疫对机体是有利的。然而现在发现很多免疫现象与微生物无关，机体免疫系统能识别包括微生物在内的一切抗原（antigen）物质，产生免疫应答（immune response）。免疫应答既有对机体有利的一面，也有造成机体组织损伤的不利的一面。免疫系统不仅识别非己的异物抗原物质，也能识别自身抗原。因此，现代对免疫概念的认识是：机体免疫系统能识别“自己”或“非己”，并发生特异性的免疫应答排除抗原性异物；或被诱导而处于对这种抗原物质呈不活化状态（免疫耐受），借此维持机体内环境的稳定性。在排异的过程中可保护机体，亦可损伤机体。

人体生来就具有对各种抗原物质的生理性反应。这种免疫功能人人皆有，无特异性，并可遗传给后代，常称为非特异性免疫（undifferential immune）。非特异性免疫在抗感染过程中起着第一道防线的作用。由各种抗原刺激机体产生特异性免疫物质而引起的免疫反应，如细胞免疫和液体免疫，称为特异性免疫（differential immune）。前者与后者互相协同，维持机体的相对稳定。免疫功能的不足或低下会对机体健康产生极为不利的影响，使多种传染病与非传染病的发病率与死亡率提高，其中引人注目的有肿瘤和自身免疫性疾病等。造成机体免疫力下降的原因有多种，如营养失衡、精神或心理因素、年龄增大、慢性疾病、应激性刺激、内分泌失调、遗传因素等。具有增强免疫作用的食品，能够增强机体对各种疾病的防御力、抵抗力，同时维持自身的生理平衡。

5.1.2 免疫的分类

人和其他高等脊椎动物机体的免疫可概括为两大类：一类为天然的非特异性免疫，也称先天性免疫；另一类为出生后获得的特异性免疫，也称获得性免疫。我们通常所指的是后者，即指后天获得的特异性的免疫。特异性免疫应答一般表现为体液免疫和细胞免疫。它们分别由B淋巴细胞系和T淋巴细胞系承担。免疫的一般分类见图5-1。

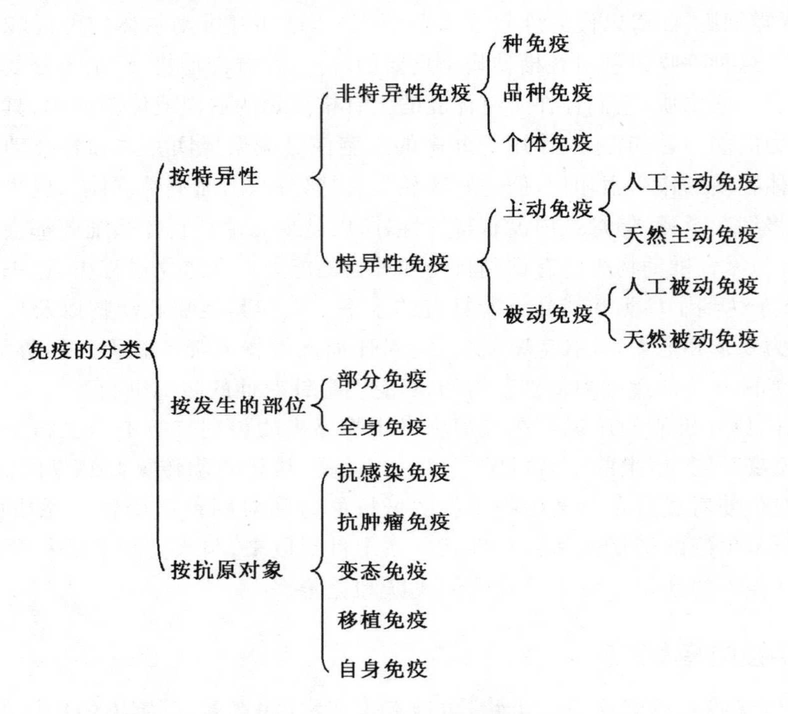

图5-1 免疫的一般分类

非特异性免疫与特异性免疫的主要区别：前者是动物的属性特性，可以和其他生物学特性一起遗传，它只能识别自身和非自身，对异物无特别识别作用；后者则是在出生后由某种病原微生物及其有毒产物的刺激而产生的免疫力，是抵御传染的一种重要因素，同时它具有特异性，动物体只对激发该免疫的病原微生物产生抵抗力，而对其他未接触过的病原微生物仍有感染性。

5.1.3 免疫的基本特性和基本功能

5.1.3.1 免疫的基本特性

1. 识别自身或非自身

对自身和非自身的大分子物质进行识别是免疫应答的基础。机体的这种识别机能十分精密，不仅能识别异种蛋白质，甚至对同一种动物的不同个体的组织和细胞也能识别，从而出现对异体组织移植的排异反应。同时,识别功能对保证机体的健康是十分重要的。识别功能的降低就会导致对“敌人”的宽容,从而减少或丧失对传染或肿瘤的防御能力。识别功能的紊乱,更易招致严重的生理失调,如将自身的组织或细胞误认为“敌人”,就会造成自身免疫病。

2. 特异性

免疫应答具有高度的特异性。这种特异性主要决定于抗原表面的某些凸出部位(决定簇)与机体免疫应答的相应产物——抗体和致敏淋巴细胞上抗原结合点的互补关系,就像钥匙与锁的关系一样。

3. 免疫记忆

抗原进入机体后,经过一段时间的潜伏期,血液中出现抗体,徐徐增加达到顶峰,随之逐渐降低直至最后消失。当抗体消失后,用相同的抗原再次加强免疫时,能迅速产生比初次接触抗原时更多的抗体。这一现象表明机体具有免疫记忆能力。

5.1.3.2 免疫的基本功能

1. 抵抗感染

抵抗感染即免疫防御(immunological defence)。人和动物无时无刻不生活在各种各样微生物的包围中,当机体免疫功能正常时,机体能充分发挥对病原微生物感染的抵抗力。但功能异常则会引起免疫疾病,如反应过高,可引起超敏反应;如反应过低或缺陷即成为免疫缺陷病。

2. 自身稳定

自身稳定即免疫稳定(immune stablization)。在新陈代谢中,每天都有大量的细胞衰亡或受到损伤,这些失去了功能的“异常”细胞积累在体内,必然会影响正常细胞的活动。免疫系统的第二个重要功能就是消除这些废物(由免疫活性细胞来完成)从而维持机体内环境的清洁和稳定,保持机体正常细胞的生理活动,使机体的各部门都能精确地执行正常功能。若此功能失调可导致自身免疫性疾病。

3. 免疫监视

正常细胞在化学因素(二噁英、黄曲霉毒素等污染物)、物理因素(紫外线、X射线)、病毒等致癌物、致突变因素的诱导下可以发生突变,其中有一些可能变为肿瘤和癌细胞。人和高等动物体内的细胞个数是个天文数字,可以说,每天机体内都有一些细胞在各种诱因的作用下发生基因复制和转录的错误,进而发生突变和恶变,但实际获得肿瘤和癌症的个体在种群中所占比例还是很小的,这主要归功于机体的免疫系统。免疫的第三个重要功能就是严密监视(immune scrutiny),一旦出现这些肿瘤细胞,就能立即予以识别,并调动免疫系统在其尚未发展之前歼灭。免疫功能降低或受抑制就会使肿瘤细胞大量增殖。因此,保持机体健康,加强免疫功能是预防肿瘤和癌症的有效方法。若此功能失调容易发生肿瘤。

5.1.4 免疫系统的组成

免疫系统(immune system)主要是指人和脊椎动物的特异性防疫系统。它与神经系统、内分泌系统、心血管系统等一样,也是机体的一个重要系统。免疫系统包括:免疫器官、免疫活性细胞和免疫效应分子三大类(图5-2)。免疫器官又可分为中枢免疫器官和外周免疫器官;免疫细胞不仅定居在免疫器官中,也分布在黏膜和皮肤等组织中;免疫分子由抗体、补体和细胞因子3部分组成。免疫细胞和免疫分子还可通过血液在体内各处巡游,可持续地执行免疫功能。各种免疫细胞和免疫分子既相互协作,又相互制约,使免疫应答既有效地发挥又能在适度范围内进行。

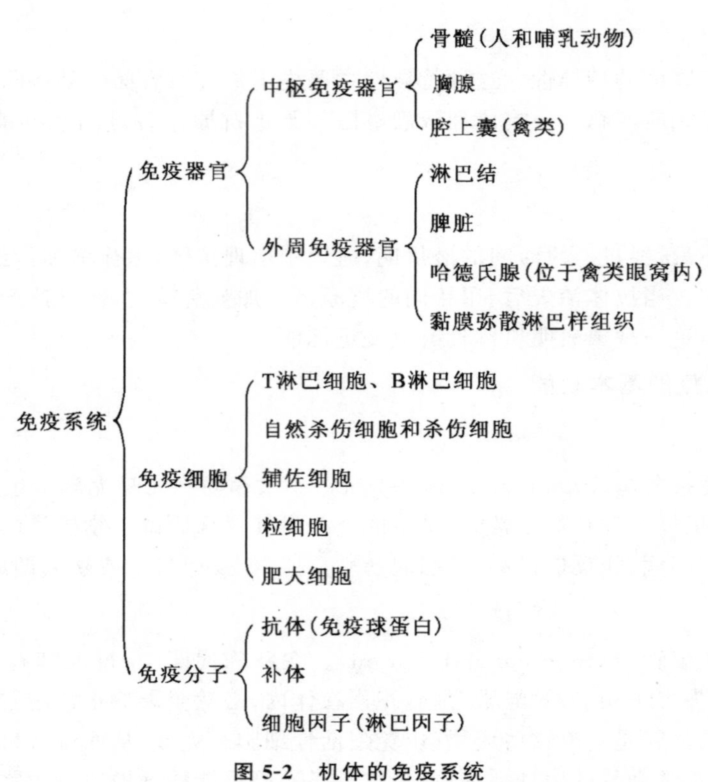

图5-2 机体的免疫系统

5.1.4.1 免疫器官

机体执行免疫功能的组织机构被称为免疫器官(immune organ)。它是淋巴细胞和其他免疫细胞生长、分化成熟、定居和增殖以及免疫应答反应的场所。根据其功能的不同可分为中枢免疫器官和外周免疫器官。其中,中枢免疫器官又称为初级免疫器官,是淋巴细胞等免疫细胞发生、分化和成熟的场所,包括骨髓、胸腺、腔上囊(禽类特有)。它们的共同特点是在胚胎早期出现,青春期后退化为淋巴上皮结构。中枢免疫器官是诱导前淋巴细胞增殖分化为免疫活性细胞的器官,新生动物的中枢免疫器官被切除后,可造成淋巴细胞缺乏,影响免疫功能。外周免疫器官又称次级(二级)免疫器官,是成熟的T淋巴细胞和B淋巴细胞定居、增殖和对抗原(如病原细菌、病毒)刺激进行免疫应答的场所。它包括脾脏、淋巴结和消化道、呼吸道和泌尿生殖道的淋巴小结等。这些器官或组织富含捕捉和处理抗原的由单核细胞演变而来的巨噬细胞、树突状细胞和朗格汉斯细胞。

5.1.4.2 免疫细胞

凡参加免疫应答、与免疫应答有关的细胞统称为免疫细胞(immune cell)。在免疫细胞中,接受抗原物质刺激后能分化增殖,产生特异免疫应答的,称为免疫活性细胞,也称为抗原特异性淋巴细胞,如T淋巴细胞、B淋巴细胞、自然杀伤细胞、杀伤细胞等。单核吞噬细胞和树突状细胞在免疫应答过程中起重要的辅佐作用，能捕获和处理抗原并把处理好的抗原呈递给免疫活性细胞，故称之为免疫辅佐细胞。

5.1.5　抗原、抗体与补体

5.1.5.1　抗原

1. 抗原的概念

抗原(antigen，Ag)可简单地概括为能够刺激机体产生免疫应答的外来异物或机体内产生的异常物质。但并不是所有外来异物或自身的异常物质都能刺激免疫，可构成抗原的一个重要的条件是要有抗原性。抗原性可分为免疫原性(抗原性)和反应原性(免疫反应性)两个方面。前者是指能刺激机体产生特异性抗体、致敏淋巴细胞和其他免疫物质的特性。后者则又被称为抗原特异性、抗原专一性，是指能与其刺激产生的相应的免疫应答产物(主要是抗体和致敏淋巴细胞)在体内或体外发生特异性结合反应的特性。抗原免疫反应越强，其特异性越强。

2. 免疫原的概念

免疫原(immunogen)是指既有免疫原性又有反应原性的抗原，又可称为完全抗原。免疫原都是抗原，但抗原不一定都是免疫原。抗原的范围较广，它包括免疫原、半抗原以及由不同抗原物质构成的复合体，如微生物、细菌外毒素、血细胞或组织细胞等。不过，一般对这2个词汇不加以区别。大多数蛋白质都是良好的完全抗原。半抗原是仅具有反应原性而缺乏免疫原性的抗原，也称作不完全抗原。半抗原多为简单的小分子物质，如绝大多数多糖分子、所有类脂及青霉素等，即不能单独刺激机体产生免疫物质，但能与现有的与之匹配的抗体发生特异性的结合反应。当抗原与蛋白质分子结合形成复合物后，可赋予其免疫原性，这种蛋白质大分子称为载体。半抗原-载体复合物能刺激机体产生抗体或致敏淋巴细胞，并与相应的复合物结合产生特异性免疫反应。所以半抗原虽无免疫原性，但可决定免疫反应的特异性。

3. 抗原决定簇

抗原分子的活性和特异性，通常决定于抗原分子上的某些特定化学基团或分子构象。这些基团称为抗原决定簇，又称为表位。抗原以此与免疫细胞和特异性抗体结合。决定免疫特异性反应的物质基础是抗原决定簇。它是指抗原分子上的特异性化学基团，是构成特异性免疫所必需的最低化学亚单位或实体，通常由5～7个氨基酸、单糖或核苷酸残基所组成。一个抗原分子可以有一种或多种抗原决定簇。一种决定簇决定一种特异性反应。位于抗原分子表面的决定簇易被淋巴细胞接近并加以识别，而位于抗原分子内部的少数决定簇只有经理化处理后暴露在外，才能起作用。

4. 抗原的分类

抗原物质在激发免疫系统过程中有不同的淋巴细胞参加。这其中有些抗原需由T细胞的辅助才能活化B细胞产生抗体，有些抗原则不需要。据此将抗原分为胸腺依赖性抗原(TD抗原)与非胸腺依赖性抗原(TI抗原)2种。值得注意的是，抗原性或免疫原性并不是一种物质的固有性质，它是否起作用取决于整个试验系统的条件，例如抗原的性质、免疫方式与被免疫的动物等。影响一种抗原是否具备免疫原性的因素很复杂，但必须是异种的或至少是同种异体的物质，而且凡是有效的免疫原通常都是结构复杂的可溶性大分子胶体。

5.1.5.2 免疫佐剂

免疫佐剂(immune assistant agent)是与抗原同时或预先注射入机体内而能增强机体对该抗原的免疫应答或改变免疫应答类型的物质。免疫佐剂的免疫作用如下。

(1)能增强细胞免疫力，从而提高抗体的产量。

(2)可以改变免疫反应的类型与状态，如使体液免疫转变成细胞免疫，也可改变抗体的种类。

(3)能吸引大量巨噬细胞以吞噬抗原，使抗原物质降解而改变其构型，从而加强其免疫原性。

(4)可将过多的抗原暂时贮存起来以延迟释放，避免因抗原过量而引起免疫耐受。

(5)能发挥免疫系统细胞间的协同作用(如巨噬细胞与T细胞、T细胞与B细胞之间的协同作用)以及调节体内蛋白质的合成。

因此，免疫佐剂对抗原的作用是增强其免疫原性，对宿主的作用是提高其免疫应答反应。

试验常用的免疫佐剂有：福氏不完全佐剂、福氏完全佐剂、微生物组成成分(如酵母菌或细菌的细胞壁成分)、有机或无机化合物(如甲基纤维素、植物血凝素、氢氧化铝等)、脂质体等。

5.1.5.3 免疫活性物质

免疫活性物质(immune active substance)又称为免疫活性介质、免疫分子，泛指由免疫系统的各种致敏免疫细胞分泌合成，并释放到淋巴液、组织液和血液中的多种多样、性质各异、作用不同的免疫物质。免疫物质大体可分为抗体、补体、细胞因子(免疫因子)和淋巴因子等。

1. 抗体

抗体(antibody，Ab)是在抗原物质对机体刺激后形成的，为一类具有与该抗原发生特异性结合反应的球蛋白。抗体又称为免疫球蛋白(immunoglobulin，Ig)。所谓的免疫球蛋白是指具有抗体活性或化学结构与抗体相似的球蛋白。因此，抗体是免疫球蛋白，但免疫球蛋白并不都具有抗体活性，免疫球蛋白的范围比抗体更广些。

大多数的抗体都是从人和动物的血清中获得的，如抗破伤风血清、溶血素(抗红细胞的抗体，在补体协助下可以溶解红细胞)、凝集素、沉淀素等。

2. 补体

补体(complement，C)是存在于人和动物新鲜血清中具有类似酶活性的一组球蛋白，其在血清中的含量比较稳定，不随免疫接种而增加。一般情况下，补体在体液中呈无活性的状态，只有当受到某种激活剂作用后，即当存在抗原抗体复合物或其他激活因子时，将其各组成成分依次激活而表现杀菌、溶菌、溶细胞等作用，活化的补体作用于细胞膜，起到补助和加强吞噬细胞和抗体等防御能力的作用。激活后的补体系统呈现一系列具有酶活性的连锁反应，在体内参与特异性和非特异性免疫反应，以抗体为介质的杀菌、溶菌及溶细胞等免疫反应，此过程需有补体参加。补体所表现的免疫作用无特异性，所以它是一组非特异性免疫因子。

3. 免疫因子

在免疫应答中，抗原刺激是淋巴细胞分化增殖的触发物或第一信号，免疫因子在分化过程中发挥第二信号的介导作用。免疫因子是由机体细胞产生的并与免疫应答有关的且分泌到体液中或存在于细胞膜表面的分子。它们是由淋巴细胞、巨噬细胞等分泌的具有免疫介导作用的可溶性活性因子，也可称为细胞因子。其中，由淋巴细胞分泌的称为淋巴因子，由单核吞噬细胞分泌的称为单核因子。

细胞因子（cytokine，CK）是机体免疫系统中除了抗体、补体以外的又一大群化学本质和生物活性都具有多样性的介导和调节免疫和炎症反应的免疫物质。在研究的早期，细胞因子被称为淋巴因子。细胞因子不仅仅是由免疫细胞所分泌的，机体各种细胞都能分泌相同或不同种类的细胞因子。另外，细胞因子对机体细胞的代谢与功能活动具有调节作用。在免疫应答过程中，它们大多是由巨噬细胞、致敏淋巴细胞、嗜中性粒细胞等受到相应抗原的刺激而产生和释放的，或是由受感染的组织细胞发出的信息物质。

关于免疫方面的详细内容，请参照免疫学的相关书籍。

5.2　增强免疫力的功能(保健)食品的开发

功能食品是人们对传统食品的深层次要求。开发功能食品的最终目的，就是要最大限度地满足人类自身的健康需要。而与人类健康有密切联系的另一名词——疾病，也是人类最愁苦的事情。正是由于疾病的不断产生、发生，人们更加迫切地寻找更多的途径来预防、治疗。从古至今，“病由口入”的观点一直被大家所认同。人体生命活动过程中任何改变内环境平衡的因子都可能导致疾病，但这并不是说对有害因子的任何接触都一定导致疾病。疾病的发生与否还取决于有害因子的潜在能力和严重程度以及人体对有害因子作用的抵抗能力。这就又谈及人体对“有害因子”的免疫能力。

5.2.1　开发增强免疫力的功能(保健)食品的原则和理论

我们先讨论引起机体疾病的以下几种原因。

(1)不正常生长物的产生。人体内有许多细胞都可能出现不正常生长，并扩散到全身。这是由于它们脱离了控制，其生长已不受调节。细胞发生不正常的生长形成肿瘤，最终导致生命的死亡。

(2)组织的衰老和变性。

(3)免疫性变态反应和其他紊乱。变态反应是免疫产生过程中的紊乱，是对大气中、人体衣物上或某些食物中的一种或多种刺激物反应过敏的表现。有些人由于对某些抗原或其他刺激物过敏，可能会出现气喘病、皮炎、腹泻或严重的休克。这些紊乱偶尔是由于人体受寒或情绪紧张引起的。过敏的诸多不适症状是由于产生过多的组胺所致。

(4)先天性和遗传性疾病。

(5)内分泌和代谢紊乱。

(6)传染性疾病和寄生虫侵染。

(7)物理因素的损伤。

(8)营养不良。

(9)应激反应。

(10)毒性物质。

大多数的疾病是由机体免疫产生过程中的紊乱造成的。当前功能食品研发的主要任务是预防疾病的发生,不仅包含最低限度地与有害因素接触,而且还要通过适当的保健措施(如摄取一定剂量的功能食品等)来获得人体的最大抵抗力。增强免疫力的功能食品可减少细胞异常生长的机会,即日常摄取的食物应该是高质量的,经过适当的烹调以避免致癌物质的形成,或防止食物中的营养素(如维生素 E)被破坏。这样就可以部分地保护细胞并抑制肿瘤的形成。它还可有效地提高机体的抗病能力,如额外增加高蛋白膳食可增强机体对传染病的抵抗力。但功能食品不以治疗为目的,不能取代药物对病人的治疗作用。功能食品重在调节机体内环境平衡与生理节律,增强机体的防御功能,以达到保健康复的目的。

5.2.2 具有增强免疫力功能的物质

人体由于营养素摄入不足造成机体抵抗力下降,会对免疫机制产生不良影响。同时,现在还有不少功能性物质具有较强的免疫功能调节作用,增强人体对疾病的抵抗力。本节主要介绍与人体免疫功能关系比较密切或具有明显增强作用的物质。

5.2.2.1 营养强化剂

1. 蛋白质与免疫功能

蛋白质是机体免疫防御体系的“建筑原材料”。我们人体的各免疫器官以及血清中参与体液免疫的抗体、补体等重要活性物质(即可以抵御外来微生物及其他有害物质入侵的免疫分子)主要由蛋白质参与构成。当人体出现蛋白质营养不良时,免疫器官(如胸腺、肝脏、脾脏、黏膜、白细胞等)的组织结构和功能均会受到不同程度的影响,特别是免疫器官和细胞免疫受损会更严重一些。

2. 维生素与免疫功能

维生素 A 从多方面影响机体免疫系统的功能,包括对皮肤/黏膜局部免疫力的增强和提高机体细胞免疫的反应性以及促进机体对细菌、病毒、寄生虫等病原微生物产生特异性的抗体。

维生素 C 是人体免疫系统所必需的维生素。它可以提高具有吞噬功能的白细胞的活性;参与机体免疫活性物质(即抗体)的合成过程;促进机体内产生干扰素(一种能够干扰病毒复制的活性物质),因而被认为有抗病毒的作用。

维生素 E 是一种重要的抗氧化剂,但它同时也是有效的免疫调节剂,能够促进机体免疫器官的发育和免疫细胞的分化,提高机体细胞免疫和体液免疫的功能。

3. 微量元素与免疫功能

铁作为人体必需的微量元素对机体免疫器官的发育、免疫细胞的形成以及细胞免疫中免疫细胞的杀伤力均有影响。铁是较易缺乏的营养素,特别多见于儿童和孕妇、乳母等人群。婴幼儿与儿童的免疫系统发育还不完善,很易感染疾病。预防铁缺乏对这一人群有着十分重要的意义。

锌是在免疫功能方面被关注和研究得最多的元素。它的缺乏对免疫系统的影响十分迅速和明显,且涉及的范围比较广泛(包括免疫器官的功能、细胞免疫、体液免疫等多方面)。所以,人们应该注重对锌的摄取,维持机体免疫系统的正常发育和功能。

5.2.2.2 免疫活性肽

人乳或牛乳中的酪蛋白含有刺激免疫的生物活性肽,大豆蛋白和大米蛋白通过酶促反应,可产生具有免疫活性的肽。免疫活性肽能够增强机体免疫力,刺激机体淋巴细胞的增殖,增强巨噬细胞的吞噬功能,提高机体抵御外界病原体感染的能力,降低机体发病率,具有抗肿瘤功能。抗菌肽、乳转铁蛋白 Z、抗血栓转换酶抑制剂等生物活性肽也具有较强的免疫活性。随着研究的进一步深入,相信会有更多种类的免疫活性肽被人们发现并开发应用。由于免疫活性肽是短肽,稳定性强,所以它不仅可以制成针剂,作为治疗免疫能力低下的药物,而且可以作为有效成分添加到奶粉、饮料中,增强人体的免疫能力。

5.2.2.3　活性多糖

活性多糖是一种新型高效免疫调节剂,能显著提高巨噬细胞的吞噬能力,增强淋巴细胞(T 淋巴细胞、B 淋巴细胞)的活性,起到抗炎、抗细菌、抗病毒感染、抑制肿瘤、抗衰老的作用。

1. 香菇多糖

香菇多糖是 T 细胞特异性免疫佐剂,从活性 T 细胞开始,通过 T 辅助细胞再作用于 B 细胞。香菇多糖还能间接激活巨噬细胞,并可增强 NK 细胞活性,对实体瘤有抑制作用。

2. 猴菇菌多糖

猴菇菌多糖是从猴头子实体中提取的多聚糖。猴菇菌多糖可明显提高小鼠胸腺巨噬细胞的吞噬功能,提高 NK 细胞活性。

3. 灵芝多糖

灵芝多糖是从多孔菌科灵芝子实体中分离的水溶性多糖。灵芝多糖可使 T 淋巴细胞增多,加强网状内皮系统功能。灵芝多糖对免疫机能低下的老年小鼠抗体形成细胞的产生也有促进作用。

4. 猪苓多糖

猪苓多糖是从猪苓中得到的葡聚糖。猪苓多糖可增强单核巨噬细胞系统的吞噬功能,增加 B 淋巴细胞对抗原刺激的反应,使抗体形成细胞数增加。

5. 茯苓多糖

茯苓多糖(PPS)是从多孔菌种茯苓中提取的多聚糖。茯苓多糖、羟乙基茯苓多糖、羧甲基茯苓多糖等腹腔注射可明显增强小鼠腹腔巨噬细胞吞噬率和吞噬指数。体内外试验证明,上述多糖可不同程度地使 T 细胞毒性增强,增强动物细胞免疫反应,促进小鼠脾脏 NK 细胞活性。

6. 云芝多糖

云芝多糖(PSK)是从多孔菌种云芝中提取的。PSK 是近年来引人注目的肿瘤免疫药物。国产胞内多糖可明显增强小白鼠对金黄色葡萄球菌、大肠杆菌、绿脓杆菌、宋内氏痢疾杆菌感染的非特异性抵抗力。

7. 黑木耳多糖

黑木耳多糖(AA)是从黑木耳子实体中提取的。AA 有明显促进机体免疫功能的作用,促进巨噬细胞吞噬和淋巴细胞转化等,对组织细胞有保护作用(抗放射和抗炎症等)。

8. 银耳多糖

银耳多糖(TF)是从银耳子实体中得到的多聚糖。TF 有明显的增强免疫功能,且影响血清蛋白和淋巴细胞核酸的生物合成，可显著增加小鼠腹腔巨噬细胞的吞噬功能。

9. 人参多糖

人参多糖可刺激小鼠巨噬细胞的吞噬及促进补体和抗体的生成。人参多糖对特异性免疫与非特异性免疫、细胞免疫与体液免疫都有影响。口服人参多糖可使羊的红细胞、免疫小鼠的B细胞增加，血清中特异性抗体及IgG显著增加。

10. 刺五加多糖

从刺五加根中分离到7种多糖。刺五加多糖对体外淋巴细胞转化有促进作用，还有促进干扰素生成的能力。

11. 黄芪多糖

黄芪多糖是从黄芪根中分离出的一种多糖组分，为葡萄糖与阿拉伯糖的多聚糖。黄芪多糖是增强吞噬细胞吞噬功能的有效成分。

二维码 5-1　活性多糖的作用

二维码 5-2　超氧化物歧化酶功效认定

5.2.2.4　超氧化物歧化酶

超氧化物歧化酶(SOD)是一种广泛存在于动物、植物、微生物中的金属酶，能清除人体内过多的氧自由基，因而它能防御氧毒性，增强机体抗辐照损伤能力，防衰老。SOD在一些肿瘤、炎症、自身免疫疾病等治疗中有良好疗效。

5.2.2.5　双歧杆菌和乳酸菌

双歧杆菌具有增强免疫系统活性，激活巨噬细胞，使其分泌多种重要的细胞毒性效应分子的作用。双歧杆菌能增强机体的非特异性和特异性免疫反应，提高NK细胞和巨噬细胞活性，提高局部或全身的抗感染和防御功能。

乳酸菌在肠道内可产生一种四聚酸，可杀死大批有害的、具有抗药性的细菌。乳酸菌菌体抗原及代谢物还通过刺激肠黏膜淋巴结，激发免疫活性细胞，产生特异性抗体和致敏淋巴细胞，调节机体的免疫应答，防止病原菌侵入和繁殖；还可以激活巨噬细胞，加强和促进吞噬作用。

5.2.2.6　大蒜素

大蒜素具有抗肿瘤作用。其抗肿瘤作用具有多种多样的机制，但大蒜素能显著提高机体的细胞免疫功能，与其抗肿瘤作用有密切关系。大蒜素具有明显增强机体细胞免疫功能的作用。

二维码 5-3　大蒜素药理作用

二维码 5-4　茶多酚主要用途

5.2.2.7 茶多酚、皂苷

茶多酚、皂苷均具有较强的调节机体免疫功能的作用。功能食品生产时，茶多酚、皂苷可作为调节机体免疫功能的原料。

5.2.2.8 生物制剂

生物制剂是具有免疫调节作用的生物活性物质，也称为生物反应调节剂。生物制剂包括各种细胞因子、胸腺肽、转移因子、单克隆抗体及其交联物等。

1. 细胞因子

细胞因子具有广泛的生物学作用，能参与体内许多生理和病理过程的发生与发展。利用基因工程技术，目前已经有几十种细胞因子的基因被克隆，并获得有生物学活性的表达。细胞因子作为一类重要和有效的生物反应调节剂，对于免疫缺陷、自身免疫、病毒性感染、肿瘤等疾病的治疗有效。

2. 胸腺肽

胸腺肽来源于小牛、猪或羊的胸腺组织提取物，是一种可溶性多肽。其可增强 T 细胞免疫功能，用于治疗先天或获得性 T 细胞免疫缺陷病、自身免疫性疾病和肿瘤。

5.2.3 增强免疫力的功能(保健)食品

5.2.3.1 多糖类增强免疫力的功能(保健)食品的开发

活性多糖分纯多糖和杂多糖两类。纯多糖一般由 10 个以上的单糖通过糖苷连接而成，可为直链结构，也可有分支结构。除含糖外，杂多糖还可含有肽链和(或)脂类成分。

活性多糖大多能刺激免疫活性，能增强网状内皮系统吞噬肿瘤细胞的作用，促进淋巴细胞转化，激活 T 淋巴细胞和 B 淋巴细胞，并促进抗体的形成，从而体现出抗肿瘤等活性，但对肿瘤细胞并无直接的杀伤作用。活性多糖能降低甲基胆蒽诱发肿瘤的发生率，对一些易广泛转移、不宜采用手术治疗和放射疗法的白血病、淋巴瘤等特别有价值。

来自真菌的各种葡聚糖，其抗肿瘤的活性与分子大小有关。葡聚糖的相对分子质量大于 1.6×10^4 时才具有抗肿瘤活性——刺激免疫活性。各种多糖的分离提纯见图 5-3。

5.2.3.2 免疫球蛋白增强免疫力的功能(保健)食品的开发

免疫球蛋白在动物体内具有重要的免疫和生理调节作用，是动物体内免疫系统最为关键的组成物质之一。自 1980 年发现免疫球蛋白后，它在医学实践中发挥了巨大的作用。近十几年来外源性免疫球蛋白在增强人体免疫力方面的研究与应用成为热点。从富含免疫球蛋白的物质中分离出免疫球蛋白并将其应用到功能食品中，对于改善婴幼儿、中老年人及免疫力低下的人群的健康具有重要的意义。

1. 免疫球蛋白的分离制备

免疫球蛋白的原料来源通常是动物血清(免疫球蛋白含量为 12～14 mg/mL)和初乳(免疫球蛋白含量为 30～50 mg/mL)，也可从蛋黄中提取(免疫球蛋白含量为 10～20 mg/mL，免疫球蛋白又被称为免疫球蛋白 Y)。免疫球蛋白的分离制备一般可按以下几步进行。

(1)免疫球蛋白的粗提。在免疫球蛋白的研究中，最早用 $(NH_4)_2SO_4$ 分级沉淀法提取免疫球蛋白，后来又发展了乙醇分离法、辛酸沉淀法、盐析分离法、盐析-超滤联合法、等电子筛过

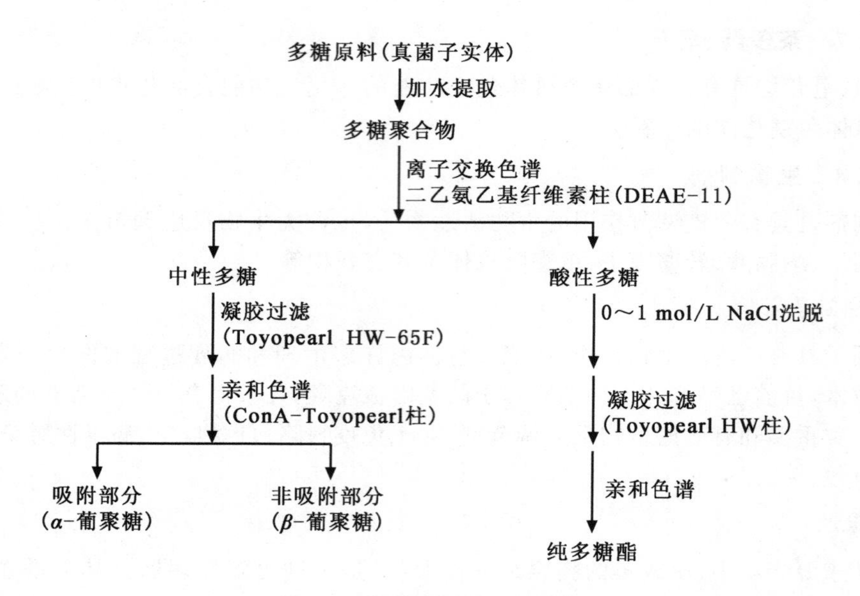

图 5-3　多糖的提取工艺流程

滤法等。

(2)免疫球蛋白的提纯。粗制的免疫球蛋白纯化常见的方法有离子交换法、凝胶过滤法和亲和色谱法。离子交换法常用 DEAE-纤维素和 DEAE-Sephadex-AS0 柱。凝胶过滤法是基于免疫球蛋白相对分子质量大于其他蛋白质来分离的,常用 SephadexG100-200 柱。亲和色谱法是一种最有效的分离方法。其特点是分离纯度高、容量大,适合大规模从较低浓度原料中分离免疫球蛋白的工业化生产。采用金属螯合亲和色谱法可进一步从乳清中分离免疫球蛋白和乳铁蛋白。此外,也有报道选用一些食品级多糖大分子作为絮凝剂,去除杂蛋白,再用柱层析法进行纯化。

超滤法既可根据膜截留相对分子质量的大小将免疫球蛋白与杂蛋白分离,又可起到浓缩提取液的作用,是一种减少能耗、适合工业化应用的最佳方法。例如,从鸡蛋取出蛋黄,用水稀释溶解,调节 pH,加入食品胶和一定量的食盐,室温静置 30～60 min,离心分离除去沉淀物(蛋黄浆)。取上清液,选用适当相对分子质量的膜,在一定的温度和操作压力下,用超滤法进行浓缩,可得到纯度和活性较高的免疫球蛋白。

2. 免疫球蛋白功能食品的开发与应用

国外从 20 世纪 70 年代末开始研究从乳清、牛奶、初乳、血液和蛋黄中提取免疫球蛋白,并研制出免疫球蛋白的免疫活性添加剂。但是,受资源不足、大规模工业化生产技术不成熟及价格昂贵等条件的制约,其产品仅作为婴儿食品添加剂、生物医药制剂。1990 年美国 Stoll Internation 公司生产了一种含活性免疫球蛋白的奶粉,可拮抗人体常见的 24 种致病菌及病毒。

1991 年,美国的 Century Labs 公司开发了微胶囊化免疫球蛋白类婴儿食品的配方,主要含有免疫球蛋白、DHA、EPA、蛋白质和碳水化合物,并以与母乳相似的比例配成。这类婴儿食品在脂肪酸和免疫球蛋白组成上与母乳相近,有利于婴儿吸收并增强防病、抗病能力,并对婴儿的生长发育有明显的促进作用。

Lanier lnds lns. 公司开发出了含有免疫球蛋白免疫活性的乳清固体粉末添加剂，由低含量的乳糖、矿物质、70%以上的相对分子质量较低蛋白质和不少于7%的免疫球蛋白组成，可稀释成浓度不低于3.5%的溶液，其免疫活力与初乳相近。该产品能提高婴儿对疾病的免疫力，促进婴儿的生长。

近年来，我国一些单位也加大对免疫球蛋白作为功能食品添加剂的研究和开发。如牛初乳免疫球蛋白的婴儿配方奶粉、口服型免疫球蛋白以及含抗人体肠道10种病原微生物的免疫乳及其制品。其中，免疫乳是一种天然、健康的具有一定医学价值的新型的功能性乳制品。它的发展经过了Ehrlich时代、Petersen时代和目前的Stoll时代。随着免疫科学的不断发展，食品科研工作者和相关企业对免疫乳研究开发非常活跃，对口服特异性免疫球蛋白预防和治疗胃肠感染进行了大量研究。

3. 免疫球蛋白在功能食品中应用应注意的几个问题

随着人们健康意识的增强，免疫球蛋白食品市场必将进一步开阔，产生更大的经济和社会效益。但是在免疫球蛋白用于功能食品方面，还存在下述一些问题需要解决。

(1)随着多种免疫球蛋白功能食品的出现，质量问题也随之出现，如产品的免疫球蛋白含量、活性、产品的货架期等需有一套检测免疫球蛋白含量和活性的标准化的检测方法。

二维码5-5　免疫球蛋白功能

(2)免疫球蛋白存在一个半衰期的问题，应注意免疫球蛋白的保存。

(3)免疫球蛋白功能食品的纯度问题。作为功能食品添加剂，产品的形式应该是免疫球蛋白活性好，纯度和价格适中。

(4)以何种微生物作为免疫球蛋白的抑菌活性的标准。

(5)实现大规模的工业化生产，目前的分离制备技术还存在着分离过程复杂、效率低、成本高等问题，需进一步研究予以解决。

5.3　增强免疫力的功能(保健)食品的评价

评价一种功能食品对机体免疫功能影响的方法比较复杂，至少要观察非特异性免疫功能、细胞免疫功能与体液免疫功能各一种，才能确认其对免疫功能的影响。目前对非特异性免疫功能、细胞免疫功能与体液免疫功能三大类的测定中，非特异性免疫功能的测定包括免疫脏器质量的测定、巨噬细胞吞噬试验和巨噬细胞杀菌试验。细胞免疫功能的测定包括淋巴细胞转化试验、迟发型超敏反应和NK细胞活性的测定。体液免疫功能的测定包括抗体生成细胞的测定、血清溶血素含量的测定和免疫球蛋白含量的测定。

5.3.1　试验前的动物模型的制备

测定一种功能食品对非特异性免疫功能、细胞免疫功能、体液免疫功能的影响，必须先选择各种免疫抑制剂致使正常动物的免疫功能低下，然后给动物摄入一定数量的受试物，观察它是否能够促进低下免疫功能的恢复。作为初筛方法，该法常为人们所采用。可以使用的免疫抑制剂有烷化剂(环磷酰胺)、激素制剂(地塞米松)、抗生素(乙双吗啉)、γ射线。它们都能引起机体的免疫系统功能减退，如胸腺与脾脏质量的减轻、T淋巴细胞转化率下降、淋巴细胞生长因子活性下降等。

具体操作时，应选择大鼠、小鼠之类的正常动物，以纯系品种为好，分为对照组、模型组和模型-受试组（即试验组）3组。受试动物选择单一性别，周龄依实验需要确定。给试验组每日1次灌胃受试物或腹腔注射一定剂量的受试物，其余2组给予等体积的生理盐水，连续7～14 d。在给受试物前或后，腹腔、肌肉或皮下注射免疫抑制剂2～7 d，即可造成动物免疫功能低下模型。

5.3.2 受试物的安全性评价

第一，对试验动物的安全性试验。

第二，对志愿者进行的试验。

第三，根据不同的免疫调节作用，对正常血样标准水平的人进行的试验。

第四，对患有免疫功能疾病的患者进行的安全性试验。

第五，受试物浓缩物的安全性试验，以调查此制品长期食用后对人来说是否完全无害。

5.3.3 受试物免疫调节作用的评价

对受试物特有的免疫调节功能必须进行一系列的试验加以证明。现以免疫乳粉为例，介绍其具体过程。

以免疫初乳作为原料，经脱脂、去酪蛋白制得免疫乳清，然后经杀菌、浓缩、冷冻干燥制成免疫初乳粉，其中IgG含量为0.521 6 g/g。在普通脱脂乳粉中添加一定量的免疫乳粉，使每克乳粉中含IgG 0.1 g，用于动物试验，剂量分别为1.0 g/kg、2.0 g/kg及6.0 g/kg。以普通脱脂乳粉作为对照。用蒸馏水调成各浓度，灌喂小鼠。小鼠为BALB/C种，体重18～22 g，每组10只。免疫学功能评定依据国家市场监督管理总局颁布的《保健食品功能检验与评价方法（2023年版）》进行，检测项目包括：血清溶血素的测定、抗体生成细胞检测（Jerne改良玻片法）、小鼠碳廓清实验、ConA诱导的小鼠脾淋巴细胞转化实验、迟发型变态反应（DTH）、NK细胞活性测定、小鼠腹腔巨噬细胞吞噬鸡红细胞实验。

1. 血清溶血素的测定

小鼠连续给样4周后，用SRBC免疫，5 d后眼眶采血，分离血清，用生理盐水将血清倍比稀释，将不同稀释度的血清分别置于微量血凝实验板内，每孔100 μL，再加入100 μL 0.5%的SRBC悬液，混匀，装入湿润的平盘内加盖，于37℃温箱孵育3 h，当对照红细胞出现沉落后，观察结果，并计算出血清溶血素含量。

2. 抗体生成细胞检测（Jerne改良玻片法）

小鼠连续给样4周，再用SRBC免疫5 d后，动物颈椎脱臼处死，取脾脏，制成脾细胞悬液，调细胞浓度至5×10^6个/mL。将表层培养基（1 g琼脂糖加双蒸水100 mL）加热溶解后，放入45℃水浴保温，与等量pH 7.2～7.4、2倍浓度的Hank's液混合，分装在小试管中，每管0.5 mL，再向管内加入50 μL 10% SRBC、20 μL脾细胞悬液，迅速混匀，倾倒于已刷琼脂糖薄层的玻片上，待琼脂凝固后，将玻片水平扣放在片架上，放入二氧化碳培养箱中培育1.5 h，然后用SA缓冲液稀释的补体（1∶8）加入玻片架凹槽内，继续培育1.5 h后，计算溶血空斑数。

3. 小鼠碳廓清试验

将印度墨汁原液用生理盐水稀释3倍，按体重从小鼠尾静脉注射稀释的印度墨汁

(10 mL/kg)，待墨汁注入后，立即计时。注入墨汁后 2 min 和 10 min 时，分别从内眦静脉丛取血 20 μL，将其加到 2 mL 0.1% Na_2CO_3 溶液中，用分光光度计在 600 nm 波长处测 OD 值。以 Na_2CO_3 溶液做空白对照。根据动物体重、肝重和脾重计算吞噬指数。

4. ConA 诱导的小鼠脾淋巴细胞转化试验

动物连续给样 4 周后，颈椎脱臼处死，取脾脏，制成脾细胞悬液，调整细胞浓度至 3×10^6 个/mL，将细胞悬液分两孔加入 24 孔培养板中，每孔 1 mL，一孔加 75 μL 的 ConA 液(相当于 7.5 μg/mL)，另一孔作为对照，置 5% CO_2、37℃箱中培养 72 h。培养结束前 4 h，每孔轻轻吸去上清液 0.7 mL，加入 0.7 mL 不含小牛血清的 RPMI1640 培养液，同时加入 MTT(5 mg/mL) 50 μL/孔，继续培养 4 h。培养结束后，每孔加入 1 mL 酸性异丙醇，吹打混匀，使紫色结晶完全溶解后，以 570 nm 波长测定光密度值。

5. 迟发型变态反应(DTH)

动物连续给样 4 周后，每鼠腹部去毛 3 cm×3 cm，用 1%的 DNFB 溶液 50 μL 均匀涂抹致敏。5 d 后，用 1%的 DNFB 溶液 10 μL 均匀涂抹于小鼠右耳(两面)进行攻击。24 h 后，颈椎脱臼处死小鼠，剪下左右耳壳。用打孔器取下直径 8 mm 的耳片，称量并计算肿胀度即可。

6. NK 细胞活性测定

动物连续给样 4 周后，颈椎脱臼处死，取其脾脏制成脾细胞悬液(效应细胞)，取传代后 24 h YAC-1 细胞加 RPMI-1640 完全培养液，调整细胞浓度至 4×10^5 个/mL(靶细胞)；取靶细胞和效应细胞各 100 μL(效应细胞∶靶细胞＝50∶1)，加入 U 形 96 孔培养板，靶细胞自然释放孔加入靶细胞和培养液各 100 μL，靶细胞最大释放孔加靶细胞和 1% NP40 各 100 μL。上述各项均设 3 个平行孔，于 37℃、5% CO_2 培养箱中培养 4 h。然后将 96 孔培养板以 1 500 r/min 离心 5 min，每孔吸取上清液 100 μL 置平底 96 孔培养板中，同时加入 LDH 基质液 100 μL，反应 3 min 后，每孔加入 1 mol/L 的 HCl 30 μL，用酶标仪在 490 nm 处测定光密度值(OD)，并计算 NK 细胞活性。

7. 小鼠腹腔巨噬细胞吞噬鸡红细胞试验

动物连续给样 4 周后，每鼠腹腔注射 20%鸡红细胞悬液 1 mL，间隔 30 min 后，颈椎脱臼处死，固定于鼠板上，正中剪开腹壁皮肤，经腹腔注入生理盐水 2 mL，转动鼠板 1 min，吸出腹腔洗液 1 mL，平均分滴于 2 片玻片上，37℃孵箱温育 30 min，用生理盐水漂洗，晾干，以 1∶1 丙酮甲醇溶液固定，4% Giemsa-磷酸缓冲液染色 3 min，再用蒸馏水漂洗，晾干，用油镜镜检，计算吞噬百分率和吞噬指数。

用 24 种抗原对泌乳母牛进行免疫，制备的免疫初乳粉中含有 24 种抗人体肠道病原微生物的抗体，以此制备的免疫乳粉(IgG 含量为 0.10 g/g)喂小鼠，可显著增强小鼠的体液免疫功能、细胞免疫功能及巨噬细胞吞噬功能，这些结果表明免疫乳粉具有免疫调节作用。

8. 结果分析——免疫初乳粉的增强作用

免疫乳粉中的抗体可以抑制肠道细菌的增殖，调整肠道菌群组成，可使肠道中具有特异性免疫刺激作用的乳杆菌增加，从而间接地起到免疫调节的作用。同时，用免疫初乳制备的免疫乳粉可显著增加小鼠肠道中双歧杆菌和乳杆菌的数量。

以免疫初乳为基料制备的免疫乳粉中，除含有特异性乳抗体之外，还含有许多其他活性成分，如乳铁蛋白、脯氨酸富含肽等。这些活性成分具有一定的免疫调节功能。

思考题

1. 简述免疫系统的构成。
2. 具有增强免疫力功能的物质有哪些？
3. 如何设计增强机体免疫的功能食品？
4. 简述免疫球蛋白的提取方法。

参考文献

[1] 陈伟，陈云，刘宇，等. 超高压乳铁蛋白液增强免疫力功能研究. 食品研究与开发，2016，37(24)：5.

[2] 管正学. 保健食品开发生产技术问答. 北京：中国轻工业出版社，2000.

[3] 李明远. 微生物学与免疫学. 5版. 北京：人民卫生出版社，2010.

[4] 王毅虎，张兵，王富荣，等. 胶原蛋白增强免疫力功能研究. 明胶科学与技术，2015，35(3)：137-143.

[5] 靳烨. 畜禽食品工艺学. 北京：中国轻工业出版社，2004.

[6] 袁根良，蒋丽，殷光玲，等. 辅酶Q10软胶囊增强免疫力功能的试验研究. 食品研究与开发，2014，35(8)：4.

[7] 于守洋. 中国保健食品的进展. 北京：人民卫生出版社，2001.

[8] 张和平，郭军. 免疫乳——科学与技术. 北京：中国轻工业出版社，2002.

[9] 郑建仙. 功能性食品学. 北京：中国轻工业出版社，2019.

[10] 赵立春，廖夏云. 保健食品的研发与应用. 成都：四川大学出版社，2018.

第6章 延缓衰老的功能食品

本章重点与学习目标

1. 掌握衰老的定义,了解衰老产生的原因。
2. 了解营养与衰老的关系以及老年人的生理特点和营养需求。
3. 熟悉抗衰老的活性物质。
4. 掌握延缓衰老的功能食品的评价方法。

任何生命过程都遵循着一条共同的规律，即经历不同的生长发育直至衰老最终死亡。衰老(senescence)是人体的一种客观规律。成年后，人体的器官和功能随着年龄的增长产生退行性的衰退，直至死亡。因而自古以来，人们均热衷于寻找各种手段或措施，使衰老的进程能够得到延缓，也就是通常所说的抗衰老(anti-aging)或延缓衰老。所谓的抗衰老食品，是指具有延缓组织器官功能随年龄增长而减退，或细胞组织形态结构随年龄增长而老化的食品。

目前，世界范围内的高龄化社会已经形成，世界上已有近 60 个国家进入了老龄社会，预计到 2040 年，65 岁及以上老年人口占总人口的比例将超过 20%。同时，老年人口高龄化趋势日益明显，80 岁及以上高龄老人正以每年 5% 的速度增加，到 2040 年将增加到 7 400 多万人。目前西方发达国家无一例外地将老年人专用食品的研究提上议程，并以巨大的热情研制延缓衰老的食品。随着高龄化社会的形成，开展衰老与抗衰老的研究，对提高全人类的健康状况、延缓衰老的进程具有重要的理论意义与现实意义。

6.1 衰老与衰老理论

6.1.1 生命的衰老进程

1. 自然寿命与期望寿命

自然寿命是指若无环境的干涉(如患病、被其他动物伤害、意外死亡等情况)，生物能生存的时间。有人认为不同动物的自然寿命与其组织的氧耗量成反比，与体重成正比，即生物的氧代谢越快，寿命越短。例如昆虫，它的生物氧代谢很快，体积较小，因而寿命较短。但存在不少例外，如大象及河马都比人大，其生物代谢也比人低，但大象的自然寿命只有 70 年，河马 50 年，而人却有 120 年。

期望寿命(life expectancy)是指在整个国家人口统计中死亡的平均年龄加上标准差。它是生物变异数而不是参数。目前全世界的平均寿命(指期望寿命)为 61 岁，欧洲人为 72 岁，非洲人为 49 岁，我国为 69 岁。平均寿命最高的是日本，达到 78 岁。随着经济的不断发展、人们生活水平的不断提高及对自身健康关心程度的增加，衰老的进程将会大大延缓。例如，新中国成立时，人均寿命仅 35 岁，1979 年为 68.2 岁，现在为 70 岁左右。

大多数人是达不到自然寿命的，除去意外死亡与急性传染病以外，衰老和因衰老引起的各种慢性疾病是老年人死亡的主要原因。因此，通过合理的营养与保健来延缓衰老，从而提高人类的寿命是完全可能的，而且潜力很大。

2. 衰老与抗衰老的定义

衰老是指生物体在其生命的后期阶段所进行的全身性、多方面、循序渐进的退化过程。通常所讲的衰老，是指生物体(包括植物、动物和人类)在其生命过程中，当其生长发育达到成熟期以后，随着年龄的增长而在形态结构和生理功能方面出现的一系列慢性、进行性、退化性的变化。这些变化对生物体带来不利的影响，导致其适应能力、储备能力日趋下降。这一变化过程的不断发生和发展就称为衰老。因此，衰老又可理解为机体的老年期变化。

衰老的内涵包括 4 个方面：一是指进入成熟期以后所发生的变化；二是指各细胞、组织、器官的衰老速度不尽一致，但都呈现慢性退行性改变；三是指这些变化都直接或间接地对机体带来诸多不利的影响；四是指衰老是进行性的，即随年龄增长其程度日益严重，是不可逆变化。

从理论角度讲，衰老可分为生理性衰老和病理性衰老，这两者的区别在于是否患有“疾病”。前者指机体至成熟期以后非疾病性因素所致的衰老现象，后者则是指各种疾病性因素所致的衰老现象。但是在实际生活中，这两种衰老往往同时存在，互相影响，很难严格区分。

抗衰老是衰老的反义词。因为衰老是不以人类意志为转移的生物学法则，阻止衰老进程是难以实现的。但是，减缓衰老的速度使衰老缓慢进行，让人类活到大自然所赋予的最高寿命，则是可能达到的。因此，抗衰老实际上是推迟衰老或延缓衰老的习惯叫法。

3. 影响衰老的因素

有众多因素影响着人体组织的衰老，但有很多与衰老因素相关的生理学过程至今还没有被充分了解。目前已知的影响衰老的因素有：残余物在细胞组织中的积累、重要组织细胞的损失、胶原蛋白的硬化、自由基引起的损伤、非再生物的损失、神经组织的退化、细胞和激素组织对激素的敏感度降低、组织劳损、射线、染色体断裂等。

4. 衰老的表现

人的身体由脂肪（12%）、皮肤、骨骼（20%）、细胞外体液（18%）、血浆蛋白质（0.7%）、内脏蛋白质（9.3%）与瘦体组织（包括肌肉、体细胞群体，40%）组成。当人变老时，体内的组织发生退化性改变，如瘦体组织逐渐减少，脂肪组织与纤维性结缔组织增加。因此，基础代谢会降低16%。所以老年人维持他们的能量消耗、需要的热量较少。用 K 同位素稀释法测定的身体组成的变化，表明在老化过程中，瘦体组织在不断地降低，以男性降低较多。一般认为人类年龄每增加 10 岁，瘦体组织平均降低 6.3%。但因脂肪组织的增加，体重仍稍有升高。

2013 年国际著名的《细胞》杂志总结出了基因组不稳定、端粒损耗、表观遗传改变、丧失蛋白稳定性、对营养感受紊乱、线粒体功能紊乱、细胞衰老、干细胞耗竭和改变细胞间通信等衰老的细胞和分子特征，为衰老研究提供了指导性的见解。

6.1.2　衰老理论

目前对衰老机理的研究，大体可分为宏观研究和微观研究两个方面。宏观研究探索衰老过程中形态结构与生理功能的变化、能量代谢的变化等。微观研究揭示衰老的细胞、细胞的亚显微结构变化及分子水平变化等。

6.1.2.1　主要的衰老学说

近半个世纪以来，国际上就衰老机理的探索而提出的主要学说或假说大致分为以下 4 种类型：

（1）一般性衰老学说。这类学说认为，生物体内因遭受随机损伤而使细胞或组织崩溃，最终导致衰老。

（2）遗传程序学说。这类学说认为，衰老是通过遗传程序预先安排好的，即认为衰老是有序的基因活动，为特异的“衰老”基因所表达，或为可用基因的最终耗竭。

（3）生物大分子代谢学说。这类学说认为，衰老是无计划的、随机发生的一系列紊乱所引起的，即认为衰老是细胞器的进行性和累积性毁坏的结果，或是大分子信息的误差，导致产生不正常的大分子，即包括酶在内的蛋白质分子，从而引起机体衰老。

（4）综合性衰老学说。这类学说认为，衰老是由于生物体细胞外环境或内环境的综合变化引起功能失调产生的。

上述的各种衰老学说，都是从某个侧面对衰老机理进行科学解释。将有关衰老机理的相关学说有机地联系起来进行综合评价，能更好地认识衰老本质。将生物膜损伤相关的学说联系起来，可以认为无论是钙质堆积、溶酶体破坏、脂褐质累积还是自由基形成，都是导致生物膜破坏从而引起衰老的重要因素；将神经、内分泌、免疫三大系统密切地联系起来，衰老是机体内部轻度的组织不相容性反应，这一自身免疫现象是对机体自身组织破坏的结果，表明自身免疫与衰老有关；从进化论的观点看，衰老的进化学说认为衰老是间接自然选择的结果，或认为衰老是自然直接选择了有限寿命的结果，因为有限的寿命有利于生物种群的生存。

各种衰老学说之间有着直接或间接的联系。例如自由基的强氧化作用攻击生物大分子，引起 DNA 交联，导致蛋白质合成差错，造成染色体畸变及体细胞突变，细胞变异又引起生理功能异常以及免疫系统和神经内分泌功能减退，导致自身免疫病和组织器官老化以至衰亡。从一个学说可以衍生另一个学说，从一种变化可以引出另一种变化，表明机体的生理生化改变可以导致病理性结局，分子水平与细胞水平的功能失调也会引发组织器官的机能衰退。这些内在联系又受外界因素的影响，促使机体老化以至最终衰亡。所以，不能片面地评估衰老学说。

由于机体各种结构和功能主导的生命活动极为复杂，内外环境的各种因素又可影响衰老过程，有些因素（如温度和射线）对老化和寿命的影响观点也尚未充分证明，因此，难以用一种理论全面、完善且综合性地阐明复杂的衰老机理，对于评估标准也存在较多异议。

综上所述，衰老是一个很复杂的生物学过程。严格讲，在机体的生命过程中，细胞和个体都在衰老，但有些细胞还在不断地增殖、分化而后衰老。这些衰老细胞通常被免疫细胞吞噬。这意味着细胞的衰老不完全等于机体的衰老。因此，衰老的研究必须从各个不同学科角度进行，才有可能获得比较全面的认识。

6.1.2.2 衰老机理的近代观点

机体衰老的变化不仅表现为生理功能衰退和细胞结构与形态改变，更多的是因组织器官退化而引起的老年性疾病。无论是生理性还是病理性的改变，细胞或分子水平的缺陷均起主导作用。为此，从细胞和分子水平提出了导致衰老的假说，以大量的试验依据阐明衰老发生的机理，如基因控制论、神经免疫网络论、糖皮质激素受体论、线粒体 DNA 突变论等。

目前，通过遗传筛选和自然突变的方法，人们已经鉴定出数百个影响衰老或长寿的基因和相关信号传导通路，它们包括：胰岛素信号通路（insulin/IGF-1 signaling pathway，IIS），雷帕霉素标靶（target of rapamycin，TOR）信号通路，腺苷酸活化蛋白激酶（adenosine monophosphate-activated protein kinase，AMPK）信号通路，热激因子（heat-shock factors，HSFs），促分裂原激活蛋白激酶（mitogen activated proteinkinases，MAPKs），沉默信息调控因子 2 样蛋白（silent information regulator 2 homolog 1，sirtuins）和线粒体相关信号通路等。这些信号传导通路在衰老的过程中发挥作用（图 6-1）。

6.1.2.3 中医衰老学说

（1）五脏虚损致老说。以肾虚、脾虚与衰老关系尤为密切。

（2）阴阳失衡致老说。中医学认为“阴平阳秘，精神乃治”和“阴阳离决，精神乃绝”。

（3）气血失和致老说。气血是人生命的根本动力，若气血循行失调则脏腑失和、疾病丛生，

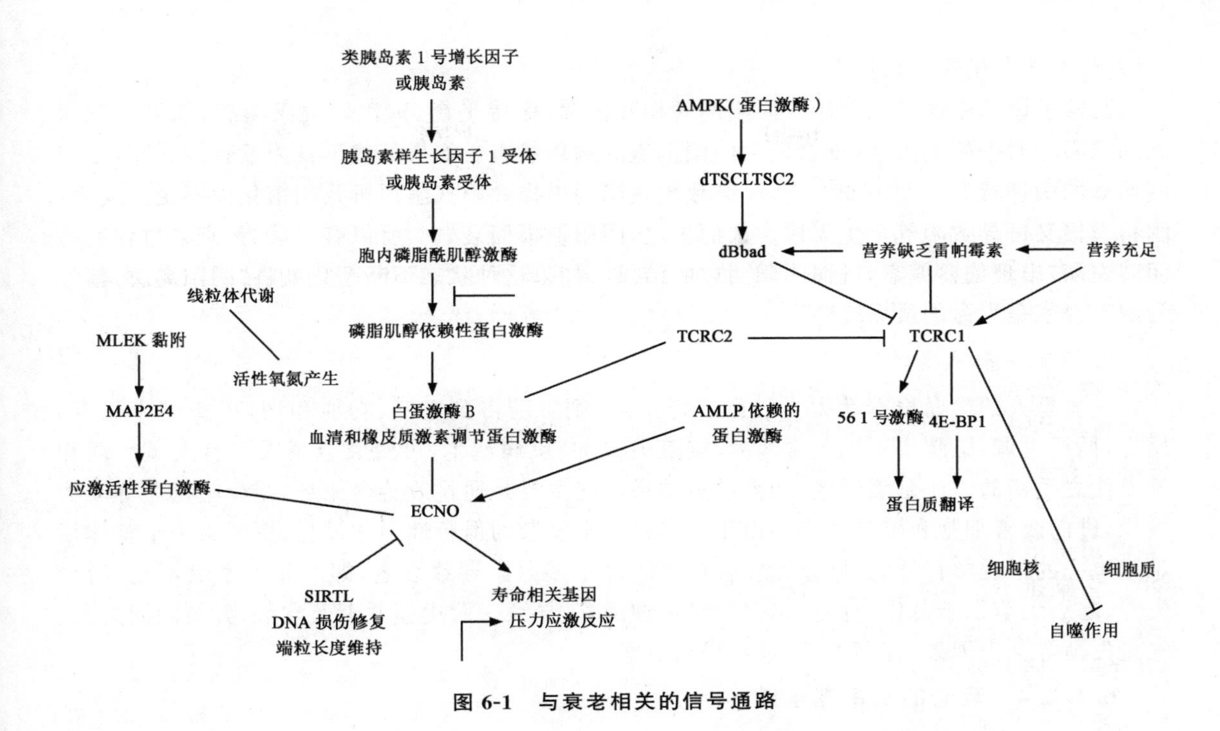

图 6-1　与衰老相关的信号通路

可致衰老早夭。

此外，尚有禀赋不足致老说、情志失节和不良习惯致老说等。

中医认为，养生延寿是个长期综合的过程，要注意顺应自然，因人、因时、因地制宜地采取实用、综合、有效的措施，长期坚持才能取得抗衰延寿的效果。具体的养生方法很多，例如运动养生、情志养生、食饵养生、药物养生和针灸养生等。

1. *五脏虚损衰老学说*

生命的正常延续与各脏腑功能及其协调性有关。人生、老、病、死的变化与这些脏腑功能的强弱盛衰息息相关。五脏虚损不但是衰老的生理特征，也是导致衰老的重要原因。在五脏之中，又以脾、肾两脏与衰老关系尤为密切。

(1)肾虚衰老学说。肾为先天之本，人体的变老、变老速度以及寿命长短，在很大程度上取决于肾气的强弱。正是基于此，历代医学家都十分重视补肾法在延缓衰老中的作用。近年来的流行病学调查表明，肾虚在老年人中所占比率最大(43.2%～77.4%)，明显地高于其他各脏虚证，而且肾虚的患病率与增龄呈显著正相关的关系。

(2)脾虚衰老学说。脾为后天之本、气血生化之源，在人体生长发育过程中维持生命的一切物质均有赖于脾胃之运化。如果脾胃不足，则气血生化不足，各脏皆虚，也就导致了机体衰老。

(3)其他脏腑虚损衰老学说。人的机体是一个整体，五脏相互关联，彼此相互影响，如果某一脏腑功能失调多可影响其他脏腑功能。流行病学调查表明，五脏虚证存在于各个年龄组；它们的发生率与年龄增长呈显著正相关，随年龄增长两脏或两脏以上脏器虚证发生率明显递增。这表明衰老是一个整体的变化过程，不是某一脏器的单一虚损，而是多脏器相互受累，进而影响整个机体功能。

2. 阴阳失衡衰老学说

阴阳学说是中医理论基础。阴阳两者相互依存、保持平衡，则机体健康无病；如果生理状态的阴阳相对平衡受破坏，就会发生阴阳偏盛的病理状态。如果某些不良因素长期累积，或偏盛偏衰的病理状态长期不能纠正，可导致阴或阳的虚损。阳气虚损可致阴精化生不足。反之，阴精虚损又可导致阳气化生无源。久而久之，阴阳俱损而衰老。所以有人认为，衰老过程就是阴阳失衡，出现偏盛偏衰，进而阴阳两虚的结果。如果这种状态不断恶化就将“阴阳离决，精气乃绝”，也就是生命的最后终结。

3. 气血失和衰老学说

气血是人的生命根本动力。气血运行正常，则脏腑得到濡养、功能和调，可望健康长寿。反之，循行失调，脏腑得不到正常濡养，则脏腑失和、疾病丛生，可致衰老早夭。有人试用调和气血使之平衡的方法延缓衰老，取得满意结果。这主要是通过改善微循环，减少脂褐质等废物堆积，进而改善细胞和脏器功能。由于衰老是一个复杂的退行性生理过程，更因为一个整体很难用单一的学说解释衰老，所以比较合理的解释是多因素导致衰老，即因先天禀赋不足、后天失养、起居无节伤于劳作或因情志失和等多种因素，导致一脏虚损并渐及它脏，并与阴阳失和、气血失衡等互为因果，逐渐加重，最终导致衰老。

6.1.2.4 衰老的自由基学说

衰老的自由基学说是1955年D. Harman提出的，在众多衰老理论中一直占有重要位置。该学说认为自由基攻击生命大分子造成组织细胞损伤，是引起机体衰老的根本原因，也是诱发肿瘤等恶性疾病的重要原因。

自由基(free radical)是指具有未配对电子的原子、原子团、分子和离子。书写时，以一个小圆点表示未配对电子，例如H·为氢自由基，·OH为氢氧自由基。自由基有氧自由基及非氧自由基之分。人体内以氧形成的自由基最重要。其包括：超氧阴离子自由基($\cdot O_2^-$)、氢氧自由基(·OH)、过氧化氢分子(H_2O_2)、氢过氧基($HO_2^-\cdot$)、烷氧基(RO·)、烷过氧基(ROO·)、脂类氢氧化物(ROOH)和单线态氧($1O_2$)等，它们又称活性氧。非氧自由基包括：氢自由基(H·)、有机自由基(R·)。

Harman认为，细胞在正常的代谢过程或机体受到电离辐照时都会产生一些自由基，尤其在生物体内的氧化还原反应中，有2%～5%的氧会产生超氧自由基。自由基的性质非常活泼，很容易与其他物质反应生成新的自由基。因此，自由基反应往往以连锁方式进行下去。超氧自由基可与蛋白质、脂肪、核酸发生反应，破坏细胞内这些生命物质的化学结构，干扰细胞功能，造成机体的各种损害。如自由基使DNA损伤，导致突变。DNA损伤还会形成如8-羟基脱氧鸟苷这样一种加成物，袭击脂肪酸，形成内源性过氧化物。超氧自由基作用于不饱和脂肪酸，生成脂质过氧化物，影响细胞膜的通透性。由此，Harman认为，衰老过程可能就是细胞和组织中不断进行着的自由基损伤的过程。

自由基对生物机体的主要损害如下。

(1)产生脂质过氧化物和脂褐质。自由基往往首先作用于多不饱和脂肪酸(polyunsaturated fatty acid，PUFA)，由于其分子中含有多个双键，会减弱邻近碳原子上烯丙基氢原子的键能，因而在此键能较低处容易引起自由基连锁反应，脱去烯丙基氢而形成自由基，进而形成脂质过氧化物。脂质过氧化作用的重要性还在于它能进一步分解产生醛，特别是丙二醛。后者可与含有游离氨基酸的蛋白质、磷脂酰乙醇胺、核酸等物质形成 Schiff 碱。如果该蛋白质内有 2 个以上的游离氨基酸，便会发生分子间的交联，结果生成由异常键连接的比原有分子大许多倍的大分子，致使蛋白质变性、溶解度降低，影响其功能，如一些酶会因交联而失活。这些破坏了的细胞成分可被溶酶体吞噬。由于它们有异常键(醛亚胺键)，不易被溶酶体内水解酶消化，随着年龄增长而蓄积在细胞内形成所谓的脂褐质。脂褐质具有荧光，故又称为荧光色素(增龄色素)。含有较多不饱和脂肪酸的磷脂是构成生物膜的重要成分。如果自由基生成过多，膜中磷脂被氧化，导致膜中蛋白质、酶及磷脂交联，酶失活，膜的通透性改变，细胞的多种功能便可能受到损害。各类细胞器膜对过氧化更敏感，如线粒体膜受损伤，可导致能量生成受阻，微粒体上多聚核蛋白体解聚、脱落，抑制蛋白质合成。酶体膜受损，可释放出其中的水解酶类，轻则使蛋白质及细胞内多种物质水解，重则造成细胞自溶、组织坏死。

(2)自由基对核酸的损害。在生物体以水为介质的环境中，大剂量的辐照可直接使 DNA 断裂，较小剂量的辐照对 DNA 的损害主要表现为 DNA 主链断裂、碱基降解和氢键破坏。氢键破坏可能是主链断裂或碱基降解所造成的次级反应。现一般认为，辐照造成的这些变化是辐照能作用于水，使水分解，其一级反应可产生水阳离子和电子。后者再与水反应及相互作用(二级反应)，产生活泼的氢自由基(H·)、氢氧自由基(·OH)、水化电子(eaq-)，eaq-可与 O_2 反应生成 $·O_2^-$。这些自由基又可通过连锁反应生成新的自由基。例如，·OH 和 H· 加成至碱基双键中，最敏感的是胸腺嘧啶，形成胸腺嘧啶自由基；·OH 也可加成到其他碱基中，如胞嘧啶 C6 或 C5、腺嘌呤 C7 或 C8 等，生成的这些嘧啶和嘌呤自由基可互相结合，或进一步生成过氧化物。这些变化可造成碱基破坏，从而产生遗传突变。

·OH 或 H· 还能从核酸的戊糖部分提取氢，因而在 DNA 的脱氧核糖部分形成自由基。如该反应发生在 4′位碳原子处，会使 DNA 主链断裂，并产生醛类(如丙二醛)；还可能发生碱基缺失，造成遗传信息的突变。

(3)自由基对蛋白质的损害。自由基直接作用于蛋白质，或通过与脂质过氧化后的产物作用，可使蛋白质的多肽链断裂，个别氨基酸发生化学变化；或使蛋白质发生交联聚合作用，进而使细胞的功能发生变化。如氢氧自由基可直接作用于肽键，使肽键断裂。这一反应首先发生在化学性质比较活泼的 α 碳原子上，夺取 α 碳原子上的氢，使 α 碳原子氧化成过氧基，再与附近活泼氢结合成水，使肽键转变成亚胺基肽的中间产物。在酸性条件下，亚胺基肽水解而断裂，破坏蛋白质的一级结构。

此外，自由基可通过氧化性降解使多糖断裂，如影响脑脊液中的多糖，从而影响大脑的正常功能；还可使细胞膜寡糖链中糖分子羟基氧化生成不饱和的羰基或聚集成双聚物，从而破坏细胞膜上的多糖结构，影响细胞免疫功能的发挥。

总之，自由基所在细胞内发生多位点损伤。这些损伤的积累是机体老化的重要原因。由于自由基存在时间极短，浓度又低，较难测定，因而可通过测定细胞内自由基的产物，如脂褐质和脂质过氧化物，以它们的积累量作为衡量自由基的衰老生物学指标。

需要说明的是，自由基并非全部对机体有害。自由基究竟是有益于健康，还是有损于健康，是一个十分复杂的问题。

6.1.2.5　衰老的神经内分泌学说(脑中心学说)

衰老的脑中心学说是 Finch(1976)、Everitt(1980)提出的，也称为衰老的神经内分泌学说。他们认为在中枢神经系统内，也许就在下丘脑的换能神经元内，存在一个控制“衰老”的神经机构，并形象地称之为“衰老钟”。单胺类物质控制衰老钟的运行，其中去甲肾上腺素(NE)含量上升会延长机体的寿命，而5-羟色胺(5-HT)含量升高则促进衰老。

研究发现，改变中枢神经递质的比值，如增加去甲肾上腺素(NE)或减少5-羟色胺(5-HT)，则可以阻止或逆转动物的衰老过程；反之则会加速生命的衰老过程，或产生老年性疾病(如老年性抑郁症或老年性痴呆症等)。

在中枢神经系统中，存在一种能分解儿茶酚胺(如NE或DA)的酶——单胺氧化酶(monoamine oxidase, MAO)，它使儿茶酚类递质的生理作用灭活。MAO有2种形式：MAO-A与MAO-B。前者存在于神经元中，后者存在于神经胶质细胞中。人的后脑和血小板中，MAO-B活性随年龄上升，45岁以前，酶活性曲线平缓，但45岁后则呈直线上升。在许多脑区，MAO-B的活性随年龄增大而升高，但MAO-A没有此现象。因此，大多数学者认为MAO-B活性与衰老相关。使用单胺氧化酶抑制剂(MAOI)也能增加人脑中的儿茶酚胺(catecholamine, CA)水平。MAO-B实际上是导致生命衰老的“罪魁祸首”。但目前使用的MAOI均有很大的副作用。

6.1.2.6 代谢失调学说

衰老的代谢失调学说是由我国著名营养学家郑集教授提出的。他认为从生物化学的角度来看，生命的物质基础是代谢，如果代谢途径和细胞组成成分的更新发生衰退性变化，最终可导致细胞、组织、器官和整个人体形态和功能的衰老。所以，人体的衰老是内外因素作用于代谢的结果。

具体而言，生物的衰老过程是由遗传所安排的，而衰老的机理则由代谢来表达。衰老始于细胞，细胞的衰老产生于代谢失调。细胞的代谢失调，是由于内外的不良因素影响而使其结构发生改变引起的。遗传是决定一切生物自然寿命(即生理性衰老)的第一因素，而代谢则表达衰老过程中的反应或作用机理。当人体的关键性细胞的代谢机能运转正常时，机体(或细胞)的衰老即按照遗传规定的速度进行，达到应有的自然寿命。如果受到有害因素的影响妨碍了细胞的代谢机能，则细胞的代谢就会发生异常，衰老进程随之加快，导致早衰(属病理性衰老)，即使不受显著有害因素影响的生理衰老，其细胞的代谢机能仍然按照遗传安排的程序逐渐失调。因此可以说，在遗传安排的基础上细胞的代谢机能失调是生物机体产生衰老的机理。这一论点在生理学、生物化学、病理学和临床医学上都有充分的证据。例如，成熟纤维细胞的分裂不超过50代，红细胞的寿命大约只有120 d，人的寿命一般很少超过百岁。这些都是在遗传安排基础上由于细胞代谢失调而产生的后果。疾病(外伤除外)也无一不是由于代谢失调引起的。

6.1.2.7 衰老的神经内分泌免疫学说

衰老是生命的自然规律，既受先天的遗传基因的制约，又受后天环境多种因素的影响。免疫功能是活细胞最古老的功能之一。免疫性物质存在于低级生物细胞内。在生物进化中免疫功能更加完善，与机体其他系统协调一致维护整体的防御反应。在衰老中，免疫功能首先衰退，伴随而来的是神经内分泌功能的失调，从而导致整体功能的衰退与老化。因而出现了神经内分泌免疫衰老学说，简称NIM衰老学说。

神经内分泌的自发活动与诱发活动都可引起免疫反应。在免疫细胞上有多种受体，接受各自的神经小分子与肽类激素分子的信息并引起相应的免疫细胞反应。神经内分泌系统与免疫系统之间的信息反馈是双向性的。一方面是从神经内分泌轴向免疫细胞发出信息引起免疫反应，另一方面是免疫细胞释放免疫因子(免疫分子),向中枢神经内分泌轴细胞反馈信息引起神经内分泌细胞反应。例如,摘除胸腺后或在衰老动物胸腺功能减退时,神经内分泌功能就出现反应迟钝或活力减退的变化。因此,这两大生理调节功能系统不能分割,相互配合,但各有所侧重。

6.2　营养与衰老

6.2.1　能量与衰老

一些动物试验结果表明,幼年期限制热量可以抑制动物生长,延缓成熟期,使生理性衰老速度减慢,从而延长寿命。

限食延长寿命的原因有多种解释,其中易被接受的是磨损-撕裂(wear-and-tear)假说。该假说认为,当营养被限制后,新陈代谢过程降低,各种损害机体健康的影响水平也降低,一系列随年龄增加而变化的速率也显著下降。另有研究认为,饥饿延长生命的效应是由于激素的飘移(如受到微小的应力),尤其是下丘脑释放因子及脑下垂体促激素分泌降低的缘故。限食的结果:脑下垂体的促甲状腺激素受到显著的抑制,但皮质酮与胰岛素的分泌并不降低,反而有所增加。一些研究结果指出,限食小鼠体组织中脂质过氧化物(LPO)含量较低,因此,限食可能减少自由基的生成及其对细胞的损伤。Massors 等认为,限食可延缓与老年死亡有关的疾病如慢性肾小球肾炎、肌肉营养不良及肿瘤的发生。另外,限食还能改变动物的生理功能,如限食大鼠对肾上腺素与胰高血糖素的反应更迅速,血清胆固醇水平到老年时升高不大,免疫细胞增加较多,维持时间更长。Weiendruch 等认为,限食可增强老年期免疫系统的防御能力,避免老年疾病的发生,从而延长寿命。Masoro 认为,限食也可能通过影响神经内分泌系统的功能达到延长寿命的目的。一些研究还发现,限食可有效地抑制大鼠老化时蛋白质合成率的降低,限食组大鼠肝蛋白质合成率高于对照组。因此推测认为,限食促进了蛋白质的更新与基因表达。

在饥饿动物寿命能延长这一点上,体温降低 2～3℃是很重要的。据此计算而得的衰老过程活化能是 125～210 kJ/mol。因此有人从另一方面认为,饥饿延长寿命效应可能是由于降低体温的缘故,从而认为饥饿并非延长寿命的一个独立因素,而是降低体温的一种成功的生理效应。对许多冷血动物来说,限食尤其是低蛋白膳食并不能延长其寿命。

饥饿延长寿命是以不损害生存的最低能量需求为基准的,否则得到的结果就不是延长寿命而是缩短寿命。对饥饿延长寿命的论点持反对意见者也不少。对动物试验的结果延伸应用至人体尚须慎重,至今为止还没有关于限食对人类寿命影响的试验研究。

6.2.2　蛋白质与衰老

一些研究表明,在能量能够满足机体需要的基础上,蛋白质和糖的比值越高,机体的寿命越长。

在考虑到限食对寿命影响的方面,应该注意到低能量膳食和高能量低蛋白质膳食可能会产生相同的延长生命效应。低蛋白膳食或者个别必需氨基酸(尤其是色氨酸)含量低的膳食可能由于降低了在功能上活性的酶蛋白合成,从而对延长生命产生有益的效应。在低蛋白质膳食研究中,乳酸脱氢酶、苹果酸脱氢酶、胆碱酯酶、组织蛋白酶、碱性磷酸酯酶和琥珀酸氧化酶等酶活力均有下降。

在低能量或低蛋白膳食甚至于缺少某一必需氨基酸的膳食能延长寿命的问题上，最可能的解释是遗传物质与蛋白质合成过程的变化。大量的试验表明，在各种不同分化类型的细胞中，当氨基酸与能量不足时，RNA 与蛋白质的合成率显著降低，这类大分子的生存率因此提高。当这些营养因子作用于生物大分子的合成与分解率降低时，细胞能更经济地使用从遗传物质中取得信息，这样就降低了 DNA 损伤的水平，同时延长细胞也就是有机体的寿命。但是，Ross 发现不论是限制膳食或自由摄取，在膳食中增加蛋白质数量能延长大鼠寿命。Ross 还比较了给予大鼠蛋白质的时间对其寿命的影响。若在断乳后即给予高蛋白膳食比给低蛋白膳食的寿命要长；在大鼠幼年时给低蛋白膳食，虽在后期给高蛋白膳食，其寿命仍较短。这也说明了早期给予高质量营养素的重要性。Ross 同时认为，早期给予高质量营养膳食而不考虑降低能量的话，会使大鼠在成熟期体重增加过快，体重很早就达到 500 g，这样反而会缩短大鼠寿命。

6.2.3 脂肪与衰老

高脂肪膳食比低脂肪膳食更能使大鼠变胖并缩短寿命。摄取高脂肪，尤其是富含饱和脂肪酸的脂肪，会诱导动脉粥样硬化从而发生心血管与脑血管疾病，包括心脏病与中风。摄入高脂肪还会导致结肠癌、乳房癌及宫颈癌等恶性肿瘤。摄取高脂肪与高能量会使老年人肥胖，对葡萄糖的耐量降低，产生高胰岛素血症、高甘油三酯血症及降低血中的高密度脂蛋白胆固醇，从而导致糖尿病、高血压与动脉粥样硬化，甚至冠心病。老年人动脉粥样硬化的发病除与血中胆固醇、低密度脂蛋白胆固醇与甘油三酯的升高以及高密度脂蛋白胆固醇的降低有关外，还与血中低密度脂蛋白胆固醇的颗粒大小、脂蛋白的浓度、高密度脂蛋白胆固醇中的载脂蛋白有关。低密度脂蛋白胆固醇与高密度脂蛋白胆固醇的过氧化作用也与动脉粥样硬化的发病有关。血液中若发现高半胱氨酸浓度增加，则是发生动脉硬化的危险信号。动脉硬化的发生自然会影响生存寿命。

6.2.4 维生素与衰老

一些抗氧化性维生素（如维生素 C、维生素 E、维生素 A 等）可以抑制过氧化物的产生，清除体内代谢产生的自由基，有防止和延缓衰老发生的功效。

1. 维生素 A 与 β-胡萝卜素

维生素 A 能作用于生物体内的上皮细胞，促进它们的分化，对肿瘤有防治作用。由于在老年人中，维生素 A 在血液中的含量要比服用同样剂量维生素 A 的青年人高，这表明老年人的肝脏对维生素 A 的廓清作用降低，而且服用量过多容易中毒，所以不宜多用。在美国的 RDA 中，维生素 A 服用量，老年男性为 1 000 μg，女性为 800 μg。我国的 RDA，老年男性与女性皆为 800 μg。欧洲的 RDA，男性为 700 μg，女性为 600 μg。关于 β-胡萝卜素在“延缓衰老的功能（保健）食品的开发”中还有介绍。

2. 维生素 D

老年人维生素 D 的需要量比青年人要高，因此，老年人（尤其是不经常在户外活动与缺少阳光照射的老年人）补充维生素 D 是需要的。其原因是老年人缺乏阳光的照射及他们的皮肤将 7-脱氢胆固醇合成维生素 D_3 的功能发生障碍。同时由于肾功能的衰退，使在肝脏合成的

25-羟维生素 D_3 到肾脏后，不能由于甲状旁腺的作用再进一步合成生理功能更强的 1，25-二羟维生素 D。年龄老化也使 1，25-二羟维生素 D 在肠道与骨骼中的功能衰退。

3. 维生素 E

维生素 E 是强抗氧化剂。它能保护机体免受自由基的损伤并保持体内膜的稳定。补充大量的维生素 E，使血液循环中保持高水平的维生素 E，能减少白内障与肿瘤的发病率及降低低密度脂蛋白的水平。有人曾每天补充 800 mg 维生素 E 进行干预试验，结果的确能提高机体细胞免疫功能，但对老年痴呆症的干预却无效。维生素 E 800 mg 是一药理剂量，但对日常的 RDA，却并不需要作大量增加。对于经常食用多不饱和脂肪酸酯的老年人，对维生素 E 的需求量增加。关于维生素 E 在“延缓衰老的功能(保健)食品的开发”中还有介绍。

4. 维生素 B_6

在老年期的营养中，维生素 B_6 并不受到营养学家的重视。研究表明，维生素 B_6 缺乏后，IL-2 的产生与淋巴细胞的繁殖会受到影响，因而会使老年人的免疫功能低下。

5. 维生素 B_{12}

萎缩性胃炎是老年人的多发病。在发达国家，60 岁以上老人的发病率大于 30%。萎缩性胃炎患者的胃幽门部分与十二指肠中有大量细菌繁殖。这些细菌要消耗人体所摄入的大量维生素 B_{12}。此外，胃炎也影响食物中维生素 B_{12} 与蛋白质复合物的消化与吸收。因此，老年人的神经精神症状可能与缺乏维生素 B_{12} 有关。故维生素 B_{12} 的 RDA 非但不能降低，反而应增加；在必要时还应每周肌肉注射较大剂量的维生素 B_{12}。

6.2.5　微量元素与衰老

近 20 年来，人们就衰老的机理与微量元素以及衰老状态下微量元素在体内的变化等方面做了大量的研究。结果表明，几乎所有的衰老现象和过程都与微量元素有关，其中关系密切的有锌、硒、铜、锰和铬等。因此，保证具有抗氧化功能的维生素和微量元素的充足摄入能有效地降低某些老年病、成人病的发生率，有益于延缓衰老进程，达到延年益寿的目的。关于微量元素在“延缓衰老的功能(保健)食品的开发”中还有介绍。

二维码 6-1　目前研究衰老的模型
(主要有老鼠模型、线虫模型、
果蝇模型和酵母模型)

6.3　延缓衰老的功能(保健)食品的开发

机体内存在着导致衰老的诸多因素，但同时机体内又存在着诸多对自身有利的因素，这对延缓衰老进程有十分重要的意义。现代对抗衰老的研究，重点在于加强和完善机体内的抗衰老机制，使其充分发挥积极的作用，同时加强外源性抗衰老活性物质的投入，以补充机体内抗衰老机制的不足。

6.3.1　老年期的营养需求和老年日常功能(保健)食品开发

6.3.1.1　老年人的生理特点

老年人的生理特点是：代谢机能降低，基础代谢约降低了 20%；脑、心、肺、肾和肝等重要器官的生理功能下降；合成与分解代谢失去平衡，分解代谢超过合成代谢；表现出衰老现象，如血压升高、头发变白脱落，以及老年斑与皱纹皮肤的出现等。伴随而来的是各种老年病，如糖尿病、动脉硬化、冠心病和恶性肿瘤等。

身体各部位的衰退将以不同的速率出现在不同的人身上。这主要取决于各人的遗传因素、病史、膳食和一生中的医疗保健状况。

1. 循环系统的变化

心肌收缩力降低，心输出量下降。由于心肌细胞萎缩，心肌收缩力降低。与年轻人相比，老年人脉搏输出量减少 30%～40%。成年后，每年人的脉搏输出量大约减少 1%，致使心血输出量降低。

血管粥样硬化，血压升高，器官特别是心脑供血不足。老年人由于血浆中胆固醇及甘油三酯含量的增加，形成粥样物，导致动脉粥样硬化，血管外周阻力增加，血压（特别是舒张压）升高；血管变细，血流不畅，造成器官（特别是心、脑）供血不足；易形成血栓，造成血管梗阻，是冠心病、脑卒中的重要诱因。

2. 呼吸系统的变化

随着衰老的进行，人的呼吸系统发生如下主要变化。

(1)呼吸肌萎缩，肺活量降低，机能余氧量升高。呼吸肌随年龄的增长而萎缩，人的肺活量则逐渐降低。一位 30 岁以下的成年人，其肺活量为肺总量的 80%；而 80 岁的老年人，其肺活量仅为肺总量的 68%，因而机能余氧量升高。

(2)肺组织萎缩，肺泡增大，肺泡弹性回缩减少。老年人由于肺泡表面活性物质含量下降，使肺泡表面张力加大。老年人肺泡回缩力随肺泡表面张力的加大而加大。又由于肺泡回缩力和肺泡半径成反比，致使小肺泡并入大肺泡，使肺泡变大，过多的空气积存在肺泡内，有时可进入肺间质。这是老年肺气肿的重要病因。此外，老年人肺泡室及其间质弹性纤维含量逐渐减少。肺部弹性降低也是肺气肿的一个病因。上述呼吸肌的萎缩也造成肺功能降低。

(3)血中氧分压降低。由于老年人肺泡变大，肺泡表面积降低，气体交换能力变差，血中氧分压降低。70 岁的老年人血中氧分压仅为 25 岁时的 1/2。所以，一位 25 岁年轻人的肺每分钟向组织输氧 4 L，而 70 岁老人的肺每分钟仅输氧 2 L。

3. 消化系统的变化

与年轻人相比，老年人的消化系统呈现的主要变化是：咀嚼功能降低，味觉功能丧失 80%，消化液分泌量减少，消化液中酶的活性也较年轻人低下。肠蠕动减慢是老年人消化系统功能低下的另一个特征，特别是直肠。它是老年人易患便秘的主要原因。

4. 肌肉骨骼系统的变化

老年人骨骼肌萎缩，收缩功能减退，易于疲劳。由于消化功能减退，钙的消化吸收功能降低，加上钙摄取不足，因而易出现骨质疏松。

5. 神经系统的变化

与 25 岁年轻人相比，65 岁老年人神经细胞减少 20%～45%，脑质量减少 6%～11%，神经细胞被神经胶质细胞所代替，同时神经传导功能也变慢，反射时间延长，因而老年人往往反应迟缓，记忆力降低。

6.3.1.2 老年期的营养需求

衰老是一个渐进的过程，在生长发育停止后就已经开始。为了保证老年期的健康，有时需从生命的早期就注意膳食营养的作用。例如，中年以前就注意摄取充足的钙，使骨密度达到较高的峰值，可预防或推迟老年骨质疏松的发生。

就目前的研究而言，老年期的特殊营养需求可概括为“四足四低”，即足够的蛋白质、足够的膳食纤维、足量的维生素与足量的矿物元素，以及低能量、低脂肪、低胆固醇与低钠盐等。

老年人肠胃功能减弱导致对蛋白质利用率的降低。老年机体内蛋白合成代谢减慢，而分解代谢却占优势。老年性贫血出现的原因之一就是血红蛋白合成量的减少。因此，老年人易出现氮负平衡，需增加摄入量以维持机体代谢的平衡。老年人需要的是各种生物价高、氨基酸配比合理的优质蛋白质，那种胆固醇与饱和脂肪酸含量很高的部分动物蛋白应予以避免。蛋白质的需求量，应占每日总能量的15%～20%，以每日每千克体重1～1.2 g为宜，其中优质蛋白应占1/2以上。

老年人肠胃功能下降，肠内有益菌群数减少，老年性便秘现象经常出现，因此，需增加膳食纤维的摄入量。近年来国内外大量的研究证实，膳食纤维有许多重要的生理功能，膳食中纤维数量的不足与心血管及肠道代谢方面的很多疾病（包括动脉硬化、冠心病、糖尿病与恶性肿瘤等）有直接的关系。这些疾病多属老年病范畴。膳食纤维对老年人的重要性由此可见。

随着年龄的增大，人体内某些必需矿物质元素的含量逐渐减少，而一些非必需或毒性较大的元素（如重金属Pb）却会在机体各器官中逐渐积蓄。必需矿物质元素的补充对保护老年机体健康显得十分重要。因老年人对钙的吸收率降低，缺钙现象最为常见，表现出腰酸腿疼、骨质疏松或骨质增生，故有道“人老始于腿”。国外推荐的预防骨质疏松的钙最适摄入量每天为1 000～1 200 mg。我国目前的实际情况距此标准相差甚远。由于胃功能下降，胃酸分泌量少，导致对铁吸收率降低，缺铁性贫血在老年人群中很常见，需予补充。锌、镁、铜、硒、铬和钒等微量元素与老年人的健康也有密切的关系。

维生素在调节机体代谢方面发挥着重要的作用。老年人由于身体器官功能的衰退，自身调节机能下降，保证足够数量的维生素（特别是维生素A、维生素D、维生素E、维生素C、维生素B_1、维生素B_2和维生素B_{12}等）是很重要的。目前尚无有力的证据表明，年龄的增大与各种维生素需求量增减方面有什么直接的关系，但已知老年人易缺钙而导致骨质疏松，补充维生素D将有助于提高对钙的吸收率。此外，维生素C、维生素A、维生素E还具有清除自由基、提高免疫力、抗肿瘤与抗衰老等作用，对老年人来说非常重要。

老年人基础代谢降低，体力活动减少，所需能量也相应减少。60岁以上老人的平均日进食能量宜控制在134～146 kJ/kg，所谓“千金难买老来瘦”意义就在于此。脂肪与糖类是人体能量的主要供给者，脂肪（特别是富含饱和脂肪酸的动物脂肪）和蔗糖摄入量过多还会引起一系列疾病。这方面对老年人尤显得重要。因此，老年人对脂肪与糖类的摄入量应作严格控制。脂肪摄入量宜控制在总能量的17%～20%为宜，碳水化合物按目前的实际情况宜控制在总能量的60%以内，低分子的糖类应尽量减少。

钠盐摄入量过多与高血压多发性之间的直接关系已成定论。老年性高血压的出现与肾器官的衰老导致钠离子排出功能下降。为减轻肾脏负担应严格控制钠盐的摄入量，每人每天不能超过10 g，最好在5 g以下。

6.3.1.3 老年日常功能(保健)食品的开发

1. 老年日常功能食品开发的总体原则

根据老年人的生理特点与营养需求而设计的旨在维持活力与精力的食品，属于老年日常功能食品。老年食品设计时应考虑的非营养因素有：老年人易受长期养成的饮食习惯所支配，喜欢接受年轻时吃惯的食品，对新鲜食品不易接受；老年人牙齿逐渐脱落，咀嚼功能衰退，要求食品质构松软不需强力咀嚼；老年人味觉与嗅觉功能减退导致对食品风味的敏感性降低，因此需对食品的风味配料作精细调整；老年人所拥有的经济状况对其选择食品影响很大，多数人不敢问津价格高昂的食品。

有鉴于此，在设计老年食品时，既要充分考虑老年人特殊的营养需求，保证供给足够的营养素，又要体谅到老年人营养以外的特殊要求，所设计的食品在色、香、味及价格等方面都要符合老年人的特殊要求。只有符合上述要求的产品才会被老年消费者所广泛接受，才能拥有广阔的市场前景与较强的竞争力。

2. 老年日常功能食品的种类

老年日常功能食品的总特点是：富含膳食纤维、蛋白质、矿物元素与维生素，低能量、低脂肪、低胆固醇与低钠盐。一种完美的老年日常功能食品要求能全部满足上述营养特点。当然这个要求是过于苛刻了，通常的产品只能满足其中的某一项或某几项要求。

(1)高蛋白食品。老年人需要的蛋白质是氨基酸配比良好的优质蛋白质，以豆类植物蛋白和真菌蛋白为较佳蛋白质来源。动物性蛋白由于胆固醇与饱和脂肪酸含量较高，不宜过多摄取。但因动物性蛋白的氨基酸配比往往比较合理，故仍需占一定的比例，其中以鱼蛋白为佳。大型真菌中，蘑菇、草菇、凤尾菇、香菇和金针菇的蛋白质含量(干物质中)分别为36.1%、30.1%、21.2%、18.4%和16.2%，是很好的优质蛋白来源。大豆与花生蛋白是2种最富足的植物蛋白资源。这方面的深加工内容包括营养较齐全的高纤维豆乳与花生乳饮料、风味良好的乳酸菌发酵饮料以及充分组织化的高级人造肉制品等。

(2)高纤维食品。在制备高纤维食品时，首先，要注意高品质纤维添加剂的选择。膳食纤维确有许多生理功能，诸如预防便秘与结肠癌、降低血清胆固醇预防冠心病、调节末梢神经对胰岛素的感受性控制糖尿病病人的血糖水平等。但并非所有的纤维制品都有上述功能。纤维也有个质量问题，如水溶性燕麦纤维有明显的降低血清胆固醇功效，但非水溶性燕麦纤维在这方面的作用就很差。目前，国际上研究的纤维品种多达30余种，包括谷物纤维、豆类纤维、果蔬纤维、微生物纤维、其他天然纤维和合成(或半合成)纤维六大类。但我国现阶段已研究并准备投产的纤维制品仅小麦纤维、大豆纤维和蔗渣纤维等少数品种。小麦纤维是西方国家标准的天然食用纤维，应用历史悠久、安全性高。大豆纤维因具明显的生理功能而受到很多国家的重视，值得推广。蔗渣纤维在南方一带资源很丰富，适合于在南方加工使用。

其次，应特别注意纤维的加入可能会带来食品原有组织结构、风味系统的变化，而这些变化往往让人较难接受。例如，纤维面包的体积变小、质构变差，纤维面条的吸水性增大，纤维饼干的松脆性变差。这些应想办法加以克服。

最后，由于纤维结构中带有羟基或羧基等侧链基团，会结合某些矿物元素从而影响机体对它的吸收，加上老年人本身对矿物元素的吸收率降低，在生产纤维食品时要注意某些元素(特别是Ca和Fe)的适当补充。

(3)富含矿物质和维生素的食品。增加老年食品中的矿物元素与维生素相对来说比较容易，特别要保证 Ca、Fe 和 Zn 元素以及维生素 A、维生素 C、维生素 D 和维生素 E 的供给量。实际生产时，首先要考虑配合使用各种富含某种矿物元素、维生素的天然食品原料，若还不足时，再考虑使用各种专用的矿物元素与维生素添加剂。矿物元素与维生素的配合量应在根据各自营养需求量基础上，综合考虑老年机体的吸收率、加工过程中的损失率以及各种食品成分间可能存在的相互作用而导致的损失率(如膳食纤维的大量存在会影响钙、铁等元素的吸收)，再决定它们在功能食品中的添加量。

对于老年人来说，由于自身的调节功能较差，矿物质和维生素的过量与不足均是很危险的。像硒一类的具有重要生理功能而又具很高毒性的微量元素，需通过微生物(如酵母)及大型真菌(如香菇、金针菇等)的生物凝聚法来提高浓度富集硒，或通过氨基酸等天然成分螯合吸附成硒复合物，再在食品中添加这种经微生物转化或天然物质螯合的富硒原料，如硒酵母、氨基酸硒复合物或富硒真菌菌丝体等。

(4)低脂肪食品。每克脂肪含有 37.62 kJ 的能量。动物性脂肪摄入量过多易引起动脉硬化已成为共识，所以，老年人要限制脂肪(特别是动物性脂肪)的摄取。老年保健食品中所需的脂肪配料应以富含豆油酸、γ-亚麻酸之类人体必需多不饱和脂肪酸的植物油为主，诸如米糠油、麦胚油、玉米油、红花油或月见草油等。试验表明，多不饱和脂肪酸对降低胆固醇预防冠心病效果很显著。这类油脂因此又称为功能性脂类。但它们同样每克含有 37.62 kJ 的能量，应处理好生理功能与能量限制两者间的矛盾。美国心脏病协会建议，膳食中饱和脂肪酸、单不饱和脂肪酸与多不饱和脂肪酸的比例以 1∶1∶1 为好。

(5)低能量食品。关于蔗糖与人体健康关系的争论已持续很长时间了。老年人中糖尿病病人居多。这部分人群显然是不宜摄取蔗糖的。蔗糖摄入量过多，能量过剩会转化成脂肪，引起动脉硬化与冠心病。因此，其他老年人也应该限制蔗糖的摄入。老年保健食品中所需的甜味可由适当的甜味替代品(强力甜味剂与功能性甜味剂)来提供。强力甜味剂甜度高但能量低或没有能量，国内主要有糖精、甜蜜素、安赛蜜(acesulfame)和三氯蔗糖(sucralose)等品种。糖精与甜蜜素的风味不佳，但两者以 1∶10 比例混合可相互改善对方的甜味质量。安赛蜜是一种品质甚佳的甜味剂，对酸、热稳定性高。三氯蔗糖是至今为止开发出来的最为理想的强力甜味剂，有很广阔的应用前景。

功能性甜味剂包括低聚糖和多元糖醇两类，既具甜味又有独特的生理功能，非常适合于应用在老年食品上。低聚糖能促进肠道内有益的双歧杆菌的生长繁殖。老年人肠道内双歧杆菌的自然数量较少，摄入功能性低聚糖很有好处。多元糖醇的代谢与胰岛素没有关系，可供糖尿病病人使用。低聚糖与糖醇都不是口腔微生物的合适底物，不会引起牙齿龋变，有利于保持口腔卫生。此外，低聚糖与部分品种的糖醇(如乳糖醇)没有能量。因此，低聚糖和多元糖醇是两类很适合老年人营养特点的甜味替代品。

老年人的基础代谢降低，所需的是降低了能量的食品。低能量食品是目前的一个热门研究课题。不光是老年人包括其他年龄段的消费群也希望所摄入的食品低能量化。降低食品能量的关键在于选择好合适的无能量或低能量的油脂替代品与甜味替代品。

由于油脂在各种食品配料中起着重要而又独特的口感、质构与风味的作用，单纯减少油脂使用量会极大影响产品的品质与可接受程度，脂肪替代品就是在这种情况下出现的。强力甜味剂对降低能量很有效，但因甜度高、产品体积小会带来食品配料体积的变化，这可通过使用无能量填充剂予以部分解决。填充型甜味剂因甜度低故不存在这方面问题。由于现有的脂肪替代品和甜味替代品尚不能再现油脂与蔗糖具备的所有功能特性,已有的低能量产品在质构、口感方面与对应的全能量产品尚有相当的距离,目前能摆放在老年人面前的,仍是有别于传统产品的低能量食品。对这方面的研究亟待加强。

(6)低胆固醇食品。为避免过多摄入胆固醇,应少吃动物内脏。蛋黄中的胆固醇含量较高,每个鸡蛋含 300 mg 胆固醇。因此若食品中含有其他动物蛋白,则不应添加鸡蛋或少加,确保老年人每日的胆固醇摄入量不超过 300 mg。

(7)低盐食品。减少食品中钠盐的使用量是一种必然的趋势,对老年人尤显得重要。目前,通过合理配合钠盐、风味剂、调味品与风味助剂,已能使食品中的用盐量减少至原有的30%～50%。但这距老年营养要求仍是偏高。由于以 N 或 K^+ 为基础的代盐品有明显的苦味,且在营养学上尚存很多疑难之处,而其他种类的代盐品与真正的咸味尚有一定的距离。有关的基础研究旨在调节钠离子穿透细胞膜的机制以期提高可被感知的咸味程度,但这方面真正实用的方法尚未问世。

6.3.2　延缓衰老的功能(保健)食品的开发

延缓衰老功能食品是在老年日常功能食品基础上添加具有延缓衰老功能的活性物质。根据人体衰老的机理和中老年人消化功能减弱、代谢和免疫功能降低等特点,延缓衰老的保健食品应着眼于调节生理节律、增强机体免疫功能与消除衰老促进剂相结合的途径。目前已查清的延缓衰老活性物质包括自由基清除剂和免疫激剂等。其中自由基清除剂有非酶类清除剂(抗氧化剂)和酶类清除剂(抗氧化酶)两类。被人们研究过的清除剂品种很多,但仅有少数几种公认并已进入实用阶段。抗氧化酶包括超氧化物歧化酶(SOD)、谷胱甘肽过氧化物酶(GSH-Px)、过氧化氢酶(CAT)和细胞色素 C 过氧化物酶等。抗氧化剂包括维生素 E、维生素 C、硒和硒化物等。

在国外,一般利用自由基消除剂和微生态因子相结合开发延缓衰老食品。在我国,还利用补中益气、强肾健脾、滋阴养心的药食两用中药作为原料开发延缓衰老的保健食品。

6.3.2.1　自由基清除剂

自由基清除剂包括酶类自由基清除剂和非酶类自由基清除剂,在前面第 2 章"功能因子"中已作介绍,这里主要讲与延缓衰老相关的知识。

1. 酶类自由基清除剂

(1)超氧化物歧化酶。存在于几乎所有靠氧气呼吸的生物体内。目前,已知的超氧化物歧化酶有 5 种:Cu-Zn-SOD、Mn-SOD、Fe-SOD、Fe-Zn-SOD 和 EC-SOD。其中,Cu-Zn-SOD 和 Mn-SOD 的研究较多,意义较大。外源性 SOD 的临床药理作用与内源性 SOD 的作用是一样的,即催化体内代谢所产生的 $\cdot O_2^-$ 转变为 H_2O_2 及 O_2。H_2O_2 仍具很强的氧化性,需要在过氧化氢酶(CAT)的作用下,最终转变为水。因此,在实际的应用中,最好将 SOD 与 CAT 混合使用。SOD 对于清除活性氧自由基是一道重要的防线,由此达到延缓衰老和防止疾病的目的。

SOD 的应用价值较高,已广泛地应用于保健食品的生产中。目前,SOD 主要从动物血液(如猪血、牛血等)的红细胞中提取。植物中刺梨、大蒜、小白菜中 SOD 含量相对较高,可从这些原料中分离提取。

(2)过氧化氢酶(catalase，CAT)。主要分布在红细胞及某些细胞内微粒体中，主要功能是清除体内过多的 H_2O_2，不致使 H_2O_2 形成毒性更强的·OH。

SOD-CAT 复合酶主要应用于动物试验。国外研究工作表明，SOD-CAT 复合酶能治疗氧中毒和脑、心肌、骨骼肌、肾等器官缺血再灌注综合征，以及内毒素引起的急性呼吸衰竭、肾小球性肾炎、皮肤烧伤、核辐照、急性胰腺炎等疾病，还具有增强细胞内酶活力和保护血管内皮的作用。也有人报道，用 SOD 和 CAT 等制成的复合酶能治疗老年性皮肤瘙痒。从理论上，SOD-CAT 具有延缓衰老的作用，但报道极少。

此外，机体内还含有谷胱甘肽过氧化物酶(GSH-Px)、谷胱甘肽转硫酶、细胞色素 C 过氧化物酶、NADH 过氧化物酶、抗坏血酸过氧化物酶等。它们都具有清除活性氧、自由基的能力，但作为延缓衰老药物的报道至今很少，还有待于人们深入研究和开发。

2. 非酶类自由基清除剂

非酶类清除剂主要有维生素 E、维生素 C、β-胡萝卜素、微量元素硒等。

(1)维生素 E。是脂溶性维生素，缺乏时可使动物不育，故又名生育酚。人体不能合成维生素 E，要靠食物供给。维生素 E 作为一种天然的脂溶性抗氧化剂，可保护不饱和脂肪酸免受氧化破坏，维持生物膜的正常结构，以维持机体的正常功能，具有清除自由基和延缓衰老的作用。此外，还可防止胆固醇沉积，从而防止动脉粥样硬化、冠心病、脑血管硬化等多种老年性疾病。维生素 E 可作为体液免疫和细胞免疫的刺激物，具有推迟机体免疫系统衰退的功能，从而延长人的寿命。维生素 E 还可通过促进 RNA 和蛋白质的生物合成而发挥延缓衰老的作用，也能促进人体能量代谢，增强体质，促进血液循环，减轻疲劳，保护肝脏。

维生素 E 的获得有合成法和天然提取法 2 种。在植物种子油、谷物、人造黄油、红花油中，维生素 E 的含量十分丰富，在小麦胚油中的含量可高达 1.404 mg/g(以 α-生育酚计)。

(2)维生素 C。又称抗坏血酸，新鲜蔬菜和水果中含量丰富。维生素 C 在体内部分氧化成脱氢维生素 C，这一过程是可逆的。通过这种氧化型与还原型构型的转变完成抗氧化功能。维生素 C 是体内重要的水溶性抗氧化剂，在体内有抗自由基作用，能使维生素 E 在清除自由基过程中形成的维生素 E 自由基转变为维生素 E，使其重新发挥清除自由基作用。故维生素 C 是一种自由基修复剂，具有延缓衰老等作用。另外，维生素 C 在细胞内也可单独发挥抗自由基的作用。维生素 C 在临床上常用于延缓衰老和防治动脉粥样硬化、冠心病，还用于防治坏血病和各种贫血。维生素 C 还用于其他许多疾病的治疗，其中有许多是与抗自由基机制相关的。

目前，维生素 C 主要用工业化发酵的方法生产。在某些天然食品中，维生素 C 的含量也十分丰富，沙棘、刺梨、猕猴桃、野蔷薇果中维生素 C 的含量非常高，是普通水果的几十倍，可加工成高维生素 C 食品，有延缓衰老作用。但要注意维生素 C 在加工中的稳定性问题。

(3)β-胡萝卜素。是维生素 A 的前体物质。维生素 A 又称抗干眼病维生素。β-胡萝卜素广泛存在于深绿色蔬菜、胡萝卜以及一些带有红色或黄色的水果中。在体内，β-胡萝卜素具有某些捕捉和灭活自由基的功能。β-胡萝卜素是最有效的抑制产生·O_2^- 的物质，可阻止产生自由基的反应链，刺激自由基灭活作用。β-胡萝卜素是脂溶性抗氧化剂，可防治动脉粥样硬化、冠心病、中风等多种老年性疾病。

维生素 A 和 β-胡萝卜素不溶于水。目前已有水溶性 β-胡萝卜素的生产，基本方法是以蔗糖为载体，加入适量的分散剂、乳化剂，将β-胡萝卜素均匀分散其中，真空干燥制成可溶性被膜产品，可用于保健食品之中。

(4)谷胱甘肽。存在于细胞质中，在红细胞中的含量较高，每100 mL红细胞大约含谷胱甘肽70 mg，并且几乎全部以还原型(GSH)存在。在生物体内含—SH的非蛋白质化合物中，以谷胱甘肽含—SH的量最高，因而其防治自由基对生物体的损伤方面比其他—SH化合物显得更为重要。谷胱甘肽主要是对—SH起保护作用，抗氧化剂可保护细胞膜中含—SH的蛋白质和酶不被自由基或其他氧化剂所破坏，通过清除 H_2O_2 和脂质过氧化物的渠道抗氧化。因此，对于自由基产生过多而导致的疾病，均可用谷胱甘肽进行治疗；对于自由基而导致的衰老，用谷胱甘肽也可起到一定的防治作用。

(5)微量元素。许多微量元素是生物酶重要的组成部分，因此，微量元素的不足、缺乏或过量均可直接或间接影响体内自由基的清除和平衡，从而导致疾病状态，并且加速衰老的进程。有的微量元素可延长寿命，有些也可降低寿命。

研究还证实，有些百岁老年人聚集区的百岁老人头发中具有富含锰、硒和低镉等特点，外环境中富含钙、镁、锶、锌、氟等元素，硒的含量比一般地区高2～3倍。粮食中的微量元素也是以富硒、富铁及低镉为特征。长寿地区饮水中微量元素锌的含量也较高。一些微量元素和维生素复方制剂如防老丸，含有丰富的铜、铁、锌、锰等微量元素，在医治老年人常见疾病、恢复机体细胞活力、预防衰老方面，有较好的作用。另外，国外有一些该类复方制剂，如Gerobion胶囊、Cobidec胶丸、Ceritol Liquid等，可共同作用以延缓衰老和治疗老年性疾病。总之，微量元素与衰老有较密切的关系，对延长寿命也有一定作用，尚需进一步研究。

6.3.2.2 利用微生态延缓衰老因子调节机体机能

老年人由于功能减退，肠内双歧杆菌数量减少，造成致病菌乘虚而入，引发疾病，损及组织器官，加速机体衰老。双歧杆菌能拮抗肠内致病菌，减少内毒素来源，还能清除自由基、增强免疫功能等。各种功能的低聚糖，如大豆低聚糖、低聚乳果糖、低聚异麦芽糖、低聚木糖等，都能使肠道内双歧杆菌活化增殖，被称为双歧杆菌增殖因子，可统称为微生态延缓衰老因子。

在食品中加入双歧杆菌或其增殖因子，可促进消化功能，拮抗有害细菌，增强免疫能力，有利于延缓衰老。另外，低聚糖有膳食纤维的作用，不被人体消化吸收，可促进胆汁酸排泄，对心血管病、糖尿病有调节作用，对老年人也有益处。

6.3.2.3 目前开发的具有延缓衰老的功效成分

近几年，从天然产物中寻找抗氧化剂已成为一种趋势。其中研究得最多的是黄酮类化合物、多酚类及皂苷等生理活性物质。

1. 黄酮类和多酚类

黄酮类和多酚类都含有还原性的酚羟基。酚羟基在体内可以被自由基氧化，而自由基则被还原失去未成对电子而淬灭。因此，这两类物质都具有防止脂质过氧化作用及抗肿瘤功能。

黄酮类主要有芦丁、银杏黄酮、茶叶黄酮、橙皮苷等，有较强的捕捉自由基、抗氧化的功能，具有延缓衰老作用。因黄酮类存在范围广，在许多中草药中其为主要功效成分，因此，它们被普遍应用于临床治疗和食品保健中。

黄酮类化合物又称生物类黄酮化合物，是色原酮或色原烷的衍生物，多存在于高等植物及羊齿类植物中。在植物的叶中大部分黄酮类化合物一般是以苷的形式存在，而在很多种植物的叶子角质中明显地存在微量的配基。黄酮类化合物大多存在于一些有色植物中，如在松树皮提取物、葡萄籽提取物、绿茶提取物、银杏叶提取物、红花提取物、荞麦提取物中都发现黄酮类化合物的存在。

食品工作者研究开发了很多以黄酮类化合物为功能因子的功能食品，产品形式多为液态，如果蔬汁饮料、低度发酵酒、茶及其他种类的食品。加工的方式主要有2种：一是以富含黄酮类的原料直接加工成食品，在加工过程中最大限度保留有效成分，银杏、沙棘、葛根等是经常使用的原料。二是先从原料中提取出黄酮类物质，再把它添加到其他原料中进行加工制成成品。

用于功能食品的多酚类是茶多酚，内含儿茶素和表儿茶素，具有很强的抗氧化性能，可清除体内自由基，延缓衰老。茶多酚主要从茶叶中提取。另外，姜酚也具有广阔的应用前景。

2. *皂苷*

皂苷具有多种生理调节功能，如调节胃肠功能、降低胆固醇、预防冠心病、抗疲劳、抗氧化、延缓衰老、抗炎症等。用于保健食品的皂苷主要有大豆皂苷、人参皂苷、绞股蓝皂苷、黄芪皂苷等。许多植物中都含有皂苷。有些皂苷是中药药效的主要成分，但能否作为食品的成分尚未得到证实。因此，不能把未经证实的皂苷作为保健食品的保健功效成分应用。

此外，含多糖、膳食纤维的食品，如水果、蔬菜、食用菌、大豆食品、螺旋藻、大蒜、花粉、黄精等都具有较好的延缓衰老作用。

3. *白藜芦醇*

白藜芦醇属于非黄酮类多酚化合物，1940年从毛叶黎芦的根部首次分离获得，它是许多种子植物在遇到恶劣环境中产生的一种天然的植物抗毒素。到目前为止，已经在21科31属72种植物中发现了白藜芦醇，如葡萄科的葡萄属、蛇葡萄属，豆科的落花生属、决明属、槐属，百合科的藜芦属，桃金娘科的桉属，蓼科的蓼属等。

大量的科学研究已表明，白藜芦醇具有延缓衰老、抗肿瘤、抗炎症和免疫调节的作用，可以提高老龄小鼠和人的免疫功能。在模式生物中的研究发现，白藜芦醇能够延长有机体的平均存活时间，延长正常的生命周期。在法国，因为人们日常经常饮用葡萄酒，所以其心血管疾病的发病率较其他饮食方式基本相同的欧洲国家明显降低，这种现象是与葡萄酒中的主要活性成分白藜芦醇密切相关的。

6.3.2.4　利用药食两用资源开发延缓衰老的功能(保健)食品

我国中草药和中医养生学一直重视延年益寿的研究，一般从整体的机能调节(阴阳平衡)和滋阴补肾、健脾养血、护肝补气达到延缓衰老的目的。现代研究进一步认定，灵芝、银耳、人参、肉桂有降低脂质过氧化物的作用；麦冬、人参、冬虫夏草等有改善核酸代谢的作用；人参、灵芝、仙茅、枸杞、桑葚、莲子、大黄、当归、三七、杜仲、山茱萸、吴茱萸等具有调节机体免疫的作用。这些中草药和食品都具有延缓衰老功能。在开发延缓衰老功能食品时，可以从这些原料中进行选择。这些植物，有的含多糖，有的含有黄酮，有的含有皂苷，有的含有低聚糖，符合现代营养保健原理，也与传统养生理论相符。

另外，山药含有人体激素的前体物去氢表雄酮(DHEA)。DHEA与人体50多种激素的分泌有关，可调节中老年人体内激素水平，增强机体活力，有显著延缓衰老功能，被称为“青春素”。因此，山药被认为是开发延缓衰老食品的很有前途的原料。

来自加拿大康考迪亚大学的研究者 Vladimir Titorenko 在“Oncotarget”杂志上发表文章

称，他们发现西番莲、银杏以及芹菜提取物具有显著的延缓衰老作用。

开发延缓衰老食品，应充分利用传统中医药原料和食品，结合现代自由基清除剂和微生态延缓衰老因子，达到理想的延缓衰老效果。

二维码 6-2　科学家分离到 6 种有助于延缓衰老的天然化合物

6.4　延缓衰老的功能（保健）食品的评价

6.4.1　试验原则

6.4.1.1　常用试验类别及其可行性

对有延缓衰老作用的功能食品的功能检测，理论上应以食用该产品的人群寿命为其检测指标，但这除了可以搜集一些流行病学资料外，作为直接的定量检测，实际上是不太可能的。因此，常用动物试验方法。大动物寿命过长，也难于实施。哺乳类小动物如大鼠或小鼠在有必要、有条件时是可用的，但试验期也要 1～2 年，仍有许多不便。现在，人们用果蝇（*Drosophila* spp.）进行试验。在延缓衰老试验中常用俄勒冈果蝇（*Drosophila oregonok*）或黑腹果蝇（*Drosophila melanogaster*）。但果蝇毕竟只是昆虫，在代谢方式与生物学特征上与人类相差较大，因此在用果蝇做生存期观察的同时，应辅以哺乳动物过氧化试验。如前所述，遏制机体过氧化，对其延缓衰老就有较大可信性。如果同时能在人体做抗氧化功能测定，则其结果就更增加了可信程度。

6.4.1.2　试验类型

对延缓衰老的功能食品的功效评价，可进行动物试验和人体试食试验。

1. 动物试验

（1）生存试验。生存试验包括小鼠生存试验、大鼠生存试验、果蝇生存试验。

（2）脂质过氧化物含量测定。脂质过氧化物含量测定包括血（或组织）中脂质过氧化物氧化降解产物丙二醛（MDA）含量或血清 8-表氢氧-异前列腺素（8-isoprostane）测定、组织中脂褐质含量的测定。

（3）抗氧化酶活力测定。抗氧化酶活力测定包括血（或组织）中超氧化物歧化酶（SOD）活力测定、血（或组织）中谷胱甘肽过氧化物酶（GSH-Px）活力测定。

2. 人体试食试验

人体试食包括以下 3 个试验。

（1）血中脂质过氧化物氧化降解产物丙二醛（MDA）含量或血清 8-表氢氧-异前列腺素（8-Isoprostane）测定。

（2）血中超氧化物歧化酶（SOD）活力测定。

（3）血中谷胱甘肽过氧化物酶（GSH-Px）活力测定。

在一般的研究中，常常采用动物试验，试验所列的指标均为必测项目，可能时应多选择一些指标，如脑、肝组织中单胺氧化酶（MAO-B）活力测定等加以辅助。但在种系分类上，动物毕竟与人还有较大的差距，因此，有条件时还应做人体试食试验。在进行人体试食试验时，应对受试样品的食用安全性作进一步的观察。必要时可将动物试验与人体试食试验相结合，综合评价。

6.4.2　试验方法

6.4.2.1　生存试验(寿命试验)

一切延缓衰老措施的根本作用在于尽可能地延长寿命。因此,动物的生存试验受到很大的重视,其结果比其他延缓衰老试验更具有说服力。生存试验是通过观察统计生物的平均寿命(mean life span)和最高寿命(maximum life span)及其生存曲线来研究生命衰老规律及延缓衰老措施的效果。

对于人类,因为遗传及环境因素对寿命的影响是十分复杂的,所以分别比较各种因素是困难的。但在用寿命较短的动物试验中,多数用遗传学上近似的近交系,把环境因素固定下来,只是改变其中一个因素,这样对探讨各种因素对其寿命影响方面较为方便。动物寿命试验由于是利用动物的整个生存过程,所以观察营养、食品、环境等因素对寿命的影响是直接而可靠的。

生存试验以哺乳动物为对象,常用的有大鼠、小鼠和豚鼠等。但由于哺乳动物寿命较长(一般为 2～3 年),因此,除了选用二倍体培养细胞外,还选用寿命更短的果蝇、家蝇、轮虫、四膜虫、家蚕、鹌鹑和真菌等。因为衰老过程是个普遍现象,而利用生活周期短暂的生物,既可获得高度纯种,还可缩短试验周期,其许多结果与哺乳动物模型具有一致性,所以有较大的参考价值。

1. 果蝇生存试验

选取未交配的、大小相近的果蝇,雌雄分养于一定温度和湿度的暗温箱中,分别给予各组不同剂量的试验样品,以基础饲料作对照,每天定时 3 次统计果蝇存活数、死亡数,直至全部死亡。对各处理的平均体重、半数死亡时间、最高寿命、平均寿命等指标进行统计分析。如果任一剂量组的任一性别的平均寿命和(或)最高寿命显著长于对照组,而未出现任何剂量组或性别显著低于对照组的结果,即可判定试验样品对果蝇有延缓衰老功能。同时,与果蝇生存试验的同一试验样品,还必须取得对哺乳动物(小鼠或大鼠)抗氧化功能的阳性结果,方可判定其对人有延缓衰老的功能。

2. 哺乳动物生存试验

哺乳动物生存试验的结果相比于果蝇生存试验的结果,可信度会大一些,但试验期较长,对试验条件的要求也较严格。

选择试验动物时,理论上任何哺乳动物均可,但从实用可行性上考虑,以大鼠或小鼠更适用。尤其是为缩短试验期,较多使用中年以上(12 月龄)大鼠或小鼠。随机分组,每组雌雄各半。

一般将动物分 3 个剂量组(高、中、低)及 1 个对照组。以灌胃或饮食、饮水的方式给各组相应剂量的试验样品,同时以基础饲料组作对照。在严格的喂饲条件下饲养,直至自然死亡,观察记录摄食与生活状态及各组动物饲料摄取量、生存日期。如果动物摄食与生活状态未见异常,尤其是剂量组与对照组摄食量无明显差异时,可对下列结果做出判定:按性别统计比较剂量组与对照组的平均寿命、最高寿命或半数动物死亡天数,如果剂量组(某 1 组或 3 组)显著比对照组长,即可判定该试验样品有延缓衰老的功能。

6.4.2.2 哺乳动物的抗氧化试验

过氧化脂质是根据衰老的自由基学说而建立的评价指标，包括测定丙二醛和脂褐质的含量。脂褐质是随年龄而增加集聚的一种有害物质，可沉着在衰老动物的脑、心、骨骼肌、肾上腺等细胞中。它可能是在自由基作用于脂质形成脂质过氧化物，经过氧化物酶分解生成丙二醛(MDA)。MDA为极活泼的交联剂，迅速与磷脂酰乙醇胺交联成荧光色素，然后与蛋白质、肽类或脂类结合成脂褐质。它多集中沉积于神经、心肌、肝脏、肾脏、睾丸等组织细胞内，使RNA持续性减少，破坏细胞膜结构，最后导致细胞无法维持正常代谢而死亡。因此，目前脂褐质已被公认为生物衰老的主要特征之一。此外，中间产物丙二醛也是常用的一个评价指标。

试验动物选用品系明确、生长发育良好、单一性别的老龄鼠，随机分为高、中、低剂量组及对照组。分别给予试验样品。另设一少龄对照组(大、小鼠分别为3月龄和2月龄)。老龄对照组与少龄对照组均不给试验样品。各组动物均饲养30 d以上。试验结束后检测脂质过氧化物含量、抗氧化酶活性和单胺氧化酶活性。

1. 脂质过氧化物含量的测定

(1)全血、血清、组织匀浆中丙二醛(MDA)测定。本法利用磷钨酸在稀硫酸条件下沉淀细胞、细胞膜和血清中的脂质过氧化物，然后在乙酸酸性条件下与TBA(硫代巴比妥酸)共热，反应生成粉红色复合物。该复合物为荧光性物质，能被正丁醇提取，实际测定采用激发波长536 nm、发射波长550 nm。试验以四乙氧基丙烷(TMP)为对照。本试验可间接地反映出试验物的抗氧化能力。

(2)组织中脂质过氧化物和脂褐质(lipofuscin)测定。脂质过氧化物和脂褐质是根据衰老自由基学说建立的衰老生物学指标。由于脂质过氧化物和脂褐质在细胞内的含量均与年龄呈正相关，而且在细胞内稳定存在，易于测定，因而它们的含量是代表体内自由基多寡的生物性指标。

测定血清中的脂质过氧化物采用荧光法测定。原理是用脂质过氧化物的分解产物——丙二醛(MDA)与红色硫代巴比妥酸作用形成红色物质，利用荧光光度计测定此红色物质，从而求出丙二醛的含量。

脂褐素的测定原理是用丙二醛与氨基酸、核酸、蛋白质的氨基反应，生成具有荧光的化合物。这类化合物的荧光光谱与从不同动物组织中提取的脂褐素一致。脂褐素的化学本质是膜脂质和蛋白质过氧化后的一种复合产物，即Schiff碱。测定Schiff碱的含量，可知道细胞被自由基损伤的程度，即过氧化程度，甚至由此可推断细胞衰老的程度。

哺乳动物的抗氧化试验虽然比较准确，但试验要求的条件高，操作烦琐。因此，目前研究中陆续开发了一些新的反映某种活性物质抗氧化能力的方法和指标。例如，某些化学反应能产生某一种特定的自由基，可通过一些指标测定加入的活性物质清除该自由基的能力。如利用黄嘌呤(Xan)-黄嘌呤氧化酶(XO)体系产生超氧阴离子自由基($\cdot O_2^-$)，然后加入被测物，测验发光值的变化；再如利用Fenton体系产生·OH等，在试验中均广为应用。

2. 抗氧化酶活性的测定

根据衰老的自由基学说，存在于机体中的抗氧化酶能够清除多余的自由基，保护机体免受自由基的攻击，体现出延缓衰老的作用。随着年龄的增大，抗氧化酶活性逐渐下降。

常用的抗氧化酶包括超氧化物歧化酶(SOD)、谷胱甘肽过氧化物酶(GSH-Px)和过氧化氢酶(CAT)。

SOD催化氧自由基的歧化反应，是机体清除氧自由基的重要酶。某些因素如心肌缺血、衰老、炎症等使自由基增加，同时组织中清除氧自由基的SOD活性降低，导致氧自由基堆积，后者可使用膜脂质过氧化而致组织损伤。故测定组织或红细胞中SOD活性可作为观察氧自由基的间接指标及评价功能食品的功效。

GSH-Px是机体内广泛存在的一种含硒抗氧化酶。它通过特异性地催化还原型谷胱甘肽对氢过氧化物的还原反应，而消除细胞内有害的过氧化代谢产物，以阻断脂质过氧化连锁反应，从而起到保护细胞代谢正常进行的重要作用。老年人由于增龄，GSH-Px活性逐渐下降，而延缓衰老药物大多具有提高体内GSH-Px活性的作用。因此，目前谷胱甘肽过氧化物酶活性的测定，已被公认为延缓衰老药物的重要指标之一。

CAT广泛存在于生物体细胞中。它通过降低机体内有害作用的过氧化氢水平，以减少自由基和脂质过氧化物的形成，对机体起着重要的保护作用。研究表明，老年人和老龄动物血液和组织中的CAT活性与年龄的增长呈负相关。因此，测定过氧化氢酶成为研究衰老疾病的又一重要指标。

3. 单胺氧化酶活性的测定

脑、肝单胺氧化酶(monoamine oxidase，MAO)活性是根据衰老的脑中心学说而建立的指标。MAO系含Fe^{2+}、Cu^{2+}和磷脂的结合酶，主要作用于—CH_2、—NH_2基团。MAO是一类广泛存在于动物不同组织如血浆、脑、肝脏等中的单胺氧化酶。它能催化各种不同类型单胺类，使脱氨生成相应的醛，然后进一步氧化成酸，或使醛转化成醇再进一步代谢。

MAO的生理功能因不同组织而异。神经组织中的MAO与儿茶酚胺类及5-羟色胺的代谢有关。心血管MAO和酪氨酸羟化酶协同作用，加速肾上腺素的转换率，对维持循环稳定有一定意义。肝组织MAO对各种胺类的生物转化具有重要作用。结缔组织MAO参与胶原纤维成熟最后阶段的架桥过程。

MAO与衰老有密切关系。脑中单胺能的调节作用的下降与MAO-B活性的上升，造成了生物化学损害，这是衰老的原因之一。形态学的研究发现，随着衰老，人脑细胞逐渐丧失。神经元的丧失由胶质细胞的增生所补偿。这一过程与神经元外的胶质细胞中的MAO-B活性随年龄上升相一致，而神经元中的MAO-A活性则随年龄下降。这反映了衰老过程中神经元丧失以及在衰老或老化的人脑中与神经元外胶质细胞消长过程相应的MAO-A与MAO-B的消长直接影响人脑中单胺能(特别是多巴胺能与微量胺能)的调节作用，从而出现了生理功能的退化和某些行为的改变。

由于单胺类递质是在肝脏内进行降解，故一种延缓衰老功能食品，应只对脑MAO-B活性有显著的抑制作用，但不应影响肝脏MAO-B的活性，以保证肝脏对单胺类的降解不受影响。

6.4.2.3　人体延缓衰老试食试验

人体的延缓衰老功能检测，一般是结合果蝇生存试验或(和)哺乳动物生存试验，由便于测定的3种酶(MDA、GSH-Px和SOD)活性来判定。

试验对象应符合以下几个条件。

(1) 年龄为18～65岁，身体健康状况良好，无明显脑、心、肝、肺、肾、血液疾患，无长期服药史，志愿受试保证配合的人群。

(2)要符合《人体试食试验规程》的一切要求，肯合作。

(3)自身对照时不少于30人；设对照组时加倍。对照组须与试验组在年龄及其他方面有严格可比性。

试验对象按推荐剂量食用试验样品，受试样品给予时间为3个月，必要时可延长至6个月。对照组食用外形相似的安慰剂或采用阴性对照。检测试验前后血清中丙二醛(MDA)、血中超氧化物歧化酶(SOD)和血中谷胱甘肽过氧化物酶(GSH-Px)3种酶活性。同时做一般健康状况的观察与检验，如主诉症状、体征检查、血常规检验、尿常规检验、便常规检验、胸透、心电图、腹部B超检查、肝功、肾功等。

统计对比试验对象，试验后比试验前和(或)试验后试验组比对照组，若MDA活性降低、SOD和GSH-Px活性增高，差异显著，同时动物试验(如果蝇生存试验或哺乳动物生存试验)结果满意，即可判定试验样品有延缓衰老功能。但如缺少动物试验或其结果不满意，则只能判定该试验样品有对人体抗氧化功能，暗示对人可能有延缓衰老功能。

6.4.2.4 免疫功能的评价

根据衰老的免疫学说及衰老的神经内分泌免疫学说，机体免疫功能的下降是引起衰老的重要原因。因此，测定一种功能食品对机体免疫功能的影响情况，是判断它是否具有延缓衰老作用的一种评价指标。

思考题

1. 名词解释：衰老、抗衰老、自然寿命、期望寿命。
2. 衰老的内涵包括哪些内容?
3. 简述老年人衰老过程中生理功能的变化。
4. 简述老年人的营养需求特点。
5. 简述自由基对生物体的损害。
6. 分析营养与衰老的关系。
7. 说明对延缓衰老的功能食品的评价方法。

参考文献

[1] 常锋，顾宗珠. 功能食品. 北京：化学工业出版社，2009.

[2] 金宗濂，文镜，唐粉芳，等. 功能食品评价原理及方法. 北京：北京大学出版社，1995.

[3] 刘景圣，孟宪军. 功能性食品. 北京：中国农业出版社，2005.

[4] 宋朝春，魏冉磊，樊晓兰，等. 衰老及抗衰老药物的研究进展. 中国生化药物杂志，2015，35(1)：163-170.

[5] 吴谋成. 功能食品研究与应用. 北京：化学工业出版社，2004.

[6] 原江水. 白藜芦醇对大鼠的抗衰老作用. 青岛：中国海洋大学，2013.

[7] 游庭活，温露，刘凡. 衰老机制及延缓衰老活性物质研究进展. 天然产物研究与开发，2015，27(11)：1985-1990.

[8] 郑建仙. 功能性食品学. 北京：中国轻工业出版社，2019.

第 7 章

辅助降血糖的功能食品

本章重点与学习目标

1. 掌握糖尿病的概念。
2. 了解糖尿病的诱发原因、发病机理及危害。
3. 掌握开发辅助降血糖的功能食品的原则。
4. 熟悉主要的降糖因子和功能食品。
5. 掌握辅助降血糖的功能食品的评价方法。

随着人民生活水平的提高，与生活方式密切相关的糖尿病(diabetes mellitus)已成为世界上继肿瘤、心脑血管疾病之后第三位严重危害人类健康的慢性常见病。据国际糖尿病联盟(IDF)对各国家(地区)糖尿病发病率和发病趋势的估计结果，2021 年中国糖尿病患病人数达 1.409 亿，居全球首位，是排在第二位的印度患病人数(0.742 亿)的近两倍；中国糖尿病成年人年龄调整患病率达到 10.6%，高于全球糖尿病患病水平(9.8%)。到 2030 年中国糖尿病患者将达到 1.641 亿人，每年的医疗费用将达到 280 亿美元。这将造成巨大的社会负担，成为越来越严重的公共卫生问题。而且糖尿病的发病有年轻化的倾向，以前多发于 40 岁以上年龄段的Ⅱ型糖尿病，目前在 30 多岁的人群中也很常见。世界卫生组织(WHO)已将糖尿病列为世界三大疑难病之一，并把每年的 11 月 14 日定为“世界糖尿病日”。

糖尿病是一组以慢性血葡萄糖(简称血糖)水平增高为特征的代谢病群。其主要特点是高血糖、高血压，临床表现为“三多一少”(多食、多饮、多尿及体重减少的症状)以及皮肤瘙痒、四肢酸痛、性欲减退、阳痿、月经不调等。糖尿病若得不到满意治疗极易并发冠心病、脑血管病、肾病变、视网膜病变等，而这些并发症威胁着糖尿病病人生命健康。因此，控制患者血糖水平、预防并发症的发生是治疗糖尿病的关键措施。

实践证明，通过食品途径辅助调节、稳定和控制糖尿病患者的血糖水平是完全可行而有效的，这样还可以减少甚至不用降糖药物。因此，辅助降血糖的功能食品的开发具有重要的实际意义。

7.1 糖尿病概论

7.1.1 糖尿病的概念及分类

糖尿病是由遗传和环境因素相互作用而引起的常见内分泌性疾病，临床以高血糖为主要标志，常见症状有多饮、多尿、多食以及消瘦等。其主要原因是体内胰岛素不足(绝对缺乏或相对缺乏)及胰岛素受体的不敏感或数量减少而引起的糖、脂肪、蛋白质代谢紊乱。

血糖是指血液中的葡萄糖。它是碳水化合物在体内的运输形式，是为人体提供能量的主要物质。这也是糖分在人体血液中存在的唯一形式。一方面，正常人体每天需要很多的糖来提供能量，为各种组织、脏器的正常运作提供动力。因此，任何人在任何时间、任何情况下都不能离开血糖。可以这样说，没有糖，就没有能量，就没有生命。另一方面，血糖既不能高，也不能低，必须维持在一个正常值范围内。正常情况下，人体内血糖浓度有轻度的波动。一般来说，餐前血糖略低，餐后血糖略有升高。但这种波动是保持在一定的范围内的。正常人空腹血糖浓度一般在 3.89～6.11 mmol/L，餐后 2 h 血糖略高，但也应该小于 7.78 mmol/L。

在正常情况下，人体摄入的碳水化合物在肠道内通过多种消化酶的作用，可分解为单糖，如葡萄糖、果糖、半乳糖等。这些单糖被小肠黏膜上皮细胞吸收进入血液。血液中的葡萄糖除主要来自肠道吸收外，还有部分来自肝糖原分解或糖原异生(即由蛋白质和脂肪转化为糖)释放出来的葡萄糖。另外，也有一部分血糖由脂肪和蛋白质等在体内转化而成。血中葡萄糖，绝大部分经过氧化分解，即通过加磷酸作用和三羧酸循环等，最后转变为身体组织细胞所需的热能；还有一部分合成糖原贮存于肝脏、肌肉等组织细胞内。另一部分转化为非糖物质，如非必需氨基酸等及合成脂肪。体内既有升高血糖的因素，也有降低血糖的因素，这两方面的因素彼此相互作用、相互制约、相互统一，使人体的血糖达到并维持在理想水平。

当空腹血糖浓度高于7.0 mmol/L时，称为高血糖。当血糖浓度为8.89～10.00 mmol/L或10.00 mmol/L以上时，已超过了肾小管的重吸收能力，就会在尿中出现有葡萄糖的糖尿现象。持续性出现高血糖和糖尿就是糖尿病。

一般来说，糖尿病分为Ⅰ型、Ⅱ型、其他特异型和妊娠糖尿病4种，常见的有Ⅰ型和Ⅱ型。

(1)Ⅰ型糖尿病　又称胰岛素依赖型糖尿病(IDDM)，可发生于各种年龄段，但多见于儿童和青少年。患者体内胰岛素分泌绝对不足，使葡萄糖无法利用而使血糖升高。临床症状为起病急、多尿、多饮、多食、体重减轻等，有发生酮症酸中毒的倾向，必须依赖胰岛素维持生命。此类型糖尿病占糖尿病患者总数的5%左右。

(2)Ⅱ型糖尿病　又称非胰岛素依赖型糖尿病(NIDDM)，可发生在任何年龄，但多见于30岁以上中、老年人。其胰岛素的分泌量并不低甚至还偏高，病因主要是机体对胰岛素不敏感(即胰岛素抵抗)。一般来说，这种类型糖尿病起病慢，临床症状相对较轻，但在一定诱因下也可发生酮症酸中毒或非酮症高渗性糖尿病昏迷。通常不依赖胰岛素，但在特殊情况下有时也需要用胰岛素控制高血糖。此类型占糖尿病患者总数的95%。

胰岛素(imulin)是由胰岛细胞分泌的。人类的胰腺实质是由外分泌部和内分泌部两部分组成。外分泌部主要分泌胰液，其中含有多种消化酶，在食物消化中起重要作用。内分泌部是分散于外分泌部之间的细胞团，医学上称之为“胰岛”。它分泌的激素主要参与调节碳水化合物的代谢。胰岛细胞按其染色和形态学特点，主要分为A细胞(又称α细胞)、B细胞(又称β细胞)、D细胞及PP细胞。A细胞约占胰岛细胞的20%，分泌胰高血糖素，其作用主要是使血糖升高；B细胞占胰岛细胞的60%～70%，分泌胰岛素；D细胞占胰岛细胞的10%，分泌生长激素抑制激素；PP细胞数量很少，分泌胰多肽。

胰岛素是体内促进合成代谢和唯一能使血糖降低以及调节血糖稳定的激素，也是唯一同时促进糖原、脂肪、蛋白质合成的激素。它是含有51个氨基酸残基的小分子蛋白质，相对分子质量为6 000，由A链(21个氨基酸残基)与B链(30个氨基酸残基)通过2个二硫键结合而成的。如果二硫键被打开，则胰岛素失去活性。正常情况下，进食后胰岛分泌的胰岛素增多；而在空腹时，胰岛素的分泌会明显减少。因此，正常人血糖浓度保持在一定的范围内，处于相对稳定的状态。

胰岛素抵抗是指体内周围组织对胰岛素的敏感性降低，组织对胰岛素不敏感，外周组织如肌肉、脂肪对胰岛素促进葡萄糖摄取的作用发生了抵抗。对Ⅱ型糖尿病，患者先用口服药物治疗，同时配合功能食品的辅助降糖作用，以改善胰岛素的工作效率。但约有50%的Ⅱ型糖尿病患者渐渐会出现口服药物治疗效果不好，最终只有接受胰岛素治疗的情况。

Ⅰ型糖尿病患者在确诊后的5年内很少有慢性并发症的出现，相反，Ⅱ型糖尿病患者在确诊之前就已经有慢性并发症发生。据统计，有50%新诊断的Ⅱ型糖尿病患者已存在1种或1种以上的慢性并发症，有些患者是因为并发症才发现患糖尿病的。

7.1.2 糖尿病发生的相关因素

目前，关于糖尿病的起因尚未完全弄清，通常认为感染、肥胖、体力活动减少、多次妊娠、环境因素等都是糖尿病的诱发因素，且不同类型的糖尿病发病因素也有不同。

7.1.2.1　与Ⅰ型糖尿病有关的因素

1. 自身免疫系统缺陷

因为在Ⅰ型糖尿病患者的血液中可查出多种自身免疫抗体，如谷氨酸脱羧酶抗体（GAD抗体）、胰岛细胞抗体（ICA抗体）等。这些异常的自身抗体可以损伤人体胰岛分泌胰岛素的B细胞，使之不能正常分泌胰岛素。在Ⅰ型糖尿病的发病机理中，自身免疫反应包括细胞免疫与体液免疫有较明确的证据，但引起免疫反应的原因目前还未明确。它与遗传因素的关系也有待进一步研究。

2. 遗传因素

目前研究提示遗传缺陷是Ⅰ型糖尿病的发病基础。这种遗传缺陷表现在人第六对染色体的HLA抗原异常上。科学家的研究提示，Ⅰ型糖尿病有家族性发病的特点，即如果父母患有糖尿病，那么与无此家族史的人相比，子女更易患上此病。

3. 病毒感染可能是诱因

许多科学家怀疑病毒也能引起Ⅰ型糖尿病。这是因为Ⅰ型糖尿病患者发病之前的一段时间内常常有病毒感染，而且Ⅰ型糖尿病的“流行”往往出现在病毒流行之后。经统计，病毒感染后，约有2%的人发生糖尿病。在动物研究中发现许多病毒可引起胰岛炎，大面积破坏B细胞导致胰岛素分泌不足而产生糖尿病。这些病毒包括脑炎病毒、心肌炎病毒、柯萨奇B4病毒、腮腺炎病毒等。病毒感染后还可使潜伏的糖尿病加重而成为显性糖尿病。

4. B细胞功能与胰岛素释放异常

在Ⅰ型糖尿病中，胰岛炎会使B细胞功能遭受破坏，胰岛素基值很低甚至测不出，糖刺激后B细胞也不能正常分泌释放或分泌不足。

5. 其他因素

氧自由基、灭鼠药等因素是否可以引起糖尿病，科学家正在研究之中。

7.1.2.2　与Ⅱ型糖尿病有关的因素

1. 遗传因素

Ⅱ型糖尿病也有家族发病的特点，因此很可能与基因遗传有关。国外研究表明，糖尿病患者有糖尿病家族史者占25%～50%。这种遗传特性，Ⅱ型糖尿病比Ⅰ型糖尿病更为明显。例如，双胞胎中的一个患了Ⅰ型糖尿病，另一个有40%的概率患上此病；但如果是Ⅱ型糖尿病，则另一个就有70%的概率患上Ⅱ型糖尿病。

2. 肥胖

Ⅱ型糖尿病的一个重要因素可能就是肥胖。中度肥胖者糖尿病发病率比正常体重者高4倍，而极度肥胖者则要高30倍。身体中心型肥胖病人的多余脂肪集中在腹部，他们比那些脂肪集中在臀部与大腿上的人更容易发生Ⅱ型糖尿病。肥胖时脂肪细胞膜和肌肉细胞膜上胰岛素受体数目减少，对胰岛素的亲和能力降低，体细胞对胰岛素的敏感性下降，这些都可导致血糖利用障碍，使血糖升高而出现糖尿病。因此肥胖是诱发糖尿病的另一重要因素。

3. 年龄

年龄也是Ⅱ型糖尿病的发病因素，糖尿病的发病率随年龄的增长而增高。40岁以后的患病率开始明显升高，50 岁以后急剧上升，发病的高峰期在 60～65 岁，有一半的Ⅱ型糖尿病患者多在 55 岁以后发病。高龄患者容易出现糖尿病也与年纪大的人容易超重有关。

4. 现代的生活方式

长期食用高热量的食物和运动量的减少也能引起糖尿病。有人认为长期进食过多的高糖、高脂肪饮食可加重胰岛素 B 细胞的负担，引起胰岛素分泌发生部分障碍，从而引起糖尿病。尤其是长期以精米、精粉为主食的人，由于这些食品在加工中微量元素（如锌、镁、铬等）及维生素大量丢失，而这些营养素对胰岛素的合成、能量代谢都起着十分重要的作用，如缺乏也可能诱发糖尿病。因此，在饮食和活动习惯不良的人群中肥胖症和Ⅱ型糖尿病一样更为普遍。

5. 神经因素

科学研究发现，精神创伤和持久性神经紧张可诱发或加重糖尿病，可能由于各种刺激，影响大脑皮质及皮质下中枢及至脑垂体、肾上腺、胰腺等，亦即通过神经和内分泌系统，影响糖代谢而发病。

6. 肠道微生物因素

研究结果表明，饮食是决定肠道菌群组成的主要因素。长期吃高脂肪、低膳食纤维食物，会导致肠道中病菌数量增加，而有益菌数量减少，即长期高脂饮食会引发肠道菌改变。在Ⅱ型糖尿病患者肠道内，一些通用的产丁酸细菌丰度下降，各种条件致病菌增加。也有报道表明，双歧杆菌在糖尿病患者肠道数量的降低，这会使糖耐量受损、糖诱发胰岛素分泌不足，增加毒素血症。同时体内有一种叫硫酸盐还原菌（SRB）的病菌，能产生免疫毒素，变成硫化氢，会腐蚀肠壁产生肠漏。

7.1.2.3　与妊娠型糖尿病有关的因素

1. 激素异常

妊娠时胎盘会产生多种供胎儿发育生长的激素。这些激素对胎儿的健康成长非常重要，但却可以阻断母亲体内的胰岛素作用，因此引发糖尿病。妊娠 24～28 周是这些激素分泌的高峰时期，也是妊娠型糖尿病的常发时间。

2. 遗传基础

发生妊娠糖尿病的患者将来出现Ⅱ型糖尿病的危险很大（但与Ⅰ型糖尿病无关）。因此有人认为引起妊娠糖尿病的基因与引起Ⅱ型糖尿病的基因可能彼此相关。

3. 肥胖症

肥胖症不仅容易引起Ⅱ型糖尿病，也可引起妊娠糖尿病。

7.1.3　糖尿病的发病机理

无论是Ⅰ型糖尿病还是Ⅱ型糖尿病，均与遗传因素有关。但遗传仅涉及糖尿病的易感性而非致病本身。除遗传因素外，糖尿病必须有环境因素相互作用才会发病。在 B 细胞产生胰岛素、血液循环运送胰岛素以及靶细胞接受胰岛素这 3 个环节上，任何一个环节发生异常，均可出现糖尿病。

7.1.3.1　Ⅰ型糖尿病的发病机理

Ⅰ型糖尿病是由胰岛素的绝对缺乏而造成的。其发病机理可能是病毒感染等因素扰乱了体内抗原，使胰岛 B 细胞的功能受到抑制或破坏，或使患者体内的 T 淋巴细胞、B 淋巴细胞致敏。机体自身存在的免疫调控失常导致了淋巴细胞亚群失衡，B 淋巴细胞产生自身抗体，K 细胞活性增强，胰岛 B 细胞受抑制或被破坏，导致胰岛素分泌的减少或缺乏，从而产生胰岛素绝对缺乏的胰岛素依赖型糖尿病。遗传因素也参与Ⅰ型糖尿病的发病，其易感性与人类第 6 号染色体有关。

7.1.3.2 Ⅱ型糖尿病的发病机理

Ⅱ型糖尿病(非胰岛素依赖型糖尿病)的胰岛素缺乏往往是一种相对的，即机体组织细胞对胰岛素的敏感性降低，而胰岛素的分泌量并不低甚至还偏高。Ⅱ型糖尿病的发病机理包括以下几个方面。

(1)由于胰岛 B 细胞缺陷、胰岛素分泌迟钝、第一高峰消失或胰岛素分泌异常等，导致胰岛素分泌不足引起高血糖。持续或长期的高血糖，会刺激 B 细胞分泌增多，但由于受体或受体后异常而呈胰岛素抵抗性，最终会使 B 细胞功能衰竭。

(2)胰岛素受体尤其是肌肉与脂肪组织内受体必须有足够的胰岛素存在，才能让葡萄糖进入细胞内。当受体及受体后缺陷产生胰岛素抵抗性时，就会减少糖摄取利用而导致血糖过高。这时，即使胰岛素血浓度不低甚至增高，但由于降糖失效，导致血糖升高。

(3)在胰岛素相对不足与拮抗激素增多条件下，肝糖原沉积减少，分解与糖异生作用增多，肝糖输出量增多。

7.1.4 糖尿病的危害

糖尿病无法治愈，其主要危害在于它的并发症，尤其是慢性并发症。研究表明，我国糖尿病病人的并发症在世界上发生得最早、最多、最严重。有 10 年以上糖尿病病史的病人，78%以上的人都有不同程度的并发症；患糖尿病 20 年以上的病人中有 95%出现视网膜病变；糖尿病患者患心脏病的可能性较正常人高 2～4 倍，患中风的危险性高 5 倍，一半以上的老年糖尿病患者死于心血管疾病。除此之外，糖尿病患者还可能患肾病、神经病变、消化道疾病等。

7.1.4.1 急性并发症

1. 糖尿病合并感染

糖尿病合并感染发病率高，两者互为因果，必须兼治。常见感染包括呼吸道感染、肺结核感染、泌尿系感染和皮肤感染。如果皮肤感染反复发生，有时可酿成败血症。

2. 糖尿病高渗综合征

糖尿病高渗综合征多发生于中老年，半数无糖尿病史，临床表现包括脱水严重，有时可因偏瘫、昏迷等临床表现而被误诊为脑血管意外，死亡率高达 50%。其原因是糖尿病患者胰岛素缺乏，引起糖代谢严重紊乱，脂肪及蛋白分解加速，酮体大量产生，血酮浓度明显增高，出现酮症酸中毒和高渗性非酮症昏迷。

3. 乳酸性酸中毒

乳酸性酸中毒患者多有心、肝、肾脏疾病史，或休克、有感染、缺氧、饮酒、大量服用盐酸苯乙双胍史，症状不特异，死亡率高。

7.1.4.2　慢性并发症

1. 对心脑血管的危害

心脑血管疾病是糖尿病的致命性并发症。高血糖、高血脂、高黏血症、高血压，致使糖尿病患者心脑血管病的发病率和死亡率呈指数性上升，是非糖尿病患者的3.5倍。这也是Ⅱ型糖尿病患者最主要的死亡原因。

2. 对周围血管的危害

糖尿病对周围血管的危害主要是使下肢动脉粥样硬化。糖尿病患者由于血糖升高，可引起周围血管病变，导致局部组织对损伤因素的敏感，在外界因素损伤局部组织或局部感染时，较一般人更容易发生局部组织溃疡。这种危险最常见的部位就是足部，故称为糖尿病足。其临床表现为下肢疼痛、溃烂，严重供血不足，可导致肢端坏死。糖尿病患者下肢血管病变造成截肢者要比非糖尿病患者多10倍以上。据统计，40%的Ⅱ型糖尿病患者可发生糖尿病足。

3. 对肾脏的危害

由于糖尿病而导致的高血糖、高血压、高血脂，使肾小球微循环滤过压异常升高，促进糖尿病发生和发展。糖尿病患者的尿毒症患病率比非糖尿病者高17倍。这是Ⅰ型糖尿病患者早亡的主要原因。患者可有蛋白尿、高血压、浮肿等表现，晚期则发生肾功能不全。

4. 对神经的危害

糖尿病神经病变是糖尿病最常见的慢性并发症之一，是糖尿病致死和致残的主要原因。其危害包括感觉神经、运动神经和植物神经的危害。其临床表现为：四肢末梢麻木；灼热感疼痛或冰冷刺痛；感觉过敏，重者辗转反侧，彻夜不眠；局部肌肉可萎缩；排汗异常（无汗、少汗或多汗）；站立位低血压；心动过速或过缓；尿失禁或尿潴留；腹泻或便秘；阳痿。

5. 对眼球的危害

糖尿病视网膜病与糖尿病性白内障为糖尿病危害眼球的主要表现。糖尿病还能引起青光眼及其他眼病。最终双目失明比非糖尿病者高25倍，是糖尿病患者致残的主要原因之一。流行病学研究表明，Ⅰ型糖尿病患者在最初2年内发生糖尿病视网膜病变占2%，15年以上糖尿病视网膜病变发病率高达98%；Ⅱ型糖尿病患者20年以后，使用胰岛素或不使用胰岛素病人的糖尿病视网膜病变发病率分别为60%和84%。早期视网膜病变可出现为出血、水肿、微血管瘤、渗出等背景性改变，晚期则出现新生血管的增殖性病变，此期病变往往不可逆，是糖尿病患者失明的重要原因。虽然血糖控制得好可以延缓、减轻糖尿病视网膜病变的发展，但是不能阻止糖尿病视网膜病变的发展。

由此可见，糖尿病对人体健康的危害是十分严重的。

7.2　辅助降血糖的功能（保健）食品的开发

糖尿病患者体内的碳水化合物、脂肪和蛋白质的代谢均出现了不同程度的紊乱，由此引出一系列并发症。由于糖尿病并发症可以影响各个系统，因此，给糖尿病患者精神和肉体上都带来很大的痛苦，而避免和控制糖尿病并发症的最好办法就是控制血糖水平。目前临床上常用的口服降糖药都有副作用，均可引起消化系统的不良反应，有些还引起麻疹、贫血、白细胞和血小板减少症等。因此寻找开发具有降糖作用的功能食品，以配合药物治疗，在有效控制血糖和糖尿病并发症的同时降低药物副作用方面已引起人们的关注，尤其是从植物中提取降血糖有效成分开发出的系列降糖功能食品安全有效，具有很广阔的市场前景。目前市场上常见的用于糖尿病的保健食品有三类：一类是膳食纤维类，如南瓜茶、富纤维饼干等；一类是含微量元素类，如强化铬的奶粉、海藻等；还有一类是无糖食品，比如无糖的果酱、饮料等。

辅助降血糖功能食品承载着我国 1.4 亿多糖尿病病人对健康的期望，我们必须坚持以创新求发展，加强降血糖功能食品的科技攻关与创新能力，充分利用我国广阔的动植物资源，坚持面向世界科技前沿、面向经济主战场、面向国家重大需求、面向人民生命健康，凝聚力量进行原创性科技攻关，开发天然降血糖功能食品，有效遏制糖尿病的发展态势，减轻患者家庭及社会的经济负担。

7.2.1 开发辅助降血糖的功能(保健)食品的原则

(1)控制每日摄入食物所提供的总热量，总能量控制在仅能维持标准体重的水平。糖尿病患者血糖、尿糖浓度虽然高，但机体对热能的利用率却较低，机体仍需要更多的热能以弥补尿糖的损失。一般每日每千克体重供给 0.13～0.21 MJ (30～50 kcal)热能，具体摄入量因从事的劳动强度不同而异。

二维码 7-1 成年糖尿病患者每千克体重每日所需热量表

有研究表明，对大多数 NIDDM 肥胖患者，通过减轻体重 6～20 kg，即使没有达到理想体重，其有利作用也十分明显，包括血糖的控制改善、血脂水平降低等。因此，对大多数 NIDDM 肥胖患者应中等程度地减轻体重，通过减少能量的摄入并增强体力活动来达到每天能量负平衡(－4 184～－2 092 kJ/d)，直到达到理想体重为止。对于正常体重的患者则不应过分限制饮食，但总热能的摄入量也不宜过多，以保持正常体重为度。对于体重较轻或体质虚弱的病人，应提供足够的热能。

(2)限制脂肪的摄入，有一定数量的优质蛋白质。有人认为，脂肪代替碳水化合物可避免胰脏负担过重。脂肪会产生很高的热量，因此，富含脂肪的食物摄入过多将产生多余的热量，可能导致体重增加。长期采用高脂肪膳食可能增加心血管疾病，这是现今美国糖尿病病人死亡的首要病因。已有很多研究表明，摄入超量脂肪会降低身体内胰岛素的活性，使血糖升高，而减少脂肪(特别是饱和脂肪酸)的摄入会减少心、脑血管疾病发生的风险。目前糖尿病患者的脂肪摄入量已由 30～40 年前的占能量 40%以上降至 20%～30%，目的是防止或延缓心血管并发症的发生与发展。脂肪供给量按每千克体重计算约为 1 g 或低于 1 g，并减少饱和脂肪酸的供给，增加多不饱和脂肪酸供给。多数人主张在膳食食品中摄入的饱和脂肪酸、多不饱和脂肪酸、单不饱和脂肪酸的比值为 1∶1∶1。另外，胆固醇的摄入量要小于 300 mg/d。

很早就已认为糖尿病病人需要更多的蛋白质，因为未加控制的糖尿病病人的蛋白质过度降解，蛋白质供给量应较正常人适当增多。现在知道，膳食中过量的蛋白质可能刺激胰高血糖素和生长激素的过度分泌，二者都能抵消胰岛素的作用。

对于糖尿病病人，蛋白质的摄入也要求能够充分保证正常的生长发育和保持机体功能。一般推荐蛋白质的摄入占总能量的 20%，老年人适当增加。有些研究指出，低蛋白质膳食可预防或减慢糖尿病病人肾病的发生和进展。但也有人提出，对没有确诊为肾衰竭的病人这种膳食并无保护作用。蛋白质摄入量不足 0.8 g/kg 体重会发生氮的负平衡。绝大多数情况下仍建议糖尿病病人每天摄入的蛋白质应达到总能量的 10%～20%，确诊肾衰竭时每千克体重应限制在 0.8 g。

(3)适当控制碳水化合物的摄入。高碳水化合物会过度刺激胰脏分泌胰岛素，还会使血中甘油三酯增高，并伴随着碳水化合物利用率的降低，可能还伴随着心血管疾病的形成。所以，应适当控制碳水化合物的摄入，包括控制摄入总量、每次摄入量、摄入时间以及碳水化合物的组成。碳水化合物摄入总量以每日摄入 200～300 g 为宜，所供热能应控制在总热能的 50%～60%。增加餐次、减少每餐进食量；严格限制单糖及双糖的食用量，最好选用富含多糖的食品(如米、面等)，同时加入一些马铃薯、芋头、山药等根茎类蔬菜混合食用。由于不同食物来源的碳水化合物在消化、吸收、食物相互作用方面的差异以及由此引起的血糖和胰岛素反应的区别，混合膳食使糖的消化吸收减缓，有利于病情的控制。

(4)增加膳食纤维摄入量。膳食纤维摄入太少是糖尿病发病率高的重要原因。增加膳食中纤维的摄入量可改善末梢组织对胰岛素的感受性，降低对胰岛素的要求，从而达到调节血糖水平的作用。增加纤维摄入量还可有效地降低血清胆固醇和 LDL 值，并使 HDL 值上升。这些功效对糖尿病病人也是非常有利的。近年来的研究证明，经常食用高膳食纤维食品的人，空腹血糖水平低于少吃食物纤维者。其中，可溶性纤维在降低葡萄糖忍耐试验和餐后血糖水平的表现是有效的，但对不溶性纤维在降低血糖水平方面的研究结果不一致。蔬菜、水果、海藻和豆类富含膳食纤维，尤其是果胶在各种水果中占食物纤维的 40%。果胶具有很强的吸水性，在肠道中形成凝胶过滤系统，可减缓某些营养素的排出，延长食物在胃肠道的排空时间，减轻饥饿感。同时，果胶又能减少肠道激素“胃抑多肽”的分泌，延缓葡萄糖的吸收，使饭后血糖及血清胰岛素水平下降。

达到上述摄入标准的关键在于科学搭配膳食。糖尿病患者应在每日膳食中添加燕麦等粗粮以及海带、魔芋和新鲜蔬菜等富含纤维的食物。

(5)补充维生素、微量元素。维生素 C、维生素 B_6、烟酸等在糖代谢中起重要作用，充足与否对糖尿病病人的血糖水平有很大的影响。微量元素如硒、铬、锌等对控制糖尿病病人的病情有很大的作用。

7.2.2　具有辅助降糖功能的因子

随着化学分析方法和药理实验技术的不断发展，发现了多种具有降血糖活性的功能因子。它们包括天然产物、矿物质和维生素等。

7.2.2.1　矿物质类降糖因子

1. 铬

铬(Cr)是自然界中广泛存在的一种元素，主要分布于岩石、土壤、大气、水及生物体中。土壤中的铬分布极广，含量范围很宽；水体和大气中铬含量较少；动、植物体内含有微量铬。铬是一种具有多种化合价的元素，原子序数为 24，相对原子质量为 52。在自然界中，铬主要以三价铬和六价铬的形式存在。三价铬参与人和动物体内的糖与脂肪的代谢，是人体必需的微量元素。六价铬则是明确的有害元素，能使人体血液中某些蛋白质沉淀，引起贫血、肾炎、神经炎等疾病；长期与六价铬接触还会引起呼吸道炎症并诱发肺癌或者引起侵入性皮肤损害，严重的六价铬中毒还会致人死亡。

铬的降糖作用机理如下。

(1)铬是GTF的组成成分。1959年,Schwarz和Mertz等研究发现,很多三价铬化合物具有恢复糖耐量正常的作用,即具有葡萄糖耐量因子的活性,并证实GTF的主要成分是铬与烟酸、谷氨酸、甘氨酸和半胱氨酸的水溶性配合物,确认Cr^{3+}是组成GTF的必要成分,证实铬是人体必需的微量元素。GTF对调节体内糖代谢、维持体内正常的葡萄糖耐量起重要作用。人体缺铬会使糖代谢紊乱,细胞对胰岛素的敏感性减弱,胰岛素受体数目减少且亲和力降低,从而导致糖耐量异常的糖尿病发生。因此,Cr^{3+}及GTF已被卫健委批准作为辅助调节血糖的因子。

动物试验和临床都已证明,补充足够量Cr^{3+},可使糖尿病病人的症状减轻、血糖被控制在平稳状态、降糖药的用量减少。糖尿病患者普遍缺铬,因此,补铬对防治糖尿病是有利的。

因此,卫生部(现为卫健委)颁布的GB 14880—2012将含有Cr^{3+}的硫酸铬和氯化铬批准为营养强化剂。

(2)铬对糖代谢的影响。Cr^{3+}参与体内的糖代谢,是维持体内正常葡萄糖耐量和人体生长发育不可缺少的微量元素。铬作为胰岛素的一种"协同激素",协助或增强胰岛素在体内的作用。铬通过利用胰岛素来维持稳定的血糖水平,促使胰岛素A链上的硫与细胞膜上胰岛素受体的巯基形成二硫键,改善靶细胞对胰岛素的敏感性而促使胰岛素发挥作用。

在胰岛素的存在下,铬也能加强眼球晶状体对葡萄糖的吸收,促进利用葡萄糖合成糖原过程。糖尿病病人白内障的发病率较高,这是机体糖代谢缓慢使得聚集在眼球晶状体内的糖类增多而引起的。虽然胰岛素本身也能加速糖类在组织中的代谢速度,但补铬后效果更明显。

近视的发生也与人体缺铬有关。这是因为血糖增高容易引起渗透压降低,造成眼睛晶状体及眼房水渗透压的改变,促使晶体变凸,屈光度增加,造成近视。

2. 锌

锌是目前确认的15种微量元素中生理功能最多的一种元素,被称为"生命元素"。它是机体内200多种酶和蛋白质的重要组成成分,并对酶起催化和调节作用,广泛地参与生命活动的各个方面。其含量在体内仅次于铁,位居第二。锌影响胰岛素的合成、贮存、分泌以及结构的完整性。缺锌可导致胰岛素稳定性下降。锌可影响葡萄糖在体内的平衡过程,其作用机制有以下几个方面。

(1)锌是许多葡萄糖代谢酶的组成成分。糖代谢中3-磷酸甘油醛脱氢酶、乳酸脱氢酶和苹果酸脱氢酶的辅助因子,直接参加糖的氧化供能过程。所以,锌可影响葡萄糖在体内的平衡。

(2)锌是胰岛素的重要组成元素。胰岛素以晶势或亚晶势锌-胰岛的形式存在于胰脏的分泌腺中。体内的锌直接影响到胰岛素的合成、分泌和激素的活性。一个胰岛素的分子中有4个锌原子,结晶的胰岛素中大约含有0.5%的锌。

(3)锌可激活羧肽酶B促进胰岛素原转化为胰岛素。实验证实,动物注入葡萄糖后,缺锌动物血清中胰岛素及锌的浓度均无明显增加,葡萄糖耐受力显著降低,而正常动物血清中两者同时升高,随后均恢复正常水平。缺锌时,大鼠体内的羧肽酶B活性下降50%,无活性的胰岛素原转变为有活性的胰岛素的趋势下降,从而造成血清中胰岛素水平的下降。同时,锌也可增强胰岛素对肝细胞膜的结合力。锌促进胰岛素与受体结合。有活性的锌可以与激动剂、受体或一些未知的物质结合，促进受体聚集和磷酸化，增强胰岛素与受体的亲和力，降低胰岛素的分解和受体的再循环，并在受体水平或受体后水平调节胰岛素作用。但锌对胰岛素的作用是双向的，锌的浓度过高或过低都会影响胰岛素的分泌。

(4)锌除了可以维持胰岛素活性外，其本身又具有胰岛素类似的作用。如果锌充足，机体对胰岛素的需要量减少，锌可纠正葡萄糖耐量异常，甚至替代胰岛素改善大鼠的糖代谢紊乱，部分预防大鼠高血糖症的发展，并促进葡萄糖在脂肪细胞中转化成脂肪。而缺锌可诱导产生胰岛素抗性或糖尿病样反应。

锌的来源广泛，普遍存在于各种食物。但动植物性食物之间，锌的含量和吸收利用率差别很大。动物性食物含锌丰富且吸收率高。据报告，每千克食物含锌量，牡蛎、鲱鱼在 1 000 mg 以上，肉类、肝脏、蛋类为 20～50 mg。我国预防医学科学院营养与食品卫生研究所编著的“食物成分表”已列出我国部分食物的锌含量，每千克含锌量在 30 mg 以上的有大白菜、黄豆、白萝卜；含锌在 10～30 mg 的有稻米(糙)、小麦、小麦面、小米、玉米、玉米面、高粱面、扁豆、马铃薯、胡萝卜、紫皮萝卜、蔓菁、萝卜缨、南瓜；含锌不足 10 mg 的有甜薯干。

3. 镁

镁是体内重要的阳离子，参与调节能量代谢和多种酶促反应，是多种酶的基本成分。胰岛素和镁之间的关系近年来已得到广泛的关注。研究表明，镁是胰岛素活性的“第二信使”，参与胰岛素的分泌、结合，在胰岛素的敏感性和糖代谢的稳定中起着重要作用。细胞内镁的缺乏可降低细胞膜上 Na^+-K^+ ATP 酶的活性。该酶与维持 Na^+、K^+ 浓度梯度和葡萄糖的输送有关。镁的缺乏可使胰岛素受体水平的酪氨酸激酶活性降低而减弱胰岛素作用，导致胰岛素抵抗。糖尿病患者血液中镁的浓度与葡萄糖的利用呈正相关，现已证实糖尿病患者细胞对镁的摄取较正常人减少。补充镁能改善 B 细胞的活性、提高胰岛素的敏感性、降低胰岛素的抵抗和维持葡萄糖的体内平衡，甚至可降低Ⅱ型糖尿病的发病率。此外，镁与甘油三酯、总胆固醇和低密度脂蛋白胆固醇的浓度呈负相关，同时能提高高密度脂蛋白的浓度。

4. 硒

硒(Se)被世界卫生组织称为“生命火种”“视力保护神”和“抗癌之王”。近年来研究发现，硒具有类胰岛素样作用，可降低血糖。有报道认为，硒能够提高胰岛素与胰岛素受体结合的能力，达到降低血糖的作用。

7.2.2.2　维生素类降糖因子

正常机体氧化和抗氧化处于相对平衡状态，存在着完整的抗氧化防御系统。糖尿病患者由于血糖升高而导致糖自身氧化，同时引起蛋白质非酶糖化和脂质过氧化以及抗氧化酶系发生糖化反应，酶活性降低，从而造成机体活性氧自由基堆积。自由基主要损害细胞生物膜，也进一步损害 B 细胞。维生素 C、维生素 E 对维持糖尿病病人体内氧化—抗氧化动态平衡起重要作用。

1. 维生素 E

维生素 E 是一种安全、有效的天然脂溶性抗氧化剂，主要分布于细胞内线粒体、内质网和质膜的特定部位，能与低密度脂蛋白结合，抑制氧化，促进一氧化氮(NO)释放并抑制其分解，改变血管内皮机能，同时还能改善胰岛素抵抗并提高胰岛素敏感性。因此，服用维生素 E 虽然降糖效果不明显，但可抑制蛋白质非酶糖化，降低脂质过氧化，清除自由基，改善血小板与血管内皮的功能,纠正脂质代谢紊乱,从而起到稳定血糖及降低血管并发症的作用。

高浓度的葡萄糖可以激活蛋白激酶C(PKC),导致一些微血管内皮细胞的损伤及血管内皮细胞的异常增殖、基底膜的更新、血流动力学改变以及使白蛋白和其他大分子物质的通透性增加。维生素E能抑制微血管内皮细胞二酯酰甘油(DAG)的合成,降低DAG-PKC通路的活性,减轻高血糖造成的血管内皮细胞及微血管功能的损害。

2. 维生素C

维生素C是人体血浆中最有效的水溶性抗氧化剂,参与体内各种物质代谢并且是各种酶的催化剂;维生素C能有效清除氧自由基,阻断自由基引发的氧化反应,保证生物膜免受氧化损伤和过氧化损伤;还可提高超氧化物歧化酶(SOD)等抗氧化酶的活性。SOD是一种内生性氧自由基清除剂,催化氧自由基的歧化反应,是机体免受自由基损害的防御酶。另外,在机体内维生素C可使氧化型维生素E还原成还原型维生素E,恢复维生素E的抗氧化作用。

动物试验和临床研究证明,维生素C可通过中和超氧阴离子,预防氧自由基的产生,防止脂质过氧化,保护NO免遭超氧阴离子和其他氧自由基的灭活而改善糖尿病病人的血管内皮功能。据报道,维生素C可减少丙二醛的形成,并增加NO、SOD的水平,以抑制内膜增生,改善内皮功能。

维生素缺乏与糖尿病的关系已引起了医学界广泛关注。对糖尿病患者与正常人的血液对照分析表明,前者血液中维生素C水平明显低于后者。糖尿病患者机体处于氧化应激状态,对抗氧化维生素的需要量也相应增加。饮食中过分限制脂质导致脂溶性维生素缺乏,高血糖造成的溶质性利尿,使水溶性维生素过多排泄。补充维生素可能是一个有用而又价廉的附加治疗。

7.2.2.3 天然产物类降糖因子

天然产物降糖因子按化学结构分为活性多糖类、皂苷类、萜类、黄酮类、生物碱类、硫键化合物类、共轭亚油酸等。

1. 活性多糖类

活性多糖包括膳食纤维、真菌多糖等。迄今已发现100多种植物多糖具有降血糖作用,如人参多糖、灵芝多糖、特殊植物纤维等,具有降血糖活性的多糖有80多种,其中20余种功效显著。它们不仅是一种非特异性免疫增效剂,起抗菌消炎、抗病毒、抗肿瘤、抗衰老的作用,而且有降血糖、降血压、降胆固醇等多种生理活性。很多研究表明,存在于薏米、紫草、甘蔗茎、紫菜、昆布和南瓜等食药用植物或植物果实中的某些活性多糖组分有明显的降血糖作用,百合科、石蒜科、薯蓣科、兰科、虎耳草科、锦葵科和车前草科植物黏液质中也含有这种降血糖活性的多糖组分。这种组分经提取精制后可用于糖尿病专用保健食品生产上。

2. 皂苷类

皂苷又称皂甙,是以类固醇和多环三萜为配基和寡糖为糖基的一类糖苷。皂苷广泛存在于自然界,在菌类、蕨类、单子叶植物、双子叶植物、动物及海洋生物中均有分布。根据其化学结构,可分为三萜皂苷(三萜通过碳氧键与糖链相连)和甾体皂苷(甾体通过碳氧键与糖链相连)两大类。皂苷是一大类具有多种生理功能的生物活性物质。近年来,皂苷降血糖作用的研究进展迅速。

很多研究表明,苦瓜具有明显的降血糖作用,因此,苦瓜降糖作用机理一直备受国内外研究者的关注。研究发现，苦瓜的降血糖活性成分为皂苷类和多糖类化合物。苦瓜皂苷降糖机制多样：它可能部分调节糖皮质激素水平，抑制机体分解代谢，并能抑制葡萄糖-6-磷酸酶和果糖-1，6-二磷酸酶活性，从而抑制糖异生；增加细胞色素 P450 活性，加速葡萄糖氧化；同时通过葡萄糖-6-磷酸酶活性下降对糖原磷酸化酶的抑制作用，使糖原分解减慢。苦瓜皂苷对大鼠的胰岛素水平不产生影响，表明其对胰岛 B 细胞没有作用。另外，地肤子总苷、罗汉果皂苷、匙羹藤皂苷、绞股蓝皂苷、人参皂苷、大豆皂苷、刺五加皂苷、葫芦巴皂苷、玉米须皂苷等均可降低高血糖小鼠的血糖水平。皂苷类降血糖机制可能与其抗氧化和清除自由基有关。

3. 萜类

萜类（terpene）或类萜（terpenoid）是由异戊二烯（isoprene）组成的。萜类化合物的结构有链状的，也有环状的。萜类种类是根据异戊二烯数目而定，有单萜（monoterpene）、倍半萜（sesquiterpene）、双萜（diterpene）、三萜（triterpene）、四萜（tetraterpene）和多萜（polyterpene）之分。“萜类”在前面第 2 章“功能因子”中已有详细介绍。

萜类主要影响糖代谢。单萜类具有降低血糖作用的主要是环烯醚萜苷，如怀庆地黄（*Rehmannia glutinosa* Libossh *forma hueichingensis* Hsiao）能降低动物血糖，梓醇（catalpol）是其有效成分之一。原产于巴拉圭的菊科植物甜叶菊[*Stevia rebaudina*（Bret）Hemsl]叶中有效成分甜叶菊苷（stevioside）属双萜类化合物，具有降血糖作用和降压作用，巴拉圭曾将其用于糖尿病的治疗。我国台湾产唇形科植物匍匐凉粉草（*Mesona procumbens*）与大花直管草（*Orthosiphon stamineus*）在民间用于治疗糖尿病。研究发现，其降血糖成分为乌索酸（ursolic acid），属三萜类。

4. 黄酮类

黄酮类（flavonoid）属于植物酚类化合物。它是 2 个芳香环被 3 碳桥连起来的 15 碳化合物。黄酮类可分为 4 种，即花色素苷（anthocyanin）、黄酮（flavone）、黄酮醇（flavonol）和异黄酮（isoflavone）。黄酮类主要影响胰岛 B 细胞功能，作用缓慢而持久。糖尿病动物口服黄酮化合物可显著抑制晶状体醛糖还原酶（aldosereductase，AR）活性。AR 是糖代谢中的限速酶。其活性降低可减少糖醇堆积，从而有利于白内障的防治。日本研究了 73 种黄酮、黄酮醇、异黄酮、双氢黄酮和双黄酮化合物对大鼠晶状体醛糖还原酶的抑制作用，结果显示黄酮比黄酮醇、双氢黄酮对醛糖还原酶的抑制强度高。另外，苷比苷元高，而且苷及糖的种类和数目对抑制强度也有很大影响。

不同来源的黄酮类化合物降血糖效果有所不同。如荞麦种子总黄酮能使 ALX 糖尿病小鼠的空腹血糖降低，改善糖耐量，对血浆胰岛素水平无影响，但胰岛素敏感指数明显高于对照组。广西藤茶总黄酮对 ALX 糖尿病小鼠有较好的治疗作用，对肾上腺素、葡萄糖引起的高血糖小鼠也有明显的降血糖作用，但对正常小鼠血糖无明显影响。桑叶总黄酮通过抑制大鼠小肠双糖酶的活性发挥降血糖作用。

绿茶、芹菜、大麦、欧洲越橘、葛根、桑叶等富含黄酮类。因此，它们具有一定的降血糖作用。

5. 生物碱

生物碱（alkaloid）是一类含氮杂环化合物，通常有一个含 N 杂环，其碱性来自含 N 的环。生物碱品种虽少，但降糖作用显著。黄连素是黄连中含量最多的生物碱，又名小檗碱，其含量可达 5%～8%，属异哇啉生物碱。黄连素对多种动物模型包括正常小鼠及四氧嘧啶、肾上腺素引发的高血糖均有降糖作用。小檗碱能对抗注射葡萄糖引起的血糖升高。小檗碱的降血糖作用可能是通过抑制肝脏的糖异生和促进外周组织的葡萄糖溶解而产生降血糖作用。它能显著降低 ALX 诱导的大鼠血糖，其降血糖作用与促进 B 细胞再生有关。葫芦巴碱是葫芦巴种子的主要成分。葫芦巴种子粗提取物能降低 ALX 诱导的糖尿病大鼠的血糖水平，改善糖尿病患者的临床症状。其作用是葫芦巴种子的凝胶部分含有半乳糖甘露聚糖。它是一种水溶性食物纤维，能提高肠内容物的黏度，影响葡萄糖的吸收，从而降低血糖。

6. 硫键化合物

硫键化合物降糖活性取决于二硫键。洋葱中的硫键化合物（二丙基二硫化物）和大蒜中的大蒜辣素（二丙烯基二硫化物，allicin）对降糖活性起决定作用。洋葱能选择性地作用于 B 细胞，促进胰岛素的分泌，发挥其降血糖功能。大蒜素对 ALX 糖尿病鼠有一定的保护作用，可升高胰岛素浓度，降低高血糖，还可降低血清胆固醇、甘油三酯及防治动脉粥样硬化等。

7. 共轭亚油酸

共轭亚油酸（CLA）是一种新型天然脂类功能因子，主要存在于反刍动物的乳、肉及其制品中。研究发现，CLA 具有多种生理功能：抗癌，抗动脉粥样硬化；调控代谢，增加肌肉，减少脂肪；增强机体免疫力，减缓免疫系统副反应；调节血糖，抗糖尿病；促进动物生长发育。CLA 是必需脂肪酸亚油酸衍生的共轭双烯酸的多种位置异构体与几何异构体的总称。它是含有共轭双键的一系列十八碳二烯酸的混合物。CLA 有多种异构体，其中（9c，11t-）、（10t，12c-）、（9t，11t-）和（10t，12t-）4 种异构体已被实验证实具有很强的生理活性。CLA 的酯类（乙酯、甘油三酯等）与 CLA 有相同的功效。

CLA 能明显改善Ⅱ型糖尿病病人的病情。例如，白泻根（*Bryonia alba* L.）中的多烯脂肪酸具有明显地降低四氧嘧啶糖尿病大鼠血糖的作用；玉米须（*Zea mays* L.）中的亚油酸对家兔有非常显著的降血糖作用；向日葵（*Helianthus annus* L.）中的亚油酸有降血糖作用。CLA 能激活类固醇激素家族的受体——过氧化物酶体增生因子激活受体 α（peroxlsome proliferators-activated receptor，PPARα），是 PPARα 高亲和力的配体和活化因子。这些被激活的受体能够改善因胰岛素受体减少而造成的胰岛素敏感性降低的症状，调节基因表达和血液中的血糖流通浓度。

7.2.3 辅助降血糖的功能(保健)食品

1. 富铬食品

成人每日铬的需要量为 20～50 μg。孕妇因生理需要，供给量应高于一般人群。

富含铬的食物主要来源为牛肉、肝脏、蘑菇、啤酒、粗粮、马铃薯、麦芽、蛋黄、带皮苹果等。食品加工越精，其中铬的含量越少。精制白糖、面粉几乎不含铬。食物精细加工是膳食缺铬的重要原因。因此糖尿病病人应少食精加工食品。

2. 富锌食品

成人每日锌的需要量为 10～20 mg，但妇女应适当增加，为每日 20 mg，妊娠期为 25 mg，哺乳期为 30 mg。

富含锌的食物主要有动物肝脏、胰脏、肉类、鱼类、海产品、豆类等。牛奶含锌量低于肉类。

饮食不要过精，一般不会缺锌。

3. 富硒食品

常见食物中含硒量高的食品有鱼类、肉类、谷类、蔬菜等，芝麻、麦芽含硒最多，酵母、蛋、海产品、肝中含硒量高于肉类。糙米、标准粉、蘑菇、大蒜中硒含量也较丰富。推荐成人每日硒供给量为 50 μg。

4. 高纤维食品

高纤维食品可降低糖尿病患者对胰岛素或一般口服降血糖药的需求，有效地控制体内血糖的浓度，对糖尿病有预防和治疗作用。但摄入过多纤维素对矿物质有离子交换和吸附作用，会影响机体对钙、镁、铁、锌等多种微量元素和维生素的吸收和利用，还会使患者出现腹胀、腹泻、腹部隐痛等症状。因此，对食欲不振、腹泻的糖尿病患者应适当限制摄入量。国外学者主张，每天给予膳食纤维 20～30 g。国内报告，膳食纤维摄入量每天不应少于 35 g。

富含膳食纤维的食品主要有：水果、蔬菜、麦麸、玉米、糙米、大豆、燕麦、荞麦等。动物试验表明，蔬菜纤维比谷物纤维对人体更为有利。

5. 苦瓜

苦瓜系葫芦科苦瓜的果实，性苦味寒、无毒，具有清热解毒、补肾阳、祛寒湿等功效。苦瓜在许多国家和地区都有入药记载。研究证明，苦瓜中含有葫芦素烷型、齐墩果烷型皂苷，以及甾醇类、生物碱类等多种化合物。试验证明，苦瓜有较强的降糖作用，并推测其降血糖活性物质包括一种生物碱和一种类似胰岛素样化合物。近年来药理研究表明苦瓜中的多种成分共同作用，显示出明显的降血糖作用。因此，一直备受国内外研究者的关注。用苦瓜果实水提取物治疗试验性四氧嘧啶糖尿病大鼠，3 周以后，血糖从 12.22 mmol/L 下降到 5.83 mmol/L，下降率为 84%。用糖尿病模型兔做试验，给苦瓜皂苷 2.5 mg/kg、优降糖 0.15 mg/kg，灌胃后其血糖均有所下降，其中优降糖作用快而强烈，24 h 后血糖又有回升；而苦瓜皂苷作用较缓慢而持久。停用其他降血糖药物，只用苦瓜皂苷口服治疗Ⅱ型糖尿病，总有效率为 78.3%。确定了苦瓜皂苷是苦瓜降血糖的有效成分之一。

研究表明，苦瓜的降糖作用是通过刺激胰岛 B 细胞分泌胰岛素而达到的。有人认为，苦瓜肉中的非皂苷降糖化合物也有改善胰岛素的作用。因此，对苦瓜肉中非皂苷化合物的定性、分离和提取具有重要意义。

6. 苦荞麦

苦荞麦(buck wheat)属蓼科双子叶植物，俗称苦荞，学名鞑靼荞麦(*Fagopyrum tataricum*)。

苦荞麦中含有黄酮类物质，其主要成分为芦丁。芦丁含量占总黄酮的 70%～90%，芦丁又名芸香苷、维生素 P，具有降低毛细血管脆性、改善微循环的作用。在临床上主要用于糖尿病、高血压的辅助治疗。

体内的自由基能造成胰岛 B 细胞的损伤，导致胰岛功能下降，使血糖升高。由于苦荞蛋白复合物可提高体内抗氧化酶的活性，对脂质过氧化物又有一定的清除作用，具有提高机体抗自由基的能力，因此有抗氧化和降血糖的作用。以苦荞麦替代糖尿病患者膳食中的部分碳水化合物，患者的各项生化指标均较使用苦荞麦之前有显著改善，且可减少服用降糖药物的剂量，充分说明苦荞麦对糖尿病有肯定的疗效。

7. 南瓜

南瓜(pumpkin)是葫芦科植物南瓜的果实,它的营养成分全面而独特,果肉富含瓜氨酸、精氨酸、天门冬素、胡卢巴碱、腺嘌呤、胡萝卜素、各种维生素和较多的铬、镍等微量元素。20世纪70年代日本即用南瓜粉治疗糖尿病。

目前已成功分离出南瓜中具有较高降血糖活性的有效成分——南瓜多糖。动物试验表明:小鼠经腹腔注射南瓜多糖7 h后就可以使其血糖值由(15.32±3.38)mmol/L降至正常水平(5.77±1.46)mmol/L,统计学分析差异极显著。南瓜多糖可能是以糖蛋白的形式存在,初步确认南瓜多糖的降血糖机理系胰内修复的受损胰岛B细胞与胰外抑制肝糖原输出共同作用的结果,同时可能增强葡萄糖激酶的活性。葡萄糖激酶是胰岛B细胞和肝脏的葡萄糖感受器,控制着肝脏和胰岛细胞葡萄糖磷酸化,为糖代谢的限速酶。胰岛B细胞的葡萄糖激酶决定着糖酵解和氧化的速度,葡萄糖激酶活性增高有利于糖代谢紊乱的恢复。目前以南瓜开发的降血糖产品有很多,如南瓜多糖口服液、南瓜多糖饮料、南瓜多糖胶囊等。

有学者认为,南瓜的降糖成分主要为南瓜戊糖,它具有调解血糖作用;也有学者认为南瓜的主要降糖成分是果胶和铬。因果胶可延缓肠道对糖和脂类的吸收,它在肠胃中与淀粉等碳水化合物组成溶胶样物质,使淀粉缓慢消化吸收,明显降低餐后血糖作用。同时,果胶具有饱腹效果,能改善病人的饥饿感。缺铬则使糖耐量因子无法合成而导致血糖难以控制。南瓜中铬含量比一般食品高出50倍,对稳定血糖也有一定的意义。总之,南瓜防治糖尿病是在几种成分共同作用下实现的,而不是单一成分作用的结果。

8. 人参

人参用于糖尿病的治疗在《本草纲目》中就有记载,近几十年有很多关于以人参为主的复方制剂治疗糖尿病的报道。人参可明显降低由链脲霉素造成的糖尿病模型大鼠的空腹血糖,Yokzawa Takako等报告腹腔注射人参皂苷-Rb2(人参二醇组皂苷的一种)6 d后,糖尿病大鼠的血糖降低、肝中碳水化合物及糖代谢趋向正常、多食多尿等症状减轻。人参总皂苷能明显抑制四氧嘧啶所致的糖尿病小鼠血糖升高,且停药后疗效尚能维持1~2周。

人参适宜于较轻的糖尿病治疗,能降低血糖和减少尿糖的排出;而对中度糖尿病的作用主要为减轻口渴和全身衰弱等症状。

9. 蜂胶

蜂胶是蜜蜂从植物叶芽、树皮内采集的树脂状物质掺入工蜂上腭腺分泌物与蜂蜡、花粉等物质结合而成的混合物,具有广谱抑菌、抗病毒作用。我国每年饲养蜂群约700万群,年产蜂蜡初品约300 t。一个5万~6万只蜜蜂的蜂群一年能生产蜂胶100~500 g。由于原胶(即从蜂箱中直接取出的蜂胶)中含有杂质而且重金属含量较高,不能直接食用,必须经过提纯、去杂、去除重金属(如铅等)之后才可用于加工生产各种蜂胶制品。此外,蜂胶的来源和加工方法对于蜂胶的质量影响很大。

蜂胶的主要成分为:树脂50%~55%,蜂蜡30%~40%,花粉5%~10%。蜂胶的主要功效成分有黄酮类化合物,包括白杨黄素、山柰黄素等。

蜂胶中含有黄酮类、萜烯类以及氨基酸等多种物质。蜂胶在糖尿病中的应用近年来时有报道。有研究认为,蜂胶中含有很高的黄酮类物质,它除了能降低血脂外,也起着拟胰岛素的作用,可以通过促进外围组织利用葡萄糖,使血糖得到降低,减少胰岛素的用量,能较快恢复血糖正常值；消除口渴、饥饿等症状；能防治由糖尿病所引起的并发症，据测试，总有效率约40%。糖尿病患者血糖含量高，免疫力低下，容易并发炎症，蜂胶可有效控制感染，使患者病情逐步得到改善。

10. 甘草等中草药

葡萄糖还原为糖醇的活性增强即醛糖还原酶活性增强是糖尿病性神经病变、白内障等并发症的发病机制之一。甘草中的异甘草素被证明是一种强醛糖还原酶抑制剂，故甘草可预防糖尿病并发症的发生。

试验证明，异甘草素是一种强的醛糖还原酶抑制剂。它以浓度依赖方式抑制大鼠晶状体内醛糖还原酶的活性。当异甘草素的浓度为1 μg/mL时，其对醛糖还原酶活性的抑制率为81.4%，当其浓度为0.1 μg/mL时，对醛糖还原酶活性的抑制率为61.7%。异甘草素还具有强力的抗血小板聚集作用。

大黄对糖尿病肾病有治疗作用，它不仅可以控制肾脏肥大（糖尿病肾病的重要病理特征），还能减轻蛋白尿的程度。

除此之外，葛根、丹参、元参、雪莲等许多中草药都被用于降糖制剂的配方。

国外应用植物药治疗糖尿病也有十分悠久的历史。日本的当药和狼牙菜、墨西哥的仙人掌属植物、非洲的巴戟天属植物亮叶巴戟根等都是传统的降糖植物药。近几年，有关这些植物药的药理机制研究也取得了很大进展，如亮叶巴戟根可能通过减少或暂时抑制糖原分解和肝糖原异生，或通过提高肌肉、脂肪组织及其他器官的葡萄糖渗透性、增加肝糖原生成等途径使血糖降低。国外的传统降糖植物药还包括欧洲刺柏的果实、玉竹的根茎、叙利亚枣、葫芦巴种子、桉树叶、车前草等。

具有降糖作用的植物药与化学合成药物相比，具有毒副作用小的优点，适合于对糖尿病的长期控制，应用前景非常广阔，故已成为目前国内外的研究热点。

11. 番石榴

番石榴（*Psidium guajava* Linn.）属桃金娘科番石榴属，热带灌木或小乔木，原产于美洲墨西哥和秘鲁，引入我国也有200多年的历史。现在我国分布于海南、广东、台湾、福建、广西和云南等地。因为番石榴与石榴外形相像，又是外来水果，故称为番石榴，但它与石榴既不同科也不同属。

番石榴的外表呈球形、卵形或葫芦形，未成熟时果皮呈绿色，成熟时一般是微红色，果肉为白色，厚且柔软嫩滑，果味甜香。番石榴富含维生素C，其果肉含维生素C的量为1.25～1.80 mg/g，是柑橘的3倍。

在日本等地，民间将番石榴的叶子用作糖尿病和腹泻药已有很长时间。番石榴叶提取物的主要成分是多酚类物质，还含有皂苷、黄酮类化合物、植物甾醇和若干精油成分。将番石榴叶的50%乙醇提取物按200 mg/kg的量经口给予患有Ⅱ型糖尿病的大鼠，血糖值有类似于给予胰岛素后的下降，显示有类似胰岛素的作用。

番石榴的果实和叶中还含有丰富的有机铬，也有利于血糖的降低。

12. 洋葱

在国外，洋葱常作为糖尿病辅助治疗食品而食用。研究人员从洋葱中分离出了抗糖尿病的化合物，该化合物类似普通的抗糖尿病药物甲苯磺丁脲（甲糖宁），可以刺激胰岛素的合成与分泌。利用狗做动物试验，人们原以为将狗摘除胰腺后，由于狗不能再合成胰岛素，仅能生存数日；但给它注射3次洋葱提取物后，狗存活了两个多月，说明该洋葱的提取物有刺激胰岛素合成与分泌的作用。洋葱油也可以降低血糖值，同时对正常的血糖不会产生影响。

13. 洋姜

洋姜又称为菊芋，原产于北美，17世纪传入欧洲，后传入我国，在全国各地都有零星栽培，但大面积种植一直未能推开。洋姜根茎中含菊粉，新鲜块茎中菊粉的含量为10%～20%，它是由大约35个果糖和1个葡萄糖组成的线状聚合物。菊粉可增殖双歧杆菌，还可作为非水溶性膳食纤维，释放的热量低于4.186 J/g。菊粉属低聚果糖，它在肠道的上部不会被水解成单糖，是一种不会导致尿中葡萄糖升高的碳水化合物。

洋姜还含有一种与人类胰岛素结构非常相近的物质。当尿中出现尿糖时，服用洋姜可控制尿糖。当胰腺功能异常，出现低血糖时服用洋姜又可使血糖升高，起到稳定血糖的作用。这说明洋姜调节血糖的作用具有双向性，无论是高血糖还是低血糖，都可用洋姜来达到调节的目的。

14. 功能性甜味剂

糖尿病专用保健食品中，甜味剂的选用非常重要。所使用的甜味剂应以不影响病人血糖水平为先决条件，包括无能量或低能量强力甜味剂，最常用的较好品种有安赛蜜（acesulfame-k）、甘草甜素、三氯蔗糖（sucralose）、结晶果糖、大豆寡糖、木糖醇、山梨醇和麦芽糖醇等。

（1）化学合成甜味剂类　又称合成甜味剂，是人工合成的具有甜味的复杂有机化合物。化学合成甜味剂几乎不参与机体代谢，不含热量，可为糖尿病、肥胖症病人的食疗饮品的甜味剂，也可作防龋齿的甜味剂。合成甜味剂具有甜味，但本身不是食品正常成分的化学物质，不具有任何营养价值，甜度是蔗糖的几十倍甚至几百倍。合成甜味剂性质稳定，耐热、耐酸和碱，不易出现分解失效现象。

糖精钠、环己基氨基磺酸钠等曾被广泛使用，但因其毒性作用，现在已严格限用。目前，天门冬酰苯丙氨酸甲酯（也称蛋白糖）因其对人体无毒性作用，在食品中使用越来越广泛。甜度为蔗糖的100～200倍，使用量按生产需要添加。甜蜜素（也称环己基氨基磺酸钠）也是白色结晶粉末，甜度是蔗糖的50倍，易溶于水，几乎不溶于乙醇，对酸、热稳定。甜蜜素的甜味持续时间长，风味良好。安赛蜜（又称乙酰磺胺酸钾）甜度约为蔗糖的200倍，味质较好，没有不愉快的后味，易溶于水，难溶于乙醇，对热、酸均稳定。

（2）糖醇类　是糖类的醛基或酮基被还原后的物质。一般是由相应的糖经镍催化氢化而成的一种特殊甜味剂。重要的有木糖醇、山梨糖醇、甘露糖醇、麦芽糖醇、乳糖醇、异麦芽糖醇等，但赤藓糖醇只能由发酵法制得。

糖醇类有一定甜度，但都低于蔗糖的甜度，因此可适当用于无蔗糖食品中低甜度食品的生产。热值大多低于（或等于）蔗糖。糖醇不能完全被小肠吸收，其中有一部分在大肠内由细菌发酵，代谢成短链脂肪酸，因此热值较低。适用于低热量食品，或作为高热量甜味剂的填充剂。

二维码7-2　糖醇的相对甜度及热值

糖醇类在人体的代谢过程中与胰岛素无关，不会引起血糖值和血中胰岛素水平的波动，可用作糖尿病和肥胖患者的特定食品；糖醇类可抑制引起龋齿的突变链球菌的生长繁殖，从而预防龋齿，并可阻止新龋齿的形成及原有龋齿的继续发展。糖醇类有类似于膳食纤维的功能，可预防便秘、改善肠道菌群、预防结肠癌等。

糖醇类在大剂量服用时，一般都有缓泻作用（赤藓糖醇除外），因此，美国等规定如每天超过一定食用量时（视糖种类而异），应在所加食品的标签上标明“过量可致缓泻”字样，如甘露糖醇为 20 g，山梨糖醇为 50 g。

7.3　辅助降血糖的功能（保健）食品的评价

开发辅助降血糖的功能食品，必须对它们的功能进行评价。在评价辅助降血糖的功能食品的功能时，应先在患有糖尿病的动物模型上进行试验，如有明显的降糖作用，再做人体试食试验，观察其效果，确定是否具有辅助降血糖的功能。

7.3.1　动物试验

1. 实验动物的选择

选用健康成年动物，常用小鼠[（26±2） g]或大鼠[（180±20） g]，小鼠每组 10～15 只、大鼠每组 8～12 只，单一性别。

2. 实验仪器与设备

（1）仪器　血糖仪、全自动生化仪、721-B 型分光光度计。

（2）试剂　四氧嘧啶（或链脲霉素）、血糖测定试纸或试剂盒。

3. 试验方法

（1）降低空腹血糖的试验

①造高血糖动物模型：常用四氧嘧啶或链脲霉素造高血糖模型。它们是一种特异性的胰岛 B 细胞毒剂，通过产生超氧自由基而选择性地破坏胰岛 B 细胞，导致胰岛素分泌减少，引起试验性糖尿病。

将动物禁食 24 h 后给予适当剂量的造型试剂（小鼠按体重给新鲜配制的四氧嘧啶 35～50 mg/kg 或链脲霉素 100～160 mg/kg；大鼠按体重给四氧嘧啶 50～80 mg/kg 或链脲霉素 200～250 mg/kg），5～7 d 后禁食 3～5 h，取血测血糖水平，如血糖值达到 10～25 mmol/L，为高血糖模型成功动物。

二维码 7-3　实验动物血糖测定方法（葡萄糖氧化酶催化法）

②给受试样品：选高血糖模型动物按禁食 3～5 h 的血糖水平分组，随机选 1 个模型对照组和 3 个剂量组（组间差不大于 1.1 mmol/L）。剂量组给予不同浓度受试样品，模型对照组给予溶剂，连续 30 d，必要时可延长到 45 d。测空腹血糖值（禁食同试验前），比较各组动物血糖值及血糖下降率。

$$血糖下降率=\frac{试验前血糖值-试验后血糖值}{试验前血糖值}\times 100\%$$

③受试样品高剂量对正常动物空腹血糖的影响：选健康成年动物禁食 3～5 h，测血糖，按血糖水平随机分为 1 个对照组和 1 个高剂量组。喂饲到规定天数后，禁食 24 h，测空腹血糖

值，比较各组动物血糖值及血糖下降率。

(2)糖耐量试验　将高血糖模型动物禁食 3～5 h，剂量组给不同浓度的受试样品，对照组给同体积的溶剂。15～20 min 后经口按体重给予葡萄糖 2.0 g/kg 或医用淀粉 3～5 g/kg，测定给予葡萄糖后 0 h、0.5 h、2 h 的血糖值；或给医用淀粉 0 h、1 h、2 h 的血糖值。观察对照组与受试样品组给葡萄糖或医用淀粉后各时间点血糖曲线下面积的变化。

血糖曲线下面积＝1/2×(0 h 血糖值＋0.5 h 血糖值)×0.5＋1/2(2 h 血糖值＋0.5 h 血糖值)×1.5 ＝0.25×(0 h 血糖值＋4×0.5 h 血糖值＋3×2 h 血糖值)

4. 结果判定

试验数据用统计软件进行处理，试验前后的血糖值比较采用配对 t 检验，其他数据各组间比较采用两样本均数 t 检验。

降空腹血糖的试验：在模型成立的前提下，受试样品剂量组与对照组比较，空腹血糖实测值降低或血糖下降率有统计学意义，可判定该受试样品降空腹血糖的试验结果为阳性。

糖耐量试验：在模型成立的前提下，受试样品剂量组与对照组比较，在给葡萄糖或医用淀粉后 0 h、0.5 h、2 h 血糖曲线下面积降低有统计学意义，可判定该受试样品糖耐量试验结果为阳性。

空腹血糖和糖耐量两项指标中有一项指标呈阳性，且高剂量对正常动物的空腹血糖无影响，即可判定该受试样品辅助降血糖动物试验的结果呈阳性。

5. 注意事项

(1)为了使实验动物糖代谢功能状态尽量保持一致，也为了准确地按体重计算受试样品的用量，试验前动物应严格按规定禁食(不禁水)，试验前后禁食条件应一致，鼠类在禁食的同时应更换衬垫物。

(2)如用血清样品进行测定，应于取血后 30 min 内分离血清，分离后血清的含糖量在 6 h 内不变。用血清制备的无蛋白血滤液可保存 48 h 以上。

(3)高浓度的还原性物质(如维生素 C)也能与色素原竞争游离氧，干扰反应；血红蛋白能使过氧化氢过早分解，也会干扰反应，致使测得血糖值偏低。故对已溶血的全血或血清必须制备无蛋白滤液后，再进行测定。

7.3.2　人体试食试验

1. 试验设计

在动物试验结果呈阳性后，必须进行人体试食试验。试验采用随机双盲法，按受试者的血糖水平随机分为试食组和安慰组，尽可能考虑影响结果的主要因素如病程、服药种类(磺脲类、双胍类)等，进行均衡性检验，以保证组间的可比性。每组受试者不少于 50 例，采用组间和自身 2 种试验设计。

2. 受试样品

受试样品必须是具有定型包装、标明服用方法、服用剂量的定型产品，安慰剂除功效成分不同外，剂型、口感、外观和包装应与受试样品一致。

3. 受试者的选择

(1)纳入标准　受试者为经饮食控制或口服降糖药治疗后病情较稳定、不需要更换药物种类和剂量、仅服用维持量降糖药的成年Ⅱ型糖尿病病人。其空腹血糖≥7.8 mmol/L,或餐后 2 h 血糖≥11.1 mmol/L;也可选择空腹血糖为 6.7～7.8 mmol/L 或餐后 2 h 血糖为 7.8～11.1 mmol/L 的高血糖人群。

(2)排除标准

①Ⅰ型糖尿病病人。

②年龄在 18 岁以下或 65 岁以上人群、妊娠或哺乳期妇女、对受试样品过敏者。

③有心、肝、肾等主要脏器并发症,或合并有其他严重疾病、精神病患者、服用糖皮质激素或其他影响血糖药物者。

④不能配合饮食控制而影响观察结果者。

⑤近 3 个月内有糖尿病酮症、酸中毒以及感染者。

⑥短期内服用与受试功能有关的物品,影响到对结果的判断者。

⑦不符合纳入标准,未按规定服用受试样品,或资料不全,影响观察结果者。

4. 实验方法

实验前对每一位受试者按性别、年龄、不同劳动强度、理想体重参照原来生活习惯规定相应的饮食,试食期间坚持饮食控制,治疗糖尿病的药物种类和剂量不变。试食组在服药的基础上,按推荐服用方法和服用量每日服用受试样品,对照组在服药的基础上可服用安慰剂或采用空白对照。受试样品给予时间 30 d,必要时可延长至 45 d。

5. 观察指标

(1)安全性指标　观察受试者身体一般状况(包括精神、睡眠、饮食、大小便、血压等),检测受试者血、尿、便常规,做肝、肾功能。以上各项指标在试验开始和结束时各测 1 次。做胸透、心电图、腹部 B 超检查(仅试验前检查 1 次)。

(2)功效指标

①症状观察:详细询问病史,了解患者饮食情况,用药情况,活动量,观察口渴多饮、多食易饥、倦怠乏力、多尿等主要临床症状,按症状轻重积分,于试食前后统计积分值,并就其主要症状改善(改善 1 分为有效),观察临床症状改善率。

②空腹血糖:观察试食前后空腹血糖值及血糖下降率。

③餐后 2 h 血糖:观察试食前后食用 100 g 精粉馒头后 2 h 血糖值及血糖下降的百分率。

④尿糖:用空腹晨尿定性,按－、±、＋、＋＋、＋＋＋、＋＋＋＋分别积 0 分、0.5 分、1 分、2 分、3 分、4 分,于试食前后统计积分值。

⑤血脂:观察试食前后血清总胆固醇、血清甘油三酯、高密度脂蛋白胆固醇水平。

6. 结果判定

(1)空腹血糖结果判定　满足下述 2 个条件,可判定该受试样品的空腹血糖指标结果呈阳性:

①空腹血糖试验前后进行自身比较,差异有显著性,试验后血糖平均下降的百分率≥10%。

②试验后试食组血糖值或血糖下降百分率与对照组比较,差异有显著性。

(2)餐后 2 h 血糖结果判定　满足下述 2 个条件,可判定该受试样品餐后 2 h 血糖指标结果呈阳性:

①餐后 2 h 血糖试验前后进行自身比较，差异有显著性，试验后血糖平均下降的百分率≥10%。

②试验后试食组血糖值或血糖下降百分率与对照组比较，差异有显著性。

(3)辅助降血糖作用判定　空腹血糖、餐后 2 h 血糖两项指标中任何一项指标呈阳性，即可判定该受试样品有辅助降血糖作用。

思考题

1. 糖尿病有哪些类型？
2. 糖尿病的发病原因有哪些？
3. 试述糖尿病的发病机理。
4. 通常糖尿病患者的症状及并发症有哪些？
5. 具有调节血糖的功能因子有哪些？
6. 根据本章内容的学习，设计一款调节血糖的功能食品。

参考文献

[1] 陈文．功能食品教程．2 版．北京：中国轻工业出版社，2018.

[2] 邓泽元．功能食品学．北京：科学出版社，2017.

[3] 刘景圣，孟宪军．功能性食品．北京：中国农业出版社，2005.

[4] 梁珊珊，周智华，李成程，等．1990—2019 年中国糖尿病疾病负担及发病预测分析．中国全科医学，2023，26(16)：2013-2019.

[5] 于新，李小华，李奇林，等．功能性食品与疾病预防．北京：化学工业出版社，2015.

[6] Andrea E S, Cecilia M, Alessandra B, et al. Type 1 diabetes and celiac disease: The effects of gluten free diet on metabolic control. World Journal of Diabetes, 2013, 4(4): 130-134.

[7] Ji X L, Guo J H, Cao T Z, et al. Review on mechanisms and structure-activity relationship of hypoglycemic effects of polysaccharides from natural resources. Food Science and Human Wellness, 2023, 12(6): 1969-1980.

[8] Ma W, Xiao L G, Liu H Y, et al. Hypoglycemic natural products with in vivo activities and their mechanisms: a review. Food Science and Human Wellness, 2022, 11(5): 1087-1100.

[9] Qin J, Li Y, Cai Z, et al. A metagenome-wide association study of gut microbiota in type 2 diabetes. Nature, 2012, 490(7418): 55-60.

第8章 辅助降血脂的功能食品

本章重点与学习目标

1. 掌握高脂血与高脂血症的定义，了解高脂血症的种类和特征。
2. 了解血浆脂蛋白的代谢及脂质的代谢，掌握血浆脂蛋白的功能。
3. 熟悉辅助降血脂功能因子及功能食品。
4. 掌握辅助降血脂功能食品的评价方法。

8.1 血脂与高脂血症

8.1.1 高血脂的定义

血浆中的脂质主要包括磷脂(phospholipid)、胆固醇(cholesterol,C)及其酯、甘油三酯(trigoyceride,TG)以及非酯化脂肪酸(free fatty acid,FFA)。血浆中脂类含量与全身相比只占极小部分,但在代谢上却非常活跃。肠道吸收的外源性脂类、肝脏合成的内源性脂类及脂肪组织贮存与脂肪动员都需要经过血液,因此血脂水平可反映全身脂类代谢的状况。在正常情况下,人体脂质的合成与分解保持一个动态平衡,即在一定范围内波动。如果血脂过多,容易造成"血稠",在血管壁上沉积,逐渐形成小斑块(即常说的"动脉粥样硬化")。这些"斑块"增多、增大,逐渐堵塞血管,使血流变慢,严重时血流被中断。这种情况如果发生在心脏,就引起冠心病;发生在脑,就会出现脑卒中;如果堵塞眼底血管,将导致视力下降、失明;如果发生在肾脏,就会引起肾动脉硬化,肾功能衰竭;发生在下肢,会出现肢体坏死、溃烂等。此外,高血脂可引发高血压,诱发胆结石、胰腺炎,加重肝炎、导致男性性功能障碍、老年痴呆等疾病。最新研究提示,高血脂可能与癌症的发病有关。

高血脂是指血中胆固醇(TC)和(或)甘油三酯(TG) 过高或高密度脂蛋白胆固醇(HDL-C)过低。目前认为,中国人血清中总胆固醇(total cholestesol,TC,指血清中所有脂蛋白中胆固醇的总和)合适范围为<5.18 mmol/L(200 mg/dL),5.18~6.19 mmol/L(200~239 mg/dL)为边缘升高,≥6.22 mmol/L(240 mg/dL)为升高;甘油三酯的合适范围为<1.70 mmol/L(150 mg/dL),1.70~2.25 mmol/L(150~199 mg/dL)为边缘升高,≥2.26 mmol/L(200 mg/dL)为升高。

脂类一般不溶于水。血浆中的脂类是与载脂蛋白(apolipoprotein,Apo)结合在一起形成水溶性复合体,即血浆脂蛋白运输的。所谓的高脂血症实际上是高脂蛋白血症,即运输胆固醇的低密度脂蛋白和运送内源性甘油三酯的极低密度脂蛋白(very low density lipoprotein,VLDL)浓度过高,超出正常范围。临床上高密度脂蛋白胆固醇 HDL-C≥1.04 mmol/L(40 mg/dL) 为合适范围,≥1.55 mmol/L(60 mg/dL)为升高,<1.04 mmol/L(40 mg/dL)为减低;低密度脂蛋白胆固醇 LDL-C 的合适范围为<3.37 mmol/L(130 mg/dL),3.37~4.12 mmol/L(130~159 mg/dL)为边缘升高,≥4.14 mmol/L(160 mg/dL)为升高。

8.1.2 血浆脂蛋白的分类及组成

8.1.2.1 血浆脂蛋白的分类

血浆脂蛋白有 2 种分类方法:电泳分类法与密度分类法。

1. 电泳分类法

不同密度的脂蛋白所含蛋白质的表面电荷不同,在电场中的迁移率的快慢不同。根据血浆脂蛋白在一般电泳时迁移率的大小,将其分为以下 4 种类型。

(1)乳糜微粒(CM),停留于原点不移动。

(2)α-脂蛋白,在 α_1-球蛋白位置。

(3)β-脂蛋白,在 β-球蛋白位置。

(4)前β-脂蛋白,在β-脂蛋白位置前,在α_1-球蛋白位置后,在α_2-球蛋白位置。

2. 密度分类法

在各类脂蛋白中,脂类所占比例变化较大。脂类对蛋白质的比例决定了脂蛋白的密度。在不同密度的盐溶液中血浆经过超速离心,脂蛋白可按密度大小漂浮于盐溶液中。应用超速离心法可将血浆脂蛋白按其分子密度分为以下4种类型。

(1)乳糜微粒(chylomlcron,CM),其密度<0.95 g/mL。

(2)极低密度脂蛋白,其密度为0.95～1.006 g/mL。

(3)低密度脂蛋白,其密度为1.006～1.063 g/mL。

(4)高密度脂蛋白,其密度为1.063～1.210 g/mL。

二维码8-1　两种分类方法的对应关系及各类脂蛋白的基本特征

二维码8-2　脂蛋白的种类及其组分比例

8.1.2.2　血浆脂蛋白的组成

血浆脂蛋白主要由蛋白质(载脂蛋白,有的含有少量糖类)和甘油三酯、胆固醇及其酯、磷脂组成。

1. 载脂蛋白

血浆脂蛋白的蛋白质部分称为载脂蛋白(Apo),已发现有20多种。按其组分可分为A、B、C、D、E、G六型。由于氨基酸组成的差异,每一型又分为若干亚型。例如,ApoA可分为AⅠ、AⅡ、AⅣ;ApoB可分为B_{48}、B_{100};ApoC可分为CⅠ、CⅡ、CⅢ;ApoE有EⅠ、EⅢ。

各类脂蛋白中的载脂蛋白的种类不同,可能与其功能有关。各种载脂蛋白氨基酸的组成不同,对各种脂类结合的能力也不同,这就决定了载脂蛋白的运脂功能。脂蛋白中只有部分脂类与蛋白质通过非共价键结合,结合力较弱,因而在各种血浆脂蛋白之间,血浆脂蛋白与结构脂蛋白间的组成成分可以迅速交换。此外,载脂蛋白除了与脂质结合形成水溶性物质,成为脂质载体外,还有其他功能。例如,某些载脂蛋白如ApoAⅠ和ApoCⅠ是卵磷脂胆固醇酰基转移酶(lecithin－cholesterol acyltransferase,LCAT)的激活剂;ApoCⅡ是脂蛋白脂肪酶的激活剂;ApoB可促进脂蛋白与细胞膜表面受体结合;ApoD可将HDL生成的胆固醇酯运送到LDL,使之成为血浆中主要容纳胆固醇酯的蛋白。

2. 脂类

血浆脂蛋白中的脂类主要是甘油三酯、胆固醇及其酯、磷脂三类。此外,其还有少量游离脂肪酸。各类脂蛋白中所有脂类的种类及其含量均有差异。

在乳糜微粒中,甘油三酯占了绝大部分,达86%。它在小肠黏膜上皮细胞中合成,因而是来自食物的外源性甘油三酯。

极低密度脂蛋白在肝脏内合成。其中甘油三酯占55%,胆固醇及其酯仅占14%。它与乳糜微粒不同的是运送的甘油三酯是肝脏细胞合成的,故是内源性甘油三酯。

在低密度脂蛋白中,胆固醇及其酯占44%,甘油三酯仅占12%。因而它是血浆内运输胆固醇的工具。

8.1.2.3 血浆脂蛋白的结构

一般认为血浆脂蛋白具有类似的结构:呈球状,在颗粒表面是极性分子(如蛋白质和磷脂),故具亲水性,非极性分子(如甘油三酯、胆固醇及其酯)则隐藏于内部。磷脂极性部分可和蛋白质结合,非极性部分可和脂类结合,故作为连接蛋白质和其他脂类的桥梁,如低密度脂蛋白分3层。

(1)内层　15%的蛋白质构成核心,被一层磷脂分子包围。

(2)外层　85%的蛋白质构成格架,磷脂的极性部分镶嵌在格中。

(3)中层　非极性脂类位于中层并插入内外层与极性分子非极性部分结合。

游离胆固醇及其酯在三层均有分布。

高密度脂蛋白的外壳由蛋白质和磷脂构成。磷脂的极性部分与蛋白质的α螺旋相结合,胆固醇酯系与磷脂的脂肪酰基结合,并与其他脂类一起构成核心。

8.1.3 血浆脂蛋白的代谢及其功能

1. 乳糜微粒

乳糜微粒(CM)在肠道上皮细胞合成,经乳糜管、胸导管进入血液。在流经脂肪组织、肌肉、心脏、肝脏等组织时,在位于微血管内皮细胞内脂蛋白脂肪酶(LPL)的作用下,其甘油三酯水解释放出脂肪酸供组织摄取利用。LPL是由组织细胞合成的,释放出后运行至血管内皮细胞内贮存,肝素促进其释放。释放出的脂肪酸可用于脂肪组织重新合成甘油三酯并贮存,也可用于肌肉组织提供能量。可见,乳糜微粒的主要作用是运送外源性的甘油三酯(来源于饮食)至肝和脂肪组织,在运送途中逐步释放出脂肪酸。其残余部分含胆固醇较多,被肝脏所摄取,使肝内胆固醇增加,并抑制新的胆固醇合成(因反馈抑制β-羟-β-甲戊二酰乙酰辅酶A还原酶——胆固醇合成限速酶)。乳糜微粒的残体进一步代谢并参与了LDL和HDL形成。LPL可被ApoCⅡ所激活。但肠道合成的乳糜微粒内不含ApoCⅡ,它必须接受高密度脂蛋白提供ApoCⅡ,其甘油三酯才能被水解。

乳糜微粒半衰期为5～15 min。正常人空腹时在血液中很难检出。若空腹血浆中含有明显的乳糜微粒,提示其脂质代谢可能出现异常。

2. 极低密度脂蛋白

极低密度脂蛋白(VLDL)主要由肝细胞合成,释放入血液。其中甘油三酯是肝细胞利用脂肪酸和葡萄糖合成的,故为内源性甘油三酯。

新生的极低密度脂蛋白接受来自高密度脂蛋白的胆固醇酯和ApoCⅡ。后者是脂蛋白脂肪酶(LPL)的激活剂。经过脂蛋白脂肪酶作用,甘油三酯被水解为脂肪酸。脂肪酸以与清蛋白结合的形式运输,被组织摄取利用,主要是被脂肪组织摄取,再合成甘油三酯贮藏。

极低密度脂蛋白因失去甘油三酯颗粒变小,位于表面的ApoC连同一部分胆固醇和磷脂转移到高密度脂蛋白颗粒上去,于是原来富含甘油三酯的极低密度脂蛋白逐渐变成富含胆固醇的低密度脂蛋白。由VLDL转变成的中间密度脂蛋白(IDL)既是VLDL的代谢产物,同时又是LDL的前体。IDL在血液中能够迅速被代谢,在正常人空腹血浆中不易检出。

VLDL的主要生理功能是从肝脏转运甘油三酯至身体的各个组织。当血液流经脂肪、肝脏和肌肉等组织时,VLDL在毛细血管LPL的作用下可发生水解,其血浆半衰期为6～12 h。

正常人空腹时血浆中 VLDL 的浓度与甘油三酯水平一致，具有一定的临床意义。血浆中 VLDL 的水平升高是冠心病危险因素。

3. 低密度脂蛋白

低密度脂蛋白(LDL)由极低密度脂蛋白转变而来，最后被组织摄取利用。低密度脂蛋白是将肝脏合成的胆固醇转运到全身组织的主要形式，是血浆运送胆固醇及其酯的工具。

一般组织细胞膜上有 LDL 受体，是一种糖蛋白。低密度脂蛋白先与细胞膜上的 LDL 受体结合，然后移入细胞，掺入内质网形成吞噬体。后者与细胞内溶酶体结合，经过溶酶体内水解酶作用，使蛋白质水解为氨基酸，被细胞所利用。胆固醇酯水解为脂肪酸和胆固醇。胆固醇可供细胞利用，并且反馈性地抑制 β-羟-β-甲戊二酰 CoA 还原酶的作用。该酶是合成胆固醇的关键酶，从而抑制细胞内胆固醇合成，使机体胆固醇总体水平不致过高。与此同时，激活酰基辅酶 A-胆固醇酰基转移酶(Acyl coenzyme A-cholesterol acyltransferase ，ACAT)促使胆固醇本身再酯化，使过剩的胆固醇变成酯的形式贮存。

如果摄入胆固醇多了，则细胞内合成胆固醇的量便减少。某些胆固醇血症的病人细胞表面缺乏 LDL 受体，也有一些高胆固醇患者，由于血浆 LDL 过多而受体显得相对不足。在这两种情况下，血浆中 LDL 可不经过受体介导，直接进入组织细胞。以这一方式进入细胞内的 LDL 就不能反馈抑制细胞合成胆固醇的能力，也不能激活 ACAT。由此会造成体内 LDL 增多。低密度脂蛋白的半衰期为 2～4 d。

临床上血浆 LDL 水平升高与心血管疾病患病率和死亡率升高有关。LDL 由于颗粒小而密度高，更易进入动脉壁，沉积于动脉或容易潴留于动脉壁细胞外基质，而且容易氧化成 OX-LDL，而后者是致动脉粥样硬化的主要因子。当 LDL 中胆固醇含量高于 150 mg/100 mL 时为明显偏高。

4. 高密度脂蛋白

高密度脂蛋白(HDL)由肝脏合成，新生的高密度脂蛋白含有胆固醇、磷脂和蛋白质，甘油三酯很少。当它进入血液循环后，在卵磷脂胆固醇脂酰转移酶(LCAT)的作用下，其胆固醇接受卵磷脂的不饱和脂肪酰基而变成胆固醇酯。LCAT 来自肝脏，主要在血浆中起作用，ApoA Ⅰ是它的激活剂。

在高密度脂蛋白中，酯化了的胆固醇转移到极低密度脂蛋白颗粒中去。同时高密度脂蛋白表层的胆固醇随着酯化不断向颗粒深部移动，结果在其表层与周围组织之间形成了一个胆固醇的浓度梯度。肝外组织包括血浆中极低密度脂蛋白表层脱脂的胆固醇不断扩散入高密度脂蛋白颗粒表层。上述过程无论对于高密度脂蛋白的成熟还是极低密度脂蛋白转化为低密度脂蛋白都是很重要的，故高密度脂蛋白有摄取肝外组织胆固醇的作用。最后，高密度脂蛋白将其内部的胆固醇及其酯带至肝脏，由肝脏代谢排除。因而高密度脂蛋白是将肝外组织的胆固醇运送至肝的运载工具，进而又在肝脏代谢中清除，故高密度脂蛋白又有“胆固醇清道夫”之称。

除此之外，高密度脂蛋白在血浆脂蛋白代谢中还有提供 ApoC 和胆固醇的功能。它在血浆中的半衰期为 3～5 d。

血浆中的 HDL 直接测定比较困难，临床上主要测定其中的胆固醇来表示其含量。健康成人的血清高密度脂蛋白一胆固醇平均含量为 55 mg/100 mL 左右，当其含量低于 35 mg/100 mL 时则说明 HDL 过低。

5. 清蛋白-非酯化脂肪酸复合体

血浆中非酯化脂肪酸主要来自脂库。脂肪细胞中贮存的甘油三酯，在激素敏感性脂肪酶的作用下水解释放脂肪酸，扩散至血浆，和血浆中清蛋白结合形成复合体，运送至全身，供细胞摄取利用。清蛋白-非酯化脂肪酸复合体半衰期为 2～3 min。清蛋白运输脂肪酸的总量很大，可达 25 g/h，供应空腹时能量需要的 50%～90%。

8.1.4 高脂血症的种类及特征

20 世纪 60 年代末，世界卫生组织认同了由 Fredrickson 提出的高脂血症五型六类分类法：Ⅰ型、Ⅱa 型、Ⅱb 型、Ⅲ型、Ⅳ型和Ⅴ型。其种类和特征如表 8-1 所示。据分析，我国的高脂血症基本上属Ⅱ型与Ⅳ型两类，其他的极少见。

表 8-1　高脂血症的种类与特征

类别与名称	基本特征
Ⅰ型，属于高乳糜微粒血（胆固醇水平正常或偏多，甘油三酯显著偏高）	血中乳糜微粒水平升高，皮肤和黏膜上出现基部发红的黄色斑块（黄瘤）
Ⅱa 型，属于高 β-脂蛋白血或高胆固醇血，LDL 升高	血中 β-脂蛋白（LDL）与胆固醇水平升高（300～600 mg/100 mL），皮肤、肌腱与角膜上出现黄色脂肪沉积，动脉硬化速度加快
Ⅱb 型，伴有高甘油三酯血的高胆固醇血或复合高脂血，LDL 与 VLDL 升高	血中 β-脂蛋白（LDL）和前 β-脂蛋白（VLDL）水平升高，而且血胆固醇及甘油三酯水平也升高，皮肤上出现黄色和橙色脂肪沉积（黄瘤），动脉硬化速度加快
Ⅲ型，属于宽 β 或漂浮 β-脂蛋白血 IL-DL 升高	血中异常的前 β-脂蛋白（VLDL）、胆固醇和甘油三酯水平升高，出现肌腱黄瘤，臀部、膝部和肘长黄瘤，手掌上的纹路变黄，冠状或周血管动脉硬化速度加快，心脏病发展加快
Ⅳ型，属于高前 β-脂蛋白血，VLDL 升高	血中前 β-脂蛋白（VLDL）与甘油三酯水平升高，胆固醇正常或偏高，心脏病发展加快，葡萄糖耐受力差
Ⅴ型，属于混合高脂血症，乳糜微粒及 VLDL 升高	胆固醇水平升高或正常，乳糜微粒、前 β-脂蛋白（VLDL）和甘油三酯升高（1 000～6 000 mg/100 mL），出现黄斑麻疹（橙黄色的脂肪沉积），腹痛，眼视网膜出现脂肪沉积，肝脏和脾脏肿大

引自：孔保华，2005.

Ⅱ型高脂蛋白血症最常见，也是与动脉粥样硬化最密切相关的类型。Ⅱ型的主要问题在于低密度脂蛋白（LDL）的增高。LDL 以正常速度产生，但由于细胞表面 LDL 受体数减少，引起 LDL 的血浆清除率下降，导致其在血液中堆积。因为 LDL 是胆固醇的主要载体，所以Ⅱ型病人的血浆胆固醇水平升高。Ⅱ型又分为Ⅱa 型和Ⅱb 型，它们的区别在于：Ⅱb 型 LDL 和极低密度脂蛋白（VLDL）水平都升高，而Ⅱa 型只有 LDL 的升高。Ⅱa 型只有 LDL 水平升高，因此，只引起胆固醇水平的升高，甘油三酯水平正常。Ⅱb 型则 LDL 和 VLDL 同时升高，由于 VLDL 含 55%～65%甘油三酯，因此，Ⅱb 型患者甘油三酯随胆固醇水平一起升高。

Ⅳ型的发生率低于Ⅱ型,但仍很常见。Ⅳ型的最主要特征是 VLDL 升高,由于 VLDL 是肝内合成的甘油三酯和胆固醇的主要载体,因此引起甘油三酯的升高,有时也可引起胆固醇水平的升高。

Ⅰ型极罕见,在医学文献报道中只有100例左右。Ⅰ型患者由于脂蛋白脂酶(一种负责把乳糜微粒从血中清除出去的酶)缺陷或缺乏,而导致乳糜微粒水平的升高。乳糜微粒升高伴随着甘油三酯水平升高和胆固醇水平的轻度升高。

Ⅲ型也不常见。它是一种因 VLDL 向 LDL 的不完全转化而产生的一种异常脂蛋白疾病。这种异常升高的脂蛋白称为异常的 LDL,它的成分与一般的 LDL 不同。异常的 LDL 比正常型 LDL 含高得多的甘油三酯。

Ⅴ型患者,乳糜微粒和 VLDL 都升高。由于这种脂蛋白运载体内绝大多数是甘油三酯,所以在Ⅴ型高脂蛋白血症中,血浆甘油三酯水平显著升高,胆固醇只有轻微升高。

8.2 脂质代谢

8.2.1 甘油三酯的代谢

甘油三酯是机体重要的供能物质,也是机体有效的储能物质。作为供能物质,脂肪氧化分解后所释放的能量为同等质量糖或蛋白质的2倍。作为储能物质,由于其疏水特性,脂肪的贮存体积只占同等质量糖的35%左右。一般来说,糖原的储备只能维持1~2 d,而脂肪的储备能维持1~2个月。在长期饥饿状态下,脂肪是提供机体所需能量最主要的物质。

机体甘油三酯的来源主要有2种。一种是从膳食摄入的脂肪经消化吸收而进入血液的外源性甘油三酯;另一种是由肝脏等器官自身合成的或由脂肪组织动员所释放的内源性甘油三酯。

甘油三酯在各种脂肪酶的作用下水解为甘油与脂肪酸。甘油经甘油激酶作用活化为磷酸甘油,再脱氢氧化为磷酸二羟丙酮,继之可纳入葡萄糖代谢途径。因此,甘油三酯分解代谢的关键是脂肪酸的氧化分解。脂肪酸分解代谢首先是在胞液中活化形成脂酰 CoA,再与肉碱反应形成脂酰肉碱,并在移位酶作用下进入线粒体。因此,脂酰肉碱的生成是脂肪酸分解代谢的关键调控点。进入线粒体的脂酰 CoA 经 β-氧化成乙酰 CoA,再经三羧酸循环完全氧化成 CO_2,在肝脏内也可生成酮体。

脂肪动员是指贮存在机体脂肪细胞中的脂肪被脂肪酶逐步水解为游离脂肪酸和甘油以供组织氧化利用的过程。脂肪动员的限速反应是水解甘油三酯成甘油二酯和游离脂肪酸;甘油二酯则可被继续水解为甘油与游离脂肪酸。催化这种限速反应的酶是甘油三酯脂肪酶。该酶受多种激素的调控,所以又称激素敏感脂肪酶。肾上腺素、去肾上腺素、胰高糖素和促肾上腺皮质激素等在数分钟内就能发挥增加脂肪水解的作用。这是因为这些激素通过相应的受体激活脂肪细胞膜上的腺苷酸环化酶以产生环化腺苷酸,或者又能激活相应的蛋白激酶使无活性的激素敏感脂肪酶发生磷酸化反应,转化成有活性的激素敏感脂肪酶。如何通过激活体内复杂的酶体系,增加脂肪动员的作用,是新时期研究高效减肥食品的主要课题。

激素(特别是胰岛素)和葡萄糖的利用对肝脏摄取脂肪酸起着决定性的作用。当缺乏其中的一个或两个时,只有少量的脂肪酸转化为甘油三酯,以极低密度脂蛋白的形式分泌进入血液中，大量的脂肪酸被转化为脂酰肉碱进入线粒体。这样由于肝脏葡萄糖利用不良、β-氧化产生的乙酰 CoA 氧化成 CO_2 的能力不足，就会大量转化生成酮体。酮体的大量生成，虽为葡萄糖有效利用不足的机体组织提供了能源，但若超出肝脏外组织的利用能力，会造成酮血症、酮尿症及酮症酸中毒等一系列临床问题。这种情况在控制不良的糖尿病患者中常会发生。

8.2.2 胆固醇的代谢

胆固醇是人体不可少的结构成分，它既是生物膜的组成成分，又是合成胆汁酸、类固醇激素及维生素 D 等重要活性物质的前体。但是，高胆固醇血症又是动脉硬化的重要因子，是心血管疾病的一个重要起因。

8.2.2.1 胆固醇的来源

机体内的胆固醇有外源性摄取和内源性合成 2 种来源。膳食中的胆固醇全部来自动物性食物，其中禽卵、动物内脏及脑髓的含量最丰富。膳食中胆固醇多为游离胆固醇，少数为胆固醇酯。胆固醇酯需要在胰胆固醇酯酶作用下水解为游离胆固醇才能被吸收。吸收入小肠黏膜细胞的胆固醇被重新酯化，在小肠黏膜细胞上与甘油三酯、磷脂、胆固醇和胆固醇酯以及载脂蛋白一起组成乳糜微粒，通过淋巴系统进入血液循环。人体对膳食中胆固醇的吸收受多种因素影响。例如，肠道对胆固醇的吸收率随膳食中胆固醇含量增加而下降，膳食中胆固醇越多，肠道的吸收率越低，但吸收总量仍有所增加。植物固醇不仅自身难以被人体吸收，而且能抑制胆固醇的吸收。胆汁酸盐既能促进脂质的乳化，又有利于混合微团的形成。降低胆汁酸盐的有效浓度将有助于减少胆固醇的吸收。食物中膳食纤维、果胶等成分可与胆汁酸盐形成复合物，降低胆汁酸盐的有效浓度，减少胆固醇的吸收。此外，增加膳食中脂肪含量将促进胆固醇的吸收，而提高膳食中多不饱和脂肪酸的含量，有利于降低胆固醇的吸收。某些药物(如消胆胺等)能阻断胆汁酸的肝肠循环，有利于减少胆固醇的消化吸收。长期使用广谱抗生素，会导致肠道菌群失调，增加胆固醇的吸收。

正常情况下，机体有一半以上的胆固醇是自身合成的。机体内几乎所有的细胞都能合成胆固醇，正常成年人每日合成量近 1 g。肝脏是机体合成胆固醇最旺盛的器官，占合成总量的一半以上；其次是小肠和皮肤。乙酰 CoA 是合成胆固醇唯一的碳源，此外还需要 NADPH 和 ATP 的参加。胆固醇的合成是一个相当复杂的过程。其中的限速反应是中间产物 3-羟-3-甲基戊二酸单酰 CoA(HMG-CoA)向甲羟戊酸(MVA)的还原反应。催化这个反应的 HMG-CoA 还原酶是胆固醇合成限速酶。该酶的含量和活性因此成为胆固醇合成的调节点。机体内有多种因素就是通过改变这个酶的含量或活性来达到调节胆固醇合成目的的。

磷酸化形式是该酶的非活性形式，而脱磷酸形式才是其活性形式。胰岛素能刺激 HMG-CoA 还原酶的合成，又能调节该酶的活性，因而可促进胆固醇的合成。胰岛素调节 HMG-CoA 还原酶活性是通过促进 HMG-CoA 还原酶的脱磷酸化作用达到目的的。肾上腺素、胰高血糖素等能促进 HMG-CoA 还原酶的磷酸化，因而可抑制胆固醇的合成。甲状腺素的作用比较复杂，它既能促进 HMG-CoA 还原酶的合成，又能促进肝脏内胆固醇向胆汁酸的转化。由于后者的功能强于前者，所以甲状腺功能减退的患者多有高胆固醇血症。

8.2.2.2 胆固醇的转化

无论是外源性摄入还是内源性合成的胆固醇，在体内不会氧化分解，而只会转化为其他化合物，如类固醇激素、胆汁酸和维生素 D 等。在肾上腺和性腺等组织，胆固醇可转化类固醇激素；皮肤经紫外线作用，一些胆固醇可转化为维生素 D。这些转化合成物虽然具有非常重要的生理作用，但是只占胆固醇的极少部分。与之相比，胆固醇在肝脏转化为胆汁酸具有重要意义。这种转化不仅是机体向体外排泄胆固醇的重要途径，也是影响机体血胆固醇水平的重要调节点。

胆汁酸是胆汁中最主要的固形物。胆汁酸依其在体内的来源可分为初级胆汁酸(肝脏初期合成的)与次级胆汁酸(经肠道细菌还原重吸收的)。依其是否与氨基酸相结合可分为游离型胆汁酸与结合型胆汁酸。胆固醇转化为胆汁酸涉及一系列的复杂反应，其限速反应是胆固醇在 7α-羟化酶的作用下形成 7α-胆固醇，因此 7α-羟化酶是胆汁酸合成的限速酶。该酶可被维生素 C 激活，同时也受肠道重吸收胆汁酸的负反馈调节。胆汁酸贮存于胆囊中，在膳食刺激下胆囊收缩进入小肠。胆汁酸在肠道发挥乳化作用的同时，自身也受肠道细菌的作用被还原成次级胆汁酸。排入肠道的胆汁酸约有 90%被重吸收，经门静脉返回肝脏。返回肝脏后的胆汁酸可与新合成的胆汁酸一起重新分泌入肠道。胆汁酸在肠道和肝脏之间的这种往返循环，称为胆汁酸的肝肠循环。如果能设法阻断胆汁酸的肝肠循环，减少重吸收数量，不仅可增加粪便中胆汁酸衍生物的排泄量，而且通过反馈机制增强 7α-羟化酶活性，可促进更多的胆固醇转化为胆汁酸，达到降低血胆固醇的目的。

如果能够减少胆固醇的摄入量，通过调节 HMG-CoA 还原酶的活性抑制体内胆固醇的合成，通过活化 7α-羟化酶活性等促进胆固醇向胆汁酸的转化，就可有效地控制血浆胆固醇的水平。

在血液中的胆固醇是以脂蛋白形式连同其他脂溶性化合物(如甘油三酯和磷脂)一起输送的。脂蛋白包含不同比例的油脂和蛋白质，因此其密度不同。约 70%的胆固醇是以 LDL 形式运输的，这是一种最主要的运输途径。它将胆固醇从肝脏运送到机体其他细胞中。这种脂蛋白水平的高低与冠心病发病率呈正相关。另一主要途径是以 HDL 胆固醇形式出现。这种胆固醇水平与冠心病发病率呈负相关。

8.2.3 磷脂的代谢

血浆中磷脂主要由肝及小肠黏膜合成，部分来自其他组织。食物中例如蛋黄等也含有磷脂，但需经小肠液磷脂酶作用下水解，形成溶血磷脂、含磷胺、脂肪酸和甘油后才吸收。磷脂是生物膜的重要组成成分，对脂肪的吸收、运转、贮存也起重要作用，是维持乳糜微粒结构稳定的因素。磷脂随所构成的脂蛋白解体而分解，然后又在脂蛋白与细胞膜之间进行交换。血浆磷脂的平均半衰期约为 7.5 h。

8.2.4 游离脂肪酸的代谢

游离脂肪酸的代谢(FFA)由长链脂肪酸与清蛋白结合而成。在清蛋白分子中占据 2 个紧密结合点，如果 FFA 水平升高，还可占据另 1 个松的结合点。FFA 也是机体的一个主要供给能量的来源。贮存于脂肪组织细胞中的甘油三酯经脂肪分解也提供大量 FFA。神经内分泌机制通过腺苷酸环化酶对这些细胞中的脂肪分解酶起调控作用。FFA 其代谢途径一是供肌肉细胞利用；二是被肝摄取，再合成为甘油三酯，组成 VLDL 或氧化为乙酰辅酶 A。血浆 FFA 上升表示脂肪动员加强。

8.2.5 载脂蛋白的代谢

载脂蛋白是血浆脂蛋白中的蛋白质组分，是决定脂蛋白结构、功能和代谢的核心组分。其中，有部分载脂蛋白是脂蛋白不可少的结构成分，如 LDL 中的 $ApoB_{100}$、HDL 中的 ApoAⅠ。脂蛋白的存在必须依赖于这些载脂蛋白。某些载脂蛋白是一些重要脂质代谢酶的调节因子，如 ApoAⅠ是 LCAT 的激活因子、ApoCⅡ是 LPL 的激活因子等。这些载脂蛋白的缺乏或变异，常可影响相关酶的活性改变而导致异常脂蛋白血症。某些载脂蛋白是其所在脂蛋白被其相应受体识别的信号和标志。例如，$ApoB_{100}$ 是 LDL 被 LDL 受体识别的标志，而 ApoE 则既可为 LDL 受体，也可被乳糜微粒残基受体识别和结合。配体、受体质与量的改变均可能造成脂蛋白的代谢异常。

因为载脂蛋白的上述重要功能，所以许多脂蛋白代谢的异常是源于载脂蛋白的异常。随着近年来载脂蛋白结构与功能研究的深入进行，人们对异常脂蛋白血症的发病机理有了更全面的了解，不仅阐明了一些异常脂蛋白血症的分子基础，而且对诸如不同民族、国家人群血脂存在相当差别以及异常脂蛋白血症的家族聚集现象等诸多问题有了科学的解释，促进和提高了异常脂蛋白血症的防治效果。

8.3 辅助降血脂的功能(保健)食品的开发

长期高脂血症(高胆固醇、高甘油三酯、高低密度脂蛋白胆固醇等)是动脉粥样硬化的基础。脂质过多沉积在血管壁，并由此形成的血栓，导致血管狭窄、闭塞，而血栓表面的栓子也可脱落而阻塞远端动脉。栓子来源于心脏的称心源性脑栓塞。因此，高脂血症是缺血性中风的主要原因。另外，高血脂也可加重高血压。在高血压动脉硬化的基础上，血管壁变薄而容易破裂。为此，高脂血症也是出血性中风危险因素。从正常的动脉到无症状的动脉粥样硬化、动脉狭窄，需要 10～20 年的时间，是一个非常漫长的过程。而从无症状的动脉粥样硬化到引发心脑血管疾病(如心脏病或中风)，却只要短短的几分钟。

近年来，随着生活水平的不断提高，人们饮食结构中高脂食品比例增加，导致高血脂发病率不断增加，已严重影响人民身体健康和生命安全。因此，积极开发辅助降血脂功能食品，对预防和治疗心脑血管疾病，保障人民身体健康和生命安全尤为重要。

8.3.1 具有辅助降血脂功能的物质

卫健委批准的具有调节血脂功能的部分物质如下：花粉，洛伐他汀，γ-亚麻酸，不饱和脂肪酸，枸杞，苦荞麦，黄芪，膳食纤维，α-亚麻酸，山楂，亚油酸，燕麦，DHA，EPA，蘑菇，银杏叶，DPA，壳聚糖，发酵醋，何首乌，甲壳素，大豆磷脂，灵芝，茶多酚，西洋参，*L*-肉碱，香菇，杏仁，红花油，螺旋藻，大蒜，红景天，雪莲花，深海鱼油(海兽油)，沙棘油，酸枣，大黄酸，蛋黄卵磷脂，黑芝麻，月见草油，蜂胶，牛磺酸，绞股蓝，虫草，酿造醋，小麦胚芽油，紫苏油，SOD，人参，芦荟，维生素 E，玉米油，杜仲，亚麻子油。

本处介绍几种辅助降血脂功能性物质的成分、性状、生理功能和制法。

8.3.1.1 γ-亚麻酸

γ-亚麻酸的化学名为全顺式-6，9，12-十八碳三烯酸，分子式为 $C_{18}H_{30}O_2$，相对分子质量为 278.44。

1. 性状

γ-亚麻酸为 α-亚麻酸的异构体，为不饱和脂肪酸，无色或淡黄色油液；遇空气后可自动氧化而形成坚硬膜层；不溶于水，溶于许多有机溶剂；碘值 273.5。γ-亚麻酸的天然品多见于亚麻油（≈50%）、黑加仑子油（22%）、月见草油（9%）等中。母乳中亦含有少量 γ-亚麻酸，它在人体内虽可由亚油酸转化而成，但往往不能满足人体对其需要，故常作为必需脂肪酸对待。

2. 辅助降血脂的生理功能

γ-亚麻酸能降低血清胆固醇，其作用比亚油酸强。

3. 制法

第一种，由亚麻油经水解、分馏而得。

第二种，月见草种子（含油脂 20%～25%）等按常规方法榨油后分离，可同时分出 70%～80%的亚油酸和 10%～15%的 γ-亚麻酸。如经皱落假丝酵母脂肪酶处理 2 次，γ-亚麻酸含量可由 22.2%增至 59.0%。

第三种，采用微生物发酵法生产。如用丝状菌毛霉、深黄被孢霉之类培养（用葡萄糖为碳源）后得干燥菌丝体（可含油脂达 35%，其中 γ-亚麻酸占脂肪酸量的 18%以上），用己烷提取毛油，然后再按一般方法精制而成。

为防止 γ-亚麻酸氧化，成品需要隔断阳光和空气密闭充氮包装后低温贮藏。最好直接用软胶囊包封。

8.3.1.2 小麦胚芽油

1. 主要成分

棕榈酸 11%～19%，硬脂酸 1%～6%，油酸 8%～30%，亚油酸 44%～65%，γ-亚麻酸 4%～10%，天然维生素 E 2 500 mg/kg，磷脂 0.8%～2.0%。另含二十八醇、β-谷甾醇等。

2. 辅助降血脂的生理功能

小麦胚芽油富含天然维生素 E，包括 α-生育酚、β-生育酚、γ-生育酚、δ-生育酚和 α-生育三烯酚、β-生育三烯酚、γ-生育三烯酚、δ-生育三烯酚，均属 D 构型。7 mg 小麦胚芽油的维生素 E 其效用相当于合成维生素 E 200 mg。小麦胚芽油的主要功能有降低胆固醇、调节血脂、预防心脑血管疾病等；在体内担负氧气的补给和输送，防止体内不饱和脂肪酸的氧化，控制对身体有害脂质过氧化物的产生；有助于血液循环及各种器官的运动。

3. 制法

由小麦在制粉过程中用提取麦胚的专用设备取得纯净麦胚（平均长 2 mm，宽 1 mm，占小麦重的 0.2%），一般先经 115℃加热灭酶后用 CO_2 超临界萃取法或用沸点 30～60℃的石油醚或用含水乙醇浸出，经脱溶剂后得小麦胚芽毛油，再经水化、碱炼、真空脱臭等精制方法而得小麦胚芽油，得率为小麦胚芽重的 6%～7%（胚芽含油约 10%）。小麦胚芽油可进一步制成小麦胚芽油胶丸，每丸重 280～300 mg，约含维生素 E 2%。

8.3.1.3 蛋黄磷脂（蛋黄卵磷脂）

蛋黄磷脂是指用蛋黄为原料，用乙醇提取醇溶物后，滤去蛋黄中的蛋白质，再用丙酮除去油等后，得到以各种磷脂为主的混合物。因加工方法不同，蛋黄磷脂可有多种产品和成分。

1. 主要成分

经脱油后的蛋黄磷脂，含有相对较多的磷脂酰胆碱(可达73%)，而大豆、花生等磷脂一般仅23%左右，相差很多。磷脂酰胆碱是磷脂类具有生理作用的主要物质。

2. 性状

蛋黄磷脂是淡黄至暗褐色半透明黏稠状或液状物质，或为白色至褐色粉末或颗粒，略有特殊气味。蛋黄磷脂加热易分解，遇空气易氧化分解，可分散于水中，溶于乙醚、氯仿，微溶于乙醇。

3. 辅助降血脂的生理功能

由于蛋黄磷脂中的主成分是磷脂酰胆碱(PC)，因此其生理作用也以PC的功能为主。据大多数报告，PC能抑制血清甘油三酯和总胆固醇，提高高密度脂蛋白；能缓解血液凝集而澄清血脂；并能将动脉细胞膜中的饱和脂肪酸代之以不饱和脂肪酸，以避免动脉血管膜的硬化并修复损伤的细胞膜，从而预防动脉硬化、心肌梗死和脑出血等。

4. 制法

因加工深度的不同，有3种产品。

第一种，由蛋黄用乙醇提取醇溶物后，过滤除去蛋黄蛋白，得蛋黄脂类，经减压浓缩并干燥后得蛋黄油，称"蛋黄卵磷脂PL-30"，含有蛋黄中的脂类和磷脂类，磷脂含量约30%。

第二种，由第一种制法所得磷脂类经丙酮洗涤以除去油脂等后，再脱溶剂、干燥而成，称"蛋黄卵磷脂PL-60"，含有蛋黄中的磷脂量约60%；或由蛋黄油经CO_2超临界萃取而得，纯度95%。

第三种，蛋黄经磷脂酶A2进行酶解成溶血卵磷脂，再用乙醇提取后过滤、减压干燥并干燥而成，称"酶解卵黄油"或"蛋黄卵磷脂LPL-20"，含溶血磷脂约20%。

8.3.1.4 红曲制剂(红曲色素、莫那柯林类、洛伐他汀)

1. 主要成分

一般红曲制剂粗制品有18种以上成分，均为红曲菌类的次生代谢产物。就红曲制剂性能大致可分为两大类：呈色物质及功能成分。其中降血脂成分为莫那柯林类化学物。这是一组化学结构类似的化合物，已发现有莫那柯林J、莫那柯林K、莫那柯林L、莫那柯林M、莫那柯林X及二氢洛伐他汀(4α,5-dihydromevinolin)、3α-羟基-3,5-二氢莫那柯林L等，包括洛伐他汀(lovastatin;亦称莫那柯林K)和康派汀(compactin,也称ML-236B)。

2. 辅助降血脂生理功能

红曲制剂对人体内胆固醇合成过程中的胆固醇的合成限速酶(HMG-CoA还原酶)具有高效特异抑制作用，能有效阻断体内胆固醇的合成。

3. 制法

红曲制剂由发酵法生产。常用的菌株有紫色红曲霉、安卡红曲霉、巴克红曲霉等。将菌株散布于培养基内，于30℃静置培养约3周(液体培养需振荡)，菌株在培养基内全面繁殖，菌丝体呈深红色，经干燥、粉碎后用含水乙醇或丙二醇浸提、过滤、浓缩、离心得醇溶性膏状沉淀(产品）和水溶的上清液液状产品，加入助干燥剂（如β-环糊精）后喷雾干燥而得粉状制品。或将米（籼米、粳米或糯米）以水浸湿，蒸熟，用红曲霉（种曲）接种后经培养制成红曲米，再用乙醇抽提而得。

莫那柯林类或洛伐他汀的生产，应由紫红曲菌等菌种在严格的无菌工艺条件下进行纯种培养，以防有毒的橘霉素的产生和超标。培养时应采用适当低的培养温度，培养时间稍长（10 d至3周），以使其充分产生次生代谢产物莫那柯林类（故生产工艺不同于一般的红血色素生产方法），然后用乙醇等溶剂提取后精制而成。其浓度可达0.8%，称“功能红曲”。

8.3.1.5　大豆皂苷

1. 性状

大豆皂苷为黄色至淡黄色粉末，有特殊臭味，味略苦；溶于水、甲醇、稀乙醇，有混浊。不溶于四氯化碳、己醚、己烷、三氯甲烷；熔点212～242℃。已知大豆皂苷由15种不同组分混合而成，分别是大豆皂苷Aa、大豆皂苷Ab、大豆皂苷Ac、大豆皂苷Ad、大豆皂苷Ae、大豆皂苷Af、大豆皂苷Ag、大豆皂苷Ah、大豆皂苷αg、大豆皂苷αa、大豆皂苷βg、大豆皂苷βa、大豆皂苷γg、大豆皂苷γa、lablab saponin I。

2. 辅助降血脂生理功能

大豆皂苷能增加胆汁分泌，降低血中胆固醇和甘油三酯含量，预防高脂血症。

3. 制法

由原料大豆经溶剂提出大豆油后的大豆粕，用含水乙醇抽提后过滤，滤液经减压浓缩除去乙醇，静置分层，分去水层后所留有机层再浓缩，然后喷雾干燥而得成品即大豆皂苷。

8.3.1.6　甲壳素

甲壳素又称几丁质、甲壳质，系统名为聚*N*-乙酰-*D*-葡胺糖，分子式为$(C_8H_{12}NO_5)_n$，相对分子质量约为40万。甲壳素是甲壳类虾、蟹、昆虫等动物的外骨骼的主要成分，虾壳中含15%～30%，蟹壳中含15%～20%。甲壳素亦为菌类细胞膜等的重要成分，在绿藻、乌贼骨、水母和菌蕈、酵母等中亦有存在。估计全球仅海洋性原料每年可生产甲壳素15 t，每年原料的生物合成量在100亿t以上。

1. 性状

甲壳素为白色至淡黄色或微红色粉状或鳞片状或无定形粉末；为含氮多糖类物质，黏多糖类之一；含氮约7%，化学结构与纤维素相似，故有动物纤维素之称。甲壳素不溶于水、有机溶剂和碱，溶于盐酸、硝酸、硫酸等强酸，可在酸溶液中加水分解成壳聚糖和醋酸。

2. 辅助降血脂生理功能

甲壳素能促进肠内胆汁的排泄，进而使胆固醇转变成胆汁酸，从而降低胆固醇。

3. 制法

由虾、蟹等甲壳类的甲壳在盐酸水溶液（2 mmol/L，20℃，24 h）中除去碳酸钙后，滤出固体，改用热的弱碱液（10% NaOH，90℃，3 h）以除去蛋白质，再重复用HCl和NaOH精制1次，用无水乙醇、乙醚洗涤后减压干燥而得。也可将甲壳粉碎后先用2%稀碱液煮解蛋白质约1.5 h并分离掉，再在不溶物中加5%～10%盐酸使碳酸钙变成氯化钙而溶解除去，再离心分离、水洗、干燥而得甲壳素。

8.3.1.7 大麦苗

1. 主要成分

大麦苗含有丰富的钾、钙、镁、叶绿素、胡萝卜素、维生素 B_1、维生素 B_2 及超氧化物歧化酶等数十种酶。其含量视品种、产地、生长期等而各异。

2. 性状

大麦苗为绿色粉末，有叶片的清香，溶于水和乙醇。

3. 辅助降血脂生理功能

经对高血脂大鼠试验，大麦苗能降低血清甘油三酯、总胆固醇含量，提高高密度脂蛋白胆固醇含量。对仓鼠饲以 5%大麦苗，经 4 周后血清总胆固醇、甘油三酯、LDL-C 浓度下降。经人体(60 名男性)4 周试验，可明显降低血清总胆固醇，并延缓 LDL 的氧化，降低血清脂质过氧化物，提高 SOD 活力。

4. 制法

将禾本科植物大麦刚越冬不久长至 25～40 cm 的幼麦苗嫩叶割下，洗净后加水打浆，榨汁，中和至 pH 7.0 后经冷冻干燥即得大麦苗；或在 45℃下低温喷雾干燥而成；也有用乙醇连续萃取后干燥而成。

8.3.1.8 银杏叶提取物(GBE)

1. 主要成分

银杏叶提取物(GBE)的主要成分如下。

(1)银杏黄酮类：该类共 20 余种，主要有山柰酚鼠李葡糖苷、槲皮素鼠李葡糖苷、异鼠李素鼠李葡糖苷、山柰酚香豆酰鼠李葡糖苷、槲皮素香豆酰鼠李葡糖苷。一般所谓的银杏中总黄酮含量，实际上是由 HPLC 测定后按下式算出：银杏总黄酮含量＝(槲皮素＋异鼠李素＋山柰素)×2.51。

(2)银杏(苦)内酯 A、银杏(苦)内酯 B、银杏(苦)内酯 C、银杏(苦)内酯 J、银杏(苦)内酯 M 这是银杏叶特有的极为重要的物质(血小板活化因子拮抗剂)。

(3)白果内酯。

(4)银杏酸：银杏酸为有害物质，可使皮肤粗糙、起皱、过敏反应等，应在精制过程中除去，并使成品中含量不超过 10‰。

2. 性状

银杏叶提取物的干制品，为茶褐色至褐色粉末，具特有苦味和气味；易溶于水，难溶于乙醇，对酸性水的溶解度较低。GBE 水溶液经长时间加热后黄酮类苷的含量略有下降，并略显混浊。GBE 在酸性下长时间加热可使黄酮类苷分解，但对光照非常稳定。

3. 辅助降血脂的生理功能

银杏叶提取物通过软化血管、消除血液中的脂肪，降低血清胆固醇。

4. 制法

银杏叶提取物的制备有水提取法、乙醇提取法、丙酮提取法等。水提取法得率低，黄酮和内酯的萃出率一般不超过10%。一般用乙醇提取法,其总提取率可达80%以上。所用银杏叶以秋天采者为宜,总黄酮含量较春夏采者高(春季含黄酮1.93%,夏季含2.27%,秋季含2.45%)。另外,从幼树采的叶片的总黄酮含量较老树高。

由银杏科植物银杏树的叶片,经洗净粉碎后用12倍量的70%乙醇液80℃下回流萃取3 h,提取2次,总提取率可达81.7%。抽取液经浓缩(除去乙醇)后静置絮凝,将上清液通入填有树脂(如ADS-15)的吸附柱,进行吸附,以除去银杏酸,然后用70%乙醇液解吸,回收乙醇并浓缩后喷雾干燥而成。由此可得黄酮苷含量31.2%、内酯含量8.5%的成品;平均收率1.86%。

5. 质量指标

2020年《中华人民共和国药典》提出:

黄酮醇苷含量(槲皮素含量+山柰素含量+异鼠李素含量)×
2.51(按干燥品计,含总黄酮醇苷不得少于24.0%)

按干燥品计算,含萜类内酯以白果内酯、银杏内酯A、银杏内酯B和银杏内酯C的总量计,不得少于6%。

8.3.2　辅助降血脂的功能(保健)食品

8.3.2.1　功能性油脂

饱和脂肪酸与胆固醇结合所形成的酯熔点高、极易沉积在血管内壁,故摄入富含饱和脂肪酸的动物性脂肪易引起高血脂。富含多不饱和脂肪酸的功能性油脂是辅助降血脂的功能食品。多不饱和脂肪酸与胆固醇形成的酯熔点低,易被乳化、输送并被代谢掉,不易沉积于血管内壁,从而有效地防止高脂血的出现。如鱼油、亚麻子油、核桃油、豆油等均含有较多的多不饱和脂肪酸。由于月见草油、红花油和麦胚油等富含的γ-亚麻酸有非常明显的降血脂效果,因而近年来它们逐渐成为国际流行的功能食品。用微生物发酵法生产γ-亚麻酸已取得成功,有望成为降血脂的极具前途的功能性油脂。多不饱和脂肪酸功能性油脂与具有降脂作用的维生素E、维生素B_6等一起协同作用,可使双方的降血脂作用大为增强,维生素E的加入还有预防多不饱和脂肪酸可能发生的氧化作用而引起的不良反应。

磷脂的功能是多方面的,它也是降脂的功能性油脂。如鱼类含有较多的磷脂,磷脂在降低血清胆固醇与中性脂肪、改善动脉硬化与脂质代谢方面具有良好的效果。日本已出现高纯度磷脂与酶改性磷脂等降血脂功能性新产品。

8.3.2.2　富含膳食纤维的辅助降血脂食品

美国谷物化学家协会(AACC)成立的膳食纤维专门委员会从生理学角度出发,在2001年提出膳食纤维的定义为在小肠中不能被消化吸收,而在大肠中可部分或全部发酵的可食用的植物成分、碳水化合物和类似物质的总和,包括多糖、寡糖、纤维素、半纤维素、果胶、树胶、蜡质、木质素等。玉米皮、米糠、麦麸和燕麦麸、果胶、瓜尔胶、亚麻籽等天然膳食纤维已被证实在动物实验中具有降血脂,减轻高脂血并发症的能力。

食品中的膳食纤维可降低血清胆固醇水平,这是因为:膳食纤维可增加食物黏度,使胆固醇不易到达消化道黏膜,而减少了其被小肠上皮细胞的吸收;胆固醇能与膳食纤维结合或包裹在膳食纤维分子内,消化道表面的膳食纤维可能还干预胶态分子团的形成,阻止胆固醇的乳化作用，这样便可增加胆固醇从粪便中的排出量；膳食纤维还可与胆固醇的转化物胆酸在小肠内结合，促使其随粪便排出体外，这个过程阻碍了胆酸的肠肝循环，结果进入肝脏的胆酸数量减少，从而促进了胆固醇的代谢；膳食纤维还能在结肠内发酵产生短链脂肪酸，其中有些可经门静脉进入肝脏，对肝脏合成胆固醇有一定阻碍作用。

富含膳食纤维的食品能对脂类食物升高血清胆固醇的作用产生拮抗。这一作用被印度的一项试验所证实。试验中让每个男性每天食用约 154 g 黄油后，血清中的胆固醇水平达到了 206 mg/100 mL 。当在每天膳食中用 224 g 鹰嘴豆（富含膳食纤维）代替谷物时，20 周后血清中的平均胆固醇水平下降到了 160 mg/100 mL 。在发达国家，食物中缺乏足够的膳食纤维可能是引起高胆固醇血症的因素之一。膳食纤维的供给可从新鲜水果、蔬菜以及香菇、木耳、海带等食物中得到满足。

水溶性纤维对降低血清胆固醇有明显的效果，可以显著降低血脂水平，如燕麦纤维；而水不溶性纤维的效果较差，如小麦麸皮纤维对胆固醇水平几乎没有影响。水不溶性纤维改性后可提高其降血脂活性，如绿豆皮不溶性纤维羧甲基化改性。

8.3.2.3 富含皂苷、多酚、黄酮类、植物甾醇等活性成分的辅助降血脂食品

大豆中的异黄酮、皂苷及其他活性蛋白等能够降低血清胆固醇和甘油三酯，对防止动脉粥样硬化、冠心病等心血管疾病有一定的效果，食用安全性高。

人参、山楂、山楂叶、大蒜、洋葱、灵芝、香菇、银杏叶、茶叶、柿子叶、竹叶和苦荞麦等富含皂苷、多酚、黄酮类等活性成分，有明显的降血脂效果。香菇中的香菇嘌呤可显著降低血浆脂质，包括胆固醇和甘油三酯等。可提取这些活性成分用于功能食品上或直接深加工制成功能食品。如苦荞麦制品、山楂降脂饮料、银杏叶黄酮提取物或银杏叶制成的茶、燕麦麦麸和燕麦 β-葡聚糖等调节血脂的功能食品。

植物花色苷，如蓝靛果花色苷、蓝莓花色苷、黑米皮花色苷、紫薯花色苷等具有降血脂的功效，目前国内外研究表明花色苷降血脂的分子机制主要是通过抑制胆固醇合成和吸收、促进肝细胞低密度脂蛋白的表达、促进胆固醇逆转运及调节甘油三酯相关代谢酶以降低甘油三酯实现的。此外，苹果中所含的原花青素类成分（儿茶素、表儿茶素和原花青素 B_1）是其降脂主要成分，这些原花青素可以积聚在小肠内腔，从而可以潜在地抑制小肠对胆固醇的吸收，苹果原花青素还可以显著地增加血浆 HDL，在胆固醇逆转运和胆固醇代谢中具有重要作用。此外，葡萄籽、可可、花生种皮等所含有的原花青素具有降低血液中胆固醇和甘油三酯水平的作用。

天然植物甾醇有酯化型和游离型两种。酯化型的植物甾醇主要有甾醇硬脂酸酯、甾醇油酸酯、甾醇乙酸酯；游离型的植物甾醇主要有 β-谷甾醇、豆甾醇、菜油甾醇和菜籽甾醇。它们在植物的根、茎、叶、果实和种子中都有分布。植物甾醇作为食品或功能性添加剂受到了国内外食品行业的高度重视，卫生部 2010 年第 3 号公告将植物甾醇和植物甾醇酯列为新资源食品。普遍认为植物甾醇对降低总胆固醇和低密度脂蛋白胆固醇具有明显功效，而对于甘油三酯的降低功效不明显，对于升高高密度脂蛋白的功效则结论不一。

8.3.2.4 肽类辅助降血脂食品

蛋白质与脂质代谢的关系尚未完全阐明，但大量报告显示食用植物蛋白多的地区，高脂血症的发病率比食用动物蛋白多的地区低。动物及人体试验还表明，用大豆蛋白可使血清胆固醇含量显著降低，这可能与其所含的氨基酸有关。

蛋白质可按每日每千克体重供给，以满足机体的需要，在此基础上可多食用植物蛋白，尤其是大豆蛋白，如豆浆、豆腐、腐竹等。

将紫苏籽粕蛋白经酶解后得到的抗氧化肽具有降脂作用。将玉米蛋白、大豆蛋白、菜籽蛋白等经酶解处理后得到的短多肽具有降压降脂的作用。乳酪蛋白的 C_6 多肽、C_7 多肽和 C_{12} 多肽，鱼贝类的 C_2 多肽、C_8 多肽和 C_{11} 多肽亦是很有效的降脂降压功能食品。

8.3.2.5　富含维生素和生物抗氧化剂的辅助降血脂食品

目前研究较多的有维生素 C、B 族维生素和维生素 E 。维生素 C 在维持血管壁的完整性和正常脂肪代谢中起着主要作用。大剂量维生素 C 对治疗高胆固醇血症有一定的效果，并对肝脏和肾脏的脂肪浸润有不同程度的保护作用。B 族维生素对于改善心肌功能和扩张血管有一定作用。维生素 B_6 与 LPL 活性有关，机体在维生素 B_6 存在的情况下，能将亚油酸转变为多不饱和脂肪酸。维生素 B_{12}、烟酸等对降血脂、防治冠心病有辅助作用。

生物抗氧化剂包括维生素 E 及其异构体生育三烯酚、硒、β-胡萝卜素和维生素 C 等。研究结果显示，抗氧化剂可减少体内 LDL 的氧化，延缓或阻碍动脉硬化的进程，降低血小板活性，防止血栓形成，能够降低冠心病的发病率。欧洲最近对中年人的一次调查中发现，血浆维生素 E 水平与冠心病死亡率呈明显的负相关。

8.3.2.6　富含微量元素的辅助降血脂食品

矿物元素对保护和调节心血管系统的功能具有重要作用，也与心血管疾病的发生有密切关系。关于矿物元素对血脂及心血管疾病的影响已引起越来越多的研究者重视。碘可抑制胆固醇在肠道的吸收和在动脉壁上的沉着。多吃富含碘的海产品，如海带、紫菜等对有高血脂倾向的人是有利的。

铬能够降低血清胆固醇。铬的缺乏与动脉硬化的发生有很大关系，保证机体正常的需要量对防止动脉硬化有重要作用。

微量元素钾、镁、钙、铜、铬、钼、铁和锌等对降低血清胆固醇、防止心血管疾病的发生有一定作用。尤其在维持心肌正常活动方面钠、钾、钙和镁等是不可缺乏的，缺乏时会导致心律失常。镁能够舒张血管，产生降血压作用。

锌有利于脂质代谢。锌缺乏时，血浆中的游离脂肪酸可升高，并能促进动脉粥样硬化的发生。锌/铜比值对冠心病的发病率有一定影响，锌/铜比值高（即锌含量高而铜不足）则冠心病的发病率也较高。

钙在正常血清中的水平基本稳定，当血清钙含量因食物中严重缺乏而降得太低时，骨组织会释放出钙，以弥补血清钙的不足。英国的一项研究表明，钙摄入量增加，不仅心血管患病率下降，而且因心脏病而死亡的比例也下降。但血清钙水平过高（高钙血症）会导致心律不齐、增加治疗心脏病的药物的毒性，促使无机盐沉积于动脉和肾中。

8.3.2.7　富含益生菌的辅助降血脂食品

酸奶和发酵乳作为培养益生菌的载体备受关注，有报道称益生菌发酵乳制品如牛奶、酸乳和乳酪在体内模型中具有显著的降血脂功能。临床试验证明，多种乳酸菌和双歧杆菌菌株如植物乳杆菌、嗜酸乳杆菌、干酪乳杆菌、副干酪乳杆菌、长双歧杆菌、双歧杆菌等能够有效地调节血清中脂质。

Tanaka 等利用德氏乳杆菌发酵豆乳饲喂高脂模型小鼠，5 周后，益生菌发酵豆乳组小鼠的 TG 和 TC 含量显著低于对照组，合成胆固醇的相关表达基因 SREBP-2 明显下调，而且分解代谢胆固醇的相关表达基因 CYP7al 显著上调。Sadrzadeh-Yeganeh 对嗜酸乳杆菌 La5 和双歧杆菌 Bb12 发酵的普通酸奶在人体中降血脂效果进行了研究，结果表明含有益生菌的酸奶能够降低血清中 TC 的水平，并且 HDL-C 的水平有所提升。然而，Lin 等研究表明，人体服用了体外具有降胆固醇功能的嗜酸乳杆菌和保加利亚乳杆菌的制剂 12 周后，体内血清中总胆固醇和脂蛋白水平没有显著的变化，表明了在体外具有降血脂功能的益生菌应用到人体内未必发挥相同的功能，意味着益生菌降血脂存在着菌株差异。

二维码 8-3
益生菌的特点

8.4 辅助降血脂的功能(保健)食品的评价

8.4.1 试验项目

根据受试样品的作用机制，分成辅助降低血脂功能(降低血清总胆固醇和血清甘油三酯)、辅助降低血清胆固醇功能(单纯降低血清胆固醇)、辅助降低血清甘油三酯功能(单纯降低血清甘油三酯)三种情况。

(1)动物试验项目：包括体重、血清总胆固醇、血清甘油三酯、血清高密度脂蛋白胆固醇、血清低密度脂蛋白胆固醇。

(2)人体试食试验项目：包括血清总胆固醇、血清甘油三酯、血清高密度脂蛋白胆固醇、血清低密度脂蛋白胆固醇。

8.4.2 试验原则

第一，动物试验和人体试食试验所列指标均为必测项目。

第二，根据受试样品的作用机制，可在动物实验的两个模型中任选一项。

用含有胆固醇、蔗糖、猪油、胆酸钠的饲料喂养动物，可使动物形成脂代谢紊乱动物模型或高胆固醇脂代谢紊乱动物模型，再给予动物受试样品，可检测受试样品对高脂血症或高胆固醇脂血症的影响，并可判定受试样品对脂质的吸收、脂蛋白的形成、脂质的降解或排泄的影响。

1. 混合型高脂血症动物模型

健康成年雄性大鼠，适应期结束时，体重为(200±20)g，首选 SD 大鼠，每组 8～12 只。

模型饲料：在维持饲料中添加 20.0%蔗糖、15%猪油、1.2%胆固醇、0.2%胆酸钠以及适量的酪蛋白、磷酸氢钙、石粉等。除了粗脂肪外，模型饲料的水分、粗蛋白、粗脂肪、粗纤维、精灰分、钙、磷、钙磷比均要达到维持饲料的国家标准。

实验设 3 个剂量组、空白对照组和模型对照组，以人体推荐量的 5 倍为其中的一个剂量，另设 2 个剂量组，必要时设阳性对照组。受试样品给予时间为 30 d，必要时可延长至 45 d。

于屏障系统下大鼠喂饲维持饲料观察 5～7 d。按体重随机分成 2 组，10 只大鼠给予维持饲料作为空白对照组，40 只给予模型饲料作为模型对照组。每周称量体重 1 次。模型对照组给予模型饲料 1～2 周后，空白对照组和模型对照组大鼠不禁食采血(眼内眦或尾部)，采血后尽快分离血清，测定血清 TC、TG、LDC-C、HDL-C 水平。根据 TC 水平将模型对照组随机分成 4 组，分组后空白对照组和模型对照组比较 TC、TG、LDL-C、HDL-C 差异均无显著性。

分组后，3 个剂量组每天经口给予受试样品，空白对照组和模型对照组同时给予同体积的相应溶剂，空白对照组继续给予维持饲料，模型对照组及 3 个剂量组继续给予模型饲料，并定期称量体重，于实验结束时不禁食采血，采血后尽快分离血清，测定血清 TC、TG、LDL-C、HDL-C 水平。

2. 高胆固醇血症动物模型

大鼠模型：健康成年雄性大鼠，适应期结束时，体重(200±20)g，首选 SD 大鼠，每组 8～12 只。

金黄地鼠模型：健康成年雄性金黄地鼠，适应期结束时，体重(100±10)g，每组 8～12 只。

模型饲料：①在维持饲料中添加 1.2%胆固醇、0.2%胆酸钠、3%～5%猪油及适量的酪蛋白、磷酸氢钙、石粉等。除了粗脂肪外，模型饲料的其他质量指标均要达到维持饲料的国家标准。②金黄地鼠模型：在维持饲料中添加 0.2%胆固醇，其余同大鼠模型。

实验设 3 个剂量组、空白对照组和模型对照组，以人体推荐量的 5 倍为其中的一个剂量，另设 2 个剂量组，必要时设阳性对照组。受试样品给予时间为 30 d，必要时可延长至 45 d。

于屏障系统下动物喂饲维持饲料观察 5～7 d。按体重随机分成 2 组，10 只动物给予维持饲料作为空白对照组，40 只给予模型饲料作为模型对照组。每周称量体重 1 次。模型对照组给予模型饲料 1～2 周后，空白对照组和模型对照组动物不禁食采血(眼内眦或尾部)，采血后尽快分离血清，测定血清 TC、TG、LDC-C、HDL-C 水平。根据 TC 水平将模型对照组随机分成 4 组，分组后空白对照组和模型对照组比较 TC、TG、LDL-C、HDL-C 差异均无显著性。

分组后，3 个剂量组每天经口给予受试样品，空白对照组和模型对照组同时给予同体积的相应溶剂，空白对照组继续给予维持饲料，模型对照组及 3 个剂量组继续给予模型饲料，并定期称量体重，于实验结束时不禁食采血，采血后尽快分离血清，测定血清 TC、TG、LDL-C、HDL-C 水平。

第三，根据受试样品的作用机制，可在人体试食试验的 3 个方案中任选 1 项。

第四，在进行人体试食试验时，应在对受试样品的食用安全性作进一步的观察后进行。

受试者纳入标准：①在正常饮食情况下，检测禁食 12～14 h 后的血脂水平，半年内至少有 2 次血脂检测，血清总胆固醇(TC)在 5.18～6.21 mmol/L，并且血清甘油三酯(TG)在 1.70～2.25 mmol/L，则可作为辅助降低血脂功能备选对象；血清甘油三酯在 1.70～2.25 mmol/L，并且血清总胆固醇≤6.21 mmol/L，可作为辅助降低甘油三酯功能备选对象；血清总胆固醇在 5.18～6.21 mmol/L，并且血清甘油三酯≤2.25 mmol/L，可作辅助降低胆固醇功能备选对象，在参考动物实验结果基础上，选择相应指标者为受试对象。②原发性高脂血症。③获得知情同意书，自愿参加试验者。

排除受试者标准：年龄在 18 岁以下或 65 岁以上者。妊娠或哺乳期妇女，过敏体质或对本受试样品过敏者。合并有心、肝、肾和造血系统等严重疾病，精神病患者。近两周曾服用调脂药物，影响到对结果的判断者。住院的高脂血症者。未按规定食用受试样品，或资料不全，影响功效和安全性判断者。

受试样品的剂量和使用方法：根据受试样品推荐量和推荐方法确定。

实验设计及分组要求：采用自身和组间两种对照设计。根据随机盲法的要求进行分组。按受试者血脂水平随机分为试食组和对照组，尽可能考虑影响结果的主要因素如年龄、性别、饮食等，进行均衡性检验，以保证组间的可比性。每组受试者不少于50例。试食组服用受试样品，对照组可服用安慰剂或采用空白对照。实验周期45 d，不超过6个月。

8.4.3 结果判定

8.4.3.1 动物试验

1. 混合型高脂血症动物模型

辅助降低血脂功能结果判定：模型对照组和空白对照组比较，血清甘油三酯升高，总胆固醇或低密度脂蛋白胆固醇升高，差异均有显著性，判定模型成立。

(1)各剂量组与模型对照组比较，任一剂量组血清总胆固醇或低密度脂蛋白胆固醇降低，且任一剂量组血清甘油三酯降低，差异均有显著性，同时各剂量组血清高密度脂蛋白胆固醇不显著低于模型对照组，可判定该受试样品辅助降低血脂功能动物实验结果阳性。

(2)各剂量组与模型对照组比较，任一剂量组血清总胆固醇或低密度脂蛋白胆固醇降低，差异均有显著性，同时各剂量组血清甘油三酯不显著高于模型对照组，各剂量组血清高密度脂蛋白胆固醇不显著低于模型对照组，可判定该受试样品辅助降低血清胆固醇功能动物实验结果阳性。

(3)各剂量组与模型对照组比较，任一剂量组血清甘油三酯降低，差异均有显著性，同时各剂量组血清总胆固醇及低密度脂蛋白胆固醇不显著高于模型对照组，血清高密度脂蛋白胆固醇不显著低于模型对照组，可判定该受试样品辅助降低血清甘油三酯功能动物实验结果阳性。

2. 高胆固醇血症动物模型

模型对照组和空白对照组比较，血清总胆固醇(TC)或低密度脂蛋白胆固醇(LDL-C)升高，血清甘油三酯(TG)差异无显著性，判定模型成立。各剂量组与模型对照组比较，任一剂量组血清总胆固醇或低密度脂蛋白胆固醇降低，差异有显著性，并且各剂量组血清高密度脂蛋白胆固醇(HDL-C)不显著低于模型对照组，血清甘油三酯不显著高于模型对照组，可判定该受试样品辅助降低血清胆固醇功能动物实验结果阳性。

8.4.3.2 人体试食试验

人体试食试验指标判定标准如下。

有效：TC降低＞10%；TG降低＞15%；HDL-C上升＞0.104 mmol/L。

无效：未达到有效标准者。

辅助降低血脂功能结果判定：试食组自身比较及试食组与对照组组间比较，受试者血清总胆固醇、甘油三酯、低密度脂蛋白胆固醇降低，差异均有显著性，同时血清高密度脂蛋白胆固醇不显著低于对照组，试验组总有效率显著高于对照组，可判定该受试样品辅助降低血脂功能人体试食试验结果阳性。

辅助降低血清胆固醇功能结果判定：试食组自身比较及试食组与对照组组间比较，受试者血清总胆固醇、低密度脂蛋白胆固醇降低，差异均有显著性，同时血清甘油三酯不显著高于对照组，血清高密度脂蛋白胆固醇不显著低于对照组，试验组血清总胆固醇有效率显著高于对照组，可判定该受试样品辅助降低血脂功能人体试食试验结果阳性。

辅助降低甘油三酯功能结果判定：试食组自身比较及试食组与对照组组间比较，受试者血清甘油三酯降低，差异有显著性，同时血清总胆固醇和低密度脂蛋白胆固醇不显著高于对照组，血清高密度脂蛋白胆固醇不显著低于对照组，试验组血清甘油三酯有效率显著高于对照组，可判定该受试样品辅助降低甘油三酯功能人体试食试验结果阳性。

思考题

1. 高血脂是怎样定义的？高脂血症的种类有哪些？各有何特征？
2. 简述各类血浆脂蛋白的代谢及其功能。
3. 甘油三酯和胆固醇在体内是如何代谢的？
4. 列举几种辅助降血脂的物质，并说明其制备方法。
5. 简述辅助降血脂的功能食品的评价方法。

参考文献

[1] 白宝清，贾槐旺，张锦华，等. 紫苏籽粕抗氧化肽的纯化、鉴定及降血脂功效研究. 中国粮油学报，2022，37(7)：92-101.
[2] 丁晓雯，周才琼. 保健食品原理. 重庆：西南大学出版社，2008.
[3] 郭玉宝，裘爱泳. 植物甾醇酯辅助降血脂作用研究. 中国油脂，2003，28(9)：49-51.
[4] 金宗濂. 功能食品教程. 北京：中国轻工业出版社，2005.
[5] 孔保华. 降血压、血脂功能性食品. 北京：化学工业出版社，2005.
[6] 刘静波，林松毅. 功能食品学. 北京：化学工业出版社，2008.
[7] 凌关庭. 保健食品原料手册. 北京：化学工业出版社，2002.
[8] 毛跟年，许牡丹. 功能食品生理特性与检测技术. 北京：化学工业出版社，2005.
[9] 唐传核. 几种调节血脂功能性食品的开发概况. 粮油食品科技，2001，9(4)：15-17.
[10] 吴谋成. 功能食品研究与应用. 北京：化学工业出版社，2004.
[11] 魏依华. 绿豆皮不溶性膳食纤维的改性及降血脂的研究. 长春：吉林农业大学，2022.
[12] 薛菲，陈燕. 膳食纤维与人类健康的研究进展. 中国食品添加剂，2014，2：208-213.
[13] 周才琼，唐春红. 功能性食品学. 北京：化学工业出版社，2015.
[14] 赵海田，王振宇，王路，等. 花色苷类物质降血脂机制研究进展. 东北农业大学学报，2012，43(3)：139-144.
[15] 张慧文，张玉，马超美. 原花青素的研究进展. 食品科学，2015，36(5)：296-304.
[16] 郑建仙. 功能性食品学. 2版. 北京：中国轻工业出版社，2006.
[17] 张晓磊，武岩峰，宋秋梅，等. 益生菌降血脂作用的研究进展. 中国乳品工业，2015，43(5)：27-30.
[18] 张志旭，昌波，刘东波. 天然植物甾醇的来源、功效及提取研究进展. 食品与机械，2014，30(5)：288-298.
[19] Mingrou G. 功能性食品学. 于国萍，程建军，等编译. 北京：中国轻工业出版社，2011.

第9章

减肥的功能食品

本章重点与学习目标

1. 掌握肥胖症的定义及分类。
2. 了解肥胖症的病因、危害及肥胖者的代谢特征。
3. 掌握减肥功能食品的开发原则。
4. 熟悉具有减肥作用的功能因子及食品。
5. 掌握评价减肥功能食品的指标和方法，了解评价指标的测定方法。

在当今社会，肥胖(obesity)问题是人类面对的重要健康问题之一。《中国居民营养与慢性病状况报告(2020年)》数据显示，目前中国成人中已经有超过1/2的人超重和肥胖，成人(≥18岁)超重(28＞BMI≥24)率为34.3%、肥胖(BMI≥28)率为16.4%。超重和肥胖总人数达到6亿人，中国肥胖症患者有2.2亿人，中国人腰围增速居世界之最。2023年3月，《2023年版世界肥胖地图》于世界肥胖联盟官网中发布，该地图数据表明，在全球年龄＞5岁的人群中，超重及肥胖率将从2020年的38%迅速增长到2035年的51%，2020年超重及肥胖人数为26亿人，至2035年将超过40亿人；肥胖率将由14%上升至24%，人数达到近20亿人。成年男性超重率及肥胖率将由14%增长至23%；成年女性将由18%增长至27%。研究显示，当前中国肥胖人数暴涨，达到2.2亿人，已超美国跃居世界第一。按照研究所表明的趋势，到2035年，全球的肥胖人群比例可高达23%(男性)和27%(女性)。肥胖与冠心病、高脂血症、Ⅱ型糖尿病、高血压、癌症等一系列疾病相关，会对人口健康状况产生巨大的负担。我国人口肥胖趋势惊人，人口过度肥胖问题已经成为我国严重的社会公共卫生问题，并且极大地威胁着我国经济发展。

9.1 肥胖症的概念、病因及危害

9.1.1 肥胖症的定义、诊断及分类

9.1.1.1 肥胖症的定义

肥胖症是指机体由于生理生化机能的改变而引起体内脂肪沉积量过多，造成体重增加，导致机体发生一系列病理生理变化的病症。一般成年女性，若身体中脂肪组织超过30%即定为肥胖；成年男性，则脂肪组织超过25%为肥胖。

关于肥胖症的定义需特别指出的是，虽然肥胖常表现为体重超过标准体重，但超重不一定全都是肥胖。机体肌肉组织和骨骼特别发达、质量增加也可导致体重超过标准体重，但这种情况并不多见。肥胖必须是机体脂肪组织增加，导致脂肪组织所占机体质量比例的增加。

9.1.1.2 肥胖的诊断方法

针对肥胖症的定义，目前已建立了许多诊断或判定肥胖的标准和方法，常用的方法可分为三大类：人体测量法(anthropometry)、物理测量法(physicometry)和化学测量法(chemometry)。

1. 人体测量法

人体测量法包括身高、体重、胸围、腰围、臀围、肢体的围度和皮褶厚度等参数的测量。根据人体测量数据可以有许多不同的肥胖判定标准和方法，常用的有身高标准体重、皮褶厚度和体质指数3种方法。

(1)身高标准体重法　体重测定是反映疾病严重程度的一个重要指标。它能评价人体的营养情况，尤其是反映热量的摄取与消耗是否平衡以及脂肪在体内的增加或减少的一个重要指标。如果一个人的体重在短期内丢失10%，那就要检查这个人是否有什么潜在的疾病(如肿瘤)，而且体重丢失10%以上，也会使健康人的正常体力活动受到影响。如果短期内体重丢失30%，甚至可以导致死亡。但在一般情况下，体重丢失意味着消耗的热量高于摄取的热量，而体重增加意味着摄取的热量超过了消耗的热量。在一般人看来，超重与肥胖是同义词，但对

体力劳动者与运动员来说，超重并不是肥胖，它是由于肌肉非常发达所致。

身高标准体重法是WHO推荐的传统上常用的衡量肥胖的方法。其公式为：

$$肥胖度=\frac{实际体重(kg)-身高标准体重(kg)}{身高标准体重(kg)}\times 100\%$$

判断标准：凡肥胖度≥10%为超重；20%～29%为轻度肥胖；30%～49%为中度肥胖；≥50%为重度肥胖。

成人理想体重适用Broca改良公式：

$$体重(kg)=身高(cm)-105$$

(2)体质指数(body mass index，BMI)法

$$体质指数(BMI)=\frac{体重(kg)}{身高^2(m)}$$

WHO推荐的判断标准为：BMI<18.5，慢性营养不良，属偏瘦；BMI为18.5～25，正常体重；BMI≥25，超重；BMI≥30，肥胖。由于以上标准是根据北美和欧洲人群资料制定，对于身材相对矮小的亚太地区人群不适宜。因此，亚太地区提出的标准为：BMI为18.5～22.9为正常体重；BMI≥23为超重；BMI≥25为肥胖。我国也提出了自己的标准：BMI≥24为超重，BMI≥28为肥胖。近几年，国内外学者多数主张使用BMI，认为BMI更能反映体脂增加的百分含量，可用于衡量肥胖程度，而不一定适用于判定人体发育水平。

(3)皮褶厚度　用皮褶厚度测量仪(harpenden皮褶卡钳)测量肩胛下角和上臂肱三头肌腹处、腹部脐旁1 cm处、髂骨上嵴等皮褶厚度，然后用公式计算身体的脂肪含量。其中，前三个部位可分别代表躯干、肢体和腰腹等部位的皮下脂肪堆积情况。具体方法是将前臂弯至上腹部，在上臂背侧自肩部骨隆起部位肩峰至臂肘部鹰嘴突部位的中点用笔划画一记号，再使前臂下垂，上臂松弛，用拇指与前指在中点上面1 cm处，抓起两层皮肤与脂肪，然后用皮下脂肪测定器在中点处测定三头肌皮褶厚度，也就是皮下脂肪。测定器夹住后3 s读数，共测定3次，取其平均值，误差在0.5 mm以内。三头肌皮褶厚度，我国男性为8.7 mm左右，女性为14.6 mm左右。测定后，再用转换系数换算成体脂含量。此项指标一般需要与身体标准体重相结合进行判断，判定标准为：肥胖度≥20%，两处皮褶厚度≥80%，或其中一处≥95%者为肥胖；肥胖度<10%，无论两处的测定结果如何，均为正常体重。

2. *物理测量法*

体脂物理测量法是根据物理学原理测量人体成分，从而可推算出体脂的含量。这些方法包括全身电传导、生物电阻抗分析、双能X射线吸收、计算机控制的断层扫描和核磁共振扫描。其中后3种方法具有某些优越性，可测量骨骼重量和体脂肪在体内和皮下的分布，但其费用相对较昂贵。

3. *化学测量法*

化学测量方法的理论依据是中性脂肪不与水和电解质结合，因此，机体的组织成分可用无脂的成分为基础来计算。假定人体去脂体质或称为瘦体质的组成是恒定的，通过分析其中一种成分(如钾或钠)的量就可以估计去脂体质的多少。然后用体重减去去脂体质的质量就是体脂。化学测定法包括稀释法、^{40}K计数法、尿肌酐测定法。

9.1.1.3　肥胖的分类

一般来说，肥胖症按发生原因可分为遗传性肥胖、单纯性肥胖和继发性肥胖三大类。遗传

性肥胖是指遗传物质(染色体、DNA)发生改变而导致的肥胖。这种肥胖极为罕见,常有家族性肥胖倾向。单纯性肥胖是指体内热量的摄入大于消耗,致使脂肪在体内过多积聚,体重超常的病症。这类病人无明显的内分泌紊乱现象,也无代谢性疾病。继发性肥胖是由某种病因引起的肥胖,如由于脑垂体-肾上腺轴发生病变、内分泌紊乱或其他疾病、外伤引起的内分泌障碍而导致的肥胖。继发性肥胖占肥胖症的5%左右。

此外,还有人将肥胖分为腹部肥胖与臀部肥胖。腹部肥胖俗称"将军肚",我们称之为苹果型;臀部肥胖,我们称之为梨型。虽然在男性和女性肥胖者中均可见到这两种类型的肥胖,但是一般来讲,前者多发生于男性,后者多发生于女性。根据最近的研究认为,腹部肥胖者要比臀部肥胖者更容易发生心血管疾病、中风与糖尿病。所以,在肥胖者中间腰围与臀围的比例非常重要。一般认为,腰围的尺寸必须小于臀围15%,否则就是一危险信号。

9.1.2 肥胖症的病因及危害

9.1.2.1 肥胖症的病因

肥胖症的发生受多种因素的影响,主要因素有:遗传、饮食、行为方式、内分泌、运动、精神以及其他疾病等。

1. 遗传因素

肥胖症有一定的遗传倾向,往往父母肥胖,子女也容易发生肥胖。据调查,肥胖者的家族中有肥胖病史者占34%;父母都肥胖者,其子女70%肥胖;父母一方肥胖者,其子女40%肥胖;父母体格正常或体瘦者,其子女肥胖仅占10%。有人还观察过多对同卵孪生儿及异卵孪生儿,发现虽然每对孪生儿从小就生活在不同的环境中,但体重相差大于5.4 kg者,在异卵孪生儿中占51.5%,而在同卵孪生儿中仅占2%,表示肥胖症的发生有着明显的遗传因素。尽管一些资料已经显示了肥胖的遗传性,但仍有些学者认为,家族肥胖的原因并非单一的遗传因素所致,而与其饮食结构有关。

2. 饮食因素

正常情况下,人体能量的摄入与消耗保持着相对的平衡,人体的体重也保持相对稳定。一旦平衡遭到破坏,摄入的能量多于消耗的能量,则多余的能量在体内以脂肪的形式贮存起来,日积月累,最终发生肥胖,即单纯性肥胖。对于正常人,可通过非颤抖性生热作用散发掉多余的能量,保持体重的稳定性。但肥胖者的食物生热作用的能力明显减弱,这可能与其体内棕色脂肪的量不足或棕色脂肪功能障碍有关。因为棕色脂肪细胞的线粒体能氧化局部贮存的脂肪,生产热量。当然,并非所有的肥胖者都有这种代谢障碍,大部分患者因摄食过多、活动量较少而造成肥胖。

人们的饮食习惯和膳食组成对体脂的消长也有影响。晚上迷走神经的兴奋性和胰岛素的分泌要高于白天,再加上晚上一般体力活动较少,从而有利于体脂的积聚。

对每一个人来说,体力活动是决定其能量消耗多少的一种最重要的因素;同时,体力活动也是抑制机体脂肪积聚的一种最强有力的"制动器"。所以肥胖现象也就很少发生在重体力劳动者或经常积极进行体育运动的人群之中。

3. 精神因素

人类下丘脑中存在着两对与摄食行为有关的神经核。一对为腹对侧核,又称饱中枢;另一对为腹外侧核，又称饥中枢。饱中枢兴奋时有饱感而拒食，破坏时则食欲大增；饥中枢兴奋时食欲旺盛，破坏时则厌食拒食。在生理条件下处于动态平衡状态，使食欲调节于正常范围而维持正常体重。下丘脑处血脑屏障作用相对薄弱，这一解剖上的特点使血液中多种生物活性因子易于向该处移行，从而对摄食行为产生影响。这些因子包括：葡萄糖、游离脂肪酸、去甲肾上腺素、多巴胺、5-羟色胺、胰岛素等。此外，精神因素常影响食欲。食饵中枢的功能受制于精神状态，当精神过度紧张而交感神经兴奋或肾上腺素能神经受刺激时（尤其是 α 受体占优势），食欲受抑制；当迷走神经兴奋而胰岛素分泌增多时，食欲常亢进。

肥胖者有精神、情绪方面的问题。采取代偿性进食，想通过餐桌上的乐趣来补偿日常生活中的种种不快，这亦会导致一部分人逐渐肥胖起来。

同样的环境压力所致的精神负荷，可产生截然不同的效应：一部分人食欲受到抑制而消瘦；而另一部分人食欲亢进而肥胖。

肥胖者对于食物的色、香、味、形等反应不同于正常人，对食物所发出的“提示”特别敏感，还往往丧失了食欲的控制机制，趋向于吃完所有放在面前的食物。

4. 生化因素

当能量的摄入不符合机体需要，同时又在没有增加或减少活动量的情况下，相当一部分人却可维持体重不变。

其一，不同的个体，其所含有的钠-钾-三磷酸腺苷酶（Na^{+}-K^{+}-ATP 酶）及脂蛋白酶（清除因子脂酶）的数量与活性是不同的。

其二，体脂在合成或分解时，都要使脂肪酸在脂酰辅酶 A 酶的作用下形成脂酰辅酶 A。近年的研究表明，这类酶有 2 种，一种专管合成，另一种专管分解。前者的数量和活性往往高于后者。

其三，近年来的研究已发现，体内不仅有一系列的“偶合因子”与“脱偶合因子”等对 ATP 的产生效率起控制作用，而且还存在 2 种类型的细胞色素 b（即 bT 及 bK）。实验表明，当电子进入细胞色素 bT 时可产生 1 mol 的 ATP，但细胞色素 bK 不会产生 ATP。当这些因素的平衡失常时，能量就必然会较多的趋向于 ATP 的产生或较多的趋向于热的释放，最终也必将导致机体肥胖或消瘦。

5. 高胰岛素血症

近年来，高胰岛素血症在肥胖发病中的作用引人注目。肥胖常与高胰岛素血症并存，两者的因果关系有待进一步探讨，但一般认为系高胰岛素血症引起肥胖。高胰岛素血症性肥胖者的胰岛素释放量约为正常人的 3 倍。

胰岛素有显著的促进脂肪蓄积的作用，在一定意义上可作为肥胖的监测因子。胰岛素的促进体脂增加的作用是通过以下环节起作用的：一是促进葡萄糖进入细胞内，进而合成中性脂肪；二是抑制脂肪细胞中的脂肪动用。

过度摄食和高胰岛素血症并存常常是肥胖发生和维持的重要因素。

6. 褐色脂肪组织异常

褐色脂肪组织是近几年来才被发现的一种脂肪组织，与主要分布于皮下及内脏周围的白色脂肪组织相对应。褐色脂肪组织分布范围有限，仅分布于肩胛间、颈背部、腋窝部、纵隔及肾周围，其组织外观呈浅褐色，细胞体积变化相对较小。

白色脂肪组织是一种储能形式，机体将过剩的能量以中性脂肪形式贮藏其中。白色脂肪细胞体积随释能和储能变化较大。

褐色脂肪组织在功能上是一种产热器官，即当机体摄食或受寒冷刺激时，褐色脂肪细胞内脂肪燃烧，从而决定机体的能量代谢水平。以上两种情况分别称之为摄食诱导产热和寒冷诱导产热。

褐色脂肪组织这一产热组织直接参与体内热量的总调节，将体内多余热量向体外散发，使机体能量代谢趋于平衡。

有关人类肥胖者褐色脂肪组织的研究不多，但确实可以观察到部分产热功能障碍性肥胖的病人。

7. 其他

激素是调节脂肪代谢的重要因素，尤其是甘油三酯的合成和动员分解，均由激素通过对酶的调节而决定其增减动向。其中，胰岛素及前列腺素 E1 是促进脂肪合成及抑制分解的主要激素；邻苯二酚胺类、胰高糖素、ACTH、MSH、TSH、GH、ADH 及糖类肾上腺皮质激素为促进脂肪分解而抑制合成的激素，如前者分泌过多，后者分泌减少，可引起脂肪合成增多，超过分解而发生肥胖。此组内分泌因素与继发性肥胖症的关系更为密切。

9.1.2.2 肥胖症的危害

大量的研究已经表明，肥胖与糖尿病、脂肪肝、高脂血症、动脉硬化、高血压、冠心病、脑血管病、癌症、变形性关节炎、骨端软骨症、月经异常、妊娠和分娩异常等多种疾病有明显的关系。肥胖者比正常者冠心病的发病率高 2～5 倍，高血压的发病率高 3～6 倍，糖尿病的发病率高 6～9 倍，脑血管病的发病率高 2～3 倍。肥胖使躯体各脏器处于超负荷状态，可导致肺功能障碍(脂肪堆积、膈肌抬高、肺活量减小)、骨关节病变(压力过重引起腰腿病)；还可以引起代谢异常，出现痛风、胆结石、胰脏疾病及性功能减退等。肥胖者死亡率也较高，而且寿命较短。肥胖者还易发生骨质增生、骨质疏松、内分泌紊乱、月经失调和不孕等，严重时会出现呼吸困难。

1. 心血管疾病

肥胖者的脂肪代谢特点主要表现为血浆游离脂肪酸、总胆固醇、甘油三酯和低密度脂蛋白含量增多，高密度脂蛋白含量降低。大量的脂肪组织沉积于人体的脏器、血管等部位，影响心脑血管、肝胆消化系统和呼吸系统等的功能活动，进而引发高脂血、高血压、动脉粥样硬化、心肌梗死等疾病。随着肥胖程度的加重，体循环和肺循环的血流量增加，心肌需氧量也增加，心肌负荷大幅度增加，导致心力衰竭。

2. 糖尿病

据流行病统计表明，肥胖者患糖尿病的概率要比正常人高 3 倍以上。这与其胰岛素分泌异常有关。胰岛素是由胰岛细胞分泌的，对血糖水平有重要的调节作用。胰岛素分泌增多，脂肪合成加强，导致肥胖，而肥胖又会加重胰岛 B 细胞的负担，久而久之，致使胰岛功能障碍，胰岛素分泌相对不足，使得血糖水平异常升高而形成糖尿病。

3. 肿瘤

肥胖者体内的微量元素如血清铁、锌的水平都较正常人低，而这些微量元素又与免疫活性物质有着密切的关系，因此，肥胖者的免疫功能下降，肿瘤发病率上升。有人曾对中度肥胖者进行调查分析，结果男性患癌症的概率比正常人高 33%，主要为结肠癌、直肠癌和前列腺癌；女性患癌症的概率比正常人高 55%，主要为子宫癌、卵巢癌、宫颈癌、乳腺癌等。女性乳腺癌与子宫癌的发生均与肥胖而导致的体内雌激素水平异常升高密切相关。如果膳食合理、营养恰当而能保持较标准的体重时，动物的癌症发病率降低。可见，肥胖确能增大人体患癌的危险性。

4. 脂肪肝

肥胖症患者由于脂肪代谢异常活跃，导致体内产生大量的游离脂肪酸，进入肝脏后，即可合成脂肪，造成脂肪肝，出现肝功能异常。

5. 恶性肿瘤

高居榜首的恶性肿瘤其中 35%就是因不良的饮食习惯和摄取过多的高热量、高脂肪含量的食物等引起过多的自由基产生而导致细胞病变成癌细胞。

9.2 肥胖症患者的代谢特征

9.2.1 能量代谢异常

不同人群个体间在能量代谢方面存在明显的差异。瘦人可能具有以产热方式消耗能量的能力，而肥胖者不具备这种能力或能力很差。有研究证明，当肥胖者处于寒冷环境时，由于体内不能很好产热，故其体温会下降。这表明，肥胖患者在能量代谢方面存在某种缺陷。肥胖者能量代谢异常的原因有以下几点。

1. 24 h 能耗值

24 h 能耗值（twenty-four energy expenditure，24EE）由基础代谢率（BMR）或静息代谢率（RMR）、食物热效应（TEF）和体力活动所消耗的能量组成。不同个体 24 h 能量消耗值差异很大，即使去除年龄、性别、脂肪量等影响因素后这种差异仍然存在。

体重变化速率与最初 24EE 有一定的相关性，即 24EE 较低是体重增加的一个威胁因素，但不是唯一因素。正常人体温每升高 1℃，基础代谢率升高 12%。而肥胖者体温略低于正常人，其基础代谢率相应降低，所以肥胖者用于产热的能量消耗减少，多余的能量以脂肪的形式贮存起来，形成肥胖。

对于一个久坐的人，RMR 约占每日能量总支出的 70%，TEF 约占 10%，体力活动所消耗的能量差别较大，在 24EE 中所占的比例变化也大。

有的学者发现肥胖者 TEF 较低，在其体重下降并达到理想体重后，其 TEF 数值仍较低。这说明 TEF 低可能也是体重增加的一个危险因素。目前尚未证实体力活动时所消耗的能量较少是否也是体重增加的危险因素，因为要在自由活动的条件下测量 24EE 才能得出有关结论，目前尚缺乏这方面的精确测定方法。

2. 棕色脂肪

肥胖症的发生与患者体内棕色脂肪含量低下或棕色脂肪功能障碍有关。棕色脂肪组织在体内的分布、形态和功能方面与白色脂肪组织都有差别。白色脂肪组织广泛分布于皮下和内脏周围，主要功能是将体内过剩的能量以中性脂肪的形式贮存起来，必要时分解供能。而棕色脂肪组织的外观呈棕色，细胞内含有大量的脂肪小滴及高浓度的线粒体，细胞间含有丰富的毛细血管和大量交感神经纤维末梢，组成了一个完整的产热系统，当机体进食或遇寒冷刺激时大量产热。褐色脂肪组织分布范围有限，仅分布于肩胛间、颈背部、腋窝部、纵隔及肾周围，在婴儿期所占比例较高，随年龄的增长而减少，其含量一般不超过成人体重的2%。在功能上棕色细胞相当于一种产热器，主要通过细胞内游离脂肪酸的非偶联氧化磷酸化分解产热。棕色脂肪细胞产热的多少，主要取决于线粒体膜上产热素的多少。

3. 钠-钾-三磷酸腺苷酶（Na^+-K^+-ATP 酶）活性

肥胖者产热受阻与组织中 Na^+-K^+-ATP 酶活性有关。细胞膜上的 Na^+-K^+-ATP 酶与膜磷脂结合形成具有特定结构的复合物，即 Na^+-K^+ 泵。其生理功能是将细胞内的 Na^+ 泵出细胞外，将细胞外的 K^+ 泵入细胞内，这是一个耗能产热的过程。朱文瓶等对单纯性肥胖者红细胞膜 Na^+-K^+-ATP 酶的活性进行检测的结果表明，肥胖组 Na^+-K^+-ATP 酶活性显著低于正常组，因此，Na^+-K^+-ATP 酶活力的降低可能是机体不能很好产热、在寒冷环境中不能维持体温的原因。正常人受寒冷刺激，体内儿茶酚胺的量增加，使 Na^+-K^+-ATP 酶活性显著升高，产热增加，而肥胖者体内雌激素增多，影响了组织对儿茶酚胺的摄取和利用，导致用于产热的能量减少。

4. 糖酵解—糖异生通路中的无效循环

磷酸果糖激酶和果糖二磷酸酶是肝脏糖酵解和糖异生这两个相反方向反应的关键酶，在正常情况下这两种反应不会同时进行。6-磷酸果糖被转化为1，6-二磷酸果糖后又可被水解为6-磷酸果糖，其结果是消耗了 ATP 并产生热量，但底物浓度并没有变化，这就是无效循环。

5. 3-磷酸甘油脱氢酶

在3-磷酸甘油的穿梭作用中，磷酸二羟丙酮在3-磷酸甘油脱氢酶的作用下，以 NADH 为氢的供体还原为3-磷酸甘油。在线粒体中，这个反应可以逆转，但氢的受体是黄素腺嘌呤二核苷酸（FAD）而不是烟酰胺腺嘌呤二核苷酸（NDA），其差别在于 1 mol NADH 产生 3 mol ATP，而 1 mol 的还原型 FAD 只产生 2 mol ATP。因此，经过这种穿梭作用所产生的 ATP 较少。肥胖症患者脂肪组织中的3-磷酸甘油脱氢酶活性较低，通过3-磷酸甘油的穿梭作用产生 ATP 的机会较少。

9.2.2 糖代谢异常

9.2.2.1 胰岛素对代谢的影响

胰岛素对代谢的影响是多方面的。从总的功能来看，胰岛素主要是增强合成代谢，如增加糖原、脂肪、蛋白质和核酸的合成。这些化合物既是建造细胞或组织的原料，又大多是能量的贮存形式，因此有人将胰岛素称为贮存激素。

胰岛素的生理功能：一方面是提高组织摄取葡萄糖的能力；另一方面是抑制肝糖原的分解，并促进肝糖原及肌糖原的合成。因此，胰岛素有降低血糖含量的作用。

9.2.2.2 胰岛素的作用机理

胰岛素和其他肽类激素一样，并不直接进入细胞内，而是和细胞膜上的特异性受体结合后，改变膜上的某种成分，然后通过第二信使引起细胞内一系列变化。脂肪细胞的胰岛素受体是一种糖蛋白，一部分暴露在膜的外表面，一部分埋藏在质膜中。人体饥饿时，质膜上胰岛素受体增加，敏感性亦增高；肥胖者脂肪细胞胰岛素受体对胰岛素的敏感性降低。导致肥胖者胰岛素增多的原因可概括为以下几条：

(1)肥胖者摄食过多，通过对小肠的刺激产生过多的肠抑胃肽，进而刺激胰岛细胞释放胰岛素。

(2)肥胖者常伴有脂代谢异常，其中游离脂肪酸(FFA)对胰岛素有抵抗作用，使其反馈性分泌增多。另外，肥胖者血氨水平的升高也可促使胰岛素分泌增多。

(3)有 25%～60%的肥胖者有不同程度的肝脏病变，而肝脏的损伤可直接影响对胰岛素的摄取和利用，因而出现胰岛素的高分泌低消耗的现象。

(4)肥胖者下丘脑的形态和神经递质的含量与正常人不同。若破坏动物下丘脑内侧核，则出现胰岛素增加，继而出现肥胖，提示中枢神经系统异常也是胰岛素高分泌的原因之一。

(5)肥胖者胰岛细胞增生，导致胰岛素分泌增加。

尽管肥胖者血浆胰岛素是正常人的 2～5 倍，但因其对胰岛素的反应性和敏感性均下降，所以存在糖代谢异常，常并发糖尿病。

经过大量试验认为，肥胖者确实存在胰岛素血症。肥胖者胰岛素受体数目的减少，导致胰岛素分泌量与胰岛素结合率呈负相关，出现胰岛素抵抗。胰岛素抵抗不仅表现为受体数目的减少，而且还存在受体的缺陷。若持续存在高胰岛素血症，则外周组织对胰岛素的反应不敏感或不发生反应，使得这些组织对葡萄糖的摄取和利用减少，导致糖代谢异常。肥胖症初期，由于摄食过多，血糖升高，促进了胰岛素的分泌，当血浆胰岛素达到较高水平时，葡萄糖耐量仍正常，则胰岛最终会因长期大量分泌胰岛素而衰竭。

9.2.3 脂肪代谢异常

肥胖与机体脂肪代谢异常之间存在着密不可分的关系。肥胖症患者脂肪代谢异常表现为：血浆三酰甘油(TG)、胆固醇(CH)、低密度脂蛋白(LDL) 和游离脂肪酸(FFA)水平增高，而高密度脂蛋白(HDL)降低，载脂蛋白 ApoAl 降低，而 ApoB 增高。这些变化随着肥胖者体重的不同以及肥胖类型的不同而略有差异。

血浆中游离脂肪酸(FFA)的来源有 2 个，其中大部分来源于脂肪细胞中所贮存的甘油三酯的水解，还有一部分来源于富含甘油三酯的脂蛋白。FFA 主要为肌肉组织和肝脏摄取、代谢，有些 FFA 能被肝脏完全氧化，有些 FFA 则被氧化为酮体。酮体在肝外组织代谢并供能，也可为脑提供另一种燃料来源，即替代脑所需葡萄糖量的 3/4，且酮体在肌肉中的活化较脂肪酸更快。还有些 FFA 则再被脂肪细胞利用，重新合成 TG。由于肥胖者脂肪的利用受到抑制，血中 FFA 水平较正常者高，而酮体水平降低，说明肥胖症患者体内脂肪组织中 FFA 的释放及利用变化受到限制。

临床研究发现，中心型肥胖患者体内脂肪代谢紊乱的情况比其他类型肥胖患者表现得更为明显。因为中心型肥胖患者的脂肪主要沉积在腹部皮下和腹腔内，这些部位脂肪细胞上以 β-肾上腺素受体为主。这类受体对体内以胰岛素为代表的抗脂解激素作用敏感性较低，因此使该部位的脂肪细胞脂解增加，游离脂肪酸增多。由于地域效益的原因，这部分脂解的脂肪酸可以直接通过门静脉进入肝脏。当门静脉中的游离脂肪酸浓度升高时，肝脏合成极低密度脂蛋白(VLDL)增多，同时使肝脏降解 VLDL 速度减慢。VLDL 降解速度减慢又可使其所含的三酰甘油与高密度脂蛋白中的胆固醇交换，导致高密度脂蛋白中含量降低，使HDL浓度降低。

9.2.4 氨基酸代谢异常

肥胖者的一个特征是存在高胰岛素血症和外周组织对胰岛素敏感性降低，胰岛素对支链氨基酸的降解作用减弱，造成血浆支链氨基酸水平升高。同时，肝脏对部分生糖氨基酸的摄取增多，糖异生作用增加，引起血和尿部分生糖氨基酸水平升高。

一般认为，血浆支链氨基酸主要在骨骼肌中代谢和转化，胰岛素通过促进骨骼肌细胞摄取支链氨基酸，使血浆支链氨基酸水平降低。而肥胖者由于骨骼肌细胞胰岛素受体不足，对胰岛素的敏感性下降，胰岛素的结合力下降，导致胰岛素对氨基酸的降解作用减弱。动物试验已证实，支链氨基酸可直接刺激胰岛细胞分泌胰岛素，说明肥胖者血浆支链氨基酸与血清胰岛素呈正相关，可能是由于氨基酸含量的升高又反馈性地刺激了胰岛细胞分泌更多的胰岛素以增加氨基酸的降解所致。另外，由于肥胖者体内脂肪合成加强，能量过剩，使得支链氨基酸和谷氨酸参与三羧酸循环代谢的速度下降，而组氨酸和精氨酸转变成谷氨酸的代谢途径不变，由此引起支链氨基酸和谷氨酸水平升高，组氨酸和精氨酸水平下降。

9.2.5 内分泌变化

1. 生长激素

肥胖者血浆中生长激素(growth hormone，GH)含量，成年患者与正常人相同，青少年患者GH浓度降低，并与体重呈负相关。低血糖与精氨酸的刺激可使GH分泌迟钝。其原因可能是正常人左旋多巴通过GH分泌区域的肾上腺神经时，对GH的分泌进行调节，包括对起抑制作用的b受体的调节。肥胖者的这种抑制作用明显增强。Class等曾提出，生长介素C(SM-C)的生成也可能使GH分泌改变。肥胖者的高胰岛素血症可促使SM-C生成。虽然肥胖青少年GH分泌减少，但并无生长障碍。有人报道，肥胖儿童SM-C水平升高，提示升高的SM-C对GH的分泌存在反馈机制。

2. 促肾上腺皮质激素

促肾上腺皮质激素(adrenocorticotropic hormone，ACTH)可促进机体对葡萄糖的摄取，对体脂肪的调节起重要作用。肥胖者血浆皮质醇正常或仅轻度增加，昼夜节律正常，而尿中排泄的增多是由于转化率的升高，并非生成增多。肥胖者尿中17-羟皮质类固醇水平升高，反映了皮质醇更新率的加快。脂肪组织中类固醇受体可能以性别不同而有差异，一般女性患者血浆皮质醇与体重相关，尿中排出增多，而男性患者血浆皮质醇正常。重度肥胖者肾上腺对ACTH反应性减弱，可能是由阿黑皮素衍生的一些肽作用于肾上腺所致，这些肽裂解或其前体改变，可使肾上腺皮质醇对ACTH反映呈抑制现象。

3. 甲状腺功能改变

甲状腺功能低下、基础代谢率下降和产热减少常常是肥胖症发生的主要原因。甲状腺激素可使糖原、脂肪分解，提高能量代谢。外源性促甲状腺素刺激后，肥胖者甲状腺素反应异常的占12%～21.8%，表现为甲状腺激素水平没有相应的升高提示存在原发性甲状腺功能障碍，但临床上单纯性肥胖者无甲状腺功能低下的表现。

9.3 减肥的功能(保健)食品的开发

9.3.1 减肥的功能(保健)食品的开发原则

目前人们在减肥时还存在一个普遍现象，就是很多人不知道减肥应该是针对体内脂肪的。有的人通过排泄的方式减肥，往往流失的是身体需要的东西(如肌肉组织)，从而影响健康。还有的人一味通过节食来减肥，反而会使自己陷入营养不良中，从而发生神经性畏食症。学者提醒减肥者，在使用减肥品前应到医院肥胖专科或是内分泌科、营养科进行咨询，这样不但可以在医生指导下选择科学合理的减肥方式和比较可靠而且适合自身的减肥品，而且很重要的是可以帮助自己判断是否真的肥胖，是否真的需要减肥。

迄今为止，较为常见的预防和治疗肥胖症的方法有药物疗法、饮食疗法、运动疗法和行为疗法4种。具有减肥的药物主要为食欲抑制剂、加速代谢的激素及某些药物、影响消化吸收的药物等。食欲抑制剂大多是通过儿茶酚胺和5-羟色胺递质的作用降低食欲，从而使体重下降。这类药物主要有苯丙胺及其衍生物芬氟拉明等。加速代谢的激素及药物主要通过增加生热使代谢率上升，从而达到减肥目的。它们主要有甲状腺激素、生长激素等。影响消化吸收的药物主要是通过延长胃的排空时间，增加饱腹感，减少能量与营养物的吸收，而使体重下降。这些药物包括食用纤维、蔗糖聚酯等。虽然这些药物都具有减肥作用，但大多有一定的副作用，而且在药物治疗的同时，一般还需配合低热量饮食以增加减肥效果。事实上，不仅仅是药物疗法，即使是运动疗法和行为疗法也需结合低热量食品，可见饮食疗法是最根本、最安全的减肥方法。因此，筛选具有减肥作用的纯天然食品成为减肥研究过程中的一个重要课题，也是减肥功能食品开发的基础。

9.3.1.1 加速脂肪动员

脂肪组织是脂肪贮存的主要场所，以皮下、肾周、肠系膜、大网膜等处贮存最多，称为脂库。脂肪组织中甘油三酯的水解和形成是两个紧密联系的过程，称为甘油三酯-脂肪酸循环。贮存在脂肪细胞中的脂肪，被激素敏感性脂肪酶逐步水解为游离脂肪酸及甘油并释放入血以供其他组织氧化利用，该过程称为脂肪动员。在此过程中，脂肪细胞内激素敏感性甘油三酯脂肪酶(HSL)起决定作用，它是脂肪分解的限速酶。人体内各组织细胞除大脑、神经系统、成熟红细胞外，几乎都有氧化利用甘油三酯及其代谢产物的能力，而且主要是利用由脂肪组织中动员出来的脂肪酸。

首先，可以通过细胞对葡萄糖的可获得性来调节脂肪的动员。当葡萄糖的可获得性较低时，甘油三酯水解产生的脂肪酸的再脂化受到抑制，因此脂肪酸被释放进入血液，与白蛋白相结合，然后再行至其他组织，作为燃料供能。在肝脏中，一部分脂肪酸可转化为酮体，酮体在肝外组织代谢并供能。脂肪酸和酮体在肌肉中的活化较葡萄糖快，尤其是酮体，在肌肉中的氧化利用优于葡萄糖从而节省了有限的葡萄糖供应。脂肪酸可通过降低葡萄糖进入细胞的通透性，限制组织利用葡萄糖，而优先利用脂肪酸。

其次，提高调节脂肪动员中甘油三酯水解的限速因子——激素敏感性脂肪酶的水平。激素敏感性脂肪酶受多种激素调节，胰高血糖素、促甲状腺激素、ACTH等都可激活脂肪细胞膜上的腺苷酸环化酶，导致环磷酸腺苷(cAMP)浓度增高，cAMP-蛋白激酶系统又可使激素敏感性脂肪酶磷酸化而激活此酶，使得甘油三酯的水解速度加快，即加速了脂肪动员。

在病理或饥饿条件下，贮存在脂肪细胞中的脂肪，被脂肪酶逐步水解为游离脂肪酸(FFA)及甘油，并释放入血以供其他组织氧化利用，该过程称为脂肪动员。

9.3.1.2　降低热能摄入

除加速脂肪动员外，减肥食品的研究应考虑降低热能的摄入。因为肥胖症的发生主要是由能量的正平衡引起的，而减肥的基本原则就是要合理地限制热量的摄入量，增加其消耗量。为了追求低热量，有些减肥食品仅由氨基酸、维生素、微量元素组成，没有碳水化合物，也没有脂肪。这类减肥食品对身体极为有害，因为体内的碳水化合物含量很低，减肥过程中体内脂肪的分解必须有葡萄糖参与。如果没有碳水化合物的补充，则肌肉中的蛋白质通过糖异生作用产生葡萄糖来帮助分解脂肪，使肌肉含量下降。在设计减肥食品时应考虑下述因素。

1. 控制脂肪的摄入量

肥胖者皮下脂肪过多，易引起脂肪肝、肝硬化、高脂血症、冠心病等，因此特别要注意限制饱和脂肪酸的摄入量，但脂肪在胃中停留时间长，所以不应过低，应占能量的20%左右，即每日脂肪摄入量应控制在30～50 g，应以植物油为主，严格限制动物油。

2. 控制碳水化合物的摄入量

碳水化合物在体内可转化为脂肪，所以要限制碳水化合物的摄入量，尤其是少用或忌用含单糖、双糖较多的食物。一般认为，碳水化合物所供给热量为总热能的45%～60%，主食每日控制在150～250 g。但是碳水化合物有将脂肪氧化为二氧化碳和水的作用，如果摄入量过低，脂肪氧化不彻底而生成酮体，不利于健康，所以减少碳水化合物的摄入要适度。

3. 供给优质的蛋白质

蛋白质具有特殊动力作用，其需要量应略高于正常人，占总热能的20%～30%。因此，肥胖人每日蛋白质需要量为80～100 g，应选择生理价值高的食物，如牛奶、鸡蛋、鱼、鸡、瘦牛肉等。

4. 控制食盐的摄入量

食盐具有亲水性，可增加水分在体内的储留，不利于肥胖症的控制，每日食盐量以3～6 g为宜。

5. 供给丰富多样的无机盐、维生素

无机盐、维生素可以促进脂肪的氧化分解，降低血清甘油三酯和胆固醇，降低体重，预防心血管合并症。无机盐和维生素供给应丰富多样，满足身体的生理需要，必要时，补充维生素和钙剂，以防缺乏。

6. 供给充足的膳食纤维

膳食纤维可延缓胃排空时间，增加饱腹感，从而减少食物和热量摄入量，有利于减轻体重和控制肥胖，并能促进肠道蠕动，防止便秘。例如，魔芋主要成分为甘露聚糖、蛋白质、果胶及淀粉，是一种高纤维、低脂肪、低热能的天然保健食品。魔芋中含有60%左右的葡甘露聚糖，吸水性极强，吸水后体积膨胀，可填充胃肠，消除饥饿感。魔芋能延缓营养素的消化和吸收，降低对单糖的吸收，从而使脂肪酸在体内的合成下降，又因其含热量很低，所以可控制体重的增长，达到减肥的目的。

7. 限制含嘌呤的食物

嘌呤能增进食欲，加重肝、肾、心的中间代谢负担，膳食中应加以限制。动物内脏、豆类、鸡汤、肉汤等高嘌呤食物应该避免。

总之，要研究减肥食品，不能仅停留在高营养、高膳食纤维、低热量方面，还要从提高敏感性脂肪酶活性、加速脂肪动员、促进脂肪酸进入线粒体氧化分解及提高 Na^{+}-K^{+}-ATP 酶活性、促进棕色脂肪线粒体活性以增加产热等方面入手，这样才能开发出有效的减肥功能食品。

9.3.1.3 以调理饮食为主，开发减肥专用食品

根据减肥食品低热量、低脂肪、高蛋白质、高膳食纤维的要求，利用燕麦、荞麦、大豆、乳清、麦胚粉、魔芋、山药、甘薯、螺旋藻等具有减肥作用的原料生产肥胖患者的日常饮食，通过饮食达到减肥效果。燕麦具有可溶性膳食纤维，魔芋含有葡甘露聚糖，大豆含有优质蛋白质、大豆皂苷和低聚糖，麦胚粉含有膳食纤维和丰富的维生素 E，可满足肥胖者的营养需求，并能减肥。甘薯、山药等含有丰富的黏液蛋白，可减少皮下脂肪的积累。螺旋藻在德国作为减肥食品广为普及，可添加到减肥食品中。在这类食品中，可补充木糖醇或低聚糖等，强化减肥效果。

9.3.1.4 用药食两用中草药开发减肥食品

药食两用植物中可作为减肥食品的原料有很多。这些药食两用品有的具有清热利湿作用，如苦丁茶、荷叶等；有的可以降低血脂；有的具有补充营养、促进脂肪分解等作用。从现代营养角度看，这些原料含有丰富的膳食纤维、黏液蛋白、植物多糖、黄酮类、皂苷类以及苦味素等，对人体代谢具有调节功能，能抑制糖类、脂肪的吸收，加速脂肪的代谢，达到减肥效果。这些原料一般经过加工，提高功效成分的含量或提取其中主要成分，然后制成胶囊或口服液，每天定时食用。这种减肥食品与第一类食品配合应用，效果会更好一些。目前市面上这类减肥食品不少，基本上都是选用上述原料配制的。这是我国特有的食品，应进一步加大开发力度。

9.3.1.5 开发含有特殊功效成分的减肥食品

随着科学的发展，逐渐发现一些对肥胖症有明显效果的化学物质，其中有的可用于功能食品中。

减肥食品不得加入药物。不少药物具有明显减肥效果，在中医减肥验方中，一般都含有中药。作为减肥食品，不能够生搬中药处方，因为许多中药都有毒副作用，对人体造成不利影响，应该尽量选用食品和药食两用原料，去除不准使用于食品的原料，重新组方。

一些西药如芬氟拉明类对减肥有效果，但对人体有明显副作用。我国食品卫生部门曾发现有 4 种减肥食品中含有芬氟拉明、去烷基芬氟拉明等，并进行了严肃查处。另外，二乙胺苯酮、马吲哚、三碘甲状腺原氨酸、苯乙双胍等减肥药都不得用于减肥食品。

9.3.2 具有减肥作用的功能物质

9.3.2.1 脂肪代谢调节肽

脂肪代谢调节肽由乳、鱼肉、大豆、明胶等蛋白质混合物酶解而得，肽长 3～8 个氨基酸，主要由“缬-缬-酪-脯”“缬-酪-脯”“缬-酪-亮”等氨基酸组成。

1. 性状

脂肪代谢调节肽多为粉状，易溶于水（10％以上），水溶液可做加热、灭菌处理（121℃，

30 min)而性能不变;吸湿性高。

2. 生理功能

脂肪代谢调节肽具有调节血清甘油三酯作用。经多种动物试验及人体试验,当脂肪代谢调节肽与脂肪同时进食时,有抑制血清甘油三酯上升的作用。

(1)抑制脂肪的吸收。当同时食用油脂时,可抑制脂肪的吸收和血清甘油三酯上升。其作用机理与阻碍体内脂肪分解酶的作用有关,因此对其他营养成分和脂溶性维生素的吸收没有影响。

(2)阻碍脂质合成。当同时摄入高糖食物后,由于脂肪合成受阻,抑制了脂肪组织和体重的增加。

(3)促进脂肪代谢。当它与高脂肪食物同时摄入时,能抑制血液、脂肪组织和肝组织中脂肪含量的增加,同时也抑制了体重的增加,有效防止了肥胖。

3. 制法

脂肪代谢调节肽可由各种食用蛋白(乳蛋白、鱼肉蛋白、卵蛋白、大豆蛋白、明胶等)用蛋白分解酶进行加水分解并将其分解物经灭酶、灭菌、过滤后精制而得。

9.3.2.2　魔芋精粉和葡甘露聚糖

1. 主要成分

魔芋精粉和葡甘露聚糖是主要由甘露糖和葡萄糖以β-1,4键结合[相应的摩尔比为(1.6～4)∶1]的高分子量非离子型多糖类线形结构,每50个单糖链上有1个以β-1,4键结合的支链结构,沿葡甘露聚糖主链上平均每隔9～19个糖单位有1个糖基上CH_2OH乙酰化,它有助于葡甘露聚糖的溶解度。魔芋精粉和葡甘露聚糖的平均相对分子质量为20万～200万。魔芋精粉的酶解精制品称葡甘露聚糖。

2. 性状

魔芋精粉和葡甘露聚糖为白色或奶油至淡棕黄色粉末,基本无臭、无味,溶于水,不溶于乙醇和油脂。二者有很强的亲水性,在pH 4.0～7.0的热水或冷水中可吸收本身质量数十倍的水分,经膨润后形成高黏度溶液,且其水溶液有很强的拖尾(拉丝)现象。加热和机械搅拌可提高溶解度。如在溶液中加中等量的碱,其可形成即使强烈加热也不熔融的热稳定凝胶。

3. 生理功能

魔芋精粉和葡甘露聚糖主要具有减肥作用。

魔芋精粉和葡甘露聚糖能明显降低体重和脂肪细胞大小。有学者用魔芋精粉饲养大鼠试验(每组9只),按体重小剂量组为1.9 mg/g,大剂量组为19 mg/g,同时给予高脂肪、高营养饲料,饲养45 d后,进行比较。与对照相比,大剂量组和小剂量组的体重均明显降低,但大剂量组和小剂量组之间差异不大。在高倍显微镜下,每个视野中所见脂肪细胞数明显多于对照组,而细胞体积则明显小于对照组,这说明魔芋精粉能使脂肪细胞中的脂肪含量减少,使细胞挤在一起,因此,同样视野中的细胞数得以增多。故魔芋精粉确能减少脂肪堆积的作用,但达到一定量后,加大剂量的效果不大。

据报道,通过对糖尿病患者进行试验,每组43人,一组每天给予葡甘露聚糖3.9 g,另一组每天给予7.8 g,试验8周后观察他们的肥胖程度与体重变化之间的关系。结果得出,肥胖程度与体重减少之间有直接的相关性，肥胖程度越高，食用葡甘露聚糖后的体重减少越多。体重减少是由于摄入葡甘露聚糖后脂肪的吸收受到抑制。

4. 制法

由 *Amorphophallus* 属各种植物的块根干燥后经去皮、切片、烘干、粉碎、过筛所得细粉，称“魔芋粉”，得率 60%～80%，颗粒直径 0.15 mm 左右。由于其颗粒表面覆盖有非葡甘露聚糖，影响吸水性，凝胶能力低。因此，可用乙醇、石油醚等进行物理改性，以提高水溶性、溶解黏度、溶解速度等性能。

将魔芋切片、粉碎后浸于乙醇中，在 60℃下减压干燥，用石油醚脱脂，加氢氧化钠液溶解后过滤，滤液用盐酸中和后再加醋酸铅提取，取滤液，通入硫化氢以除去铅离子，加乙醇沉淀，离心分离后用丙酮干燥，此为粗品；粗品再用氢氧化钠溶解，然后过滤，用盐酸中和后浓缩，用乙醇沉淀，离心后再用丙酮干燥而得精品，称“魔芋精粉”。

以魔芋精粉为原料，用碱性甘露聚糖酶酶解转化后，用超滤膜分离，精制，可得甘露低聚糖，转化率超 70%。

5. 安全性

(1)对大、小鼠口授魔芋精粉和葡甘露聚糖 2.8 g/kg，无死亡例，解剖未见肉眼可见异常。

(2)亚急性毒性试验及大鼠妊娠、产仔试验，均未见异常（魔芋精粉和葡甘露聚糖占饲料量 2.5%）。

(3)有报告提到有实验动物腹部涨满及鼓肠感。

9.3.2.3 乌龙茶提取物

1. 主要成分

乌龙茶提取的功效成分，主要为各种茶黄素、儿茶素以及它们的各种衍生物。此外，乌龙茶提取物还含有氨基酸、维生素 C、维生素 E、茶皂素、黄酮、黄酮醇等许多复杂物质。

2. 性状

乌龙茶提取物为淡褐色至深褐色粉末，有特别香味和涩味。乌龙茶提取物易溶于水和含水乙醇，不溶于氯仿和石油醚，pH 4.6～7.0。乌龙茶提取物也有用糊精稀释为 50%的成品。

以抑制形成不溶性龋齿菌斑的葡聚糖转苷基酶的活性为标准，乌龙茶提取物的耐热性、pH 稳定性和对光的稳定性均良好：pH 2.5～8、100℃加热 1 h，该酶活性保持 100%；在 pH 2.5～8、37℃保存 1 个月，该酶活性保持 100%；在 pH 2.5～8、1 200 lx（勒克斯）照射 1 个月，该酶活性保持不变。

3. 生理功能

乌龙茶提取物具有减肥作用。乌龙茶中可水解单宁类在儿茶酚氧化酶催化下形成邻醌类发酵聚合物和缩聚物，对甘油三酯和胆固醇有一定结合能力，结合后随粪便排出，而当肠内甘油三酯不足时，就会动用体内脂肪和血脂经一系列变化而与之结合，从而达到减脂的目的。

4. 制法

茶树的叶子经半发酵法制成乌龙茶叶，再用室温至热的水、酸性水溶液、乙醇水溶液、乙醇、甲醇水溶液、甲醇、丙酮、乙酸乙酯或甘油水溶液等提取后脱溶浓缩、冷冻干燥而得乌龙茶提取物。

5. 安全性

乌龙茶提取物 LD_{50} 为 5 230 mg/kg(大鼠,口授),安全性高。

乌龙茶提取物经 Ames 实验、小鼠睾丸染色体畸变试验和骨髓微核实验等均为阴性。

9.3.2.4 *L*-肉碱

肉碱有 *L* 型、*D* 型和 *DL* 型,只有 *L*-肉碱才具有生理价值。*D*-肉碱和 *DL*-肉碱完全无活性,且能抑制 *L*-肉碱的利用,美国 FDA 于 1993 年禁用。由于 *L*-肉碱具有多种营养和生理功能,已被视作人体的必需营养素。人体正常所需的 *L*-肉碱,通过膳食(肉类和乳品中较多)摄入,部分由人体的肝脏和肾脏以赖氨酸和蛋氨酸为原料,在维生素 C、烟酸、维生素 B_6 和铁等的配合协助下自身合成(内源性 *L*-肉碱),但当有特定要求时,就不足以满足需要。

1. 性状

L-肉碱为白色晶体或透明细粉,略带有特殊腥味;易溶于水(250 g/100 mL)、乙醇和碱,几乎不溶于丙酮和乙酸盐;熔点 210~212℃(分解),有很强的吸湿性;作为商品有盐酸盐、酒石酸盐和柠檬酸镁盐等。其天然品存在于肉类、肝脏、人乳中。正常成人体内约有 *L*-肉碱 20 g,主要存在于骨骼肌、肝脏和心肌等。蔬菜、水果几乎不含肉碱,因此,素食者更应该补充 *L*-肉碱。

2. 生理功能

L-肉碱具有减肥作用。*L*-肉碱是动物体内有关能量代谢的重要物质,在细胞线粒体内使脂肪氧化并转变为能量,以达到减少体内的脂肪积累,并使之转变成能量。

3. 制法

L-肉碱可由酵母、曲霉、青霉等微生物的发酵培养液分离提取而得,含量为 0.3~0.4 mg/g 干菌体;也可由反式巴豆甜菜碱经酶法水解而得,或由 γ-丁基甜菜碱经酶法羟化而得。

4. 限量

(1)GB 14880—2012 规定,以豆类为基础的婴儿配方食品,70~90 mg/kg。

(2)GB 2760—1997(*L*-肉碱酒石酸盐):饮料、乳饮料,600~3 000 mg/kg;乳粉,300~400 mg/kg;咀嚼片,250~600 mg/片;胶囊,250~600 mg/丸;饮液 250~600 mg/支(以 *L*-肉碱计;1 g 酒石酸盐相当于 0.68 g *L*-肉碱)。

5. 安全性

(1)ADI 为 20 mg/kg。

(2)LD_{50} 为 2 272~2 444 mg/kg(兔,经口)。

9.4 评价减肥功能(保健)食品的指标和方法

9.4.1 评价减肥功能(保健)食品的指标

国家食品药品监督管理总局(CFDA)评价一种食品有没有减肥保健功能主要有以下一些指标。

1. 体脂

体内脂肪量的测定是肥胖诊断及判断减肥效果最确切的方法。

2. 脂肪细胞数目及大小

肥胖者脂肪细胞含脂肪量较多，因而细胞体积较正常者大，而且数目也多。一般情况下，肥胖者减肥后，脂肪细胞的体积会明显减小，但数目不减少。

3. 甘油三酯、总胆固醇、高密度脂蛋白胆固醇、低密度脂蛋白胆固醇含量

甘油三酯是人体脂肪的主要贮存形式，是脂类代谢的重要指标之一。胆固醇也是脂类代谢的标志之一，与人类的许多疾病有关。血浆中胆固醇或甘油三酯的浓度升高称为高脂血症。LDL 是血浆运送胆固醇及其酯的工具。LDL 摄入过多可造成胆固醇及其酯在血管壁的沉积。而 HDL-C 是逆向转运胆固醇的载体，在限制动脉壁胆固醇的沉积和促使胆固醇的清除方面起着重要的作用。

4. 脂肪酶活性

参与甘油三酯代谢的脂肪酶有 3 种。第一种是甘油三酯脂肪酶，又称胰脂肪酶，是由胰腺细胞合成的。十二指肠、小肠中该酶活性很高，血清、脂肪组织中也含有少量。第二种是脂蛋白脂肪酶，主要存在于毛细血管和脂肪组织中。第三种是激素敏感性脂肪酶，主要存在于脂肪组织中。该酶活性的大小关系脂库的动用过程。

5. 卵磷脂胆固醇酰基转移酶(LCAT)活性

LCAT 活性升高，显示血清中胆固醇加速进入高密度脂蛋白表层，进而酯化变成胆固醇酯。由于胆固醇酯分子大不易侵入血管内膜，使得动脉粥样硬化危险降低了。同时，在高密度脂蛋白表层的胆固醇变为胆固醇酯，向内层移动进而被高密度脂蛋白带至肝脏排出，加速胆固醇的消除。

9.4.2 减肥功能(保健)食品的评价方法

9.4.2.1 动物试验

1. 原理

动物试验是以高热量食物诱发动物肥胖。在给予受试物后，观察动物体重、体内脂肪的变化及对机体健康有无损害。

2. 仪器

天平、解剖器械等。

3. 试验方法

(1)实验动物　选用雄性断乳大鼠，体重约 50 g，每组 10 只。

(2)剂量分组　设对照组及 3 个剂量组。受试物剂量根据推荐的人体每千克体重日摄入量，扩大 5 倍作为其中一个剂量。经口给予受试物，连续 30 d。其他 2 个剂量组根据同类食品的使用量或根据推荐的人体每千克体重日摄入量进行设定。

(3)步骤

第一步，建立营养性大鼠肥胖模型，采用配方饲料饲喂。

基础饲料：大麦粉 20%，脱水菜 10%，豆粉 20%，酵母 1%，骨粉 5%，玉米粉 16%，麸皮 16%，鱼粉 10%，食盐 2%。

营养饲料：每 100 g 基础饲料中加入奶粉 10 g、猪油 10 g、鸡蛋 1 个、浓鱼肝油 10 滴(含维生素 A 1 7000 IU、维生素 D 1 700 IU)、新鲜黄豆芽 250 g。

供应营养饲料量：试验的前 2 周内每天每只鼠饲喂 13 g，以后每周增加 2 g，至第 6 周止。每日饲料分 2 次供给，吃完后不再添加。

用上述高脂肪高营养饲料喂断奶大鼠 45 d 后，体重较普通饲料饲喂的同龄大鼠体重增加将近 1 倍。

第二步，减肥试验。大鼠肥胖模型建立以后，试验组给予受试物，对照组给予相应溶剂。

第三步，结果观察。观察体重、体内脂肪质量(睾丸及肾周围脂肪垫)。

4. 数据处理和结果判定

一般采用方差分析进行统计。受试物组的体重及体内脂肪质量低于对照组，经统计学处理差异有显著性，并且对机体无明显损害，即可初步判定该受试物具有减肥作用。

9.4.2.2 人体试食试验

1. 原理

单纯性肥胖受试者食用受试物，观察体重、体内脂肪含量的变化及对机体健康有无损害。

2. 仪器和试剂

体成分测定仪(密度法)，B 超，皮肤钳，体重计，血清甘油三酯、总胆固醇、高密度脂蛋白试剂盒，血清总蛋白、白蛋白试剂盒等。

3. 试验方法

(1)受试对象　受试对象为单纯性肥胖人群，不得有胆囊疾病。

(2)受试人数　受试人数至少 30 人。

(3)受试物给予时间　受试物给予时间一般要求 5 周。

(4)观察指标

①体重、身高、腰围、臀围，并计算标准体重、体重指数、肥胖度、腰臀比等。

②体内脂肪含量测定：体内脂肪总量(kg)和脂肪占体重百分率(%)，用体密度法。

③生化测定：血糖、血脂(血清总胆固醇、甘油三酯、高密度脂蛋白等)、血红蛋白、白蛋白、总蛋白(计算白球比)、尿酸、酮体。

④运动耐力测试。

⑤其他不良反应，如厌食、腹泻等。

4. 数据处理和结果判定

一般采用方差分析进行统计。根据试验前后上述测定指标结果进行综合评价，其中体内脂肪含量经统计学处理差异有显著性，且对机体健康无明显损害，可判定该受试物具有减肥作用。

9.4.3 减肥功能(保健)食品评价指标的测定方法

9.4.3.1 体脂的测定

1. 原理

脂肪主要集中蓄积在皮下、腹腔内和肠系膜上。将上述部位的脂肪剥下称重，可认为是机体的体脂质量。

2. 操作步骤

将实验动物小鼠活体称重，处死后解剖，剥出全身脂肪称重，并计算体脂百分数。也可只测动物（小鼠）生殖器周围脂重。体脂百分数的计算公式如下：

$$\text{体脂肪百分数}=\frac{\text{体脂总质量}}{\text{活体体重}}\times 100\%$$

9.4.3.2 脂肪细胞的数目及大小的测定

有多种方法可以测算脂肪细胞数目和体积，如提取脂质法、提取DNA法、库尔特计数器法、流式细胞仪法和石蜡切片法等。这些测算方法各有优点和不足，目前尚无脂肪细胞数目和体积测定的“金标准”。其中，石蜡切片法操作简单、价格低廉对实验仪器要求较低，得到较为广泛的应用。观察疗程结束时，将实验动物与对照动物（一般是大白鼠或小白鼠）处死，每只取一小块脂肪组织，用福尔马林-钙固定后，做成冷冻切片，染色，切片上着色的部位为脂肪组织。放在显微镜下计数脂肪的数目，并用测微器测量脂肪细胞的大小。

9.4.3.3 血清甘油三酯的测定

血清中甘油三酯（TG）的测定方法包括正庚烷-异丙醇抽提法、异丙醇抽提-乙酰丙酮显色法、分溶抽提-乙酰丙酮显色法、酶法、酶偶联2,4-二硝基苯肼法5种。其中主要包括提取、吸附、皂化、氧化、还原及显色等步骤。近年来发展的酶学方法测定操作步骤虽然简单，但需多种纯酶制剂。此外，还有光散射测定法，也需要特定的器材，但操作简便，快速准确，并能在自动化生化分析仪上进行批量测定。本书主要介绍2种常用的方法，即乙酰丙酮显色法和酶法（YY/T 1199—2023）。

1. 乙酰丙酮显色法

（1）原理

血清中甘油三酯经正庚烷-异丙醇混合溶剂抽提后，用氢氧化钾溶液皂化成甘油，并进一步用过碘酸氧化成甲醛，在N的存在下，甲醛与乙酰丙酮反应生成3,5-二乙酰-1,4-二氢二甲基吡啶，后者为带荧光的黄色物质。与同样处理的标准液比色计算，即得血清中甘油三酯的含量。

（2）试剂

①抽提剂：正庚烷/异丙醇＝2/3.5（V/V）。

②0.04 mol/L H_2SO_4。

③异丙醇（分析纯）。

④皂化试剂：取6.0 g KOH溶于60 mL蒸馏水中，然后取异丙醇40 mL混合，置于棕色瓶中室温保存。

⑤氧化试剂：称取65 mg过碘酸钠溶于约50 mL蒸馏水，然后加入7.7 g无水醋酸铵溶解，再加6 mL冰醋酸，并加水至100 mL。贮存于棕色瓶内室温保存。

⑥乙酰丙酮试剂：0.4 mL乙酰丙酮加到100 mL异丙醇中，混匀，置棕色瓶内室温保存。

⑦三油酸甘油酯标准液。

贮存液（10 mg/mL）：精确称取三油酸甘油酯1.000 g，溶解于抽提剂中，定容至100 mL，置冰箱保存。

应用液(1 mg/mL):贮存液用抽提剂10倍稀释,置冰箱保存。

(3)操作

带塞试管3支,编号,按表9-1操作。

表9-1　测定血清甘油三酯的步骤之一　mL

试剂	测定管	标准管	空白管
血清	0.2	—	—
应用标准液	—	0.2	—
蒸馏水	—	0.2	0.2
抽提剂	2.5	2.3	2.5
0.04 mol/L H_2SO_4	0.5	0.5	0.5

边加边摇动试管,加好后,剧烈振摇15 min,静置分成二相后,准确吸取各管上层清液0.3 mL,分别加至另外3支试管中。按表9-2操作。

表9-2　测定血清甘油三酯的步骤之二　mL

试剂	测定管	标准管	空白管
异丙醇	1.0	1.0	1.0
皂化试剂	0.3	0.3	0.3
充分混匀,置65℃水浴3 min			
氧化试剂	1.0	1.0	1.0
乙酰丙酮试剂	1.0	1.0	1.0

混匀,置65℃水浴15 min,取出后冷却,于420 nm处测光密度,以空白管调零点,读取各管光密度。

(4)计算

$$\text{甘油三酯(mmoL/L)}=\frac{\text{测定管吸光度}}{\text{标准管吸光度}}\times 1.13$$

(5)注意事项

①应空腹采血,否则结果偏高。

②显色后光密度随时间延长而略增高,故应立即比色。标本多时,可置于冷水浴中逐管比色,这样对结果影响不大。

2. *酶法*

(1)原理

酶法测定是用脂肪酶或脂蛋白酶(LPL)使血清中甘油三酯水解,生成甘油和脂肪酸。甘油在甘油激酶(GK)催化下,生成3-磷酸甘油,再由甘油磷酸氧化酶催化,生成磷酸二羟丙酮和过氧化氢,然后,以偶联终点比色法(Trinder 反应)测定 H_2O_2,计算血清甘油三酯含量。Trinder 反应即 H_2O_2 与底物4-氨基安替比林和4-氯酚(ESPAS)在过氧化物酶(POD)作用下生成红色亚醌化合物(quinoneimine),经过比色(500 nm),其颜色深浅与甘油三酯含量成正比。

(2)试剂

R1(①+②+③+④)

①磷酸甘油氧化酶:浓度≥3.0 KU/L,冷藏。

②抗坏血酸氧化酶:浓度≥1.0 KU/L。

③甘油激酶:浓度≥0.7 KU/L。

④4-氨基安替比林:80 mg/L。

R2(⑤+⑤+⑦)

⑤脂蛋白酯酶:浓度≥2.0 KU/L,冷藏。

⑥过氧化物酶:浓度≥10.0 KU/L。

⑦4-氯酚:300 mg/L。

⑧参考液(甘油酸三脂):200 mg/dI(2.26 mmoL/L),冷藏。

(3)操作

一般采用商品试剂盒按表 9-3 操作。

表 9-3 血清甘油三酯酶法测定步骤

试剂	测定管	标准管	空白管
血清/ μL	0.2	—	—
参考液/ μL	—	0.2	—
蒸馏水/ μL	—	0.2	0.2
R1/mL	1.0	1.0	1.0
充分混匀,置 37℃水浴 15 min			
R2/mL	0.5	0.5	0.5

将上述样液及试剂混匀,置 37℃水浴 5 min,取出后冷却,于 550 nm 处测光密度,以空白管调零点,读取各管光密度值。

(4)计算

$$甘油三酯(mmoL/L)=\frac{测定管吸光度}{标准管吸光度}\times 2.26$$

9.4.3.4 血清总胆固醇的测定

存在于血清中的胆固醇(TC)有 25%~35%为有利胆固醇(FC),70%~75%为胆固醇酯(CE),两者之和称总胆固醇(TC)。血清总胆固醇的测定通常可分为化学试剂比色法(邻苯二甲醛法、高铁-硫酸显色法)、胆固醇氧化酶法、气相色谱法、高效液相色谱法、核素稀释质谱法 5 种。化学试剂比色法中有直接法和间接法,前者可用于血清直接测定,后者是用溶剂提取胆固醇后再作定量。酶法由于操作简便、结果准确,试剂无腐蚀性,而且因使用特异性酶,大大减少了血液中其他成分的干扰,目前已成为测定胆固醇的主要方法。本文以邻苯二甲醛法和胆固醇氧化酶法为例,介绍测定血清总胆固醇的原理及方法。

1. 邻苯二甲醛法

(1)原理

胆固醇及其酯在硫酸作用下与邻苯二甲醛产生紫红色物质。此物质在 550 nm 波长处有最大吸收,可用比色法作总胆固醇的定量测定。胆固醇含量在400 mg/100 mL内,与吸光值呈良好线性关系。

本法不必离心,颜色产物也比较稳定,胆红素及一般溶血对结果影响不大,严重溶血者才使结果偏高。本法在20~37℃条件下显色,显色后5 min开始至0.5 h颜色基本稳定。温度过低,显色剂强度减弱;加混合酸后振摇过激会产热过高,也可使显色减弱。

(2)试剂

邻苯二甲醛试剂:称取邻苯二甲醛50 mg,以无水乙醇溶至50 mL冷藏,有效期为1.5个月。

混合酸:冰醋酸100 mL与浓硫酸100 mL混合。

标准胆固醇贮存液(1 mg/mL):准确称取胆固醇100 mg,以冰醋酸溶至100 mL。

标准胆固醇工作液(0.1 mg/mL):将上述贮存液以冰醋酸稀释10倍,即取10 mL用冰醋酸稀释至100 mL。

(3)操作步骤

①制作标准曲线:取9支试管编号后,按表9-4的顺序加入试剂。

表9-4 测定血清总胆固醇的步骤之一 mL

试剂	试管编号								
	0	1	2	3	4	5	6	7	8
标准胆固醇工作液	0.00	0.05	0.10	0.15	0.20	0.25	0.30	0.35	0.40
冰醋酸	0.40	0.35	0.30	0.25	0.20	0.15	0.10	0.05	0.00
邻苯二甲醛试剂	0.20	0.20	0.20	0.20	0.20	0.20	0.20	0.20	0.20
混合酸	4.00	4.00	4.00	4.00	4.00	4.00	4.00	4.00	4.00
相当未知血清中总胆固醇量/(mg/mL)	0	50	100	150	200	250	300	350	400

随后,温和混匀,于20~37℃下静置10 min,在550 nm下比色测定,以总胆固醇量(mg%)为横坐标,吸光值(A)为纵坐标做出标准曲线。

②样品测定:取3支试管编号后,按表9-5分别加入试剂,与标准曲线同时作比色测定。

表9-5 测定血清总胆固醇的步骤之二 mL

试剂	对照	样品1	样品2
稀释的未知血清样品	0	0.40	0.40
邻苯二甲醛试剂	0.20	0.20	0.20
冰醋酸	0.40	0	0
混合酸	4.00	4.00	4.00

随后,温合混匀,于20~37℃下静置10 min,在波长550 nm处比色,据测得的吸光值从标准曲线中可查出样品的胆固醇含量。

③注意事项:混合酸黏度大,要用封口膜充分混匀。保温后如有分层,再次混匀。混合酸配制时,将浓硫酸加入冰醋酸中,次序不可颠倒。

2. 胆固醇氧化酶法

(1)原理

血清胆固醇(TC)包括胆固醇酯(CE)和游离型胆固醇(FC),前者占70%,后者占30%。胆固醇酯酶(CEH)先将胆固醇酯水解为胆固醇和游离脂肪酸(FFA),胆固醇在胆固醇氧化酶(COD)的作用下氧化生成$\triangle^4$-胆甾稀酮和过氧化氢(H_2O_2)。后者经过过氧化物酶(POD)催化氢与4-氨基安替比林(4-AAP)和酚反应,生成红色的醌亚胺,其颜色深浅与胆固醇的含量成正比。在500 nm波长处测定受试吸光度,与标准管比较计算出血清胆固醇的含量。

(2)试剂

酶法测定胆固醇多采用市售试剂盒。

①酶应用液。胆固醇酶试剂的组成为:pH 6.7磷酸盐缓冲液50 mmol/L;胆固醇酯酶(≥200 U/L);胆固醇氧化酶(≥100 U/L);过氧化物酶(≥3 000 U/L);4-氨基安替比林0.3 mmol/L;苯酚5 mmol/L。此外还含有胆酸钠和triton X-100,胆酸钠是胆固醇酯酶的激活剂,triton X-100能促进脂蛋白释放胆固醇和胆固醇酯,有利于胆固醇酯的水解。

②5.17 mmol/L(200 mg/dL)胆固醇标准液。精确称取胆固醇200 mg溶于无水乙醇中,即将其置于100 mL容量瓶中,用无水乙醇稀释至刻度(也可用异丙醇等配制)。

(3)操作步骤

取3支试管,编号,按表9-6的步骤进行操作。

表9-6 酶法测定血清胆固醇操作步骤 mL

试剂/mL	测定管	标准管	空白管
血清	0.02	—	—
胆固醇标准液	—	0.02	—
蒸馏水	—	—	0.02
酶应用液	2.0	2.0	2.0

混匀,置37℃水浴保温15 min,在500 nm处测光密度,以空白管调零点,读取各管光密度。

(4)计算

$$血清胆固醇(mmoL/L)=\frac{测定管吸光度}{标准管吸光度}\times 5.17$$

9.4.3.5 血清高密度脂蛋白胆固醇(HDL-C)的测定

1. 原理

脂肪可与3种类型的脂蛋白(高密度脂蛋白、低密度脂蛋白和极低密度脂蛋白)结合。柠檬酸钠-氯化镁可沉淀低密度脂蛋白和极低密度脂蛋白,吸取上层血清中的高密度脂蛋白,用邻苯二甲醛显色,与标准胆固醇比色,便可进行定量测定。

2. 试剂

(1)沉淀剂:称取柠檬酸钠0.41 g及$MgCl_2 \cdot 6H_2O$ 1.27 g,用蒸馏水溶解并定容至100 mL。

(2)显色剂:0.005% 邻苯二甲醛冰醋酸溶液。

(3)胆固醇标准储备液(2 mg/mL):称取胆固醇 200 mg,用无水乙醇溶液溶解并定容至 100 mL。

(4)胆固醇标准应用液(0.1 mg/mL):取标准储备液 5 mL,用无水乙醇定容至 100 mL。

(5)浓硫酸(分析纯)

3. 操作步骤

取血清 0.1 mL 加沉淀剂 0.9 mL,室温放置 10 min,以 30 000 r/min 离心 10 min,取上清液,按表 9-7 操作。

表 9-7　操作步骤　　mL

试剂	空白管	标准管	测定管
上清液	—	—	0.02
标准应用液	—	0.02	—
显色液	3.0	3.0	3.0
浓硫酸	2.0	2.0	2.0

混匀后,室温放置 10 min。于 550 nm 波长比色,蒸馏水调零,读取各管的吸光度。根据下式计算:

$$\text{血清 HDL-C(mg/mL)}=\frac{A_{\text{测定管}}-A_{\text{空白管}}}{A_{\text{标准管}}-A_{\text{空白管}}}\times\frac{0.002}{0.01}$$

9.4.3.6　脂肪组织中脂肪酶活性的测定

脂肪组织中脂肪酶活性的测定方法有滴定法、电极法、比浊法、分光光度计法及荧光光度计法。本处介绍最常用的比浊法。

1. 原理

橄榄油乳化液呈浑浊状是由于其胶粒对入射光的吸收及散射而具有乳浊性状,胶粒中的甘油三酯在脂肪酶的作用下水解使胶粒分裂,浊度或散射因此减低,减低的速度与脂肪酶的活力有关。

2. 试剂

(1)1%橄榄油乙醇溶液　将橄榄油用中性氧化铝纯化,除去游离脂肪酸。称取 1 g 纯化的橄榄油加无水乙醇至 100 mL。

(2)Tris 缓冲液　pH 9.1 Tris 3.028 g,加适量蒸馏水溶解后加脱氧胆酸钠 3.63 g,用蒸馏水溶解稀释至近 100 mL,用 1 mol/L 盐酸调 pH 为 9.1,加水至 1 000 mL。

(3)橄榄油乳剂(68.4 mol)　取上述缓冲液 49.7 mL 至烧杯中,边搅拌边缓慢加入 1%橄榄油乙醇液 0.3 mL,添加时吸管口应插入缓冲液内,加完后继续搅拌 5 min,充分乳化。

3. 操作步骤

(1)标准曲线制作　标准曲线的制作按表 9-8 进行。

表 9-8 橄榄油乳剂标准曲线制作操作步骤之一

试剂	试管编号				
	0	1	2	3	4
Tris 缓冲液/mL	4.0	3.0	2.0	1.0	—
橄榄油乳剂/mL	—	1.0	2.0	3.0	4.0
相当于甘油三酯的量/mol	0	0.068 4	0.136 8	0.205 2	0.273 6

混匀,置 37℃水浴 20 min,于 400 nm 波长比色。

(2)样品的测定 取小鼠睾丸脂肪约 0.1 g,于生理盐水中洗净,用滤纸吸干,称重。将脂肪置匀浆器中,加 1 mL Tris 缓冲液匀浆,然后以 6 000 r/min,取上清液按表 9-9 操作。

表 9-9 橄榄油乳剂标准曲线制作操作步骤之二 mL

试剂	空白管	样品管
Tris 缓冲液	4.0	—
橄榄油乳剂	—	4.0
样品上清液	0.05	0.05

立即颠倒混匀 5 次,于 400 nm 波长比色,获吸光值 A_1。然后于 37℃水浴 20 min,再比色,测得吸光值为 A_2。根据 A_1 与 A_2 差值查标准曲线,即得酶水解基质的摩尔数。

4. 计算

脂肪组织中脂肪酶活力单位定义:100 g 脂肪在 37℃水浴中作用 1 min,能水解 1 mol 基质者,称为 1 个脂肪酶活力单位。样品中脂肪酶活力单位的计算如下:

$$样品中脂肪酶活力=\frac{酶水解基质的微摩尔数}{0.005\times 20}\times 100$$

思考题

1. 何为肥胖症?
2. 肥胖症的测定方法有哪些?
3. 简述肥胖症的类型、病因及危害。
4. 具有减肥功能的物质有哪些?

参考文献

[1] 凌关庭. 保健食品原料手册. 北京:化学工业出版社,2007.

[2] 孙长颢. 营养与食品卫生学. 8 版. 北京:人民卫生出版社,2017.

[3] 孙远明,柳春红. 食品营养学. 3 版. 北京:中国农业大学出版社,2019.

[4] 王友发,孙明晓,杨月欣. 中国肥胖预防和控制蓝皮书. 北京:北京大学医学出版社,2019.

[5] 姚俊鹏,周思远,陈丽萍,等. 食源性肥胖大鼠模型制备中相关影响因素分析探讨. 世

界科学技术(中医药现代化),2020,22(7). 2 165-2 172.

[6] 郑建仙. 功能性食品学. 3版. 北京:中国轻工业出版社,2019.

[7] Perdomo C M, Cohen R V, Sumithran P. Contemporary medical, device, and surgical therapies for obesity in adults. The Lancet, 2023, 401(10382): 1116-1130.

第 10 章

改善胃肠道功能的功能食品

本章重点与学习目标

1. 了解胃肠道功能障碍、便秘与腹泻的表现及病因。
2. 掌握肠道菌群对人体健康的重要作用。
3. 熟悉具有改善胃肠道功能的功能因子及产品开发。
4. 掌握改善胃肠道功能的功能食品评价的试验项目、评价指标及判定原则。

10.1　胃肠道的功能及障碍

10.1.1　胃肠道的功能

胃肠道是我们体内消化和吸收营养物质的重要器官，是我们免疫系统的一部分。习近平总书记在党的二十大报告中强调“增进民生福祉，提高人民生活品质”精神，人民健康是民族昌盛和国家强盛的重要标志；把保障人民健康放在优先发展的战略位置，完善人民健康促进政策。因此，关注胃肠道健康具有十分重要的现实意义。

10.1.1.1　胃的功能

胃是人体消化道中最宽大的部分，位于左上腹，像一个有弹性的口袋，上端连着食道，下端接十二指肠。连接食管的入口处称为贲门，接十二指肠的出口处叫幽门。

1. 胃的组成

胃由上而下可分为以下 4 个部分：

(1)贲门部　是紧接贲门的一小段。

(2)胃底部　位于贲门左侧，是贲门以上的膨隆部分。

(3)胃体部　是胃腔最大的部分，介于幽门部和贲门部之间。

(4)幽门部　又称幽门窦、胃窦，是角切迹以下至幽门之间的部分。一般慢性胃炎多发生于幽门部或以此处为重。幽门螺杆菌也常寄生于幽门部。

2. 胃的形态

胃的形态和位置，因体形不同而差异较大。矮胖体形者多呈“牛角”形胃，称为高度张力胃，其位置较高，幽门部偏向右侧。该处发生溃疡时，疼痛多在右上腹部。强壮体质者胃呈“丁”字形，称为正常张力胃，位置在脐上偏左。瘦长体质者胃多呈鱼钩形，叫作弱力形胃，其位置可下降于脐下 3～5 cm。体质极度瘦弱者胃下降至盆腔(脐以下)，称作无力形胃，通常称之为胃下垂。

二维码 10-1　胃功能具体介绍

3. 胃的功能

胃是食物的储运场和加工厂，是食物消化的主要器官。胃能分泌大量强酸性的胃液(pH 0.9～1.5)。其主要成分是能分解蛋白质的胃蛋白酶、能促进蛋白质消化的盐酸和具有保护胃黏膜不被自身消化的黏液。正常成人每天分泌胃液 1.5～2.5 L。经过口腔粗加工后的食物进入胃，经过胃的蠕动搅拌和混合，加上胃内消化液里大量酶的作用，最后使食物变成粥状的混合物，有利于肠道的消化和吸收。所以胃是食物的加工厂，是食物最后消化吸收的前站。胃具有运动功能(受纳食物、形成食糜、排送食糜)和分泌功能(分泌胃液)。

10.1.1.2　肠道的功能

1. 肠道的组成

(1)小肠　小肠是消化、吸收的主要场所。食物在小肠内受到胰液、胆汁和小肠液的化学性消化以及小肠的机械性消化，各种营养成分逐渐被分解为简单的可吸收的小分子物质在小肠内吸收。因此，食物通过小肠后，消化过程已基本完成，只留下难以消化的食物残渣，从小肠进入大肠。小肠上起幽门，下接盲肠。在成人体内，小肠全长 5～7 m，分十二指肠、空肠与回肠三部分。

(2)大肠　大肠内无消化作用，仅具一定的吸收功能，长 1.5 m，在空肠、回肠的周围形成一个方框。根据大肠的位置的特点，分为盲肠、结肠和直肠三部分。

2. 肠道的功能

肠道功能正常是维持人体生命活力和健康的保证。人体肠道是人体的消化道器官之一，主要生理功能是对食物进行消化吸收和排泄粪便毒素。人们常吃的谷类、豆类、肉、蛋、奶、蔬菜、瓜果等分子结构十分复杂且难以溶解的大块物质，先经过胃磨研细碎的机械消化，再由肠道消化酶的化学消化，充分分解成结构简单的可溶性化学物质如甘油、脂肪酸、葡萄糖、氨基酸等，再由肠道黏膜吸收进入血液和淋巴液，为人体生长发育提供有益的物质营养，保持人体生命活力；同时，肠道排泄粪便和毒素等有害物质，维持身体健康和正常体态。

10.1.2　胃肠道功能障碍

1. 胃炎

胃炎即胃黏膜的炎症。根据黏膜损伤的严重程度，可将胃炎分为糜烂性胃炎和非糜烂性胃炎；也可根据部位进行分类(如贲门、胃体、胃窦)。根据炎性细胞的类型，在组织学上可将胃炎进一步分为急性胃炎和慢性胃炎。然而，尚无一种分类方法与其病理生理完全吻合，各种分类尚有重叠。

急性胃炎表现为贲门和胃体部黏膜的中性粒细胞浸润。慢性胃炎常有一定程度的萎缩(黏膜丧失功能)和化生，常累及贲门，伴有 G 细胞丧失和胃泌素分泌减少；也可累及胃体，伴有泌酸腺的丧失，导致胃酸、胃蛋白酶和内源性因子的减少。

2. 消化性溃疡

穿透至黏膜肌层的胃肠道黏膜的局限性损伤，通常发生于胃(胃溃疡)或十二指肠近端数厘米(十二指肠溃疡)内。溃疡的大小可从几毫米至几厘米大小不等。溃疡与糜烂的区别在于穿透的深度：糜烂更为表浅，不累及黏膜肌层。

虽然传统理论认为高酸分泌是消化性溃疡主要的发病机制，但并不具有广泛性。现已发现胃酸高分泌并不是绝大多数溃疡发生的主要机制。某些因素，如幽门螺杆菌、非甾体消炎药等可破坏黏膜的正常防御和修复功能，使黏膜对酸的损伤更敏感。

幽门螺杆菌引起胃黏膜损伤的确切机制尚不清楚，但有几种假说已被提出。病原菌产生的尿素酶可分解尿素生成氨，后者可使病原菌在胃的酸性环境中生存，也可能破坏胃黏膜屏障，导致上皮损伤。幽门螺杆菌产生的细胞毒素也与宿主的上皮损伤有关。黏膜水解酶(如细菌蛋白酶，脂酶)可能参与黏膜层的降解，使得上皮对酸的损伤更加敏感。最后由炎症引起的细胞因子的产生也可能在黏膜损伤及其随后的溃疡形成中发挥作用。

3. 肠易激综合征(痉挛性结肠)

肠易激综合征(IBS)是一种累及整个消化道的动力障碍性疾病，可引起反复的上消化道和下消化道症状，其症状包括不同程度的腹痛，便秘或腹泻及腹部饱胀等。

肠易激综合征的病因尚不明确，找不到任何解剖学的原因。情绪因素、饮食、药物或激素均可促发或加重这种高张力的胃肠道运动。有些患者有焦虑症，尤其是恐惧症、成年抑郁症和躯体症状化障碍。然而，应激和情绪困扰并不总是伴有症状的发作和反复。

10.1.3　胃肠道功能障碍的主要表现

当胃肠道功能发生障碍或紊乱时，营养的吸收会受到严重影响，主要表现为呕吐、便秘和腹泻等不良症状。本处主要介绍便秘和腹泻。

1. 便秘

所谓便秘，从现代医学角度来看，它不是一种具体的疾病，而是多种疾病的一个症状。便秘在程度上有轻有重，在时间上可以是暂时的，也可以是长久的。便秘是排便次数明显减少，每2～3 d或更长时间1次，无规律；粪质干硬，常伴有排便困难感的病理现象。有些正常人数天才排便1次，但无不适感，这种情况不属便秘。

便秘可区分为急性与慢性两类。急性便秘由肠梗阻、肠麻痹、急性腹膜炎、脑血管意外等急性疾病引起；慢性便秘病因较复杂，一般可无明显症状。慢性便秘按发病部位，可分为2种：结肠性便秘和直肠性便秘。结肠性便秘包括：由于结肠内、外的机械性梗阻引起的便秘称之为机械性便秘；由于结肠蠕动功能减弱或丧失引起的便秘称之为无力性便秘；由于肠平滑肌痉挛引起的便秘称之为痉挛性便秘。直肠性便秘是由于直肠黏膜感受器敏感性减弱，粪块在直肠堆积，见于直肠癌、肛周疾病等。

2. 腹泻

正常人一般每日排便1次，个别人每日排便2～3次或每2～3 d 1次，粪便的性状正常；每日排出粪便的平均质量为150～200 g，水分含量为60%～75%。腹泻(diarrhea)是一种常见症状，是指排便次数明显超过平日习惯的频率，粪质稀薄，水分增加，每日排便量超过200 g，或含未消化食物或脓血、黏液。腹泻常伴有排便急迫感、肛门不适、失禁等症状。腹泻分急性和慢性。急性腹泻的常见原因是感染；慢性腹泻的病因比较复杂，常由肠道感染、非感染炎症、吸收不良、肿瘤等引起。

10.2　肠道菌群对机体健康的影响

生活在人体肠道内数以万亿的细菌被统称为肠道菌群。它们和人体有着密不可分的互利共生关系。肠道菌群的组成影响着每个人的健康。经研究发现，肠道菌群结构紊乱与许多诸如糖尿病、肥胖症等疾病有关。不同的人具有不同的肠道菌群组成结构，饮食、药物以及环境因素可以影响个体肠道菌群的组成。

正常人肠道中的菌群，主要为厌氧菌，少数为需氧菌，前者约为后者的100倍。存在于肠道的正常菌群为类杆菌、乳杆菌、大肠杆菌和肠球菌等，尚有少数过路菌，如金黄色葡萄球菌、绿脓杆菌、副大肠杆菌、产气杆菌、变形杆菌、产气荚膜杆菌、白色念珠菌等。在正常情况下，这些微生物互相依存，互相制约，维持平衡，保持一定的数量和比例。

刚出生的婴儿由于在子宫内是处于无菌的环境，所以肠道内是无菌的。婴儿出生后，细菌迅速从口及肛门侵入，2 h左右，其肠道内便有肠球菌、链球菌和葡萄球菌等需氧菌植入，以后随着饮食,肠道又有了更多的不同菌群进驻,3 d后细菌数量接近高峰……一个健康成人胃肠道细菌大约有 10^{14} 个,由30个属、500种组成,包括需氧、兼性厌氧菌和厌氧菌。从来源上看,有常住菌和过路菌2种。前者是并非由口摄入,在肠道内保持稳定的群体。后者则由口摄入并经胃肠道。常住菌是使过路菌不能定殖的一个因素。

人体胃肠道各部位定殖的细菌的数量和种类不同。胃内酸度高,含大量消化酶,不适合细菌成长,所以胃内菌数量很少,总菌数 $0\sim10^{3}$ 个,主要是一些需氧抗酸性细菌,如链球菌、乳杆菌等。而小肠是个过渡区,虽然pH稍偏高,但含有消化酶,蠕动强烈,肠液流量大,足以将细菌在繁殖前冲洗到远端回肠和结肠。所以,小肠菌量在胃和结肠之间逐渐增多。空肠菌数 10^{5} 个,仍以需氧菌为主。回肠菌较多,总菌数 $10^{3}\sim10^{7}$ 个,以厌氧菌为主,如拟杆菌、双歧杆菌等。结肠内菌量最多达 $10^{11}\sim10^{12}$ 个,厌氧菌占绝对优势,占98%以上,菌种也达300多种。干大便的质量近1/3是由细菌组成。

同一肠道,不同类菌的空间分布也不相同。总的来说,人体肠道菌群在肠腔内形成3个生物层。深层的紧贴黏膜表面并与黏膜上皮细胞粘连形成细菌生物膜的菌群称为膜菌群,主要由双歧杆菌和乳酸杆菌组成。这两类菌是肠共生菌,是肠道菌中最具生理意义的2种细菌,对机体有益无害。中层为粪杆菌、消化链球菌、韦荣球菌和优杆菌等厌氧菌。表层的细菌可游动,称为腔菌群,主要是大肠杆菌、肠球菌等好氧和兼性好氧菌。

肠道菌群的种类和数量只是相对稳定的。它们受饮食、生活习惯、地理环境、年龄及卫生条件的影响而变动。

正常情况下,肠道菌群、宿主和外部环境建立起一个动态的生态平衡,对人体的健康起着重要作用。

10.2.1 防御病原体的侵犯

1. 直接作用

定居在肠黏膜上皮的常住菌,构成机体一道十分重要的屏障,能阻止潜在致病性的需氧菌或外袭菌在黏膜上定植形成感染,如它能使霍乱弧菌难以立足。有些常住菌还会产生抗菌物质和杀菌素,可降低病原体毒素,杀死、抑制外袭菌,如乳酸杆菌能杀灭伤寒杆菌和痢疾杆菌。因此,正常菌群所起的生物拮抗作用,对防治疾病、特别是消化道疾病具有重要意义。实验发现,以鼠伤寒杆菌攻击小鼠,需10万个活菌才能致死,若先给予口服链霉素抑制正常菌群,则10个活菌就可引起死。

2. 间接作用

正常菌群一方面可促进免疫器官的发育成熟,如无菌鸡小肠和回肠部体淋巴结较普通鸡小4/5,而暴露于普通条件下饲养2周后,免疫系统就与普通鸡相近;另一方面刺激宿主产生免疫及清除功能,如加强抗体产生,刺激吞噬细胞功能和增加干扰素产生等。

10.2.2 合成维生素

肠道菌群可以合成多种维生素,如维生素 B_1、维生素 B_2、维生素 B_6、维生素 B_{12}、维生素C、维生素K、烟酸、生物素和叶酸等,其中维生素K主要来源于肠道中大肠杆菌的合成。若使用抗生素杀死大肠杆菌,则可能使该类维生素缺乏。

10.2.3　物质代谢作用

肠道菌群能生产若干酶类，参与三大营养物质的代谢合成，产生小分子的酸类和各种气体以及臭味物质，并具有一定程度的固氮作用。

10.2.4　生长与衰老

肠道菌群随年龄增大有所变化。健康婴儿中，双歧杆菌约占肠道菌群的 98%，主要为婴儿双歧杆菌；成年后不仅双歧杆菌的菌量减少，菌种也不同，主要为青春双歧杆菌；进入老年后，有些老年人检测不出双歧杆菌，即使检出，菌数也很少，而产生硫化氢和吲哚的芽孢杆菌类增多，有害物质产生也较多，这些物质被吸收后又加速老化过程。

二维码 10-2　肠道菌群失调

10.2.5　有一定抑瘤作用

有人发现双歧杆菌的增加有抗癌作用，主要机制是通过降低肠腔 pH，抑制致癌物或辅致癌物的形成，转化某些致癌物质为非致癌物质以及激活巨噬细胞等免疫功能。

10.3　改善胃肠道功能的功能(保健)食品的开发

10.3.1　开发改善胃肠道功能(保健)食品的原则和理论

按我国卫生部 2003 年公布的有关保健食品功能的规定，将原本保健品功能中的改善胃肠道功能，分成了四个部分：促进消化、调节肠道菌群、通便功能、对胃黏膜损伤有辅助保护功能。

改善胃肠道功能，实质上是要求改善整个消化道的不正常情况，包括消化不良、消化道溃疡、肠胃功能紊乱(腹泻、便秘)及由此引发的消化道肿瘤等实质性病变。

1. 促进消化

消化是食物在消化道内的分解过程，包括改变形状、大小，有物理性消化和通过消化液进行分解的化学性消化两个方面，以使食物分解成简单的小分子物质。消化后的物质则通过消化道黏膜进入血液和淋巴而被人体利用。消化吸收是人体得以生长发育、补充营养进行新陈代谢的最主要的基本生理过程，一旦消化吸收不良，就会导致各种疾病的发生。

食物的性状(如干饭和粥)、咀嚼能力和时间长短、肠胃的蠕动能力都会影响食物的物理性消化。唾液、胃液、胰液、胆汁、小肠液中含有各种消化酶类，能使食物中的蛋白质、糖类、脂肪等营养素逐步分解成葡萄糖、氨基酸、甘油和脂肪酸等小分子而被吸收。凡能促进各种消化液分泌的物质，都能促进消化吸收。反之，某些刺激性的药物和烟酒等，能损害消化道功能，影响消化吸收。

2. 调节肠道菌群

肠道菌群包括有益菌(双歧杆菌和乳杆菌)、有害菌(包括产气荚膜梭菌、拟杆菌等)和低有害菌(肠球菌、肠杆菌等)。在正常情况下，肠道内的各种菌群基本处于平衡状态。但随着年龄的增长，有益菌(尤其是双歧杆菌属)的数量会逐年下降，至老年时几乎不再存在。而有益菌能抑制肠道腐败菌的繁殖和腐败作用，阻止有毒物质的形成，并能合成多种维生素，有利于铁、钙的吸收，激活吞噬细胞活性等。因此，凡能促进有益菌生长、抑制有害菌繁殖的物质，都可起到调节肠道菌群的作用，包括各种低聚糖和膳食纤维等。如何营造理想的肠道内菌群平衡，在充分发挥有益菌作用与潜力的同时，抑制有害菌的毒害，是现阶段功能食品研究与开发者的重要任务。

3. 通便功能

便秘可使各种分解后的废物和有害物质排泄不畅，日久可致消化道出血，憩室、息肉乃至肿瘤。一般粪便的含水量在80％左右，如降至70％即可导致便秘，87％以上可致腹泻。因此，凡能提高粪便持水能力的物质（如各种水溶性膳食纤维）、促进肠道蠕动的物质（不溶性膳食纤维），均能起到润肠通便的作用。

4. 对胃黏膜损伤有辅助保护功能

胃肠黏膜是机体消化吸收食物的主要场所。胃黏膜中的壁细胞可分泌盐酸，能使主细胞分泌的胃蛋白酶原在酸性条件下被激活成有活性的胃蛋白酶，参与蛋白质的消化。胃黏膜中的黏液细胞能分泌碱性黏液，可起到中和胃酸和保护胃黏膜的作用。胃黏膜还可吸收部分水、酒精及糖类。肠黏膜中的肠腺既能分泌碱性黏液，中和胃酸，使肠液维持碱性，适合于消化吸收，又能分泌多种消化酶、碳酸氢盐以及钾、钠、氯等离子。小肠黏膜具有环状皱襞、绒毛及微绒毛结构，与食物的接触面积很大，是消化和吸收食物最主要的部位，其消化作用是在肝脏分泌的胆汁、胰液消化酶以及肠液消化酶的共同作用下完成的。食物中的淀粉、蛋白质、脂肪被消化分解成葡萄糖、氨基酸、脂肪酸等简单物质后被小肠黏膜吸收。此外，肠黏膜还能吸收各种维生素、矿物质、药物、电解质和水分等。

10.3.2 具有改善胃肠道功能的物质

卫健委批准具有改善胃肠道功能的部分物质：双歧杆菌、膳食纤维、低聚糖、低聚果糖、低聚异麦芽糖、低聚甘露糖、植物乳杆菌、乳酸杆菌、大豆低聚糖、赤小豆纤维、玉米纤维、聚葡萄糖、异构化乳糖、淮山药、黄芪等。

10.3.2.1 功能性低聚糖

功能性低聚糖的化学组成、种类及其他信息在前面第2章“功能因子”中已有详细介绍。本处主要介绍其改善胃肠道的生理功能。

1. 优良的双歧因子

活性低聚糖在酸性环境中较为稳定，基本上不被人体和其他有害细菌利用，只被肠内有益菌群双歧杆菌和某些乳杆菌利用，是双歧杆菌的有效增殖因子，因而称为活性低聚糖（寡糖）类双歧因子。成人每天摄入一定量的活性低聚果糖，2周后粪便中双歧杆菌数可增加10～100倍；每天摄取10 g大豆低聚糖，1周后每克粪便中的双歧杆菌数由原来的10^8个增至10^9个；17 d后，双歧杆菌由原来的0.99％增加到45％，肠内有益菌逐渐占据优势，有害菌群得到有效抑制。摄入低聚果糖、低聚半乳糖等其他活性低聚糖后，肠内双歧杆菌均有显著的增殖，所以活性低聚糖是一种优良的双歧因子。

2. 整肠作用

活性低聚糖在体内不被消化，成为有效的双歧因子。双歧杆菌或活性低聚糖能在体内产生丰富的短链脂肪酸和一些抗菌物质,能促进肠的蠕动,增加大便水分,加速排泄,可治疗临床由于肠道内缺少双歧杆菌所引起的便秘。双歧杆菌及其代谢产物能有效提高机体的免疫活力,在肠道内能直接破坏分解一些致癌物质,加速致癌物质排出体外,具有明显的抑肿瘤、抗癌作用。活性低聚糖还能影响肠内某些酶的代谢活性,如摄入大豆低聚糖后,肠内β-葡萄糖醛酸酶和 azoledactase 等酶的代谢活性明显降低,肠内吲哚、甲酸、对甲苯酚等腐败物质的含量也随之减少。活性低聚糖能有效抑制外源致病菌和肠内固有腐败菌的增殖;恢复抗生素治疗、放射线治疗、化学治疗等破坏的肠道正常菌落,有助于净化和改善肠道内环境。

10.3.2.2　膳食纤维

膳食纤维是指不被人体消化吸收的以多糖类为主体的高分子物质的总称。其化学组成、特性、生理功能及应用等详细信息在第 2 章"功能因子"中已有介绍。本处主要介绍膳食纤维改善胃肠道的生理功能即抗癌作用。

英国 Burkitt 博士在 1969 年首次提出膳食纤维对结肠癌有抑制作用。目前,对膳食纤维在防治结肠癌和便秘方面的作用已成定论。医学研究认为,结肠癌是由于某种刺激性物质或有毒的物质在结肠内停留时间过长而引起的。如果人们在日常饮食中摄入足量的膳食纤维,它们在进入大肠后,水溶性的膳食纤维较多的被分解而成为菌体的养分,并使粪便保持一定水分和体积。微生物发酵生成的低级脂肪酸还能降低肠道的 pH,从而促进了有益菌的大量繁殖,同时刺激了肠道黏膜,加速了粪便的排泄。不溶性膳食纤维虽然被细菌分解的数量很少,但作为肠内异物也能刺激肠黏膜,促进肠内功能正常化。由于膳食纤维的通便作用,有益于肠道内压的下降,可预防肠憩室症与便秘以及长期便秘引起的痔疮和下肢静脉曲张;可使肠内细菌的代谢产物及由胆汁酸转变成的致癌物脱氧胆汁酸、石胆酸和突变异原物质,随膳食纤维迅速排出体外,缩短毒物与肠黏膜的接触时间,因而可预防结肠癌。另据报道,膳食纤维可能还有抗乳腺癌的作用。通过调查发现,那些大量摄入富含膳食纤维食品的妇女与几乎不食用这些食品的妇女相比,前者患乳腺癌的概率低很多,尽管危险因素相当。目前医学界对此的解释是,膳食纤维可能会减少血液中能诱导乳腺癌的雌性激素的比率。

10.3.2.3　益生菌

益生菌又称微生态调节剂、生态制剂、活菌制剂,是指能够促进肠内菌群生态平衡,对宿主起有益作用的活的微生物。益生菌的作用机理一般认为有生态平衡理论、生物拮抗理论、生物夺氧学说、免疫作用和营养作用等。目前,在食品工业中应用的益生菌有:双歧杆菌、保加利亚乳酸杆菌、嗜热链球菌、嗜酸乳杆菌、枯草杆菌、蜡样芽孢杆菌、酵毒菌、大肠埃希氏菌。

益生菌改善胃肠道功能的生理功能如下:

益生菌进入人体后,可以润肠通便,改善肠道菌群失调,调节肠道微生态平衡,这是益生菌制剂最直接和最根本的一项保健作用,而改善胃肠道功能是延缓衰老最直接和最容易控制的方法,也日益成为人们所追求的生活方式之一。益生菌作用机理可能表现在 4 个方面:一是用正常微生物制成的益生菌制剂在肠道内生长、繁殖、死亡和溶解过程中不断有内毒素释放出来。这些内毒素作为抗原,刺激免疫系统,产生抗毒素。二是细菌或细胞壁刺激宿主免疫细胞,使其激活产生促分裂因子,促进巨噬细胞吞噬活力或作为佐剂而发挥作用。三是益生菌在肠内繁殖,产生大量乳酸和乙酸,促进肠蠕动,从而改善通便。同时产生的乳酸和乙酸对外袭菌有抑制作用,因而可消除肠感染或腹泻。四是某些益生菌可产生大量挥发性脂肪酸,对需氧菌的过剩繁殖有抑制作用。

益生菌还可以改善蛋白质代谢和向人体提供蛋白质；在人类的肠道内合成多种维生素；促进钙、铁、磷的吸收；降低血液中胆固醇含量，防治高血压；抗衰老等。由此可见，益生菌对人体健康是十分重要的，在食品工业中的应用也越来越广泛。

10.3.3 改善胃肠道功能的功能(保健)食品

10.3.3.1 活性低聚糖食品的开发

由于活性低聚糖特殊的生理功能，在日本已作为保健食品基料广泛应用于食品加工之中。我国现阶段生产的活性低聚糖产品由于纯度低、价格高等问题，尚无法形成专门的活性低聚糖食品系列，仅初步作为保健食品基料，开发生产新型功能食品。

1. 膨化食品

由于食品膨化操作工艺的特点，在高温高压作用下部分大分子物质断裂(如多聚糖、壳聚糖等)，不仅能实现粗粮细作，并能有效减少营养成分的损失，含有较多的活性低聚糖。膨化技术可开发儿童食品、休闲食品，具有营养、卫生、价廉、方便、快捷的主食快餐特点。西昌农专食品厂生产的苦荞羹系列膨化食品，配料中苦荞粉、大豆、芝麻、花生等均为良好的活性低聚糖来源。

2. 焙烤食品

活性低聚糖在焙烤食品中，一方面可作为寡糖双歧因子引入，增加焙烤食品的营养保健作用；另一方面较多单糖组成的低聚糖因其环形分子结构外壁羟基而有较好的水溶性，而内壁有C—H 结构和氧环，形成一个疏水环境，因而具有配合物的特性。多数活性低聚糖与蔗糖具有相似的甜味特性、黏度、保温性和热稳定性等，所以在焙烤食品中不仅能替代部分蔗糖，并且具有一定的保温作用，可防止焙烤食品变硬，使其适口性增加，并具有延迟淀粉老化、延长货架期等作用。

3. 乳酸发酵食品

在食品中的活性低聚糖成为发酵乳酸菌的良好增殖因子，有利于提高乳酸菌的数量和活力，增进乳酸发酵食品的风味，缩短发酵周期。如生产低聚果糖酸奶(简称 FOS 酸奶)时，鲜乳经脱脂后，加入 FOS 糖浆，以保加利亚乳杆菌、嗜热链球菌、丁酮链球菌共同发酵，产香效果较好，对酸奶风味有明显促进作用。乳酸发酵菌可利用豆奶、花生奶中的活性低聚糖，消除或屏蔽传统制品中不良风味的影响。还可利用乳酸菌发酵含活性低聚糖的果蔬、谷物等形成系列乳酸发酵食品。

4. 糕点及糖果食品

在糕点及糖果食品中加入活性低聚糖，可以替代部分蔗糖用于儿童食品，既能保证一定的甜度，又能有效防治儿童龋齿。由于活性低聚糖的特性，在与油脂、面粉或大米、蛋、乳、果料等其他辅料调制时，能控制和保持一定的水分，使面团可塑性增强，酥性良好，其成形硬度适宜糕点食品的加工。

5. 其他食品

利用活性低聚糖的营养保健特性，可广泛开发功能食品：婴幼儿食品、老年食品、糖尿病病人食品、健美食品、运动食品、冷冻食品、乳类食品等。如开发的麦芽低聚糖运动饮料，其麦芽低聚糖的渗透压仅为葡萄糖的 1/4，在小肠内逐步消化吸收，能维持较长时间的能量补充，并能克服因单糖、双糖引起的回跃性低血糖反应。果胶寡糖在 pH 7 以下有抗菌作用，是天然的食用保鲜剂。活性低聚糖还可广泛应用于冰淇淋、巧克力、饮料、咀嚼型片糖、果冻、果酱、果脯、蜜饯、甜味调料、药物载体、漱口剂等方面。

10.3.3.2　膳食纤维食品的开发

1. 在主食食品中的应用

膳食纤维可用于制作馒头、挂面、方便面等主食。馒头中加入 6% 的膳食纤维，成品颜色及味道如同全麦粉做成的馒头，并且有特殊的香味，口感良好。面条中加入 5% 的膳食纤维，面条熟后强度增加、韧性良好、耐煮耐泡，口感清爽；也可把膳食纤维添加到谷物原料中，通过适当的加工工艺做成早餐食品。

2. 在焙烤食品中的应用

膳食纤维在焙烤食品中得到了广泛的应用，典型产品有膳食纤维面包、蛋糕、饼干等。膳食纤维在焙烤食品中的添加，能改变制品的质构，提高其持水力，增加其柔软度和疏松度，延长制品的货架期。膳食纤维在焙烤食品中的添加量宜控制在 5%～6%，添加量不宜过大，否则会影响制品的质地和口感。比如，在糕点制作中含有大量的水分，烘焙时会凝固成松软的产品而影响质量，添加膳食纤维可保持糕点制品的绵软、滋润，增加其保质期。

3. 在乳制品中的应用

乳制品被认为是含有除膳食纤维外人体所需的全部营养素。2001 年年底，我国人均乳制品年消费量已接近 10 kg。在乳制品中，添加膳食纤维能同时满足人们对蛋白质、维生素 A、脂肪等动物性营养成分和膳食纤维等植物性营养成分的需求，能进一步提高乳制品的营养价值和应用范围。长期饮用添加膳食纤维的乳制品能使肠道舒畅，防治便秘，并可降低胆固醇、调节血脂、血糖，协助减肥，尤其适合中老年人、糖尿病病人、肥胖者饮用。在液态乳品中的建议添加量为 1%～5%；在固态乳品中的建议添加量为 1%～3%。

4. 在饮料制品中的应用

膳食纤维饮料是西方国家很流行的功能性饮料，它既能解渴、补充水分，又可提供人体所需的膳食纤维。这类产品，尤其是水溶性膳食纤维在欧美和日本比较流行。我国的膳食纤维饮料种类繁多，主要用于液体、固体和碳酸饮料，也有将膳食纤维用乳酸杆菌发酵后制成乳清型饮料。水溶性膳食纤维在果汁、果肉混浊类饮料中的建议添加量为 0.5%～1.5%；在透明类饮品中的建议添加量为 1%～3%。

5. 在肉制品中的应用

对肉制品行业而言，随着瘦肉型猪的普及，充分利用肥肉已不是迫切需要解决的问题，但是日益关注健康的消费者对食物提出了更高的要求，即高蛋白、低脂肪，但降低脂肪会严重影响肉制品的风味和口感，解决这一问题的途径之一就是使用脂肪代用品。

脂肪代用品主要有三大类：蛋白质类、淀粉类、膳食纤维类。蛋白质类主要用于冷冻食品。淀粉类具有良好的吸水作用，并具有一定的黏度，而且价格低廉，因而为多数企业所使用，但淀粉用量增多后产品的粉质感较重，导致产品的品质下降。膳食纤维类是一些高分子聚合物，不易为人体所消化和吸收。它具有良好的保水、保油和凝胶性能，并会使产品具有丰厚、润滑的口感，从而达到模拟脂肪的感官特征。比如在火腿肠中添加 2.5%～3%的膳食纤维，可提高产品的出品率，增强其口感和质构。

6. 在其他食品中的应用

除上述应用外，膳食纤维还可用于快餐、膨化食品、糖果、肉类、罐头和一些功能性保健食品中，同样可起到相同的生物功效。

10.3.3.3 益生菌在酸奶中的应用

酸奶是乳酸菌的最佳载体，乳糖提供碳源，蛋白质提供保护，使益生菌增殖，同时减缓胃酸和胆酸对有益菌的伤害。乳酸有利于调节肠道的酸度，利于有益菌的生长，抑制腐败菌。因此，益生菌在发酵奶方面的应用是最广泛和深入的。

10.4 改善胃肠道功能的功能(保健)食品的评价

对改善胃肠道功能的功能食品的评价遵循国家食品药品监督管理局 2012 年公布的规定。

10.4.1 促进消化吸收

1. 试验项目

(1)动物试验　动物体重及食物利用率，胃肠运动试验。消化酶的测定，小肠吸收试验。

(2)人体试食试验　从以下两方面设立评价指标：

①主要针对改善儿童食欲不佳的，选择食欲、食量、体重、血红蛋白等指标。

②主要针对消化吸收不良的，选择食欲、食量、胃胀腹胀感、大便性状、次数、胃肠运动及小肠吸收等指标。

2. 结果判定

人体试食试验为必做项目。对于动物试验，胃肠运动、消化酶的检测以及小肠吸收试验中至少有一项指标为阳性。对人体试食试验，针对改善儿童食欲的，应重点观察食欲、食量的改善情况，体重、血红蛋白作为辅助指标；针对消化吸收不良的，除食欲、食量、胃胀腹胀、大便性状等消化不良的症状体征有明显改善外，在胃肠运动及小肠试验中至少有一项试验结果阳性。符合以上要求的可以判定受试物具有促进消化吸收作用。

10.4.2 改善肠道菌群

1. 试验项目

(1)动物试验　双歧杆菌、乳杆菌、肠球菌、肠杆菌、产气荚膜梭菌。

(2)人体试食试验　双歧杆菌、乳杆菌、肠球菌、肠杆菌、拟杆菌、产气荚膜梭菌。

2. 结果判定

对动物试验，判定标准之一，双歧杆菌或乳杆菌明显增加，梭菌减少或无明显变化，肠球菌、肠杆菌无明显变化；判定标准之二，双歧杆菌或乳杆菌明显增加，梭菌减少或无明显变化，肠球菌和(或)肠杆菌明显增加，但增加的幅度低于双歧杆菌、乳杆菌增加的幅度。符合其中一项标准，可以判定受试物具有改善动物肠道菌群的作用。

对人体试食试验（为必做项目），判定标准之一，双歧杆菌或乳杆菌明显增加，梭菌减少或无明显变化，肠球菌、肠杆菌、拟杆菌无明显变化；判定标准之二，双歧杆菌或乳杆菌明显增加，梭菌减少或无明显变化，肠球菌和（或）肠肝菌明显增加，但增加的幅度低于双歧杆菌、乳杆菌增加的幅度。符合其中一项标准，可以判定受试物具有改善肠道菌群的作用。

10.4.3　润肠通便

1. 试验项目

动物试验：小肠运动试验，观察记录排便时间、粪便质量或粒数、水分、性状。

2. 结果判定

粪便质量或粒数明显增加，加上肠运动试验或排便时间一项结果阳性，可判定受试物具有润肠通便作用。

10.4.4　保护胃黏膜

1. 试验项目

（1）动物试验　体重、胃黏膜大体损伤状况、胃黏膜病理损伤积分。

（2）人体试食试验　临床症状、体征、胃镜观察。

2. 结果判定

动物试验：试验组与模型对照组比较，大体观察评分与病理组织学检查评分结果均表明胃黏膜损伤明显改善，可判定该受试样品动物试验结果为阳性。

人体试食试验：试食组与对照组比较，临床症状、体征积分明显减少，胃镜复查结果有改善，可判定该受试样品对胃黏膜有辅助保护功能。

思考题

1. 胃肠道易出现哪些功能障碍？
2. 肠道菌群对机体健康有哪些影响？
3. 改善胃肠道功能的食品可包含哪些活性成分？
4. 如何对改善胃肠道的功能食品进行评价？

参考文献

[1] 刘瑞雪，李勇超，张波. 肠道菌群微生态平衡与人体健康的研究进展. 食品工业科技，2016，37(6)：383-387.

[2] 漆艳娥，杨雪菲，周雪，等. 运动与肠道菌群的相关性. 中国微生态学杂志，2016，28(7)：857-860.

[3] 童三香. 幽门螺杆菌感染与老年消化性溃疡的相关危险因素调查分析. 中华医院感染学杂志，2013，23(10)：2392-2394.

[4] 王日思，万婕，刘成梅，等. 不同分子量大豆可溶性膳食纤维对大米淀粉糊化及流变性质的影响. 食品工业科技，2016，37(6)：124-127.

[5] 杨闯,王俊玲,周诗珈. 功能性低聚糖的制备研究进展及其应用. 农业与技术,2015,20:1,4.

[6] 尹硕慧，赵莹彤，罗欢，等. 金丝小枣低聚糖的制备及其体外活性研究. 食品工业科技，2016,37(3):63-68.

[7] 闫志辉,崔立红,王晓辉,等. 肠易激综合征患者一般流行病学特征分析. 解放军医药杂志,2014,26(2):3-6.

[8] 祝勇军,夏芝璐. 益生菌对人体健康的影响. 中华医学与健康,2007(6):48-49.

[9] Akdogan R A,Ozgur O,Gucuyeter S,et al. A pilot study of Helicobacter pylori gentypes and cytokine gene polymorphisms in reflux oesophagitis and peptic ulcer disease. Bratisl Lek Listy,2014,115(4):221-228.

[10] Fung C I, Fishman E K. Nonmalignant gastric causes of acute abdominal pain on MDCT: a pictorial review. Abdominal Radiology, 2017,42(1):101-108.

[11] Han J L,Lin H L. Intestinal microbiota and type 2 diabetes: from mechanism insights to therapeutic perspective. World J Gastroenterol,2014,20 (47):17737-17745.

[12] Laursen S B, Leontiadis G I, Stanley A J, et al. Relationship between timing of endoscopy and mortality in patients with peptic ulcer bleeding: a nationwide cohort study. Gastrointestinal Endoscopy, 2017,85(5):936-944.

[13] Shephard R J. Peptic ulcer and exercise. Sports Medicine, 2017,47(1):33-40.

[14] Udayappan S D,Hartstra A V,Dallinga-Thie G M,et al. Intestinal microbiota and faecal transplantation as treatment modality for insulin resistance and type 2 diabetes mellitus. Clin Exp Immunol,2014,177(1):24-29.

第11章

辅助改善记忆功能的功能食品

本章重点与学习目标

1. 掌握学习和记忆的基本概念，掌握记忆障碍的分类。
2. 了解学习和记忆的分类及机理。
3. 掌握营养与学习记忆功能的关系。
4. 掌握老年痴呆症的定义、分类，了解其形成机理。
5. 熟悉具有改善记忆功能的功能因子及食品。
6. 掌握辅助改善记忆功能的功能食品评价的试验项目，了解试验方法。

11.1 概述

学习和记忆是人和动物脑的高级机能之一,从生物学的角度看,任何一种动物都能接受经验教训而改变其行为。在物种之间,学习能力的差别只是在学习的速度、范围、性质和实现学习的生物学基础方面。没有一种动物生存的环境是绝对不变的。动物能够改变行为以适应环境的变化。没有学习、记忆和回忆,既不能有目的地重复过去的成就,也不可能有针对性地避免失败。近年来,学习和记忆被人们看作是衰老研究的一项重要指标,也有学者利用衰老引起的学习记忆变化来研究学习记忆的机理和遗忘的规律。

11.1.1 学习与记忆的基本概念

学习是指人或动物通过神经系统接受外界环境信息而影响自身行为的过程。经典的生理心理学认为:学习是指神经系统有关部位暂时建立的联系,记忆则指其痕迹的保持与恢复。从神经生理学的角度来看,学习与记忆是脑的一种功能和属性,是一个多阶段的动态神经过程。因此认为:学习主要是指人或动物通过神经系统接受外界环境信息而影响自身行为的过程,记忆是指获得的信息或经验在脑内贮存和提取(再现)的神经活动过程。学习与记忆密切相关,若不通过学习,就谈不上获得信息和再现,也就不存在记忆。因此,学习与记忆是既有区别又不可分割的神经生理活动过程,是人和动物适应环境的重要方式。

11.1.2 学习与记忆的分类

11.1.2.1 学习的类型

学习是指人或动物通过神经系统接受外界环境信息而影响自身行为的过程。学习的类型可分为以下几种:

(1)惯化(habituation)。

(2)联合学习(associative learning),包括经典性条件反射和操作性条件反射。

(3)潜伏学习(latent learning)。

(4)顿悟学习(insight learning),包括期待、完性知觉、学习系列。

(5)语言学习或第二信号系统的学习。

(6)模仿(imitation)。

(7)玩耍(play)。

(8)铭记(imprinting)。

在上述学习类型中,"惯化"是普遍存在于动物和人类的一种学习现象。惯化指的是,当一个特定刺激单纯地反复呈现时,机体对这个刺激的反应逐渐减弱乃至消失。这对适应环境、保护机体有重要意义。联合学习中的经典性条件反射,也就是巴甫洛夫创立的条件反射,指的是一个中性刺激与非条件刺激在时间上接近,随着反复结合,使有机体对中性刺激逐渐产生与非条件反射所引起的相似的应答性反应。操作性条件反射是在巴甫洛夫条件反射的基础上发展起来的。它指通过有机体自身的某个特定的操作动作而获取食物或回避有害刺激的反射活动。有学者认为,"尝试错误"是动物或人学习的一种基本规律,即人学习某一新鲜事情,总要通过若干次错误或失败,才能最终掌握这一事件。可是,也有人用实验证明,动物不总是靠着盲目地尝试错误解决问题，有时它可以突然抓到问题的关键，因而把这种学习称为“顿悟”。言语、文学和符号是人类所特有和最重要的学习方式。言语能促使人们使用概念进行思维，而不用具体的东西进行思维，这就大大简化和促进了认识过程。人类的语言也有助于建立新的暂时联系，即使没有物质的刺激，人们也能概述第一信号系统形成许多暂时的联系。文字进一步促进了解的过程，使面对面的接触变得并非是不可少的，使人类把长时期积累的知识和精神财富贮存起来，从一个人传给另一个人，从这一代传给下一代。虽然人类的学习是以语言和文字的学习为主的，但在儿童和幼年动物中的“玩耍”以及动物和人的“模仿”等也是不可忽视的学习方式。

11.1.2.2　记忆的类型

根据记忆的内容，可分为形象记忆（表象记忆）、逻辑记忆（思想记忆、语义记忆）、情绪记忆（情感记忆）和运动记忆（动作记忆）。根据记忆的感知器官，可分为听觉记忆、嗅觉记忆、味觉记忆、肤觉记忆、混合记忆 5 种。记忆最通常的分类方法是按照记忆时程的长短分为感觉性记忆、短时性记忆和长时性记忆，关于人类各记忆类型的特征，可参看表 11-1。

表 11-1　人类各记忆类型的特征

项目	感觉性记忆	短时性记忆（第一级记忆）	长时性记忆	
			第二级记忆	第三级记忆
容量	信息传至感受器极其有限	小	很大	很大
保持	少于 1 s	几秒钟	几分钟至几年	永久
贮存	在感知中自动存入	通过语言表达按先后顺序存入	需经复习按语义和信息重要性贮存	反复实践
再现	限定于读出速度	迅速	慢	迅速
信息类型	感觉	语言	所有类型	所有类型
遗忘类型	渐弱和消失	新信息代替旧信息	顺行性和逆行性干扰	可能无遗忘

引自：刘景圣，2005.

外界通过感觉器官进入大脑的信息大约只有 1% 能被长期贮存记忆，而大部分被遗忘。能被长期贮存的信息都是对个体具有重要意义的，而且是反复运用的信息。因此，在信息贮存过程中必然包含着对信息的选择和遗忘 2 个因素。信息的贮存记忆要经过多个步骤，但简略地可把记忆划分为 2 种，即短时性记忆和长时性记忆。在短时性记忆中，信息的贮存是不牢固的。例如，你要拨一个不曾用过的电话号码，你在电话本上查到这个号码后，这时如果没有其他的事情扰乱你，你看了号码后立即能在电话上拨出这几个数字，这说明你用了短时记忆。但是，如果对方占线，你等几分钟再拨时，就要再看一次号码，因为刚才的记忆保留的时间很短。但如果通过长时间的反复运用，则所形成的痕迹将随着每一次的使用而加强，最后可形成一种非常牢固的记忆。这种记忆不易受干扰而发生障碍。

人类的记忆过程可以细分为 4 个连续的阶段，即感觉性记忆、第一级记忆、第二级记忆和第三级记忆（表 11-1 和图 11-1）。前两个阶段相当于上述的短时性记忆，后两个阶段相当于长时性记忆。感觉性记忆也称瞬时记忆或掠影式的记忆,它是指感觉系统获得信息后,首先在脑的感觉区内贮存的阶段。这一阶段贮存的时间很短,一般为几百毫秒,如果没有经过注意和处理就会很快地消失。例如,片刻即逝的景物印象或某种已逝的声音在耳中的余响。这种记忆常被认为是一种感觉的后放。如果信息在这一阶段经过加工处理,把那些不连续、先后进来的信息整合成新的连续的印象,就可以从短暂的感觉性记忆转入第一级记忆。但是,信息在第一级记忆中停留的时间仍然很短暂,平均约几秒钟。通过反复运用学习,信息便在第一级记忆中循环,从而延长了信息在第一级记忆中停留的时间。这样就使信息容易转入第二级记忆之中。第二级记忆是一个大而持久的贮存系统。发生在第二级记忆内的遗忘,似乎是由于先前的或后来的信息的干扰所造成的。有些记忆的痕迹,如自己的名字和每天都在进行的手工操作等,通过长年累月的运用,是不会被遗忘的。这一类记忆是贮存在第三级记忆中的。第三级记忆一般能保持数周、数月、数年,有的可以终身不忘。

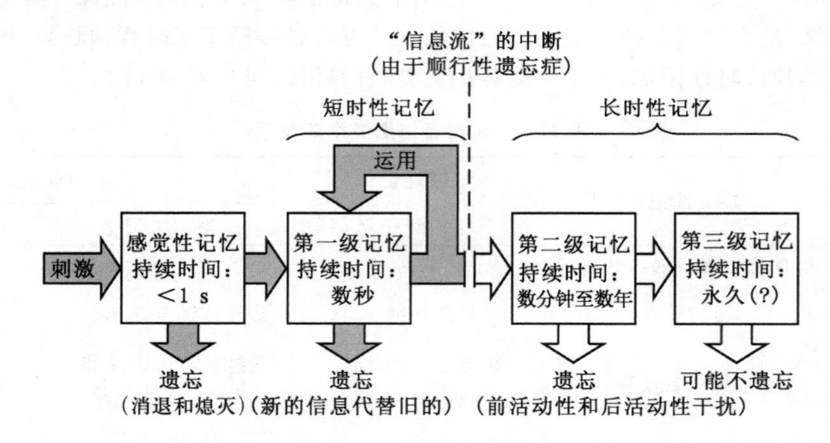

图 11-1 从感觉记忆至第三级记忆的信息流图解

(引自:金宗濂,2005)

人类大脑可贮存巨大的信息量。有人推算认为,人脑一生中约可以贮存 5 亿册书的知识量。信息在流通中要经过筛选和大量丢失。也就是说,外界通过感觉系统输入的信息很多,而到达长时性记忆的信息量很少。此外,人类有语言文字,更增加了进入人脑内的信息的多样性和加工处理的复杂性。

11.1.3 学习与记忆的结构基础

目前,测定学习与记忆的关系的大多数实验通常采取切除或损伤脑区来进行。脑内某个部位的破坏、切除,并不能认为未损伤部位在正常情况下与学习无关。当中枢神经系统某部位损伤后神经功能仍存在,也不能认为是未受损部位正常功能的标志。一是因为某些类型记忆与多个脑区有关,二是学习的神经通路可能有多余性。好在采取不同方法(包括切除脑的某个部位)的动物试验和临床研究所获得的结果,也可对学习记忆的有关结构做出推论。

大脑皮层含有 100 亿个神经元,皮层与皮层下、脑干、丘脑之间有直接传入和传出联系。如果皮层大面积(50%)以上受损无疑会造成遗忘症;如果损伤面积 10%以下,则记忆几乎不受影响。在大脑皮层中,前额皮层占据了大脑皮层面积的 1/4。它也是大脑半球形成过程中

最晚出现的部分。人类额叶损伤或病变可导致一系列高级心理智能障碍。颞叶皮层位于外侧沟之下，顶枕沟之前，局部颞叶损毁明显地影响到短时间记忆。

海马是边缘系统中最显著、最易确定的一个结构。海马可以分为四大区：CA_1 区、CA_2 区、CA_3 区、CA_4 区。临床资料表明，人脑边缘系统的主要结构海马、乳头体受到损伤，可导致一种极为明显的记忆障碍即近期记忆丧失或称为瞬时性遗忘。从动物试验得到的资料，有人认为海马具有辨别空间信息的功能，还有人认为海马具有抑制性调节功能。还有实验结果说明，损毁双侧海马对学习记忆的影响依赖于记忆巩固水平，并认为海马在记忆形成的早期阶段更为重要。

11.2　学习与记忆的机理

11.2.1　神经回路学说

神经回路学说认为，学习过程是由许多神经元群参加的。神经元往往是以一定时空模式相互联结起来形成回路。在中枢神经系统特别是大脑皮层中存在大量闭合回路。它是实现学习记忆的最简单的神经回路。当这种回路中有神经冲动反复运行时，便向四周传递兴奋信息，从而形成反响回路(reverberating circle)。该回路的形成，对学习记忆起着决定性作用。反响回路的活动可因无关信息的干扰和新信号的出现或其他原因而终止，故其持续时间是有限的。但如果反复运行的神经冲动，带来了有关突触的结构改变，这时，不稳定的记忆痕迹便巩固成为结构痕迹。

11.2.2　突触效能改变学说

在学习过程中，突触的效能发生了改变，换句话说，产生了突触传递的易化作用。研究最多的是突触传递的长期强化(long term potentiation，LTP)。LTP 是突触可塑性的表现形式之一。它反映了突触水平上信息的贮存过程，是记忆巩固过程中神经生理活动的客观指标。研究证明，LTP 形成和维持是突触前和突触后机制的联合作用而且以突触后机制为主。

1. 兴奋性氨基酸(EAA)及其受体与 LTP

谷氨酸(Glu)作为锥体神经元的主要兴奋性神经递质，在学习记忆、神经可塑性及脑发育等方面均起着重要作用。Glu 的这些作用是通过 EAA 受体而实现的。在已知 EAA 受体的 5 个亚型(NMDA、KA、AMPA、L-AP4、ACPD)中，以 NMDA 受体与突触可塑性及学习记忆的关系密切。Glu 及其他 NMDA 受体激动剂作用于该受体后，引起以 G 蛋白为中介的一系列反应，加强了钙依赖性 Glu 的释放，提高突触后膜对递质的敏感性，导致底物蛋白磷酸化和对转录因子的修饰作用，进而促使早期诱导基因表达，影响核内相关靶基因的启动和转录，直至在突触后神经元产生长时程生理效应。

2. 钙离子通道与 LTP

突触后膜内游离钙升高是 LTP 形成的必要条件之一。这主要是 NMDA 受体偶联的钙通道开放的结果。LTP 的维持则与细胞内钙敏感性信使的产生有关。

3. 逆行性信使 NO、CO 与 LTP

LTP 的诱导以突触后机制为主，但 LTP 的维持涉及突触前与突触后不同的机制。NO 作为第三信使物质，由突触后膜释放，作用于突触前膜，起逆向因子的作用。NO可增加海马神经元中Glu的释放，使突触后膜的突触效应持续增强。另一气体型分子CO也能充当NO样的信使。所不同的是，CO的作用不能被NMDA受体阻滞剂所阻断，说明CO是逆NMDA受体发挥作用的。

4. 即早基因与LTP

在LTP产生过程中有新蛋白质的合成，这也许是LTP能维持数周乃至数月的物质基础。即早基因包括c-fos，c-jun，c-myc，c-myb，fra-1，Zif/268等，其中与学习记忆关系密切的主要是c-fos和c-jun两大家族以及Zif/268。使用50 Hz的刺激脉冲诱导稳定的LTP时，齿状回fos免疫活性大大增强，使用苯丙比妥钠阻滞LTP产生时，检测不到c-fos的表达。观察LTP与其他即早基因的关系，得到类似的结论。

5. 蛋白激酶与LTP

PKC活化后细胞质转移到胞膜并发生自身磷酸化，同时膜上活化的calpain催化PKCβ水解，结果PKC的一种36 ku调节片段留在膜上而其Ca^{2+}-非依赖性催化片段则被释放到胞浆中。这样，PKC以一种Ca^{2+}-非依赖性方式较长时间地维持于活化状态而参与LTP的维持。活化的PKC先后催化其位于突触前和突触后的主要底物GAP-43和neurogranin发生磷酸化，并最终可能参与LTP维持期中的突触重塑和树突棘数目的增加。

CaMKⅡ在LTP中的作用也表现在突触前和突触后两个方面。在突触前，被激活的CaMKⅡ可能主要通过磷酸化synasinⅠ来增加神经递质Glu的释放；在突触后，一方面，活化的CaMKⅡ可能主要通过磷酸化膜上的NMDA受体和NAP2起作用；另一方面，CaMKⅡ中能通过自身磷酸化转变为Ca^{2+}-非依赖性形式而长时间维持于活化状态，而维持活化CaMKⅡ又能通过对某些转录因子(如CREB)进行翻译后修饰，从而对发生在LTP维持期间的基因转录活动和蛋白合成过程进行调节。这些基因转录和蛋白合成活动无疑是导致LTP维持和记忆巩固中突触形态改变的重要环节。

另一重要的蛋白质激酶为PKA。活化的PKA在L-LTP早期，可能通过对存在于突触部位的底物进行磷酸化来发挥作用。这些底物包括电压敏感性Ca^{2+}通道、AMPA受体、突触小泡上的蛋白、蛋白磷酸酶抑制剂。在L-LTP晚期，PKA可能主要通过磷酸化核内的CREB，最后影响基因转录和蛋白合成来发挥作用。L-LTP和长期记忆一样需要PKA、基因转录和蛋白合成活动的参与。

11.2.3 生化机制

11.2.3.1 神经递质在学习和记忆中的作用

短时记忆与长时记忆除与脑神经细胞的突触变化有关外，也与脑的许多化学变化有关。其中，神经递质是神经元之间传递信息的化学物质，对维持正常的学习记忆是十分重要的。众所周知，胆碱能系统与学习记忆过程密切相关。给动物注入胆碱受体激动剂或胆碱酯酶抑制剂，可增强学习记忆；反之，注入胆碱受体拮抗剂，如阿托品和东莨菪碱，可破坏学习记忆。各国学者的一致看法是：乙酰胆碱对维持正常的学习记忆是必需的，甚至提出，胆碱能突触就是“记忆突”。它是由神经末梢胞浆中的胆碱和乙酰辅酶A在胆碱转移酶(ChAT)作用下生成的在囊泡中贮存，当接收到外界刺激时，在钙离子的参与下，囊泡与突触前膜相融合，释放乙酰胆碱至突触间隙。然后乙酰胆碱作用于突触后膜的 Ach 受体，介导信息的传递，参与学习记忆功能的完成。应该指出的是：乙酰胆碱在脑内达到一定水平，对保持记忆过程是重要的，但注入 DFP 导致脑内乙酰胆碱过量，又可阻抑学习记忆过程；中枢胆碱系统的功能相当广泛，不仅与记忆过程有关，也与运动、感觉信息加工及注意等心理功能有关，要确切证明中枢胆碱系统与学习记忆有特异性相关是很困难的。

儿茶酚胺中的去甲肾上腺素和多巴胺被认为有易化学习记忆的作用。动物试验表明，肾上腺素受体拮抗剂既通过中枢也通过外周影响学习记忆；在情绪兴奋状态下释放的肾上腺素对记忆的贮存有加强作用，而 β-肾上腺素受体阻滞剂可拮抗这一增强作用。多巴胺系统也参与记忆贮存的调制。应激对记忆的影响是通过杏仁核对前脑皮层 D_1 受体活动的影响而实现的。杏仁复合体损伤病人的研究表明，情绪兴奋对记忆的增强作用依赖于杏仁复合体的参与。与去甲肾上腺素和多巴胺相反，5-HT 阻抑学习记忆过程。电休克和缺氧引起记忆丧失时，脑内 5-HT 含量明显增高。

11.2.3.2　氨基酸类、一氧化氮和神经肽与学习和记忆

氨基酸作为一种重要的营养成分，不仅直接参与脑内蛋白质的合成代谢，而且某些氨基酸还作为神经递质对脑功能具有调节作用。谷氨酸(Glu)和 γ-氨基丁酸(GABA)分别作为兴奋性氨基酸和抑制性氨基酸共同影响学习记忆功能。

兴奋性氨基酸及其受体在记忆有关的神经结构中起重要作用。前面已涉及谷氨酸和 NMDA 受体及其他兴奋性氨基酸受体在 LTP 的形成与维持中的重要作用。在学习记忆中同样扮演重要作用，NMDA 受体阻断剂 APV 注入杏仁复合体可产生一次性回避性学习记忆障碍。兴奋性氨基酸释放过多，不但不能促进记忆过程，反而产生神经毒性，引起神经细胞死亡。抑制性氨基酸 γ-氨基丁酸、*L*-脯氨酸有损害记忆的作用。

NO 是一个性质不稳定的“气体型”小分子。它作为另一种新的神经递质，不依赖囊泡释放，而是通过细胞膜向四周扩散，作用于邻近的靶细胞。为探讨 NO 与学习记忆的关系，不同作者分别采用了 Morris 水迷宫、八臂迷宫、兔的瞬膜反射和几种被动回避反射试验，观察到 NOS 抑制剂在一定剂量下可损害记忆的获得或造成空间定向学习的损伤。反之，NO 前体或供体能促进学习或逆转 NOS 抑制剂对记忆过程的抑制。

在肽类物质中，促肾上腺皮质激素(ACTH)、促黑色细胞激素(d-MSH)、促甲状腺素释放激素(TRH)、促黄体激素(LHRH)、血管升压素(VP)、催产素、阿片肽、胆囊收缩样肽(CCK-like peptide)等可影响学习和记忆。在这些肽类中，以 ACTH、加压素和阿片肽类研究最多。在肽类研究中，有以下几点进展值得提出：

(1)它们对学习记忆的作用与其经典的生理活性无关。

(2)ACTH 和 MSH 的活性片段均为 ACTH4-10。

(3)上述一些肽类物质已人工合成成功并合成了大量类似物和衍生物。构效关系的研究为找出活性基团和指导寻找新药起到很大作用。例如 ACTH4-9，其 8 位精氨酸由赖氨酸取代，9 位色氨酸由苯丙氨酸取代和甲硫氨酸残基的—SCH_3 氧化成为—S ═ O 或变成 SO_2，其行为活性增加 1 000 倍。又如血管升压素，已探究出 N-末端的环结构主要影响记忆的巩固，而 C-末端氨基酸与记忆再现有关。

(4)关于下丘脑肽如 ACTH、MSH 和血管升压素等促进学习记忆的机制，认为其与脑内新蛋白质合成有关。但也有研究认为，升压素主要是通过去甲肾上腺素系统而发挥作用。阿

片肽对学习记忆的作用比较复杂。有些报道认为,阿片肽受体激动剂破坏记忆保持,而其拮抗剂纳洛酮则可增强记忆的保持。有些报道认为,某些阿片肽能易化学习记忆,并认为阿片肽对学习记忆的作用可能是通过影响情绪、动机和引起欢快等实现。另外,阿片肽受体与其他神经递质受体之间存在交互影响。所以,研究它们之间的互相作用也是很重要的。至于胆囊收缩素、生长抑制素、P物质、降钙素和神经肽Y等对学习记忆的作用,报道较少,尚无明确结论。

11.2.3.3 离子与学习和记忆

人体缺乏某些必需的微量元素或常量元素可妨碍正常的学习记忆功能,如锌为DNA复制、修复和转录有关的大部分酶所必需,锌缺乏可影响智力、行为和使婴儿精神发育迟缓。镁离子是人体必需的元素之一,在人体内分布广泛。镁通过提高大鼠的学习和记忆能力对神经系统有着非常广泛的影响,这主要与促进突触长期增强有关。镁能增强突触前递质的吸收,促进突触后接触中N-甲基-*D*-天冬氨酸受体NR2 B和脑源性神经营养因子等相关蛋白的转录和翻译,从而提高学习记忆能力。钙在神经精神活动中的生理意义日益受到重视。突触传递、递质释放、激素作用放大、酶的激活、学习记忆的形成等,均与Ca^{2+}密切相关。但是,另一方面,越来越多的研究指出,神经细胞内钙浓度过高或钙超负荷会使钙依赖性生理生化反应超常运转,耗竭ATP,失活离子泵,产生自由基,直接引起细胞死亡。神经细胞内钙过高会使钙依赖性突触可塑性受到损伤,频率电位(FP)受损尤为严重,而FP可能是放大生物学重要信息的关键机制,与LTP及学习记忆有密切关系。

11.2.3.4 RNA和蛋白质在记忆维持中的作用

脑内RNA被认为与长时记忆的形成有关,即通过学习所获得的经验与行为,是神经元内部RNA分子结构变化的密码,使新的经验长期保持下来。对个体来说,记忆的形成可能保留在整个生命中。不过,研究中从未发现RNA能引起突触传递的易化。关于长时记忆物质的另一假定是:某种特殊的蛋白质承受记忆贮存任务。人的大脑可以产生100×10^9个不同蛋白质,通过学习产生的新蛋白质在几分钟内即可构成记忆系统。反之,用蛋白质或RNA合成抑制剂做试验观察到,脑内蛋白质或RNA受到明显抑制时,记忆过程随之遭到破坏。

11.2.4 分子机制

如上所述,长时记忆的形成有赖于脑内RNA和新蛋白质的合成。RNA和蛋白质的合成,无疑是在基因的转录和调控下进行的。

果蝇(drosophila)学习记忆的基因分析研究历时20年之久。现对果蝇dnc突变体的结构和功能已有更详尽的了解,它与正常的学习和记忆过程密切相关。如在嗅觉的学习记忆试验中观察到,蘑菇体(mushroom body)的基因表达是增强的,认为蘑菇体是介导学习和记忆的主要部位,进一步分析表明,在5种已知的转录起始点(tss)中,tss3是提高蘑菇体基因表达所必需的;tss1、tss2则与此无关。基因突变还会引起许多酶活性的改变,如dnc和rut分别影响磷酸二酯酶(PDE)和腺苷环化酶。它们决定着cAMP的代谢及神经元中的浓度。cAMP随之在活性依赖性突触可塑性中发挥重要作用。

海兔(aplysia)是一种生活在海里的无脊椎动物。由于它的腹神经节内有较大的神经元,便于进行细胞电生理研究。Kandel建立了海兔的学习模型,精细地分析了其学习和记忆的神经基础。Alberini等采用海兔缩腮反射试验,观察到由5-HT和cAMP诱导的CCAAT增强子结合蛋白即 Apc/EBP 可参与长时程突触易化过程。阻断 Apc/EBP 的功能则能选择性地阻止长时程突触易化的形成，而不影响短期敏感化。推测由 cAMP 诱导的即刻早期基因对维持海兔长期突触可塑性起着重要作用。

Qu 等选用 2 个月成年鼠和 30 个月老年鼠进行条件反射训练，将这两种鼠分为 4 组：第一组为未训练的成年鼠，第二组为训练过的成年鼠，第三组为有学习能力的老年鼠，第四组为学不会的老年鼠。所有动物均测定前脑神经元核仁组织(nucieolar organizer)区的银着色范围和深浅度。结果表明，训练过的成年鼠和有学习能力的老年鼠的核仁组织区明显大于未训练的成年鼠和无学习能力的老年鼠的核仁组织区；还观察到，与有学习能力的老年鼠相比，无学习能力老年鼠的神经元密度降低。其原因是核仁组织区的大小是学习诱导的 RNA 转录和合成增加的形态学指征。Heurteaux 等证明，经食物奖励的压杆试验训练的小鼠，其海马区内的 c-fos 和 c-jun 有显著增加，两者的 mRNA 量比未训练对照鼠高 4～5 倍。Apamin(从蜂毒中提取的一种神经毒素)选择性地阻断某些 Ca^{2+} 激活 K^{+} 通道和改善学习记忆保持，可使 c-fos 和 c-jun 的表达增加 3～5 倍，推测 apamin 诱导的即刻早期基因表达的增强可能与其引起的学习记忆易化有关。另有报道认为，c-fos 和 egr-1 为小鼠嗅觉记忆所必需。至今，对学习记忆有关的基因，以对即刻早期基因(IEGs)的研究最多。IEGs 是一类快速、短暂但不依靠蛋白质合成而能由细胞外信号如生长因子和神经递质引起表达增加的基因。IEGs 的表达存在于成年神经元中，包括原发和继发反应引起的表达。在学习过程中，IEGs 在信号转录导致基因表达以促成长期记忆形成中起重要作用。LTP 是一持续的、活性依赖型的突触可塑性的表现，被认为是联合学习机制的最好指标。已证明传入刺激诱导 LTP 之后，大鼠齿状回有 IEGs 的暂时性转录增加。这些 lEGs 包括 Zif/268(也称 NGEI-A、krox-24、TIS-8 和 egr-1)、c-fos 有关的基因如 c-jun、junB 和 junD。其中，Zif/268 对 LTP 的形成最具有特异性，因在各种诱导的 LTP 类型均可有 Zif/268 的表达增加，且其表达与 LTP 的维持有高度相关性。

11.3　营养与学习和记忆功能

众所周知，食物与营养是人类生存的基本条件，是健康的第一基石，生命全周期、健康全过程都离不开营养的支持，通过科学合理的膳食及时补充维持免疫系统正常运转所需的营养素，才能促使人们过上更好的生活。因此，营养膳食是预防疾病、促进健康最经济有效的途径。此外，营养不仅可以预防疾病，还可以治疗疾病，发展临床营养可有效减少患者的并发症，降低死亡率，并可以明显减少医疗支出。

由于大脑负责体内外信息的接收与传递，调节控制着机体所有器官、组织的生理功能与代谢，有思维、判断、记忆、联想功能并且与性格、情绪、行为等有关的大脑更处于统治机体的最高地位。因此，有关营养与大脑的关系是一个特别重要的问题。

11.3.1　营养与神经递质的合成

营养是机体的物质基础，是生命活动的能量来源。大脑有 100 亿以上的神经元和 100 亿以上的神经胶质细胞。神经元通过神经递质传递信息。至少有 5 种神经递质的前体不能在脑细胞内合成而必须来自食物，如色氨酸是 5-羟色胺的前体，酪氨酸或苯丙氨酸是多巴胺和去甲肾上腺素的前体，卵磷脂和胆碱经胆碱乙酰化酶的作用生成乙酰胆碱。这些神经递质的前体都不能在大脑内合成。它们在血液中的含量受食物供给量的影响。脑神经元对血液营养成分的变化是很敏感的。色氨酸、胆碱、酪氨酸等对脑功能的影响是多方面的，缺乏时人的精神状态、记忆力、思维、判断、感觉、语言和行为表现等都会受到影响，垂体—肾上腺激素的生成和释放也有所改变。

食品的营养素组成会直接影响中枢神经递质的合成及体内胆碱与大分子神经氨基酸水平的高低，一般在进餐后数分钟即能检测这些方面的变化。

(1)摄入富含卵磷脂或鞘磷脂的食品可迅速提高血中胆碱水平与神经内 Ach 水平，若进食中的胆碱成分持续缺乏 12～24 h，就会使血浆中的胆碱水平逐渐降低，并减少神经内的 Ach 水平。

(2)蛋白质的缺乏会显著降低血浆中亮氨酸、异亮氨酸与缬氨酸水平，但不影响色氨酸含量甚至使之升高，而血浆色氨酸比值的升高会导致脑内 5-HT 水平的迅速下降。

(3)低蛋白膳食还会因血浆酪氨酸的下降而使脑内酪氨酸的比值轻度增高，对 NE 的合成和释放略有促进。摄入蛋白质后的酪氨酸比值升高除补充酪氨酸外，还由苯丙氨酸通过门循环后大多数转化为酪氨酸所致。

(4)摄入色氨酸含量过低的蛋白食品可降低色氨酸比值而使脑内单胺类神经递质的合成发生变化。

脑内 5-HT 产生细胞对食品中蛋白质含量的变化有特殊的反应，具有食品诱导血浆成分变化的所谓"传感器"功能。对于蛋白质含量变化而引起血浆成分的改变，5-HT 神经元细胞可产生并释放不等量的递质，同时向其他脑神经细胞传递这种代谢信息以控制对糖的需要。例如，用 5-HT 递质诱导剂色氨酸、芬氟拉明或氟西汀处理的大鼠或人，会从含不同比例糖与蛋白质组成的混合膳食中选取少糖膳食而不改变对蛋白质的摄取。

营养素对神经递质合成的影响也有一定限度，因为食品中在含有效的递质前体的同时也含有能中和前体效应的成分，且用量不能任意增加。临床上使用递质前体以纯净物为宜，如受试者进食蛋白质 33～50 g 使血浆酪氨酸升高 2～3 倍，而若用酪氨酸则只需 33～50 mg/kg。

11.3.2 碳水化合物、脂质、蛋白质与学习和记忆功能

1. 碳水化合物

成年人的大脑约占体重的 2%，血流量却占输出量的 14%～15%。脑细胞的代谢很活跃，但脑组织中几乎没有能源物质储备，每克脑组织中糖原的含量仅为 0.7～1.5 μg，所以需要不断地从血液中得到氧与葡萄糖的供应。脑功能活动所需的能量供应主要靠血糖氧化来提供。在安静状态下，脑的耗氧量占整个机体耗氧量的 20%～30%。由于血脑屏障（blood-brain barrier）的存在，血液中多种营养成分是不容易进入脑组织的。脂质靠扩散作用缓慢进入脑组织，主要用于维持脑细胞的正常结构与功能，成年人脑很少利用脂肪酸作为能量来源，由氨基酸提供的能量不超过 10%，脑组织中大部分氨基酸是用来合成蛋白质及神经递质。

碳水化合物是脑活动的能源。尽管脑仅占全身质量的 2%左右，但其所消耗的葡萄糖量却占全身能耗总量的 20%以上。尽管如此，通常食品所含的碳水化合物已足够全身(包括脑)活动的需要，不必再额外摄入，也可以说碳水化合物是不必特意追求的增智健脑成分。但是，蔗糖特别是精制糖的过量摄入易使脑功能出现神经过敏或神经衰弱等障碍，这已被大量的研究所证实。

2. 脂质

组成大脑的成分中有60%以上是脂质，而包裹着神经纤维称作髓磷脂鞘的胶质部位所含脂质更多。在所构成的脂质中，不可缺少的是亚油酸、亚麻酸之类必需脂肪酸。人们常认为核桃仁的健脑效果很好，原因之一就是其富含必需脂肪酸。红花油和月见草油、胚芽油和鱼油等的必需脂肪酸含量很高，都是很好的增智食品配料用油。另外，磷脂是构成脑神经组织和脑脊髓的主要成分之一，应保证充分的数量与质量。

3. 蛋白质

蛋白质是脑细胞的另一主要组成成分，占脑干重的30%～35%，就质量而言仅次于脂质。蛋白质是复杂脑智力活动的基本物质，在脑神经细胞的兴奋与抑制方面发挥着极其重要的作用。

幼小鼠出生后的早期营养不良会减轻脑重，延迟脑外层间质细胞的产生时间，明显减少皮层锥体细胞的长树突数与颗粒细胞数。母大鼠的蛋白质缺乏可使仔鼠神经系统发育受阻，减少新生鼠睡眠昼夜的节律幅度，增加脑内5-HT和NE含量，降低脑 Na^+-K^+-ATP 酶活性，从而降低学习、再学习与长时记忆的能力。

对胎儿期及哺乳期营养不良的大鼠，在成年期会损害其前额皮层，发现两者兼有的大鼠对学习功能的影响较接受单一营养不良或皮层损伤的大鼠更为严重，说明生命早期的营养不良史可加重成年后机体外伤的严重性。婴幼儿在2岁以前，蛋白质能量的不足甚至可影响其入学后的智力，营养不良者有13.3%智力迟钝，智力正常的仅占30%，而社会经济条件相同的对照组正常智力者达84.2%。这说明营养的影响有较长时效。

4. 氨基酸

氨基酸作为神经递质或其前体物质而直接参与神经活动，从而影响学习记忆功能。例如，色氨酸与3-羟色氨酸是5-HT的前体，苯丙氨酸与酪氨酸是去甲肾上腺素、多巴胺的前体，肾上腺素与谷氨酸是γ-氨基丁酸的前体。神经递质的合成量取决于日常食品中的氨基酸供应量。不同的氨基酸对学习记忆功能的影响效果不一样。

正如前述，在调节脑神经兴奋与抑制过程中，脑髓通过酶转换谷氨酸而生成的γ-氨基丁酸起重要作用。因此，谷氨酸对学习记忆功能的促进作用已经确认。用麦角碱或经缺氧处理的孕大鼠，其所生的幼鼠在出生后13 d的学习能力明显降低，经缺氧处理的还有记忆能力的减退现象。研究表明，其学习与记忆暂时性神经连接的形成障碍可能与脑半球内谷氨酸水平的降低有关，而记忆保持功能的影响可能与脑内甘氨酸与天冬氨酸水平的变化有关。有人将谷氨酸钠（味精）、维生素 B_1、维生素 B_2、维生素 B_6、维生素 B_{12}、烟酸及硫酸亚铁合并用来治疗老年人记忆障碍取得明显效果。但也有研究表明，含 Na^+ 的谷氨酸进入体内后，会在脑内引起头痛与恶心等副作用，所以不推荐大量摄取。

用含9.5%赖氨酸和5.9%蛋氨酸的饲料喂养大鼠，可提高其在被动回避试验中的记忆功能。以酪蛋白、葡萄糖和丝氨酸喂养小鼠，可预防因饥饿而引起的记忆障碍。

学习的开端始于细胞内谷氨酸的释放，随后经历一系列神经活动导致树突直径增加，加速神经传导从而有利于行为的获得。研究表明，*L*-脯氨酸对小鸡、金鱼与小鼠的记忆损害作用具有立体结构的特异性，*D*-脯氨酸与*L*-脯氨酸的较低和较高同系物未见起作用。由于*L*-脯氨酸并不影响脑内的蛋白质合成，目前认为其致遗忘作用可能是与拮抗谷氨酸有关。正常的

血脑屏障能防止 L-脯氨酸进入脑组织，而任何原因引起的血脑屏障功能减弱会使脑内游离 L-脯氨酸增加到致遗忘的水平，并使正常时被排除在外的营养素分子渗入脑组织，从而危及脑的学习记忆功能。

11.3.3 维生素、矿物元素与学习和记忆功能

1. 维生素

维生素是维持身体健康所必需的一类有机化合物。这类物质在体内既不是构成身体组织的原料，也不是能量的来源，而是一类调节物质，在物质代谢中起重要作用。这类物质由于体内不能合成或合成量不足，虽然需要量很少，但必须经常由食物供给。

神经递质的合成与代谢必须有各种维生素的参与。维生素 A 直接参与视神经元的代谢，对视网膜功能有重要的作用。维生素 D 似乎是通过对钙、磷代谢的调节作用而影响大脑的功能的。维生素 E 在代谢过程中是重要的自由基清除剂。维生素 B_1、维生素 B_2、维生素 B_6、烟酸、泛酸等在体内是以辅酶形式参与糖、脂肪和氨基酸的代谢。维生素 B_{12} 与叶酸参与甲基转移和 DNA 合成。维生素 C 在羟化反应中发挥重要的作用。这些维生素的缺乏或不足，都能影响脑细胞的功能与代谢。在应激或精神高度紧张的情况下，机体对多种维生素的需要量增加，往往导致维生素的缺乏现象。

虽然多种维生素与大脑中枢神经系统的代谢及功能有关，但维生素 B_1 与烟酸缺乏的神经症状最引人注意。维生素 B_1 与糖代谢关系密切，而脑组织的主要能源来自葡萄糖的氧化，这可能是由于它的缺乏容易导致神经系统功能障碍。缺乏烟酸的典型表现为癞皮病，在发病初期患者肢体无力、头晕、失眠、记忆力减退，随着病情的发展会明显出现精神抑郁、性格孤僻等症状。维生素是芳香族氨基酸脱羧酶的辅酶，与色氨酸代谢、机体内烟酸及多巴胺的生成有密切的关系。维生素 B_{12} 与叶酸的缺乏，不仅影响造血系统的功能，也可导致记忆力下降、智力减退及情绪与性格的改变。

维生素 B_1 是体内代谢反应的辅酶，缺乏时可使丙酮酸合成乙酰辅酶 A 减少，从而抑制脑内 Ach 的合成而影响学习记忆功能。维生素 B_1 与钙、镁相互作用可调节突触前神经末梢释放 Ach，说明维生素 B_1 与脑内胆碱能系统之间具有相互作用。1942 年，3 万余名英国战俘在改吃新加坡精米膳食 6 周之后出现了记忆力减退、精神失常等中枢神经症状。对 52 例病患的研究表明，有 61％丧失近事记忆能力，通过补充维生素 B_1 后恢复正常的记忆功能。给大鼠喂养缺乏维生素 B_1 的饲料，会丧失被动回避反应能力，约有 50％还丧失学习能力，经补充维生素 B_1 后明显改善。

缺乏烟酸可导致记忆的丧失，补充后记忆即恢复。维生素 B_6 作为辅酶参与多种氨基酸的氨基转移、氨基氧化和脱羧反应，缺乏时会增强兴奋性，出现惊厥、发育异常及行为失调等现象，长期缺乏还会致脑功能的不可逆损伤与智力发育迟缓。

维生素 B_{12} 的缺乏可引起无贫血的精神异常，记忆障碍的出现比恶性贫血的血液学症状或脊髓症状的出现还要早几年。约有 71％的恶性贫血患者出现记忆力明显减退现象，补充维生素 B_{12} 后，有 75％在 10～27 d 内逐渐恢复正常。

2. 矿物元素

铁、铜、锌等矿物元素对脑功能的维持十分重要。缺铁性贫血的儿童学习成绩差。缺铜的

大鼠脑组织酪氨酸羟化酶的活性降低，儿茶酚胺的生成量少。钙、磷、锌、锰、碘等与脑功能的关系也很重要。充足的钙对保证大脑顽强而紧张的工作功效很大，其中最重要的一点就是抑制脑神经的异常兴奋，使脑神经能自然地接受外界环境的各种刺激。脑神经中钙含量的正常与否，将影响终身脑功能的发挥。日本增智食品对钙的推荐量不低于 1 000 mg/d。试验表明，对鸡脑内注射钙离子可增强短时记忆功能。

锌是与 DNA 复制、修复与转录有关酶的必需微量元素。锌的不足会持续损害神经元细胞的正常生长。大鼠出生早期缺锌将影响脑组织的正常发育，损害长时记忆能力，额外补锌可防止或延缓遗传性痴呆症的出现。

严重碘缺乏导致的地方性甲状腺肿常伴有智力发育迟缓和愚侏病，轻中度碘缺乏所致甲状腺肿儿童的智商也明显降低。

铁的缺乏除引起贫血外还会延缓婴儿的精神发育，降低凝视时间、减弱完成任务的动力。学龄前缺铁性贫血儿童的智力出现明显障碍，注意力不能集中，经常有无目的活动。缺铁儿童由于鉴别复述能力降低将影响长时记忆能力。给大鼠喂养无铁饲料 2 周后即出现记忆障碍现象，其程度与肝、脑内铁水平直接相关。

11.3.4　营养对记忆障碍的改善作用

探讨营养与学习记忆功能的相互关系，对开发增智食品有重要的指导意义。营养供应是否充分或合理，将直接影响智力活动与工作业绩，适时而合理地提供各种营养物质，对机体的生长发育、精神与智力发育至关重要。

研究表明，老年人的记忆试验积分与核黄素、维生素 C 在血液中的浓度显著相关。血液中维生素 C、维生素 B_{12} 浓度低的受试者记忆积分显著低于维生素 C 和维生素 B_{12} 浓度高的受试者，那些记忆积分显著降低的受试者每日摄取的蛋白质、维生素 B_1、维生素 B_2、维生素 B_6、维生素 B_{12}、烟酸和叶酸明显较少。因此，由营养问题所致的学习记忆障碍应以综合补充为宜。

对于老年记忆障碍可用胆碱能类、酪氨酸、苯丙氨酸、色氨酸和 5-羟色氨酸进行前体治疗。用酪氨酸和 5-羟色氨酸治疗早老性痴呆与多发梗死痴呆患者，学习与记忆功能可获得部分改善。早老性痴呆患者摄入含 90%磷脂酰胆碱的卵磷脂后，学习、记忆试验的成绩显著好转。

由营养问题而致的学习记忆障碍一般可通过综合调理补充得以改善。然而，由于营养成分与各种营养素组合的多样性及评价学习记忆功能的复杂性，给这方面的深入研究带来很多困难，有些试验结果明显有矛盾，有些研究由于影响因素多而难以得到可靠的结论。诸多问题尚待后续的研究来攻克。

11.4　辅助改善记忆功能的功能(保健)食品的开发

11.4.1　开发辅助改善记忆功能的功能(保健)食品的原则和理论

大脑是思维和意识的中枢，也是人体新陈代谢的重要体现。大脑的正常功能离不开营养物质的滋养和补给。多种营养物质或食物成分在中枢神经系统的结构维护和功能发挥中有着极其重要的作用，有的参与神经细胞或髓鞘的构成，有的直接作为神经递质及其合成的前体物质，还有的与氧气的供应有关，如果供氧不足，就会影响大脑的思维活动。

目前的营养学研究实践日益重视各类营养素对记忆功能的影响。要保持良好的记忆，保持脑部的健康和良好的营养密切相关，开发辅助改善记忆功能的食品应考虑下列几个方面。

(1)提供能迅速转化成葡萄糖的热能，因葡萄糖对脑细胞的供热最快。

(2)脑中的氨基酸平衡有助于脑神经细胞和大脑细胞的新陈代谢，向大脑提供氨基酸结构比例平衡的优质蛋白质可使大脑的智能活动活跃。如前所述，蛋白质中经分解的谷氨酸、甘氨酸和 γ-氨基丁酸等可作为神经递质或神经递质的前体参加神经记忆活动。

(3)大脑的构成中，35%为蛋白质，60%左右为脂类。各种多不饱和脂肪酸可增强记忆力，如脂肪中的卵磷脂和鞘磷脂可升高血中胆碱和神经元内 Ach 水平。

(4)保证充足的维生素和无机盐。维生素中的维生素 A、某些 B 族维生素(维生素 B_2、维生素 B_{12}、叶酸等)、碘、锌、铁、钙等的充足供给将有助于大脑保持良好的记忆力。

(5)对老年妇女适当给予雌激素(或具有雌激素功能的大豆异黄酮)可缓解老年性痴呆。

未来应加大对新食品原料、食药物质以及具有辅助功能的保健食品的开发、审评及新技术、新业态、新产品的安全性研究，做好未来食品、新型食品、新业态食品、新工艺食品等安全性评价技术储备和标准规划，充分发挥食品安全标准引领新产品、新业态、新模式健康发展的作用，确保科研院所、企业行业在开发“未来食品”保证和优化质构、口感、风味的同时，对其营养安全有标可依。

11.4.2 具有辅助改善记忆功能的物质

1. 芹菜甲素

从芹菜籽提出的芹菜甲素有改善脑缺血、脑功能和能量代谢等多方面的作用。

脑血流的正常供应对维持脑的功能至关重要。脑重占人体重的 5%，而脑血流占全身血流量的 1/5，脑耗氧量占全身的 1/4。人到老年，脑血流减少 20%以上，首先受影响的是脑的功能，智力受到影响，出现学习、记忆障碍。现有治疗老年痴呆或改善智力的药物，多为脑血液循环改善剂，足以证明脑血流的增加对恢复记忆功能十分重要。脑血液循环改善剂种类繁多，作用机制各异。芹菜甲素有其独特的作用机制，而副作用少。

(1)抗脑血作用。采用大鼠，电灼大脑中动脉，造成永久性闭塞，使局部脑缺血。芹菜甲素于大脑中动脉阻断前给药，可缩小脑梗死面积，改善神经功能缺失症状，减轻脑水肿，有效剂量为 20～40 mg/kg。

(2)改善血流量。应用氢清除法连续测定正常大鼠一侧纹状体的血流量的方法发现，芹菜甲素能在不影响动物平均动脉压的情况下增加纹状体的血流量。

(3)对血小板聚集功能的影响。芹菜甲素对花生四烯酸诱导的血小板聚集有非常明显的抑制作用。

(4)对钙通道和细胞内钙含量的影响。血管平滑肌细胞内钙浓度升高，引起血管收缩，减少血流量。反之，平滑肌细胞内钙减少，则血管舒张，血流量增加，钙内流的增加或减少主要决定于钙通道的开放或关闭。现已证明，芹菜甲素为 *L* 型钙通道阻滞剂，对神经细胞内钙升高具有抑制作用。

(5)改善能量代谢，对线粒体损伤具有保护作用。在脑缺血、缺氧情况下，芹菜甲素能增加 ATP 和磷酸肌酸含量及减少乳酸的堆积。

2. 辣椒素

辣椒素是从红辣椒内提出的一种化合物。它有多种功能，其中之一是振奋情绪、延长寿命、减少忧郁，因而改善老年人的生活质量。

3. 石松

1986 年，中国科学院上海药物研究所和军事医学科学院同时从石松分离出的石杉碱甲和石杉碱乙对记忆恢复和改善都有效。因为石杉碱甲和石杉碱乙被证明是胆碱酯酶抑制剂，可抑制乙酰胆碱的分解，从而起到改善记忆功能的作用。其副作用不明显。

4. 银杏

银杏远在冰河时期就已存在。至今有些银杏树已存在 4 000 多年。20 世纪 70 年代欧洲的研究人员从银杏叶中提取出有效成分——黄酮苷，其主要成分是山茶酚、槲皮素、葡萄糖鼠李糖苷和特有的萜烯以及银杏内酯和白果内酯。黄酮苷为自由基清除剂，萜烯特别是银杏内酯是血小板活化因子的强抑制剂。这些有效成分还能刺激儿茶酚胺的释放，增加葡萄糖的利用，增加 M-胆碱受体数量和去甲肾上腺素的更新以及增强胆碱系统功能等。故其有广泛的药理作用，如改善脑循环、抗血栓、清除自由基、改善学习和记忆等。动物试验证明，银杏提取物可改善记忆障碍。

5. 人参

在抗衰老物质中，使用范围最广的可能是人参。现在，人参被公认为有确切的增进人体身心健康的作用。研究表明，人参对各个阶段记忆再现障碍有显著的改善作用，进一步研究证明，人参皂苷 Rg_1 和人参皂苷 Rh_1 是人参促智作用的主要成分，可增加神经元活性。已初步阐明人参的促智机制主要是：

(1)加强胆碱系统功能，如促进乙酰胆碱的合成与释放，提高 M-胆碱受体数。

(2)同位素标记试验证明，能增加脑内新蛋白质的合成。

(3)提高神经可塑性。

6. 胆碱

胆碱是体内合成乙酰胆碱的前提。蛋黄里含有一种称为磷脂酰胆碱的化合物，是体内胆碱的主要来源。黄豆、包心菜、花生和花椰菜是人们摄取胆碱的良好来源。研究表明，乙酰胆碱与记忆保持密切相关，胆碱营养补品可以延缓记忆的丧失。

7. 钴胺素(维生素 B_{12})

钴胺素是神经系统的正常运作不可缺少的必需物质。荷兰有学者研究表明，血液里维生素 B_{12} 含量偏低而身体其他各方面的健康状态都颇佳的人，其脑力测验方面的表现无法与血液里维生素 B_{12} 含量较高的人相媲美，不管年龄大小，结果都是一样。

8. 褪黑激素

褪黑激素是大脑的松果体在睡眠时分泌的一种激素，对维持正常的生理节奏是非常重要的物质，尤其对睡眠周期的维持更为重要。1987 年意大利的科学家研究表明，夜间在老鼠饮用的水中加入褪黑激素能延长老鼠的寿命，摘除松果体会导致衰老加速。

9. 脱氧核糖核酸和核糖核酸

脱氧核糖核酸(DNA)和核糖核酸(RNA)存在于体内每个细胞的细胞核里，是制造新细胞、细胞修复或细胞新陈代谢时不可缺少的物质。有些研究者认为，衰老是这些重要的核酸减少或功能降低而引起的。根据这一理论，如果重新补充身体内已损耗的核酸，那么能让衰老停止或扭转衰老现象。美国有一项研究报告指出，让 5 只老鼠每周接受 DNA 及 RNA 注射，而另 5 只老鼠则未注射，结果表明未注射的老鼠在 900 d 之内全部死亡，但那些被注射 DNA 和 RNA 的老鼠却活了 1 600～2 250 d。

10. 单不饱和脂肪酸

摄食单不饱和脂肪酸有助于寿命的延长。脂肪酸有 3 种，即饱和脂肪酸、多不饱和脂肪酸和单不饱和脂肪酸。其饱和程度根据氧分子数量而定。氧分子数越多，则脂肪越呈饱和状态。一般认为，饱和脂肪酸会促进血凝块形成，从而导致动脉粥样硬化。橄榄油和鳄梨油都是单不饱和脂肪酸的最佳食物来源，杏仁、花生和胡椒等坚果类也都富含单不饱和脂肪酸。研究者对 26 000 人进行的一项大型研究证实，如果每周至少食用杏仁、花生 6 次，其平均寿命比一般人员增加 7 年。

11. 叶酸

1962 年，Herbert 首先报道叶酸缺乏引起精神功能改变。随后，Serachan 和 Hendarson 于 1967 年报告两例进行性痴呆症患者血清中叶酸浓度过低，肌注或口服叶酸，病人得到缓解。在许多药物引起的痴呆症如酒精性痴呆症中叶酸缺乏起重要作用。癫痫病人使用苯巴比妥的时间越长，病人的智力损伤也越严重，而痴呆的严重程度又与血清叶酸水平呈正相关。

深绿色叶菜中都含有叶酸，干豆类、冷冻的橘子汁、酵母、肝脏、葵花籽、小麦芽和添加了营养品(维生素、矿物质等)的早餐麦片粥里也含有叶酸。

12. 硼

微量硼在协助预防骨质疏松症上起重要作用。关于对脑功能的影响方面，美国农业部对 45 岁的男女进行了一项有关硼效用的研究结果发现，当饮食中硼含量最低的人被要求做些简单的事如数数等，竟表现出智力功能削弱。脑电图显示，硼含量低的饮食会压抑心智的应变能力。

13. 其他物质

老年痴呆智力减退和机体衰老与机体过氧化、自由基过多有关。葱、蒜及其他许多蔬菜水果、肉碱等均有抗氧化、消除自由基功能。

进入新时代，人民群众对食品的需求已经从基本的“保障供给”“保障安全”向“保障营养健康”转变，吃得营养、吃得健康已成为衡量人民群众美好生活的重要指标。这就需要在坚守保障消费者健康底线的同时，综合考虑消费者对食品品质和营养健康的追求，不断完善政策标准。依据《中华人民共和国食品安全法》，国家建立食品安全风险监测制度，对食源性疾病、食品污染以及食品中的有害因素进行监测，推进健康中国建设。

11.5 辅助改善记忆功能的功能(保健)食品的评价

像学习、记忆之类的内部心理作用过程无法直接观察到，目前只能根据可观察的刺激性反应推测脑内发生的过程。对脑内记忆过程的研究只能从人类或动物在学习或执行某项任务后，再间隔一定时间测量其操作成绩或反应时间，并由此衡量这些过程的编制形式、贮存量、保持时间和所依赖的条件等。条件反射是学习、记忆功能评价的基础，其他各种测试方法都由此衍化出来。

目前常用来评价学习、记忆功能的动物试验包括回避性条件反射与操作性条件反射 2 类，其中回避性条件反射又分为被动和主动 2 种形式。

11.5.1 被动回避性条件反射试验

1. 跳台试验（step down test）

在跳台试验装置的底部通以电流，并放置一个绝缘的跳台。当动物在一次训练中受到电击时，会跳上跳台而逃避电击，并获得记忆。记忆障碍模型动物由于记忆力受损，表现为第一次跳下潜伏期缩短，跳下次数增加。具有改善记忆、增强智力的受试物可以改善这种现象，使潜伏期延长，触电次数明显减少。将动物跳下跳台受到电击的次数（也称错误次数）作为获得被动回避性条件反射的能力即学习成绩进行评估。24 h 后重新试验，反映出对电击回避记忆的保持能力。

跳台试验装置为 100 mm×100 mm×600 mm（小鼠试验用）或 300 mm×300 mm×150 mm（大鼠试验用）的被动回避条件反射箱；用黑色塑料板分隔成 5 间，底面铺以铜栅，间距 5 mm；可以通 36 V 的交流电，电压强度由变压器控制；铜栅与记录仪相连，自动记录动物触电次数；每间右后侧放置一个高与直径都是 45 mm（小鼠用）或 100 mm（大鼠用）的橡皮垫作为动物逃避电击的跳台，如图 11-2 所示。

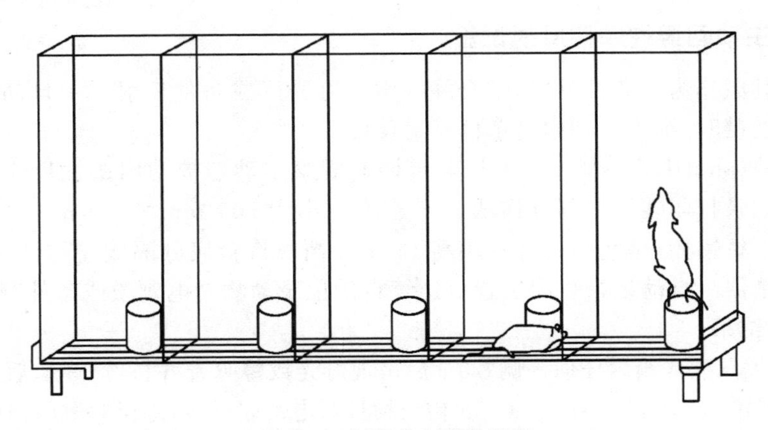

图 11-2 小鼠跳台试验装置

（引自：郑建仙，2002）

试验时，将动物放入箱内适应 3 min，然后通以 36 V 交流电，动物正常反应是跳上平台以躲避伤害性刺激。多数动物可能再次或多次跳回铜栅上，受电击后又跳回平台，如此训练 5 min，记录受电击次数（或称错误次数）作为学习成绩。24 h 后重做试验，记录 5 min 内的错误次数作为记忆保持的成绩，同时计算动物出现错误反应的概率，比较各间动物的差异。

也有试验开始时将动物放在平台上，剔除在 3 min 后仍不自动跳下平台的动物。以通 36 V 交流电至动物跳上平台的时间作为电击潜伏期，通常认为它与学习能力有关；动物上平台后直到跳下平台回到铜栅的时间为跳下潜伏期，通常认为它与记忆保持有关。记录电击潜伏期与跳下潜伏期作为成绩，分析受试物对它们的影响。

2. 避暗试验(step through test)

大鼠、小鼠都有喜暗恶明、喜钻洞的习性。当将动物放进一个带有明、暗两室的反射箱内,它立即会从明室钻入暗室。在暗室底部通以电流,动物受到电击后被迫逃回明室,并获得记忆。记忆障碍模型动物由于记忆力受损,其钻洞进入暗室受到电击的潜伏期缩短,规定时间内触电次数增加。具有促进记忆、增强智力的受试物可改善这种现象。

试验装置分明、暗两室,两室之间由一圆洞闸门相连。小鼠用明室尺寸为 130 mm×60 mm×110 mm,暗室尺寸为 150 mm×100 mm×110 mm;大鼠用明室尺寸为 210 mm×100 mm×140 mm,暗室尺寸为 230 mm×150 mm×140 mm。两室底部均铺以铜栅,间距 5 mm(小鼠用)或 10 mm(大鼠用)。暗室底部中间位置铜栅与电源相连,可以通 40 V 电流,电压强度与通电时间均可调节。暗室与计时器相连,自动记录动物进入暗室的潜伏期。

试验时将鼠面部背向洞口放入明室,同时启动记录器,动物穿过洞口进入暗室受到电击后记时自动停止。取出鼠,记录每次鼠从放入明室至进入暗室受电击的时间即为潜伏期。24 h 后重新试验,记录潜伏期与 5 min 内电击次数的变化,比较各组间的差异。正常小鼠潜伏期约 10 s,电击后潜伏期会大大延长,其延长时间与电击强度及时间呈正相关关系。可根据预试验后决定电击的强度及时间。

本法简便易行,以潜伏期作为指标,不同动物间的个体差异小于跳台法,对记忆过程特别是对记忆再现有较高的敏感性。

11.5.2 主动回避性条件反射试验

给动物电刺激作为非条件反射,结合蜂鸣声或灯光形成条件反射。一旦动物听到蜂鸣声或见到灯光即逃避时,则为主动回避条件反射反应。

穿梭箱试验(shuttle box test):本试验可同时观察主动与被动回避性反应。试验装置由实验箱与自动记录打印装置两部分组成。实验箱大小为 500 mm×160 mm×180 mm,箱底为可以通电的不锈钢棒,箱底中央有一块高 12 mm 挡板将箱底分隔成左右两侧,箱顶部有光源和蜂鸣音控制器。自动记录打印装置可连续自动记录动物对电刺激或条件刺激的反应与潜伏期,并打印出结果。

训练时,将大鼠放入箱内任何一侧,20 s 后呈现灯光或蜂鸣音并持续 15 s,后 10 s 内同时给以电刺激(100 V,0.2 mA,50 Hz,AC)。起初动物只对电击起反应,逃至对侧以回避电击;20 s 后再出现条件刺激并在动物侧给以电击,迫使动物逃到另一侧,如此来往穿梭。当出现蜂鸣音和(或)灯光信号时动物即逃至对侧安全区以躲避电击,就认为出现了条件反射,即主动回避反应。每隔天训练 1 回,每回 100 次,训练 4～5 回后动物的主动回避反应率可达 80%～90%。

11.5.3 操作性条件反射试验

操作性条件反射是让动物将踩杠杆、鸽啄键盘等操作与食物等强化物相结合而形成的反射,根据操作与强化物给予之间的关系加以变化,可以形成固定比例、固定间隔、低频率反应或选择性强化等多种形式,从而能更深入地研究受试物对高级神经活动的影响。该法反应稳定,但对试验条件的要求较高。

1. 重复获得操作试验

通常与复杂的学习相比,简单的学习更不容易受到受试物的干扰与破坏,故让鸽子进行复杂的操作，可强化受试物影响学习的灵敏性。训练时，让鸽子啄一系列不同的键后才能给予食物，一定时间后动物的错误率比较稳定，这时就可测定受试物对操作错误率的影响。

2. 延迟配对样本试验

给予动物几个不同的样本刺激，并做出相应的配对回答，如果正确就予以强化，如果错误则暂停。经过一个相对延迟的阶段之后，再测定动物对配对刺激的正确性。该法主要用于评价受试物对短时记忆的影响。

11.5.4 迷宫试验

迷宫试验(maze test)主要用来测试动物对空间方位的获得与记忆能力。迷宫的种类与具体装置很多，但不外乎由3个基本部分组成：①起步区(放置动物)；②目标区(放置食物或系安全区)；③跑道(有长有短，或直或弯，至少有1个或几个交叉口供动物选择到达目标区的方向或路径)。

如目标区放置食物，则动物需在试验前禁食以使体重减至原来的85%，此时动物才有走迷宫的驱动力，并在目标区停留时间不能太短暂，以强化试验效果。每天以训练10～15次为宜，训练结束后要清洗迷宫装置以消除动物的残留气味，在迷宫底更换一张新的垫纸。大部分迷宫是采用电击及游泳法驱使动物寻找安全区。

11.5.4.1 电迷宫试验

在一个三等分的Y形迷宫内分安全区与电击区，给动物电击刺激迫使它逃避电击区迅速找到安全区，并获得记忆。通过分组试验，观察受试物是否会提高动物的空间分辨学习与记忆能力。

1. 迷宫装置

Y型迷宫试验装置分为三等分辐照式的3个臂，分别称为Ⅰ臂、Ⅱ臂和Ⅲ臂，形状如Y形，如图11-3所示。

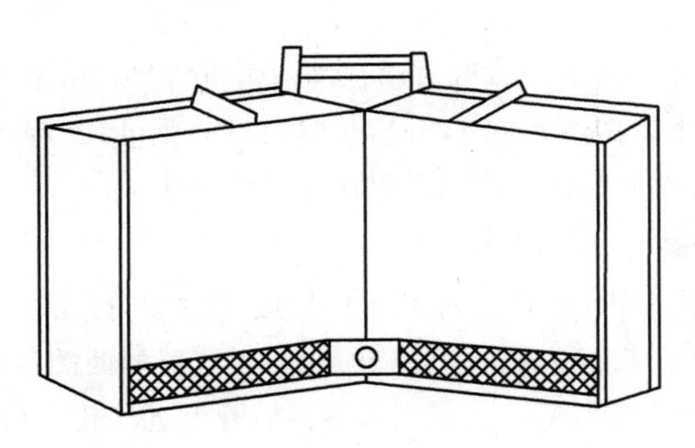

图11-3 Y形迷宫试验装置

(引自：刘景圣，2005)

大鼠用的每臂大小为600 mm×150 mm × 150 mm，小鼠用的每臂大小为280 mm×100 mm×100 mm。箱底铺有直径1 mm的铜栅底板。大鼠用的栅条间距为14 mm，小鼠用的栅条间距为5 mm，按正负极相间排列。3个臂末端设有一个100 mm长的小区可按Ⅰ→Ⅱ

→Ⅲ→Ⅰ臂次序轮流作为起步区或安全区。如以Ⅰ臂为起步区，则Ⅱ臂(右侧)为电击区，Ⅲ臂(左侧)为安全区。各区出口处设有玻璃闸门，Y臂上覆盖玻璃供观察用。

2. 动物训练

训练时将动物放入起步区，操纵电击控制器训练小鼠获得遭遇约 0.7 mA 的电流刺激时，直接逃避至左侧安全区为正确反应；反之则为错误反应。训练方法有以下几种：

(1)固定训练次数如 10～15 次，记录正确与错误反应次数。

(2)动物连续获得 2 次正确反应前所需的电击次数。

(3)学习成绩以达到 9/10 次正确反应前所需的电击次数表示。如某小鼠试验时共电击 30 次，其中后 10 次中有 9 次为正确反应，则其学习成绩即达到此标准前所需的电击次数为 20 次。

24 h 或 48 h 后测验记忆成绩。这是一种最简单的、属一次性训练的空间辨别反应的试验。

3. 预选试验

首先将动物放入迷宫箱内适应环境 5～8 min，然后驱赶至Ⅰ臂(起步区)停留 2 min 后给予电击。第一次受电击后能逃至Ⅱ臂安全区的为正确反应。待小鼠逃入安全区并使之停留 30 s，将之取出放回Ⅰ臂，并记一次错误反应；停留 1 min 后再给予第二次电击，依次重复训练。选取连续 2 次直接逃至安全区前的电击训练次数≤3 且自由活动较敏捷的小鼠，供学习试验用。

4. 学习试验

让通过预选试验的动物休息 48 h 后，腹腔注射生理盐水或受试物，15 min 后放入Ⅰ臂起步区并停留 3 min 后给予电击，按预选试验所确定的安全区方向(Ⅰ→Ⅲ→Ⅱ→Ⅰ或Ⅰ→Ⅱ→Ⅲ→Ⅰ)连续训练。

5. 记忆试验

选择学习试验期间做到在 2(1)、(2)合格标准前需进行 7～20 次测试的小鼠随机分组，立即腹腔注射生理盐水或受试物，6 h 或 24 h 后按学习试验中的(2)程序连续循环电击测试，以达到连续 10 次均为正确反应前所需测试次数作为记忆成绩。

6. 记忆障碍模型试验

将预选合格小鼠随机分组，腹腔注射生理盐水或受试物，15 min 或 30 min 后，将小鼠置于圆柱形有机玻璃容器内(长 100 mm，直径 50 mm)。容器的两端各有 1 个气孔，容器一侧可连续充 CO_2 气体，另一侧为出气口。小鼠进入容器后开启进气孔通入 CO_2，由出气口溢出，让小鼠在 CO_2 亚致死量浓度下停留 8 s 后取出，休息 5 min 后进行学习试验。

7. 自发性轮转试验

取单个雄性小鼠放在短臂迷宫(Ⅲ臂尺寸 100 mm×100 mm×100 mm)中停留 8 min，小鼠倾向于系统探索迷宫，依次进入各个臂中，这称轮转行为(alternation behavior)。它需要小鼠记住哪一个臂已经探索过，因此被视为是一个与空间短时记忆有关的指标。把依次进入 3 个臂的过程作为一次轮转，记录轮转数与进入每个臂中的数量的百分比作为测试成绩。

11.5.4.2　水迷宫试验

在一个 Y 形迷宫水箱内，左侧分枝端装有吊灯与平台，小鼠游泳到此能得到休息并获得记忆。本法常用于观察受试动物对学习记忆的影响。

1. 水迷宫装置

水迷宫装置分长臂端与 2 枝短臂端。左侧短臂端装有平台作为小鼠栖身之处，平台上方设有灯光照明。另一支臂用木板盖上作为暗道。水深 100 mm，水温 25～30℃。

2. 记忆试验

将小鼠随机分为正常对照组、模型组与试验组。试验组每天摄入一定量的受试物，其余组以等量生理盐水代替，持续若干天。训练前 30 min，模型组与试验组小鼠分别腹腔注射戊巴比妥钠 15 mg/kg。训练时将小鼠从长臂端尾部对叉口轻轻放入水中，在 15 s 内抵达平台为正确反应。小鼠抵达平台后休息 15 s 再重复训练，每天训练 10 次，连续 5 d。以每组平均正确反应率和抵达平台所需时间作为记忆指标。

11.5.5　试验方案与结果评价

1. 试验方案

采用不同的试验方案与不同类型的记忆障碍模型，可分别观察受试物对学习效应、记忆获得、记忆巩固或保持以及记忆再现的影响，从而可以更全面地了解受试物作用的性质与特点。

(1)训练前给受试物。训练前几天给受试物可观察对长期学习效应的影响，训练前几小时至几分钟内给受试物，可观察对学习成绩与记忆获得的影响。

(2)训练后给受试物。训练后立即或短时间内给受试物可观察对记忆巩固的作用，训练后几天继续给受试物可观察对记忆保持的作用。

(3)重试验前给受试物。经训练动物于重试验前几小时至几分钟内给受试物可观察对记忆再现的影响。

上述试验方案并不是绝对的。在有些学习、记忆试验中，动物需经多次或多天训练才能学会执行某一操作。此时受试物的效果很可能是对学习、记忆获得与记忆保持综合作用的结果。

2. 结果评价

一种受试物是否有效，至少要满足以下几个条件：

(1)结果经得起重复试验。

(2)有剂量效应关系或有其作用规律。

(3)在不同类型的试验方法与动物模型中均显示效果，且在作用性质与作用方向上结果一致。

思考题

1. 简述学习和记忆的概念、类型。
2. 学习和记忆的机理是什么？
3. 哪些营养元素与学习和记忆功能有关系？
4. 举例说明哪些食品资源或成分具有改善记忆的功效？

5. 举例简述一种辅助改善记忆功能的功能食品的评价方法。

参考文献

[1] 陈鹏,邓乾春,臧茜茜,等. 国内辅助改善记忆功能性食品研究进展. 中国食品学报,2015,15(4):116-123.

[2] 卜兰兰,石哲,孙秀萍,等. 一种辅助改善记忆保健食品功能评价的动物模型. 中国食品卫生杂志,2011,(5):402-406.

[3] 程音,路新国. 辅助改善记忆功能保健食品的发展研究. 安徽农业科学,2015,43(11):287-288.

[4] 党毅,肖颖. 中药保健食品的研制与开发. 北京:人民卫生出版社, 2002.

[5] 邓扬悟,田少君. 大豆分离蛋白的成膜性研究. 郑州工程学院学报, 2004, 25(2):17-21.

[6] 耿桂英,刘海波,李悠慧. 某保健食品改善记忆作用的研究. 中国食品卫生杂志,1997,9(4):45-47.

[7] 葛华,赵安东,詹皓. 改善记忆功能的药物研究进展. 人民军医,2014,57(11):1251-1253.

[8] 金宗濂. 功能食品教程. 北京:中国轻工业出版社, 2005.

[9] 刘复忠,殷洪. 磷脂的生理功能及其保健食品的开发. 食品科学,1999,20(3):23-25.

[10] 李汉臣,吉志新,安丽红,等. 黄粉虫的营养保健作用初报. 河北科技师范学院学报,2002,16(1): 26-28.

[11] 刘景圣,孟宪军. 功能性食品. 北京:中国农业出版社, 2005.

[12]娄志义,阮迪云,汪惠丽. 镁离子对学习和记忆的影响及机制研究进展. 中国药理学与毒理学杂志,2018,32(11):885-890.

[13]司雨,王钟瑶,刘云鹤,等. 促智药物种类研究进展. 特产研究,2019,41(3):123-128.

[14]文春晓,闫玉仙. 神经递质在学习记忆中的作用. 武警医学院学报,2009,18(1):65-67.

[15] 王巧懿,朱染枫,陈海平. 保健食品辅助改善记忆功能人体试食试验效果观察. 中国预防医学杂志, 2006, 7(5):458-459.

[16] 吴素蕊,高观世,罗晓莉,等. 某保健食品辅助改善记忆功能人体试食试验. 中国预防医学杂志,2010,11(1):31-34.

[17] 徐丽珊,楼芬苹,樊晓丽. 大豆磷脂对小鼠学习记忆和抗氧化功能的影响. 营养学报,2000,3(22):287-308.

[18] 夏薇,赵秀娟,孙彩虹. 牛磺酸、锌及卵磷脂对改善记忆联合作用. 中国公共卫生,2006,22(10):1251-1253.

[19] 杨晓晶. 具有改善记忆作用的保健食品. 中国食品,1999,(9):10-11.

[20] 郑建仙. 功能性食品. 北京:中国轻工业出版社, 2002.

[21] 张亦红,程华,孙兴斌. 卵磷脂改善记忆的动物试验研究. 营养学报,2002, 24(4):435-437.

[22] Azzurra A, Angela M, Riccardo V. Consumer understanding and use of health

claims: the case of functional foods. Recent Patents on Food, Nutrition & Agriculture, 2015,6(2):113-126.

[23] Avrelija C, Walter C. The role of functional foods, nutraceuticals, and food supplements in intestinal health. Nutrients,2010,2(6):611.

[24] Sarkar S. Probiotics as functional foods: documented health benefits. Nutrition & Food Science,2013,43(2):107-115.

第 12 章

功能食品评价的基本原理和方法

本章重点与学习目标

1. 掌握功能评价的定义，了解功能食品评价的基本要求。

2. 掌握选择实验动物的 3R 原则和常见实验动物的选择及应用，了解动物试验技术。

3. 掌握试验设计的原则，了解常用试验设计及统计分析方法。

4. 掌握安全性毒理学评价的 4 个阶段、试验的目的和结果判定，了解食品安全性毒理学评价方法。

功能食品已经成为食品行业的重要组成部分，在提升国民营养健康水平、提高农产品附加值等方面发挥着不可替代的作用。我们在积极发挥功能食品作用的同时，应坚持安全第一、预防为主，强化功能食品安全监管，健全生物安全监管预警防控体系，以食品安全为前提，指导产品开发与功能评价，保障人民群众在吃得好的同时也吃得安全。功能评价是指对功能食品所宣称的生理功效进行动物或(和)人体试验，并对结果加以评价确认。该结果应该明确而肯定，且经得起科学方法的验证，同时具有重现性。功能食品的评价是功能食品科学研究的核心和关键内容。功能食品的安全性评价包括食品毒理学评价和危险性评估两方面。本章主要介绍食品毒理学评价，危险性评估请参照《食品安全风险评估》等相关书籍。

功能食品的评价标准从 20 世纪 90 年代就开始推行，1996 年卫生部监发了第 1 版《保健食品功能学评价程序和检验方法》，陆续有 1997 年版《保健(功能)食品通用标准》和 2003 年版《保健食品功能学评价程序与检验方法新规范》，而自从 2003 年版本于 2018 年废除后，功能食品失去了权威的官方检测依据，新品注册工作无法推进。党的二十大报告将食品安全纳入国家安全体系，强调要“强化食品药品安全监管”。在深刻领悟“两个确立”的决定性意义，增强“四个意识”、坚定“四个自信”、做到“两个维护”，以实际行动忠诚拥护“两个确立”的基础上，国家市场监督管理总局于 2023 年 8 月发布了最新版《保健食品功能检验与评价技术指导原则(2023 年版)》。

新标准为《允许保健食品声称的保健功能目录 非营养素补充剂(2023 年版)》配套的检验与评价方法，按照现有保健功能定位，系统梳理 1995 年以来已批准注册的保健功能及配套评价方法，尤其是原卫生部发布的《保健食品检验与评价技术规范(2003 年版)》和原国家食品药品监管局 2012 年修订发布的《关于印发抗氧化功能评价方法等 9 个保健功能评价方法的通知》。新标准围绕功能声称、评价方法等内容，修订形成新版检验与评价方法，并由强制性方法改为推荐性方法。党的二十大报告强调要“加快实施创新驱动发展战略”，以国家战略需求为导向，提高全社会的食品科技水平，因此新标准鼓励任何个人、企业、科研机构和社会团体在科学研究论证的基础上提出新的功能评价方法，参照功能目录的纳入程序，认可作为功能评价推荐性方法后，可供产品注册时使用，为食品科学领域注入新活力。新标准制定的最终目的是能够更好地规范保健食品新功能及产品的技术评价工作、满足消费者健康产品需求以及促进行业高质量发展，符合党的二十大“深入贯彻以人民为中心的发展思想”，始终把人民放在第一位，为实现人民群众对美好生活的向往和建设现代化社会主义国家添砖加瓦。

12.1　功能(保健)食品评价的基本要求

12.1.1　对受试样品的要求

第一，应提供受试样品的名称、性状、规格、批号、生产日期、保质期、保存条件、申请单位名称、生产企业名称、配方、生产工艺、质量标准、保健功能以及推荐摄入量等信息。

第二，受试样品应是规格化的定型产品，即符合既定的配方、生产工艺及质量标准。

第三，提供受试样品的安全性毒理学评价资料以及卫生学检验报告，受试样品必须是已经过食品安全性毒理学评价、确认为安全的食品。功能学评价的样品与安全性毒理学评价、卫生学检验、违禁成分检验的样品应为同一批次。对于因试验周期无法使用同一批次样品的，应确保违禁成分检验样品同人体试食试验样品为同一批次样品，并提供不同批次的相关说明及确保不同批次之间产品质量一致性的相关证明。

第四，应提供受试样品的主要成分、功效成分（或标志性成分）及可能的有害成分的分析报告。

第五，如需提供受试样品违禁成分检验报告时，应提交与功能学评价同一批次样品的违禁成分检验报告。

12.1.2 对受试样品处理的要求

第一，当受试样品推荐量较大，超过实验动物的灌胃量、加入饮水或掺入饲料的承受量等情况时，可适当减少受试样品中的非功效成分的含量。某些推荐用量极大（如饮料等）的受试样品还可去除部分无安全问题的功效成分（如糖等），以满足保健食品功能评价的需要。以非定型产品进行试验时，应当说明理由，并提供受试样品处理过程的详细说明和相应的证明文件，处理过程应与原功能（保健）食品的主要生产工艺步骤保持一致。

第二，对于含乙醇的受试样品，原则上应使用其定型的产品进行功能试验，其3个剂量组的乙醇含量与定型产品相同。如受试样品的推荐量较大，超过动物最大灌胃量时，允许将其进行浓缩，但最终的浓缩液体应恢复原乙醇含量。如乙醇含量超过15%时，允许将其含量降至15%。调整受试样品乙醇含量应使用原产品的酒基。

第三，液体受试样品需要浓缩时，应尽可能选择不破坏其功效成分的方法。一般可选择60～70℃减压或常压蒸发浓缩、冷冻干燥等进行浓缩。浓缩的倍数依具体试验要求而定。

第四，对于以冲泡形式饮用的受试样品（如袋泡剂），可使用该受试样品的水提取物进行功能试验，提取的方式应与产品推荐饮用的方式相同。如产品无特殊推荐饮用方式，则采用下述提取的条件：常压，温度80～90℃，时间30～60min，加水量为受试样品体积的10倍以上，提取2次，将其合并浓缩至所需浓度，并标明该浓缩液与原料的比例关系。

12.1.3 对合理设置对照组的要求

保健食品功能评价的各种动物试验至少应设置3个剂量组，另设阴性对照组，必要时可设阳性对照组或空白对照组。以载体和功效成分（或原料）组成的受试样品，当载体本身可能具有相同功能时，应将该载体作为对照。以酒为载体生产加工的保健食品，应当以酒基作为对照。

二维码 12-1 安慰剂

保健食品人体试食对照物品可以用安慰剂，也可以用具有验证保健功能作用的阳性物。

12.1.4 对给予受试样品时间的要求

动物试验给予受试样品以及人体试食的时间应根据具体试验而定，原则上为1～3个月，具体试验时间参照各功能的试验方法而定。如给予受试样品时间与推荐的时间不一致，需详细说明理由。

12.1.5 对实验动物、饲料、实验环境的要求

第一，根据各种试验的具体要求，合理选择动物。常用大鼠和小鼠，品系不限，应使用适用

于相应功能评价的动物品系，推荐使用近交系动物。

第二，动物的性别不限，可根据试验需要进行选择，一般雌雄数目基本相当。动物的数量要求为小鼠每组 10～15 只(单一性别)，大鼠每组 8～12 只(单一性别)。动物的年龄可根据具体试验需要而定，但一般多选择成年动物。

二维码 12-2
实验动物等级

第三，对照组与试验组动物应随机选择，性别、年龄、体重、健康状况应基本相同。

第四，实验动物应达到二级实验动物要求。

第五，动物及其实验环境应符合国家对实验动物及其实验环境的有关规定。

第六，动物饲料应提供饲料生产商等相关资料。如为定制饲料，应提供基础饲料配方、配制方法，并提供动物饲料检验报告。

12.1.6　对给予受试样品剂量的要求

各种动物试验至少应设 3 个剂量组，1 个对照组，必要时可设阳性对照组。剂量选择应合理，尽可能找出最低有效剂量。在 3 个剂量组中，其中一个剂量应相当于人体推荐摄入量的 5～10 倍，且最高剂量不得超过人体推荐摄入量的 30 倍(特殊情况除外)；受试样品的功能试验剂量必须在毒理学评价确定的安全剂量范围之内。

12.1.7　对给予受试样品方式的要求

必须经口给予的受试样品，首选灌胃。灌胃给予受试样品时，应根据试验的特点和受试样品的理化性质选择适合的溶媒(溶剂、助悬剂或乳化剂)，将受试样品溶解或悬浮于溶媒中，一般可选用蒸馏水、纯净水、食用植物油、食用淀粉、明胶、羧甲基纤维素、蔗糖脂肪酸酯等，如使用其他溶媒应说明理由。所选用的溶媒本身应不产生毒性作用，与受试样品各成分之间不发生化学反应，且保持其稳定性，无特殊刺激性味道或气味。如无法灌胃则加入饮水或掺入饲料中，计算受试样品的给予量。

应描述受试物配制方法、给予方式和时间。

12.1.8　人体试食试验的基本要求

1. 评价的基本原则

(1)原则上受试样品已经通过动物试验证实(没有适宜动物试验评价方法的除外)，确定其具有需验证的某种特定的保健功能。

(2)原则上人体试食试验应在动物功能学试验有效的前提下进行。

(3)人体试食试验受试样品必须经过动物毒理学安全性评价，并确认为安全的食品。

2. 试验前的准备

(1)拟定计划方案及进度，组织有关专家进行论证，并经伦理委员会参照《保健食品人群试食试验伦理审查工作指导原则》的要求审核、批准后实施。

(2)根据试食试验设计要求，受试样品的性质、期限等，选择一定数量的受试者。试食试验报告中试食组和对照组有效例数不少于 50 人，且试验的脱离率一般不得超过 20%。

(3)开始试用前要根据受试样品性质,估计试用后可能产生的反应,并提出相应的处理措施。

3. 对受试者的要求

(1)选择受试者必须严格遵照自愿的原则,根据所需要判定功能的要求进行选择。

(2)确定受试对象后要进行谈话,使受试者充分了解试食试验的目的、内容、安排及有关事项,解答受试者提出的与试验有关的问题,消除可能产生的疑虑。

(3)受试者应当符合纳入标准和排除标准要求,以排除可能干扰试验目的的各种因素。

(4)受试者应填写参加试验的知情同意书,并接受知情同意书上确定的陈述,受试者和主要研究者在知情同意书上签字。

4. 对试验实施者的要求

(1)以人道主义态度对待志愿受试者,以保障受试者的健康为前提。

(2)进行人体试食试验的单位应是认定的保健食品功能学检验机构。如需进行与医院共同实施的人体试食试验,医院应配备经过药物临床试验质量管理规范(GCP)等培训的副高级及以上职称医学专业人员负责项目的实施,有满足人体试食试验的质量管理体系,并具备处置人体试食不良反应的部门和能力。检验机构应加强过程监督,与医院共同研究制定保健食品人体试食试验方案,并严格按照经过保健食品人体试食伦理审核的方案执行。

(3)与负责人取得密切联系,指导受试者的日常活动,监督检查受试者遵守试验有关规定。

(4)在受试者身上采集各种生物样品,应详细记录采集样品的种类、数量、次数、采集方法和采集时期。

(5)试验观察指标除了系统常规检验外,还需根据试验要求选择合适的功能指标。

(6)负责人体试食试验的主要研究者应具有副高级及其以上技术职称。

12.2 实验动物与动物试验技术

实验动物科学是生命科学的重要组成部分,也是生命科学发展的重要基础条件。实验动物在医药、生命科学研究中,作为临床前模型和“活的精密仪器”,其作用是不可代替的。近几年来,随着功能食品的蓬勃发展,相继开展的功能性评价、功能因子鉴定工作也要靠实验动物作为载体。因此,实验动物备受功能食品研究领域的重视。

12.2.1 实验动物

12.2.1.1 实验动物的概念及发展

远在公元前,古代医药学比较发达的国家,如中国、印度和埃及等就已利用动物观察毒药的作用。古希腊学者亚里士多德还利用动物进行了解剖学和胚胎学的研究。公元初,罗马学者为研究人体结构,进行了猪和猴的解剖。16 世纪以后,自然科学的研究方法由单纯观察发展到以实验研究为主,利用动物进行科学实验的事例日益增多。到 19 世纪,巴斯德在研究几种动物传染病的基础上,首次制成疫苗,促进了现代医学科学包括实验药理学、比较生理学和实验医学的迅速发展,而其间的每一步前进都离不开实验动物的贡献。

但科学家对实验动物的认识并不是一步到位的,在很长一段时间内科学家对受试动物内在条件可能对实验结果产生影响的认识仍然是肤浅的，对动物本身及其环境条件要求也不高。那时所用的动物只能称为实验用动物（experimental animals）。随着生命科学的不断发展，基于实验用动物本身及周围环境因素对实验研究、检定或测试结果的可靠性和精确度的影响，科学家开始对实验用动物及其大小、环境进行越来越严密的人工控制。这种控制获得成效，使一些实验用动物逐渐转化为实验动物，并且最终得到现在的定义。实验动物（laboratory animals）是指经人工繁育，对其携带微生物实行控制，遗传背景明确或者来源清楚的用于科学研究、教学、生产、检定以及其他科学实验的动物。

实验动物定义的出现使得实验动物的应用更加精确，领域更加广泛。20 世纪以来，人类最重要疾病的研究几乎都要借助于实验动物。裸鼠的育成为肿瘤研究提供了不可缺少的材料。制药工业几乎从研制开始到出厂安全检查为止都依赖于实验动物，特别是新药的药效试验、毒理学试验和药物动力学研究更要以从实验动物取得的数据为依准。在环境保护方面，实验动物是对废物、废气、废水、噪声、辐照等污染源进行监测的前哨和研究防治措施的标样。在农业上，农药、化肥的残毒量要经过实验动物测定。兽医疫苗生产、畜病防治、家畜饲料添加剂鉴定和营养分析等更是离不开实验动物。此外，实验动物在各种新式武器的杀伤效果的测定和战伤护理以及宇宙、航天科学等的研究中也有重要意义。当然，在功能食品的研究、开发、评价过程中，也离不开采用不同类型的实验动物及其动物模型。

12.2.1.2 实验动物的分类

从研究对象看，实验动物学是动物学的分支。实验动物的自然分类仍沿用动物学的分类方法。按动物学的分类法，动物在界以下分门、纲、目、科、属、种。但实验动物的分类还有其自身的特点，已知的 150 万种动物分属 11 个门。实际上，绝大多数实验动物属脊索动物门、脊椎动物亚门。以家犬为例，其动物学分类为：动物界、脊索动物门、脊椎动物亚门、哺乳纲、真兽亚纲、食肉目、犬科、犬属、家犬种。目前常用的实验动物均为哺乳类，其分类从门至纲几乎完全相同，均为脊索动物门、脊椎动物亚门、哺乳纲，其下除单孔目和有袋目（已培育出标准化实验动物袋鼠）为后兽亚纲以外，均为真兽亚纲，但目以下的分类则各不相同。

实验动物尚根据遗传特征将动物在种以下细分为各个品种和品系；有些品系还细分为亚系。品种是人们根据不同需要而对动物进行改良、选择即定向培育并具有某种特定外形和生物学特性的动物群体。其特性能较稳定遗传。如已培育出新西兰兔、青紫蓝兔和日本大耳白兔等品种的实验用兔。

品系即“株”，为实验动物学的专用名词，指来源明确，并采用某种交配方法繁殖，而具有相似的外貌、独特的生物学特征和稳定的遗传特性，可用于不同实验目的的动物群体，如近交系、封闭群（远交群）、突变系、系统杂交动物等。以 NIH 小鼠为例，按动物学分类，为动物界、脊索动物门、脊椎动物亚门、哺乳纲、真兽亚纲、啮齿目、鼠科、小鼠属、小家鼠种；并按实验动物分类为 NIH 品种小鼠、封闭群品系。

12.2.1.3 实验动物的来源和用途

1. 育成品种

育成品种是根据生物医学科学研究和监测工作的需要而选育成的品系较纯的动物。其性状和遗传、生理、生化指标都达到相对恒定的水平，从而可以保证实验的高精密度和具有准确的可重复性。现在常用的大鼠、小鼠等都属于这个类型。其中还包括由于遗传突变而出现的具有某种特殊性状的突变型动物，如免疫缺陷动物，包括无胸腺功能的裸鼠和无 B 细胞功能、无杀伤细胞功能、无脾脏或无巨噬细胞的动物等。这些突变型实验动物免疫功能不全，就使许多不易用动物体建立模型的疾病例如肿瘤等得以复制。

2. 驯养动物

驯养动物包括家畜和玩赏动物，如猪、马、牛、羊、鸡、鸭、鹅、鸽、犬、猫等。其中猪和犬已在生物医学研究中被大量用作动物模型。

3. 野生动物

野生动物包括两栖类、爬虫类、鱼类、鸟类、灵长类以及大量无脊椎动物（蚧、蝇、蚊、蚯蚓、虻等）。其中一种小型野猪天然患有糖尿病、血友病、黑色素瘤等，且可遗传，已成为研究这些人类重要疾患的天然动物模型。野生动物和驯养动物虽因其遗传背景不够清楚而不具有准确的可比性和可重复性，从而限制了在精密科研中的应用，但由于它的某些生物学特点，在科研中的用途仍日受重视。

12.2.1.4 实验动物的品质控制

为了保证实验动物的品质和试验的精密度，需要有严格的控制条件，并须不断进行监测。控制和监测的内容主要有遗传学控制、微生物控制以及环境控制三大方面。

1. 遗传学控制

实验动物按遗传控制的程度可分为近交系、远交群、杂交群和封闭群。

(1)近交系　即一个动物群体中，任何一个体基因组中 98.6%以上的座位为纯合的品系。一般品系内动物的遗传背景已得到很高水平的控制，具有长期稳定性。研究的可重复性强，数据可靠。功能食品研究中常用的大鼠、小鼠、豚鼠、兔、犬等都有了近交系。

二维码 12-3　近交系动物类型

(2)远交群　指为了维持群体的最大杂合度、以非近亲交配方式进行繁殖生产的实验动物种群。目前业内主流的做法是安全性实验大多采用远交系动物，药效试验大多采用近交系动物。

(3)杂交群　是具有一定的杂交优势、生命力强、遗传背景清楚和有一定的遗传特性的动物。来自两个近交系的杂交一代可重复性也较好。缺点是其下一代即可能发生遗传学上的性状分离，故供应受到限制。

(4)封闭群　是指在一段时间内（5 年以上）不引进外部动物，在群体内随机选择种动物进行繁殖，以维持有限杂合度的实验动物种群。它们的基因型是杂合的，所以没有近亲繁殖的退化现象。个体之间有遗传学上的差异，不宜用于精密研究，但可用于生物制品、化学药品等的品质鉴定。

遗传学监测所用的方法有 10 多种、20 多项指标。如同系异体组织移植法多用于小鼠、大鼠和豚鼠，其近交系的个体之间能互相接受移植，反之则排斥。毛色基因交配试验多用于新引入品系或怀疑可能发生混杂时的测定。如繁殖一代毛色有异，可证明遗传上已经混杂。此外，还有生化标志基因测定法，用于检查品系是否有了突变或遗传学混杂等。这些方法要配合使用才能对基因纯度和遗传关系做出准确判断。

2. 微生物控制

通常根据对微生物的控制程度，将实验动物分为无菌动物、已知生物体动物、普通动物和无特定病原动物。

(1)无菌动物(GF动物) 是指动物体内检测不出任何生命体的实验动物。利用现有手段不可能从其身上检出任何微生物和寄生虫。这类动物饲养困难，生活力差。

(2)已知生物体动物 又称悉生动物(GN动物)，以对机体有益的肠道细菌喂给无菌动物培育而成。它比无菌动物生活力强、管理较易，在很多方面，特别是在研究肠道疾病与各种肠道菌的相互关系时可以代替无菌动物。

(3)无特定病原动物(SPF动物) 是指除普通级动物应排除的病原体外，不携带对动物健康危害大和(或)对科学研究干扰大的病原体的实验动物。SPF动物现不但用于实验目的，在有些国家，商品猪、鸡的原种群或市销群也已SPF化，以确保消费者的健康。

(4)普通动物 也称常规动物(CV动物)，指不携带所规定的对动物和(或)人健康造成严重危害的人兽共患病病原体和动物烈性传染病病原体的实验动物。普通动物也用无菌动物剖腹取胎隔绝母乳培育，但在开放式条件下饲养。

二维码12-4 实验动物微生物检测频率

未经驯化的野生动物，有时也用于试验，但由于遗传背景不清楚，健康状况不稳定，因而对试验物反应缺乏一致性，试验结果可信度和重复性都很差，而不被国际学术界所承认。如家畜、家禽等经济动物，由于它们对某些试验具有较高的敏感性，试验操作也方便，也会作为试验用。如果按照实验动物的质量要求，加以培育和严格的监控，是可以把它们开发成为很好的实验动物。

3. 环境控制

实验动物终生关养，其中的环境条件对动物机体的繁殖、遗传、生理和病理都有极大影响。环境条件包括居住、气候、微生物和营养等。其中最主要的是实验动物房的设计对环境温度、湿度、气流速度、照明、噪声、氨浓度以及笼具架等都有一定要求。

(1)实验动物的环境 实验动物环境可分为外环境和内环境。外环境是指实验动物设施或动物实验设施以外的周边环境。内环境是指实验动物设施或动物实验设施内部的环境。内环境又细分为大环境和小环境。前者是指实验动物的饲养间或试验间的整体环境状况；后者是指在动物笼具内，包围着每个动物个体的环境状况，如温度、湿度、气流速度、氨及其他气体的浓度、光照、噪声等。

实验动物环境条件对动物的健康和质量以及对动物试验结果有直接的影响，尤其是高等级的实验动物，环境条件要求严格和恒定。因而，生活在对环境条件人工控制程度越高，并符合标准化要求的环境中的动物，就越具有质量上的保证，一致性的程度就越高，动物试验结果就有更好的可靠性和可重复性，也使同类型的试验数据具有可比较的意义。

(2)影响实验动物环境的因素及其控制 气候因素包括温度、湿度、气流和风速等。在国家制定的实验动物标准中，对各质量等级动物的环境气候因素控制都有明确的要求。

理化因素包括光照、噪声、粉尘、有害气体、杀虫剂和消毒剂等。这些因素可影响动物各生理系统的功能及生殖机能，需要严格控制，并实施经常性的监测。

生物因素是指实验动物饲育环境中特别是动物个体周边的生物状况，包括动物的社群状况、饲养密度、空气中微生物的状况等。例如，在实验动物中许多种类都有能自然形成具有一定社会关系群体的特性。对动物进行小群组合时，就必须考虑到这些因素。不同种之间或同种的个体之间，都应有间隔或适合的距离。对实验动物设施内空气中的微生物有明确的要求，动物等级越高要求越严格。

(3)实验动物的房舍设施　实验动物设施是实验动物和动物试验设施的总称，是为实现对动物所需的环境条件实行目标控制而专门设计和建造的。实验动物设施依其使用功能的不同，划分为各个功能区域，各自有不同的要求。

按照“实验动物环境与设施”国家标准规定，实验动物环境设施按照控制程度从低到高，依次为普通环境、屏障环境和隔离环境。每一环境也均有各自独特的要求，这里不再赘述，可参考国家标准。

另外，对实验动物的房舍设施的建设，如地面、门窗、墙壁、天花板、走廊及空气净化调节设备与送排风系统等都有详细的要求。例如：地面要求平而不滑，一般不设排水口；墙壁要求保温和隔音，墙涂料耐酸碱，易于消毒清洗；有压力梯度的系统，门应开向压力高的一侧。总之，设施建设是从质量控制要求的角度，考虑到操作和成本等因素来提出相应的要求。

(4)实验动物环境监测和设施的维护　新建或改建的实验动物设施竣工启用前，须向所属的实验动物管理部门申请进行环境设施的检测，检测合格后方能投入使用。实验动物设施是连续运行的，各种环境因素一直处在变动之中，也需要经常性的监测和维护。对实验动物设施的环境条件，国家有标准化的规定，检测项目包括温度、相对湿度、气流速度、换气次数、静压差、空气洁净度、空气沉降菌、噪声、照度和氨气浓度测定等。

实验动物设施的各项环境指标是通过相关设备的运转来实现及维持的，环境指标值无时不在动态的变化之中。对设施的环境监测和维护，是实验动物设施经常进行的工作。日常维护的重点主要包括空气过滤系统的维护、空调系统的维护以及灭菌系统的维护。

二维码 12-5　实验动物标准化

12.2.2　功能(保健)食品研究中实验动物的选择及应用

12.2.2.1　选择实验动物的原则

当前，动物试验和实验动物都要求达到实验室操作规范(good laboratory practice，GLP)和标准操作程序(standard operating procedure，SOP)。这些规范和操作对实验动物和实验室条件以及工作人员素质、技术水平和操作方法都要求标准化。所有功能食品的评价试验都必须按规范进行。这是动物试验和实验动物总的要求。

1.3R 原则

3R 是指 reduction(减少)、replacement(替代)和 refinement(优化)。“减少”是指减少试验用的动物和试验的次数；“替代”是指尽可能采用可以替代实验动物的替代物，如用细胞组织培养方法，或用物理、化学方法代替实验动物的使用。“优化”是指对待实验动物和动物试验工作应做到尽善尽美。党的二十大报告提出：促进人与自然和谐共生。保护动物，善待生灵，就是共筑我们的美好家园。目前，3R 原则已在国际上推广，实验工作者要按 3R 原则去做。

2. 功能食品的评价

所用动物应该达到二级实验动物的要求，即清洁动物。但从微生物学和寄生虫学标准去选择实验动物，要求选用三级的实验动物。原因是三级实验动物已经排除了人兽共患疾病，排除了实验动物本身的传染病，也排除了影响试验研究的相应微生物和寄生虫，使试验研究处于没有或很少有外源干扰的情况下进行。排除这些干扰有利于试验的顺利进行，获得可靠的数据。

3. 从遗传学的观点选择实验动物

从遗传学的观点选择实验动物，也可以说是从分子生物学角度选择实验动物，包含了对实验动物遗传学的了解，应选择使用近交系、突变系、封闭群、杂交系及转基因动物去进行试验。

4. 从效果上选择实验动物

效果比较就是要与人比较，选择与人体结构、机能、代谢及疾病特征相似的动物。利用实验动物某些与人类相近似的特性，通过动物试验对人类的疾病发生和发展的规律进行推断和探索。例如在降血脂、降血压的功能食品研究中，以高胆固醇膳食饲喂兔、鸡、猪、犬、猴等动物时，均可诱发动物的高脂血症或动脉粥样硬化。但猴和猪除有动脉粥样硬化外，心脏冠状动脉前降支形成斑块、大片心肌梗死，情况与人更为相似。

5. 选用结构简单又能反映研究指标的动物

进化程度高或结构功能复杂的动物有时会给试验条件的控制和试验结果的获得带来难以预料的困难。在能反映试验指标的情况下，应选用结构功能简单的动物。例如，对于延缓衰老的功能食品研究可选用果蝇，其生活史短（12 d 左右）、饲养简便。而同样方法若以灵长类动物为试验材料，其难度是可以想象的。

6. 选择适龄的实验动物

对于慢性试验或促生长发育的功能食品的研究，应选择幼龄动物。在延缓衰老的功能食品研究中，常选用老龄动物，因其机体的代谢和各种功能反应已接近老年。

7. 不能忽略的一些具体因素

如性别、年龄、体重、营养状况、饲养环境、饲养人员的素质和责任心等是试验中不可忽视的因素。

12.2.2.2　常用实验动物的选择和应用

随着实验动物应用的发展，研究中使用的实验动物品种越来越多，由最初的鼠类、兔、犬和猫、豚鼠等发展到猪、羊、鸡、鸭、章鱼、鸟类和蚊蝇等。其中功能食品试验中以大白鼠和小白鼠最为多用，其次是兔、豚鼠、鸟类等。无论何种实验动物，对其合格性均有一定要求。

1. 小鼠选择与应用

在哺乳类实验动物中，由于小鼠个体小、饲养管理方便、生产繁殖快、质量控制严格、价廉，可以大量供应，又有大量的具有各种不同特点的近交品系、突变品系、封闭群及杂交一代动物，故小鼠实验研究资料丰富，参考对比性强。更重要一点乃是全世界科研工作者均用国际公认的品系和标准的条件进行实验，其试验结果的科学性、可靠性、重复性高，因此，小鼠被广泛应用于功能食品各项试验中，其用量最大，用途最广。

（1）毒理学试验　可利用小鼠进行功能（保健）食品的筛选及药理和毒理学的试验，包括急性、亚急性和慢性毒性试验、三致（致癌、致畸、致突变）试验、半数致死量测定、最大无作用剂量测定、产品的初步试验效果等。

（2）抗突变、抗肿瘤功能食品的研究　由于小鼠有许多近交系，部分近交系有其特定的自发性肿瘤，可利用其自发肿瘤与人体肿瘤的相似之处作为动物模型进行抗突变、抗肿瘤功能食品研究以及抗癌食品的筛选。

(3)增强免疫功能食品的研究　在免疫缺损的小鼠中，已有几种提供给科学家使用。如T淋巴细胞缺乏的裸鼠、严重联合免疫缺损小鼠(SCID)、T淋巴细胞和B淋巴细胞缺损小鼠、T细胞缺损小鼠和NK细胞缺损小鼠等。它们已成为人和动物肿瘤或组织接种用动物，也是研究免疫功能食品的良好模型，而通过人或猴的组织接种又成为人-鼠或猴-鼠模型，成为新的载体动物模型。

(4)抗衰老功能食品的研究　小鼠寿命短(1.5～3年)，常用于研究衰老的起因和机理。晚期小鼠老年病多，肿瘤发病率高，如乳腺瘤、乳腺癌、白血病、肺肿瘤、肾肿瘤等；还会出现退行性疾病，如类淀粉沉着病和肾病等。

二维码 12-6
退行性疾病

(5)抗应激功能食品的研究　应激因素很多，如高温、低温、烧伤、冻伤、缺氧、低压、化学毒物、辐照、意外创伤等。检验受试功能食品对抗这些应激反应的功能，都可以利用小鼠作为动物模型。

(6)其他　小鼠还用于其他许多功能的研究，如检验功能食品的促生长发育、改善胃肠道、抗龋齿、抗疲劳、减肥、帮助睡眠等功能。

2. 大鼠的选择和应用

大鼠是医学上最常用的实验动物之一，其用量仅次于小鼠。大鼠体型比小鼠大，已育成近交系、突变系和封闭群。其价格较廉，可以大量供应。因此，大鼠也常被用于功能食品方面的研究。

(1)降血脂、降血压类功能食品的研究　大鼠的血压反应比家兔好，常用它来直接描记血压，进行降压功能因子的研究；也常用于研究、评价和确定最大作用量、功能因子排泄速率和蓄积倾向；慢性试验确定功能因子的吸收、分布、排泄、剂量反应和代谢，以及服用后的临床和组织学表现。大鼠血压及血管阻力对功能因子反应敏感，常用来灌流大鼠肢体血管或离体心脏，进行心血管药理学研究及筛选有关功能因子。

(2)抗肿瘤功能食品的研究　在肿瘤研究中常常使用大鼠，可使用生物、化学的方法诱发大鼠肿瘤，或人工移植肿瘤进行研究，或体外组织培养研究肿瘤的某些特性等。

(3)强肾、改善胃肠道消化功能食品的研究　大鼠的垂体-肾上腺系统功能发达，可用于垂体、肾上腺系统的研究。利用手术摘除某些内分泌器官，可以了解各腺体的作用和它们之间的互相关系。大鼠无胆囊，胆管相对较粗大，可采用胆总管插管收集胆汁进行消化功能的研究。

(4)营养、代谢方面的研究　大鼠对营养缺乏比较敏感，是营养、代谢研究的重要材料。维生素、蛋白质、氨基酸、钙、磷等代谢研究，动脉粥样硬化、淀粉样变性、酒精中毒、十二指肠溃疡、营养不良等方面的研究，都可以使用大鼠。

(5)增智功能食品的研究　大鼠的神经系统与人类相似，可广泛用于高级神经活动的研究，如奖励和惩罚试验、迷宫试验、饮酒试验，以及对于神经官能症、精神发育阻滞等的研究。

(6)延缓衰老功能食品的研究　近几年，常用老龄大鼠(日龄1年以上)探索延缓衰老的方法、研究饮食方式和寿命的关系、研究老龄死亡的原因等。

(7)其他　大鼠还可用于改善人类有关疾病的功能食品的研究，如糖尿病、胃溃疡、中毒性肝炎、肝坏死、肝硬化、关节炎和老年病等。

3. 家兔的选择与应用

家兔作为实验动物，常应用于以下方面。

(1)由于抗原刺激机体后，家兔体液免疫应答反应强烈，因此，家兔被广泛应用于提高免疫功能食品的研究，同时有可能制备高效价、特异性强的免疫血清。

(2)利用家兔的皮肤和眼睛对化学试剂的敏感反应做功能食品毒理学中致畸因子的研究。

(3)家兔实验性动脉粥样硬化是 20 世纪初形成的模型，沿用至今。家兔可形成高脂血症、弥漫性血管内凝血、急性循环障碍、心肌梗死、心律失常、高血压、肺源性心脏病、慢性肺动脉高压、肺心病等模型，对抗血脂、抗血压类功能食品研究具有重要价值。

(4)在抗应激类功能食品研究方面，冲击伤、冻伤、低温病模型和芥子气皮肤损伤均可利用家兔进行试验。

(5)家兔还可形成胃溃疡、肝炎、急性化脓性胆囊炎、胰腺炎、中毒性肝炎、肝坏死、阻塞性黄疸、肾小球肾炎、急性肾功能衰竭等模型，可用于相关功能食品的研究。

4. 豚鼠的选择与应用

豚鼠常用于提高免疫功能食品的研究。豚鼠与人肾上腺分泌产物的效应反应相似，与人的补体系统几乎可以相互转变。豚鼠对巨噬细胞的抑制，抗原对巨噬细胞相互作用，皮肤的迟缓过敏反应，过敏反应等，均与人近似。

此外，豚鼠体内不能合成维生素 C，当饲料缺乏维生素 C 时则出现坏血病。豚鼠可作为这方面的模型，用于试验研究。

5. 地鼠的选择与应用

在常用的实验动物中，地鼠的用量和使用范围占第三位，但在功能食品研究方面应用不多。使用地鼠做这方面研究时，大部分选用金黄地鼠，小部分选用中国地鼠。由于地鼠具有许多独特的生物学与解剖学特性，因此，常被选用于以下研究。

(1)地鼠颊囊对可诱导肿瘤发生的病毒敏感，能成功移植某些正常或肿瘤的组织细胞，可广泛用于抗肿瘤功能食品的研究。金黄地鼠无原发性肺肿瘤，但最适合诱发支气管性肺癌和肺肿瘤。

(2)地鼠成熟早，动情周期准确，可确切得知其怀孕期，而且其妊娠期短，繁殖代数快。因此，在改善性功能食品的研究中地鼠被应用广泛，如精子与阴道功能评价试验、交配试验等。

(3)地鼠颊囊黏膜适用于观察淋巴细胞、血小板、血管反应变化，故常用于进行血管生理学和微循环研究。

(4)低温环境能诱导地鼠冬眠，故可应用于自然与人工诱导低体温及其生理代谢研究，还可用于肾上腺、脑垂体、甲状腺等神经内分泌生理学研究。

(5)地鼠蛀牙的产生与饲料和口腔微生物有关。因此，地鼠被广泛应用于抗龋齿功能食品的研究。

(6)中国地鼠可自发产生糖尿病，常用于糖尿病人专用功能食品的研究。

(7)地鼠还可用于营养学、药物学、毒性学反应和致畸等研究。

6. 犬的选择与应用

犬在功能食品研究中应用不是很多。由于犬的神经、血液循环系统发达，在辅助降血脂、降血压的功能食品研究中有涉及。此外，在强肾功能食品以及糖尿病人专用功能食品研究方面有应用。

在其他领域，犬作为实验动物应用广泛，如实验外科学研究常首先选用犬做动物试验，取得经验与技巧以后才试用于临床。犬还是目前基础医学研究和教学中最常用的实验动物之一，在生理和病理生理学研究中尤其如此。犬还可以应用于行为学、肿瘤学以及核医学等研究领域。

7. 猫的选择与应用

猫的用量相对较少，仅在糖尿病人专用功能食品研究中有应用，而且在该项研究中又以大鼠和犬最为常用。

12.2.3 动物实验技术

动物实验技术(laboratory animal techniques)包括研究实验动物的饲养管理技术、各种监测方法和动物试验方法与技术标准等。实验动物是我们科研路上的好伙伴，为强化食品药品安全监管奉献生命，我们应遵守动物伦理规则，尊重、爱护实验动物生命，与实验动物携手同进，进一步探索未知领域。

12.2.3.1 饲养管理技术

来源清楚的种子动物、良好的环境控制、标准化的饲料和科学化的管理是培育生产出高品质、标准化实验动物以及获得准确实验研究结果的重要条件。因此，必须进行严格的科学化管理。本部分以功能食品中最常用的小鼠及大鼠为例进行介绍。

1. 行为和习性

清楚地掌握实验动物的行为和习性是科学饲养管理的第一步。

小鼠胆小、温顺，较易捕捉，但捕捉时刺激过大，也会咬人。小鼠喜阴暗和群居，夜间比白天更活跃，怕强光和噪声。强光或噪声刺激可导致哺乳母鼠神经紊乱，出现吃仔现象。雄鼠好斗，性成熟的雄鼠放在一起，易发生互斗而互相咬伤。小鼠为群居动物，当群饲时，其饲料消耗量比单个饲养时多，生长发育也快。小鼠的门齿终生都在生长，特别喜欢啃咬坚硬物品。小鼠对外界温度的变化特别是低温非常敏感，由于运输，环境改变而致的低温可很快引起小鼠死亡。

大鼠性情不似小鼠温顺，受惊时表现凶恶。哺乳母鼠更易产生攻击人的倾向。配种后的成年雄鼠同笼饲养可能互相撕咬，严重的甚至咬死。大鼠是杂食动物，有随时采饮的习惯，喜食煮熟的动物肉(如兔肉)，甚至是同类的肉。大鼠对营养缺乏敏感，特别是维生素和氨基酸缺乏时可出现典型症状，在饲养时尤其要注意。大鼠也喜阴暗，活动多集中在黄昏到清晨这一段时间。大鼠对各种刺激很敏感，环境条件的微小变化也可引起大鼠的反应，例如空气中的粉尘、氨气、硫化氢、噪声等。大鼠具有群居优势，同笼多个饲养比单个饲养的大鼠体重增长快，性情温顺，易于捉取；单个饲养的则胆小易惊，不易捕捉。

2. 饲养环境

从实验鼠类的习性可知，大鼠和小鼠对环境适应性的自体调节能力和疾病抗御能力较其他实验动物差，因此，必须根据实际情况给予其清洁舒适的生活环境。不同等级的鼠应生活在相应的设施中。

小鼠的饲养环境应安静、通风和干燥，温度最好控制在18～22℃，湿度50％～60％。一般小鼠饲养盒内温度比环境高1～2℃，湿度高5%～10%。大鼠一般室温18～25℃，湿度30%～50%较为适宜。对于建筑条件较差的地方可用空气调节器、加湿器，在北方用暖气进行调节。为了保持室内空气新鲜，氨气浓度不得超过20 mg/kg，换气次数应达到10～20次/h。

现在我国普遍采用无毒塑料鼠盒、不锈钢丝笼盖、金属笼架等设施进行饲养。笼架一般可移动，并可经受多种方法消毒灭菌。用清洁层流架小环境控制饲养二级、三级实验鼠不失为一种较好的方法。笼盒既要保证鼠有活动的空间，又要阻止其啃咬磨牙咬破鼠盒逃逸，还应便于清洗消毒。带滤帽的笼具可减少微生物污染，但笼内氨气和其他有害气体浓度较高，有时影响试验结果的准确性。饮水器可使用玻璃瓶、塑料瓶，瓶塞上装有金属或玻璃饮水管，容量一般为250 mL或500 mL。

垫料是小鼠生活环境中直接接触的铺垫物，起吸湿(尿)、保暖、做窝的作用。因此，垫料应有强吸湿性、无毒、无刺激气味、无粉尘、不可食，并使动物感到舒适。目前采用的动物垫料主要是木材加工厂的下脚料，如多种阔叶树木的刨花、锯末等，玉米轴或秸秆粉碎后也是很好的垫料。但切忌用针叶木(松、桧、杉)刨花做垫料，这类刨花发出具有芳香味的挥发性物质，可对肝细胞产生损害，使药理和毒理方面的试验受到极大干扰。垫料必须经消毒灭菌处理，除去潜在的病原体和有害物质。每周2次更换垫料是很必要的，因为鼠盒的空间有限，鼠的排泄物中含有的氨气、硫化氢等刺激性气体，对饲养员和动物是不良刺激，极易引发呼吸道疾病；排泄物也是微生物繁殖的理想场所，如不及时更换，很容易造成动物污染。每次更换垫料时必须把盒内的脏垫料全部清除，鼠盒用清水冲刷干净后消毒液浸泡3～5 min，然后再用清水冲洗干净，晾干备用。最好是有一套备用的鼠盒，待全部更换完后集中清洗消毒，这样可提高工作效率。换下的脏垫料应及时移出饲养室并做无害化处理。

3. 饲喂和饮水

实验鼠类的饲料应保证其营养需要，并符合各等级动物饲料的卫生质量要求。大小鼠均具有随时采食的习惯，是多餐习性的动物，应保证其充足的饲料和饮水。饲料按照少量多次的原则添加，软料则应每日更换。一般情况下，饲料添加量掌握在每次添加时上次添加的饲料已基本吃完为宜。饲料在加工、运输、贮存过程中应严防污染、发霉、变质。一般的饲料贮存时间，夏季不超过15 d，冬季不超过30 d。小鼠应饲喂全价营养颗粒饲料，饲料中应含一定比例的粗纤维，使成型饲料具一定的硬度，以便小鼠磨牙，同时应维持营养成分相对稳定。任何饲料配方或剂型的改变都要作为重大问题记入档案。

根据实验鼠不同阶段的生长发育特点，应有不同的给饲标准。由于种鼠群和生产鼠群交配繁殖频繁，尤其生产种母鼠的负担重，能量消耗大，因此，除供给足够的块料外，还要定时饲喂少量葵花籽、麦芽和拌有鸡蛋的软料。麦芽和软料由于微生物条件较难控制，目前趋于淘汰不用，而致力于颗粒料的全价营养，即用维生素合剂代替。刚离乳的幼鼠需加喂软料，哺乳期加喂葵花籽。

实验鼠的水代谢相当快，应保证足够的饮水。用饮水瓶给水，每周换水2～3次。成年鼠饮水量一般为4～7 mL/d，要保证饮水的连续不断。应常检查瓶塞，防止瓶塞漏水造成动物溺死或饮水管堵塞使鼠脱水死亡。动物在吸水过程中，口内食物颗粒和唾液可倒流入水瓶。为避免微生物污染水瓶，换水时应清洗水瓶和吸水管。严禁未经消毒的水瓶继续使用。一级动物饮水标准应不低于城市生活饮水的卫生标准。二级动物的饮水须经灭菌处理。可用盐酸将水酸化(pH 2.5～3.0)，使实验鼠饮用酸化水，因酸化水在一定程度上可抑制细菌的生长并杀死它们,其灭菌效果可达到要求。三级、四级动物饮水用高压高温方法灭菌。

4. 观察和记录

实验鼠的饲养管理非常烦琐,要求饲养人员具有高度的责任心,随时检查动物状况,出现问题立即加以纠正。为了使饲养工作有条不紊,必须将各项操作统筹安排,建立固定的操作程序,使饲养人员不会遗漏某项操作,同时也便于管理人员随时检查。

管理人员应观察大鼠的吃料饮水量、活动程度、双目是否有神、尾巴颜色等,记录饲养室温度、湿度、通风状况,记录大鼠生产笼号、胎次、出生仔数等。饲养人员必须及时填写,绝不能后补记录。

外观判断动物鼠健康的标准如下:①食欲旺盛;②眼睛有神,反应敏捷;③体毛光滑,肌肉丰满,活动有力;④身无伤痕,尾不弯曲,天然孔腔无分泌物,无畸形;⑤粪便黑色呈麦粒状。

5. 清洁卫生和消毒

饲养员进入饲养室前必须更衣,使用肥皂水洗手,并用清水冲洗干净,戴上消毒过的口罩、帽子、手套后方可进入饲养室。坚持"每月小消毒"和"每季度大消毒"1 次的制度。每月用 0.1%新洁尔灭喷雾空气消毒 1 次,室外用 3%来苏尔消毒;每季度用过氧乙酸(0.2%)喷雾消毒鼠舍 1 次。笼具、食具至少每月彻底消毒 1 次。鼠舍内其他用具也应随用随消毒,可高压消毒或用 0.2%过氧乙酸浸泡。应有周转用房,在饲养室使用 1 年时,将实验鼠全部移入周转房,原饲养室彻底整修消毒。

每周应至少更换 2 次垫料。换垫料时将饲养盒一起移去。在专门的房间倒垫料,可以防止室内的灰尘和污染。一级以上动物的垫料在使用前应经高压消毒灭菌。要保持饲养室内外整洁,门窗、墙壁、地面等无尘土。垫料、饲料经高压消毒后放到清洁准备间贮存,但贮存时间不超过 15 d。鼠盒、饮水瓶每月用 0.2%过氧乙酸浸泡 3 min 或高压灭菌。

6. 疾病预防

作为实验动物,试验前应健康无病。所以,应积极进行疾病预防工作,而一旦发病则失去了作为实验动物的意义。有疑似传染病的实验鼠应将整盒全部淘汰,然后检测是否确有疾病,再采取相应措施。为了保持动物的健康,必须建立封闭防疫制度以减少鼠群被感染的机会。应注意以下几点:

(1)新引进的动物必须在隔离室进行检疫,一般检疫观察 5～7 d,观察无病时才能与原鼠群一起饲养。

(2)饲养人员出入饲养区必须遵守饲养管理守则,按不同的饲养区要求进行淋浴、更衣、洗手以及必要的局部消毒。

(3)严禁非饲养人员进入饲养区。

(4)严防野生动物(野鼠、蟑螂)进入饲养区。

12.2.3.2 实验动物的抓取和固定

在进行试验时,为了不损伤动物的健康,不影响观察指标,并防止被动物咬伤,首先要限制动物的活动,使动物处于安静状态。工作人员必须掌握合理的抓取固定方法。抓取动物前,必须对各种动物的一般习性有所了解。操作时要小心仔细、大胆敏捷、熟练准确,不能粗暴,不能恐吓动物。同时,要爱惜动物,使动物少受痛苦。

1. 小鼠

小鼠性情较温顺，一般不会咬人，比较容易抓取固定。通常用右手提起小鼠尾巴将其放在鼠笼盖或其他粗糙表面上，在小鼠向前挣扎爬行时，用左手拇指和食指捏住其双耳及颈部皮肤，将小鼠置于左手掌心，用无名指和小指夹其背部皮肤和尾部，即可将小鼠完全固定。在一些特殊的试验中，如进行尾静脉注射时，可使用特殊的固定装置进行固定，如尾静脉注射架或粗的玻璃试管。如要进行手术或心脏采血应先行麻醉再操作，如进行解剖试验则必须先行无痛处死后再进行。

2. 大鼠

大鼠的门齿很长，在抓取方法不当而受到惊吓或激怒时易将操作者手指咬伤，所以不要突然袭击式地去抓它，取用时应轻轻抓住其尾巴后提起，置于实验台上，用玻璃钟罩扣住或置于大鼠固定盒内，这样即可进行尾静脉取血或注射。如要作腹腔注射或灌胃等操作时，实验者应戴上帆布手套(有经验者也可不戴)，右手轻轻抓住大鼠的尾巴向后拉，但要避免抓其尖端，以防尾巴尖端皮肤脱落；左手抓紧鼠两耳和头颈部的皮肤，并将大鼠固定在左手中，右手即可进行操作。

3. 家兔

家兔比较驯服，不会咬人，但脚爪较尖，应避免家兔在挣扎时抓伤皮肤。常用的抓取方法是先轻轻打开笼门，勿使其受惊，随后手伸入笼内，从头前阻拦它跑动。然后一只手抓住兔的颈部皮毛，将兔提起，用另一只手托其臀，或用手抓住背部皮肤提起来，放在实验台上，即可进行采血、注射等操作。

因家兔耳大，故人们常误认为抓其耳可以提起，或有人用手挟住其腰背部提起均为不正确的操作。

在试验工作中常用兔耳作采血、静脉注射等用，所以家兔的两耳应尽量保持不受损伤。家兔的固定方法有盒式固定和台式固定。盒式固定适用于采血和耳部血管注射。台式固定适用于测量血压、呼吸和进行手术操作等。

4. 豚鼠

豚鼠胆小易惊，抓取时必须稳、准、迅速。先用手掌扣住鼠背，抓住其肩胛上方，将手张开，用手指环握颈部，另一只手托住其臀部，即可轻轻提起、固定。

5. 犬

用犬做试验时，为防止其咬伤操作人员，一般先将犬嘴绑住。对试验用犬，如比格犬或驯服的犬，绑嘴时操作人员可从其侧面靠近并轻轻抚摸颈部皮毛，然后迅速用布带绑住犬嘴；对家养的犬或未经驯服的犬，先用长柄捕犬夹夹住犬的颈部，将犬按倒在地，再绑嘴。如果试验需要麻醉，可先使动物麻醉后再移去犬夹。当犬麻醉后，要松开绑嘴布带，以免影响呼吸。

12.2.3.3　实验动物的编号、麻醉与除毛

1. 编号

实验动物常需要标记以示区别。编号的方法很多，根据动物的种类、数量和观察时间长短等因素来选择合适的标记方法。

(1)挂牌法　将号码烙压在圆形或方形金属牌上(最好用铝或不锈钢的，它可长期使用不

生锈),或将号码按试验分组编号烙在拴动物颈部的皮带上,将此颈圈固定在动物颈部。该法适用于犬等大型动物。

(2)打号法　用刺数钳(又称耳号钳)将号码打在动物耳朵上。打号前用蘸有酒精的棉球擦净耳朵,用耳号钳刺上号码,然后在烙印部位用棉球蘸上溶在食醋里的黑墨水擦抹。该法适用于耳朵比较大的兔、犬等动物。

(3)针刺法　用七号或八号针头蘸取少量碳素墨水,在耳部、前后肢以及尾部等处刺入皮下,在受刺部位留有一黑色标记。该法适用于大鼠、小鼠、豚鼠等。在实验动物数量少的情况下,也可用于兔、犬等动物。

(4)化学药品涂染动物被毛法　经常应用的涂染化学药品有:0.5%中性红或碱性品红溶液,用于涂染红色;3%~5%苦味酸溶液,用于涂染黄色;煤焦油的酒精溶液,用于涂染黑色;2%硝酸银溶液,用于涂染成咖啡色,但涂后需光照 10 min。

根据试验分组编号的需要,可用一种化学药品涂染实验动物背部被毛就可以。如果实验动物数量较多,则可以选择 2 种染料。该方法对于试验周期短的实验动物较合适,时间长了染料易退掉;对于哺乳期的仔畜也不适合,因母畜容易咬死仔畜或把染料舔掉。

(5)剪毛法　剪毛法适用于大、中型动物,如犬、兔等。方法是用剪毛刀在动物一侧或背部剪出号码。此法编号清楚可靠,但只适于短期观察。

(6)剪缺口法　可用剪刀在兔耳剪缺口,应在剪后用滑石粉捻一下,以免愈合后看不出来。该法可以编至 1~9 999 号。此种方法常在饲养大量动物时作为终身号采用。

2. 麻醉

麻醉(anesthesia)的基本任务是消除试验过程中所致的疼痛和不适感觉,保障实验动物的安全,使动物在试验中服从操作,确保试验顺利进行。动物麻醉的关键在于正确选择麻醉剂和麻醉方法。

常用的麻醉剂根据麻醉部位大致分为局部麻醉剂(如普鲁卡因)和全身麻醉剂(如乙醚、苯巴比妥钠、戊巴比妥钠、硫喷妥钠等)。麻醉剂种类虽较多,但各种动物使用的种类多有所侧重。如做慢性试验的动物常用乙醚吸入麻醉(用吗啡和阿托品作基础麻醉);急性动物试验对犬、猫和大鼠常用戊巴比妥钠麻醉;对家兔和青蛙、蟾蜍常用氨基甲酸乙酯麻醉;对大鼠和小鼠常用硫喷妥钠或氨基甲酸乙酯麻醉。

常用的麻醉方法根据麻醉部位也可分为全身麻醉(如吸入麻醉法、注射麻醉法)和局部麻醉[如表面麻醉、区域阻滞麻醉、神经干(丛)阻滞麻醉和局部浸润麻醉]。全身麻醉的抑制深浅与药物在血液内的浓度有关,当麻醉药从体内排出或在体内代谢破坏后,动物逐渐清醒,不留后遗症。局部麻醉时动物保持清醒,对重要器官功能干扰轻微,麻醉并发症少,是一种比较安全的麻醉方法,适用于大中型动物各种短时间内的试验。

3. 除毛

在动物试验中,被毛有时会影响试验操作与观察,因此必须除去。除去被毛的方法有剪毛、拔毛、剃毛和脱毛等。

(1)剪毛法　将动物固定后,先用蘸有水的纱布把被毛浸湿,再用剪毛剪刀紧贴皮肤剪去被毛。不可用手提起被毛,以免剪破皮肤。剪下的毛应集中放在一容器内,防止到处飞扬。给犬、羊等动物采血或新生乳牛放血制备血清时常用此法。

(2)拔毛法　是用拇指和食指拔去被毛的方法。在兔耳缘静脉注射或尾静脉注射时常用此法。

(3)剃毛法　是用剃毛刀剃去动物被毛的方法。如动物被毛较长,先要用剪刀将其剪短,再用刷子蘸温肥皂水将剃毛部位浸透,然后再用剃毛刀除毛。本法适用于暴露外科手术区。

(4)脱毛法　是用化学药品脱去动物被毛的方法。首先将被毛剪短,然后用棉球蘸取脱毛剂,在所需部位涂一薄层,2～3 min 后用温水洗去脱落的被毛,用纱布擦干,再涂一层油脂即可。

适用于犬等大动物的脱毛剂配方为:硫化钠 10 g,生石灰 15 g,溶于 100 mL 水中。

适用于兔、鼠等动物的脱毛剂的配方如下:

①硫化钠 3 g,肥皂粉 1 g,淀粉 7 g,加适量水调成糊状。

②硫化钠 8 g,淀粉 7 g,糖 4 g,甘油 5 g,硼砂 1 g,加水 75 mL。

③硫化钠 8 g 溶于 100 mL 水中。

12.2.3.4　实验动物的给药

在动物试验中,为了观察药物对机体功能、代谢及形态引起的变化,常需要将药物注入动物体内。给药的途径和方法多种多样,可根据试验目的、实验动物种类和药物剂型、剂量等情况确定。不同途径的吸收速率不同,一般是:静脉注射＞呼吸道吸入＞肌内注射＞腹腔注射＞皮下注射＞经口＞皮内注射＞其他途径(如经皮等)。

1. 注射给药法

(1)皮下注射　注射时用左手拇指及食指轻轻捏起皮肤,右手持注射器将针头刺入,固定后即可进行注射。一般小鼠在背部或前肢腋下注射;大鼠在背部或侧下腹部注射;豚鼠在后大腿内侧、背部或肩部等脂肪少的部位注射;兔在背部或耳根部注射;犬多在大腿外侧注射。拔针时,轻按针孔片刻,防药液溢出。

(2)皮内注射　皮内注射用于观察皮肤血管的通透性变化或观察皮内反应。如将一定量的放射性同位素溶液、颜料或致炎物质、药物等注入皮内,观察其消失速度和局部血液循环变化,作为皮肤血管通透性观察指标之一。方法是:将动物注射部位的毛剪去,消毒后,用皮试针头紧贴皮肤皮层刺入皮内,然后使针头向上挑起并再稍刺入,即可注射药液。注射后可见皮肤表面鼓起一白色小皮丘,此小丘不会很快消失。

(3)肌内注射　当给动物注射不溶于水而混悬于油或其他溶剂中的药物时,常采用肌内注射。肌内注射一般选用肌肉发达、无大血管经过的部位,多选臀部。注射时针头要垂直快速刺入肌肉,如无回血现象即可注射。给大鼠、小鼠作肌内注射时,选大腿外侧肌肉进行注射。

(4)腹腔注射　先将动物固定,腹部用酒精棉球擦拭消毒,然后在左侧腹或右侧腹部将针头刺入皮下,沿皮下向前推进 0.3～0.5 cm,再使针头与皮肤呈 45°角方向穿过腹肌刺入腹腔,此时有落空感,回抽无肠液、尿液后,缓缓推入药液。此法大鼠、小鼠用得较多。

(5)静脉注射　静脉注射是将药液直接注射于静脉管内,使其随着血液分布全身,迅速奏效。但排泄较快,作用时间较短。

小鼠、大鼠的静脉注射常采用尾静脉注射。鼠尾静脉共有 3 根，左右两侧和背侧各 1 根。两侧尾静脉比较容易固定,故常被采用。一次的注射量为每 10 g 体重 0.1～0.2 mL。

豚鼠的静脉注射一般采用前肢皮下头静脉。豚鼠的静脉管壁较脆,注射时应特别注意。

兔的静脉注射一般采用外耳缘静脉，因其表浅易固定。

犬的静脉注射多采用前肢外侧静脉或后肢外侧的小隐静脉。

2. 经口给药法

(1)口服法　口服法是把药物放入饲料或溶于饮水中让动物自动摄取。此法优点在于简单方便，缺点是不能保证剂量准确。此法一般适用于对动物疾病的防治或某些药物的毒性试验，制造某些与食物有关的人类疾病动物模型。

(2)灌胃法　在急性试验中，多采用灌胃法。此法剂量准确。灌胃法是用灌胃器将所应投给动物的药灌到动物胃内。灌胃器由注射器和特殊的灌胃针构成。小鼠的灌胃针长 4～5 cm，直径为 1 mm；大鼠的灌胃针长 6～8 cm，直径约 1.2 mm。灌胃针的尖端焊有一小圆金属球，金属球为中空的。焊金属球的目的是防止针头刺入气管或损伤消化道。针头金属球端弯曲成 20°左右的角度，以适应口腔、食道的生理弯曲度走向。

12.2.3.5　实验动物的采血

试验研究中，经常要采集实验动物的血液进行常规质量检测、细胞学实验或进行生物化学分析，故必须掌握正确的采集血液的技术。采血方法的选择，主要取决于试验的目的和所需血量以及动物种类。

大鼠、小鼠的采血方法一般分为剪尾采血、眼底球后静脉丛采血和断头采血，分别对应需血量很少、中等和较大的情况。

兔的最常用采血方法为耳缘静脉采血。该法可多次重复使用。其他方法包括耳中央动脉采血、颈静脉采血及心脏采血。

豚鼠采血方法包括耳缘切口采血、背中足静脉采血、心脏采血。

犬的采血方法包括后肢外侧小隐静脉采血、前肢背侧皮下头静脉采血、颈静脉采血及股动脉采血。前两种方法需技术熟练，且不适于连续采血。大量或连续采血时，可采用颈静脉采血。股动脉采血为采取动脉血最常用的方法，操作简便。

12.2.3.6　实验动物的处死

当试验中途停止或结束时，试验者应站在实验动物的立场上以人道的原则去处置动物，原则上不给实验动物任何恐怖和痛苦，也就是要施行安死术。安死术是指人道地终止动物生命的方法，可最大限度地减少或消除动物的惊恐和痛苦，使动物安静、快速地死亡。实验动物安死术方法的选择取决于动物的种类与研究的课题。

1. 颈椎脱臼法

颈椎脱臼法是处死大鼠、小鼠最常用的方法。左手用镊子或用左手拇指和食指用力往下按住鼠头，另一只手抓住鼠尾，用力稍向后上方一拉，使之颈椎脱臼，造成脊髓与脑髓断离，动物立即死亡。

2. 空气栓塞法

空气栓塞法主要用于大动物的处死。用注射器将空气急速注入静脉，可使动物致死。一般兔与猫注入 20～40 mL 空气，犬注入 70～150 mL 空气，动物便会死亡。

3. 急性大失血法

用粗针头一次采取大量心脏血液，可使动物致死。豚鼠与猴等皆可采用此法。鼠可采用眼眶动、静脉大量放血致死。犬也可采用股动脉放血法处死。

4. 吸入麻醉致死法

应用乙醚吸入麻醉的方法处死。大鼠、小鼠在 20～30 s 陷入麻醉状态，3～5 min 死亡。应用此法处死豚鼠时，其肺部和脑会发生小出血点，在病理解剖时应予注意。

5. 注射麻醉法

应用戊巴比妥钠注射麻醉致死。豚鼠可用其麻醉剂量 3 倍以上剂量腹腔注射。猫可采用本药麻醉量的 2～3 倍药量静脉注射或腹腔内注射。兔可用本药 80～100 mL/kg 的剂量急速注入耳缘静脉内。犬可用本药 100 mg/kg 静脉注射。

二维码 12-7　实验动物的安死术方法选择的基本要求、方法原理和选择依据

6. 其他方法

大鼠、小鼠还可采用击打法、断头法、二氧化碳吸入法致死。吸入二氧化碳致死较安全、人道、迅速，被认为是处理啮齿类的理想方法。国外现多采用此法。可将多只动物同时置入一个大箱或塑料袋内，然后充入二氧化碳，动物在充满二氧化碳的容器内 1～3 min 死去。

12.3　试验设计与统计分析

在功能评价中，试验设计完善与否加上试验数据统计正确与否是关系到活性成分功效评定的关键问题。一个周密而完善的试验设计，能合理地安排各种试验因素，严格地控制试验误差，从而用较少的人力、物力和时间，最大限度地获得丰富而可靠的资料。而恰当正确的统计处理，可以排除人为因素、偶然因素的干扰，为判别和评价活性成分的功能提供恰当的依据。

12.3.1　试验设计的要素和原则

12.3.1.1　试验设计的要素

试验设计的基本要素包括处理因素、受试对象和试验效应。如降血脂功能的评价，具有降血脂功效的活性物质在高血脂动物模型身上进行，观察大鼠血清胆固醇含量，该研究中所用的具有降血脂功效的活性物质称为处理因素，高血脂动物称为受试对象，血清胆固醇称为试验效应。如何正确选择三大要素是评价中专业设计的关键问题。20 世纪 80 年代以来，在陶寿淇和诸骏仁的呼吁和倡导下，国内陆续开展了血脂异常与 AS 的临床和基础研究，一批青年海外留学专家回国开展了持续、系统而深入的研究工作，建立起了一支老中青结合的研究队伍，涵盖了血脂异常与 AS 的基础科学、流行病学和临床研究领域。重温这一段中国科技发展史，我们学习老一辈科学家无私奉献、严谨求实、协同创新的科学精神和艰苦奋斗、追求卓越、敢为人先的民族气概，树立正确的价值观，增强责任感和使命感。

1. 处理因素

处理因素（受试因素）通常指由外界施加于受试对象的因素，包括生物因素、化学因素、物理因素或内外环境因素。非处理因素是指对评价处理因素作用有一定干扰但研究者并不想通过试验考察其作用大小的因素。因此，研究者应正确、恰当地确定处理因素。一般处理方法是抓住主要因素，找出非处理因素并加以控制、标准化处理因素。

2. 受试对象

受试对象(研究对象)的选择十分重要，对试验结果有着极为重要的影响。大多数功能评价的受试对象是动物和人，也可以是器官、细胞或分子。处理因素敏感以及反应必须稳定是受试对象的2个基本条件。同时还要注意受试对象的样本数，最好根据特定的设计类型估计出较合适的样本含量。

3. 试验效应

试验效应内容包括试验指标的选择和观察方法2个部分。指标必须与所研究的题目具有本质性联系，而且是通过精密设备或仪器测定出的数据，能真实显示试验效应的大小或性质，并且具有足够的灵敏度、精确性和有效性。对试验效应的观察应避免偏倚。

12.3.1.2 试验设计的原则

1. 对照原则

对照原则是指处理与非处理之间要有一个科学的对比。对照的设立主要要求均衡性要好。除研究的处理因素外，其他试验条件应尽可能地一致。对照有多种形式，如外部对照(早些时候记录良好的观察对象)、历史对照、自身对照、平行组对照等。平行组对照在功能食品的评价中采用得最多，它既可以是阳性对照或安慰剂对照，也可以是量效平行对照。外部对照和历史对照(有时也称为无对照实验)由于比较的基线不同，论证强度差，通常是不可取的。自身对照要求前后相隔时间不能过长，并且最好同时增加一组平行对照。

2. 随机原则

按照设计类型对试验个体随机进行分组或安排试验顺序。这样做可以消除或减少系统误差，使显著性检验有意义；同时平衡各种条件，避免试验结果中的偏差。随机不是随便，不能凭主观决定试验个体的分组，正确分组是保证均衡性的关键。在功能性评价动物试验中，由于例数相对较少，为方便进行可采用查随机数字表的方法。

3. 重复原则

平行重复原则，即控制某种因素的变化幅度，在同样条件下重复试验，观察其对试验结果的影响程度。任何试验都必须能够重复，这是具有科学性的标志。单个个体的试验具有一定的偶然性，也无法估计抽样误差。不可否认，一些典型的个案是非常有意义的，因为只有在详细、定性描述的基础上，才能进行统计学工作。但是由于生物个体的变异性，如果需要揭示和表现功能评价中一些特有的规律，则必须有一定的样本量。样本量太少，处理效应被自身变异所遮掩，无法表现出来；样本量过大，会造成不必要的浪费，甚至难以完成，因此要正确地估计试验所需要的样本量。

12.3.2 常用试验设计方法

常用试验设计方法包括完全随机设计，配对或随机配伍组设计、析因设计、正交设计及其他设计方法。这里只作简单介绍，详情请查阅相关书籍和资料。

1. 完全随机设计

完全随机设计不考虑个体差异的影响，仅涉及一个处理因素，但可以有2个或多个水平，所以也称单因素实验设计。将受试对象编号后随机分配到 2 组或多组，然后给予不同的处理。这种设计的假设与其他设计相比要简单得多，易于操作，统计分析也较简单，是实际中最常用的实验设计方法。其缺点是组内误差较大，在个体变异较大而样本量又较小的情况下，各组的非处理因素分布不易均衡，降低了结果的可靠性。当实验组与对照组不均衡时，可以采用协方差分析方法。

2. 配对或随机配伍组设计

将实验个体按照条件相近的原则组成对子或配伍组（如同一窝别的动物），再将不同的处理按不同的方式随机安排在不同组内，使结果的比较变成组内比较，从而减少了试验误差。与完全随机设计相比，配伍组设计能进一步保证非处理因素在各处理组中分布均衡，并将配伍组的影响在方差分析时从组内误差项中分解出来，减少了误差均方，使处理组间的 F 值更容易出现显著性。该类设计考虑了个体差异的影响，可分析处理因素和个体差异对试验效应的影响，所以又称两因素试验设计。它比完全随机设计的检验效率高。但由于受配对或配伍条件的限制，有时难以将受试对象配成对子或配伍组，从而损失部分受试对象的信息；即使区组内有一个受试对象发生意外，也会使统计分析较麻烦；自身配对时，2 种处理施加于受试对象的顺序效应会混杂在试验效应中。

3. 析因设计

析因设计是一种多因素试验设计方法，即通过处理的不同组合，对 2 个或多个处理因素同时进行评价，一般要求每种处理的例数相同。这种设计适合同时对多个处理因素的效应进行研究，尤其各种因素的相互影响（交互作用）。若因素间存在交互作用，表示各因素不是独立的，一个因素的水平发生变化，会影响其他因素的试验效应；反之，若因素间不存在交互作用，表示各因素是独立的，任一因素的水平发生变化，不会影响其他因素的试验效应。

该设计是一种高效率的试验设计方法，不仅能够分析各因素内部不同水平间有无差别，还具有分析各种组合的交互作用的功能。但与正交试验设计相比，属全面试验。因此，研究的因素数与水平数不宜过多。

4. 正交设计

析因设计是各因素不同水平的全面组合，当因素较多时（如超过 4 个），由于组合产生的处理数急剧增加而难以实现，此时采用正交设计方法可以明显减少样本量。正交设计需要利用规范的正交表（可以在一些工具表中查到，也可以利用现成的统计软件如 SPSS 获得），结果的统计分析也需要依据正交表进行。正交设计与析因设计的统计分析方法基本相同，可以筛选出不同因素和水平的最佳组合，但只能对部分交互作用进行分析。

5. 其他设计

除上述常用的设计方法外，科研中还有交叉设计、拉丁方设计、序贯设计、裂区设计、不完全析因设计、嵌套设计、平衡不完全配伍组设计、均匀设计等复杂实验设计方法。对于一些重要的实验，研究者应一开始就与生物统计专业人员合作共同做好研究设计。在涉及大规模数据集的研究中，多学科合作可以帮助整合不同来源的数据，并开发合适的分析工具。这对于生物医学、环境科学和社会科学等领域同样很重要。以上各种方法可参考有关统计学专著。

12.4 保健食品功能检验与评价方法(2023年版)简介

2023年8月31日，根据《中华人民共和国食品安全法》及其实施条例、《保健食品原料目录与保健功能目录管理办法》，国家市场监督管理总局、国家卫生健康委及国家中医药局联合发布了《允许保健食品声称的保健功能目录 非营养素补充剂(2023年版)》及配套文件的公告。配套文件中包含了《保健食品功能检验与评价方法(2023年版)》(以下简称“2023版方法”)。

2023版方法按照不同保健食品的功能定位进行了分类，涵盖有助于增强免疫力、有助于抗氧化、辅助改善记忆、缓解视觉疲劳、清咽润喉、有助于改善睡眠、缓解体力疲劳、耐缺氧、有助于控制体内脂肪、有助于改善骨密度、改善缺铁性贫血、有助于改善痤疮、有助于改善黄褐斑、有助于改善皮肤水分状况、有助于调节肠道菌群、有助于消化、有助于润肠通便、辅助保护胃黏膜、有助于维持血脂(胆固醇/甘油三酯)健康水平、有助于维持血糖健康水平、有助于维持血压健康水平、对化学性肝损伤有辅助保护作用、对电离辐照危害有辅助保护作用、有助于排铅等24种功能类型。2023版方法涉及保健食品评价试验项目、试验原则及结果判定，以及功能学检验方法等部分。

2023版方法的适用范围：①保健功能检验与评价应符合《保健食品功能检验与评价技术指导原则(2023年版)》。②保健功能检验与评价方法仅作为推荐性方法，不作为强制性方法。针对已纳入功能目录的保健功能新的评价方法，参照保健功能目录的纳入程序，认可作为保健功能检验与评价的推荐性方法后，可供产品注册时使用。

2023版方法的定位为《功能目录 非营养素补充剂(2023年版)》配套的检验与评价方法，按照现有保健功能定位系统梳理1996年以来已批准注册的保健功能及配套评价方法，尤其是原卫生部发布的《保健食品检验与评价技术规范(2003年版)》和原食品药品监管局2012年修订发布的《关于印发抗氧化功能评价方法等9个保健功能评价方法的通知》，围绕功能声称、评价方法等内容修订形成新版检验与评价方法，并由强制性方法改为推荐性方法。为落实企业研发主体责任，充分发挥社会资源科研优势，对于已纳入《功能目录 非营养素补充剂(2023年版)》的保健功能，任何个人、企业、科研机构和社会团体在科学研究论证的基础上，可以提出新的功能评价方法，参照功能目录的纳入程序，认可作为功能评价推荐性方法后，可供产品注册时使用。

思考题

1. 功能食品安全性毒理学评价的4个阶段各有哪些内容?
2. 不同功能食品选择毒性试验时有哪些原则要求?
3. 功能食品在进行毒理学安全性评价时需考虑哪些因素?

参考文献

[1] 单毓娟. 食品毒理学. 2版. 北京：科学出版社，2019.
[2] 李宁，马良. 食品毒理学. 3版. 北京：中国农业大学出版社，2021.
[3] 沈明浩，易有金，王雅玲. 食品毒理学. 2版. 北京：科学出版社，2021.
[4] 张小莺，孙建国. 功能性食品学. 2版. 北京：科学出版社，2023.

第 13 章

功能食品常用的生产技术

本章重点与学习目标

1. 掌握粉碎、压榨与浸出技术的原理、加工方法，了解其在功能食品生产中的应用。
2. 掌握各种萃取与膜过滤技术的原理、加工方法，了解其在功能食品生产中的应用。
3. 掌握层析分离技术的原理、分类和特点，了解其在功能食品生产中的应用。
4. 掌握微胶囊技术的基本概念、构成材料、制备方法，了解其在功能食品生产中的应用。
5. 掌握各种浓缩、蒸发、干燥技术的原理、加工方法，了解其在功能食品生产中的应用。
6. 掌握各种杀菌与贮存技术的原理、操作方法，了解其在功能食品生产中的应用。

13.1 原料粉碎、压榨与浸出技术

13.1.1 粉碎技术

13.1.1.1 粉碎技术概述

粉碎是用机械力的方法来克服固体物料的内聚力使之破碎达到一定粒度的过程。根据被粉碎原料和成品颗粒粒度的大小，粉碎可分为粗粉碎、中粉碎、微粉碎和超微粉碎 4 种类型，见表 13-1。

表 13-1 粉碎的分类

粉碎类型	原料粒度	成品粒度
粗粉碎	40～1 500 mm	5～50 mm
中粉碎	10～100 mm	5～10 mm
微粉碎	5～10 mm	＜100 μm
超微粉碎	0.5～5 mm	＜10 μm

粉碎前后的粒度比称为粉碎比或粉碎度，它主要指粉碎前后的粒度变化，同时近似反映出粉碎设备的作业情况。一般粉碎设备的粉碎比为 3～30，但超微粉碎设备可远远超出这个范围，超过 1 000。对于一定性质的物料来说，粉碎比是确定粉碎作业程度、选择设备类型和尺寸的主要根据之一。对于大块物料粉碎成细粉的粉碎操作，如要通过一次粉碎完成则粉碎比太大，设备利用率低，故通常分为若干级，每级完成一定的粉碎比。这时可用总粉碎比来表示，它是物料经几道粉碎步骤后各道粉碎比的总和。

1. *粉碎的力学特征*

粉碎时借助外力来部分破坏物体分子间的内聚力，从而达到粉碎的目的。借用外力的大小取决于物料的力学特征，主要表现在物料的硬度、强度、韧性和脆性等方面(表 13-2)。

表 13-2 粉碎的力学特征

力学特征	定义	特性
硬度	物料弹性模量的大小	硬度越高，物料抵抗塑性变形的能力越大，越不容易被磨碎或撕碎
强度	物料弹性极限的大小	强度越大，物料越不容易被折断、压碎或剪切
韧性	物料吸收应变能量、抵抗裂缝扩展的能力	韧性越大，物料越能吸收应变能量，越不容易发生应力集中，越不容易断裂或破裂
脆性	物料塑变区域的长短	脆性大，塑变区域短，在破坏前吸收的能量小，容易被击碎或撞碎

对于具体物料来讲，上述 4 种特性之间有着内在的关系。强度越大、硬度越高、韧性越大、

脆性越小的物料，其破坏所需的变形能就越大。

2. 粉碎的基本形式

大部分粉碎为变形粉碎，即通过施力，使颗粒变形，当变形量超过颗粒所能承受的极限时，颗粒就破碎。在常用的粉碎方法中，根据变形区域的大小(与材料特性和所用的粉碎方法——力的大小、作用面积及施力速度等有关)，可分为整体变形破碎、不变形破碎(或微变形破碎)和局部变形破碎 3 种。

整体变形破碎是一种效率最低的粉碎。材料变形范围大，吸收能量多，是应尽量避免的形式。不变形破碎(或微变形破碎)指材料几乎没有来得及变形或只有很少区域的微量变形就被破碎了，一般发生于脆性材料。局部变形破碎是发生于力学性质介于上述两者之间的材料在受力速度较快、受力面积较小时的粉碎，大部分粉碎过程都属于这种粉碎。

并不是所有的变形都能使颗粒破碎。在粉碎过程中，有相当部分的颗粒受到不充分的力的作用而不能破碎，只发生可恢复的弹性变形。在恢复变形的过程中，能量以热量的形式释放出来，无谓地消耗能量。对塑性或韧性材料很大的物料，部分变形不能起到破碎作用。对于非塑性或非韧性的材料，也会由于颗粒变形量不够而不能使全部颗粒破碎。

3. 常用粉碎设备及技术要求

在功能食品生产中常用的粉碎设备有电磨机、球磨机、万能粉碎机、绞肉机、击碎机等。如选用动物脏器、组织为原料的粉碎多用绞肉机。要求达到破碎细胞程度时，可以采用匀浆机。但由于功能性基料的来源广泛，各种原料的性质较为复杂，产品的工艺也不尽相同，在选择粉碎设备时主要考虑以下几个因素。

(1)被粉碎物料的硬度、大小、形状和性质，以及对产品粒度的要求。

(2)准备采用的粉碎方法。

(3)对生产能力和对生产速度的要求。

(4)对粉尘的控制及对环境卫生的要求。

(5)分批粉碎或连续操作的要求。

(6)动力消耗、占地面积、所需人力等经济因素。

(7)在实际操作过程中，粉碎机所产生的热量，可能会破坏某些物料的有效成分或者产生挂壁而降低粉碎效率，因此还应考虑粉碎时粉碎机的工作温度。

13.1.1.2　超微粉碎技术

超微粉碎技术是指将直径为 5 mm 以上的物料颗粒粉碎至 10 μm 以下的过程。由于颗粒向微细化方向发展，导致物料表面积和孔隙率大幅度增加，使超微粉体具有独特的物理和化学性质，如良好的溶解性、发散性、吸附性和化学活性等，具有广泛的应用领域。在功能食品的生产中某些微量活性成分(如硒)的添加量很小，如果颗粒稍大就可能带来毒副作用，在这种工艺操作中超微粉碎技术就是一种非常有效的手段，能保证产品有足够小的粒度分布。因此，超微粉碎技术已经成为功能食品生产的重要高新技术之一。

1. 超微粉碎的分类

超微粉碎技术有化学合成法和机械粉碎法两种。化学合成法能够制得微米级、亚微米级甚至纳米级的粉体，但产量低，加工成本高，应用范围窄。机械粉碎法成本低、产量大，是制备超微粉体的主要手段，现已大规模应用于工业生产。

二维码 13-1 机械法超微粉碎的形式

机械法超微粉碎可分为干法粉碎和湿法粉碎。根据粉碎过程中产生粉碎力的原理不同，干法粉碎有气流式、高频振动式、旋转球(棒)磨式、锤击式和自磨式等几种形式；湿法粉碎主要是用胶体磨和均质机进行粉碎。

2. 超微粉碎在功能食品生产中的应用

超微粉碎技术在部分功能食品配料(如膳食纤维、脂肪替代品等)的制备中起重要作用。超微粉体可提高功能物质的生物利用度，降低在食品中的用量，其微粒子在人体内的缓释作用，又可延长功效。

膳食纤维被现代医学界称为“第七营养素”。膳食纤维虽不被人体直接消化，但它可增加肠道蠕动，作为有毒物质的载体及无能量的填充剂，可平衡膳食结构。但纤维素的可食性差，直接补充很难被人们接受。通过超微粉碎将其制成超微粉后添加到食品中可有效解决这一难题。

在研制开发固体蜂蜜的工艺中，用胶体磨将配料进行超微粉碎可增加产品的细腻度。另外，用超微细骨粉、海虾粉补钙，超微细海带粉补碘，也显示其独特的保健功能。

13.1.1.3 冷冻粉碎技术

冷冻粉碎技术产生于20世纪初，在橡胶及塑料行业已得到应用。日本自20世纪80年代开始对食品的低温冷冻粉碎进行研究，美国、欧洲及我国也开展了一系列工作。冷冻粉碎不但能使产品保持色、香、味及活性物质的活性，而且在保证产品微细程度方面具有无法比拟的优势。

1. 冷冻粉碎技术的原理及特点

冷冻粉碎是利用物料在低温状态下的“低温脆性”，即物料随着温度的降低，其硬度和脆性增加，而塑性及韧性降低，在一定温度下，用一个很小的力就能将其粉碎。经冷冻粉碎的物料，其粒度可达到“超细微”的程度，可以产生被称为“21世纪食品”中的“超细微食品”。

物料的“低温脆性”与一种称为玻璃化转变的现象密切相关。所谓玻璃化转变原本是指非晶态聚合物在温度变化时出现的力学性质变化，形成橡胶态和玻璃态两种物理状态，而且温度变化过程可以产生由橡胶态向玻璃态的转变。在橡胶态时，物料的韧性大，变形能力强；而在玻璃态时，物料的硬度和脆性大，变形能力很小。物料由橡胶态向玻璃态转变时所要求的温度为玻璃化转变温度。根据橡胶态和玻璃态的性质，可以认为物料的玻璃化转变温度对应着物料的“脆化温度”。

二维码 13-2 玻璃化转变现象

玻璃化转变现象并非聚合物所特有，食品同样会出现玻璃化转变过程。不过，因为食品的组成结构比较复杂，所以其玻璃化转变要复杂得多，如可能存在多级玻璃化转变过程和反玻璃化转变现象。食品的冷冻粉碎时，首先使物料低温冷冻到玻璃化转变温度或脆化温度以下，再用粉碎机将其粉碎。在食品快速降温的过程中，内部各部位不均匀的收缩会产生内应力，在内应力的作用下，物料内部薄弱部位产生微裂纹并导致内部组织的结合力降低。外部较小的作用力就会使内部裂纹迅速扩大而破碎。

与常温粉碎相比，冷冻粉碎可以粉碎常温下难以粉碎的物质；可以制成比常温粉粒体流动性更好和粒度分布更理想的产品；不会发生常温粉碎时因发热、氧化造成的变质现象；粉碎时不会发生气味逸散、粉尘爆炸、噪声等。这些优点使得冷冻粉碎特别适用于由于油分、水分等很难在常温中进行微粉碎的食品，或者在常温粉碎时很难保持香气成分的香辛料。

2. 冷冻粉碎技术在功能食品生产中的应用

在水产品、畜产品加工中产生的下脚料经冷冻粉碎干燥后，不仅可以回收利用资源，而且可以制成营养价值高的功能食品。如将鳖、贝类、鱼类制成干粉出售；将动物的皮、腱、蹄壳或内脏等制粉用作营养强化剂、增量剂等添加剂。日本已利用液氮冻结粉碎设备成功地将甲鱼加工成100%保持原风味的超微粉末，且该食品具有的味、香、滋补成分等均无损失。我国研究人员将冷冻浓缩技术用于松花粉、骨粉等的生产，得到营养及活性物质更集中、更纯净的速溶营养产品。

在果蔬加工中采用冷冻粉碎技术，可以有效地保护蔬菜中的营养成分不受损失，所得微膏粉既保存了全部的营养素，又因纤维质的微细化而增加了水溶性，产品口感极佳，还可制成速溶饮品。

13.1.2　压榨技术

13.1.2.1　压榨技术的基本原理

压榨技术是借助机械外力的作用，将榨料(如油料种子、水果)中待分离的料液挤压出来的过程。在压榨过程中，主要发生的是物理变化，如物料变形、料液分离、摩擦发热、水分蒸发等。但由于温度、水分、微生物等的影响，同时也会产生某些生物化学方面的变化，如蛋白质变性、酶的钝化和破坏、某些物质的结合等。压榨时，榨料粒子在压力作用下内外表面相互挤紧，致使其液体部分和其他部分分别产生两个不同过程，即料液从榨料空隙中被挤压出来而榨料粒子变形形成坚硬的榨饼。

13.1.2.2　压榨方法及设备

近年来国内外常用的压榨方法和设备采用连续操作的螺旋式压榨机和辊式压榨机。

1. 螺旋式压榨机

连续式螺旋榨油机成为压榨法取油的主要设备。它由榨笼、螺旋轴和出饼口组成。其主要部分是榨膛，由榨笼和榨笼内的螺旋轴组成。螺旋轴类似螺旋输送器，沿物料流动方向，轴与笼之间逐渐变窄，达到挤压物料的目的。螺旋轴上的螺纹是螺旋压榨机的重要组成部分。由于螺旋轴的转动，才能使物料在榨膛中产生摩擦作用，达到使液体组分挤出的目的。

压缩比就是螺纹轴前段和后段在榨膛中构成的空余体积的比例。压榨不同的物料，其压缩比是不同的。对于含油高的物料，应采用较大的压缩比，反之，应采用较小的压缩比。

2. 辊式压榨机

目前辊式压榨机有横卧式和竖立式两种，多采用横卧式。卧式压榨机有双辊、三辊、四辊等多种。三辊卧式压榨机应用较多。

辊式压榨机压榨的效果决定于许多因素，主要包括榨料结构和压榨条件两大方面。此外，压榨设备结构及其选型在某种程度上也将影响压榨效果。

13.1.2.3　压榨技术在功能(保健)食品加工中的应用

1. 在榨取果汁中的应用

各种水果的果汁含在细胞中，必须先利用压榨技术将细胞破碎，然后使果汁与果肉分离，如苹果、番茄、柑橘、葡萄、黑加仑等。

2. 在油料种子中的应用

各种油料种子如菜籽、大豆、花生、可可豆、椰子、葵花籽、瓜子、芝麻、核桃仁、杏仁、棕榈仁、橄榄仁、松子仁等,含油量差别很大。油脂榨出的难易取决于细胞结构的强度。一般在榨油前先将物料预处理,破坏其细胞结构而使油分易于释出。

13.1.3 浸出技术

在混合物料中加入溶剂,使其中一种或几种组分溶出,从而使混合物料得到完全或部分分离的过程,统称为溶剂萃取。如果被处理的混合物料是固体,则称为固-液萃取,现常称为浸出。

1. 浸出技术的原理

以浸出法制油为例,说明浸出的原理。利用某种有机溶剂能够溶解油脂的作用,把经过处理的油料或预榨饼经溶剂浸泡或喷淋萃取,使其中油脂被溶解出来,再利用溶剂与油脂的沸点不同进行蒸发、汽提,使溶剂汽化变成蒸汽而与油脂分离,溶剂蒸汽又经过冷凝和冷却后继续循环使用。

2. 浸出溶剂的选择

浸出溶剂的选择非常重要,它直接影响着产品的质量和数量,也影响着工艺效果、消耗和安全生产。对浸出溶剂的要求如下:

(1)具有很好的溶解能力。并不是所有的有机溶剂都能适用于浸出。例如,油脂浸出的溶剂,就应选择在 50～60℃或 50℃以下,能以任何比例很好地溶解油脂;而对油料中的非脂肪物质如色素等应选择溶解能力小的有机溶剂,以保证在浸出过程中能够得到量多质好的油脂。

(2)具有良好的挥发性。选择比热小、汽化潜热小、沸点低而挥发性大的溶剂,使浸出混合物能够分离从而得到纯净的溶质。

(3)具有一定的化学稳定性。要求浸出溶剂既不会与溶质和其他物质起反应,更不允许分解出有毒物质。保证溶剂不断回收循环使用,确保产品质量,减少溶剂损耗,延长设备寿命。

3. 浸出技术的特点

(1)出品率高。例如,浸出法制取大豆油要比压榨法增产 20%,是增产油脂的有效途径。

(2)加工成本低,劳动生产率高。煤、电消耗低,节省大量人力,设备维修经费低。

(3)可实现大型连续化、自动化生产。

(4)减轻劳动强度,改善劳动条件。

4. 浸出技术在食品加工中的应用

浸出技术在食品工业上应用非常广泛,据报道,20 世纪 60 年代后期和 70 年代,我国油脂浸出技术得到应用和推广。80 年代,油脂浸出技术被列为国家“六五”重点推广项目,将浸出法制取植物油列为 40 个重点推广项目之一。由此,我国的浸出法制油得到了飞跃发展。至 20 世纪 90 年代中后期,浸出油厂的建设规模通常在 300 t/d 左右。目前,我国 1 000 t/d 以上的浸出油厂超过 60 家,4 000 t/d 以上的浸出油厂超过 10 家,最大的浸出油厂生产能力超过 12 000 t/d。除众所周知的油脂工业使用外,浸出法还应用于玉米淀粉、植物蛋白、鱼油、肉汁、香料、色素、速溶咖啡、速溶茶的制取等方面。

13.2　萃取与膜分离技术

13.2.1　萃取技术

萃取技术既是一个重要的提取方法,又是一个从混合物中初步分离纯化的一个重要的常用方法。这是因为溶剂萃取具有传质速度快、操作时间短、便于连续操作、容易实现自动化控制、分离纯化效率高等优点。常用的萃取技术有液-液萃取、微波萃取和超临界流体萃取等。

13.2.1.1　液-液萃取技术

利用溶剂将某一液相中的可溶性溶质溶入其中,以达到分离某液相的操作称为液-液萃取。液-液萃取涉及两个互不相溶的液相。被萃取的溶质能很显著地为溶剂所溶解,使溶质由一相转入另一相。萃取操作完成后,得到由溶剂和溶质组成的液相,称萃取相。萃取相中溶质需要由蒸馏、蒸发等方法分离,达到溶质提纯和溶剂回收的目的。被萃取后的原液体混合物称为萃余相。

1. 液-液萃取的理论依据

萃取过程是传质过程。溶质被分离的基本原理是溶剂对溶质的选择能力。一般情况下,被萃取的液相中有许多不同的物质。萃取中所使用的溶剂对萃取物质有良好的溶解能力,而对液相中的其他物质则无溶解能力。利用溶剂对物质溶解能力的差异,进行物质的分离是萃取技术的理论依据。

2. 萃取操作流程

(1)混合　被萃取的液体物料与溶剂充分混合,在两液相密切接触情况下,使溶质由被萃取物料中溶入溶剂中。

(2)分离　将萃取后形成的轻、重液层在分离器中分离,得到萃取相和萃余相。

(3)溶剂再生　萃取相经溶剂再生器,将其中的溶剂加以回收,使之循环再用。

3. 萃取方法

(1)单效接触式萃取　单效接触式萃取由萃取器和分离器所组成。在萃取器内,被萃取的物料和溶剂一次进行充分混合,经过一定时间的密切接触后,将液体送入分离器内,借密度的不同,而分成轻液层和重液层,然后取出萃取相和萃余相。单效接触式萃取只适用于分离程度要求不高的小规模生产和易于分离的溶剂的选择度很大的物料。其流程简单,所需设备少。

(2)多效错流接触式萃取　多效错流接触式萃取由数个串联的单效萃取器组成。每效萃余相均经下一效作进一步分离,直到最后一效为止。这就比单效接触式萃取能有更多次的混合接触机会,分离比较彻底,萃取效果好。

(3)多效逆流接触式萃取　料液从第一效进入,顺次通过各效,最后从末效排出,而溶剂则从末效进入,最后从第一效排出。萃取相(包括溶剂)与萃余相(包括料液)互成逆流。

(4)萃取塔　依照多效逆流接触式萃取的原理,制成萃取塔。萃取塔在操作时,轻、重两个液相呈逆流流动而接触。萃取效率高,溶剂耗量小,占地面积小,萃取效果好。

4. 在功能食品加工中的应用

液-液萃取在食品工业上主要用于从溶液中提取所含的少量不太挥发的物质。因液-液萃取可以在低温下进行,故特别适合于热敏性物质的提取,如维生素、生物碱、色素等的提取以及油脂的净化和脱色等。

13.2.1.2 微波萃取技术

把微波用在浸取方面,发现它能强化浸取过程,降低生产时间、能源、溶剂的消耗,并减少废物的产生,同时提高产率和提取物的纯度,降低了操作费用,又合乎环境保护的要求,是一种有良好发展前途的新工艺。

1. 微波萃取的原理

微波是一种频率为 300～(300×10^3) MHz 的电磁波。它具有波动性、高频性、热特性和耐热特性四大基本特征。微波的热效应是基于物质的介电性质和物质的内部不同电荷极化不具备跟上交变电场的能力来实现的。微波的频率与分子转动的频率相关联。所以微波能是一种由离子迁移和偶极子转动引起分子运动的非离子化辐照能。当它作用于分子上时,促进了分子的转动运动,分子若是具有一定的极性,便在微波电磁场作用下产生瞬间极化,当频率为 2 450 MHz 时,分子就以 24.5 亿次/s 的速度做极性变换运动,从而产生键的振动、撕裂和粒子之间的相互摩擦、碰撞,促进分子活性部分(极性部分)更好地接触和反应,同时迅速产生大量的热能,引起温度升高。

微波的这种热效应使微波在穿透到介质的内部(其深入距离与微波波长同数量级)的同时,将微波能量转化成热能对介质加热,形成独特的介质受热方式——介质整体被加热,即所谓无温度梯度加热。

在固液浸取过程中,固体表面的液膜常常是由强极性分子溶剂所构成,而在微波辐照下,强极性溶剂分子会快速摆动以跟上交变电场的变化,这就可能对液膜层产生一定的微观“扰动”影响,使附在固相周围的液膜变薄,而且可能使溶剂与溶质之间的结合力如氢键等受一定程度的削弱,从而使固液浸取的扩散过程所受到的阻力减小,促进扩散过程的进行。

2. 微波萃取工艺流程

选料→清洗→粉碎→微波萃取→分离→浓缩→干燥→粉化→产品

3. 微波萃取设备

用于微波萃取的设备分两类:一类为微波萃取罐;另一类为连续微波萃取线。两者主要区别:一个是分批处理物料,类似多功能提取罐;另一个是以连续方式工作的萃取设备。具体参数一般由生产厂家根据使用厂家要求设计。使用的微波频率一般有两种:2 450 MHz 和 915 MHz。

微波萃取罐由内萃取腔、进液口、回流口、搅拌装置、微波加热腔、排料装置、微波源、微波抑制器等部分组成。其结构原理见图 13-1。

4. 微波萃取的特点及与传统热萃取的区别

传统热萃取是以热传导、热辐照等方式由外向里进行,而微波萃取是通过偶极子旋转和离子传导两种方式里外同时加热。与传统热萃取相比,微波萃取具有以下特点。

(1)质量高,可有效地保护食品中的功能成分。

(2)对萃取物具有高选择性,提高萃取效率和产品纯度。

(3)回收率高。

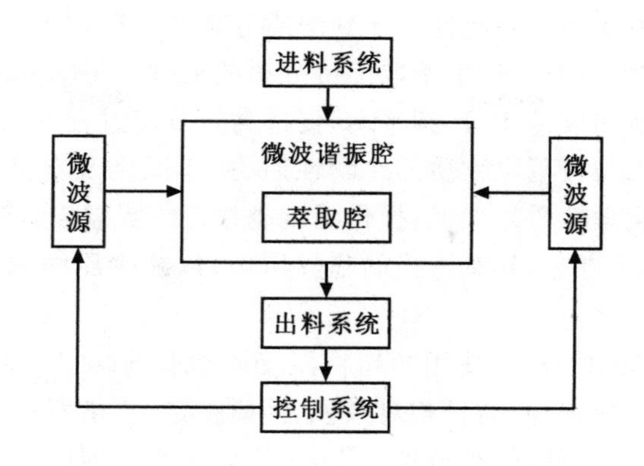

图 13-1 微波萃取罐的结构原理图

(4)省时(萃取过程为 0.5～10 min)。

(5)加热速度快,且不存在热惯性,因而过程易于控制。

(6)溶剂用量少(可较常规方法减少 50%～90%),能耗低。

5. 微波萃取在食品中的应用

(1)在萃取香精油中的应用　应用微波萃取法可以从莳萝籽、蒿、洋芫荽、茄茴香、甘牛至、龙蒿、牛膝草、薄荷、鼠尾草、百里香、丁香、大葱等中萃取香精油。

(2)在油脂中的应用　有研究表明,美国油葵、普通葵花籽进行微波正己烷萃取,在微波频率为 2 450 MHz、功率为 850 W、辐照时间为 20 s 的条件下其不饱和脂肪酸的含量比普通葵花籽的高,用微波萃取法的出油率比压榨法高。

(3)在提取天然产物有效成分中的应用　微波萃取能使萃取的植物有效成分效果好,萃取效率高,且有利于萃取热不稳定的物质。大蒜中的有效成分为大蒜辣素与大蒜新素,大蒜辣素不稳定,而大蒜新素则比较稳定。通过实验发现,微波辅助萃取大蒜有效成分效果很好,所用时间短,加热 30～60 s 就与索氏提取法 6 h 的效果一致。

13.2.1.3 超临界流体萃取技术

超临界流体萃取技术是目前国际上兴起时间不长的最新技术之一,现已应用于化工、石油、医药、食品等工业领域。

1. 超临界基本概念

任何物质都有固、液、气三态。随着压力、温度的变化,物质的存在状态也发生变化。根据相平衡原理,液体和气体共存区具有不连续界面。在气液共存区内,体积不断改变,而压力和温度两者都保持不变。随着温度升高,气液共存区体积减小,当温度达到临界温度时,气液共存区体积减至零,变为一点。此时,气液两态差异消失,相变为零,称为临界态。处于临界态时的温度和压力称为临界温度和临界压力,两者称为临界点。在临界点以上区域(超临界区),气体和液体的状态无区别,这两者的折射率、密度和摩尔体积都变得完全一样。

2. 超临界流体萃取原理及其特点

超临界流体萃取技术是利用流体(溶剂)在临界点附近某一区域(超临界区)内,它与待分离混合物中的溶质具有异常相平衡行为和传递性能,并且它对溶质的溶解能力随压力和温度改变且在相当宽的范围内变动这一特性而达到溶质分离的一项技术。利用这种超临界流体作为溶剂,可从多种液态或固态混合物中萃取出待分离的组分。超临界流体自扩散系数大,黏度小,渗透性好,可以更快地完成传质,达到平衡,促进高效分离过程的实现。

超临界流体萃取效果与被萃取物质的化学性质、操作温度及自身性质有直接关系。超临界流体与被萃取物质的化学性质越相似,操作温度越接近临界温度,溶解能力就越大。超临界流体本身为惰性,对人体无毒害;具有适当的临界压力,以减少压缩费用;具有较低的沸点,以利于从溶质中分离。

CO_2 是现代食品工业中最广泛使用的超临界流体萃取剂。它不但是很强的溶剂,可以萃取食品加工中范围很广的化合物,而且相对来说,性质稳定,价格便宜,无毒,无害,不易燃不易爆,黏度低,表面张力低,沸点低,临界特性合理,可循环使用。因此,特别适用于萃取挥发和热敏性物质。与传统溶剂正己烷、二氯甲烷相比,具有显著的优越性。

从溶剂强度考虑,超临界氨气是最佳选择,但氨气很易与其他物质反应,对设备腐蚀严重,而且日常使用太危险。超临界甲醇也是很好的溶剂,但由于它的临界温度很高,在室温条件下是液体,提取后还需要复杂的浓缩步骤而无法采用。低烃类物质因可燃易爆,也不如 CO_2 那样使用广泛。

科学研究表明,超临界流体具有较高的扩散性,从而减少了传质阻力,这对多孔疏松的固态物质和细胞材料中化合物的萃取特别有利;超临界流体对改变操作条件(如压力、温度)特别敏感,提供了操作上的灵活性和可调性;超临界流体可在低温下进行,对分离萃取热敏性的物料尤为有利;超临界流体具有低的化学活泼性和毒性。因此,超临界流体萃取技术最适用于分离价值高、很难用常规方法分离的化合物。

3. 超临界流体萃取方法

以超临界流体为溶剂进行高压萃取有两种。

(1)超临界流体间歇式提取法　先将原料装入提取器,然后使超临界流体通过原料提取有效成分。在分离器中将超临界流体(CO_2)与萃取物分离,从底部得到提取物,而超临界流体以气体形式分离出去。该技术方法主要用于实验室研究。

(2)超临界流体连续式提取法　先将原料装入提取器,然后使超临界流体通过原料提取有效成分。在分离器中将超临界气体分离,从底部得到分离物。分离后的超临界气体经冷凝器变成液态,经高压泵和预热又变成超临界流体,循环提取。该技术方法既可用于实验室研究,又可用于工业化生产。

4. 超临界流体萃取技术在功能食品生产中的应用

超临界流体萃取技术在功能食品工业中的应用日益广泛。

(1)功能性脂类的提取　利用超临界流体萃取可以从月见草、红花籽、玉米胚、小麦胚、米糠中提取功能性脂类,不仅使油脂中必需脂肪酸和维生素不受损失,而且还使油的质量得以提高,避免常规提取溶剂的残留。超临界流体萃取法用于鱼油的提取,可防止多不饱和脂肪酸的氧化。

(2)多不饱和脂肪酸分离　通过控制萃取条件,可使脂肪酸混合物得以分别萃取,以获得高浓度的DHA和EPA,作为保健食品应用。

(3)天然香料、食用色素的提取　利用超临界二氧化碳萃取技术从桂花、肉桂、辣椒、柠檬皮、红花等中提取天然香精，其香料的成分和香气更接近天然，质量更佳，可作为功能食品的调香剂。从辣椒中提取辣椒红色素，从红花中提取红花色素，其色价远远高于普通溶剂提取的产品，已有批量工业化生产。

(4)植物中功能成分的提取　某些功能性成分，利用超临界二氧化碳萃取，可获得高纯度、高质量产品。对生姜萃取，萃取物含有丰富的姜辣素，而在蒸馏法所得姜油中含量很低。同时，该技术提取过程中姜酚不发生变化，具有抗风湿功能，而普通姜油则由于姜酚的氧化而无此功效。

(5)超临界 CO_2 萃取磷脂的研究　超临界提取磷脂的原料有蛋黄粉、大豆粗磷脂和饼粕等。工业化生产脱油磷脂的方法有物理、化学、酶解等方法。用丙酮处理粗磷脂获得脱油磷脂是目前工业普遍采用的方法，但此工艺后期干燥要高温条件，且有溶剂残留。

13.2.2　膜分离技术

13.2.2.1　膜分离的基本概念

用天然或人工合成的高分子薄膜，以扩散或外界能量或化学位差为推动力，对大小不同、形状不同的双组分或多组分的溶质和溶剂进行分离、分级、提纯和浓缩的方法，统称为膜分离法。膜分离过程的实质是物质依据滤膜孔径的大小透过和截留于膜的过程。

根据被分离成分粒子的大小，可将膜分离分为透析、微滤、纳滤、超滤、反渗透和电渗析等类型。此外，还有近年发展起来的膜蒸馏及渗透蒸馏等膜分离技术。

根据膜的材质，从相态上可分为固态膜和液态膜，从来源上可分为天然膜和合成膜，后者又可分为无机膜和有机膜。根据膜断面的物理形态，可将膜分为对称膜、不对称膜和复合膜。依照固体膜的外形，可分为平板膜、管状膜、卷状膜和中空纤维膜。按膜的功能又可分为超滤膜、反渗透膜、渗析膜、气体渗透膜和离子交换膜。

膜分离具有比普通分离方法更突出的优点。由于在膜分离时，料液既不受热升温，又不汽化蒸发，功能活性成分不会散失或破坏，容易保持活性成分的原有功能特性。同时，膜分离有时还可使常规方法难以分离的物质得以分离如细胞分离等，而且节省能量。对任何一种分离过程，总希望分离效率高，渗透通量大。实际上，通常分离效率高的膜，渗透通量小，而渗透通量大的膜，分离效率低。故在实际应用中需要在这二者之间寻求平衡。

13.2.2.2　常用的膜分离过程

1. 加压膜分离

(1)微滤　微孔过滤是膜分离过程中最早产业化的。微孔过滤膜的孔径一般为 0.02～10 μm。但是在滤谱上可以看到，在微滤和超滤之间有一段是重叠的，没有绝对的界线。

微孔过滤膜的孔径十分均匀。微孔过滤膜的空隙率一般可高达 80%。因此，过滤通量大，过滤所需的时间短。大部分微孔过滤膜的厚度在 150 μm 左右，仅为深层过滤介质的 1/10，甚至更小。所以，过滤时液体被过滤膜吸附而造成的损失很小。

微孔过滤的截留主要依靠机械筛分作用，吸附截留是次要的。

由醋酸纤维素与硝酸纤维素等混合组成的膜是微孔过滤的标准常用滤膜。此外，已商品化的主要滤膜有再生纤维素膜、聚氯乙烯膜、聚酰胺膜、聚四氟乙烯膜、聚丙烯膜、陶瓷膜等。

在实际应用中，褶叠型筒式装置和针头过滤器是微孔过滤的两种常用装置。

(2)超滤　超滤也是一个以压力差为推动力的膜分离过程。其操作压力为 0.1～1.0 MPa。

一般认为，超滤是一种筛孔分离过程。在静压差推动下，原料液中溶剂和小的溶质粒子从高压的料液侧透过膜到低压侧，所得的液体一般称为滤出液或透过液，而大粒子组分被膜拦住，使它在滤剩液中浓度增大。这种机理不考虑聚合物膜化学性质对膜分离特性的影响。因此，可以用细孔模型来表示超滤的传递过程。但是，孔结构是重要因素，不是唯一因素，另一个重要因素是膜表面的化学性质。

超滤膜早期用的是醋酸纤维素膜材料，以后还用聚砜、聚丙烯腈、聚氯乙烯、聚偏氟乙烯、聚酰胺、聚乙烯醇等以及无机膜材料。超滤膜多数为非对称膜，也有复合膜。超滤操作简单，能耗低。

(3)反渗透　反渗透是渗透过程的逆过程，即溶剂从浓溶液通过膜向稀溶液中流动。正常的渗透过程按照溶剂的浓度梯度，溶剂从稀溶液流向浓溶液。若在浓溶液侧加上压力，当膜两侧的压力差 Δp 达到两溶液的渗透压差 $\Delta\pi$ 时，溶剂的流动就停止，即达到渗透平衡。当压力增加到 $\Delta p>\Delta\pi$ 时，水就从浓溶液一侧流向稀的一侧，即为反渗透。

目前应用的反渗透膜可分为非对称膜和复合膜两大类。前者主要以醋酸纤维素和芳香聚酰胺为膜材料；后者支撑体都为聚砜多孔滤膜，超薄皮层的膜材料都为有机含氮芳香族聚合物。反渗透膜的膜材料必须是亲水性的。反渗透器的构造形式有板框式、管式、螺旋卷式和空心纤维式 4 种。通常采用一级或二级反渗透。

在前期的研究中，有人将反渗透膜称为疏松的反渗透膜，后来由于这类膜的孔径是在纳米范围，所以称为纳滤膜及纳滤过程。在滤谱上它位于反渗透和超滤之间。纳滤特别适用于分离分子量为几百的有机化合物。它的操作压力一般不到 2 MPa。

(4)膜蒸馏及渗透蒸馏　膜蒸馏(membrane distillation)是一种采用疏水微孔膜以膜两侧蒸汽压力差为传质驱动力的具有相态变化的膜分离过程，例如当不同温度的水溶液被疏水微孔膜分隔开时，由于膜的疏水性，两侧的水溶液均不能透过膜孔进入另一侧，但由于暖侧水溶液与膜界面的水蒸气压高于冷侧，水蒸气就会透过膜孔从暖侧进入冷侧而冷凝，从而实现水溶液中水的分离。这与常规蒸馏中的蒸发、传质、冷凝过程十分相似，所以称其为膜蒸馏过程。

渗透蒸馏是 20 世纪 80 年代发展起来的一种新型膜分离过程，是膜蒸馏的相关过程之一。它利用疏水微孔膜把物料和浓盐水分隔开。在渗透压的作用下，物料的水蒸气会透过膜孔进入盐水，结果物料被浓缩，盐水被稀释。这一过程的操作方式与膜蒸馏相似，从表面上看，似乎是由于浓盐水的蒸汽压下降造成膜两侧蒸汽压差是传质驱动力。膜蒸馏和渗透蒸馏这两个过程的脱水速度均依赖于在疏水性微孔膜的两侧保持一定的水蒸气压力差，只有这样水蒸气才能穿过膜孔从进料液一侧传递到另一侧。但从蒸汽压差与适量的计算结果表明，膜蒸馏的水蒸气压力差是由膜两侧温差而引起，而渗透蒸馏则取决于膜两侧的表观渗透压差。渗透蒸馏的传质系数要比膜蒸馏的传质系数大得多，可见传质机理并不完全相同。在渗透蒸馏过程中，膜两侧的温度是相同的，可在室温或低于室温的条件下进行，能把溶液浓缩到极高程度，而不受高渗透压的限制，这是其他膜分离过程所不具有的优点，所以非常适合于处理热敏性物料，从而使渗透蒸馏在食品、医药及生化领域展示出广阔的应用前景。

渗透蒸发是分离中唯一有相变的过程，其原料为液体而渗透物为蒸汽。分离过程应向体系提供渗透汽化所需热量。渗透蒸发用于溶液浓缩，膜蒸馏过程发生 2 次补偿相变。该过程是利用疏水多孔膜将不同温度的两个水溶液分开，由于分压差，在高温侧液体发生汽化，蒸汽通过膜孔从热侧传向冷侧，在低温侧蒸汽被冷凝。膜蒸馏用于稀溶液浓缩。

2. 扩散膜分离(透析)

扩散膜分离是利用小分子物质的扩散作用,不断透过半透膜到膜外,而大分子被截留,从而达到分离目的。扩散膜分离主要是指透析。透析膜可选用动物膜、火棉胶、赛璐玢、羊皮纸等,制作成透析管、透析袋或透析槽等。

在透析膜分离时,物料样品液装在透析袋内,袋外是水或者缓冲液。在一定温度下透析一段时间,使小分子物质从透析袋内透出到袋外。袋外的水或缓冲液必要时可以更换或连续补充,同时连续排出渗出液,以提高分离效果。

透析分离技术主要应用于蛋白质、核酸、酶等生物大分子的分离纯化,从中去除小分子物质。也可以应用于溶液的脱盐等。透析分离技术操作简便,设备简单,但透析时间较长。透析结束时,透析袋内的保留液体积较大,浓度较低。

3. 电场膜分离(电渗析)

电渗析是以电位差为推动力,利用离子交换膜的选择透过性,从溶液中脱除或富集电解质。电渗析的选择性取决于所用的离子交换膜。离子交换膜以聚合物为基体,接上可电离的活性基团。阴离子交换膜简称阴膜,它的活性基团常用铵基。阳离子交换膜简称阳膜,它的活性基团通常是磺酸盐。离子交换膜的选择透过性,是由于膜上的固定离子基团吸引膜外溶液中的异电荷离子,使它能在电位差或浓度差的推动下透过膜体,同时排斥同种电荷的离子,阻拦它进入膜内。因此,阳离子能通过阳膜,阴离子能通过阴膜。

二维码 13-3 主要膜分离过程的特性

根据膜中活性基团分布的均一程度,离子交换膜大体上可以分为异相膜、均相膜及半均相膜。聚乙烯、聚丙烯、聚氯乙烯等是离子交换膜最常用的膜材料。性能最好的是用全氟磺酸、全氟羧酸类型膜材料制备的离子交换膜。

13.2.2.3 膜分离技术的应用

膜分离技术是一种在常温下无相变的高效、节能、无污染的分离、提纯、浓缩技术。这项技术的特性适合功能食品的加工。

1. 在功能性饮料加工中的应用

用超滤可脱除矿泉水中的铁、锰等高价金属离子胶体、有机物胶体和细菌。用超滤作为矿泉水的终端处理可防止矿泉水的混浊和沉淀,并能保证其卫生指标。用高脱盐率(>95%)电渗析加超滤二步法或者用高脱盐率(>95%)的反渗透一步法都可达到饮用纯净水的标准。高氟地区的饮用水会引起人的骨质疏松等多种疾病,用反渗透法可脱除90%以上的氟,而符合国家饮用水卫生标准。

可用超滤对果汁进行除菌、澄清、脱果胶及回收果汁中的果胶、蛋白酶等,也可用反渗透对果汁进行浓缩,浓缩浓度可达20~25°Brix。可用反渗透把速溶咖啡的固形物含量从8%浓缩至35%;速溶茶可浓缩至20%左右。用超滤脱除罗汉果浸提液中的多糖、蛋白质等,再用反渗透进行浓缩,其浓缩浓度为20~25°Brix。

2. 在发酵及生物过程中的应用

用超滤和洗滤二次法可将酶浓缩10倍,纯度可从20%提高到90%以上。用超滤去除味精生产中的微生物，并用反渗透回收漂洗水中的谷氨酸钠。可用超滤去除黄原胶中的色素和蛋白质，并可将黄原胶从 1 Pa·s 浓缩到 18 Pa·s。用反渗透法可使普通啤酒中乙醇含量从 3%降到 0.1%。可用微滤去除酵母，保证生啤酒的感官指标和保质期。用反渗透法可将普通葡萄酒中乙醇含量降到 1%～2%。可用超滤去除低度白酒中的棕榈酸酯等，解决因低温引起的混浊。超滤还可增加乙醇和水的缔合，使得酒的口感柔和醇厚。用超滤去除上述酒中的果胶、蛋白、多糖等大分子物质，解决由此产生的沉淀问题。用反渗透法可将赖氨酸、丝氨酸、丙氨酸、脯氨酸、苏氨酸等浓缩 2 倍。用超滤可把固形物 20%的血浆浓缩到 30%。用超滤生产的白酱油，可减少高价金属离子的含量，除去细菌和杂质，提高酱油对热和氧的稳定性。用超滤加工的食醋，清亮透明、无菌、无沉淀，并能改善风味。

3. 在色素生产中的应用

用超滤可脱除焦糖色素中的有害成分亚铵盐及令人不愉快的味道。用超滤可脱除天然食用色素水提取液中 95%以上的果胶和多糖类物质，并可用反渗透法浓缩该浸提液至固含量 20%以上。色价保持率极高。

4. 在蛋白质加工中的应用

用超滤法生产大豆分离蛋白，蛋白质截留率＞95%，蛋白质回收率＞93%，比传统的酸沉淀法得率提高 10%。用反渗透浓缩蛋清，固含量可从 12%浓缩到 20%；用超滤浓缩全蛋，其固含量可从 24%浓缩到 42%。用超滤可从马铃薯淀粉加工废水、粉丝生产黄浆水、水产品加工废水、大豆分离蛋白加工废水以及葡萄糖生产中回收蛋白。这样既充分利用了资源，又符合环保的要求。

5. 在乳制品加工中的应用

用反渗透法浓缩牛奶，用于生产奶粉和奶酪，牛奶的固形物可浓缩到 25%。亚洲人普遍对乳糖过敏，用超滤法把牛奶中的乳糖脱除，并回收乳糖作工业原料。用超滤法可从干酪乳清中回收并浓缩蛋白。

13.3 层析分离技术

13.3.1 层析技术概述

层析法又称色层分析法或色谱法(chromatography)。它是在 1903—1906 年由俄国植物学家 M. Tswett 首先系统提出来的。长期以来，层析分离技术主要应用于分析化学和实验室制备技术中。近 20 年，由于技术的不断发展，大型层析设备的出现，层析分离技术开始从生物学领域发展到医药和食品等领域。

层析法的最大特点是分离效率高。它能分离各种性质极相类似的物质，而且它既可以用于少量物质的分析鉴定，又可用于大量物质的分离纯化制备。因此，层析法作为一种重要的分析分离手段与方法，在科学研究与工业生产上都发挥着十分重要的作用。

13.3.2 层析分离的基本原理

层析法是一种基于被分离物质的物理、化学及生物学特性的不同，使它们在某种基质中移动速度不同而进行分离和分析的方法。例如，我们利用物质在溶解度、吸附能力、立体化学特性及分子的大小、带电情况及离子交换、亲和力的大小及特异的生物学反应等方面的差异，使其在流动相与固定相之间的分配系数（或称分配常数）不同，达到彼此分离的目的。

所有的层析系统都由两相组成。一是固定相，是固体物质或者是固定于固体物质上的成分；另一是流动相，即可以流动的物质，如水和各种溶媒。当待分离的混合物随溶媒（流动相）通过固定相时，由于各组分理化性质存在差异，与两相发生相互作用（吸附、溶解、结合等）的能力不同，在两相中的分配（含量对比）不同，而且随溶媒向前移动，各组分不断地在两相中进行再分配。与固定相相互作用力越弱的组分，随流动相移动时受到的阻滞作用越小，向前移动的速度越快。反之，与固定相相互作用越强的组分，向前移动速度越慢。分部收集流出液，可得到样品中所含的各单一组分，从而达到将各组分分离的目的。

13.3.3　层析技术的基本特点

最初的层析技术只适用于生物小分子的分离和分析，因为生物小分子的相对分子质量小，结构及性质都比较稳定，要求操作条件不苛刻，所以采用吸附层析法、分配层析法、离子交换层析法、亲和层析法以及聚焦层析法。这些方法的建立和发展，使生物大分子的分析和工业化应用进入一个新的阶段，同时层析技术也得到了更为广泛的应用。与其他分离纯化方法相比，层析技术具有以下基本特点。

(1)分离效率高。层析的效率是目前所有分离纯化技术中最高的。如果用理论塔板数来表示层析柱的效率，则每米柱长可达几千至几十万的塔板数。这种高效率的分离尤其适合于极复杂混合物的分离。

(2)适用范围广。层析技术的应用范围很广，从极性到非极性物质，从离子型到非离子型物质，从小分子到大分子物质，从无机物到有机物及生物活性物质，以及热稳定到热不稳定的化合物，都可以用层析方法分离。尤其是对生物大分子样品的分离，是其他方法无法代替的。另外，从分离到分析，从实验研究到工业化生产，从原料的处理到产品的分离，都可以应用此种技术。

(3)选择性强。层析技术具有很强的选择性。由于吸附的选择性高，根据待分离成分的带电性、化合价和电离程度，选择合适的吸附剂可以从混合溶液中将待分离的组分进行分离和浓缩。可以选择不同的层析方法、不同的固定相和流动相状态，不同的洗脱方法以及不同的操作条件，如温度、pH、离子强度和流动相速率等。

(4)检测灵敏度高。与其他分离方法相比，层析具有高灵敏度在线检测的特点。在分离与纯化过程中，可根据不同的物质与化学的原理，采用不同的高灵敏度检测器进行连续的在线检测，以保证在要求的纯度下得到最高的产率。

(5)自动化程度高。由于层析可以用计算机作为操作的控制中心，层析过程可以按事先设置的程序进行自动进样、分离后的样品的自动收集、未达到要求纯度的部分的再循环分离等。这种高度自动化操作保证了产品的质量，提高了产率。

13.3.4　层析分离方法的分类

根据固定相基质的形式分类，层析可以分为纸层析、薄层层析和柱层析；根据流动相的形式，层析可以分为液相层析和气相层析；根据分离的原理不同，层析主要分为吸附层析、分配层析、离子交换层析、凝胶过滤层析、亲和层析和聚集层析等。

1. 吸附层析

吸附层析是指混合物随流动相通过固定相(吸附剂)时,由于固定相相对不同物质的吸附力不同而使混合物分离的方法。吸附是指固体表面对气体分子或液体分子的吸着现象,作用力可以是物理吸附作用,也可以是化学吸附作用,如范德华力、静电力、共价结合力及氢键作用等。物理吸附的特点是无选择性,吸附速度较快,吸附过程可逆;化学吸附的特点是具有一定选择性,吸附速度较慢,不易解吸。物理吸附和化学吸附可以同时发生,在一定条件下也可以相互转化。

吸附层析是各种层析分离技术中应用最早的一类。传统的吸附层析是以各种无机材料为吸附剂,如氧化铝、硅胶、活性炭、膨润土等,吸附过程包括多种作用力,作用机理较为复杂。在此基础上发展起来的新的吸附层析技术,如疏水作用色谱、金属螯合作用色谱和共价作用色谱等,所用吸附剂一般为有机基质并通过化学修饰制成。它们都有比较明确的作用机理,即疏水作用、螯合作用和共价作用。

2. 分配层析

分配层析的流动相和固定相都是液体,其原理是利用混合物中各物质在两液相中的分配系数的不同而分离。

根据流动相的极性与非极性的差别,分配层析又可分为正相层析和反相层析。正相层析的固定相为极性,流动相为非极性,当混合物随流动相通过固定相时极性较强的化合物被保留,极性较弱的化合物先被洗脱下来。反相层析则固定相为非极性,流动相为极性,用于分离非极性或弱极性物质。

3. 离子交换层析

20 世纪 70 年代中期,由美国一化学公司开发的离子层析现已成为一个独立的色谱分支。该法使用离子交换原理,采用一种新的树脂组合方法,即在分离柱后串联一个扣除背景的抑制柱,在抑制柱中将作为洗脱液的酸溶液或碱溶液转变为水或另一种电导率极低的溶液,从而能用电导检测器测定洗脱后溶液中的待测离子。由于离子层析法能够快速灵敏地测定各种痕量的阴阳离子物质,因而在环保、能源、材料、食品、医药等众多领域中得到广泛的应用。

4. 凝胶过滤层析

凝胶过滤层析分离是指当混合物随流动相经过固定相(凝胶)时,混合物中各组分按其相对分子质量大小不同而被分离的技术。凝胶是一种不带电的具有三维空间的多孔网状结构的物质。凝胶的每个颗粒的细微结构就如一个筛子。当混合物随流动相流经凝胶柱时,较大的分子不能进入凝胶网孔而受到排阻,它们将与流动相一起首先流出;较小的分子不能进入凝胶网孔,流出的速率比较慢;更小的分子能进入全部凝胶网孔,最后从凝胶柱中流出。因此,此种技术又被称为分子筛或凝胶过滤,常常被应用于样品各组分相对分子质量的测定,酶、蛋白质、多糖、核酸的分离和提纯。采用凝胶层析法能简便快速分离样品组分中的相对分子质量相差较大的化合物。

5. 亲和层析

亲和层析作为层析分离技术最新的一个分支,是专门用于纯化生物大分子的层析分离技术。它是基于固定相的配基与生物分子间的特殊生物亲和能力(如酶和抑制剂、抗体和抗原、激素和受体等)的不同来进行相互分离的。亲和层析具有高选择性,且操作条件温和,能有效地保持生物大分子高级结构的稳定性,活性样品的回收率也比较高。所以亲和层析被广泛用于酶等生物活性物质的分离与纯化,是分离生物大分子最为有效的层析技术,具有很高分辨率。亲和层析的局限性在于不是任何生物高分子都有特定的配基,针对某一分离对象需要制备专一的配基和选择特定的层析条件。这样使得亲和层析分离技术的商品化受到了一定的限制。

6. 聚焦层析

聚焦层析分离技术是利用具有两性电解质特点的分组如氨基酸、蛋白质、酶等在等电点上的差异。当混合物流经具有 pH 梯度的固定相时,各组分在相应的等电点上进行聚焦而得以分离的高分辨分离技术。此种层析技术的分辨率极高,但由于处理量少,目前还较难应用于工业生产。

上述各种层析分离具有不同的特点,并各有其相应的用途和适用场合。气相层析在分析化学中应用相当普遍,而在工业分离中应用较少。目前,食品工业生产所用的层析分离技术,大部分是为了分离、脱色、除杂,因此主要选择吸附层析和离子交换层析。

13.3.5　层析分离技术在功能(保健)食品中的应用

随着大型工业色谱的不断发展,再加上人们对一些常规方法难以纯化和分离的物质如具有生理活性的肽、蛋白质、功能性低聚糖等需求的不断增加,一些特殊的功能性天然活性物质已经在国外开始进入工业化生产。在我国,将层析分离技术应用于食品工业中还处于起步阶段,除分离果葡糖浆外,其他大规模层析分离工艺应用的报道还较少,应加强对其理论、工艺和设备的研究。

1. 溶菌酶的生产

用离子交换层析可进行蛋白溶菌酶的生产。树脂的类型为微酸性树脂,也可以用其他树脂。在层析柱吸附前,蛋清用酸沉淀和离心方法去除杂质蛋白质和其他杂质,然后调节酸碱度至 pH 8,过滤得清液。清液用蒸馏水稀释或用 SephadexG 凝胶过滤层析脱盐。蛋清通过上述处理可获得粗酶溶液,再用凝胶过滤柱和离子交换树脂进行分离纯化,用缓冲液洗涤后,洗脱得到的酶液再进行等电点沉淀浓缩,凝胶过滤层析脱盐,最后进行冻干操作,得到不含盐的溶菌酶粉末。此项层析技术还用于其他酶的纯化。

2. 免疫球蛋白和乳铁蛋白的分离提取

江南大学利用金属螯合色谱分离提取初乳中的活性物质——免疫球蛋白和乳铁蛋白。金属螯合色谱是一种利用金属离子与蛋白质中的某些氨基酸,如组氨酸等特有的亲和力而进行分离纯化的新型色谱分离技术。它具有条件温和和分离的蛋白质活性回收率较高的特点;同时操作较为简单,并有较高的处理能力,使用寿命也较长,适宜于生物活性蛋白的分离纯化。

由于免疫球蛋白对金属螯合色谱的亲和力最大,因此可采用增加上样量使其突破饱和点再用强洗脱液洗下吸附的免疫球蛋白。此法得到的免疫球蛋白的纯度可达 95%,活力几乎没有损失。但此法无法在分离免疫球蛋白的同时得到乳铁蛋白。江南大学的研究人员在分离乳铁蛋白的同时发现,免疫球蛋白在 pH 4 左右就开始大量被洗脱,直到 pH 降至 2.8 时,免疫球蛋白才被完全洗脱下来。在分离初乳中免疫球蛋白的同时得到乳铁蛋白,为功能性婴幼儿食品的开发提供了一条新的途径。

13.4 微胶囊技术

微胶囊技术是当今世界上的一种发展迅速、用途广泛而又比较成熟的高新技术。目前已成为食品科技领域的研究热点之一,微胶囊技术在食品工业上的应用,极大地推动了食品工业由低级的农产品初加工业向高级产业的转变,是我国21世纪重点研究开发的食品加工高新技术之一。

13.4.1 基本概念

微胶囊技术(microencapsulation)是利用天然的或者是合成的高分子包囊材料(壁材),将固体、液体甚至是气体的微小囊核物质(心材)包覆形成直径在1～5 000 μm(通常是在5～400 μm)的一种具有半透性或密封囊膜的微型胶囊技术。

微胶囊可呈现各种产品形状,如粒状、球状、长条状、块状等不同几何形状。囊壁有单层和多层结构。

微胶囊整体包括两部分,即外层的囊壁和包在里面的物质囊心。微胶囊造粒的基本原理是根据不同被包埋物的性质和用途,选用一种或几种复合壁材进行包埋。一般来讲,油溶性包埋物应采用水溶性壁材,而水溶性包埋物应采用油溶性壁材。

13.4.2 微胶囊的构成材料

1. 微胶囊的心材

微胶囊的心材又称为"心料""核料"。大多数的固体或液体主料(甚至气体)均可进行微胶囊化。但心材的性质不同,则所采用的微胶囊化工艺的要求也不同。如采用水相分离工艺,心材的直径大小与成囊后的外形和稳定性关系甚大。液体心材用复凝聚法包成的微胶囊多为圆球形,不规则的大颗粒心材包成的微胶囊与主料颗粒形态相似。制得的微胶囊可以为单核,也可以是数万个的多核。一般要求心材的直径不宜过大。心材除主料外,还可以加稳定剂、稀释剂以及控制释药速度的阻滞剂或加速剂等附加剂,以使制得的微胶囊达到预定的设计要求。

2. 微胶囊的壁材

微胶囊的壁材一般为成膜物质,既有天然多聚物,也有合成多聚物。壁材的组成决定工艺和产品的性质。理想的壁材应具备以下性质。

(1)在食品加工、贮存中,将心材密封在其结构之内,与外界环境相隔绝。

(2)具有适当的渗透性、吸湿性、溶解性和可食性。

(3)良好的稳定性,不与心材发生化学反应。

(4)在适当条件下溶解且释放心材。

(5)良好的操作性,如溶于水或乙醇等食品工业中允许采用的溶剂中;高浓度下具备良好的流变性质。

(6)经济性。

几乎没有一种壁材能同时满足以上所有性质。在实际应用中，它们往往与其他壁材或抗氧剂、表面活性剂、整合剂等联合使用。

微胶囊的壁材主要是天然高分子化合物、合成高分子化合物及其衍生物。在食品添加剂微胶囊产品中，供作壁材的纤维素类有 CMC、乙基纤维素、甲基纤维素；动植物胶类有明胶、阿拉伯胶、卡拉胶、海藻酸钠、酪蛋白等；碳水化合物类有麦芽糊精、β-环糊精、糊精、淀粉、白糊精、单糖、双糖、多糖、变性淀粉；蜡、脂类有石蜡、硬脂酸等；其他类有聚丙烯、聚乙烯醇、聚乙二醇等。

一般根据所制备微胶囊的要求选择适宜的壁材。例如，需快释放的微胶囊可制成明胶膜，网孔比较大；为了防止渗油的封密式微胶囊，可选用明胶-阿拉伯胶膜，另在油相中加乙基纤维素沉积油胶之间，形成封闭性良好的囊膜。所以，选用壁材时应考虑壁材的黏度、渗透性、吸湿性、溶解性、稳定性及透明度等，而且，为了微胶囊具有一定的可塑性，通常在壁材中还加入适宜的增塑剂。如明胶作壁材时，可加入体积 10%～20%的甘油或丙二醇。另外，在微胶囊化时，囊心物与壁材的比例要适当，囊心物太少可使囊中无物，即空囊。

微胶囊产品的命名方式有根据心材命名的，如维生素 C 微胶囊。有根据壁材而命名的，如阿拉伯胶微胶囊。更恰当的是结合心材和壁材的命名，如卵磷脂-明胶微胶囊。

13.4.3　微胶囊的功能特性

敏感性成分经过胶囊化后，可以改变产品原来的色泽、形状、质量、体积、溶解性、反应性、耐热性、贮藏性等特性，能够贮存微细状态的心材物质并在需要时释放出来。

二维码 13-4　常用微胶囊囊壁材料

1. 隔离物料间的相互作用，保护敏感性物质

物料通过胶囊化后，可避免受环境中氧气、光线、高温、水汽、紫外线等外界不良因素的干扰，提高其在加工时的稳定性并延长产品的货架寿命。如茶饮料中的色素物质易受光、热、酸等因素作用而不稳定，经包埋后可形成稳定的包埋物。

2. 改变物料的存在状态、质量和体积

液体心材经胶囊化后可转变为细粉状固体，其内部仍是液相，故仍能保持良好的液相反应性；部分液相香料，经包埋后转变为固体颗粒，以便于加工、贮藏和运输。物料经胶囊化后，其质量有所增加，也可制成含有空气的空气胶囊而使其体积增加。

3. 掩盖不良气味、降低挥发性

有些食品添加剂因带有异味或色泽而影响被添加食品的品质。如果将其胶囊化，可掩盖其不良气味、色泽，改变其在食品加工中的使用性。易挥发的食品添加剂，经胶囊化后可抑制挥发，减少其在加工时的损失，降低成本。食品或饮料中的天然香气成分经包埋后，其挥发性、氧化性和热分解作用显著减缓，使香气持久、宜人。

4. 控制释放

物料经胶囊化后，可控制其释放时间和释放速率。利用这些特点，在食品工业中可以滞留一些挥发性化合物，使其在最佳条件下释放。如饮料中加入的防腐剂（如苯甲酸钠）与酸味剂直接接触会引起失效，若将其胶囊化后可增强对酸的稳定性，并可在最佳状态下发挥防腐作用，延长防腐剂的作用时间。通过预先设计并选用适当壁材，还可实现特殊的释放模式达到特殊效果。

5. 降低食品添加剂的毒理作用

利用控制释放的特点，可通过适当的设计，控制心材的生物可利用性，尤其对化学合成添加剂，对其进行包埋，对于减少其毒理作用显得尤为重要。

6. 保持食品中生理活性物质和微量营养素的活性

能保持食品中微量营养素和生理活性物质对人体的活性作用。例如：姜汁中的香辛成分易挥发、酸败，将其与其他物质进行包埋后，可保持其香辛成分给予的辛辣感。

7. 隔离相互易反应的组分使之可共存于同一物质中

运用微胶囊技术，将可能相互反应的组分分别制成微胶囊产品，使它们稳定在一个物系中，各种有效成分有序地释放，分别在相应时刻发生作用，以提高和增进食品产品的风味和营养。例如：有些粉状食品对酸味剂十分敏感。因为酸味剂吸潮会引起产品结块；并且酸味剂所在部位 pH 变化很大，导致周围色泽变化，使整包产品外观不雅。将酸味剂微胶囊化以后，可延缓对敏感成分的接触和延长食品保存期限。

13.4.4 微胶囊的制备方法

13.4.4.1 微胶囊制备方法的分类

1. 物理方法

空气悬浮法、喷雾干燥法、喷雾冷却和冷冻法、挤压法、离心挤压法、真空蒸发沉积法、静电络合法等。

2. 物化方法

凝聚法、复相乳液法、融化分散与冷凝法、囊心交换法、粉末床法、溶化分离法等。

3. 化学方法

界面聚合法、原位聚合法、锐孔法、辐照化学法、包结络合物法、分子包囊法等。

13.4.4.2 常用的制备方法

1. 凝聚法

凝聚法又称相分离法，是在分散有囊心材料的连续相中，利用改变温度，在溶液中加入无机盐、成膜材料的凝聚剂或其他诱导成膜材料间相互结合的方法，使壁材溶液产生相分离，形成两个新相，使原来的两相体系转变成三相体系，含壁材浓度很高的新相称凝聚胶体相，含壁材很少的称稀释胶体相。凝聚胶体相可以自由流动，并能够稳定地逐步环绕在囊心微粒周围，最后形成微胶囊的壁膜。壁膜形成后还需要通过加热、交联或去除溶剂来进一步固化，收集的产品用适当的溶剂洗涤，再通过喷雾干燥或流化床等干燥方法，使之成为可以自由流动的颗粒状产品。

根据分散介质的不同，凝聚法可分为水相分离法和油相分离法。水相分离法又按成膜材料的不同而分为复合凝聚法和简单凝聚法。由于水相分离法微胶囊化是在水溶液中进行的，因此，心材必须是非水溶性的固体粉末或疏水性液体，而油相分离法中心材、壁材的性质正好相反，即心材亲水，壁材疏水。

2. 喷雾干燥法

喷雾干燥是常用的微胶囊制备方法，其基本过程可分为3个阶段，即囊壁材料的溶解、囊心在囊壁溶液中的乳化和喷雾干燥。在喷雾干燥过程中，心材物质被包埋在壁材之内。在喷雾干燥过程中，由心材和壁材组成的均匀物料被雾化成微小液滴，在干燥室热交换途中，液滴表面形成一层网状结构的半透膜，其筛网作用可将分子体积大的心材滞留在网内，小分子物质（溶剂）由于体积小，可顺利逸出网膜，从而完成包埋，成为粉末状的微胶囊颗粒。喷雾干燥过程的连续摄影显示，溶剂先从雾滴表面蒸发，在表面形成固相，逐步扩展形成固体壁膜，壁膜内包含的壁材溶液再进一步干燥，溶剂在透过壁膜蒸发时可使壁膜形成孔洞。溶剂的透过扩散速度对形成孔洞有很大影响，因此，囊壁的硬度、多孔性等性能不仅与使用的壁材性质有关，也与干燥温度有关。

喷雾干燥法具有的特点：①与其他方法相比，此法可连续生产，且批量可大可小。②生产操作简单，只有二三个关键工序，食品行业的技术及管理人员易于接受。③全部生产设备是食品工业常用设备，无专用设备，很易实现生产。④该方法是最简便经济地把液体原料粉末化的方法，而其他有些方法会产生含酸、醛等有机物的废水，增加了水处理费用。

鉴于以上优点，今后喷雾干燥法仍会占主导地位，而且经过不断改进，会有更多材料适用该法加工，壁材也会越来越丰富，促使该方法更广泛应用。

喷雾干燥法有如下缺点：①设备尺寸大。②设备价格高。③耗动力大（包括热能、电能）。④包埋率比其他方法相对较低。

3. 喷雾冷却法和喷雾冷冻法

喷雾冷却法和喷雾冷冻法的工艺与喷雾干燥法相似，都是首先将心材均匀地分散于液化的壁材中，用喷雾方法使液滴雾化，在设定条件下使壁膜较快地固化。与喷雾干燥法的不同之处是喷雾冷却法和冷冻法是通过在干燥室内通入循环冷风，使原来熔融状态的壁材（油脂类或蜡类）冷凝成微胶囊，或利用冷的有机溶剂的脱溶剂作用而干燥来完成的。对于香料等易挥发或对热特别敏感的囊心，适合采用低温下脱除溶剂使壁材凝聚形成微胶囊的方法。例如，把香料等油性囊心均匀分散在阿拉伯树胶水溶液中形成水包油乳液后，再通过喷雾装置形成微小雾滴进入到冷的酒精、甘油、丙二醇等有机溶剂中；由于阿拉伯树胶不溶于这些溶剂，而水与这些溶剂相溶，所以水从阿拉伯树胶乳液中逸出，阿拉伯树胶则沉积在囊心周围形成微胶囊。经过过滤、洗涤、干燥，即得到粉末微胶囊。整个过程可在常温下进行。

在喷雾冷却法中所使用的典型壁材是氧化油脂、低熔点蜡等蜡状材料，也可使用其他壁材，如熔点在45～67℃的甘油单二酸酯。在喷雾冷冻法中，壁材可选择熔点为32～42℃的氧化植物油或熔点更低的壁材。

4. 空气悬浮法

空气悬浮法是一种适合于多种包囊材料的微胶囊化技术。其工艺过程是先将固体颗粒的囊心物质分散悬浮在承载气流中，然后在包囊室内将包囊材料喷洒在循环流动的囊心物质粒子上，囊心物质粒子悬浮在上升的空气流中，并靠承载气流本身的湿度调节来对产品实行干燥。该方法可以使包囊材料以溶剂、水溶液乳化剂分散系统或热溶物等形式包囊，通常只适用于包制固体的囊心物质。目前该法一般多用于香精香料以及脂溶性维生素等的微胶囊化。

5. 孔膜挤压法

孔膜挤压法是一种在低温条件下进行的微囊化技术。其主要的作用机理就是首先将悬浮在一种液化了的碳水化合物介质中的囊心物质的混合物，经过一系列的孔膜用压力挤压进一种盛有脱水液的水溶液中，当被经过孔膜挤压出来的这种混合物在接触到脱水液体时，包囊材料便发生硬化并随之包覆在囊心物质的表面上，然后再从脱水液中分离出由于挤压所形成的细丝，对其进行干燥并研成粉末状，以便降低它的吸湿性，这样便形成了产品。该工艺特别适用于那些对于热不稳定的囊心物质。其微胶囊化产品的货架期明显地高于采用其他微胶囊技术制得的产品。目前该工艺主要用于生产微胶囊化的香料及色素等。

6. 锐孔-凝固浴法

锐孔-凝固浴法是化学法和物理机械法相结合的一种微胶囊方法。以可溶性聚合物为壁材，将聚合物配成溶液。以此溶液包裹囊心并呈球状液滴落入凝固浴中，使聚合物沉淀或交联固化成为壁膜而微胶囊化。例如，把 10 g 沉淀糖化酶分散到 400 mL 甲基丙烯酸甲酯-甲基丙烯酸共聚物的甲醇溶液中，与带正电荷的聚乙烯醇乙酰醋酸哌啶酯一起连续经锐孔喷出，发生静电吸引而凝聚成微胶囊。

7. 包结络合法

包结络合法是一种利用 β-环状糊精作为载体，在分子水平上进行包结的微胶囊化技术。β-环状糊精分子是由 7 个葡萄糖分子以 α-1,4-糖苷键连成环状，分子形成圆柱形，表面是亲水区，内有一个中间空的近似圆柱形的疏水区。包结络合反应只发生在有水的条件下。水分子占据的环状糊精分子中间的疏水区，很容易被极性较低的客体分子所取代，从而进行包埋。包结络合物在干燥的条件下很稳定，要在 2 000℃的温度下才能被分解，但在人体口腔的温度和湿度条件下，囊心物质易被释放。目前该工艺技术主要用在香精、色素及维生素等微胶囊化产品的生产加工上。

8. 旋转分离法

旋转分离法的工艺原理是先将囊心物质的颗粒混在一种纯的经过液化的包囊材料中，然后将它们倾注在一个转盘中，使过量的液体包囊材料展开并使其形成一层比颗粒直径还要薄的液膜。这时过量的液体包囊材料便会在雾化时形成细小的微粒，从而可以与最终的包囊产品相分离并加以回收，而核心粒子在离开转盘时便会被包囊材料所包埋。包囊过的粒子可以通过冷凝或者干燥的方法来进行固化。旋转分离法是一种高效率的微胶囊化技术，可以适用于多种核心物质以及多种类型的包囊材料。该技术目前多用在香料工业以及食品的配料生产中。

13.4.5 微胶囊技术在功能(保健)食品中的应用

1. 微胶囊化营养强化剂

大多数维生素等营养物质自身不稳定，容易受到外界环境的影响而分解，因此将它们制成微胶囊，可以大大提高其稳定性。例如各种氨基酸胶囊；维生素 C、维生素 E 胶囊；各种矿物质如硫酸亚铁、葡萄糖酸锌(钙)胶囊。

2. 微胶囊化生理活性物质

活性肽和功能性蛋白及脂肪酸具有免疫、抗菌、抗氧化、抗肿瘤防辐照、心血管调节、促进矿物元素吸收等生理功能，通过微胶囊技术将活性肽和功能性蛋白加以包埋和加以保护能达到性能稳定的目的。例如各种膳食纤维胶囊；六烯酸(DHA)胶囊；必需脂肪酸(亚油酸、亚麻酸、花生四烯酸、EPA)胶囊；各种活性多糖胶囊；各种活性肽胶囊；各种活性蛋白质胶囊；各种硒化物胶囊。

3. 香精香料的粉末化

香精香料本身具有易受外界环境影响，活性成分易与食品发生反应等特点，将其微胶囊化可以有效克服这些弊端。如橘子香精、柠檬香精、樱桃香精、薄荷油、水杨酸甲酯、芝麻油、辣油、姜油、酱油、食醋微胶囊等。

4. 食用油脂的粉末化

对于功能性油脂而言，微胶囊造粒技术就是将功能性油脂微胶囊化成为固体微粒产品的技术。微胶囊化能保护被包裹的物料，使之与外界环境相隔绝，最大限度地保持功能性油脂原有的功能活性，防止营养物质的破坏与损失，从而防止或延缓产品劣变的发生。几乎所有油脂均可制成微胶囊。

5. 饮料的粉末化——固体饮料

饮料中含有彩色细小纤维，而使饮料的颜色不稳定，容易褪色并发生重力下沉。如果将微胶囊技术应用于果蔬饮料中，把果蔬汁制成彩色胶囊饮料，则不但能保持原有的营养物质，而且能稳定色素，改善了原来不稳定的状态和不愉快的口感，大大地改善了饮料的感官特性。例如各种水果粉末冲剂、蔬菜粉末冲剂、碳酸饮料、麦乳精、各种冲剂胶囊等。

6. 酒的粉末化

白酒、葡萄酒等粉末成为消费者的新宠。例如粉末啤酒只需兑入一定量的水即可饮用，浓淡自调，饮用方便。

7. 胶囊化食品添加剂

食品添加剂可改善食品的品质，但其加入也会带入一些不良因素，如添加剂的不良色泽和气味等，微胶囊技术可以改善物质的物理性质和稳定性，使囊心物质免受外界环境的影响，屏蔽味道和气味并有减少复方制剂配伍禁忌等作用。例如，微胶囊化酸味剂；微胶囊化甜味剂；微胶囊化防腐剂；微胶囊化乳化剂；微胶囊化膨松剂；微胶囊化活性小麦面筋(谷朊粉)。

8. 微胶囊化微生物细胞

双歧杆菌是人体肠道中的有益菌，但双歧杆菌不耐氧，不耐酸，活性保持较为困难，可将双歧杆菌微胶囊化，保护其活性。还有乳酸菌、酵母菌、黑曲霉等。

9. 微胶囊固定化酶及固定化细胞

为了解决酶的回收和防止酶污染，同时提高酶的稳定性，开发了固定化酶，例如淀粉酶、蛋白酶、果胶酶、氧化酶、异构酶、转化酶、脂肪水解酶、过氧化氢酶、乳糖酶、酒化酶等。

13.5 浓缩与干燥技术

13.5.1 浓缩技术

浓缩是功能食品生产中常用的工艺之一。用溶剂进行有效成分或营养成分提取后，回收溶剂一般用浓缩方法。物质的提取液由于固体物含量过低,需要经过浓缩达到一定的含量。提取液进行后续处理时,也常需要提高浓度,如结晶、喷雾干燥等。这些都要设计浓缩这道工艺。在实际生产中,用到的浓缩方法主要有蒸发浓缩、冷冻浓缩、常压浓缩、真空浓缩、反渗透膜浓缩等。

1. 蒸发浓缩

凡是液体或水果、蔬菜压汁均可用蒸发的方法进行浓缩。现代蒸发多用低温、低压蒸发的方法,以免损坏有效成分。

食品物料蒸发浓缩的特性:①热敏性。食品物料多由蛋白质、维生素、脂肪、糖类等成分组成。这些成分在高温下或长时间受热时受到破坏或发生变性、氧化等作用,因此,在蒸发时应考虑这些特性,采用正确的蒸发工艺方法。如低温短时蒸发法、高温短时蒸发法、真空蒸发法等。②黏稠性。食品物料含有丰富的蛋白质、糖等胶体成分,易产生黏稠特性,影响传热速度,需要采取外力或搅拌措施。③挥发性。大部分食品物料含有芳香和风味成分,挥发性较大,应考虑回收办法。④腐蚀性。酸性食品物料具有腐蚀性,应选择耐腐蚀的蒸发设备。⑤结垢性。食品物料中的蛋白质、糖等成分在蒸发过程中由于变性易产生结垢现象,影响传热率和蒸发效率,要定期清理结垢层。⑥泡沫性。含有高蛋白质的食品物料在蒸发浓缩时易产生大量气泡,影响正常蒸发,可用表面活性剂来消泡。

2. 冷冻浓缩

冷冻浓缩是利用冰与水溶液之间的固液相平衡原理的一种浓缩方法。采用冷冻浓缩方法,溶液在浓度上是有限度的。当溶液中所含溶质浓度低于共熔浓度时,溶剂结晶析出,余下溶液中的溶质浓度就提高了,这是冷冻浓缩的基本原理。因此,冷冻浓缩分为 2 个阶段,即形成结晶和分离。

冷冻浓缩方法特别适用于热敏食品的浓缩。由于溶液中水分的排除不是用加热蒸发的方法,而是靠从溶液到冰晶的相间传递,所以可以避免芳香物质因加热所造成的挥发损失。冷冻浓缩的主要缺点是设备昂贵,作业成本高,细菌和霉菌活性得不到抑制,制品还必须再经热处理或冷冻保藏,原汁中的低分子成分含量略有下降等。

冷冻浓缩中的结晶为溶剂(水分)的结晶,同一般的溶质结晶操作一样,被浓缩的溶液中的水分也是利用冷却除去结晶热的方法使其结晶析出。冷冻浓缩中,要求冰晶有适当的大小。冰晶的大小不仅与结晶成本有关,而且也与此后的分离有关。在实际生产中,冷冻浓缩过程的结晶有两种形式。一种是在管式、板式、转鼓式以及带式设备中进行的,称为层状冻结;另一种是发生在搅拌的冰晶悬浮液中,称为悬浮冻结。

3. 常压浓缩

常压浓缩是在常压下使溶液进行蒸发。如果溶剂为有机溶剂,常常进行冷凝回收,以便回收利用并防止污染空气。

浓缩设备一般由加热器、蒸发器、冷凝器和溶剂接收器组成。常压浓缩设备比较简单,操作方便,但由于蒸发温度高,能耗较大。尤其在浓缩后期,溶液浓度升高,沸点进一步上升,溶液中的许多成分容易在高温条件下焦化、分解、氧化,使产品质量下降。因此,在实际生产中常压浓缩已经用得越来越少。

4. 真空浓缩

真空浓缩又称减压浓缩，在工业生产中应用极为普通，功能食品生产中也采用最多。

真空浓缩具有很多优点。液体物质在沸腾状态下溶剂的蒸发很快，其沸点因压力而变化，压力增大，沸点升高，压力小，沸点降低。例如，牛奶在 101 kPa 下，沸点为 100℃，而在 82.7～90.6 kPa 下，沸点仅为 45～55℃。由于在较低温度下蒸发，可以节省大量能源。同时，由于物料不受高温影响，避免了热不稳定成分的破坏和损失，更好地保存了原料的营养成分和香气。特别是某些氨基酸、黄酮类、酚、类维生素等物质，可防止受热而破坏。而一些糖类、蛋白质、果胶、黏液质等黏性较大的物料，低温蒸发可防止物料焦化。

5. 反渗透膜浓缩

反渗透能否得到实际应用，关键是膜材料的选择。反渗透膜是一类具有表层非对称的复合膜，它与一般渗透或超滤不同，不是纯溶剂向溶液方向渗透，而是在外压下溶液的溶剂向非溶液方向渗透。采用反渗透浓缩的先决条件是采用只能通过水分而不能通过其他可溶性固形物的半渗透膜。目前主要有醋酸纤维素膜和芳香聚酰胺纤维膜。醋酸纤维素膜表面结构致密，孔隙很小，厚度 1～10 μm，孔隙直径 0.8～2.0 nm；下层结构疏松，孔隙大，其厚度约占膜厚的 99%，孔隙直径在 0.1～0.4 μm，膜的厚度可薄到 0.1 μm，能保证较高的水分流动速度，保证紊流流动，防止膜表面淤积某些果蔬成分而降低膜的渗透率。

反渗透与蒸发浓缩相比，设备投资仅为后者的 1/3 左右，生产成本仅 1/5 左右。故在能源价格高昂的今天，反渗透浓缩工艺可作为果蔬原汁的预浓缩。多年来，人们采用反渗透对苹果、梨、柑、菠萝、葡萄、番茄等果汁进行浓缩。其果汁品质优于热浓缩法。例如，利用反渗透浓缩山楂汁，不仅可保持营养和功效成分，而且配合超滤可生产高凝胶能力的果胶，避免了热浓缩时果胶的破坏。在国外，反渗透已用于牛奶、水果汁、氨基酸溶液的浓缩。

总体来看，目前用于保健食品浓缩的方法还是以真空蒸发为主，而反渗透浓缩技术在不远的将来有可能以其突出的优点，在许多方面获得应用。

13.5.2　干燥技术

干燥是将固体、半固体或浓缩液等物料中的水分除去的过程，故也称为“去湿”或“脱水”。干燥的主要目的是提高产品的稳定性，使之易于保存和运输。

1. 热风干燥

热风干燥是在常压下利用高温的热空气为热源，借对流传热将热量传给物料，使水分蒸发而得到干燥制品。常用的设备有热风干燥器(或称空气干燥器)，对流干燥器。空气既是载热体又是载湿体，物料在接近于大气压下进行干燥。空气在换热器中由水蒸气加热至所需温度，也经常采用油或煤气加热系统的烟道气作为干燥介质。热风干燥主要用于干燥固体物料，如奶粉、食盐、砂糖、干酪素、面粉、谷物、葡萄糖、味精、肉丁、块状马铃薯、蛋粉等。

2. 接触干燥

接触干燥是指被干燥物料直接与干燥器的加热面接触进行干燥的方法。在常压操作靠空气带走干燥所生成的水汽。最常用的是滚筒干燥器。它的优点是干燥速度快，热能利用率高，常用于牛奶、各种汤粉、果汁、淀粉、酵母、婴儿食品、豆浆等液状、胶状或膏糊状食品的干燥。

3. 辐照干燥

以红外线、远红外线、微波、介电放热源的辐照干燥也常用于食品工业。

(1)红外线干燥器　红外线干燥器的最大优点是干燥速度快，比一般的对流、传导干燥要快得多。红外线干燥时，被干燥的物料分子直接把红外线辐照能转变为热能，中间不需通过任何介质。一部分射线要透过毛细孔达物料内部，其深度可达 0.1～2 mm。射线穿入毛细孔后由孔壁的一系列反射几乎全被吸收。因此，红外线干燥具有很大的传热系数。此外，红外线干燥不适宜非多孔性厚层物料。

红外线干燥时，当干燥热敏性高的食品时，采用短波辐照；当干燥热敏性不太高的食品时，可采用长波辐照。

(2)远红外干燥器　远红外干燥器具有干燥速度快和生产效率高的特点。其干燥时间比近红外线短一半，是热风干燥的 1/10。远红外干燥器节约能源，比近红外线节省 50%，比热风干燥效果更好。其干燥产品质量较好。远红外干燥器体积小、成本低、易于制造和推广。

(3)微波干燥器　微波技术在食品干燥上的应用越来越广泛。微波干燥器具有以下优点：

①干燥速度快，时间短，因为微波能够深入到物料内部，而不是依靠物料本身的热传导。

②对维生素的破坏少，有利于保存食品的色、香、味，因为加热时间短。

③加热均匀，因为微波加热是从物料内部加热，不引起表面硬化和不均匀等现象。

④热效率高，热损失较少，改善了劳动条件，避免了环境高温，占地面积小。

4. 喷雾干燥

喷雾干燥是将液状(溶液、乳状液、悬浮液)或膏糊状物料加工成粉状或颗粒状干制品的一种干燥方法。它通过雾化器将液体喷洒成极细微的雾状液滴，同时与干燥介质(热空气、惰性气体、烟道气等)混合，进行传热交换和质交换，水分等溶剂气化，而物料得到干燥。

(1)喷雾干燥的特点

①干燥速度快、时间短。料液雾化后表面积很大，与高温热介质的热交换和质交换非常迅速，一般只需几秒到几十秒钟就干燥完毕。

②干燥温度较低。非常适宜热敏性物料的干燥，能保持最终产品的营养成分、色泽和风味。

③能使最终产品具有良好的分散性、溶解性和疏松性。

④最终产品纯度高、杂质低。

⑤生产过程简单，操作和控制方便，适宜连续化、自动化大规模生产。

(2)喷雾干燥的用途

①肉类、水产制品。如鱼蛋白质、血浆、鱼粉等。

②果蔬制品。如辣椒、番茄、洋葱、大蒜、香蕉、柑橘、水解蛋白等。

③乳、蛋制品。如奶油、奶粉、冰淇淋、代乳粉、可可粉、蛋粉等。

④酵母制品。如酵母粉、干酵母、饲料酵母等。还可以用于酶制剂的干燥。

⑤粮食、糖类食品。如谷物、淀粉、葡萄糖等。

⑥香料、饮品。如天然香料、合成香料、速溶咖啡、速溶茶等。

5. 冷冻干燥

冷冻干燥又称为真空冷冻干燥、冷冻升华干燥、分子干燥等。它是将湿物料先冻结至冰点以下，使水分冻结成冰，然后在低温下抽真空，使冰直接升华转化为气体除去，物料被干燥，即通过升华排除冻结原料中的水分。

(1)冷冻干燥的特点

①冷冻干燥特别适用于热敏性及易氧化食品的干燥，可保留食品原有的色、香、味及维生素，也适用于对热非常敏感而有较高价值的酶的干燥。

②干燥后的产品不失原有的结构，保持原有的形状。

③干燥后的产品具有良好的复水性，极易恢复原有的形状、性质和色泽。

④热量利用经济，可用常温或稍高温度的液体、气体为加热剂。

⑤由于冷冻干燥是在高真空和低温下进行，需要一整套真空及制冷设备，投资大，成本高。

(2)冷冻干燥的用途

冷冻干燥技术在国内外的应用发展迅速。由于冷冻干燥后的食品可长期保藏，便于携带和运输，特别是良好的即时复水性，使其具有良好的发展前景。

冷冻干燥在食品工业上常用于肉类、水产类、蔬菜类、蛋类、果蔬原汁粉、香料、调味料、速溶咖啡、速溶茶等，也是功能食品生产中常用的干燥方法，如蜂王浆冻干粉的生产。

6. 真空干燥

真空干燥是在可密闭的干燥器进行。干燥器与真空装置相连。干燥时，一边抽真空一边加热，使物料在较低的温度下蒸发干燥。例如真空泡沫干燥工艺，可以与冷冻干燥相媲美。

7. 泡沫层干燥

泡沫层干燥就是在半浓缩汁添加表面活性剂和惰性气体，产生稳定的泡沫，然后迅速扩大产品的表面积使之干燥。泡沫以薄层形式被常压热空气干燥。产品冷却后脱离干燥面，破碎后进行充气包装或真空包装。产品多孔，呈海绵状，溶解性很好。作业成本和投资均很低。常用的添加剂有改性大豆蛋白、单一双硬脂酸甘油酯、羧甲基纤维素、淀粉制品、植物胶、果胶、卡拉胶、藻酸盐、明胶、清蛋白、酪蛋白、乳糖、蔗糖等。

13.6　杀菌与贮存技术

13.6.1　杀菌技术

杀菌是功能食品贮存、保鲜、延长保质期和货架期的重要手段。食品杀菌有两种作用：一是杀死食品中所污染的致病菌和腐败菌，破坏食品中的酶而使食品在特定的环境中(如密封的瓶内、罐内或其他包装容器内)有一定的保存期；二是在杀菌过程中尽可能地保护食品的营养成分和风味。

食品的杀菌方式分为物理杀菌和化学杀菌两大类。由于化学杀菌法使用过氧化氢、环氧乙烷、次氯酸钠、臭氧等杀菌剂，因此化学杀菌存在化学残留物等问题，影响食品安全。食品安全是一个全球共同关注的公共卫生问题，不仅关系人类的健康生存，而且还严重影响经济和社会的发展。民以食为天，加强食品安全工作，关系我国人民的身体健康和生命安全，必须抓得紧而又紧。化学杀菌造成的食品危害本质是食品污染问题，因此当代食品杀菌趋向于采用物理杀菌法。

13.6.1.1 巴氏杀菌技术

某些食品不宜采用高温杀菌，可采用较低的温度进行杀菌。这些食品受到高温后，其质量会受到不同程度的破坏，可采用较低的温度进行杀菌。巴氏杀菌的加热温度在100℃以下，可以杀死微生物的营养细胞，但不能达到完全杀菌的要求。巴氏杀菌的具体温度和时间根据不同食品的性状来决定。

巴氏杀菌又称为低温杀菌，其杀菌装置主要有以下几种：

(1)间歇式杀菌装置　该装置比较古老，一般采用可以搅拌的夹层锅，利用蒸汽、热水或冷水达到加热冷却的目的。这种杀菌装置热交换率小，操作劳动强度大；但投资较小，可以保持定温，清洗方便，可对固体食品杀菌。

(2)连续式低温杀菌装置　该装置主要用于液状食品杀菌，热交换方式有管式、板式两种。板式中的片式热交换器，是国内外连续式液体仪器杀菌的主要发展趋势。

巴氏杀菌装置还有连续式水槽杀菌装置、连续式热水喷雾杀菌装置、隧道式蒸汽加热杀菌装置、连续摇动式加热杀菌装置。

以上巴氏杀菌装置可广泛用于牛奶、稀奶油、冰淇淋原料、乳酸饮料、发酵乳、果蔬原汁、酱菜、低度酒、生啤酒、酱油、熏肉、火腿等杀菌。

13.6.1.2 超高温杀菌技术

超高温杀菌简称UHT杀菌，是指加热温度为135～150℃、加热时间为2～8 s、加热后的食品达到商业无菌要求的杀菌过程。

1. 超高温杀菌的基本原理

超高温杀菌的基本原理是建立在微生物受热死亡(即热致死)和最大限度地保持食品品质及营养成分这两个最重要的基础之上的。在食品加工和加热杀菌过程中，对食品中原有各类营养成分和风味物质的破坏，主要因素是加热时间长短，特别是在高温条件下杀菌，加热时间越长，对食品中营养成分、风味物质、色泽、质地等破坏越大，造成食品营养价值降低，风味变劣，感官指标下降。超高温杀菌与传统高温杀菌不同之处就在于它能最大限度地保持食品的营养价值、风味和感官品质。这主要是因为微生物对高温的敏感程度要远远大于食品中各种营养成分和风味物质对高温的敏感程度。

超高温瞬间杀菌不仅杀菌效果显著，杀菌时间缩短，而且对食品营养成分的保存率很高。例如，在120℃以下杀菌，食品成分的保存率为70%，而在130℃以上的超高温杀菌，食品成分的保存率将超过90%。

2. 超高温杀菌方法

(1)直接混合式加热法　采用过热纯净的蒸汽直接喷入液体食品进行热交换，使食品瞬间被加热到135～160℃。直接混合式加热法可按两种方式进行。一种是注射式，即将高压过热蒸汽注射到食品物料中；另一种是喷射式，即将食品物料喷射到高压过热蒸汽中。后者物料通常向下流动，而蒸汽向上运动。由于加热蒸汽与食品直接接触，故对蒸汽的纯净度要求甚高。

直接混合式加热法具有加热速度快，热处理时间短，食品色泽、风味及营养成分损失少等优点。但同时也因为控制系统复杂，加热蒸汽需要净化而带来产品成本提高。由于不可避免地有部分蒸汽冷凝进入食品中，又有部分食品中水分因受热闪蒸而逸出，故易挥发的风味物质随之将部分损失掉。因此，直接混合式加热法不适用于果汁杀菌，而常常用于牛奶以及其他需脱去不良风味食品的杀菌。

(2)间接式加热法　采用管式或板式热交换器,管或板中采用高压过热蒸汽或过热水作为加热介质,与食品进行热交换而间接杀菌。

间接加热法由于加热介质不直接与食品接触,可以更好地保存食品的营养成分和风味物质,易于控制温度。该法设备占地小,杀菌效率高,成本低,目前应用越来越广泛,特别是在牛奶杀菌中应用较多。

3. 超高温杀菌技术的应用

由于超高温杀菌技术的优越性,已广泛应用于牛奶、果汁、各种饮料、豆乳、茶、酒、矿泉水等多种液体食品的杀菌。超高温杀菌与无菌包装工艺的开发应用,可使各种饮料和乳制品不用冷冻冷藏就可以达到较长时间的保鲜,可打破地域和季节限制。

13.6.1.3　超高压杀菌技术

在常温下采用超高压对食品进行杀菌处理是在 20 世纪 80 年代开创并发展起来的一种食品杀菌保鲜方法。随着现代高压物理学的诞生而发展起来的食品超高压加工技术,在食品工业中发挥着越来越重要的作用。

1. 超高压杀菌的基本原理

超高压杀菌就是将食品物料以某种方式包装完好后,放入液体介质(通常是食用油、甘油、油与水的乳液)中,在 100～1 000 MPa 压力下作用一段时间后,使之达到杀菌要求。基本原理是压力对微生物的致死作用,主要是通过破坏细胞膜、抑制酶的活性和影响 DNA 等遗传物质的复制来实现的。超高压会造成包括蛋白质在内的生物大分子发生空间结构(构象)的变化,变形至一定程度时,会影响分子间或分子内的结构形式,导致化学键的破坏或重组,从而改变其生化性质和调节功能性质。

多数生物经 100 MPa 加压即可杀死。一般情况下,细菌、霉菌、酵母菌在 300～400 MPa 加压后即可杀死;病毒在 300 MPa 加压下即可使其不活化。

2. 超高压杀菌保鲜技术的特点

(1)不损害食品的营养成分和风味物质,不产生异臭物,不会使维生素、色素、香味成分等低分子化合物发生变化。高压处理后的食品仍保持其原有的生鲜风味、天然色泽和营养价值。这是超高压杀菌保鲜技术与传统加热方法相比最重要的优点。

(2)经超高压杀菌后,可以长时间地保存生鲜食品和发酵食品,保持食品的高质量。

(3)超高压处理技术引起的蛋白质变性状态及淀粉糊化状态与加热处理不同,可以获得具有新物性的食品原料,或称改性原料。超高压虽可破坏蛋白质的立体结构,使蛋白质产生压力凝固现象而不溶于水,但丝毫不影响蛋白质的消化性。超高压可使淀粉分子的长链被压断而产生变性,变成不透明的黏稠糊状物质。

(4)超高压加工与传统的热加工可结合进行,使食品加工过程多样化,有利于开发出各种未来的新食品及加工工艺。

(5)超高压杀菌是液体介质的瞬间压缩过程,杀菌均匀,操作安全,比加热法耗能低。

3. 超高压杀菌效果的影响因素

超高压杀菌效果与诸多因素有关,包括压力大小和加压时间、施压方式、处理温度、微生物种类、食物本身的组成和添加物、pH、水分活度、食品包装材料等。

(1)压力的大小和加压时间　在一定范围内,压力越高,杀菌效果越好。在相同压力下,杀菌时间延长,杀菌效果也有一定程度的提高。300 MPa 以上的压力可使细菌、霉菌、酵母菌杀灭,病毒在较低的气压下失去活力。对于非芽孢类微生物,施压范围为 300～600 MPa 时有可能全部致死。对于芽孢类微生物,有的可在 1 000 MPa 的压力下生存。如果这类微生物的施压范围在 300 MPa 以下,反而会促进芽孢发芽。

(2)pH　每种微生物都有适应其生长的 pH 范围。在压力作用下,介质的 pH 会影响微生物的生命活动。据报道,压力会改变介质的 pH,且逐渐缩小微生物生长的 pH 范围。

(3)温度　温度是微生物生长代谢最重要的外部条件。它对超高压杀菌的效果影响很大。由于微生物对温度有敏感性,在低温或高温下,高压对微生物的影响加剧,因此,在低温或高温下对食品进行高压处理具有较常温下处理更好的杀菌效果。

(4)微生物的种类和特性　不同生长期的微生物对高压的反应不同。一般来讲,处于指数生长期的微生物比处于静止生长期的微生物对压力反应更敏感;革兰阳性菌比革兰阴性菌对压力更具抗性,革兰阴性菌的细胞膜结构更复杂而更易受压力等环境条件的影响而发生结构的变化;芽孢类细菌同非芽孢类的细菌相比,其耐压性很强,当静压超过 100 MPa 时,许多非芽孢类的细菌都失去活性,但芽孢类细菌则可在高达 1 200 MPa 的压力下存活。革兰阳性菌中的芽孢杆菌属和梭状芽孢杆菌属的芽孢最为耐压,是因为芽孢壳的结构极其致密,使得芽孢类细菌具备了抵抗高压的能力,故杀灭芽孢需更高的压力并需结合其他处理方式。

(5)水分活度　水分活度对杀菌效果影响也很大,尤其对于固体与半固体食品的超高压杀菌,考虑水分活度的大小十分重要。

(6)食品本身的组成和添加物　超高压杀菌时,各种食品的物理、化学性质不同,使用的压力要求也不同,例如,用 300 MPa 的压力可灭掉猪肉糜中腐败菌和食物中毒菌,而且菌含量随着施压时间的延长而逐渐减少,而灭掉橙汁中的酵母、霉菌,所需的压力低得多。在高压下,食品的化学成分对杀菌效果有明显作用。蛋白质、脂类、碳水化合物对微生物有缓冲保护作用,而且这些营养物质加速了微生物的繁殖和自我修复功能。

(7)食品包装材料　一般应选用塑料袋进行真空热封。不宜使用玻璃容器盛装食品,很容易压碎。金属包装容器受压后也易渗漏。塑料瓶带盖可容易呈负压而使盖掉入瓶内。加压会引起包装容器变形和内容物泄漏。因此,更需要从气密性方面选择包装材料。

由于超高压杀菌是一个非常复杂的过程。针对特定的食品要选择特定的杀菌工艺。为了获得较好的杀菌效果,必须优化以上过程。只有积累大量可靠的数据才能保证超高压食品的微生物安全,超高压杀菌技术才能实现商业化。

13.6.1.4　微波杀菌技术

1. 微波杀菌的基本原理

微波杀菌就是将食品经微波处理后,使食品中的微生物丧失活力或死亡,从而达到延长食品保存期的目的。一方面,当微波进入食品内部时,食品中的极性分子,如水分子等不断改变极性方向,导致食品的温度急剧升高而达到杀菌的效果。另一方面,微波能的非热效应在杀菌中起到了常规物理杀菌所没有的特殊作用,细菌细胞在一定强度微波场作用下,改变了它们的生物性排列组合状态及运动规律,同时吸收微波能升温,使体内蛋白质同时受到无极性热运动和极性转动两方面的作用，使其空间结构发生变化或破坏，导致蛋白质变性，最终失去生物活性。因此，微波杀菌主要是在微波热效应和非热效应的作用下，使微生物体内的蛋白质和生理活性物质发生变异和破坏，从而导致细胞的死亡。

2. 微波杀菌的特点

(1)节能高效、安全无害。常规热力干燥、杀菌往往需要通过环境或传热介质的加热，才能把热量传至食品，而微波加热时，食品直接吸收微波能而发热，设备本身不吸收或只吸收极少能量，故节省能源，一般可节电 30%～50%。微波加热不产生烟尘、有害气体，既不污染食品，也不污染环境。通常微波能是在金属制成的封闭加热室内和波导管中工作，所以能量泄漏极小，大大低于国家标准，十分安全可靠。

(2)加热时间短、速度快。常规加热需较长时间才能达到所需干燥、杀菌的温度。由于微波能够深入到物料内部而不是靠物体本身的热传导进行加热，所以微波加热的速度快。干燥时间可缩短 50%或更多。微波杀菌一般只需要几秒至几十秒就能达到满意的效果。

(3)保持食品的营养成分和风味。微波杀菌是通过热效应和非热效应共同作用，因而与常规热力加热比较，能在较低的温度就获得所需的杀菌效果。微波加热温度均匀，产品质量高，不仅能高度保持食品原有的营养成分，而且保持了食品的色、香、味、形。

(4)易于控制、反应灵敏、工艺先进。微波加热控制只需调整微波输出功率，物料的加热情况可以瞬间改变，便于连续生产，实现自动化控制，提高劳动效率，改善劳动条件，节省投资。

微波灭菌比常规灭菌方法更利于保存活性物质，即能保证产品中具有生理活性的营养成分和功效成分是其一大特点。因此，它对人参、香菇、猴头、花粉、天麻、蚕蛹及其他功能性基料的干燥和灭菌是非常适宜的。微波技术也能应用于肉、肉制品、禽制品、水产品、水果、蔬菜、罐头、奶、奶制品、面包等食品方面的灭菌。

13.6.1.5　高压脉冲电场杀菌

电场技术在食品杀菌方面的应用，最早是用于牛奶消毒的欧姆杀菌法，即当电流通过牛奶时，由于牛奶中存在电阻质而使牛奶升温，产生热杀菌效果。该技术在 20 世纪 30 年代曾十分普遍地用于美国的牛奶加工业。后来又出现了利用低压交流电的杀菌方法，其杀菌效果除取决于电流所引起的升温外，还与电流处理时产生的含氯化合物和过氧化氢等物质有关。

1. 高压脉冲电场杀菌的基本原理

关于高压脉冲电场杀菌的机理，现有多种假说：主要有电解产物效应、细胞膜穿孔效应、电磁机制模型、黏弹极性形成模型等。大多数学者倾向于认同电磁场对细胞膜的影响，并以此为基础对抑菌动力学进行探索。

(1)电磁机制理论　电磁机制理论是建立在电极释放的电磁能量互相转化的基础上。电磁理论认为电场能量与磁场能量是相互转换的，在两个电极反复充电与放电的过程中，磁场起了主要杀菌作用，而电场能向磁场的转换保证了持续不断的磁场杀菌作用。这样的放电装置在放电端使用电容器与电感线圈直接相连，细菌放置在电感线圈内部，受到强磁场作用。

(2)黏弹极性形成模型　黏弹极性形成模型认为，一是细菌的细胞膜在杀菌时受到强烈的电场作用而产生剧烈振荡；二是在强烈电场作用下，介质中产生等离子体，并且等离子体发生剧烈膨胀，产生强烈的冲击波，超出细菌细胞膜的可塑性范围而将细菌击碎。

(3)电解产物理论　电解产物理论指出，在电极点施加电场时，电极附近介质中的电解质电离产生阴离子。这些阴阳离子在强电场作用下极为活跃，穿过在电场作用下通透性提高的细胞膜，与细胞的生命物质如蛋白质、核糖核酸结合而使之变性。

2. 高压脉冲电场杀菌技术的特点

高压脉冲电场杀菌属于非加热杀菌技术，与常规热杀菌技术相比，能耗低、投资小，对电解质溶液和食品本身的升温无明显影响，属于低温、低能耗的杀菌方式，能最大限度地保持食品中原有的营养成分和风味物质。耗能也远远低于超声波和微波杀菌。

(1)高压脉冲电场杀菌效果显著，能很好地杀死大肠杆菌、枯草杆菌、短乳杆菌、蜡样芽孢杆菌、产气夹膜杆菌、金黄色葡萄球菌、粪链球菌、黏质沙雷氏菌等。

(2)高压脉冲电场杀菌技术目前已成功地用于牛奶、果汁、饮料、啤酒等液体食品的有效杀菌。

(3)利用高电压脉冲对微生物细胞产生的多方面影响，特别是脉冲瞬时高压放电产生的冲击波能击穿细胞，可用于细胞融合、基因转移、细胞破碎，是提取细胞内容物的有效成分的新技术新方法。

(4)高电压脉冲的杀菌效果受诸多因素的影响，不仅取决于电场强度、脉冲宽度、电极种类等，还与液体食品的电阻率、pH、食品中的微生物种类、原始污染程度等有关。

13.6.1.6 欧姆杀菌技术(电阻加热、通电加热)

欧姆杀菌技术是一种新型热杀菌方法。它借助于通入电流使食品内部产生热量达到杀菌的目的。对于带颗粒(粒径小于 15 mm)的食品杀菌，欧姆杀菌能使食品颗粒的加热速率与液体的加热速率相接近，并能使颗粒的加热速率比常规方法快 1～2℃/s。因此，可缩短食品加工时间，提高食品品质，避免了常规热杀菌方法加热时间长和加热介质过热而造成食品品质的软弱、溃烂、变形、破坏营养成分、变色等现象。

1. 欧姆杀菌的基本原理

欧姆加热是利用电极，将电流直接导入食品，由食品本身介电性质所产生的热量，以达到直接杀菌的目的。所用电流是 50～60 Hz 的低频交流电。在被加热食品内部的任一点，通入电流所产生的热量必将引起介质温度的变化而杀死细菌微生物。

影响欧姆杀菌效果的因素有以下几方面：①食品物料的导热系数、密度、比热容。②食品物料的电导率与温度。由于食品是离子型电导体，所以其电导率一般随温度呈线性上升。③电导率与形状因子。④物料的流变特性。⑤操作因素。

2. 欧姆杀菌技术的优越性及其应用

目前，英国一公司已制造出工业化规模的欧姆加热设备，可使高温瞬时技术推广应用于含颗粒(粒径高达 25 mm)食品的加工。自 1991 年以来，在美国、日本、法国、英国等国家已将该技术及杀菌设备应用于高酸性或低酸性食品的加工。

与传统罐装食品的杀菌相比，欧姆杀菌可显著改善食品的蒸煮效果，提高食品的安全性及营养成分的保存率。

欧姆杀菌的优点如下：①可加工新鲜的大颗粒食品和片状食品；②对食品营养成分的破坏性较小；③加热效果优于微波加热；④加热均匀；⑤加热过程不需要搅拌或拌和，设备体积小，无污染，热损失少，节约能源；⑥改善食品的物性和口感。

13.6.1.7　紫外线杀菌技术

1. 紫外线杀菌的基本原理

紫外线之所以能杀菌，是根据其辐照性能可以破坏有机物的分子结构，促使细胞质变性。紫外线的能量级较小，虽不能像 γ 射线、X 射线那样使物质的原子产生电离现象，但却可以使原子的电子处于不稳定的激发状态，从而破坏有机物分子间的某些特有的化学结合。紫外线对食品进行杀菌时，菌体必须吸收紫外线后才能起到一定的杀菌作用。微生物细胞内含有一定的蛋白质氨基酸和核酸，能吸收紫外线，可诱导 DNA 中的胸腺嘧啶二聚体的形成，从而抑制 DNA 的复制和细胞分裂，乃至使其受伤甚至死亡。

紫外线的杀菌效果与其他射线相比，虽菌种不同但效果差别不大。与细菌相比，酵母菌和丝状菌的抗紫外线照射能力较大，而对病毒杀菌效果基本相同。紫外线的杀菌效果还与紫外光源的波长、强度、光源与被照物的距离、照射时间等有关。例如，波长为 200～300 nm 的紫外线杀菌效果最强，要比近紫外线(波长 300～400 nm)大 1 000 倍以上。

2. 紫外线杀菌在食品工业中的应用

由于紫外线的穿透力不强，故紫外线主要用于食品表面的杀菌。如固体食品表面杀菌，食品包装材料表面杀菌，食品加工车间、设备、工具、操作台、车间空气的消毒杀菌，也可用于水和液体仪器的杀菌，控制一定空间内和一定的物体表面达到少菌或无菌状态。在上述场合，紫外线对霉菌类没有什么杀菌效果，往往需要用酒精消毒的方法来配合杀菌。

紫外线对食品表面虽然有一定的杀菌作用，但不适用于含脂肪和蛋白质较高的食品杀菌。因紫外线会促使脂肪氧化，产生异臭味；使蛋白质变性，产生变色等不良现象。一些食品的营养成分如维生素、叶绿素等易受紫外线照射而分解。上述原因都使紫外线的应用受到一定限制。

13.6.1.8　辐照杀菌技术

电离辐照可以引起生物有机体的组织及生理发生各种变化。生物有机体吸收射线能量，将产生一系列的生理生化变化，使新陈代谢受到影响。目前在国内外采用的辐照杀菌的不同波长的射线有 X 射线、γ 射线和电子射线。X 射线和 γ 射线均是电磁波。它们的波长极短，被空气吸收的比例极少，具有较强的穿透力，即使 1 m 厚的包装食品也能穿透，并达到均匀杀菌。电子射线穿透力较弱，大能量的 5～10 meV 的电子射线穿透力仅为 2～5 cm，可用于小包装食品或冷冻食品的杀菌。

1. 辐照杀菌保鲜的作用机制

射线的能量比紫外线的能量大得多，但在杀菌时耗费的能量却非常小，即使完全杀菌的辐照处理，处理前后食品的温度上升不超过 5℃。辐照杀菌之所以耗费能量少，是因为其生物作用主要是对 DNA 产生影响。由于辐照还可使生物体和食品内部的水分子产生电离，产生寿命很短的 ·OH、H· 和水合电子。这些物质也参与了杀菌。尤其是 ·OH 很不稳定，氧化性很强，杀菌的生物效果的 60%～70%是由 ·OH 引起的。像 ·OH 这样由水分解产生的游离基可以切断 DNA 链，使细胞失去分裂增殖的能力。研究证明，辐照杀菌保鲜技术是一种物理加工过程。它是一种安全可靠的处理食品的有效方法，具有广阔的应用前景。

按食品杀菌的目的可划分为以下 3 种射线的使用剂量。

(1)小剂量(1～5 kGy) 该剂量主要用于防腐杀菌,能杀死病原微生物及部分腐败微生物,可延长食品保存期。该剂量常用于马铃薯、洋葱等果蔬类及新鲜肉、鱼、虾等的杀菌。

(2)中剂量(5～10 kGy) 该剂量主要用于专一杀菌,可杀死沙门菌,大大减少不产孢子的特定病原菌。配合冷藏能更好地延长保存期。该剂量常用于肉类、熟肉、鸡蛋、鱼贝类、果蔬类的杀菌。

(3)高剂量(10～50 kGy) 该剂量主要用于完全杀菌,可杀死耐辐照的细菌芽孢,达到彻底杀菌,即"商业无菌"状态,可长久保存食品。该剂量常用于冷冻肉类、鱼贝类等的杀菌。

2. 食品辐照杀菌的注意事项

辐照剂量过高、过低都会产生不利影响。辐照剂量过低达不到杀菌目的,甚至会促进食品变质。辐照剂量过高,可能会对食品产生伤害,引起食品的营养成分如蛋白质、脂肪、碳水化合物、维生素的分解和破坏,影响产品的品质和口感。

我国对辐照食品管理有严格的规定:

(1)并不是所有食品都可以进行辐照处理,必须按照辐照食品管理办法的规定实施。

(2)辐照剂量有严格规定,不同食品应按照规定的剂量进行处理。

(3)凡经过辐照的食品在包装和标签上必须注明"辐照食品"。

13.6.1.9 超声波杀菌技术

声波频率为 9 000～20 000 Hz 或以上的超声波,对微生物有破坏作用。超声波能使微生物细胞内容物受到强烈的震荡而使细胞破坏。一般认为,水溶液经过超声波的作用能产生过氧化氢,有杀菌能力。也有人认为,微生物细胞液受高频声波作用时,其中溶解的气体变为小气泡,小气泡的冲击可使细胞破裂,同时,超声波也产生热效应。因此,超声波对微生物具有杀菌作用。超声波对微生物的杀菌效果,常与超声波的频率、强度、处理的时间等多因素有关。

超声波杀菌适合于果蔬汁饮料、酒类、牛奶、矿泉水、酱油等液体食品。超声波杀菌不仅不会改变食品的色、香、味,而且不会破坏食品的组成成分。如果把超声波和其他非加热杀菌工艺结合起来,比如采用超声-激光或超声-磁化联合杀菌,则效果更佳。超声波杀菌技术已在美国、日本等发达国家获得了普遍应用。在我国,这种"冷杀菌工艺"已受到食品行业极大的关注,但仍未得到有效推广。我们对于食品工业的研究要坚持面向世界科技前沿、面向经济主战场、面向国家重大需求、面向人民生命健康,以国家战略需求为导向,加快实现高水平科技自立自强。集聚力量进行原创性引领性科技攻关,坚决打赢关键核心技术攻坚战。加强高新技术推广,突出创新,提升我国食品工业的核心竞争力。

13.6.1.10 磁力杀菌技术

磁力杀菌是将食品放在 N 极和 S 极之间,用磁力强度连续摆动,不需要加热,即达到杀菌效果,对食品的成分和风味无任何影响。其原理是用交变磁场,产生强电流,一方面干扰细胞膜电荷分布,进而影响物质出入细胞;另一方面使细胞内物质及水电离产生过氧化物,作用于蛋白质及酶类,使蛋白质变性,破坏细胞。该法因引起微生物细胞破坏,故适用于酿造调味品,如味精、醋、酱油、酒、乳制品,而不适用于果蔬类。

磁力杀菌可用于饮料、调味品及各种包装的固体食品的杀菌。日本的一家公司将食品放在 0.6 T 磁密度的磁场中,在常温下 48 h,达到了 100%的杀菌效果。目前国内已对水、酸奶等制品进行了磁场杀菌的研究。

利用磁场杀菌技术要求食品材料有较高的电阻率，一般应大于 10 Ω·cm，以防材料内部产生涡流效应而导致磁屏蔽。金属包装的食品不能用这种方法杀菌。由于对包装材料的要求较高，磁力杀菌的应用范围受到限制。

13.6.1.11　半导体光催化杀菌技术

半导体光催化杀菌时，光照射到较大聚集体的二氧化钛表面，激发产生光电子和光生空穴对。由于光生电子迁移速度比光生空穴快得多，可将二者分开。光生空穴有很强的得电子能力，光生电子、光生空穴对与细胞壁、细胞膜以及细胞内组分的作用，导致酶失活。另一方面光生电子、光生空穴对与水或水中溶解氧发生作用形成氢氧自由基，它们与细胞壁、细胞膜或细胞内物质作用，使细胞功能单元失活。

半导体光催化（二氧化钛光催化）以前用于水解水制氢、探讨光电化学理论、有机合成、矿化有机物及临床抗癌实践。目前在食品工业领域中，半导体光催化杀菌技术仅应用于水处理，其他方面的应用有待于进一步探索。

13.6.2　贮存技术

1. 冷冻、冷藏技术

为了较长时间保存食品的新鲜度，延缓老化，降低损耗，防止变质，有利于食品卫生，常采用冷冻技术。冷冻、冷藏保鲜主要是利用大型、中型、小型的冷库及冷藏柜、冷藏箱、电冰箱、空调器等。

采用冷藏方法保存食品，首先要将食品进行速冻，即在很短时间内（一般不超过 1 h）将食品进行快速冻结，这样可以保存食品原有的细胞结构和色、香、味；然后再进行冷藏，这样可使食品细胞不受破坏，不变性，保鲜效果好。冷冻、冷藏技术常用于畜产类、水产类、果蔬类等的保鲜。对于冻结食品来说，冷冻温度越低，保鲜效果越好，品质保持越好，保存期也越长；可防止微生物的生长，在－23～－18℃冷藏温度内，微生物的生长及食品内部生化变化几乎完全停止，在较长时间内，可最大限度地保持食品的新鲜度和营养成分，并减少重量损失。

不同食品对冷冻、冷藏的温度要求是不同的。不同的冷藏温度，其食品的保存期也不同。

2. 气调贮存技术

气调贮存技术就是食品在密封条件下，由于活性成分的呼吸，使食品氧气消耗，二氧化碳增加；或者人为地利用一些惰性气体，将组成成分调节到保藏食品所需的组成气体中进行保存，称为气调贮存。根据食品气体的成分改变方式、密封方式的不同，可分为自然缺氧贮存、气调贮存和硅窗贮存。气调贮存是一种具有广阔应用前景的食品贮存、保鲜新技术。

3. 脱氧贮存技术

脱氧贮存是在食品密封包装时，同时封入能除去氧气的物质，除去密封容器里的游离氧和溶存氧，防止食品由于氧化而变质和发霉，保持食品原有色、香、味。能除去氧气的物质称为脱氧剂。脱氧对于保持食品品质，防止油脂氧化酸败、防腐、防霉、防虫均有良好效果，而且安全可靠。脱氧贮存符合食品卫生要求，经济节省，是保存食品的好方法，常用于密封包装食品上。

常用的脱氧剂有铁脱氧剂、连二亚硫酸钠脱氧剂、碱性糖制脱氧剂、抗坏血酸、葡萄糖氧化酶等。近年开发使用最有效的是富马酸二甲酯（DMF），但对人体皮肤有过敏作用，国家有关部门已经严禁使用。脱氧剂可以应用于多种食品的贮存保鲜。其脱氧效果与温度、水分、作用量有关系。不同的脱氧剂其脱氧效果也不同。连二亚硫酸钠不仅能脱氧防腐,由于释放出二氧化硫,还能起到杀菌、防霉的作用。

脱氧剂在包装袋或包装盒中,要与食品分开放置,不能混放在一起。包装材料要使用阻气性良好的材料,现常用的有 KOP/PE、KONY/PE、KPET/PE 等复合材料。

4. 抗氧化剂贮存技术

脂肪含量较高的食品在贮存过程中极易发生氧化酸败,加入抗氧化剂是理想的防腐方法。油脂中含有多量的不饱和脂肪酸,化学性质非常活泼、不稳定,极易被氧化而发生酸败。若能延缓自动氧化的诱导期或消除游离基,就能阻止油脂的氧化酸败,达到延长保存期的目的。抗氧化剂就在于它能提供一个氢原子,使由于自动氧化而产生的游离基形成稳定的结构。抗氧化剂大多数是酚类物质。它在接受游离基电子后,由于苯环的共轭效应,而分布于苯环共轭体系内,使酚类游离基能量低而稳定,降低或消除了游离基,中断连锁反应的发展而防止了氧化酸败,即抗氧化剂由于本身比油脂更易氧化,因此能使空气中的氧气首先与抗氧化剂结合,从而保护了油脂。抗氧化剂可以使油脂自身氧化而产生的过氧化物分解,使其不能产生醛、酮、醛酸、酮酸等。抗氧化剂可能与产生的过氧化物结合,阻止氧化过程的继续进行。

目前,国内外常用的抗氧化剂有 BHA、BHT、PG,此外,还有生育酚混合浓缩物、芝麻酚、茶多酚、谷维素、胚芽油提出物、类黑精、愈创树脂、正二氢愈疮酸、特丁基对苯二酚、2,4,5-三羟基苯丁酮等。正在开发的具有抗氧化和营养保健双重功能的抗坏血酸、脂肪酸酯、脑磷脂以及由橘皮、胡椒、姜、辣椒、芝麻、丁香、茴香等制取的天然抗氧化剂,应用前景广阔。抗氧化剂应对人体健康无害,化学性质比较稳定,抗氧化作用较强,较好地延长食品保存期,较好地保持品质。

在使用抗氧化剂时,必须在油脂未氧化前添加,因为抗氧化剂只能阻止或延缓氧化作用的时间,但不能对已经氧化酸败的油脂起抗氧化作用,反而会促进氧化酸败的进行。另外,抗氧化剂必须与增效剂同时作用,可以使抗氧化剂更加有效。常用的增效剂有柠檬酸、抗坏血酸、磷酸、酒石酸等。几种抗氧化剂和增效剂同时使用更加有效,可起到协同增效作用。抗氧化剂在使用前要用少量油加热熔化后再添加到食品中。

5. 防腐剂贮存技术

在缺乏有效的贮存保藏设备条件下,配合使用防腐剂作为贮存的辅助手段,对某些易腐败变质的食品有显著效果。防腐剂除了要符合食品添加剂的卫生、安全要求以外,还应具有显著的杀菌或抑菌作用,尽可能具有破坏病原性微生物的作用,但不应阻碍胃肠道酶类的作用,不影响有益的肠道正常菌群的活动。

目前常用的防腐剂有:苯甲酸、苯甲酸钠、山梨酸、山梨酸钾、丙酸钙、丙酸钠、乳酸菌素等。其中乳酸菌素是目前唯一允许用于食品防腐的抗生素。它在酸性条件下稳定,安全性高,抗菌谱窄,可以抑制或杀死革兰阳性细菌,如与山梨酸或辐照等复配使用,可扩大抗菌谱。

在实际应用防腐剂时,为了充分发挥其防腐的作用,应首先了解各种防腐剂的性质及影响因素,如 pH、溶解性、分散性、抗菌谱、最低抑菌浓度、食品污染程度、水分活度等;其次要了解各类食品腐败变质机制和食品加工、贮藏条件、贮藏时间以及食品配料中是否含有防腐剂等;再次可以采取复配技术,即不同防腐剂之间的配合使用,包括防腐剂与抗氧化剂、增效剂及其他食品添加剂之间的复配技术,以满足不同食品的防腐需要,达到理想的防腐效果。

6. 干燥脱水贮存技术

详见13.5。

7. 包装贮存技术

生鲜食品和加工食品，往往由于微生物的生长繁殖、水分的蒸发和脂肪的氧化等原因而引起变质。因此，几乎所有的食品均需进行包装。目前，国内外最常使用的包装技术有真空包装技术、充气包装技术和无菌包装技术。

(1)真空包装技术　一般来说，在食品中生长的霉菌和需氧细菌，如果在无氧状态下就不能繁殖。真空包装就是针对微生物的这种特性而发明创造的。实际生产中多采用真空包装机排气抑菌。肉制品、水产品和各种渍菜等真空包装后还需要再加热。生鲜鱼肉或蛋白质类的加工食品，经真空包装后，最好在低温下(−2～0℃)贮存和流通。

(2)充气包装技术　为了保持食品的色、香、味，防止油脂氧化和微生物的繁殖，大部分食品都需要进行充气包装贮存和运输。充气包装技术包括以下几方面：

①充氮气包装　大部分食品均采用充入氮气置换出空气的方法。这可以保全食品的色、香、味及防止油脂氧化。

②充二氧化碳包装　本法可防止食品发霉或细菌的生长，适用于肉制品、蛋糕、鱼糕、鱼卷等食品。

③充氧气和二氧化碳混合气体包装　本法适用于生鲜牛肉的包装。充气包装机有真空充气机、快速充气机和开闭充气机等。包装材料一般采用以铝箔、偏氯乙烯与乙烯醇的共聚物作为阻气层。

(3)无菌包装技术　从世界范围看，对于易腐败变质的食品都在进行无菌包装。采用无菌包装技术时，首先要对被包装食品进行彻底杀菌，对食品加工机械、容器、包装机械或操作台等必须进行彻底清洗或杀菌，或用灭菌剂反复进行杀菌。无菌包装食品必须在无菌加工车间，利用无菌包装机和无菌包装材料进行真空包装和充气包装。进行无菌食品包装车间的适宜温度是17～18℃。无菌包装食品在流通和销售过程中，必须保持在细菌不易繁殖的−2℃以下。

思考题

1. 何为超微粉碎？其方法有哪几种？各有何特点？
2. 试述冷冻粉碎技术的原理。
3. 超临界流体萃取的原理和特点是什么？
4. 超临界流体萃取剂的选择依据是什么？
5. 超临界流体萃取技术是如何应用在功能食品加工中的？
6. 以压力为驱动力的膜分离方式有哪些？有何异同？
7. 常用的膜分离过程有哪几种？各有何特点？都在什么条件下应用？
8. 层析分离的基本原理是什么？
9. 微胶囊心材和壁材的功能是什么？
10. 如何实现功能食品的微胶囊化？
11. 简述在食品工业中常用的浓缩方法。
12. 冷冻干燥在功能食品生产中有何优势？

13. 喷雾干燥的原理和特点是什么？

14. 常用的杀菌技术有哪几种？各有何特点？

参考文献

[1] 杜文欣. 现代保健食品研发与生产新技术新工艺及注册申报实用手册. 北京:中国科技文化出版社,2005.

[2] 冯爱国，李国霞，李春艳. 食品干燥技术的研究进展. 农业机械，2012(18)：90-93.

[3] 范青生. 保健食品研制与开发技术. 北京:化学工业出版社,2006.

[4] 范青生. 保健食品工艺学. 北京:中国医药科技出版社,2006.

[5] 樊伟伟，黄惠华. 微波杀菌技术在食品工业中的应用. 食品与机械，2007，23 (1)：143-147.

[6] 高福成. 现代食品高新技术. 北京:中国轻工业出版社,1997.

[7] 李冬生,曾凡坤.食品高新技术. 北京:中国计量出版社,2007.

[8] 刘静波,林松毅.功能食品学. 北京:化学工业出版社,2008.

[9] 刘玉兰. 油脂浸出技术的发展. 中国油脂，2005，30(1)：23-26.

[10] 王平艳，黄若华，郝金玉. 微波萃取葵花籽油的研究. 中国油脂，2000，25(6)：207-208.

[11] 吴克刚,柴向华.食品微胶囊技术. 北京:中国轻工业出版社,2006.

[12] 杨方威，冯叙桥，曹雪慧，等. 膜分离技术在食品工业中的应用及研究进展. 食品科学. 2014，35(11)：330-338.

[13] 朱蓓薇.实用食品加工技术. 北京:化学工业出版社,2005.

[14] 朱明.食品工业分离技术. 北京:化学工业出版社,2005.

[15] Barresi A A，Fissore D，Marchisio D L. Process Analytical Technology in Industrial Freeze-Drying. Freeze Drying/lyophilization of Pharmaceutical & Biological Products，2010，13(2)：460-493.

[16] Gallardo G，Guida L，Martinez V，et al. Microencapsulation of linseed oil by spray drying for functional food application. Food Research International，2013，52(2)：473-482.

[17] Melo M M R D，Silvestre A J D，Silva C M. Supercritical fluid extraction of vegetable matrices：Applications，trends and future perspectives of a convincing green technology. Journal of Supercritical Fluids，2014，92:115-176.

[18] Rai A，Mohanty B，Bhargava R. Fitting of broken and intact cell model to supercritical fluid extraction (SFE) of sunflower oil. Innovative Food Science & Emerging Technologies，2016，38：32-40.

[19] Silva F V M，Gibbs P A，Nuñez H，et al. Thermal Processes Pasteurization//Encyclopedia of Food Microbiology,2014:577-595.

附　录

说明:《中华人民共和国食品安全法》已由中华人民共和国第十二届全国人民代表大会常务委员会第十四次会议于 2015 年 4 月 24 日修订通过,并于 2015 年 10 月 1 日起施行。根据 2018 年 12 月 29 日第十三届全国人民代表大会常务委员会第七次会议《关于修改〈中华人民共和国产品质量法〉等五部法律的决定》做出第一次修正。根据 2021 年 4 月 29 日第十三届全国人民代表大会常务委员会第二十八次会议《关于修改〈中华人民共和国食品安全法〉等八部法律的决定》做出第二次修正。《保健食品注册与备案管理办法》于 2016 年 2 月 4 日经国家食品药品监督管理总局局务会议审议通过,自 2016 年 7 月 1 日起施行。根据国家市场监督管理总局关于修改部分规章的决定,于 2020 年对《保健食品注册与备案管理办法》做出修改。